前 言

进入 21 世纪以来，经济持续高位运行和增长，能源需求不断扩大，环境压力日益增大，积极应对气候变化、资源短缺、生态危机和能源短缺成为全球共识，绿色发展、创新驱动成为时代潮流和解决全球性难题的路径。生物柴油产业的兴起和快速发展，对于应对全球性问题、保障生物质液体燃料持续供应，以及培育新兴产业具有重大意义。生物柴油的性质和性能与普通柴油相近，是一种绿色、和谐、可再生、资源潜力巨大的液体燃料，并且可部分取代石化柴油，在欧美国家已核准为可替代性燃油。

生物柴油是由天然油脂，包括植物油、动物脂肪和微生物油脂等生产的一种新型柴油燃料，是典型的绿色可再生能源，原料可经植物光合作用生产，资源不会枯竭；不含硫和芳烃，氧含量 10%左右，能充分燃烧，尾气毒害物和颗粒物明显减少，是一种优质清洁柴油；润滑性能好，有利于延长发动机寿命；闪点高、挥发性低，储运和使用安全性好；无毒，易生物降解，适合在敏感的生态环境下使用。生物柴油常规制备方法以酸碱催化法为主，但存在催化剂难回收、后续处理困难等问题。本书对超临界两步法制备生物柴油的基础研究进行介绍，同时对生物柴油性能指标进行检测分析。由于生物柴油成分组成复杂，其部分性能指标不能达到国家标准要求，如生物柴油低温流动性能、氧化安定性能及其离子含量等。本书针对此问题介绍了采用相应方法对生物柴油不能达到国家标准要求的性能指标进行优化的研究，提高了生物柴油产品的质量，促进开发工业化生产且符合国家标准要求的生物柴油，推动生物柴油大规模商业化应用和快速发展。

昆明理工大学从 2004 年开始从事生物柴油制备、检测、性能指标优化及应用等研究工作，已有近 15 年的历史。由衷感谢王华教授、包桂蓉教授和他们领导下的课题组中从事生物能源科研工作的同志们，感谢课题组博士研究生李一哲、倪梓皓、高晟扬和硕士研究生徐娟、罗帅、刘作文、王文超、陈煜、王碧灿、隋猛、周黎、张逸水等为本书做出的贡献。感谢国家科技部科技支撑、国家自然科学基金、教育部博士点基金、云南省科技计划项目等的大力支持。由于作者水平所限，书中不妥之处，欢迎读者批评指正。

李法社

2021 年 8 月

目　录

第1章

概　　述

能源是现代社会的重要物质基础和动力，事关国家发展全局和国计民生的战略性资源。国家“十三五”规划纲要明确提出：深入推进能源革命，着力推动能源生产利用方式变革，优化能源供给结构，提高能源利用效率，建设清洁低碳、安全高效的现代能源体系，维护国家能源安全。我国是发展中大国，一方面面临着经济增长与能源总量、环境容量、空气质量、人民生命安全的矛盾，另一方面要面对全球气候变暖、地缘政治变化对能源供给保障的冲击和能源对外依存度持续加大的挑战。因此，我国从国家经济发展和能源安全的战略角度，审时度势，着力推进能源生产和消费革命，“十三五”期间要重点开展能源供给侧结构性改革。2017年10月，中国共产党十九大报告指出，中国特色社会主义进入了新时代，中国经济已由高速增长阶段转向高质量发展阶段，必须坚持质量第一、效益优先，以供给侧结构性改革为主线，推动经济发展质量变革、效率变革、动力变革。新时代为中国进一步深化研究能源革命提出了新背景和新要求。

近30年来，在稳定能源供应的支撑下，世界经济规模取得了较大增长，但人类在享受能源带来的经济发展、科技进步等利益的同时，也遇到了一系列无法避免的能源安全挑战，能源短缺、资源争夺以及过度使用能源造成的环境污染等问题，威胁着人类的生存与发展。2016年底全球石油探明储量为2407亿t，按2016年度产量计算，可供开采50.6年。世界石油资源的日趋紧张，分布不均，以及构建在石油基础上的世界经济不稳定性、不确定性的增加，都使以石油为基础的现代液体燃料体系面临着重大的挑战。由于化石能源的不可再生性，资源耗尽的那一天迟早会到来。化石能源缺乏和气候变化的双重挑战迫使能源需求结构发生改变，要求可再生能源尤其是生物燃料快速发展。从能源本质来讲，化石燃料和生物质燃料都源自生物质，但与化石燃料相比，生物燃料不仅极大地缩短了生成周期，而且其本身是一种可再生能源，能够为人类社会的可持续发展提供重要的支持。

可再生能源的研究与开发，生物柴油作为未来可再生能源家庭中的重要成员，不再单单是实验室里的试验品，而是正在走向全面大规模工业化生产的市场产品。如何安全、经济、高效地大规模制备生物柴油是现代科学解决人类能源危机的重要课题。

1.1 国内外能源现状

1.1.1 能源及其分类

能源也称能量资源或能源资源，是指可产生各种能量（如热量、电能、光能和机械能等）或可做功的物质的统称，也是指能够直接取得或者通过加工、转换而取得有用能的各种资源，包括煤炭、原油、天然气、煤层气、水能、风能、太阳能、核能、地热能、生物质能等一次能源和电力、热力、成品油等二次能源，以及其他新能源和可再生能源。

《能源百科全书》阐释：能源是可以直接或经转换提供人类所需的光、热、动力等任一形式能量的载能体资源。确切而简单地说，能源是自然界中能为人类提供某种形式能量的物质资源。能源是人类活动的物质基础，人类社会的发展离不开优质能源的出现和先进能源技术的使用。在当今世界，能源的发展，能源和环境，是全世界、全人类共同关心的问题。能源种类繁多，根据不同的划分方式，能源可分为不同的类型。

1. 根据能源蕴藏方式分类

（1）来自地球外部天体的能量，主要指太阳能，除直接辐射外，并为风能、水能、生物质能和矿物能源等的产生提供基础。人类所需能量的绝大部分都直接或间接地来自太阳，正是各种植物通过光合作用把太阳能转变成化学能在植物体内储存下来。煤炭、石油、天然气等化石燃料也是由古代埋在地下的动植物经过漫长的地质年代形成的，其实质上是由古代生物固定下来的太阳能。此外，水能、风能、波浪能、海流能等也均是由太阳能转换来的。

（2）地球本身蕴藏的能量，通常指与地球内部的热能有关的能源和与原子核反应有关的能源，如原子核能、地热能等。火山爆发喷出的岩浆就是地热的表现。

（3）地球和其他天体相互作用而产生的能量，如潮汐能。

2. 根据能源产生方式分类

（1）一次能源，即天然能源，指在自然界现成存在的能源（直接来自自然界的未经加工转换的能源），如柴草、煤炭、石油（原油）、天然气、水能、风能、太阳能、地热能、海洋能、核燃料等。一次能源又可分为可再生能源和非可再生能源。

（2）二次能源，即人工能源，指由一次能源加工转换而成的能源产品，如氢能、焦炭、电力、煤气、激光、生物柴油及石油制品等。

3. 根据能源使用方式分类

（1）常规能源，即传统能源，是指利用技术成熟，使用比较普遍的能源。如水能、煤炭、石油、天然气等。

（2）非常规能源，也称为新能源或替代能源，是指近若干年来开始被人类利用或过去已被利用现在又有新的利用方式的能源。包括太阳能、风能、地热能、海洋能、生物能、氢能以及用于核能发电的核燃料等能源。由于新能源的能量密度较小，或品位较低，或有间歇性，按已有的技术条件转换利用的经济性尚差，还处于研究、发展阶段，只能因地制宜地开发和利用。但新能源大多数是可再生能源，资源丰富，分布广阔，是未来的主要能源之一。

4. 根据能源性质分类

（1）燃料型能源，如煤炭、石油、天然气、泥炭、木材等。

（2）非燃料型能源，如水能、风能、地热能、海洋能等。

5. 根据能源能否造成污染分类

（1）非清洁型能源，即对环境污染较大的能源，包括煤炭、石油等。

（2）清洁型能源，即使用时对环境没有污染或污染小的能源，包括水力、电力、太阳能、风能以及核能等。

6. 根据能源是否可再生分类

（1）可再生能源，是指在自然界中可以不断再生并有规律地得到补充的能源，包括太阳能、水力、风力、生物质能、波浪能、潮汐能、海洋温差能等。

(2) 不可再生能源，是指经过亿万年形成的、短期内无法恢复的能源，包括煤、原油、天然气、油页岩、核能等。

1.1.2 常规能源现状

能源是保障经济发展、国家安全及人民生活水平提高的命脉。随着经济的迅速发展，世界各国对能源的需求越来越大，能源供应已成为制约各国国民经济发展的重要因素。了解能源现状及发展趋势，研究保证能源及燃料供应的对策是经济高速、可持续发展的必要条件。图1-1和图1-2给出了2000—2020年世界和中国一次能源消费情况。随着世界经济的发展，世界对能源的需求逐年上升，受2009年金融危机的影响，该年世界一次能源消费较2008年下降了1.3%，此后能源消费总量持续上升。受疫情影响，2020年能源消费量较2019年降低了4.5%，这是近10年以来最大的降幅。中国经济的迅速发展也促使中国对能源的需求大大增加，上升趋势非常明显，到2013年以前，我国一次能源消费总量增速较高，在2013年以后趋于平缓。2016年，中国能源消费仅增长1.3%，2015年与2016年是中国自1997、1998年以来能源消费增速最为缓慢的两年，此后保持一个相对的快速增长水平，2020年，我国经济社会秩序持续稳定恢复，能源需求逐步回升，初步核算，全年能源消费总量比上年增长2.2%。

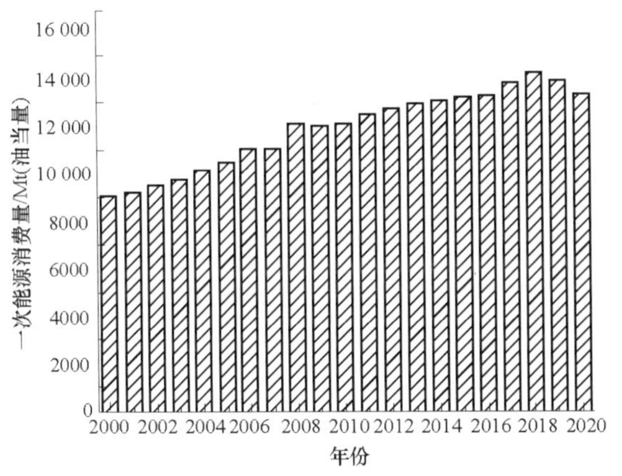

图1-1 世界2000—2020年一次能源消费情况

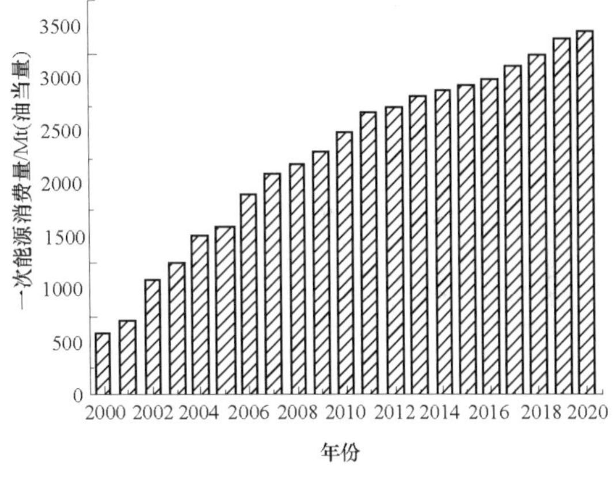

图1-2 中国2000—2020年一次能源消费情况

图1-3和图1-4给出了2019年世界和中国一次能源消费结构状况。从图中可以看出，中国在一次能源消耗中主要依靠煤炭的消耗，在一次能源中的消费比例远高于世界平均水平。石油在一次能源中的消费比例为19.95%，仍远低于世界的平均水平31.21%，天然气的消费量较低，在一次能源消费比例中约占8%，远低于世界的平均水平24.72%。核能消费量也较少，在一次能源消费中的比例也低于世界平均水平4.31%，水电消费量在一次能源消费中的比例高于世界平均水平6.86%。

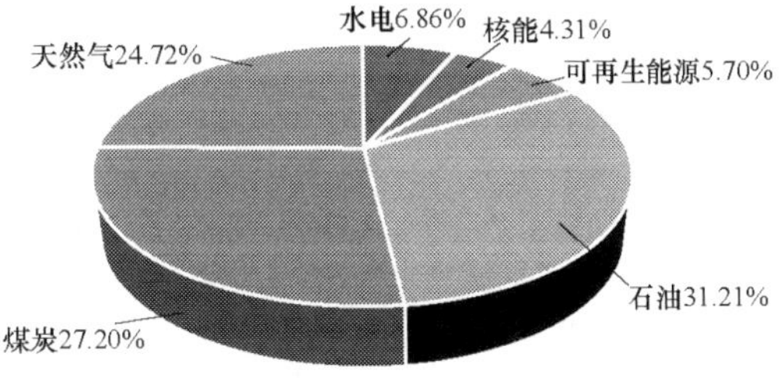

图1-3 世界2019年一次能源消费结构

中国能源资源总量相对丰富，但人均能源资源拥有量较低，随着中国经济的持续发展

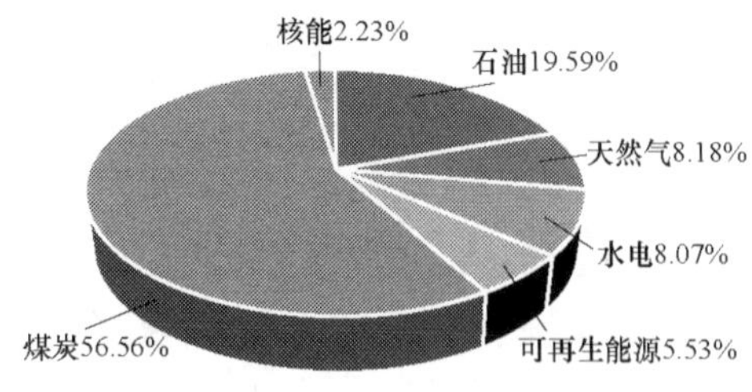

图 1-4　中国 2019 年一次能源消费结构

和工业化、城镇化进程的持续推进，能源生产量和消费量均不断增长，但存在较大的能源缺口且呈逐步变大的趋势。图 1-5 给出了中国 2006—2020 年能源生产和消费对比情况。由图可知，国内能源消费量均大于能源生产量，这就造成了国内能源不能满足需求，需要从国外进口能源。统计数字显示，2020 年，全国能源消费总量 49.7 亿 t 标准煤当量，同比增加 17 688 万 t 标准煤当量、增长 1.4%，增速比 2019 年略有提高，煤炭消费比重连续三年下降，非化石能源成为新增能源消费的主力。2020 年全国全年煤炭消费量为 39.7 亿 t，同比增加约 0.238 2 亿 t、增长 0.6%。

石油资源不足的矛盾突出，严重依赖进口。随着经济发展和产业结构的转变，我国对石油的需求不断增长，能源需求结构逐步发生变化。进入“十三五”以来，虽然我国的能源生产和建设能力大大提高，但我国的石油资源有限，尤其主力油田的开采已进入中后期，石油资源不足以支持高速增长的石油需求。受资源限制，我国原油产量一直增幅不大，已连续十五年低于消费需求的增长幅度。能源生产结构难以随着需求结构的转变而转变，由此导致的能源供需结构性矛盾，需依靠石油进口加以解决，且进口的数量随着经济发展越来越大。图 1-6 给出了中国 2006—2020 年石油产量和消费量情况。由图可知，16 年间中国石油产量的增幅远小于消费量的增幅，中国石油的产量严重不足，缺口很大，很大部分需要从国外进口，尤其是在经济高速发展的今天，石油资源相当匮乏，这就给经济的发展带来障碍，阻碍了社会的和谐发展，影响了国家的安全与稳定。2020 年，受放开原油进口权和补充石油储备影响，全年原油进口大幅增长，进口量 3.81 亿 t，已与美国基本持平，同比增加超过 4500 万 t，增速达 13.6%。受原油进口大幅增长拉动，我国石油对外依存度已达到 64.4%，同比增加 3.9 个百分点。

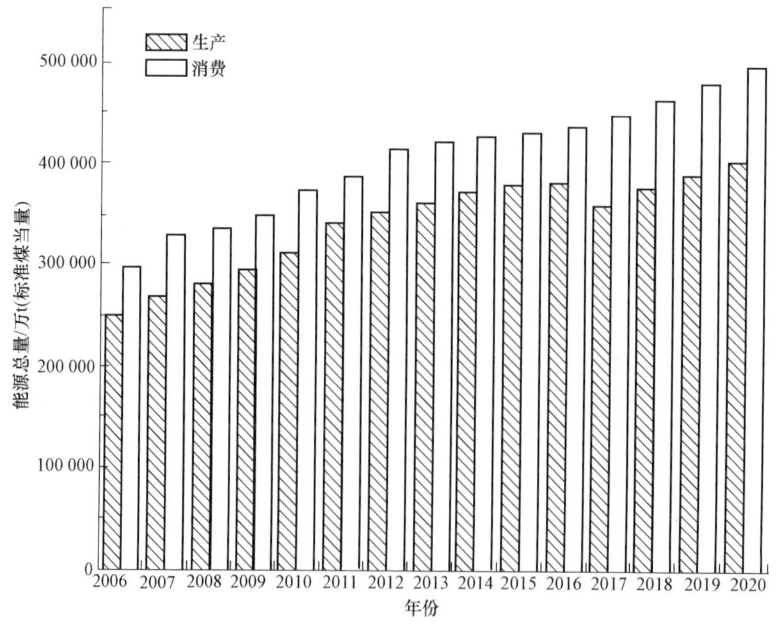

图 1-5　中国 2006—2020 年能源生产和消费情况

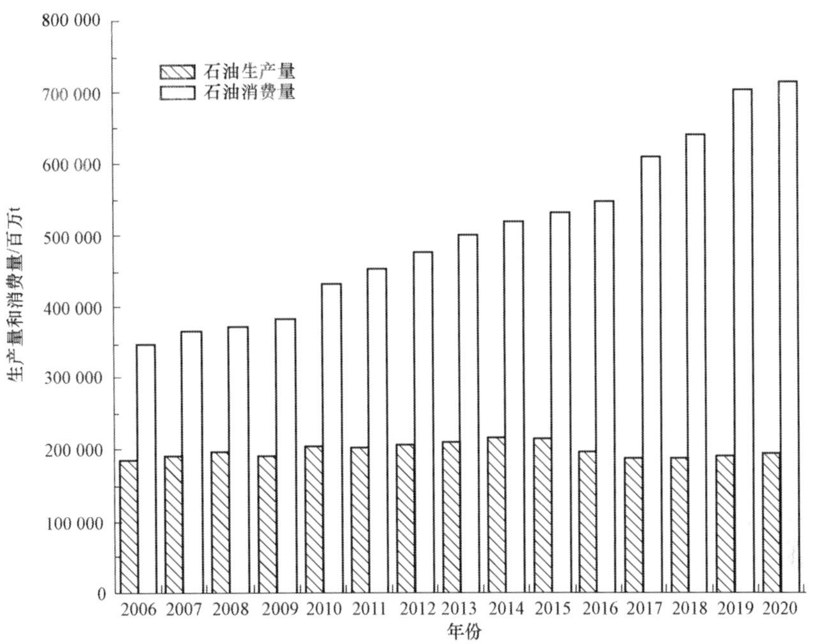

图1-6 中国2006—2020年石油产量和消费量情况

地球能源有限，不能持久使用，《BP世界能源统计2021》指出：2020年底全球石油探明储量为1732.4亿t。按2020年度产量计算，可供开采48.2年。以同样方式计算，天然气和煤炭的剩余储量分别可开采52.5年和153年。我国石油储备只能够开采17.5年，天然气和煤炭分别可以供应38.8年和72年。这表明能源危机的时代已经到来，2007年底由于全国范围内的气候原因，电荒、煤炭荒集中爆发，2010年以来，世界油价的不断攀升，全国各地均出现了柴油荒，也为我们敲响了警钟。因此，研究开发一种新型的可替代环境友好型燃料势在必行，生物柴油具有可再生性、环保性，是一种最具有代表性的可替代生物质液体燃料，在世界范围内10年后可望成为重要的燃料来源，为进入“后石油时代”作好充分准备。

1.1.3 可再生能源现状

随着全球范围内能源危机冲击、环境保护以及经济持续发展的要求，开发利用新能源和可再生能源已经成为大多发达国家和部分发展中国家在21世纪能源发展战略的基本选择。20世纪70年代以来的石油危机爆发促使各国寻求可替代的能源供应，核能与可再生能源的开发利用日益受到世界各国的高度重视。然而，1979年的三里岛核外泄和1986年的切尔诺贝利核电站爆炸等核事故的发生使核能发展遇冷，核能安全性成为阻碍核能发展的重要影响因素，特别是2011年日本福岛核事故的发生使得不少国家能源战略转向可再生能源发展。20世纪90年代初，气候变化问题引起国际社会的关注，科学界大多认为传统化石能源燃烧产生的温室气体排放是引起气候变化的主要原因，这极大地推动了可再生能源的发展。世界上很多国家和地区都发布了其可再生能源发展目标，力推能源转型和应对气候变化，如欧盟2012年发布的《能源发展路线图2050》提出可再生能源在能源消费中最低占比55%的发展目标。2010年，法国颁布《国家可再生能源行动计划》，确定了欧盟《可再生能源指令》框架下的2020年可再生能源目标：总目标是整体经济能耗中可再生能源占比达到23%；具体目标包括取暖或制冷可再生能源占比达到33%；27%的电能来自可再生能源；10.5%的交通能源需求来自可再生能源。2015年8月，法国颁布《能源过渡法案》，提出了截至2030年的气候及可再生能源目标：总目标是整体经济能耗中可再生能源占比达到32%；具体目标包括取暖或制冷可再生能源占比达到38%；40%的电能来自可再生能源；15%的交通能源需求来自可再生能源。

根据21世纪可再生能源政策网络（REN21）所发布的2004—2017年《全球可再生能源现状报告》的统计数据，从2004年算起，12年间世界范围内可再生能源总投资增长了4.4倍，其中2016年可再生能源发电和可再生燃料投资总额为2416亿美元，比2015年的2859亿美元投资额减少了15.5%，但中国仍然是可再生能源发电和可再生燃料投资最多的国家，表1-1给出了2016年可再生能源投资、装机容量及产量的净增量的国家排序。当前在全球范围内，可再生能源在诸多国家已逐步占据具有一定竞争优势的主流能源位置。由图1-7可知，截至2020年底，全球范围内可再生能源消费量占能源消费总量的比例已经达到12.4%。

表1-1　2016年可再生能源投资、装机容量及产量的净增量排序

项目	1	2	3	4	5
可再生电力和燃料投资①	中国	美国	英国	日本	德国
每单位GDP再生电力和燃料投资	玻利维亚	塞内加尔	约旦	洪都拉斯	冰岛
地热发电装机容量	印度尼西亚	土耳其	肯尼亚	墨西哥	日本
光伏装机容量	中国	美国	日本	印度	英国
太阳能热发电装机容量	南非	中国			
风电场装机容量	中国	美国	德国	印度	巴西
太阳能热水器安装量	中国	土耳其	巴西	印度	美国
生物柴油产量	美国	巴西	阿根廷/德国/印度尼西亚		
燃料乙醇产量	美国	巴西	中国	加拿大	泰国

①不包括水力发电>50MW。

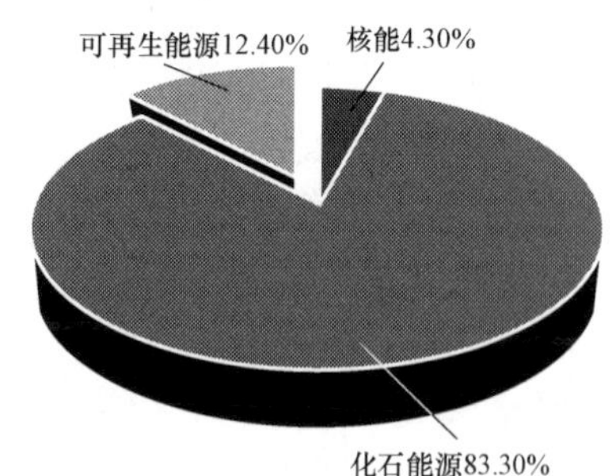

图1-7　可再生能源占全球能源消费比例（截至2020年）

从发电量来看，截至2019年，可再生能源发电量占全球发电总量的比例达到27.3%，其中水力发电占比15.9%，风力发电量占比5.9%，生物质能发电量占比2.2%，太阳能发电量占比2.8%。根据《2017—2023年中国可再生能源行业分析与投资前景分析报告》显示，2016年中国可再生能源发电总装机容量（不包括水电）增长了14.1%，低于十年的平均水平，但为有记录以来最大增幅（5300万t油当量）。亚太地区取代欧洲和欧亚地区，成为最大的可再生能源产区。中国超过美国，成为全球最大的可再生能源生产国。统计2009—2019年全球电力生产结构见表1-2。

表1-2　　2009—2019年全球电力生产结构

电力生产结构	2011年	2012年	2013年	2014年	2015年	2016年	2017年	2018年	2019年
全球总发电量（TWh）	22 126	22 668	23 322	23 816	24 176	24 957	25 677	26 615	27 005
化石燃料+核能发电占比（%）	79.7	78.3	77.9	77.2	76.3	75.5	73.5	73.8	72.7
可再生能源发电占比（%）	20.3	21.7	22.1	22.8	23.7	24.5	26.5	26.2	27.3
其中：水力发电（%）	15.3	16.5	16.4	16.6	16.6	16.6	16.4	15.8	15.9
风力发电（%）	5.0	5.2	2.9	3.1	3.6	4.0	5.6	5.5	5.9
生物质发电（%）			1.8	1.8	2.0	2.0	2.2	2.2	2.2
光伏发电（%）			0.7	0.9	1.2	1.5	1.9	2.4	2.8
地热能发电（%）			0.4	0.4	0.4	0.4	0.4	0.4	0.4

根据上述分析数据显示，虽然2016年可再生能源装机容量（含水力发电）创造了新纪录，增加了168GW，全球总产能比2015年增长了近9%，达到2017GW。但是并不能表明成功实现能源转型，因为目前在实现可再生能源替代传统化石燃料过程中，起主要作用的是水力发电、风力发电和光伏发电，其他种类的可再生能源如地热能、生物质能、海洋能发电等在目前的能源结构中作用甚微。《巴黎协定》指出，各方将加强对气候变化威胁的全球应对，把全球平均气温较工业化前水平升高控制在2℃之内，并为把升温控制在1.5℃之内而努力，全球将尽快实现温室气体排放达峰，21世纪下半叶实现温室气体零排放。

1.1.4 生物质能现状

人类所需能量几乎都是直接或间接地来自太阳能，煤炭、石油、天然气等化石能源其本质也是由远古生物固定下来的太阳能。在人类100多年的工业化进程中，消耗的煤、石油、天然气分别占到经济可采储量的20%、40%和30%左右。也就是说，人类在现代化的进程中，只用了短短100多年的时间，就消耗了地球历经亿万年储存的大部分太阳能。化石能源的不可再生性，其根本在于化石能源形成时间之漫长——动辄以亿年为单位，而正是这种历经亿万年形成的化石能源，支撑着人类现代文明的发展。按照一般估计，煤、石油、天然气以现在的规模使用，还可以支持50～100年。生物质能是太阳能的一种表现形式，直接或间接地来源于植物的光合作用。在众多可再生能源中，生物质能是唯一的一种可再生碳源。通过物理、化学和生物等转化手段生成常规的固体、液体和气体燃料。

传统的生物质有薪柴、秸秆、稻壳、粪便及有机废弃物，现代着眼于可进行规模化利用的生物质，如：林业或其他工业的木质废弃物、制糖工业与食品工业的作物废渣、城市有机垃圾、大规模种植的能源作物和薪炭林等。生物质能是仅次于煤炭、石油和天然气而居于世界能源总量第四位的能源。生物质能属于低碳能源，含硫量和灰分都较低，含氢量较高，因此又属于清洁型能源。大力开发生物质能资源，对于缓解世界能源危机，改善全球环境，保护地球，改善全球以化石燃料为主的能源结构，具有十分重要的意义。生物质由C、H、O、N和S等元素组成，是由空气中的CO_2、水通过光合作用所产生的。生物质挥发分高，碳活性高，硫、氮含量低，灰分低。生物质能利用是植物吸收空气中的CO_2进行光合作用产生生物质，并且通过燃烧反应等途径释放热能和CO_2的可逆循环利用过程，即

$$CO_2+2H_2O+\text{太阳光}\xrightarrow{\text{叶绿素}}CH_2O+H_2O+O_2$$

$$CH_2O\xrightarrow{\text{燃烧}}CO_2+\text{热能}$$

2017年6月12—15日在斯德哥尔摩举行的第25届欧洲生物质博览会上，世界生物质能协会（WBA）发布了2017全球生物能源统计报告。报告称，2014年，全球生物质供应量已增至59.2EJ，占全球能源供应的10.3%，比上年增长2.6%。而根据REN21 2017年的统计数据显示，生物质在2015年最终能源消费中的利用仅占14.1%，其中传统生物质（即农村生活用能如薪柴、秸秆、稻草、稻壳及其他农业生产的废弃物和畜禽粪便等）数量最大，占9.1%，其次是现代工业供热占2.5%，现代建筑供热、运输燃料和发电的份额均较少，具体所占比例见表1-3。

表1-3　　能源消费中的生物质份额

年份	非生物质	生物质	传统生物质	运输燃料	发电	现代工业供热	现代建筑供热
2014年	86	14	8.9	0.8	0.4	2.2	1.5
2015年	85.9	14.1	9.1	0.8	0.4	2.5	1.2

生物质燃油是指由生物质能直接或间接转化利用的液体燃料，包括油料作物榨出的植物油脂、回收餐饮废油、地沟油、乳化油、化学转化的生物柴油、生物秸秆热解裂解的生物油、生物乙醇等，是可再生清洁环保友好型液体燃料。截至2015年，燃料乙醇年产量约210万t，生物柴油年产量约80万t。2016年生物燃料生产最多的国家是美国，占全球总量的48%，相比之下，中国生物燃料产量较低，仅占2.6%。我国自主研发生物航煤成功应用于商业化载客飞行示范，但全球运输行业只有2.8%是由液体生物质燃料驱动的。有数据显示，全球液态生物质燃料产量达到1260亿L，其中美国和巴西生产了约951亿L。1995年，美国利用玉米等作物秸秆制取燃料乙醇已达5.5×10^9L。美国生物柴油专业组织的数据显示，在2003年，美国生物柴油的产量约为25万t，到2004年产量上升到30万t。该组织估计，美国目前生物柴油的直接生产能力可以达到每年140万t。目前，我国生物柴油正进入快速发展阶段，各地纷纷投资建厂。2017年，我国生物柴油产量约为110万t，年产5000吨以上的厂家超过40家，并向大规模化趋势发展，根据《可再生能源中长期发展规划》，我国2020年生物柴油市场规模将达到200万t。在燃料乙醇方面，我国在黑龙江省、内蒙古自治区、辽宁省等地，已建立了甜高粱种植基地和甜高粱茎秆制取燃料乙醇的加工基地，达到了年产5000t燃料乙醇的规模。

目前生物质燃油燃烧应用主要的研究：锅炉燃烧、柴油机燃烧、燃气轮机燃烧、斯特林发动机燃烧等。其中柴油机燃烧和斯特林发动机燃烧应用的主要是低黏度生物质燃油，如生物乙醇、生物柴油和生物油精馏液体燃料等。天津大学尧命发等在单缸柴油机中研究了正丁醇/生物柴油高预混压燃的燃烧和排放特性。北京理工大学何旭等在高温高压定容燃烧弹中研究了生物柴油喷雾、着火和燃烧特性。长安大学陈昊等计算了生物柴油的密度、声速、弹性模量与可压缩性，并采用单缸柴油机进行台架试验研究生物柴油燃烧与排放特性。江苏大学罗富强教授等在单缸直喷式柴油机上增加预热装置，研究黏度较大的小桐子油的性能及排放，加热至150℃的小桐子油可用作柴油机的代用燃料。大连理工大学王春梅等利用KIVA3数值模拟研究了生物柴油对压燃发动机燃烧和排放性能的影响。同济大学楼狄明教授等研究了不同预喷条件下B20的燃烧及排放特性。上海交通大学朱浩月博士等在单缸柴油机上研究了生物柴油低温燃烧及CO和HC排放特性。常熟理工学院许广举博士等分析了生物柴油在柴油机中燃烧多环芳烃形成机理。中南大学蒋绍坚教授等研究了空气预热温度对生物柴油火焰平均长度和平均面积及结构的影响。以上研究均是基于生物柴油或其原料油在内燃机中的微尺度燃烧特性及排放特性，适用于低黏度生物质燃油。黏度较大的生物质燃油（如小桐子油）在内燃机中燃烧需要增设辅助装置，如对油预热降黏或空气预热等装置，预热到一定温度才能达到相应效果，燃烧效率偏低。

高黏度生物质燃油燃烧主要应用在锅炉燃烧、工业炉窑燃烧和燃气轮机燃烧中。VTT Energy和NeSte Oy在8MW额定功率仅输出4MW的锅炉中使用生物油进行了一系列的实验，实验发现：锅炉必须进行必要的改造以满足燃烧要求；生物质燃油燃烧的火焰长度要比标准燃料油长；在启动，甚至在运行的时候，必须有辅助燃料引燃；不同的生物质燃油有不同的燃烧现象和排放量，高黏性，高含水量和高固体含量表现出明显差的性能；燃烧效率低下等。美国威斯康星州Manitowoc public utilities发电厂在一台20MW低硫Kentucky燃煤锅炉上进行了生物质燃油雾化燃烧的方式和煤混合燃烧的实验，实验结果表明混合燃烧生物质燃油对锅炉的运行和设备都没有任何不利的影响，烟气中SO_x排放量减少5%，但液体和煤固体结合燃烧使其颗粒黏结概率增大，导致颗粒粒径增大，未完全燃烧热损失增大，燃烧效率降低。加拿大Dynamotive能源系统公司利用生物质燃油和石灰发生钙离子交换反应制备生物石灰，利用这种生物石灰在一个25kW的小型锅炉上和含硫柴油和重油进行了共燃实验，共燃结果显示使用生物石灰和煤共燃后，SO_x和NO_x的排放分别减少90%和40%，但生物质燃油分子较大，在此种情况下燃烧出现生物质燃油燃不尽现象。Kasper等使用J69 - T - 29燃气轮机进行生物质慢速裂解油的实验，发现含热解油95%的燃料油就能使燃气轮机稳定运行，但燃烧尾气中CO含量过高。Strenziok等在最大输出功率75kW，小型双燃料系统Deutz T216燃气轮机上进行生物质燃油的实验，实验结果显示生物质燃油能满足功率需求，NO_x排放量稍微低一点，但CO和CH排放量明显高。加拿大Boucher等研究了纯生物质燃油作为燃气轮机燃料的性质，指出为了达到不修改燃气轮机的要求，较好的方法是添加甲醇和水相。结果表明，当生物质燃油加热到80℃时，生物质燃油性质会发生明显的改变；添加水相会明显降低生物质燃油的热稳定性；添加甲醇会减小黏度的增加率和延迟相分离进程，有利于生物质燃油的稳定，但甲醇闪点与燃点低，易挥发燃烧，导致燃烧火焰稳定性差。西班牙G. Lopez Juste等对生物质燃油在燃气轮机的研究表明，在燃烧室预热后，生物质燃油和酒精的混合物（80%生物质燃油、20%乙醇，体积百分含量）可以在点火塞下引燃，运行特性与使用JP - 4航空燃油基本相同，但预热温度过高（80℃以上时）导致生物质燃油黏度反而增大，影响雾化燃烧质量。

中南大学蒋绍坚教授等进行了生物柴油在炉窑内燃烧火焰特性和污染物排放特性研究，结果表明，增大过量空气系数，火焰体积逐渐减小，火焰变形严重；增加雾化压力，火焰体积先增大后减小，火焰变形严重，火焰结构分散；火焰长度与空气过剩系数成反比，随雾化压力减小；CO排放量随空气过剩系数增加先降低后增大，NO排放量随空气系数增加先增大后降低，增加炉膛温度和雾化压力，可降低CO排放量，但NO排放量增加。中国科学与技术大学刘承运等在自砌的小型工业炉窑上进行了稻壳生物油的燃烧及污染物排放特性研究，结果发现稻壳生物油点火困难，燃烧容易生成CO，需要调整雾化喷嘴结构、使用辅助点火源等途径加以解决。

在电力行业，生物质能源是第三大可再生能源，早在1979年，美国就开始采用垃圾直接焚烧发电，在1992年美国已经有1000个利用木材气化的发电厂，运行装机650kW，而1999年日本生物质电已达到8×10^4kW。截至2016年，生物质发电占可再生能源（含水力发电）装机容量的比例见表1-4。由表1-4可知，2016年全球生物质发电装机容量约112GW，其中美国生物质发电装机容量约1590万kW，巴西生物质发电装机容量约1100万kW。生物质热电联产已成为欧洲，特别是北欧国家重要的供热方式。生活垃圾焚烧发电发展较快，其中日本垃圾焚烧发电处理量占生活垃圾无害化处理量70%以上。太阳能和风能是发展最快的技术，增长率分别为45.1%和25.1%。可再生能源间接热量（发电厂产生的热量）和直接热量（直接利用产生的热量）占全球的7.1%和27.7%。可再生能源供热行业主要是以生物质为主导能源。截至2015年，我国生物质发电总装机容量约1030万kW，其中，农林生物质直燃发电约530万kW，垃圾焚烧发电约470万kW，沼气发电约30万kW，年发电量约520亿kWh，生物质发电技术基本成熟。

表1-4　　生物质发电占可再生能源（含水力发电）装机容量的比例

装机容量	2004年	2010年	2011年	2012年	2013年	2014年	2015年	2016年
可再生能源装机容量（GW）	800	1250	1355	1470	1560	1712	1849	2017
生物质发电装机容量（GW）	<36	—	—	—	88	93	106	112
生物质发电占再生能源装机容量（%）	—	—	—	—	5.6	5.4	5.7	5.6

在生物质成型燃料方面，截至2015年，全球生物质成型燃料产量约3000万t，欧洲是世界最大的生物质成型燃料消费地区，年均消耗约1600万t。北欧国家生物质成型燃料消费比重较大，其中瑞典生物质成型燃料供热约占供热能源消费总量的70%。截至2015年，我国生物质成型燃料年利用量约800万t，主要用于城镇供暖和工业供热等领域。生物质成型燃料供热产业处于规模化发展初期，成型燃料机械制造、专用锅炉制造、燃料燃烧等技术日益成熟，具备规模化、产业化发展基础。

生物质能多元化分布式应用成为世界上生物质能发展较好国家的共同特征。生物质供热在中、小城市和城镇应用空间不断扩大。生物液体燃料向生物基化工产业延伸，技术重点向利用非粮生物质资源的多元化生物炼制方向发展，形成燃料乙醇、混合醇、生物柴油等丰富的能源衍生替代产品，不断扩展航空燃料、化工基础原料等应用领域。我国生物质能源丰富，但利用率较低，因此，开发利用生物质能对我国具有特殊意义。

1.1.5　能源消费结构

能源体系是一个包括能源生产、转化、传输、消费和管理体制的综合系统。能源转型是能源体系发生的一种长期的、结构式的改变，是指能源体系有了全新的组成部分，或旧的模式发生了根本性的变化。能源消费在能源体系中居于重要位置，而我国能源消费结构尚不合理（见图1-8），我国2016年全年能源消费总量43.6亿t标准煤，比2015年增长1.4%。煤炭消费量下降4.7%，原油消费量

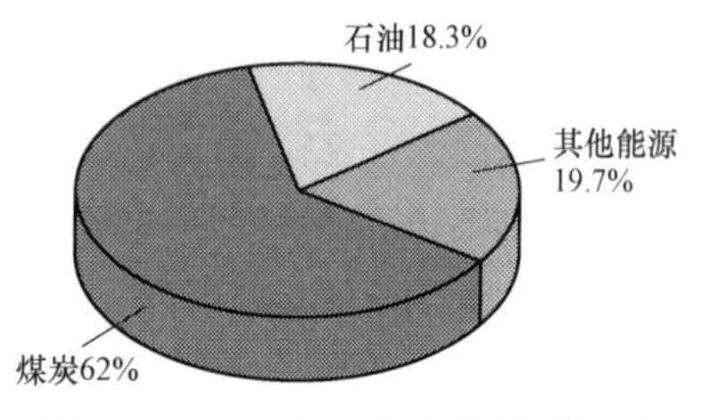

图1-8　2016年中国能源消费结构

增长5.5%，天然气消费量增长8%，电力消费量增长5%。煤炭消费量占能源消费总量的62%，比2015年下降2个百分点；水电、风电、核电、天然气等清洁能源消费量占能源消费总量的19.7%，上升1.7个百分点。2016年全国万元国内生产总值能耗下降5%。工业企业吨粗铜综合能耗下降9.45%，吨钢综合能耗下降0.08%，单位烧碱综合能耗下降2.08%，吨水泥综合能耗下降1.81%，每千瓦时火力发电标准煤耗下降0.97%。

从能源消费结构来看，煤炭在中国能源消费总量中占主导地位。在生物质能的发展方面，"十二五"规划将重点放在生物质发电技术、大中型沼气技术、农村沼气应用等方面，其中生物柴油利用量约50万t，仅占生物质能利用量的2.5%。近年我国的各类生物质能源利用量由2010年的2000万t标准煤增长至2015年的4.36亿t标准煤，但由于政策方面对生物柴油支撑有限，生物柴油在调和油方面的发展落后于其他可再生能源。2016年12月10日，我国发布《可再生能源发展"十三五"规划》，进一步提出在2020年和2030年非化石能源分别占一次能源消费比重15%和20%的目标，较"十二五"期间非化石能源分别占一次能源消费比重11.4%和15%的目标，分别增长3.6%与5%。随着"十三五"新的非石化能源占比目标的出台，我国生物柴油迎来新的政策支撑。

由于生物柴油原料收集制度不健全，生产成本居高不下使得生物柴油价格高位。新发布的"十三五"规划明确提出：对生物柴油项目进行升级改造，提升产品质量，满足交通燃料品质需要。自2016年12月《可再生能源发展"十三五"规划》发布以来，对生物柴油市场并无明显提振，由于长期缺乏政策支持，目前国内生产商在生物柴油调和油市场操作很少。

1.2 生物柴油的基本特性

1.2.1 生物柴油定义

生物柴油的概念最早由德国工程师鲁道夫·狄塞尔（1858—1913）于1884年提出，在1900年巴黎博览会上，他展示了使用花生油作燃料的发动机。生物柴油生产系统的研究工作开始于20世纪50年代末至60年代初，在20世纪70年代的石油危机之后得到了较快的发展。生物柴油（biodiesel）是以油料作物、野生油料植物和工程微藻等水生植物油，以及动物油脂、废食用油等为原料，通过酯交换工艺制成的甲酯或乙酯燃料。生物柴油是一种可以替代普通柴油使用的优质的环保柴油，是资源永续的可再生能源，被称为"绿色柴油"。世界各国生产生物柴油所用的原料不尽相同，美国使用大豆和动物脂肪，欧洲使用油菜籽和动物脂肪，日本使用动物脂肪，马来西亚使用椰子油和棕榈油，印度使用非食用植物油和小桐子油，印度尼西亚使用椰子油和蓖麻籽油，新加坡使用棕榈油，菲律宾使用椰子油，我国主要使用地沟油及其他油料加工下脚料油。欧洲和北美利用过剩的菜籽油和豆油为原料生产生物柴油获得推广应用。

生物柴油属于生物质能，是生物质利用热裂解的技术或化学催化转化技术得到的一种长链脂肪酸的单烷基低碳酯。生物柴油是含氧量较高，非常复杂有机成分组成的混合物，这些混合物主要是一些分子量大的有机物，主要是长链脂肪酸低碳酯，还有多种类的含氧有机物，例如：醚、醛、酮、酚、有机酸等。

1.2.2 生物柴油种类

1. 根据生物柴油发展历程分类

根据生物柴油发展历程分类可以把生物柴油分为三个阶段，称为第一代生物柴油、第二代生物柴油和第三代生物柴油。

第一代生物柴油主要成分是脂肪酸甲酯，是以动植物油脂、地沟油等为原料，以甲醇等为主的低碳醇为酯交换剂，在适当的反应参数和碱性催化剂，如氢氧化钠的协同作用下催化合成脂肪酸低碳酯，并且伴随着生成副产品约10%的甘油。第一代生物柴油具有许多优良的燃料特性，如较高的十六烷值和润滑性等，但在制备过程中会产生一定量的含碱、脂肪酸酯、甲醇和甘油等工业废水。除此之外，生物柴油产品是混合脂肪酸甲酯，含氧量高、热值较低，其组分化学结构含有羧酸基单元，与石化柴油存在明显不同的官能团结构。生物柴油在储存过程中容易变质，且沸程窄、低温流动性能差、氧化安定性能差、与发动机兼容性差。第一代生物柴油的能量利用效率相对于石化柴油明显偏低。因此，为了解决第一代生物柴油存在的问题和满足市场的需要，开展了第二代生物柴油的研究与应用。

第二代生物柴油以深度加氢生成脂肪烃为核心的新工艺制备的烃类液体燃料，在合成工艺以及产物结构方面，第一代和第二代生物柴油均有很大的差别。第二代生物柴油的主要成分是液态脂肪烃，在结构和性能方面更接近石油基燃料，加工和使用都比甲酯类燃料方便，受到石油炼制企业的欢迎。动植物油脂加氢制备第二代生物柴油的研究始于20世纪80年代，油脂加氢过程中包含多种化学反应，主要有不饱和脂肪酸的加氢饱和、加氢脱氧、加氢脱羧基和加氢脱羰基等反应，另外，还包括临氢异构化反应等。油脂通过加氢饱和、加氢脱氧、脱羧或脱羰基等反应可得到长链饱和烷烃，但经过不同反应途径得到的产物有所不同，加氢脱氧反应得到的是偶数碳烷烃，而脱羧或脱羰基反应得到的是少于一个碳原子的奇数碳烷烃。第二代生物柴油具有较高的十六烷值和良好的低温性能，具有稳定的物理化学性质和存储稳定性，与石油基柴油燃料的标准完全兼容，两者可调和使用，但也存在生产工艺复杂、生产成本较高、生产能耗较高等缺陷。

第三代生物柴油拓展了原料的选择范围，使可选择的原料从棕榈油、豆油、菜籽油、小桐子油、橡胶籽油等植物油脂拓展到高纤维素含量的非油脂类生物质和微生物油脂。目前，主要有两种技术：一种是以微生物油脂生产生物柴油，该技术的核心步骤是培养和萃取微生物油脂；另一种是以生物质原料通过气化合成生物油，进一步提质得到生物柴油，重点是开发生物质气化技术。从原料方面看，第二代生物柴油较第一代生物柴油没有明显进步，但第三代生物柴油拓展了原料的选择范围。研究人员采用生物质气化技术和催化加氢反应来生产直链烷烃，使可选择的原料从菜籽油等油脂拓展到高纤维素含量的非油脂类生物质（如木屑、农作物秸秆和固体废弃物等）和微生物油脂。采用非油脂类生物质作为原料，可以避免燃料与食物之间的竞争，降低其生产成本；采用微生物油脂作为原料，具有繁殖速度快、生产周期短、所需劳动力少且同时不受场地、季节和气候变化影响等优势。

2. 根据生物柴油原料油种类分类

在生物柴油制备过程中，原料占总成本的60%以上，因此如何获得规模供应、廉价、可作为能源用途的油料资源是生物柴油大型商业化、产业化必须解决的关键问题。目前世界各国纷纷选择有自身优势的原料来发展生物柴油。例如欧盟和加拿大等国家以菜籽油为主要原料，美国的主要原料是转基因大豆油，巴西的主要原料是转基因大豆油和蓖麻油，马来西亚和印度尼西亚则以其盛产的棕榈油来发展生物柴油。我国地理气候和饮食结构差异较大，各地油料作物的种植和油脂的消费种类均有不同，消费比例最大的草本植物油脂和动物脂肪。植物油脂主要包括菜籽油、大豆油、棉籽油、葵花籽油、花生油、玉米油等；动物油脂主要指猪油、牛油、鸡油、鱼油、羊油等。我国生物柴油原料来源分为三个阶段，第一阶段以废弃油脂、棉籽油及工业棕榈油为原料制备生物柴油；第二阶段利用荒山、盐碱地等边际土地大力发展小桐子、橡胶籽油、黄连木、千年桐等木本油料资源；第三阶段是开展微藻技术和农林废弃物等生物质液化-气化技术的研究，实现未来生物柴油产业的持续化、规模化发展。根据生物柴油原料油种类分类如下：

（1）动物油脂类生物柴油。动物油脂包括猪油、牛油、羊油和鱼油等。美国、欧洲和日本等国家已经开始利用动物油脂生产生物柴油。

（2）植物油脂类生物柴油。用于生产生物柴油的植物油脂主要有小桐子油、橡胶籽油、棕榈油、大豆油、菜籽油、棉籽油、蓖麻籽油等。

（3）微生物油脂类生物柴油。微生物油脂又称单细胞油脂，是由酵母、霉菌、细菌和藻类等微生物在一定的条件下，利用碳水化合物、碳氢化合物和普通油脂作为碳源，在菌体内产生的大量油脂和一些商品价值的脂质。

（4）废弃油脂类生物柴油。废弃油脂是中国生物柴油原料主要来源之一，主要包括餐饮废油、地沟油、炒菜和炸食品过程产生的煎炸废油等。

1.2.3　制备生物柴油的反应历程

酯交换反应是指将一种酯与另一种脂肪酸、醇、自身或其他酯混合并伴随羧基交换或分子重排生成新酯的反应。制备生物柴油就是利用动植物油脂和微生物油脂中的甘油三酯在催化剂作用下与低碳醇发生的酯基交换反应，其酯交换反应的历程如图1-9所示。由图可知，油脂分子是由三个脂肪酸与一个丙三醇基构成的，分子质量大约为850g/mol。而脂肪酸甲酯的分子是由一个脂肪酸与一个甲醇基构成的，分子质量大约为280g/mol。这个化学反应把一个植物油的分子变成了三个分子，类似于石油炼制过程中的裂解。石化柴油分子由15个碳的烃链组成，经加工的植物油分子一般由14～18个碳的烃链组成，与石化柴油分子非常相似。因此，生物柴油可以作为石化柴油替代燃料。

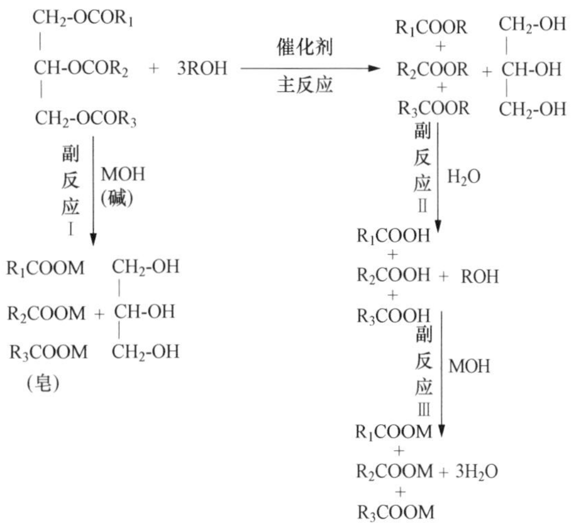

CH_2-$OCOR_1$ / CH-$OCOR_2$ / CH_2-$OCOR_3$ + 3ROH —催化剂（主反应）→ R_1COOR + R_2COOR + R_3COOR + CH_2-OH / CH-OH / CH_2-OH

副反应Ⅰ（MOH（碱））：→ R_1COOM + R_2COOM + R_3COOM（皂） + CH_2-OH / CH-OH / CH_2-OH

副反应Ⅱ（H_2O）：→ R_1COOH + R_2COOH + R_3COOH + ROH

副反应Ⅲ（MOH）：→ R_1COOM + R_2COOM + R_3COOM + $3H_2O$

图1-9　酯交换反应历程

1.2.4　生物柴油的成分组成

生物柴油的主要成分为软脂酸、硬脂酸、油酸、亚油酸等长链饱和与不饱和脂肪酸同甲醇或乙醇等低碳醇所形成的酯类化合物，生物柴油的主要成分是长链脂肪酸甲酯，其中含碳碳双键或三键的不饱和脂肪酸甲酯含量超过一半。如菜籽油生物柴油不饱和脂肪酸甲酯的含量为85.5%，大豆油生物柴油不饱和脂肪酸甲酯的含量为93.7%，小桐子生物柴油不饱和脂肪酸甲酯的含量为73.2%，地沟油生物柴油不饱和脂肪酸甲酯的含量为65.1%，棕榈油生物柴油不饱和脂肪酸甲酯的含量为54.0%。

生物柴油的燃料特性中有一大部分参数是由其原料油性质决定的，如其密度、运动黏度、碘值、十六烷值、冷滤点、氧化安定性等，而原料油的性质主要由其脂肪酸组成决定的，包括碳链长度、双键数等。原料油的脂肪酸组成一般不会在生物柴油生产过程中发生的酯化反应和酯交换反应中而发生改变。木本植物生物柴油产品十六烷值、碘值、氧化安定性等燃料特性主要由原料油脂肪酸的不饱和度决定的，冷滤点与其饱和脂肪酸的含量、碳链长度有关，随长碳链饱和脂肪酸的增加而升高。其中，山杏、麻疯树、黄连木、文冠果、光皮树和花椒六个树种具有较高的单不饱和脂肪酸含量，生物柴油产品燃料特性较好；乌桕、油桐、山桐子和油棕生物柴油的燃料特性稍差，一般与石化柴油或其他生物柴油调和混配使用。

1.2.5 生物柴油的优缺点

近年来，生物柴油得到了快速的发展。美国能源部在2001年提交了美国国会的立法咨询报告，并通过立法，将替代燃料所占份额从2002年的1.2%提高到2016年的4%。其中，生物柴油的需求量从2002年的25万t提高到2016年的270万t。欧盟计划到2030年，生物燃料在交通运输业燃料中占的比重将达到25%。

1. 优点

生物柴油之所以受到各国和经济实体如此青睐，是因为其具有自身独特的优点：

(1) 具有优良的环保特性。

(2) 具有较好的低温发动机启动性能。

(3) 具有较好的润滑性能。

(4) 具有较好的安全性能。

(5) 具有良好的燃烧性能。

(6) 具有可再生性能。

(7) 无需改动柴油机，可直接添加使用，同时无需另添加油设备、储存设备及人员的特殊技能训练。

(8) 生物柴油以一定比例与石化柴油调和使用，可以降低油耗、提高动力性，并降低尾气污染。

2. 缺点

任何事物都有两面性，生物柴油既有突出的优点，也存在一些缺点：

(1) 生物柴油的热值比柴油略低。

(2) 生物柴油具有较高的溶解性，作燃料时易于溶胀发动机的橡胶垫圈，需定期更换。

(3) 生物柴油作汽车燃料时 NO_x 的排放量比柴油略高。

(4) 生物柴油的低温流动性和氧化稳定性较石化柴油略差。

1.3 生物柴油的制备方法

1.3.1 直接混合法

直接混合法就是将植物油脂与石化柴油直接混合用于柴油代用燃料。100多年前，柴油引擎机发明者鲁道夫·戴瑟尔第一次尝试将纯核桃油用于内燃机，从此开启了纯植物油作为内燃机燃料的先例。1983年Adams等将脱胶的大豆油与0号柴油分别以1∶1和1∶2的比例混合，在直接喷射涡轮发动机上600h的试验。当两种油品以1∶1混合时，会出现润滑油变浑浊以及凝胶化现象，而1∶2的比例不会出现该现象，可以作为农用机械的替代燃料，Ziejewshki M. 等将葵花籽油与柴油以1∶3的体积比混合，测得在40℃下其黏度为$4.88\times10^{-6}m^2/s$，而ASTM规定的最高黏度应低于$4.0\times10^{-6}m^2/s$，因此该混合燃料不适合在直喷柴油发动机长时间使用。对红花油与柴油的混合物进行的试验则得到了令人满意的结果，但在长期使用的过程中该混合物会导致润滑油变浑浊。1988年Schlick等将大豆油和葵花籽油与2号柴油以25∶75（体积比）混合，在柴油机上进行连续200h试验，研究发现，在气缸内碳大量沉淀阻碍这类燃料应用。通常采用植物油与石化柴油5%～30%的混合比，其性能与2号石化柴油的性能很接近。但长期使用，也会存在如积炭和润滑油污染等问题。

我国也进行了相关的研究，江苏理工大学与德国Elsbett公司合作，成功开发了燃烧植物油的小缸径高速直喷内燃机。徐国强等人研究了棉籽油与柴油混合油的主要性能和对柴油发动机动力性的影响。

目前，还有一种将生物柴油和石化柴油直接混合的方法，混合后再加入添加剂、降凝剂、抗磨添加剂、抗氧化剂等再一起混合，改善生物柴油的特性，达到柴油的使用要求。生物柴油可以任何比例和石化柴油相混合，形成生物柴油混合物。Johnson等将生物柴油与石化柴油1∶1质量比混合，得到的混合柴油结晶点降至－20℃以下。Noureddini等通过在生物柴油中添加由甘油与异丁烯或异戊烯在强酸催化条件下反应生成的甘油醚，从而将生物柴油的浊点有效降至0℃以下。Auschar等向菜籽油甲酯中加入质量分数0.005%～5%的抗凝剂聚（甲基）丙烯酸系列，倾点降至－40℃左右，软化点可降至－42℃以下。该方法工艺简单，但制备出来的生物柴油质量不高，长期使用易出现喷嘴堵塞、积碳和结焦现象。

1.3.2 微乳液法

微乳液法是指将植物油脂（或生物柴油）与溶剂形成微乳液，从而有效改善其性能来解决动植物油的黏度高的问题。微乳状液是一种透明的、热力学稳定的胶体分散体系，是由两种不互溶的液体与离子或非离子的两性分子混合而形成的直径为1～150nm的胶质平衡体系。1982年Georing等用乙醇水溶液与大豆油制成微乳状液，这种微乳状液除了十六烷值较低外，其他性质均与2号柴油相似。Ziejewski等以53.3%的葵花籽油、13.3%的甲醇以及33.4%的1-丁醇制成乳状液，在200h的实验室耐久性测试中没有严重的恶化现象，但仍存有积炭和使润滑油黏度增加等问题。Neuma等使用表面活性剂、助表面活性剂、水、炼制柴油和大豆油制成了新的微乳状液，其性质与2号柴油最为接近。

Ikura 等制备了以高温裂解制备的生物柴油、石化柴油和聚氧乙烯系列的表面活性剂质量比为 45∶50∶5 的微乳状液，其闪点在 70℃以上，燃点在 90℃以上，倾点在−45℃以下，具有良好的稳定性和与正常柴油相近的物理特性。Wenzel 等制备了以生物柴油与添加剂体积比为（1～99）∶1 混合形成的微乳液，其燃烧性能得到很大提高，但其在低温下并不稳定，且微乳液中的醇有一定的吸水性。

微乳液法制备生物柴油在我国的研究较少，也曾遭受到人们的质疑。2003 年，浙江金伦晓霖能源开发公司开发研制了生物乳化燃油，其雾化良好，燃烧更充分，可以作为锅炉、冶金等工业的燃料，能节省 20%左右的燃料消耗。

1.3.3 高温热裂解法

高温裂解法是在常压、快速加热、超短反应时间的条件下，使生物质中的有机高聚物迅速断裂为短链分子，并使结炭和产气降到最低限度，从而最大限度地获得燃油。Schwab 等对大豆油热裂解的产物进行了分析研究，发现烷烃和烯烃的含量很高，占总质量的 60%。还发现裂解产物的黏度比普通大豆油降低了 3 倍多，但其黏度值还是高于普通柴油的黏度值，在十六烷值和热值等方面与普通柴油相近。Pioch 等对植物油经催化裂解生产生物柴油进行了研究，得到的生物柴油与普通柴油的性质非常相近。

热裂解法得到的产品黏度小、流动性好、燃烧性能好，符合环保要求。但是，热裂解法需要高温，不但设备投资和操作费用高，生产安全性要求高，而且反应难控制，高温产生的副产物较多，产品组分复杂。

1.3.4 酯交换法

1. 酯交换反应

酯交换反应是指将一种酯与另一种脂肪酸、醇、自身或其他酯混合并伴随羧基交换或分子重排生成新酯的反应。制备生物柴油中的酯交换指的是利用动植物油脂和微生物油脂中的甘油三酯在催化剂作用下与低碳醇发生的酯基交换反应，是不需要经过化学反应改变脂肪酸组成，就能改变油脂特性的一种工艺方法。这种酯交换反应也称为醇解反应。

2. 均相催化法

均相催化法是在液体酸、碱催化剂条件下发生酯交换反应，该方法应用广，技术工艺成熟，这也是目前欧洲、美国等工业化生产生物柴油的主要方法。均相催化法包括碱催化法和酸催化法。采用的催化剂一般为 NaOH、KOH、$NaOCH_3$、$KOCH_3$和 H_2SO_4、HCl、H_3PO_4等。采用液体酸、碱催化剂反应速度快、转化率高，但同时产品需中和洗涤而带来大量的工业废水，造成环境污染，后处理过程复杂。可用于酯交换的醇包括甲醇、乙醇、丙醇、丁醇和戊醇，其中最常用的是甲醇，这是由于甲醇的价格低，同时其碳链短、极性强，能够很快地与脂肪酸甘油脂发生反应，且碱性催化剂易溶于甲醇。通过酯交换反应可使天然油脂的相对分子量降至原来的 1/3，黏度降低 90%，与柴油相近，十六烷值达到 50，同时也提高了燃料的挥发度。

以精炼油脂为原料的生产工艺是在 60～70℃、0.1MPa 下，由碱性催化剂催化的间歇或连续反应，一般采用 6∶1 的醇油摩尔比。混合产物经静置可分为上下两层，下层为甘油层，上层是甲酯层。将上层的甲酯取出，洗去带出的甘油，再进一步反应得到最终产品。过量的甲醇经冷凝被送入精馏塔中纯化后再循环使用。以未精炼油脂为原料的生产工艺是将过量甲醇、未精炼油和催化剂预热至240℃，送入压力为9MPa的反应器进行反应，反应后的混合物甘油和甲酯分离。甘油相经过中和提纯后得到甘油，同时回收的甲醇可重新在酯交换过程中使用。甲酯相进行水洗，以除去残留的催化剂、溶解皂和甘油，然后再经过分离塔将其加以分离。随后再次以稀酸洗涤，以使残留的皂从甲酯中分离出来。经过上述步骤纯化后，产物还要进行蒸发，以除去醇和溶解水，最后得到成品。这个方法的主要优点是在9MPa和240℃下作业，实际酸性油脂的游离脂肪酸高达20%时也能作为原料来使用。

3. 非均相催化法

由于均相催化法存在催化剂分离困难，产生废液较多，副反应较多和乳化现象等严重问题，近几年，非均相催化法制备生物柴油成为研究的热点。非均相催化法包括固体酸催化法和固体碱催化法。固体酸催化剂有阳离子交换树脂、高氟化离子交换树脂NR50、硫酸锆、钨酸锆等，固体酸虽在反应条件进下不容易失活，对油脂的质量要求也不高，但在催化油脂酯交化反应中反应时间较长，反应温度较高，反应物的转化率也不高。固体碱催化剂有碱金属、碱土金属氧化物，水滑石、类水滑石固体碱、负载型固体碱等。负载型固体碱制备方法简单，反应条件温和，催化剂的比表面积也得到很大提高。非均相催化法反应条件温和，催化剂可以重复使用，可以克服均相催化法存在的缺点，能使生物柴油转化率提高，后续分离成本低，但也不易与产物分离，反应后需进行中和水洗才能除去。同时，催化剂也会随产品流失，使其成本升高。

4. 超临界法

超临界状态就是指当温度超过其临界温度时，气态和液态将无法区分，于是物质处于一种施加任何压力都不会凝聚流动状态。超临界流体具有不同于气体或液体的性质，它的密度接近于液体，黏度接近于气体，而导热率和扩散系数则介于气体和液体之间。Saka提出了超临界法制备生物柴油，超临界法制取生物柴油分为一步法和两步法两种，超临界一步法制备生物柴油是油脂与超临界甲醇一起发生酯交换反应生成脂肪酸甲酯，即生物柴油；超临界两步法制备生物柴油是将油脂首先在亚临界水中水解成脂肪酸，然后将脂肪酸在超临界甲醇中酯化成脂肪酸甲酯。

Kusdiana和Saka等采用超临界一步法使菜籽油在4min内转化为生物柴油，转化率大于95%。日本住友化工（Sumitomo Chemical）开发了一种用甲醇和植物油反应制造低成本脂肪酸甲酯的超临界方法。Madras等对葵花籽油在超临界CO_2中加入脂肪酶催化进行了研究，最佳反应条件为温度45℃，酶用量为3mg，反应时间为12h，转化率为30%。杨建斌等研究了超临界CO_2流体酶催化葵花籽油脂交换反应，其转化率不到30%，而在超临界醇流体条件下的酯交换反应转化率高达96%以上。银建中等以大豆油为原料，在超临界CO_2流体酶催化反应24h，甲酯转化率只有11%，而采用Novozym435为催化剂时，反应9h甲酯转化率达到28.1%。徐娟等研究了亚临界水解橡胶籽油和超临界酯化橡胶籽油脂肪酸，水解率达到97.9%，脂肪酸的转化率可达99.2%。罗帅等研究了亚临界水解棉籽油和超临界酯化棉籽油脂肪酸，水解转化率达到96.8%，酯化转化率达到98.7%。

5. 离子液体催化法

张锁江等介绍了由烷基咪唑、烷基吡啶、季铵盐、季磷盐等含氮、含磷化合物与金属或非金属的卤化物或酸式盐形成的在室温下呈液化状态的离子液体作为催化剂，或者离子液体和其他的酸或碱复合作为催化剂合成生物柴油的方法，离子液体既可作催化剂又可作溶剂，加快了反应，与传统的酸碱催化剂相比，腐蚀性低，反应速率快，过程清洁，催化剂结构可调，转化率高。离子液体法为克服非均相固体酸催化剂活性低的不足，同时又保留固体酸催化剂对环境友好的优点，环境友好的酸性离子液体催化剂受到了人们的广泛重视。吴芹等提出了以磺酸类离子液体为催化剂，酯交换法制备生物柴油的新技术。在反应温度 170℃、甲醇与棉籽油摩尔比为 12：1、离子液体催化剂用量（占棉籽油的质量）约 1%的条件下，反应 5h，脂肪酸甲酯收率可达 90%以上。易伍浪等采用 Bronsted 酸离子液体作为催化剂，在 140℃下反应 5h，使产物中的脂肪酸甲酯的含量达到 86.8%。李明等采用正丁基吡啶硫酸氢盐、乙基吡啶硫酸氢盐、吡啶硫酸氢盐及乙基三乙胺硫酸氢盐离子液体催化反应小桐子油，酯化转化率均在 94%以上，其中乙基吡啶硫酸氢盐活性最高，转化率可达到 95.9%。在催化混合脂肪酸的酯化反应中，四种离子液体均表现出较高活性，酯化转化率均高于 94%。

1.3.5 生物酶法

生物酶合成法是用植物油或动物油脂与低碳醇通过脂肪酶进行转酯化反应制备生物柴油。脂肪酶是一种很好的催化醇与脂肪酸甘油酯进行酯交换反应的催化剂。生物酶合成法制备生物柴油具有条件温和、醇用量少、无污染等优点。但目前存在的主要问题是生物酶催化剂价格昂贵；脂肪酶对长链脂肪醇的酯化或转酯化有效，而对短链脂肪醇转化率低，而且，对短链醇来说，脂肪酶的使用寿命短；副产物甘油和水难以回收，对反应产物形成抑制；反应体系黏度较高等。

Ban 等以橄榄油和油酸为原料进行酶催化反应，得到的产物中甲酯含量达到 90%。Soumanou 等在无溶剂体系中测试了多种微生物酶催化葵花籽油和 CH_3OH 反应制备甲酯，催化活性最高的是 Pseudomonas fluorescens 酶，转化率大于 90%；Rhizomucormiehe 酶也有较高的催化活性，转化率大于 80%，催化剂重复 5 次，使用 120 h 没有明显的活性流失。胡小加等研究了固定化脂肪酶（LBK - H100）催化大豆油与甲醇合成生物柴油的反应，在反应温度 35℃，反应时间 48h，酯化转化率达到 90%。邓利等以固定化脂肪酶为催化剂，以菜籽油和油酸为原料进行了合成生物柴油的试验研究，在反应温度 40℃，反应时间 24h，酯化率达到 92%。由中科院广州能源研究所承担的生物酶法制备生物柴油新工艺研究，通过了广州市科技局的验收，研制的生物柴油转化率达到 95%。北京亦庄建立了 500t 的生物酶法生物柴油生产示范基地。2006 年底，在上海建立的世界第一套万吨级的生物酶法工业化装置投产。

1.3.6 工程微藻法

工程微藻法是指以微藻为原料，利用微藻的脂质来制备生物柴油。自然状态下，微藻的脂质含量为 5%～20%，在实验室条件下可使“工程微藻”中脂质含量达到 60%以上，户外生产也可达到 40%以上。利用工程微藻法制备生物柴油具有重要的经济意义和生态意义，微藻生产能力高，用海水作为天然培养基可节约农业资源，比陆生植物单产油脂高出几十倍或上百倍，如海藻每英亩原油生产率是大豆的 250 倍。此方法生产的生物柴油不含硫，燃烧时不排放有害气体，不污染环境。今美国正在加紧这方面的研究，已有少数公司已开发繁殖海藻，让其作为燃料来进行研究，如美国的 GreenFuel 技术公司已于 2005 年完成使用 CO_2 排气繁殖海藻的中试，2009 年已进行商业化生产。

1.4 生物柴油的标准

生产生物柴油的原料和工艺有很多种。由于原料油脂品种不同，其脂肪酸成分和含量不同，因而会造成生物柴油质量上的差异，如凝固点、运动黏度、十六烷值以及抗氧化性等方面的差异；生产方法、提纯步骤不同，也同样会造成其质量上的差异，如后续处理不够充分，高甲醇含量将引起生物柴油闪点降低、高水分含量将导致储存过程中酸值的增加等。为了规范生物柴油生产工艺、保障生物柴油产品质量、保护消费者利益和规范市场，积极促进生物柴油产业健康发展，生物柴油标准的制定是非常必要、迫切的。

1.4.1 生物柴油品质控制

生物柴油质量标准评价指标包括密度、硫含量、十六烷值、动力黏度、闪点、灰分、冷滤点、残炭、水分、机械杂质、甘油含量、氧化安定性等。其中，密度、硫含量、十六烷值、闪点及冷滤点等是石化柴油也需测量的一般性指标，而甘油含量、甲醇含量及磷含量则是一类特殊的可以描述生物柴油化学组分及脂肪酸酯纯度的指标。

(1) 十六烷值。燃烧性能是评价燃料油品质的重要指标，十六烷值（CN 值）是衡量燃料在压燃式发动机中燃烧性能好坏的重要指标。柴油的 CN 值影响整个的燃烧过程，CN 值低，燃料着火困难，滞燃期长，发动机工作时容易爆震；CN 值过高，会因滞燃期过短而导致燃烧不完全、发动机效率降低、耗油增加和冒黑烟等后果。因此，适宜的柴油 CN 值应为 45～60，可使柴油均匀燃烧，热效率高，耗油量低，发动机工作平稳，排放正常。十六烷值的测定方法有“临界压缩比法”“延滞点火法”“同期闪火法”三种，GB/T 386—2010 规定采用“同期闪火法”。美国生物柴油标准要求十六烷值不小于 40，捷克和瑞典的生物柴油标准要求不小于 48，法国、德国和我国的生物柴油国家标准均规定十六烷值不小于 49。

(2) 馏程。生物柴油是由一系列复杂的脂肪酸甲酯组成的混合物，因而没有固定的沸点，其沸点随气化率的增加而不断升高，因此生物柴油的沸点以某一温度范围表示，这一温度范围称为馏程或沸程。馏程是保证柴油在发动机气缸内迅速蒸发气化和燃烧的重要指标，从而判断油品的使用性能。馏程的测定方法采用 GB/T 386—2010。法国和意大利的生物柴油标准要求馏程（95%）小于 360℃，我国生物柴油国家标准规定馏程（90%）小于 360℃。

(3) 运动黏度。运动黏度是指流体的动力黏度与该流体在同温度和压力下的密度之比。运动黏度是衡量液体燃料流动性能和雾化性能的重要指标。运动黏度高，流动性能就差，喷出的油滴直径过大，油流射程过长，使油滴有效蒸发面积减少，蒸发速度减慢，还会引起混合气组成不均匀，燃烧不完全，燃料消耗量大。运动黏度过低流动性能过好，会使燃料从油泵的柱塞和泵筒之间空隙流出，使喷入汽缸的燃料减少，发动机效率降低；还会使雾化后的油滴直径过小，油流射程过短，不能与空气均匀混合，使得燃烧不完全，燃料消耗量也会变大。运动黏度的测定方法采用国家标准 GB/T 265—1988。奥地利、捷克、法国、德国和意大利等国的生物柴油标准要求运动黏度为 $3.5 \sim 5.0 mm^2/s$，美国和我国生物柴油标准均要求运动黏度为 $1.9 \sim 6.0 mm^2/s$。

(4) 密度。生物柴油的密度大小对燃料从喷嘴喷出的射程和油品的雾化质量影响很大。0 号柴油的密度大约为 $0.830 g/cm^3$，2 号柴油的密度约为 $0.850 g/cm^3$。密度测定方法一般采用国家标准 GB 5526—1985。法国和瑞典的生物柴油标准要求密度为 0.870～0.900g/cm^3，德国的生物柴油标准要求密度为 0.875～0.900g/cm^3，意大利的生物柴油标准要求密度为 0.860～0.900g/cm^3，奥地利的生物柴油标准要求密度为 0.850～0.890g/cm^3，捷克的生物柴油标准要求密度为 0.870～0.890g/cm^3，我国生物柴油国家标准规定密度为 0.820～0.900g/cm^3。

(5) 闪点和燃点。油品在规定条件下加热到它的蒸气与火焰接触发生闪火时的最低温度称为闪点；油品在规定条件下加热到能被接触到的火焰点着并燃烧不少于 5s 时的最低温度称为燃点。闪点是评价油品在储存、运输和使用过程中安全程度的指标，生物柴油的闪点是其爆炸下限温度，是其发生火灾危险的最低温度。燃点越低，燃料越易燃。闪点和燃点的测定方法有闭口杯法（GB/T 261—2008）、开口杯法（GB/T 267—1988）和克利夫兰开口杯法（GB/T 3536—2008）。法国、意大利和美国等国的生物柴油标准要求闪点温度大于 100℃，捷克和德国等国的生物柴油标准要求闪点温度大于 110℃，我国生物柴油国家标准规定闪点温度大于 130℃。各国生物柴油标准对燃点未明确规定数值。

(6) 酸度及酸值。酸度是指介质中氢离子的浓度，以 pH 值表示；酸值是指中和单位质量油质中的酸性物质所需的碱量。酸度和酸值是衡量油品腐蚀性和使用性能的重要依据。酸度及酸值大可使发动机内积炭增加，造成活塞磨损，使喷嘴结焦，影响雾化和燃烧性能，同时还引起柴油乳化。测定酸度及酸值的方法采用国家标准 GB 5009.229—2016。捷克、法国、德国和意大利等国的生物柴油标准要求酸值小于 0.5mgKOH/g，奥地利、瑞典、美国和我国的生物柴油标准规定的酸值数值小于 0.8mgKOH/g。

(7) 热值。热值是生物柴油应用于发动机的基本衡量标准，关系到发动机的动力性能。由于生物柴油体积热值与矿物柴油的体积热值相差不多，生物柴油直接应用于发动机时，在每个循环供油量不变的情况下，功率只比矿物柴油略低，但其含氧性可以大幅降低黑烟的排放。热值的测定方法采用国家标准 GB/T 384—1981。各国生物柴油标准均没有明确规定热值的具体数值。

(8) 倾点、凝点和冷滤点。倾点和凝点是表征生物柴油低温使用性能的重要指标。倾点是指油品在规定的试验条件下，被冷却的试样能够流动的最低温度；凝点是指油品在规定的条件下，被冷却的试样油面不在移动时的最高温度。同一油品的倾点比凝点略高几度，过去常用凝点，现在国际通用倾点。倾点或凝点偏高，油品的低温流动性就差。凝点高的油不能在低温下使用。冷滤点是指油品通过过滤器每分钟不足 20mL 时的最高温度(即流动点使用的最低环境温度)。冷滤点能够反映生物柴油低温实际使用性能，最接近柴油的实际最低使用温度。德国的生物柴油标准规定冷滤点 4 月 15 日—9 月 30 日不大于 0℃，10 月 1 日—11 月 15 日不大于－10℃，11 月 16 日—2 月 28 日不大于－20℃，3 月 1 日—4 月 14 日不大于－10℃。我国生物柴油国家标准规定冷滤点采用报告的方式。

(9) 硫含量。硫含量的大小对发动机尾气排放有很大影响，低硫燃料油对排放控制的主要作用是直接减少颗粒物和 SO_2 的排放。硫含量的测定方法采用国家标准 GB/T 380—1977（燃灯法）。奥地利和捷克生物柴油标准要求硫含量不大于 0.02%，意大利和德国的生物柴油标准要求硫含量不大于 0.01%，瑞典的生物柴油标准要求硫含量不大于 0.001%，美国的生物柴油标准要求硫含量不大于 0.05%，我国生物柴油国家标准规定硫含量有两个指标，即不大于 0.05%（S500）和 0.005%（S600）。

（10）水分。水分的存在对生物柴油的燃烧性能有很大影响，同时还会对柴油机产生腐蚀作用。水分还会提高生物柴油的化学活性，使其容易变质，降低存储稳定性。水分的测定方法可采用国家标准 GB/T 6283—2008（卡尔－费休法）、GB/T 260—2016（甲苯蒸馏法）和 GB/T 9104—2008（烘箱法）。法国生物柴油标准要求水分含量不大于 200mg/kg，德国和瑞典的生物柴油标准要求水分含量不大于 300mg/kg，捷克和美国的生物柴油标准要求水分含量不大于 500mg/kg，意大利生物柴油标准水分含量要求不大于 700mg/kg，我国生物柴油国家标准规定水分含量（质量分数）不大于 0.05%。

（11）灰分。生物柴油的灰分主要是由残留的催化剂和其他原料中的金属元素及其盐类造成的，限制灰分可以限制生物柴油中无机物的含量。灰分的测定方法采用国家标准 GB 508—1985。德国生物柴油标准要求灰分含量（质量分数）不大于 0.03%，奥地利、捷克、美国和我国生物柴油标准要求灰分含量（质量分数）不大于 0.02%。

（12）残炭。生物柴油在隔绝空气的情况下加热会蒸发、裂解和缩合，生成一种具有光泽鳞片状的焦炭残留物，称为残炭。残炭主要由油的胶质、沥青质、多环芳烃及灰分组成。残炭的高低直接影响油的稳定性、柴油机焦炭量、积炭等。测定残炭的方法采用国家标准 GB/T 268—1987。意大利生物柴油标准要求 10%蒸余物残炭含量（质量分数）不大于 0.5%，法国和我国生物柴油标准规定 10%蒸余物残炭含量（质量分数）不大于 0.5%。

（13）铜片腐蚀。是在规定条件下测试油品对铜的腐蚀倾向。由于酸或含硫化合物的存在能使得铜片褪色，此试验可用来评测燃料系统中紫铜、黄铜、青铜部件产生腐蚀的可能性。按照目前的标准，生物柴油的铜片腐蚀一般都能达到要求，但长期与铜接触，可能会导致生物柴油发生降解，产生游离脂肪酸和固体物质。铜片腐蚀的测定方法采用 GB/T 378。美国生物柴油标准要求生物柴油铜片腐蚀不高于 3 级，欧洲和我国生物柴油标准要求不高于 1 级。

（14）氧化安定性。是指生物柴油抵抗大气或氧气的作用而保持其性质不发生永久变化的能力，是生物柴油长期储存和使用期限的一个重要指标。由于生物柴油氧化，会引起臭味，生物柴油分层等现象，并且进一步带来引擎腐蚀，过滤困难，油路阻塞和引擎功率不稳定等问题，影响了生物柴油的质量，进而影响机动车辆各系统的运转，减少车辆的使用寿命。测定生物柴油氧化安定性方法采用 EN14112（110℃）。生物柴油欧洲标准和我国生物柴油国家标准均规定氧化安定性诱导期时间不少于 6h（110℃可加抗氧化剂）。

（15）甘油含量。是关系到生物柴油燃烧性能和储存性能的一个重要性能指标，甘油会引起生物柴油运动黏度的增加，影响生物柴油的雾化性能，会较大程度地影响生物柴油的燃烧性能；甘油还会在储存过程中吸收水分，影响生物柴油的质量，致使生物柴油的储存性能下降。测定生物柴油甘油含量的方法采用 ASTMD6584。美国、瑞典、澳大利亚、捷克以及我国生物柴油国家标准规定游离甘油的含量不大于 0.02%，总甘油含量不大于 0.24%。法国、德国等国家生物柴油国家标准规定游离甘油含量不大于 0.02%，总甘油含量不大于 0.25%。意大利生物柴油国家标准规定游离甘油含量不大于 0.05%，而总甘油含量没有明确规定。

（16）其他。除去上面所说的性能指标外，还有甲醇含量、甘油一酯含量、甘油二酯含量等，这些在一定程度上也会对生物柴油的性能产生影响。如甲醇含量过大会引起生物柴油闪点降低，进而影响生物柴油的运输储存性能，同时还会降低生物柴油的黏度，进而影响生物柴油的燃烧性能及低温流动性能等。

1.4.2 生物柴油标准的发展

1. 国外标准

标准是产品、加工工艺以及相关配套服务的技术规范性文件。标准化过程是开发一种新产品及其市场推广应用的关键步骤。标准通过建立质量控制、安全和检测方法的规范要求来保证社会经济和管理的有序进行。对于生物柴油的生产和销售企业以及用户来说，标准至关重要。同时，政府有关部门也需要标准来评价和管理安全和环境污染方面的风险。伴随着生物柴油在全球的推广应用，生物柴油标准化经历了由简单到逐步完善的过程。欧盟是生物柴油生产和应用最早的地区，也是开展生物柴油标准化工作最早的地区。针对生物柴油在使用过程中暴露出的问题，欧盟各国对生物柴油标准进行了相应的改进和修订，而随后在各国标准基础上出现的欧盟标准更是全球生物柴油标准的指导性文件，对世界其他国家和地区的生物柴油生产、应用以及标准的制定都起着巨大的影响作用。

20世纪90年代，欧盟各国先后制定了生物柴油国家标准。奥地利是世界上第一个颁布生物柴油国家标准的国家。奥地利标准研究院（Austrian Standards Institute）于1991年制定了菜籽油酸甲酯（Rapeseed oil Methly Ester，RME）标准OC1190；1995年对该标准进行了修订；经过几年的使用，1997年重新颁布了新的奥地利生物柴油国家标准ONC 1191，应用范围由菜籽油酸甲酯扩大为脂肪酸甲酯；ONCl19 1标准于1999年又进行了再次修订。

法国和德国也于20世纪90年代起开始使用生物柴油，生物柴油标准随即开始制定。1990年，法国石油研究院开始进行生物柴油技术规范的研究工作。1993年，以官方文件的形式公布了生物柴油技术规范，其主要应用范围是菜籽油酸甲酯，且以不超过5%的调和组分与矿物柴油调和成柴油机燃料；1994年，公布了作为不超过5%的调和组分调和成家用取暖油的生物柴油技术规范；1997年，对上述两个规范进行了修订，应用范围扩大到植物油酸甲酯，但其对倾点的要求又限制了一些植物油，如棕榈油、椰子油等的应用。

德国则于1994年公布了应用范围为植物油酸甲酯的德国国家标准DIN V 51606。该标准基于石化柴油制定的指标和分析方法，只是增加了部分指标以适应生物柴油的特性。经过几年的应用，1997年对DIN V 51606标准进行了修订，应用范围扩大为脂肪酸甲酯，以标准号DIN E 51606发布。指标修订主要体现在：闪点要求提高了10℃；用分析生物柴油灰分的硫酸盐灰分指标取代原分析柴油的灰分指标；残炭由测定10%蒸余物改为测定100%残炭；增加了碱金属含量指标。

捷克共和国、瑞典、意大利也开展了生物柴油标准化工作。2003年7月起，欧盟制定并实施了作为车用柴油用途的EN 14214：2003标准和作为取暖油用途的EN 14213：2003标准。欧盟国家已于2014年1月执行。欧盟生物柴油EN 14214：2003标准见表1-5。

表1-5　欧盟生物柴油EN 14214：2003标准

项目	质量指标	试验方法
密度（15℃，kg/m^3）	860～900	ISO 3104
运动黏度（40℃，mm^2/s）	3.5～5.0	ISO 3104
闪点（闭口，℃）	不小于120	ISO 3679

续表

项目	质量指标	试验方法
硫含量（质量分数,%）	不大于 0.001 0	ISO 20884
10%康氏残炭（质量分数,%）	不大于 0.3	ISO 10370
硫酸盐灰分（质量分数,%）	不大于 0.02	ISO 3987
水含量（mg/kg）	不大于 500	ISO 12937
总污染物（mg/kg）	不大于 24	EN 12662
铜片腐蚀（50℃，3h，级）	不大于 1	ISO 2160
十六烷值	不小于 51	ISO 5165
氧化安定性（110℃，h）	不小于 6.0	EN 14112
酸值（mgKOH/g）	不大于 0.5	EN 14104
甲醇含量（质量分数,%）	不大于 0.2	EN 14110
酯含量（质量分数,%）	不小于 96.5	EN 14104
单甘酯含量（质量分数,%）	不大于 0.8	EN 14105
二甘酯含量（质量分数,%）	不大于 0.2	EN 14105
三甘酯含量（质量分数,%）	不大于 0.2	EN 14105
游离甘油含量（质量分数,%）	不大于 0.02	EN 14105
总甘油含量（质量分数,%）	不大于 0.25	EN 14105
碘值（g I_2/100g）	不大于 120	EN 14111
亚麻酸甲酯含量（质量分数,%）	不大于 12.0	EN 14103
多不饱和酸甲酯含量（双键≥4，质量分数,%）	1	
磷含量（mg/kg）	不大于 10	EN 14107
一价金属（Na + K）含量（mg/kg）	不大于 5	EN 14108
二价金属（Ca + Mg）含量（mg/kg）	不大于 5	EN 14538

由表 1-5 可见，欧盟车用生物柴油标准 EN 14214 是当时世界上要求最严格的生物柴油标准。欧盟标准 EN 14213、EN 14214 是在欧盟各国生产和应用生物柴油的经验基础上，结合各国在生物柴油标准实施过程中出现的问题，参考各国标准的修订经验，尤其是意大利、德国和法国的生物柴油标准而综合制定的。

美国主要以大豆为原料生产生物柴油，美国试验与材料协会于 1999 年发布了生物柴油临时标准 ASTM PS121—1999，并于 2002 年推出正式标准 ASTM D6751—2002，目前有效的版本是 ASTM D6751—2015CE1。

2. 国内标准

世界上其他国家或地区的生物柴油标准基本上都参照欧洲或美国标准制定，例如澳大利亚生物柴油国家标准、巴西生物柴油国家标准。我国 2007 年实施的首个国家标准 GB/T 20828—2007《柴油机燃料调合用生物柴油（BD100)》有部分指标是参照欧盟标准制定的。在经过 7 年时间的使用后，2014 年由中国石油化工股份有限公司石油化工科学研究院起草，重新制定并实施了新的生物柴油国家标准 GB/T 20828—2014《柴油机燃料调合用生物柴油（BD100）》。相对于 GB/T 20828—2007 标准，GB/T 20828—2014 增加了甲醇控制指标和要求；闪点由原来的不低于 130℃修改为不大于 0.50mg/g（以 KOH 计）；将 10%蒸余物残炭指标修改为残炭指标；增加了酯含量要求；增加了一价金属（Na+K）含量要求。

由于国内生物柴油研究的迅速发展，紧接着在 2015 年又重新实施了新的生物柴油国家标准 GB/T 20828—2015《柴油机燃料调合用生物柴油（BD100）》。相对于 GB/T 20828—2014 标准，GB/T 20828—2015 删除了分类中 S350 类别；将 S10 类别的十六烷值修改为不小于 51；增加了单甘酯含量的要求；增加了二价金属（Ca+Mg）含量要求；增加了磷含量的要求，见表 1-6。

表 1-6　　我国生物柴油（GB/T 20828—2015）

项目	质量指标		试验方法
	S50	S10	
密度（20℃，kg/m^3）	820～900		GB/T 13377
运动黏度（40℃，mm^2/s）	1.9～6.0		GB/T 265
闪点（闭口，℃）	不低于 101		GB/T 261
冷滤点（℃）	报告		SH/T 0248
硫含量（mg/kg）	不大于 50	不大于 10	SH/T 0689
残炭（质量分数，%）	不大于 0.050		GB/T 17144
硫酸盐灰分（质量分数，%）	不大于 0.020		GB/T 2433
水含量（mg/kg）	不大于 500		SH/T 0246
机械杂质	无		GB/T 511
铜片腐蚀（50℃，3h，级）	不大于 1		GB/T 5096
十六烷值	不小于 49	不小于 51	GB/T 386
氧化安定性（110℃，h）	不小于 6.0		NB/SH/T 0825
酸值（mgKOH/g）	不大于 0.50		GB/T 7304
甲醇含量（质量分数，%）	不大于 0.20		EN 14110
游离甘油含量（质量分数，%）	不大于 0.020		SH/T 0796
单甘酯含量（质量分数，%）	不大于 0.240		SH/T 0796
90%回收温度（℃）	不高于 360		GB/T 9168
一价金属（Na + K）含量（mg/kg）	不大于 5		EN 14538
二价金属（Ca + Mg）含量（mg/kg）	不大于 5		EN 14538
酯含量（质量分数，%）	不小于 96.5		NB/SH/T 0831
磷含量（mg/kg）	不大于 10.0		EN 14107

我国于 2017 年实施了统一标准 GB 25199—2017《B5 柴油》，替代 GB 25199—2015 和 GB/T 20828—2015。随着环保法规和车辆对柴油燃料质量要求的进一步提高，GB 25199—2017 在未来几年有可能进行修订，在修订的过程中可能会更多地借鉴世界其他国家的最新标准，在对最新指标进行规定的同时，对各项指标的试验方法也进行借鉴，见表 1-7。

表 1-7　　GB 25199—2017 规定的 BD100

项目	质量指标		试验方法
	S50	S10	
密度（20℃，kg/m^3）	820 ～ 900		GB/T 13377
运动黏度（40℃，mm^2/s）	1.9 ～ 6.0		GB/T 265
闪点（闭口，℃）	不低于 130		GB/T 261
冷滤点（℃）	报告		SH/T 0248
硫含量（mg/kg）	不大于 50	不大于 10	SH/T 0689
残炭（质量分数，%）	不大于 0.050		GB/T 17144
硫酸盐灰分（质量分数，%）	不大于 0.020		GB/T 2433
水含量（mg/kg）	不大于 500		SH/T 0246
机械杂质	无		GB/T 511
铜片腐蚀（50℃，3h，级）	不大于 1		GB/T 5096
十六烷值	不小于 49	不小于 51	GB/T 386
氧化安定性（110℃，h）	不小于 6.0		NB/SH/T 0825
酸值（mgKOH/g）	不大于 0.50		GB/T 7304
游离甘油含量（质量分数，%）	不大于 0.020		SH/T 0796
单甘酯含量（质量分数，%）	不大于 0.80		SH/T 0796
总甘油含量（质量分数，%）	不大于 0.240		SH/T 0796
一价金属（Na+K）含量（mg/kg）	不大于 5		EN 14538
二价金属（Ca+Mg）含量（mg/kg）	不大于 5		EN 14538
酯含量（质量分数，%）	不小于 96.5		NB/SH/T 0831
磷含量（mg/kg）	不大于 10.0		EN 14107

1.4.3　生物柴油的地方标准

目前世界上使用生物柴油的方式主要是将生物柴油与石化柴油按照一定的比例调配而成的，其中生物柴油占调配后混合总体积的 2%～20%不等。因此最终能使生物柴油走进加油站还需要 B5、B10 或 B20 标准的颁布实施。美国、欧盟、日本、韩国等国家和地区都颁布了含一定生物柴油的调和燃料的标准，大大促进了生物柴油的发展。我国 2011 年 2 月正式实施了首部生物柴油调和燃料产品标准 GB 25199—2010《生物柴油调合燃料(B5)》，就是由 2%～5%的生物柴油与 98%～95%的石化柴油配制而成的柴油机调和燃料，是将生物柴油真正引入能源市场的一次有益尝试。

云南、海南和安徽作为国家重点发展生物柴油的三个省份，却没有相应的地方标准，产品无法进入加油站，生物柴油企业生产严重受阻，有些企业甚至到了破产的边缘。由于没有正式的生物柴油地方标准，一方面在很大程度上限制了生物柴油的推广应用；另一方面也使得生物柴油产业鱼龙混杂，生产和使用混乱无序。不同的企业由于采用的原料和工艺不同，产品性能指标差异很大，对云南、海南和安徽生物柴油生产技术和市场的发展极为不利。同时由于我国国土面积较大，南北气候及土壤条件差异明显，从而在选用生物柴油原料油方面存在较大差异，为了能够因地制宜的发展地方生物柴油产业，推动不同地区生物柴油的推广和应用，各省结合自身实际，制定了符合本地区情况的地方生物柴油标准。

安徽是首个颁布实施地方生物柴油标准的地区，于2007年实施了安徽省地方标准DB 34/721—2007《生物柴油（BD10）》（见表1-8）；海南省则于2010年实施了海南省地方标准DB 46/189—2010《B5生物柴油调和燃料》标准；云南相继于2013年同时颁布实施了云南省地方标准DB 53/ 450—2013《生物柴油调和燃料（B10）》（见表1-9）和DB 53/ 451—2013《生物柴油调和燃料（B20）》（见表1-10）。

表1-8　　安徽省生物柴油标准（DB 34/721—2007）

项目		10号	0号	−10号	试验方法
色度（号）		不大于3.5			GB/T 6540
氧化安定性（mg/100mL）		不大于2.5			SH/T 0175
硫含量（%，m/m）		不大于0.18			GB/T 380
酸度（mgKOH/100mL）		不大于10			GB/T 258
10%蒸余物残炭（%，m/m）		不大于0.4			GB/T 268
灰分（%，m/m）		不大于0.01			GB/T 508
铜片腐蚀（50℃，3h，级）		不大于1			GB/T 5096
水分（%，体积百分含量）		不大于痕迹			GB/T 260
机械杂质		无			GB/T 511
运动黏度（20℃，mm^2/s）		3.0～8.0			GB/T 265
凝点（℃）		不高于10	不高于0	不高于−10	GB/T 510
冷滤点（℃）		不高于12	不高于4	不高于−5	SH/T 0248
闪点（闭口，℃）		不低于60			GB/T 261
十六烷值		不小于46			GB/T 386
馏程	50%回收温度（℃）	不高于300			GB/T 6536
	90%回收温度（℃）	不高于355			
	95%回收温度（℃）	不高于365			
密度（20℃，kg/m^3）		实测			GB/T 1884

表1-9　　云南生物柴油标准（DB 53/450—2013）

项目	质量指标	试验方法
硫含量（质量分数，%）	不大于0.035	SH/T 0689
酸值（mgKOH/g）	不大于0.16	GB/T 7304
10%蒸余物残炭（质量分数，%）	不大于0.3	GB/T 17144
灰分（质量分数，%）	不大于0.01	GB/T 508
铜片腐蚀（50℃，3h，级）	不大于1	GB/T 5096
水含量（质量分数，%）	不大于0.035	SH/T 0246

续表

项目		质量指标	试验方法
机械杂质		无	GB/T 511
运动黏度（20℃）/（mm^2/s）		3.0～8.0	GB/T 265
闪点（闭口,℃）		不低于55	GB/T 261
冷滤点（℃）		不高于4	SH/T 0248
凝点（℃）		不高于0	GB/T 510
十六烷值		不小于45	GB/T 386
氧化安定性（110℃，h）		不小于6	
密度（20℃，kg/m^3）		报告	GB/T 1884
馏程	50%回收温度（℃）	不高于300	GB/T 6536
	90%回收温度（℃）	不高于355	
	95%回收温度（℃）	不高于365	
生物柴油（脂肪酸甲酯，FAME）含量（体积分数,%）		6～10	GB/T 23801

表1-10　　云南生物柴油标准（DB 53/451—2013）

项目		质量指标	试验方法
硫含量（质量分数,%）		不大于0.035	SH/T 0689
酸值（mgKOH/g）		不大于0.24	GB/T 7304
10%蒸余物残炭（质量分数,%）		不大于0.3	GB/T 17144
灰分（质量分数,%）		不大于0.01	GB/T 508
铜片腐蚀（50℃，3h，级）		不大于1	GB/T 5096
水含量（质量分数,%）		不大于0.035	SH/T 0246
机械杂质		无	GB/T 511
运动黏度（20℃，mm^2/s）		3.0～8.0	GB/T 265
闪点（闭口,℃）		不低于55	GB/T 261
冷滤点（℃）		不高于4	SH/T 0248
凝点（℃）		不高于0	GB/T 510
十六烷值		不小于45	GB/T 386
氧化安定性（110℃，h）		不小于6	DB 53/450
密度（20℃，kg/m^3）		报告	GB/T 1884
馏程	50%回收温度（℃）	不高于300	GB/T 6536
	90%回收温度（℃）	不高于355	
	95%回收温度（℃）	不高于365	
生物柴油（脂肪酸甲酯，FAME）含量（体积分数,%）		11～20	GB/T 23801

1.5 生物柴油的发展现状

1.5.1 国外生物柴油的发展现状

1980年美国开始了以大豆油代替柴油作为燃料的研究，但因大豆油燃烧不完全，易结焦，导致不能应用于普通的柴油机。1983年美国科学家Craham Quick首先将亚麻籽油的甲酯用于发动机，燃烧了1000小时，并将可再生的脂肪酸甲酯定义为生物柴油"biodiesel"。1984年美国和德国的科学家研究了采用脂肪酸甲酯或脂肪酸乙酯代替柴油作燃料。1985年奥地利在Styria建立第一家通过醇解酯化反应，将植物油转变成生物柴油的试验工厂，从此在一些国家研究、制备及应用生物柴油的规模逐渐扩大。根据全球可再生能源网公布的统计数据，全球生物柴油产量从2000年的70.4万t增长到2015年的2910万t，年均复合增长率为27.36%。2000—2015年全球生物柴油产量如图1-10所示。

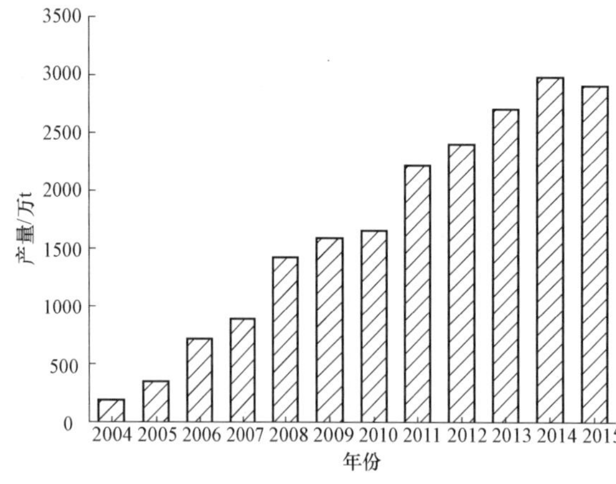

图1-10 2004—2015年全球生物柴油产量走势图

从生产地区分布来看，欧盟是生物柴油生产最为集中的地区。2005年欧盟生物柴油产量占世界总量的85%，美国占8%，巴西和澳大利亚各占约2%，其他国家合计仅占3%。随着各国生物柴油产业的快速发展，欧洲的市场份额处于下降态势，而美洲和亚太地区所占比例逐步上升。截至2014年，欧盟在全球生物柴油市场中居于领先地位，占全球总生产份额39.06%，其次是南美洲，占全球总生产份额23.23%，亚太地区占全球总生产份额18.52%，美国占全球总生产份额15.82%。世界五大生物柴油生产国分别是美国、德国、巴西、印度尼西亚和阿根廷，占全球总市场份额的58.92%。泰国和中国是亚太地区除印度尼西亚外生产份额最大的两个国家。

德国是欧盟生物燃料生产与消费领域最主要的推动者，目前是世界上最大的生物柴油生产和消费国之一。德国2007年1月1日生效的《生物燃料配额法》规定化学燃料必须添加或者混合一定比例的生物质燃料，并规定了生物质燃料占整个燃料市场的份额比例，在强制添加政策方面，2009年德国生物燃料掺混率为5.25%，2010—2014年则实施6.25%的生物燃料掺混标准。德国以菜籽油为原料生产生物柴油，其产量占到德国生物柴油市场的70%以上。近年来，虽然利用废弃油脂生产的生物柴油不断增多，但占比仍然不高，2014年占比约为22%。从德国国内实际消费情况看，2011年以来每年生物柴油消费量为210万～250万t，2015年生物柴油消费数量占德国柴油消费数量的比例达到5.8%。德国是生物柴油净出口国，以2015年为例，德国生物柴油产量约为260万t，除本国消费外，主要出口到欧盟国家，约占所有出口量的90%。主要出口国为荷兰、法国、奥地利、波兰、捷克共和国五个国家。

法国政府从2003年开始，采取了一系列积极措施，促进生物能源的开发，鼓励生物能源的利用。2010 年，法国生物燃油消耗油料作物面积，占法国全国农作物种植面积的 7%左右。绝大多数的生物燃油（全部的生物乙醇汽油和 70%的生物柴油）都在法国国内生产。据欧盟统计局（Eurostat）统计数据，法国生物柴油消费量从 2005 年的 55 万 t 增长至 2014 年的 282 万 t，年均复合增长率为 19.86%。法国已经成为欧盟生物柴油消费量最大的国家。2005—2014 年全球生物柴油产量如图 1-11 所示。

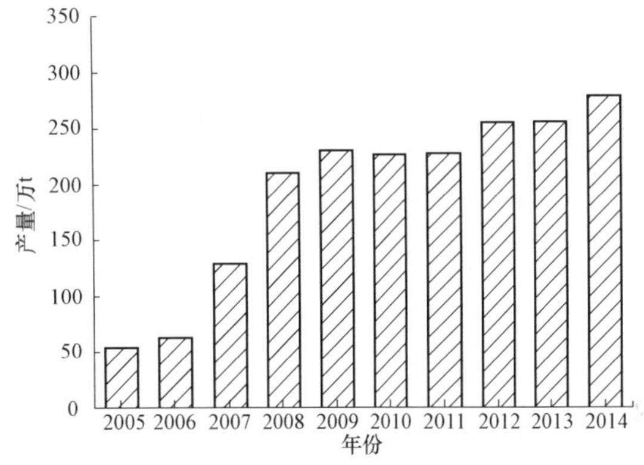

图 1-11 2005—2014 年全球生物柴油产量走势

美国生物柴油消费从 2010 年的 860 万 t 提升至 6800 万 t，翻了近 8 倍，占全国总需求的 33.6%。目前，美国在加利福尼亚州建成了美国最大的生物柴油装置，设计生物柴油年生产能力为 12 万 t/年。2012 年 10 月起，除应用于交通运输业之外，美国一些城市如纽约市规定取暖用油必须包含至少 2%的生物柴油，以改善空气质量。2015 年美国生物柴油达到了 3006.3 万桶，消费量则达到了 3514.8 万桶，生物柴油在生物能源使用的占比逐渐升高。2008 年 1 月巴西正式推行生物柴油法令 LEI No. 11097，从 2008 年 1 月起，生物柴油在巴西柴油中的混用比例必须达到 2%，到 2013 年达到 5%，根据巴西全国能源委员会（CNPE）2017 年的决定，自 2018 年 3 月起，巴西生物柴油的强制掺混率提高至 10%，比原计划提前一年。此次生物柴油掺混率提高，使得巴西国内生物柴油年产量上升 25%，至 54 亿 L，直接拉动 432 万 t 的植物油消耗。与巴西相比，阿根廷的生物柴油产量略低，2009 年和 2010 年分别约为 118 万 t 和 181 万 t，2011 年均约为 230 万 t。但是到 2012 年，阿根廷生物柴油产量已经超过巴西，达到了 300 万 t。

亚洲国家也在兴起生物柴油产业，印尼是全球最大的棕榈油生产国，印尼 2016 年可能生产约 250 万 t 棕榈油产生物柴油，约是其生产目标的三分之一，在 2016 年要求柴油中生物柴油掺混比例达到 20%。马来西亚 2016 年生产生物柴油 100 万 t，原料主要以棕榈油为主。日本生物柴油年生产能力已达 40 万 t/年，印度尼西亚以椰子油和蓖麻籽油为原料，每年生产生物柴油 6000 多吨。菲律宾使用椰子油生产生物柴油，年生产能力为 1.10 亿 L/年。新加坡于 2007 年建成了 105 万 t/年以棕榈油为原料的生物柴油生产厂，成为基于棕榈油的生物柴油最大的生产商之一。其他亚太国家如泰国、印度、澳大利亚、韩国等都在研发和生产生物柴油。

非洲许多国家也在积极响应，Global 生物能源公司为冈比亚建设第一套生物柴油装置，已于 2003 年投产。该装置可使花生油转化为生物柴油，它可直接用于柴油机或与普通柴油调和使用。南非沙索公司、中央能源基金会（CEF）和 Siyanda 生物柴油公司在南非组建生物柴油合资企业，以建设 10 万 t/年生物柴油项目。

1.5.2 国内生物柴油的发展现状

我国生物柴油的研究与开发虽起步较晚，但发展速度很快，一部分科研成果已达到国际先进水平，从油脂植物的选择、培育、遗传改良到加工工艺和设备制造等都具备了产业所需的技术与能力，并已研制了多项制备生物柴油的方法和技术。如脂肪酸烷基酯的生产方法，棉籽油皂角料合成脂肪酸甲酯的专利，高酸值动植物油脂共沸蒸馏酯化－甲酯化技术，短链脂肪酸酯化作为酰基受体的酶法生物柴油技术等。我国还相继开发用野生盐角草、微生物油脂、大米草、碱篷、花生油下脚废料、油莎豆、麻疯树以及废弃油等作为生产生物柴油的替代品，生产生物柴油也必然走多原料以及多渠道并存的发展模式。我国的生物柴油研究与发展的速度相当的快，大力推广生物柴油会对我国的能源紧张问题有着重大的意义与作用。

著名学者闵恩泽院士在《绿色化学与化工》一书中首先明确提出发展清洁燃料生物柴油的课题，昆明理工大学、辽宁省能源研究所、中国科技大学、清华大学、华南理工大学、广州大学、华中科技大学、河南科学陆军化学所等单位也都对生物柴油进行了不同程度的研究。中国从 20 世纪 90 年代开始开发生物柴油技术，到目前为止，中国已成功研制利用菜籽油、大豆油、米糠下脚料和野生植物小桐子油、工业猪油、牛油为原料，经过甲醇预酯化再酯化生产生物柴油，不仅可以作为代用燃料直接使用，而且还可以作为柴油清洁燃料的添加剂。我国于 2007 年颁布了生物柴油国家标准（GB/T 20828—2007），2017 年颁布了最新生物柴油调和燃料（B5）国家标准（GB 25199—2017），并已实施。

自 2006 年以来，国内生物柴油产能呈现一个“增加－减少－增加”的走势，2006—2008 年，国内生物柴油产能快速增加，虽产能快速增加，但国内的需求并没有很大的提升，生物柴油的产量仍然较低，国内生物柴油面临产能过剩的情况。2011 年，我国出台了生物柴油 B5 调和燃料标准，并且国内市场对生物柴油的认知度也在上升，所以自 2011 年开始，国内生物柴油的产能又开始增加，同时产量也较前几年明显提升。不过到 2015 年下半年，国际原油价格一路走低，国内柴油每吨的价格也跌至 4000 元以下。对于生物柴油来说，由于受到成本的压力，生物柴油与石化柴油的价差缩小，生物柴油厂家的利润也不断缩水，故 2015 年我国生物柴油的产量相较 2014 年明显减少，部分生物柴油厂家也因生产压力而停产。

1.5.3　生物柴油的应用现状

生物柴油是一种可以替代普通柴油使用的优质的环保柴油，是资源永续的可再生能源，被称为“绿色柴油”。世界上的发达国家，如美国、德国、日本；到次发达的南非、巴西、韩国；再到发展中的印度、泰国等，均在发展生物柴油产业。目前，生物柴油普遍的使用方法是将其添加在石化柴油中，添加量为 2%～5%。

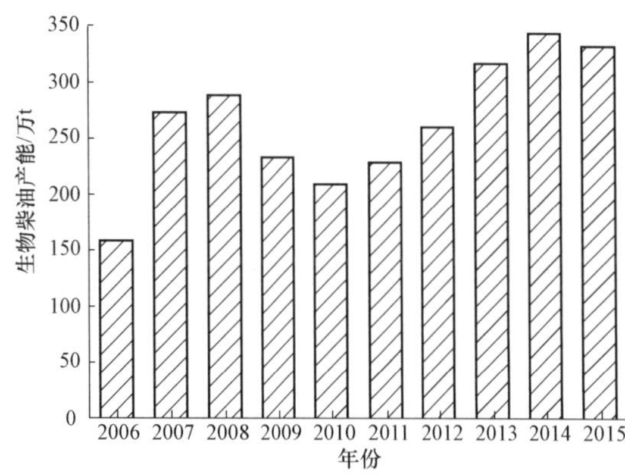

图 1－12　我国生物柴油的产能变化情况

目前生产企业主要是民营企业，大小生产厂家约 300 家，产能不断增大，图 1－12 给出了 2006—2015 年我国生物柴油的产能变化情况。

生物柴油在内燃机方面的研究较多。Patel 研究了柴油、小桐子生物柴油，以及小桐子生物柴油和柴油的调和燃油 B20 在单杠发动机中燃烧时的噪声、振动以及燃烧特性，同时对喷雾特性进行了研究，发现外界压力对三种测试燃油的喷雾渗透长度和喷雾锥角有很大的影响；热释放率越大，燃烧噪声就越大。Patel 还研究了生物柴油在单缸压燃式发动机中燃烧的情况，并讨论了噪声、振动、燃烧和喷雾特性及其相互关系。Qi 为了研究外界压力对燃烧特性的影响、炭黑形成和氧化过程，在光学定容燃烧室中做了柴油 - 大豆油生物柴油 - 丁醇混合燃油燃烧试验，结果表明 S10B10（80%柴油、10%大豆油生物柴油、10%丁醇）比 S15B5（80%柴油、15%大豆油生物柴油、5%丁醇）炭黑排放量少。Altun 对正丁醇混合柴油和生物柴油在发动机上的使用性能和排放特性进行了分析，结果表明在 B20 调和燃料中加入 10%的正丁醇后，燃料消耗率增加，CO 的排放降低；NO_x 排放量在低负荷运转下基本保持不变，在高负荷下有所增加。Copal 研究了地沟油生物柴油与柴油混合燃料在发动机中的燃烧和排放特性。Setyawan 使用 CCD 相机研究了单个粗甘油液滴点火及燃烧特性，并与纯甘油、石化柴油、生物柴油进行了对比，对点火延迟时间、总燃烧时间、燃烧速度进行了估计，结果表明温度保持不变时，各燃料点火延迟时间和总燃烧时间的顺序为：纯甘油＞粗甘油＞乙醇＞生物柴油＞柴油；各燃油燃烧速率顺序为：粗甘油＞柴油＞乙醇＞纯甘油；粗甘油的燃烧特性主要受到杂质的影响，杂质主要是水和甲醇。尧命发等在单缸柴油机中研究了正丁醇/生物柴油预混压燃的燃烧和排放特性。何旭等研究了生物柴油在高温高压定容燃烧弹中的喷雾、着火和燃烧特性。王春梅等利用 KIVA3 模拟方法研究了生物柴油对压燃发动机燃烧和排放性能的影响。纵观国内外生物柴油在发动机方面的燃烧主要集中在生物柴油及其调和燃油的燃烧特性、排放特性以及对发动机性能的影响方面。这些研究大多属于应用研究，对实际应用有很好的指导作用。

一些研究者对生物柴油在工业炉窑中的燃烧进行了研究。Ghorbani 等研究了大豆油生物柴油/柴油调和燃油在中试工业炉窑中的燃烧性能，结果表明 B5 燃烧性能最佳。Pereira 等在大型焚化炉内开展了棕榈油生物柴油替代柴油的可行性研究，结果表明 CO 的排放量与柴油相差不大，但 NO_x 排放量比柴油低。Bazooyar 等研究了葡萄籽油生物柴油、玉米油生物柴油和大豆油生物柴油在工业炉窑中的燃烧排放特性，研究表明在油压为 19.305bar 条件下，烟气中 CO 的含量几乎为 0。蒋绍坚等进行了生物柴油在炉窑内燃烧火焰特性和排放特性的研究，结果表明增大过量空气系数，火焰体积逐渐变小，火焰会发生严重的变形。国内外生物柴油在工业炉窑中的研究主要是在自行搭建的中试炉窑内进行试验研究，为生物柴油的工业应用奠定了理论基础。

1.5.4 生物柴油对环境的影响

化石能源提供动力促进了经济发展的同时，排放出的 SO_x、N_yO_x 等酸性气体及有害颗粒破坏了大气、土壤和水的质量，造成了生态环境的恶化。环境问题已成为目前威胁人类生存和持续发展的首要问题，大力发展和使用可替代化石燃料的环境友好性能源已成为人类面临的当务之急。生物柴油的使用具有良好的环境效益，具体表现在以下几个方面：

（1）使用生物柴油可以减少对化石燃料的开采和消耗，从而减少对地球生态环境的过度破坏；发展生物柴油，种植油料作物将增加陆地的植被覆盖，对减少水土流失、调节大气环境气候等多方面具有生态调节功能。

（2）减少 SO_2 的排放，有利于酸雨的控制。矿物柴油中均含有一定量的硫，有的甚至高达 2%～3%，因此，矿物柴油的燃烧成为 SO_2 的主要排放源之一，而生物柴油中几乎不含硫，其燃烧产物中几乎没有 SO_2 的存在，这将有助于对酸雨的控制。

（3）减少温室气体 CO_2 的排放，缓解温室效应。生物柴油来自植物，生物柴油燃烧所产生的CO_2又会被植物所利用，因此生物柴油的使用不会造成大气中CO_2的净增加。每燃烧使用1L生物柴油，就可以替代0.931L矿物柴油，这样就相当于向大气中减少排放147L二氧化碳废气。

（4）生物柴油的使用可以有效地减少颗粒物质的排放。根据美国密执安技术大学的研究，使用生物柴油所形成的总颗粒物质（TPM）是2号柴油的30%～34%。

（5）生物易降解性：生物柴油直链碳是一端有两个氧原子的简单化学结构，在环境中极易为微生物分解利用；而普通石化柴油可能含有双键、多环、支链等复杂结构的化学成分，除较为特殊的微生物外，在环境中被普通微生物所分解较困难。据研究报道，水中的生物柴油，在3天内可以降解70%～80%，而在相同的条件下，矿物柴油仅降解了30%。

（6）使用生物柴油，可以使机动车排放尾气中的碳氢化合物较2号柴油减少约60%，这有助于对光化学烟雾的控制。由于生物柴油中含有一定量的氧，因此燃烧较完全，使用生物柴油还可以使CO的排放量减少约50%。

（7）生物柴油中不含有芳香烃、多环芳烃等污染物质。据估算，使用生物柴油的机动车尾气含有的芳香烃类物质比矿物柴油少，而且无铅等有毒物质的排放。

综上所述，生物柴油相比石化柴油来说不仅是一种可再生的生物质能源，而且是一种环境友好燃料。

1.5.5　生物柴油面临的机遇和挑战

1. 面临的机遇

近年来，我国炼化企业的柴油产量不断提高，仍不能满足消费需求。巨大的市场空间为生物柴油产业提供了广阔的发展空间。为解决能源节约、替代和绿色环保等问题，我国政府制定了一系列政策和措施，一些学者和专家已致力于生物柴油的研究、倡导工作。2006年1月起施行的《中华人民共和国可再生能源法》明确提出国家大力支持发展以生物柴油为主的生物质液体燃料，国家提供专项资金、税收减免政策支持。

除出台生物柴油产业相关政策措施之外，其他相关产业也积极响应，促进生物柴油普及应用的步伐。2005年11月21日，法国标致雪铁龙集团与中国汽车技术研究中心签署了一项重要的协议，旨在对生物燃料特别是生物柴油进行相应的研究。根据该协议，中国汽车技术研究中心将就生物柴油对发动机及汽车的性能（包括功率、扭矩、噪声及排放可靠性）的影响进行一系列实证实验的研究。2007年4月的上海国际车展中，国内自主品牌龙头企业奇瑞集团展出了生物柴油款轿车，这也标志着我国对生物柴油在汽车上的应用迈出了可喜的步伐，并且取得了一定的成果。

柴油的供需平衡问题将是我国未来较长时间内，石油市场发展的焦点问题之一。2016年我国柴油表观消费量为1.65亿t左右。近年来，我国炼化企业的柴油产量不断提高，但仍不能满足消费需求。巨大的市场空间为生物柴油产业提供了广阔的发展空间。

能源局于2015年对外发布的《生物柴油产业发展政策》提出，要构建适合我国资源特点，以废弃油脂为主，木（草）本非食用油料为辅的可持续原料供应体系。为实现这一目标，《政策》提出，发展废弃油脂生物柴油产业的省份建成比较完善的废弃油脂回收利用体系，健全回收利用法律法规；初步建立能源作（植）物油料供应模式；探索优化微藻养殖及油脂提取工艺，实现微藻生物柴油技术突破。《政策》鼓励京津冀、长三角、珠三角等大气污染防治重点区域推广使用生物柴油。鼓励汽车、船舶生产企业及相关研究机构优化柴油发动机系统设计，充分发挥生物柴油调和燃料的动力、节能与环保特性。

2. 需要应对的挑战

（1）N_yO_x 排放量高。众所周知，富氧是 N_yO_x 生成的条件之一。而生物柴油氧含量较高，燃用时会使柴油机的 N_yO_x 排放量明显增加，这也是生物柴油排放特性中唯一差于石化柴油的指标。

（2）黏度大、安定性差。生物柴油黏度较大且分子中含有不稳定的双键，长期使用会在油路中发生聚合反应，生成大分子胶状物质，引起燃料系统结胶，滤清器和喷油嘴堵塞。这两个问题极大地限制了生物柴油的实际应用。

（3）对器件腐蚀性强。若生物柴油质量不达标，残留的微量甲醇与甘油容易腐蚀金属材料和密封圈、燃油管等橡胶零件。另外生物柴油对合成橡胶和天然橡胶有软化和降解作用，使其与汽车油路、油箱和油泵系统密封件的相容性差。

（4）原料来源不稳定、产品质量差。与国际上普遍通行的采用植物油脂为原料不同，目前我国生物柴油的原料主要为餐饮废油（如地沟油、泔水油等）。来自国家粮油信息中心的数据显示，2012 年我国食用油消费量达 2540 万 t，可产生约 450 万 t 地沟油，是价格低廉的生物柴油原料。采用餐饮废油作为原料，无疑可大大降低生物柴油的生产成本。但由于所收集的餐饮废油来源复杂，杂质含量高，使得生物柴油产品质量不稳定。另外，整个制备过程中产生的废水、废物以及废气的排放和处理也会大大增加生产费用和对环境的影响。

（5）产业投资不足，融资渠道不畅。生物柴油初期投资的单位成本比常规能源高，投资回收期长且风险高，对投资者的吸引力不足，需要广开投资渠道。迄今为止，我国生物柴油建设项目还没有规范地纳入各级财政预算，没有为生物柴油建设项目设立类似常规能源的固定资金渠道，投资者经常受融资渠道不畅的困扰。从我国国内情况来看，由于生物柴油市场前景不明朗，国内银行贷款审批较严，取得贷款尤其是超过 15 年的长期贷款难度较高。从国际资本市场来看，进过国际贷款期限较长，但目前国际金融组织已经取消了原来对我国的软贷款。利用国际金融组织贷款的谈判过程长且管理程序烦琐，造成贷款成本较高。融资障碍造成的资金来源不足限制了新能源的发展，使我国新能源行业难以到达经济规模，应有的规模效益得不到体现，影响了各方面对新能源的投资信心。

（6）成本跟常规能源相比明显偏高。生物柴油的生产和销售成本偏高是影响其推广应用的最大障碍。由于技术复杂、规模偏小，生物柴油基建和单位投资成本普遍高于石化柴油，导致生物柴油的单位成本也难以下降。成本过高会抑制生物柴油市场容量的扩大，反之，市场狭小又会给生物柴油的成本降低造成障碍，形成恶性循环。市场自身的力量无法打破这种恶性循环，必须依靠政府的优惠政策和激励措施。

参考文献

[1] 李法社，杜威，包桂蓉，等．生物柴油低温流动性能的改进研究［J］．昆明理工大学学报（自然科学版），2014（5）：11-15.

[2] 张庆英，杜泽学，杏长鑫，等．SRCA 生物柴油技术的工业应用［J］．石油炼制与化工，2017，48（1）：22-25.

[3] LI B，LI Y，LIU H，et al. Combustion and emission characteristics of diesel engine fueled with biodie-

sel/PODE blends [J]. Applied Energy, 2017, 206: 425-431.

[4] 石文英，李红宾，程发，等. 新型生物柴油制备方法的研究进展 [J]. 石油与天然气化工，2016，45 (1): 1-7.

[5] 杜家益，周仁双，张登攀，等. DOC 对燃用调合生物柴油发动机 PM 排放的影响 [J]. 中国环境科学，2017，37 (2): 497-502.

[6] MOFIJUR M, RASUL M G, HYDE J, et al. Role of biofuel and their binary (diesel-biodiesel) and ternary (ethanol-biodiesel-diesel) blends on internal combustion engines emission reduction. [J]. Renewable & Sustainable Energy Reviews, 2016, 53: 265-278.

[7] PATIL P D, GUDE V G, Deng S. Biodiesel Production from Jatropha Curcas, Waste Cooking, and Camelina Sativa Oils [J]. Industrial & Engineering Chemistry Research, 2016, 48 (24): 10850-10856.

[8] DATTA A, MANDAL B K. A comprehensive review of biodiesel as an alternative fuel for compression ignition engine [J]. Renewable & Sustainable Energy Reviews, 2016, 57: 799-821.

[9] BHUIYA M M K, Rasul M G, Khan M M K, et al. Prospects of 2nd generation biodiesel as a sustainable fuel-Part 2: Properties, performance and emission characteristics [J]. Renewable & Sustainable Energy Reviews, 2016, 55: 1129-1146.

[10] 高进，梁志松，李法社，等. 生物质燃油燃烧 CO 和 NO 排放特性试验研究 [J]. 热能动力工程，2017，32 (10): 76-83.

[11] DALIBOR M. M, MIROSLAV V. S, Ana V. V, et al. Calcium oxide as a promising heterogeneous catalyst for biodiesel production: Current state and perspectives [J]. Renewable & Sustainable Energy Reviews, 2016, 56: 1387-1408.

[12] 徐文佳，李法社，王华各，等. 原料油及其生物柴油低温流动性分析 [J]. 石油化工，2018 (5).

[13] ALI O M, MAMAT R, ABDULLAH N R, et al. Analysis of blended fuel properties and engine performance with palm biodiesel-diesel blended fuel. [J]. Renewable Energy, 2016, 86: 59-67.

[14] Zhong W, Xuan T, He Z, et al. Experimental study of combustion and emission characteristics of diesel engine with diesel/second-generation biodiesel blending fuels [J]. Energy Conversion & Management, 2016, 121: 241-250.

[15] SURENDRA K C, OLIVIER R, TOMBERLIN J K, et al. Bioconversion of organic wastes into biodiesel and animal feed via insect farming [J]. Renewable Energy, 2016, 98: 197-202.

[16] MCALISTER T A, STANFORD K, WALLINS G L, et al. Feeding value for lambs of rapeseed meal arising from biodiesel production. [J]. Animal Science, 2016, 68 (1): 183-194.

[17] 申加旭，李法社，王华各，等. 生物柴油调和燃料理论热值比对分析 [J]. 中国油脂，2017，42 (11): 45-48.

[18] 李法社. 小桐子生物柴油的超临界两步法制备及其抗氧化耐低温性的研究 [D]. 昆明理工大学，2011.

[19] ANUAR M R, ABDULLAH A Z. Challenges in biodiesel industry with regards to feedstock, environmental, social and sustainability issues: A critical review [J]. Renewable & Sustainable Energy Reviews, 2016, 58: 208-223.

[20] VERMA P, SHARMA M P, DWIVEDI G. Evaluation and enhancement of cold flow properties of palm oil and its biodiesel [J]. Energy Reports, 2016, 2 (C): 8-13.

[21] ABOMOHRA E F, Jin W, Tu R, et al. Microalgal biomass production as a sustainable feedstock for biodiesel: Current status and perspectives [J]. Renewable & Sustainable Energy Reviews, 2016, 64 (64): 596-606.

[22] 李法社，杜威，包桂蓉，等. 地沟油生物柴油氧化稳定性能的改进研究 [J]. 昆明理工大学学报

(自然科学版), 2014 (2): 12-18.

[23] KARIMI M. Immobilization of lipase onto mesoporous magnetic nanoparticles for enzymatic synthesis of biodiesel [J]. Biocatalysis & Agricultural Biotechnology, 2016, 22 (1): 145-67.

[24] PACHAPUR V L, SARMA S J, BRAR S K, et al. Surfactant mediated enhanced glycerol uptake and hydrogen production from biodiesel waste using co-culture of Enterobacter aerogenes, and Clostridium butyricum [J]. Renewable Energy, 2016, 95: 542-551.

[25] GNANSOUNOU E, RAMAN J K. Life cycle assessment of algae biodiesel and its co-products [J]. Applied Energy, 2016, 161 (3): 300-308.

[26] BASKAR G, AISWARYA R. Trends in catalytic production of biodiesel from various feedstocks. [J]. Renewable & Sustainable Energy Reviews, 2016, 57: 496-504.

[27] IMDADUL H K, MASJUKI H H, KALAM M A, et al. Higher alcohol-biodiesel-diesel blends: an approach for improving the performance, emission, and combustion of a light-duty diesel engine. [J]. Energy Conversion & Management, 2016, 111: 174-185.

[28] 朱浩月, ASSANIS D, 黄震. 低温燃烧模式生物柴油发动机CO和HC的排放 [J]. 内燃机学报, 2014, 32 (1): 1-5.

[29] 陈莲瑛, 蒋绍坚. 空气预热温度对生物柴油火焰特性影响研究 [J]. 新能源进展, 2014, 2 (1): 13-17.

[30] CHAICHAN M T. Evaluation of emitted particulate matters emissions in multi-cylinder diesel engine fuelled with biodiesel [J]. International Journal of Scientific & Engineering Research, 2016, 56 (4): 1-4.

[31] SAJJADI B, RAMAN A A A, ARANDIYAN H. A comprehensive review on properties of edible and non-edible vegetable oil-based biodiesel: Composition, specifications and prediction models [J]. Renewable & Sustainable Energy Reviews, 2016, 63: 62-92.

[32] 尧命发, 庞阔, 谷静波, 等. 正丁醇/生物柴油高预混压燃燃烧及排放特性试验 [J]. 内燃机学报, 2013, 31 (3): 193-199.

[33] LAI F C, YUSUP S, AZIZ A R A, et al. Influence of fatty acids content in non-edible oil for biodiesel properties [J]. Clean Technologies & Environmental Policy, 2016, 18 (2): 473-482.

[34] PATEL C, AGARWAL A K, TIWARI N, et al. Combustion, noise, vibrations and spray characterization for Karanja biodiesel fuelled engine [J]. Applied Thermal Engineering, 2016, 106: 506-517.

[35] PATEL C, LEE S, TIWARI N, et al. Spray characterization, combustion, noise and vibrations investigations of Jatropha biodiesel fuelled genset engine [J]. Fuel, 2016, 185: 410-420.

[36] QI D H, CHEN B, ZHANG D, et al. Optical study on the combustion characteristics and soot emissions of diesel-soybean biodiesel-butanol blends in a constant volume chamber [J]. Journal of the Energy Institute, 2016, 89 (4): 807-820.

[37] SETYAWAN H Y, ZHU M, ZHANG Z, et al. Ignition and combustion characteristics of single droplets of a crude glycerol in comparison with pure glycerol, petroleum diesel, biodiesel and ethanol [J]. Energy, 2016, 113: 153-159.

[38] SURESH R, NAGARJUN M G. Construction and performance analysis of pit furnace by using biodiesel [J]. Indian Journal of Science and Technology, 2016, 9 (45): 1-5.

[39] 李法社, 李明, 包桂蓉, 等. 生物柴油原料油的理化性能指标分析 [J]. 中国油脂, 2014, 39 (2): 94-97.

[40] KUMAR A, SHUKLA S K, TIERKEY J V. A review of research and policy on using different biodiesel oils as fuel for C. I. Engine [J]. Energy Procedia, 2016, 90: 292-304.

第 2 章

生物柴油原料油的理化性能

生物柴油是一种可以替代石化柴油使用的环保型生物质能，是资源永续的可再生能源，被称为“绿色柴油”。目前生物柴油主要通过酯交换法制备生产，生物柴油原料油主要包括植物油脂、动物油脂、废弃油脂、微生物油脂等，其中植物油脂是最为丰富的生物柴油原料油资源。世界各国根据本国生物质能资源情况选择生物柴油原料油进行制备生产生物柴油，美国以大豆油为主要原料油生产生物柴油，大豆油占生物柴油原料油比率高达88.5%；东南亚国家属于热带雨林或热带季风气候，棕榈油已成为发展生物柴油的重要原料；世界可再生能源大国巴西，主要利用蓖麻籽油、棕榈油、大豆油、棉籽油、葵花籽油和玉米油等为原料；欧洲各国农业产业高度发达，大规模种植油菜，利用菜籽油生产生物柴油；日本由于植物资源贫乏，生物柴油主要原料为地沟油；加拿大生产生物柴油的主要原料是动物油脂。具体制备原料油国家见表 2-1。原料油的理化性能对生物柴油的制备及质量均会产生影响，因此，对生物柴油原料油的理化性能进行测定与分析是十分必要的。

表 2-1　　各国生物柴油制备原料油

大豆油	棉籽油	动物油脂	菜籽油	棕榈油	麻疯树油	蓖麻籽油	废弃油脂
美国 德国 阿根廷	中国 美国 印度	加拿大 澳大利亚 韩国	法国 意大利	泰国 美国	中国 巴西	巴西	日本和中国

2.1　生物柴油原料油的种类

2.1.1　动物油脂

动物油脂包括猪油、牛油、羊油和鱼油等，是制备生物柴油的原料油之一。作为食用用油，动物油脂（特别是猪油、羊油等）中的胆固醇含量较高，具有较高的营养价值，并且能提供极高的热量，适合寒冷地区的人们食用。作为工业用油，工业用动物油脂的比例有所提高，约占动物油脂总量的三分之一。

陆地动物的油脂主要集中于脂肪组织和内脏中，例如猪脂、牛脂、羊脂等；也有以乳化状态存在于哺乳动物的乳内，例如奶油；还有少量存在于骨髓中，例如骨油。陆地动物的油脂主要组成为三甘油酯，其脂肪酸主要是油酸、软脂酸和硬脂酸，其特点是 C_{16}～C_{18} 脂肪酸比例高，在脂肪酸组成上，饱和脂肪酸远高于不饱和脂肪酸，而且所含有不饱和脂肪酸几乎都是油酸和亚油酸。

水生动物油脂主要是指水产动物的皮下脂肪层，包含鱼体油、鱼肝油和海兽油等，其化学成分主要是混合甘油三酸酯，同时还含有磷脂、烃类、蜡、甘油醚、维生素和色素等成分，其中脂肪酸种类有 50～60 种，重要的有 14 种，大部分是碳原子数为 20～26 偶数的直链饱和与不饱和脂肪酸，以不饱和脂肪酸的比重较大，大部分为具有 5 个或 6 个双链的高度不饱和脂肪酸；当加氢后可以作为长链饱和脂肪酸的原料，在医药、饲料等领域有重要的作用。在当今时代，作为可再生的水生动物资源对人类的进步有着重要的意义。

我国肉类年产量一般在 9000 万 t/年以上，与之相应的副产品油脂在 800 万 t/年以上(其中猪油占 75%左右)，副产油脂 70%左右被用于食用，大约 240 万 t 的副产油脂应用于油脂化工生产的原料，实际用于生产生物柴油的比例很低。因此，动物油脂不能成为我国发展生物柴油的主要原料油来源。

2.1.2 植物油脂

我国有丰富的能源植物资源，且植物能源资源种类丰富多样，约有 3 万种维管束植物，仅次于印尼和巴西，其中有经济价值的植物约 15 000 种，具有能源开发价值的约 4000 种，有野生油料植物含油量 15%以上约 1000 种，含油量 20%以上约 300 种。植物油脂包括草本植物油和木本植物油。常见的草本植物油类主要有菜籽油、大豆油、花生油、玉米油、亚麻籽油、橡胶籽油等；木本植物油主要有棕榈油、小桐子油、黄连木油和文冠果油等。

我国植物油脂的产量逐年在增长，植物油脂占油脂总量的 70%，是生物柴油最主要的原料油。根据国家统计局数据统计，2011 年，我国植物油产量已达 4331.8 万 t；2012 年中国精制食用植物油产量累计达 5176.2 万 t，同比增长百分比达到最大为 26.4%；2016 年植物油产量达到最大值为 6907.5 万 t。同比增长 3.4%；2017 年精制食用植物油产量略有下降，累计为 6071.8 万 t，同比增长 2%；2018 年 1—5 月，中国精制食用植物油产量累计达 2089.5 万 t，同比增长 2.9%。具体 2010—2017 年中国精制食用植物油产量趋势如图 2-1（a）所示。

2017 全年统计在各植物油产量结构中，棕榈油、大豆油及菜籽油是产量占前三名，棕榈油产量达 6687 万 t，占全球植物油比例的 34%；大豆油产量为 5629 万 t，占比 29%；菜籽油产量为 2869 万 t，占比 15%。三大植物油占到全球植物油总产量的 78%。具体结果如图 2-1（b）所示。

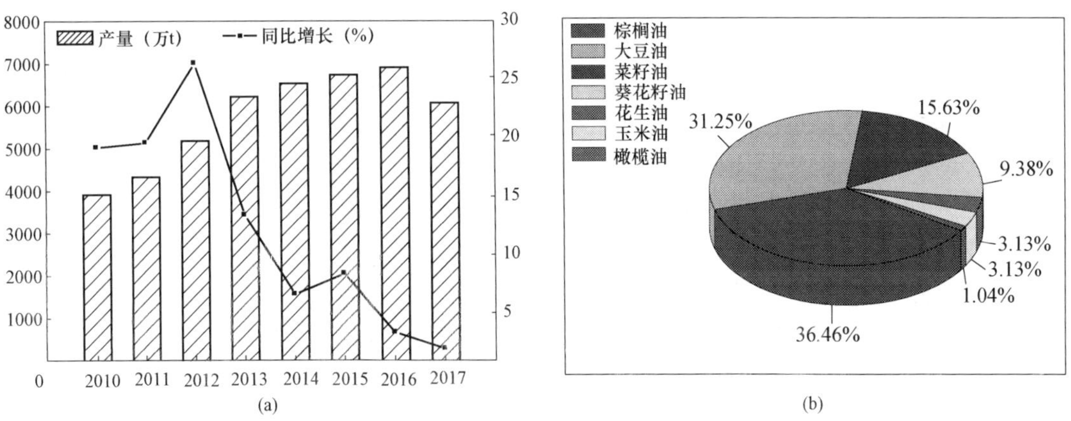

图 2-1 我国精制食用植物油产量趋势及全球植物油脂生产结构

（a）2010—2017 年我国精制食用植物油产量趋势；（b）2017 年全球植物油脂生产结构

植物油脂包括草本植物油和木本植物油，常见的草本油料植物与木本油料植物如下：

1. 草本油料植物

草本油料作物是指植物体的果实或种子（以及花）中富含的油脂及以采收果实或种子榨取油脂为主要用途的一类栽培草本植物，具有生长周期短、投入少、见效快、产油量相对较高、适宜规模化种植的优点，因此，培育耐旱、耐盐碱、耐贫瘠的草本油料植物，开发荒漠等边际土地进行草本油料植物的规模化种植，可为生物柴油提供丰富的原料油。主要草本油料植物有：油菜籽、大豆、花生、棉花、玉米、葵花籽、亚麻籽等。

（1）葵花籽

葵花籽是向日葵的果实，籽粒小，籽仁饱满充实，皮壳薄，出仁率高，占65%～75%，仁含油量一般达到45%～60%；葵花籽富含不饱和脂肪酸、多种维生素和微量元素。

在葵花籽生长过程中，葵花籽的含油量是不断变化的，当葵花籽达到生理成熟时，其油脂含量会不断增加。从葵花籽中提取的油类称葵花籽油，油色金黄、清明透亮，葵花籽油中脂肪酸的构成因气候条件的影响，寒冷地区生产的葵花籽油含油酸15%左右，亚油酸70%左右；温暖地区生产的葵花籽油含油酸65%左右，亚油酸20%左右。葵花籽油90%是不饱和脂肪酸，其中亚油酸占66%左右，由于葵花籽油的亚油酸含量较高，其主要甘油三酯是三亚油酸甘油酯和油酸二亚油酸甘油酯，三油酸甘油酯几乎不存在，因此，葵花籽油中含有四个或更多双键的甘油三酯含量超过了80%。葵花籽油还含有维生素E，植物胆固醇、磷脂、胡萝卜素等营养成分。

（2）花生

花生又名“长生果”为世界五大油料作物之一，品种繁多，其生产遍及世界各大洲。花生是一种高脂肪、高蛋白、营养很丰富的作物，出油率达到45%～50%远高于其他油料作物；成熟花生中，有96%的甘油三酯，主要的脂肪酸有棕榈酸和亚油酸。我国花生每年种植面积居世界第一，花生油是我国主要的油料作物和经济作物之一，属于干性油，油色淡黄透明，由大约80%不饱和脂肪酸和20%饱和脂肪酸混合而成。其中主要是油酸、亚油酸和棕榈酸；其他脂肪酸包括花生酸、11—类花生酸、山嵛酸和二十四烷酸。

（3）玉米

玉米其植株高大，茎强壮，是重要的粮食作物和饲料作物，也是全世界总产量最高的农作物，其种植面积和总产量仅次于水稻和小麦。玉米种子中的油脂含量仅有3%～5%，玉米含有丰富的蛋白质、脂肪、维生素、微量元素、纤维素等，具有开发高营养、高生物学功能食品的巨大潜力。玉米油由玉米胚芽压榨而得，主要用作食用油，也可作为制取硬化油的原料。玉米油为高不饱和脂肪酸，主要成分为亚油酸甘油酯，亚油酸是一种必须脂肪酸，此外含有相对较低的饱和脂肪酸以及非常浓度低的亚麻酸。

（4）亚麻籽

亚麻籽是亚麻科一年生品种，亚麻籽可生长于温暖和凉爽的气候条件下，数年来被广泛种植，可获得茎材纤维、亚麻布和种子。亚麻籽的含油量很高，但榨取较困难，一般需要二次压榨。亚麻籽被用来生产涂料、清漆、墨水和油毡等。亚麻籽油是以亚麻酸为主的干性油脂，主要组成为甘油三酯，通常占有所有组分的90%以上。亚麻籽油甘油酯的脂肪酸组成中，主要的甘油三酯分子中都含有亚麻酸，84%的甘油三酯中含有亚麻酸，其中，21%甘油酯中含有三个α—亚麻酸，含两个α—亚麻酸的甘油酯含量居第二位，亚麻籽油中含量丰富的脂肪酸是亚油酸。

（5）棉花

棉籽是棉花生产的副产品，棉籽外部为坚硬的褐色籽壳，形状大小也因品种而异。籽壳内有胚，是棉籽的主要部分，也称籽仁。籽仁含油量可达35%～45%，含蛋白质39%左右，含棉酚0.2%～2%。棉籽油是我国重要的食用油来源之一，通过棉籽压榨得到，含油量为13%，出油率为11%左右，产量在菜籽油、大豆油和花生油之后。棉籽油的产量取决于棉花产量，棉籽油的生产相对集中，棉花的主产区为新疆维吾尔自治区、山东、河南、河北等地，由于棉籽油品质不如大豆油和菜籽油，因此，作为食用油消费的比例在逐渐下降。同时棉籽油可以氢化制成硬化油，氢化棉籽油是硬脂酸及制皂的重要原料。

（6）蓖麻籽

蓖麻属大戟科植物，一年生粗壮草本或草质灌木，栽培用以提取医药及工业用油。蓖麻叶呈掌状，12裂，大而美观；果古铜色到红色，生有硬毛和刺，簇生，通常成熟前采收。种子外形似豆，表面有花斑，成熟后含有毒的蓖麻碱。印度和巴西是主要种植国。在热带，植株可高达10～13m。在温带气候条件下为高1.5～2.4m的一年生植物。蓖麻属仅蓖麻一种，但有成百个自然类型和许多园艺品种。蓖麻籽油几乎无色或微带黄色的黏稠液体，蓖麻籽油可作为制备生物柴油、生物航空燃料的原料油。同时可经浓硫酸处理得到表面活性很好的硫酸酯（俗称土耳其红油）。蓖麻籽油脱水则可得到具有共轭双键的干性油脂。以不同的氢化条件处理蓖麻油可以得到多种产品，因此，蓖麻油广泛应用于各工业部门。蓖麻油最接近纯化合物单酸甘三酯，在常见油脂中只有橄榄油（含80%左右的油酸）、红花油（70%以上亚油酸）和桐油（约含85%的桐酸）有此特点。蓖麻油中不皂化物含量小于1%，维生素含量较低。

（7）大豆

大豆为最主要的油料作物之一，茎直立或半蔓生，茎叶和荚果均被绒毛；复叶，小叶3片；短总状花序，花白色或紫色；荚果；种子椭圆形或近球形，有黄、青、褐、黑、双色等。在我国大部分地区都有种植，主要分布在北方春作大豆区，黄淮流域夏作大豆区、南方多作大豆区。大豆油是由大豆压榨或萃取制的，是我国乃至世界上最重要的食用油、植物蛋白（食用和饲料）的主要来源之一，也是工业油酸的原料。大豆种子含油量16%～18%，主要成分是亚油酸甘油酯，主要含有5种脂肪酸成分，即油酸、亚油酸、亚麻酸、棕榈酸和硬脂酸。

2. 木本植物

木本植物是指根和茎因增粗生长形成大量的木质部，而细胞壁也多数木质化的坚固的植物。木本植物油是一类贮存于植物器官中，通过植物有机体内一系列的生理生化过程而形成，以一定的结构与形式存在于油脂或挥发性油类等物质中。木本油料资源十分丰富，发展木本油料的条件十分优越。木本油料树种大多具有抗干旱、耐贫瘠、适应性强、丰产性能好等优点。木本油料树种有400多种，可利用的有220多种。含油量在15%～60%的有200多种，50%～60%的有50多种，已广泛栽培提供油料的有30多种。山区和丘陵地区成为木本油料树种的主要生产基地。目前已建立起规模化良种供应基地的生物质燃料油木本油料植物主要有黄连木、文冠果、续随子、棕榈树、橡胶籽树、小桐子树和光皮树等。

（1）小桐子树

小桐子为大戟科植物，常绿或落叶小乔木或灌木，又名麻疯树。小桐子喜光，喜暖热气候；耐干旱瘠薄，在石砾质土、粗质土、石灰岩裸露地均能生长。主要分布在干热的亚热带和潮湿的热带雨林，可在年降水量480～2380mm，年均温18.0～28.5℃的环境下生存，通常生于海拔700～1600m的平地、丘陵、坡地及河谷荒山坡地。小桐子原产于热带美洲巴西，现主要分布于热带和亚热带地区，绝大多数生长在美洲和亚洲热带地区。小桐子传入中国已经有600多年的历史，在我国主要分布于广东、广西、云南、四川、贵州、台湾、福建、海南等省区，其中以西南地区的干热河谷最为集中。目前，小桐子除野生分布外，四川、云南、贵州已有人工栽培，其中云南最多，四川次之。该属植物全世界约有200种，我国栽培的该属植物主要有五种，即麻疯树、佛杜树、珊瑚花、棉叶麻疯树、琴叶珊瑚花。

小桐子油具有毒性，不能食用，传统多用于化工方面，如生产油漆、硬化油、制皂等。小桐子油具有附着力强、光泽性好、易干、抗腐蚀、反渗透、绝缘性等多种特性，为世界上最好的干性油，麻疯树种子含油率量为35%～40%，种仁的含油率高达50%～60%。小桐子含油率高，小桐子油含有油酸、亚油酸、棕榈油酸等不饱和脂肪酸，与柴油、汽油、乙醇的掺合性好，可用于制备生物柴油的原料油，小桐子树被称为“生物柴油树”。

（2）棕榈树

棕榈油由油棕树上的棕榈果压榨而成，果肉和果仁分别产出棕榈油和棕榈仁油，传统概念上所言的棕榈油只包含前者。棕榈油经过精炼分提，可得到不同熔点的产品，棕榈油是目前世界上生产量、消费量和国际贸易量最大的植物油品种，与大豆油、菜籽油并称为“世界三大植物油”。棕榈油含有50%的饱和脂肪酸，也被称为“饱和油脂”。棕榈酸的主要成分为甘油三酯，还含有少量或微量的非甘油三酯成分。棕榈油甘油三酯中脂肪酸链的长度（受碳原子数影响）和结构（存在着双键，如不饱和酸）是变化的，棕榈油的理化性质主要由其组成即脂肪酸碳链结构及碳原子数所决定。棕榈油是全球最廉价的食用植物油，以棕榈油为原料，生产生物柴油，原料成本远小于其他植物的食用油脂，因此，日益受到生物柴油生产企业的欢迎。

（3）黄连木

黄连木，属漆树科黄连木属植物，是一种优良用材和观赏树种。黄连木在我国分布广泛，在甘肃、河北、陕西等十几个省均有大量栽培。黄连木种子含油率为40%左右，脂肪酸组成和菜籽油非常相似，可作食用油，也是优良的生物柴油原料油。研究表明，黄连木油脂生产的生物柴油碳链长度与普通柴油主要成分的碳链长度极为接近，黄连木油脂非常适合用来生产生物柴油。因此，培育黄连木能源林，利用其果实提炼生物柴油是黄连木产业发展方向之一。

（4）橡胶籽

橡胶籽是橡胶种植业的一项副产品，橡胶树是典型的热带雨林树种，属多年生热带乔木，原产巴西亚马孙河流域的热带雨林中，要求高温、多雨、静风和肥沃的土壤。目前，全世界共有43个国家和地区种植橡胶树，主要集中在东南亚地区，约占世界天然橡胶种植面积的90%，尤其以泰国、印度尼西亚、马来西亚、中国、印度、越南、缅甸、斯里兰卡等国种植面积最多。橡胶树每年可结三批果实，按年株产籽1kg、375株/hm^2，每年产橡胶籽最低为375万t。世界橡胶种植历史比较长，中国的橡胶籽油丰富，种植橡胶已有100多年的历史，橡胶籽油在能源中的应用是近来橡胶籽油开发利用的新兴产业。利用橡胶籽油与低碳醇发生酯交换反应制备生物柴油，成本低廉，收益高，并随着橡胶籽油提取技术和合成生物柴油技术的不断改进，是解决世界石油能源危机的又一途径，是环境友好可再生新能源。

2.1.3 废弃油脂

废弃油脂是中国生物柴油原料主要来源之一，主要包括餐饮废油、地沟油、炒菜和炸食品过程产生的煎炸废油等。我国有悠久的饮食文化，随着人们生活水平的改善，饭店和家庭产生了大量的餐饮废油，据估算，废弃油脂的量约占食用油总消费量的20%～30%。以中国年均消费食用油21Mt计，每年产生废油4～8Mt，收集起来能够作为资源利用的废弃油脂有4Mt左右，如加以充分利用，有很大的发展空间。据资料显示，南京市现有饮食、食品加工和屠宰企业1万多家，每天排放数百吨污水，其中一年产生近5000t废油脂；深圳经济特区按目前餐饮业营业状况、隔油池使用情况以及收集能力，估算每年的废油脂收集量为3000多吨。北京市内的饭馆一天可以产生废油脂20t（年产超过7000t），市环保局有两个“地沟油”回收处理厂，日产废油脂约15t，售价约1450元/t，用作生产脂肪酸和肥皂的原料或作为宾馆锅炉的燃料。

废弃食用油脂如果直接排入下水道（沟），流进河流、湖塘，每公斤废弃食用油脂将会造成1500m^2水面的污染，形成大面积的水质富营养化。废弃食用油脂与水、金属、微生物等作用，酸败进一步进行，并发生更复杂的发应，产生更多有毒有害物质，危害更甚。以废弃油脂为原料生产生物柴油，可大大减少废弃油脂的现存量，防止利用废弃食用油脂土炼后返回餐桌，保障人民生活质量和身体健康，以及变废为宝产生积极深远的影响。废弃油脂作为替代燃料与石化柴油相比尽管存在黏度大、挥发性差、与空气混合效果不好、易发生热聚合等问题，但经过酯交换制备成地沟油生物柴油可解决上述问题。因此，利用废食用油脂制造生物柴油，对废食用油脂的合理资源化利用，防止废食用油脂再次进入人类社会的食物链和促进生物柴油的发展具有实际意义。

2.1.4 微生物油脂

微生物油脂又称单细胞油脂，是由酵母、霉菌、细菌和藻类等微生物在一定的条件下，利用碳水化合物、碳氢化合物和普通油脂作为碳源，其主要成分同植物油脂类似，为脂肪酸甘油三酯。甘油酯的脂肪酸碳链长度多为偶数，尤其以棕榈酸、油酸、亚油酸和硬脂酸等含量较高，但部分微生物为多不饱和脂肪酸含量较高，以其为原料生产的生物柴油品质更高，在菌体内产生的大量油脂和一些有商品价值的脂质。微生物油脂在美国、德国等国家已经有规模化的生产。常见的产油酵母有隐球酵母、弯隐球酵母、斯达氏油脂酵母、茁芽丝孢酵母、产油油脂酵母、胶黏红酵母、类酵母红冬孢等，含油量达菌体的30%～70%。大部分藻类均能产生油脂，常见的产油海藻有硅藻和螺旋藻，微藻的太阳能利用效率高，生长迅速，且油脂含量高，是一种非常具有发展潜力的生物柴油原料。

（1）酵母菌油脂

常见的产油酵母有浅白色隐球酵母、弯隐球酵母、斯达氏油脂酵母、茁芽丝孢酵母、产油油脂酵母、胶黏红酵母、类酵母红冬孢等，含油量可达菌体的30%～70%。罗玉平等分离到1株高产棕榈油酸的酵母，总脂中棕榈油酸质量分数高达50.14%，中科院大连化物所实验室筛选出的4株产油酵母能同时转化葡萄糖、木糖和阿拉伯糖为油脂，菌体含油量超过其干质量的55%。

微生物体内能够积累大量的油脂，并且能够利用不同的碳源和氮源，例如：葡萄糖、果糖、木质纤维素、粗甘油、糖蜜等，有些酵母菌也能利用农工业废弃物进行微生物油脂的生产，所产生的油脂在成分组成上主要是以碳十六和碳十八系列的脂肪酸为主，其中棕榈酸、硬脂酸、油酸和亚油酸所占的比例最高，脂肪酸组成与植物油相似。

(2) 霉菌油脂

富含油脂的丝状真菌有土曲霉、褐黄曲霉、暗黄枝孢霉、腊叶芽枝霉、葫芦笄霉、花冠虫霉、梨形卷旋枝霉、葡萄酒色被孢霉、爪哇毛霉、布拉氏须霉、唐菖葡青霉、德巴利氏腐霉、葡枝根霉、元根根霉、水霉等，含油量可达菌体干质量的25%～65%。有些霉菌体内也含有丰富的微生物油脂。但与酵母菌不同，霉菌所生产油脂的脂肪酸组成复杂，且不同种类霉菌生产油脂的成分组成差别较大，部分霉菌所产油脂脂肪酸组成与大豆油和菜籽油的脂肪酸组成相似。

(3) 微藻

微藻是一种在陆地、海洋分布广泛，营养丰富、光合利用度高的自养植物，细胞代谢产生的多糖、蛋白质、色素等，使其在食品、医药、基因工程、液体燃料等领域具有很好的开发前景。美国可再生能源实验室自1978年起就开展了海洋高产油脂藻类的大规模筛选研究，且已从3000多种产油藻类中筛选出近300种油脂含量超过50%的硅藻和绿藻，进行人工培养，从海洋藻类中获得丰富的能源。微藻生长周期短，一个收获仅需1～10天，且微藻生产不受季节、气候、地理环境的限制，便于大规模连续生产。微藻产生的油脂脂肪酸组成与大豆油和菜籽油相似。

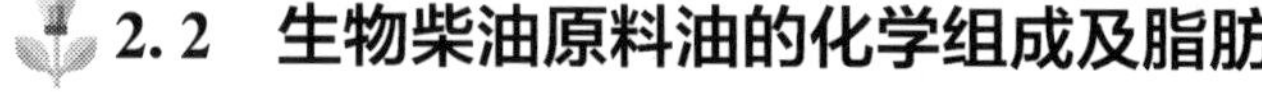

2.2 生物柴油原料油的化学组成及脂肪酸组成

2.2.1 生物柴油原料油的化学组成

原料油是发展生物柴油的关键。生物柴油生产成本中大约75%是原料成本，原料路线的选择对于生物柴油的竞争力至关重要。我国目前生产生物柴油的原料油主要是植物油脂，故本章主要以12种油脂（纯植物油11种、地沟油1种）和4种植物油料种子经实验室提取得到的油脂共16种生物柴油原料油为试样，分别进行理化性能指标分析。12种油脂及4种植物油料种子相关信息见表2-2。

表2-2　12种油脂及4种植物油料种子相关信息

序号	样品名称	生产日期	保质期（月）	生产厂家
1	芝麻油	2013.01.23	18	山东嘉里
2	玉米油	2013.03.06	18	山东嘉里
3	橄榄油	2012.11.25	30	上海佳格
4	葵花籽油	2012.12.22	18	上海佳格
5	花生油	2012.07.23	18	山东鲁花

续表

序号	样品名称	生产日期	保质期（月）	生产厂家
6	芥花籽油	2012.11.01	18	上海佳格
7	菜籽油	2012.09.15	18	山东嘉里
8	大豆油	2012.07.25	18	山东嘉里
9	稻米油	2012.10.29	18	秦皇岛金海
10	亚麻籽油	2013.03.22	18	宁夏六盘山
11	棕榈油	2010.06.15	—	云南昆明
12	地沟油	2012.06.13	—	云南昆明
13	棉籽	2010.09.15	—	山东嘉里
14	橡胶籽	2010.09.10	—	云南昆明
15	蓖麻籽	2013.04.15	—	云南保山
16	小桐子	2013.03.25	—	云南保山

生物柴油原料油种子化学组成成分及其含量不尽相同，但原料油种子中一般都含有油脂、蛋白质、糖类、游离脂肪酸、磷脂、色素、烃类、醛类、酮类、醇类、油溶性维生素、水分及矿物质等。其中原料油种子化学组成因种类、生长地区不同而异。其中糖类为油料种子重要构成部分，油料种子含有单糖、低聚糖和多糖。单糖含量一般不大，主要是戊糖和己糖。戊糖常以结合态存在；己糖以D—葡糖糖、D—半乳糖和D—果糖最为重要，有的以自由游离形式存在，有的以结合形式存在；此外油料种子含有少量的类脂物，包括磷脂、甘一酯、甘二酯、游离脂肪酸、色素、维生素、烃类和黏液质等。按照蛋白质功能，油料种子的蛋白质可以分为结构蛋白、储藏蛋白和酶蛋白三类。油料种子蛋白质的含量与油脂含量成反比关系。油料种子的含水率与种子的成熟程度密切相关，一般未成熟的种子含水率较高，成熟后的种子则较低。成熟种子中的水分以自由水和结合水两种状态存在，自由水以游离态存存在，有普通水的物理性质，结合水是与蛋白质、糖类及其他亲水物质以氢键相结合而成的胶态水分。成熟而干燥的油料种子中矿物质含量不多，一般油料种子含P、K、Ca、Mg为多，约占灰分总数的90%，其中又以K、P最多，其量达占总灰分的70%～75%。表2-3为几种常见油料种子的化学成分。

表2-3　几种常见油料种子的化学成分　（%）

油料名称	化学成分						
	糖类	脂肪	蛋白质	粗纤维	磷脂	水分	灰分
芝麻油	23～40	49～55	19～21	5～9	—	7～7.6	4～6
葵花籽油	30～35	39～68	20～23	2～7	0.6～1.1	8～10	4～5
花生油	5～15	38～46	24～31	26～32	0.4～0.6	8～10	2～2.2
油菜籽油	45～65	30～44	14～20	3.1～4.2	0.4～0.6	0.4～0.7	—
大豆油	16～25	13～20	30～51	10～14	1.2～3.1	10～16	3～6
亚麻籽油	10～24	35～50	11～30	11～27	1.3～1.8	12～14	—
棉籽油	23～31	15～26	7～30	13～20	1.3～1.8	7～12	3～4

2.2.2 生物柴油原料油的脂肪酸组成

脂肪酸是指末端含有一个羧基的长脂肪族碳氢链，是形成甘油三酯的主要物质，在油脂中多以甘油三酯的形式存在，还有甘油一脂肪酸酯、甘油二脂肪酸酯，游离脂肪酸及各种非油脂物质。其中甘油三酯是由一个甘油分子与三个脂肪酸分子缩合而成，植物油脂中脂肪酸约占整个甘油三酯分子量的95%左右，由于脂肪酸在甘油三酯分子中所占的比重很大，因此其对甘油三酯的物理和化学性质的影响起主导作用。不同植物油脂具有不同的脂肪酸成分组成，而不同的脂肪酸成分组成发挥着不同的生理作用。迄今，已发现的脂肪酸已达到数百种，包括饱和酸、单烯酸、多烯酸、羟基酸、酮酸、环氧酸等多种结构类型。饱和脂肪酸中，仅含有C—C单键，化学活性较弱，熔点比含有一个或两个双键的相同碳链长度的脂肪酸要高。饱和脂肪酸从C_2～C_{30}都存在，其中重要的是饱和脂肪酸为丁酸、月桂酸、豆蔻酸、棕榈酸、硬脂酸、花生酸、山嵛酸和木焦油酸。饱和脂肪酸的熔点随碳链长度的增加而升高，碳数不小于10的脂肪酸在室温下呈固态。不饱和脂肪酸指含有一个或多个双键的脂肪酸，其化学活性较强，双键数越多活性越强。脂肪酸碳链中仅含有以一个双键的脂肪酸为单不饱和酸，最常见的是油酸。含有两个或两个以上的双键的称为多不饱和酸，最常见的脂肪酸为亚油酸和亚麻酸。这两种脂肪酸为人体必需的，人体自身无法合成来满足需要的。天然脂肪酸绝大多数具有偶数碳原子数，且不含支链。天然不饱和脂肪酸大部分是顺势结构，氢原子在双键的同一侧，而氢原子在异侧为反式脂肪酸，从热力学角度分析是相当稳定的。通过氧化和氢化作用，可以使脂肪酸发生异构化。基本数据见表2-4～表2-6。

表2-4　植物油脂和动物油脂甘一酯、甘二酯、甘三酯含量　（质量百分含量，%）

油料名称	甘一酯	甘二酯	甘三酯	其他
大豆油	0.1	—	99.1	0.3
棉籽油	0.2	9.4	88.0	3.3
棕榈油	—	5.7	93.0	1.3
玉米油	—	2.7	95.8	1.5
橄榄油	0.2	5.6	92.1	2.1
菜籽油	0.1	0.7	96.8	2.4
动物油	—	1.3	97.8	0.9

表2-5　脂肪酸甘三酯的基本物性数据

名称	分子式	摩尔质量（g/mol）	熔点（K）	沸点（K）
十四烷酸甘三酯	$C_{45}H_{86}O_6$	723.16	328	620
十六烷酸甘三酯	$C_{51}H_{98}O_6$	807.32	342	646
十六碳烯酸甘三酯	$C_{51}H_{92}O_6$	801.27	258	540
十八烷酸甘三酯	$C_{57}H_{110}O_6$	891.48	347	698
9—十八碳烯酸甘三酯	$C_{57}H_{104}O_6$	885.43	268	640
9，12—十八碳二烯酸甘三酯	$C_{57}H_{98}O_6$	879.41	259	590
9，12，15—十八碳三烯酸甘三酯	$C_{57}H_{92}O_6$	873.34	258	594
二十烷酸甘三酯	$C_{63}H_{122}O_6$	975.36	353	740

表 2-6　　脂肪酸的基本物性数据

编号	中文名	分子简称	摩尔质量（g/mol）	分子式	沸点（K）	熔点（K）
1	$C_{14:0}$	豆蔻酸	228.37	$C_{14}H_{28}O_2$	603	326
2	$C_{16:0}$	棕榈酸	256.42	$C_{16}H_{32}O_2$	630	330
3	$C_{16:1}$	棕榈油酸	254.41	$C_{16}H_{30}O_2$	548	275
4	$C_{18:0}$	硬脂酸	284.48	$C_{18}H_{36}O_2$	649	345
5	$C_{18:1}$	油酸	282.46	$C_{18}H_{34}O_2$	627	286
6	$C_{18:2}$	亚油酸	280.45	$C_{18}H_{32}O_2$	595	268
7	$C_{18:3}$	亚麻酸	278.43	$C_{18}H_{30}O_2$	589	263
8	$C_{20:0}$	花生酸	312.53	$C_{20}H_{40}O_2$	670	348
9	$C_{22:0}$	山嵛酸	340.58	$C_{22}H_{44}O_2$	673	350
10	$C_{22:1}$	芥子酸	338.57	$C_{22}H_{42}O_2$	643	303
11	$C_{24:0}$	二十四烷酸	368.64	$C_{24}H_{48}O_2$	687	356

采用气相色谱法对原料油的脂肪酸组成进行测定分析，表 2-7 给出了原料油中主要饱和脂肪酸的含量，饱和脂肪酸主要为棕榈酸（$C_{16:0}$）和硬脂酸（$C_{18:0}$），在饱和脂肪酸中，其中棕榈油 $C_{16:0}$ 最高，达到 42.7%，棉籽油 $C_{18:0}$ 最高，达到 9.41%。棕榈酸是棕榈油的主要脂肪酸，不同熔点的棕榈油，熔点越高，棕榈酸含量越高。在 16 种原料油中棕榈油、花生油、小桐子油饱和脂肪酸豆蔻酸、花生酸、山嵛酸和二十四烷酸含量相对较多，分别为 1.13%、1.29%、2.29%和 1.47%。表 2-8 中给出了原料油中不饱和脂肪酸含量，植物油中不饱和脂肪酸主要为油酸（$C_{18:1}$）和亚油酸（$C_{18:2}$），橄榄油中 $C_{18:1}$ 最高，达到 69.71%，玉米油中 $C_{18:2}$ 最高，达到 58.66%；葵花籽油、大豆油和棉籽油含有较多亚油酸。还有一些植物油，如亚麻籽油和橡胶籽油，亚麻酸含量较高，是营养价值很高的油脂。在 16 种原料油中，菜籽油、大豆油、亚麻籽油中鳕油酸含量相对较多，分别为 3.42%、3.83%、1.05%，而棕榈油酸（$C_{16:1}$）、芥子酸（$C_{22:1}$）和二十四烷酸（$C_{24:1}$）含量最少。

表 2-7　　生物柴油原料油中主要饱和脂肪酸含量分析结果　　（%）

生物柴油原料油种类	$C_{14:0}$	$C_{16:0}$	$C_{17:0}$	$C_{18:0}$	$C_{20:0}$	$C_{22:0}$	$C_{24:0}$
芝麻油	0	8.10±0.36	0.01±0.03	5.1±0.35	0.5±0.05	0.05±0.06	0.03±0.04
玉米油	0.02±0.07	11.65±0.68	0.03±0.03	1.60±0.08	0.36±0.03	0.02±0.04	0.10±0.06
橄榄油	0	10.66±2.27	0.02±0.03	3.02±0.46	0.32±0.03	0.04±0.05	0
葵花籽油	0.04±0.03	5.44±0.49	0.02±0.02	4.05±1.41	0.27±0.03	0.64±0.07	0.19±0.02
花生油	0.01±0.01	10.69±0.49	0.05±0.02	3.18±0.23	1.29±0.15	2.29±0.37	1.04±0.32
芥花籽油	—	4.51±0.82	0.14±0.71	2.00±0.63	0.62±0.37	0.35±0.10	0.16±0.11
菜籽油	0.04±0.03	4.25±1.21	0.01±0.02	1.86±0.39	0.53±0.06	0.27±0.08	0.11±0.05
大豆油	0.06±0.02	10.22±0.33	0.08±0.01	3.83±0.22	0.29±0.02	0.33±0.04	0.10±0.03
稻米油	0.19±0.01	15.63±0.42	0.01±0.32	1.25±0.06	0.45±0.03	0.06±0.07	0.25±0.08

续表

生物柴油原料油种类	$C_{14:0}$	$C_{16:0}$	$C_{17:0}$	$C_{18:0}$	$C_{20:0}$	$C_{22:0}$	$C_{24:0}$
亚麻籽油	0.01±0.02	5.01±0.61	0.01±0.02	3.34±0.33	0.13±0.08	0.07±0.07	0.03±0.04
棕榈油	1.13±0.96	42.7±0.47	0.06±0.06	4.32±0.47	0.29±0.13	—	0.05±0.05
地沟油	0.67±0.59	15.69±8.55	0.20±0.13	6.14±3.55	0.39±0.23	0.44±0.31	0.30±0.18
棉籽油	0.51±0.38	20.41±0.45	—	1.70±0.83	0.22±0.45	0.12±0.16	—
橡胶籽油	0.52±0.95	9.39±1.13	—	9.41±1.13	0.29±0.30	0.09±0.10	—
蓖麻籽油	—	1.41±0.45	—	2.41±0.78	0.26±0.09	—	—
小桐子油	0.15±0.95	12.28±0.02	0.08±0.06	5.33±1.75	0.09±0.15	0.14±0.23	1.47±2.25

表 2-8　　生物柴油原料油中主要不饱和脂肪酸含量分析结果　　(%)

油种	$C_{16:1}$	$C_{18:1}$	$C_{18:2}$	$C_{18:3}$	$C_{20:1}$	$C_{22:1}$	$C_{24:1}$
芝麻油	0.07±0.04	36.60±1.16	42.90±1.53	0.28±0.10	0.12±0.06	0	0.03±0.04
玉米油	0.07±0.03	28.24±1.06	58.66±0.94	0.55±0.25	0.26±0.04	0	0.10±0.06
橄榄油	0.80±0.46	69.71±4.73	6.86±3.47	0.53±0.04	0.13±0.08	0	0
葵花籽油	0.05±0.03	23.40±2.66	57.86±3.84	0.18±0.36	0.19±0.24	0.14±0.49	0.19±0.02
花生油	0.03±0.02	39.91±2.32	34.87±1.91	0.08±0.10	0.74±0.11	0.03±0.11	1.04±0.32
芥花籽油	0.36±0.34	60.33±2.05	21.24±1.55	9.49±1.60	0.62±0.37	0.42±0.29	—
菜籽油	0.16±0.02	43.35±8.12	19.50±5.92	6.19±1.44	3.42±1.64	5.18±4.26	0.11±0.05
大豆油	0.06±0.02	10.22±0.33	50.98±0.63	6.53±1.54	3.83±0.22	0.29±0.02	0.10±0.03
稻米油	0.14±0.03	37.93±0.81	35.78±0.48	0.84±0.34	0.64±0.11	0	0.25±0.08
亚麻籽油	0.04±0.04	20.66±5.50	15.54±2.17	47.89±8.20	1.05±1.52	0.35±0.62	0.03±0.04
棕榈油	0.17±0.12	40.7±0.47	9.97±1.54	0.29±0.20	0.16±0.06	—	—
地沟油	0.73±0.68	42.84±10.4	29.36±14.8	2.06±2.40	0.56±0.27	0.15±0.12	—
棉籽油	0.31±0.14	21.41±0.42	51.53±0.17	0.14±0.23	0.09±0.28	0	—
橡胶籽油	0.14±0.12	24.11±2.14	38.20±2.44	17.51±3.24	0.12±0.10	—	—
蓖麻籽油	0.14±0.02	4.94±0.25	4.36±0.11	0.56±0.42	0.42±0.12	—	—
小桐子油	0.62±0.35	42.28±0.02	35.16±4.14	0.32±0.22	0.12±0.95	0	—

在研究的16种生物柴油原料油中，玉米油被称为“高不饱和脂肪酸”，主要是因为其亚油酸含量高，亚油酸是一种必需的脂肪酸，玉米油的另一引人关注的特性是其含有相对较低的饱和脂肪酸以及非常低浓度的亚麻酸；对于棉籽油是典型的油酸、亚油酸型的植物油，因为这两种脂肪酸几乎占到总脂肪酸的72.94%。其中油酸占21.41%，亚油酸占51.53%，亚麻酸含量不到1%，棕榈酸约20.41%，还有少量其他饱和脂肪酸；一般亚麻籽油的脂肪酸组成与其他原料油不同，因为其α—亚麻酸较高，经常被用作食品补充剂，这种脂肪酸很容易氧化，其氧化速度较快，是油酸氧化速度的20～40倍，是亚油酸氧化速度的2～4倍，此易氧化特性使亚麻籽油成为生产涂料和塑料的良好原料，因为此过程需要加速氧化。棕榈油中饱和脂肪酸和不饱和脂肪酸各占约50%；花生油由大约80%不

饱和脂肪酸和20%饱和脂肪酸混合而成，主要的脂肪酸有棕榈酸、油酸和亚油酸，其他脂肪酸包括花生酸、山嵛酸和二十四烷酸，花生油中长链脂肪酸含量约为2%或更低。花生油中游离脂肪酸的百分含量在0.02%～0.6%。游离脂肪酸含量较高表明由于处理不当、不成熟、发霉或者其他因素而导致的甘油三酯发生水解。芝麻油属于油酸-亚油酸型油脂，其中饱和脂肪酸主要为棕榈酸（8.1%）和硬脂酸（5.1%），含量低于总脂肪酸含量的20%，油酸和亚麻酸占芝麻油脂脂肪酸总量的80%以上，除四种主要脂肪酸外，还包括低于1%的其他脂肪酸，即豆蔻酸、棕榈油酸、亚麻酸、山嵛酸等。芝麻油中不同脂质的脂肪酸组成也存在差异。其中主要的脂质为甘油三酯，占总脂质的90%，与甘油二酯、游离脂肪酸、极性脂质相比，甘油三酯中饱和脂肪酸的含量低，不饱和脂肪酸的含量高。葵花籽油主要由甘油三酯组成（98%～99%），葵花籽油的亚油酸含量较高，油酸次之，其饱和脂肪酸的含量不超过脂肪酸总量的15%，主要是棕榈酸和硬脂酸。

2.3 生物柴油原料油的性能测定

2.3.1 原料油种子颗粒重量及含仁率的测定

准确称取一定质量的原料油种子，数出总颗粒数，用质量除以总颗粒数就得出单颗粒重量，再把种子的种壳和种仁剥离，分别称量种壳和种仁的质量，用种仁的质量除以总质量就得出种子的含仁率，采用多次测验取其平均值。如几种常见种子含仁率测定的数值见表2-9。

表2-9　原料油种子的含仁率百分比

序号	样品名称	含仁率（%）	序号	样品名称	含仁率（%）
1	大豆	90～95	5	小桐子	58～63
2	棉籽	57～65	6	橡胶籽	44～61
3	葵花籽	58～74	7	蓖麻籽	73～85
4	蓖麻籽	73～81	8	花生	60～75

2.3.2 原料油种子含水率的测定

种子含水量是指种子所含水分的重量与种子总重量的百分比。种子中的水分是保持种子生命活动的重要物质，只有在水的作用下，种子的代谢作用才能顺利完成。但水分含量过高，会使种子的呼吸作用过于旺盛，并使微生物大量繁殖，最终使贮藏种子的寿命大大缩短；含水量低的种子能延长寿命，耐储藏。水分过低则会使种子失水死亡。所以含水量是种子质量的重要指标之一，是种子分级、定价的主要依据。

种子中含有的水分按其特性可分为两种，一种是游离水，另一种是束缚水。游离水又称自由水，是生物化学的介质，存在于种子表面和细胞间隙内，具有一般水的特性，有溶解性。在标准状况下，100℃为沸点，0℃为冰点，很容易受外界条件的影响而蒸发，所以在测定种子含水率的过程中，必须操作迅速，尽量避免操作过程中水分的散失，测定高含水量的种子时尤其要注意这一点。束缚水也称胶体结合水，这种水分被种子内的亲水胶体如淀粉、蛋白质的胶体物质束缚，不能在细胞间隙中自由流动，不易受外界环境的影响。

种子含水率测定时，开始水分散失快是由于游离水容易蒸发，后期蒸发缓慢，则是由于胶体结合水被种子内胶体物质牢固束缚不易蒸发出来的缘故。测定时如果提高温度或延长时间，这种水分才能蒸发出来，即须将种子加热到 100～105℃时，才能够彻底地排除掉。所以在测定含水量时，必须设法使这部分水分蒸发出来，才能获得准确的结果。

(1) 操作步骤

采用 105℃恒重法进行种子水分测定，首先将种子的种壳和种仁用电动粉碎机进行粉碎，称取烘干的恒重的玻璃皿 m_0，称取一定质量（试样与玻璃皿的质量和 m_1，准确到 0.001g）的粉碎样品，放在玻璃皿里，置于恒温 105℃烘箱内烘 3h，然后放入干燥器里冷却至室温，称取质量。

(2) 结果计算

按上述方法复烘，每隔 0.5h 取出冷却称量一次，直到烘至前后两次质量差不超过 0.005g 为止，此时质量为 m_2。根据式（2-1）计算种壳和种仁的含水率，即

$$MC=\frac{m_1-m_2}{m_1-m_0}\times100\% \tag{2-1}$$

然后根据式（2-2）计算种子的含水率，即

$$MC=\left(M_1\times\frac{A}{100}+M_2\times\frac{100-A}{100}\right)\times100\% \tag{2-2}$$

式中：M_1 为种仁含水率,%；M_2 为种壳含水率,%；A 为含仁率,%；MC 为水分含量,%。

原料油种子的含水率测定结果见表 2-10。

表 2-10　原料油种子的含水率测定结果

序号	样品名称	含水率（%）	序号	样品名称	含水率（%）
1	芝麻	6.41	9	稻米	6.38
2	玉米	5.56	10	亚麻籽	10.20
3	橄榄	3.25	11	棕榈	4.25
4	葵花籽	7.37	12	棉籽	11.23
5	花生	8.52	13	橡胶籽	5.27
6	芥花籽	6.23	14	蓖麻籽	7.56
7	菜籽	6.12	15	小桐子	6.21
8	大豆	8.81	16	地沟油（烘箱法测定）	10.28

2.3.3　原料油种子含油率的测定

植物种子含油率是进行生物柴油原料植物油筛选的重要指标。提高种子含油率是油料作物改良的主要育种目标，是决定其是否能作为能源植物利用的首先因素。含量率越高，产量越大，生物柴油的原料成本将越低，进而降低了生物柴油的生产成本，有利于生物柴油的市场化。目前含油率测定的化学方法国家标准有 GB/T 1488.1—2008《植物油料含油量测定》；含油率测定方法主要是索氏提取法《国际标准（ISO659）与用 NY/T 4—1982》和核磁共振法等。索氏提取法是国际公认的高精确度测量含油率的方法，广泛应用于油脂样品的提取和测量。测定结果准确率高；但操作烦琐、耗时长，并且需要破坏籽粒。核磁

共振分析法测定含油率，需要应用索氏抽提法测量结果建立标准曲线，可以无损检测、简单、快速，下面分别介绍索氏提取法和核磁共振分析方法，并利用索氏提取法测定 16 种原料油。

通过测定种子的含油率，根据含油率的大小，选取含油率较高的种子作为生物柴油原料油的原料，同时也考虑年产量高的种子和单价便宜的种子作为原料。选取种子来制备原料油以及制备生物柴油。对于生产生物柴油有着重要的经济意义，可预算生产原料油成本及制备生物柴油的成本。16 种原料油种子含油率测定结果见表 2-11。

表 2-11　　原料油种子的含油率测定结果

序号	样品名称	含油率（%）	序号	样品名称	含油率（%）
1	芝麻	30～55	9	稻米	15～26
2	玉米	36～47	10	亚麻籽	40～50
3	橄榄	35～40	11	棕榈	30～60
4	葵花籽	30～70	12	棉籽	17～23
5	花生	48～54	13	橡胶籽	40～50
6	芥花籽	36～47	14	蓖麻籽	48～53
7	菜籽	30～40	15	小桐子	34～38
8	大豆	16～23			

2.3.4　原料油皂化值的测定

皂化值（SV）是指完全皂化 1g 油脂所需的氢氧化钾质量，皂化值的单位是 mgKOH/g 油。油脂的皂化值就是皂化油脂中的甘油酯和油脂中所含的游离的脂肪酸。因此，油脂的皂化值包含着酸值和酯值，油脂的皂化值的检测可采用 GB/T 5534—2008 标准方法进行。本标准等同采用国际标准 ISO 3657《动植物油脂　皂化值的测定》。按照标准方法测量并计算后，结果详见表 2-12。

表 2-12　　原料油的皂化值测定结果

序号	样品名称	皂化值（mgKOH/g 油）	序号	样品名称	皂化值（mgKOH/g 油）
1	芝麻油	190.01	9	稻米油	180.12
2	玉米油	190.81	10	亚麻籽油	190.88
3	橄榄油	190.44	11	棕榈油	198.78
4	葵花籽油	191.70	12	地沟油	177.29
5	花生油	194.63	13	棉籽油	190.37
6	芥花籽油	186.55	14	橡胶籽油	194.77
7	菜籽油	178.22	15	蓖麻籽油	185.43
8	大豆油	189.74	16	小桐子油	198.23

原料油脂皂化值的大小主要取决于构成该原料油脂的脂肪酸分子量。脂肪酸平均分子量越大，则皂化值越小，反之则皂化值大。由表 2-12 可知，地沟油皂化值最低，脂肪酸

平均分子量最大，棕榈油和小桐子油的皂化值最高，脂肪酸平均分子量最小。此外，皂化值也与原料油脂中的不皂化物含量、游离脂肪酸、单脂酰甘油、二脂酰甘油以及其他酯类的存在有关。如原料油脂内含有不皂化物，将使原料油脂皂化值降低；而含有游离脂肪酸将使皂化值增高。测定皂化值可以评定油脂纯度和对制皂工业提供计算加碱量的依据。

2.3.5 原料油碘值的测定

原料油脂中不饱和脂肪酸的含量常用不饱和度来衡量，油脂的不饱和度用油脂碘值（Ⅳ）来表示。所谓油脂碘值，是指在规定条件下，每 100g 油脂加成反应中所需碘的克数，单位是 gI_2/100g 油。碘值越高，说明油脂的不饱和度越大，不饱和脂肪酸的含量越高。油脂碘值测定的方法有多种，其中氯化碘加成法又称为韦氏法，该法具有简便、快速、准确、条件易于控制等优点，是原料油碘值测定最常用的方法。油脂碘值的测定采用国际标准 ISO 3961—2018《动植物油脂　碘值测定》。按照标准方法测定，对 16 种原料油的碘值进行了测定与分析，见表 2-13。

表 2-13　　生物柴油原料油的碘值测定结果

序号	样品名称	碘值（gI_2/100g 油）	序号	样品名称	碘值（gI_2/100g 油）
1	芝麻油	110.3	9	稻米油	103.9
2	玉米油	107.5	10	亚麻籽油	190.4
3	橄榄油	82.2	11	棕榈油	52.3
4	葵花籽油	125.3	12	地沟油	93.4
5	花生油	99.4	13	棉籽油	109.2
6	芥花籽油	109.3	14	橡胶籽油	135.8
7	菜籽油	100.4	15	蓖麻籽油	87.4
8	大豆油	122.9	16	小桐子油	96.5

根据碘值的大小可以将油脂分为不干性油、半干性油、干性油三种类型，即分别对应的碘值为小于 100，不小于 100 且不大于 130，大于 130）。从表 2-10 可知，各种植物油的碘值相差较大，其中芝麻油、玉米油、葵花籽油、花生油、芥花籽油、菜花籽油、大豆油、稻米油、棉籽油的碘价较大，为 100～130，均属于半干性油；橄榄油、棕榈油、地沟油、蓖麻籽油、小桐子油的碘价在 100 以下，属非干性油。只有橡胶籽油、亚麻籽油的碘值在 130 以上，属于干性油；碘值的大小说明油脂脂肪酸双键的多少。生物柴油中必须含有一定量的不饱和脂肪酸，碘值必须达到一定的值。经过试验研究发现，原料油对应制取的生物柴油产品碘值与原料油碘值基本一致。我国国标规定生物柴油碘值不能超过 120gI_2/100g 油。从表 2-10 可以看出，4 种植物油中的碘值不符合生物柴油原料油脂碘值要求，其余 12 种植物种子油的碘值符合我国制备生物柴油原料油对碘值不超过 120g gI_2/100g 油的规定。

2.3.6 原料油酸值的测定

酸值（A. V.）是评定油脂中所含游离脂肪酸多少的量度。其定义为：中和 1g 油脂中游离脂肪酸所需氢氧化钾的质量（mg），酸值的单位是 mg KOH/g。酸值包括油中所含有机酸和无机酸，在大多数情况下，油品中没有无机酸存在。因此，所测定的酸值几乎都是有机酸。在贮存和使用过程中，油脂酸值的大小受很多条件的影响，如原料的质量好坏、原料的组成特性、油脂在储存、加工、运输期间的含水分、杂质的多少；当然与温度、空气、光照等因素也有关系。酸值不能直接表示油脂中游离脂肪酸的百分率（F. F. A%），可表示油脂中游离脂肪酸含量的高低。故酸值是评定油脂品质好次、油脂精炼程度的重要指标，也是油脂工厂碱炼脱酸时计算加碱量的理论依据。目前，测定酸度及酸值的方法采用 GB 5009. 229—2016。按照标准方法计算后，结果详见表 2 - 14。

表 2 - 14　不同种类原料油的酸值　(mg KOH/g)

序号	样品名称	酸值	序号	样品名称	酸值
1	芝麻油	4.36	9	稻米油	7.07
2	玉米油	3.12	10	亚麻籽油	3.82
3	橄榄油	2.66	11	棕榈油	4.17
4	葵花籽油	2.61	12	地沟油	164.47
5	花生油	3.30	13	棉籽油	2.41
6	芥花籽油	2.58	14	橡胶籽油	21.60
7	菜籽油	3.61	15	蓖麻籽油	3.46
8	大豆油	2.91	16	小桐子油	13.98

酸值的大小可反映油脂中游离脂肪酸的含量，可据此推算出生物柴油制备前脱酸所消耗碱的数量。原料油的酸值如果过高，不仅会增加生物柴油合成前脱酸处理工序和碱的消耗量，从而增加成本，同时还会降低制备生物柴油中酯交换反应效率。如果制备的生物柴油酸值过高，不仅会造成燃料油的系统沉积，还会对燃油发动机造成较大的腐蚀。因此，理想的生物柴油原料油的酸值应较低，生产成本可有效降低，工艺难度会随之下降，提升生物柴油性能和质量。从表 2 - 14 可知，16 种生物柴油原料油酸值相差较大，地沟油的酸值最高，为 164. 47mg，是一般植物油的几十倍左右，这与油品的原料特点，采用的加工工艺及精炼程度还有新鲜度等不同有关，如果酸值过高会影响产品品质和储藏稳定性。棉籽油的酸值在 16 种植物种子油中较低，在制备生物柴油时可以不用进行预处理。

2. 3. 7　原料油总脂肪酸含量的测定

生物柴油原料油中最主要的成分组成是脂肪酸，脂肪酸是脂质的一种。植物油脂和动物油脂等经过水解可得到脂肪酸。脂肪酸是所有油脂的共同成分，并决定油脂的性质。在自然界中，脂肪酸主要以甘油酯的形式存在。脂肪酸根据其结构特点，可分为饱和脂肪酸和不饱和脂肪酸两大类。生物柴油原料油主要的脂肪酸为棕榈酸、硬脂酸、油酸、亚油酸、亚麻酸等几种。油脂经皂化、酸解后，得到的脂肪酸用石油醚进行萃取，再回收石油醚后剩下的就是脂肪酸，即可得到油脂中总脂肪酸的含量。按照上述方法测量并计算后，结果详见表 2 - 15。

表 2-15　　生物柴油原料油的总脂肪酸含量

序号	样品名称	总脂肪酸（%）	序号	样品名称	总脂肪酸（%）
1	芝麻油	81.232	10	稻米油	89.467
2	玉米油	83.226	11	亚麻籽油	88.727
3	橄榄油	90.211	12	棕榈油	95.321
4	葵花籽油	87.363	13	地沟油	83.374
5	花生油	84.352	14	棉籽油	92.387
6	芥花籽油	93.283	15	橡胶籽油	83.265
7	菜籽油	87.467	16	蓖麻籽油	89.276
8	大豆油	88.774	17	小桐子油	88.265
9	油茶籽油	93.273			

2.3.8　原料油理论酸值与相对分子量的计算

酸值（A.V.）是指中和1g油脂中的游离脂肪酸所需氢氧化钾的质量（mg），其单位是mgKOH/g，是评定油脂中所含游离脂肪酸多少的量度。生物柴油原料油的理论酸值和相对分子量为生物柴油制备过程的重要参数。

根据所测皂化值和式（2-3）计算原料油中脂肪酸的理论酸值，即

$$TAV = SV \times \left(1 + \frac{41 \times SV}{56.1 \times 1000 \times 3}\right) \tag{2-3}$$

计算得出原料油中脂肪酸的理论酸值见表2-16，根据所测皂化值和式（2-4）计算出原料油的相对分子量，即

$$RMW = \frac{56.1 \times 1000 \times 3}{SV} \tag{2-4}$$

式中：SV为皂化值；TAV为脂肪酸的理论酸值；RMW为原料油的相对分子量。

表 2-16　　不同油中脂肪酸的理论酸值和相对分子量

序号	样品名称	理论酸值	相对分子量	序号	样品名称	理论酸值	相对分子量
1	芝麻油	198.80	885.74	9	稻米油	188.02	934.37
2	玉米油	221.64	798.35	10	亚麻籽油	199.75	881.75
3	橄榄油	226.75	781.19	11	棕榈油	208.41	846.66
4	葵花籽油	200.65	877.93	12	地沟油	184.95	949.29
5	花生油	223.60	759.37	13	棉籽油	199.20	884.06
6	芥花籽油	195.03	902.17	14	橡胶籽油	204.01	864.10
7	菜籽油	178.26	944.34	15	蓖麻籽油	212.41	831.40
8	大豆油	195.24	901.25	16	小桐子油	207.80	849.01

2.4 生物柴油原料油的燃料特性测定

2.4.1 原料油的热值测定

热值是指原料油完全燃烧放出的热量与其质量之比，是原料油基本性能指标之一。热值越高代表其单位质量释放出的热量越多。热值可分为高位热值和低位热值，其大小与元素组成有关。研究发现，单位质量燃料中氢元素含量越高，则热值越大；氧元素含量越高，则热值越小。热值的测定方法采用国家标准 GB 384—1981。测试方法主要是以量热计测定不含水的石油产品（汽油、喷气燃料、柴油和重油等）的总热值及净热值。根据国家标准法测定 16 种生物柴油原料油热值结果见表 2-17。

表 2-17　　16 种生物柴油原料油的热值

序号	样品名称	热值（MJ/kg）	序号	样品名称	热值（MJ/kg）
1	芝麻油	36.12	9	稻米油	36.78
2	玉米油	37.39	10	亚麻籽油	39.46
3	橄榄油	38.05	11	棕榈油	39.45
4	葵花籽油	39.66	12	地沟油	38.45
5	花生油	39.12	13	棉籽油	38.66
6	芥花籽油	38.49	14	橡胶籽油	36.50
7	菜籽油	36.90	15	蓖麻籽油	34.75
8	大豆油	38.59	16	小桐子油	40.26

表 2-17 中，小桐子油的热值最高，达到 40.26 MJ/kg；而芝麻油中热值最低，为 36.12 MJ/kg。其余植物油的热值为 36.12～40.26MJ/kg，为柴油热值的 87%～89%。因为组成植物油的脂肪酸不同，各种油的热值也不同。植物油的热值一般随着脂肪酸碳链的增长而升高，而脂肪酸中双键数目的增加会导致植物油热值的减少，通常植物油中所含的有机酸和有机氢量高时，热值就高。若以体积热值计，植物油脂的比例比柴油高，其体积热值与轻柴油的体积热值接近，在柴油机上使用时，每个循环二者供入气缸的能量大致相同。

2.4.2 原料油的密度测定

生物柴油原料油密度是单位体积油品的质量，是原料油最基本、最重要的物性参数。对其他理化性质都有直接或者间接影响，油脂密度的大小对燃料喷嘴的射程及油脂雾化质量有很大影响。降低油脂的密度可降低 NO_x 和颗粒物的排放。测定密度的方法主要是国家标准 GB/T 1884—2000《原油和液体石油产品密度实验室测定法（密度计法）》规定的方法和实验室 SYP1026-Ⅱ石油产物密度试验器方法，结果数据采用的实验室 SYP1026-Ⅱ石油产物密度试验器测定 20℃时的 16 种原料油的密度。根据密度计法测定了 16 种生物柴油原料油在 20℃时的密度，统计后得到表 2-18。

表 2 - 18　　20℃下各生物柴油原料油的密度

序号	样品名称	密度（g/cm³）	序号	样品名称	密度（g/cm³）
1	芝麻油	0.921 5	9	稻米油	0.913 2
2	玉米油	0.917 8	10	亚麻籽油	0.918 7
3	橄榄油	0.917 5	11	棕榈油	0.917 5
4	葵花籽油	0.915 7	12	地沟油	0.923 4
5	花生油	0.916 1	13	棉籽油	0.912 3
6	芥花籽油	0.917 4	14	橡胶籽油	0.892 2
7	菜籽油	0.916 6	15	蓖麻籽油	0.919 2
8	大豆油	0.918 2	16	小桐子油	0.908 0

由表 2 - 18 可知，生物柴油原料油的密度相对于普通柴油来说过大（生物柴油标准为 0.86～0.90g/cm³），地沟油的密度最大，为 0.9234g/cm³，其他 15 种原料油相差不大。密度越大，单位体积的质量越大，在雾化时雾化颗粒越大，直接影响了油样的燃烧效果，容易造成火花塞堵塞，不能直接作为燃料用油使用。就密度问题而言，可以通过稀释，或与石化柴油调和来解决。因此，降低原料油密度有助于其燃烧性能的提高。

2.4.3　原料油的馏程测定

生物柴油原料油是由一系列复杂的饱和脂肪酸和不饱和脂肪酸组成的混合物，因而与纯化合物不同，没有一个固定的沸点，其沸点随气化率的增加而不断升高。因此，原料油的沸点以某一温度范围表示，这一温度范围称为沸程或馏程。燃料 50%和 90%的馏出温度是馏程的主要参考指标，50%的馏出温度低，表明燃料蒸发性较好，喷入气缸后可以迅速蒸发与空气混合，有利于燃烧；90%的馏出温度表示燃料所含的难蒸发的重馏分的数量，其馏出温度高，表明重馏分过多，喷入气缸后不易蒸发，与空气混合不均匀，不利于燃烧且燃烧不完全，易导致启动困难。通常第一滴植物油馏出的温度约为 150℃，10%的植物油馏出温度为 150～300℃，而 80%馏出点的蒸汽温度将不超过 350℃。菜籽油 90%和 95%的馏出温度与 0 号柴油相近，可保证柴油机动力性的良好。馏程的测定方法采用 GB 255—1977，根据此方法测定了 16 种生物柴油原料油的馏程，数据表见 2 - 19。

表 2 - 19　　16 种生物柴油原料油的馏程

序号	样品名称	开始蒸馏温度（℃）	50%回收温度（℃）	90%回收温度（℃）
1	芝麻油	154.1	329.6	357.5
2	玉米油	152.6	328.5	345.8
3	橄榄油	155.0	325.1	354.5
4	葵花籽油	168.3	348.5	358.6
5	花生油	162.5	337.2	352.1
6	芥花籽油	157.9	350.3	359.2
7	菜籽油	149.3	330.6	348.9
8	大豆油	156.5	336.3	351.6
9	稻米油	145.2	336.0	347.7

续表

序号	样品名称	开始蒸馏温度（℃）	50%回收温度（℃）	90%回收温度（℃）
10	亚麻籽油	147.9	338.0	361.3
11	棕榈油	149.3	320.7	332.6
12	地沟油	161.4	346.4	358.3
13	棉籽油	159.4	338.9	355.5
14	橡胶籽油	163.3	330.8	340.2
15	蓖麻籽油	175.1	327.2	361.6
16	小桐子油	161.5	333.3	341.2

2.4.4 原料油的闪点测定

生物柴油原料油在规定条件下加热到其蒸气与火焰接触发生闪火时的最低温度称为闪点；测定原料油闪点的意义是①从原料油的闪点可以判断其馏分组成的轻重，一般来说，原料油蒸气压越高，流风组成越轻，其闪点就越低；②闪点是评价原料油在储存、运输和使用过程中安全程度的指标，主要是为了保证原料油的储运和运输安全。闪点是其爆炸下限温度，是其发生火灾危险的最低温度。燃点越低，燃料越易燃。闪点不仅决定于液体燃料的化学组成，而且与测定仪器即燃料蒸气在仪器中的蒸发速度和蒸发空间有关。同一种液体燃料用不同仪器测出的闪点数值不同，因此，闪点是一个规范性的指标，在说明液体燃料的闪点时，必须注明所用测定仪器的类型。闪点的测定方法有闭口杯法（GB/T 261—2008）和开口杯法（GB/T 267—1988）。测得16种生物柴油原料油的闭口闪点见表2-20。

表2-20　16种生物柴油原料油的闪点

序号	样品名称	闪点（℃）	序号	样品名称	闪点（℃）
1	芝麻油	252.5	9	稻米油	180.2
2	玉米油	275.1	10	亚麻籽油	229.7
3	橄榄油	273.2	11	棕榈油	260.2
4	葵花籽油	276.1	12	地沟油	161.7
5	花生油	266.3	13	棉籽油	225.9
6	芥花籽油	261.3	14	橡胶籽油	249.4
7	菜籽油	256.1	15	蓖麻籽油	274.9
8	大豆油	242.5	16	小桐子油	158.6

多不饱和脂肪酸含量会影响原料油的闪点，不饱和脂肪酸含量越高，闪点相对较低；不饱和脂肪酸含量越低，闪点相对较高，从表2-20可知，葵花籽油的闪点最高，小桐子油的闪点最低。

2.4.5 原料油的十六烷值测定

燃烧性能是评价燃料油品质的重要指标，十六烷值（CN值）是衡量燃料在压燃式发动机中燃烧性能好坏的重要指标。柴油的CN值影响整个的燃烧过程，CN值低，则燃料发火困难，滞燃期长，发动机工作时容易暴震；当CN值过高时，会因滞燃期过短而导致燃烧不完全、发动机效率降低、耗油增加和冒黑烟等后果。一般认为，适宜的柴油CN值应为45～60，可以保证柴油均匀燃烧，热效率高，耗油量低，发动机工作平稳，排放正常。而植物油的十六烷值一般在35～40之间，略低于柴油，基本可以达到要求，植物油在燃烧室中滞燃期较长，冷启动困难。十六烷值的测定方法有“临界压缩比法”“延滞点火法”“同期闪火法”三种，我国国家标准（GB 386—2010）规定采用“同期闪火法”，根据此方法测得16种生物柴油原料油的十六烷值见表2-21。

表2-21　　16种生物柴油原料油的十六烷值

序号	样品名称	十六烷值	序号	样品名称	十六烷值
1	芝麻油	40.22	9	稻米油	39.75
2	玉米油	37.61	10	亚麻籽油	34.26
3	橄榄油	38.23	11	棕榈油	42.27
4	葵花籽油	37.14	12	地沟油	54.23
5	花生油	41.42	13	棉籽油	39.84
6	芥花籽油	43.56	14	橡胶籽油	36.37
7	菜籽油	37.47	15	蓖麻籽油	43.53
8	大豆油	37.92	16	小桐子油	52.33

由表2-21可知，橄榄油、芥花籽油、稻米油、亚麻籽油、橡胶籽油和蓖麻籽油等14种原料油十六烷值低于49，表明燃烧比较困难，不容易着火，而且滞燃期比较长，会发生爆震；地沟油、小桐子油的十六烷值为54.23、52.33，稍高于其他原料油，其十六烷值均在49～64之间，均可满足“优良柴油”的要求，达到发动机的优良效果，但在海拔较高的地区，或气温较低地区，应选择十六烷值较高的燃料，使发动机启动较为容易。所以十六烷值应维持在一个合适的水平。

2.4.6 原料油的摩擦性能测定

测定原料油摩擦性能在摩擦磨损试验中属于油性试验的一种，良好的润滑性是原料油的重要特性，可以减少滑动部件之间的摩擦和磨损，延长发动机的使用寿命。研究原料油的润滑性能，对预测生物柴油在发动机中燃烧时主要部件的变化情况，有效降低发动机磨损，延长发动机使用寿命等具有重要作用，对促进生物柴油的推广与商业应用意义重大。

我国在2003年颁布并实施了GB/T 19147—2003《车用柴油》标准，2013年又颁布了GB/T 19147—2013《车用柴油V》标准，其中柴油润滑性能指标均要求磨斑直径不大于460μm（60℃），测定方法均采用行业标准SH/T 0765—2005《柴油润滑性评定法（高频往复试验机法）》。目前国内生产生物柴油标准主要是GB/T 20828—2015《柴油机燃料调和用生物柴油（BD100）》和 GB 25199—2015《生物柴油调和燃料（B5）》。《柴油机燃料调和用生物柴油（BD100）》标准中没有对生物柴油润滑性能做出要求，《生物柴油调和燃料 B5》标准中要求生物柴油调和燃料 B5 润滑性能指标磨斑直径不大于 460μm（60℃）。云南省地方标准 DB 53/450—2013《生物柴油调和燃料（B10）》和 DB 53/451—2013《生物柴油调和燃料（B20）》中也要求调和燃料的润滑性能指标磨斑直径不大于 460μm（60℃），检测方法均为行业标准 SH/T 0765—2005。生物柴油的性能指标如密度、酸值、运动黏度、氧化稳定性及硫含量等均与生物柴油原料油的性能有关。采用高频往复式摩擦磨损试验（HFRR）法对 16 种原料油的润滑性能进行测定分析，为生物柴油的润滑性研究提供参考。

在环境温度 23℃、相对湿度 45%、试验温度 60℃、冲程 1mm 条件下，分析测定了 16 种原料油的磨斑直径，结果见表 2-22。

表 2-22　各生物柴油原料油的磨斑直径

序号	样品名称	$WS_{1.4}$（μm）	序号	样品名称	$WS_{1.4}$（μm）
1	芝麻油	161.57	9	稻米油	155.99
2	玉米油	152.52	10	亚麻籽油	165.22
3	橄榄油	159.16	11	棕榈油	169.56
4	葵花籽油	138.39	12	地沟油	186.38
5	花生油	152.52	13	棉籽油	164.23
6	芥花籽油	169.75	14	橡胶籽油	156.63
7	菜籽油	160.91	15	蓖麻籽油	178.97
8	大豆油	175.80	16	小桐子油	169.11

由表 2-22 可知，原料油的校正磨斑直径 $WS_{1.4}$ 为 130～190μm，最小的是葵花籽、$WS_{1.4}$ 为 138.39μm；最大的是地沟油，$WS_{1.4}$ 达到 186.38μm；植物油中最大的是大豆油，$WS_{1.4}$ 为 175.80μm。原料油的润滑性是由燃料的化学组成决定的，一般来说原料油的分子量越大，其黏度越大，润滑性也越好，地沟油在 16 种原料油中运动黏度最大，同时润滑性也最好，这可能是因为黏度较大的液体，流动时边界层厚度较大，边界层内的速度梯度和壁面切应力较小，从而磨损较小。多环芳烃、含氧杂质、含氮杂质和含硫化合物是影响液体燃料自身润滑性的主要物质，润滑性的强弱取决于其中抗磨物质的含量。多环芳烃、含氮化合物都具有良好的抗磨作用，而硫化物不仅不抗磨，反而促进磨损。

2.4.7 原料油的离子含量测定

测定生物柴油原料油的离子含量方法主要有离子色谱法、FAAS 法及 ICP-OES 法等。为了验证离子色谱法测定结果的准确性，采用了其他仪器分析技术对地沟油、小桐子油、橡胶籽油样品中的钾、钠、钙、镁进行了测定分析，即采用 FAAS 测定 Na^+ 和 K^+，ICP-OES 测定 Ca^{2+} 和 Mg^{2+}，使用 t-test 数学统计法检验两种方法测得结果的相近性。由表 2-23 和表 2-24 可知，两种方法测得同一个样品同一种离子含量的差值都小于临界值 t_{calc}，因此，两种方法测得的结果在 95%置信度水平上是相近的。

表 2-23　离子色谱法测定分析三种原料油中的 K^+、Na^+、NH^{4+}、Ca^{2+} 和 Mg^{2+}

阳离子		IC			
		离子含量（mg/kg）	SD（mg/kg）	保留时间（min）	SD（min）
地沟油	Na^+	60.850	0.14	4.73	0
	NH_4^+	0.786	0.09	5.22	0
	K^+	52.237	0.15	7.21	0
	Ca^{2+}	364.791	0.29	13.27	0.01
	Mg^{2+}	6.501	0.09	18.09	0.01
橡胶籽油	Na^+	2.881	0.21	4.69	0
	NH_4^+	2.223	0.18	5.23	0.01
	K^+	38.197	0.26	7.30	0.02
	Ca^{2+}	2.716	0.22	14.82	0.02
	Mg^{2+}	0.953	0.05	18.31	0.01
小桐子油	Na^+	5.142	0.23	4.68	0
	NH_4^+	0.956	0.03	5.22	0
	K^+	24.173	0.05	7.25	0.01
	Ca^{2+}	13.999	0.15	14.73	0.02
	Mg^{2+}	11.439	0.15	18.03	0.01

表 2-24 采用测定分析三种生物柴油和他们原料油的 K^+、Na^+、NH^{4+}、Ca^{2+} 和 Mg^{2+}，并将其结果与 IC 法测得结果进行数学统计比较。

表 2-24　ICP-OES 或 FAAS 方法测定分析三种原料油中的 K^+、Na^+、NH^{4+}、Ca^{2+} 和 Mg^{2+}

阳离子		ICP—OES 或 FAAS		
		离子含量（mg/kg）	SD（mg/kg）	t_{calc}
地沟油	Na^+	60.713	0.17	0.66
	NH_4^+	—	—	—
	K^+	52.361	0.01	0.37
	Ca^{2+}	364.755	0.21	1.12
	Mg^{2+}	6.494	0.07	0.05
橡胶籽油	Na^+	2.910	0.26	0.13
	NH_4^+	—	—	—
	K^+	38.278	0.28	0.37
	Ca^{2+}	2.712	0.22	0.84
	Mg^{2+}	0.982	0.10	0.13
小桐子油	Na^+	5.132	0.24	0.02
	NH_4^+	—	—	—
	K^+	24.330	0.26	0.65
	Ca^{2+}	13.993	0.22	0.27
	Mg^{2+}	11.447	0.17	0.16

由表 2-23、表 2-24 可知，这些原料油中的钠、钾、钙、镁离子含量远远超过了生物柴油国家标准规定，因此，生物柴油原料油的金属盐会增加灰的含量，在尾气排放系统里

沉积甚至会造成其他危害。

2.4.8 原料油的水分测定

生物柴油原料油的水分含量是指原料油中水分的质量占试样质量的百分比。是生物柴油原料油质量标准中的一项重要指标，也是生物柴油制备的重要指标，测定原料油水分的含量，对评定原料油的品质和保证原料油安全储藏都具有重要意义。当原料油中水分含量过多时，将有利于解脂酶的活动和微生物的生长、繁殖，从而影响原料油的品质和储藏的稳定性。原料油中的水分的存在会使油脂变浑浊，还会加快油脂的酸败，测定原料油水分含量的方法很多，常用的有真空烘箱法（基准法）、空气烘箱法、电热板法等。用加热方法测定油脂水分测定时间较长，操作烦琐，且在加热条件下，受空气氧化的影响较大，影响水分测定结果。卡尔费休法是用化学法测定水分含量，适用于油脂等低水分含量的样品水分测定。水分测定主要有卡尔 - 费休法（GB/T 6283—2008）与（GB/T 5009.3—2016）真空烘箱法。采用卡尔 - 费休法对原料油水分进行测定，结果见表 2 - 25。

表 2 - 25　　16 种生物柴油原料油的水分含量

序号	样品名称	水分含量（%）	序号	样品名称	水分含量（%）
1	芝麻油	6.12	9	稻米油	6.89
2	玉米油	6.14	10	亚麻籽油	6.21
3	橄榄油	6.17	11	棕榈油	9.45
4	葵花籽油	6.71	12	地沟油	10.12
5	花生油	6.22	13	棉籽油	9.21
6	芥花籽油	6.45	14	橡胶籽油	0.30
7	菜籽油	8.31	15	蓖麻籽油	8.50
8	大豆油	9.12	16	小桐子油	7.43

2.4.9 原料油的灰分测定

生物柴油原料油组成中除了主要的有机物质外，还含有一定数量的无机成分。油脂经过高温灼烧后残留的无机物质称之为灰分。灰分主要是油脂中的矿物盐和无机盐类，测定油脂灰分是评定油脂质量的指标之一。通常测定的灰分为总灰分，其中包含水溶性灰分和水不溶性灰分，以及酸溶性灰分和酸不溶性灰分。原料油脂中灰分的检测采用标准方法 GB 5009.4—2016，检测了 16 种生物柴油原料油的灰分含量见表 2 - 26。

表 2 - 26　　16 种生物柴油原料油的灰分含量测定

序号	样品名称	灰分含量（%）	序号	样品名称	灰分含量（%）
1	芝麻油	0.009	9	稻米油	0.011
2	玉米油	0.010	10	亚麻籽油	0.006
3	橄榄油	0.004	11	棕榈油	0.008
4	葵花籽油	0.008	12	地沟油	0.017
5	花生油	0.005	13	棉籽油	0.010
6	芥花籽油	0.006	14	橡胶籽油	0.013
7	菜籽油	0.054	15	蓖麻籽油	0.011
8	大豆油	0.009	16	小桐子油	0.007

2.4.10 原料油的残炭测定

生物柴油原料油在隔绝空气的情况下加热时会蒸发、裂解和缩合，生成一种具有光泽鳞片的焦炭状残留物即为残炭。主要由油品中的胶质、沥青质、多环芳烃及灰分形成。残炭量的高低直接影响油品的稳定性、柴油机焦炭量、积炭等，会堵塞出油口影响雾化效果。残炭值过高，原料油中不稳定的烃类和胶状物质就多。残炭的测定可按 GB/T 268—1987（康氏法）规定的方法进行，检测 16 种生物柴油原料油的残碳含量见表 2-27。

表 2-27　16 种生物柴油原料油的残炭含量

序号	样品名称	残炭含量（%）	序号	样品名称	残炭含量（%）
1	芝麻油	0.26	9	稻米油	0.27
2	玉米油	0.24	10	亚麻籽油	0.22
3	橄榄油	0.21	11	棕榈油	0.29
4	葵花籽油	0.23	12	地沟油	0.39
5	花生油	0.24	13	棉籽油	0.25
6	芥花籽油	0.22	14	橡胶籽油	0.33
7	菜籽油	0.31	15	蓖麻籽油	0.30
8	大豆油	0.27	16	小桐子油	0.26

 2.5 生物柴油原料油的低温流动性能测定

2.5.1 原料油的表面张力测定

表面张力是指由于分子间作用力的存在，使得液体表面会有缩小的倾向，以获得最小表面位能，这个使得液体表面缩小的力就是表面张力。在没有外力的影响或影响不大时，液体总是趋向于成为球状，可见液体总是有自动收缩而减少表面积，降低表面自由能的趋势。其测定原理为测量与液体垂直接触且完全湿润的平板的表面 F（静态法）或者测量一个将水平悬挂的镫形物或者环状物拉出液体表面所需的表面张力 F（类静态法），表面张力通过相应的公式计算得到。在静态法中，要保证平板处于固定状态以便获得一个平衡值，类静态法在测量过程中需要移动镫形物或者环状物，因此，在测量过程中通过非常微小和缓慢移动的镫形物或者环状物将偏离平衡的程度减至最小。检测 16 种生物柴油原料油的表面张力大小见表 2-28。

表 2-28　16 种生物柴油原料油的表面张力

序号	样品名称	表面张力（mN/m）	序号	样品名称	表面张力（mN/m）
1	芝麻油	33.84	9	稻米油	28.85
2	玉米油	34.80	10	亚麻籽油	27.89
3	橄榄油	29.82	11	棕榈油	28.50
4	葵花籽油	30.25	12	地沟油	32.85
5	花生油	35.63	13	棉籽油	30.52
6	芥花籽油	27.88	14	橡胶籽油	31.74
7	菜籽油	29.98	15	蓖麻籽油	32.01
8	大豆油	28.33	16	小桐子油	33.54

2.5.2 原料油的运动黏度测定

生物柴油原料油运动黏度指原料油的动力黏度与原料油在同温度和压力下的密度之比。运动黏度是衡量液体燃料流动性能和雾化性能的重要指标。运动黏度高，流动性能就差，喷出的油滴直径过大，油流射程过长，使油滴有效蒸发面积减少，蒸发速度减慢，还会引起混合气组成不均匀，燃烧不完全，燃料消耗量大。运动黏度过低流动性能过好，会使燃料从油泵的柱塞和泵筒之间空隙流出，使喷入汽缸的燃料减少，发动机效率降低；还会使雾化后的油滴直径过小，油流射程过短，不能与空气均匀混合，使得燃烧不完全，燃料消耗量也会变大。运动黏度的测定方法采用国家标准 GB/T 265—1988。分析测定了 16 种生物柴油原料油的运动黏度，结果见表 2 - 29。

表 2 - 29　　16 种生物柴油原料油的运动黏度

序号	样品名称	运动黏度（mm^2/s）	序号	样品名称	运动黏度（mm^2/s）
1	芝麻油	35.88	9	稻米油	49.52
2	玉米油	36.69	10	亚麻籽油	58.50
3	橄榄油	42.11	11	棕榈油	61.34
4	葵花籽油	32.27	12	地沟油	62.64
5	花生油	38.35	13	棉籽油	47.88
6	芥花籽油	40.74	14	橡胶籽油	34.25
7	菜籽油	39.87	15	蓖麻籽油	59.35
8	大豆油	38.35	16	小桐子油	43.72

由表 2 - 25 可知，原料油的运动黏度较大，这也是不能直接应用于内燃机的主要原因。原料油经酯交换转化为生物柴油后，运动黏度会明显降低，原料油的运动黏度值为 0 号柴油的 10 倍以上，并且 16 种生物柴油原料油运动黏度差别较大，地沟油在常温下几乎是固体，在 40℃时虽是液体，但运动黏度较大，达到了 62.64mm^2/s。葵花籽油、橡胶籽油、芝麻油与玉米油的运动黏度相对较小，但已超过 30mm^2/s，是不能直接应用于内燃机的。

2.5.3 原料油的凝点与冷滤点测定

生物柴油原料油凝点是表征原料油低温使用性能的重要指标，是指原料油在规定的条件下，被冷却的原料油面不在移动时的最高温度。凝点高的油不能在低温下使用。凝点测定方法参照石油产品凝点测定法标准 GB/T 510—2018，冷滤点是指油品通过过滤器每分钟不足 20mL 时的最高温度（即流动点使用的最低环境温度）。冷滤点不仅能够反映生物柴油低温实际使用性能，而且关系到生物柴油在低温下的储存、运输和装卸等是否能正常进行，一般设有冬季和夏季两个不同的生物柴油冷滤点指标，各国的生物柴油质量标准中均以冷滤点来定义生物柴油的低温流动性能。冷滤点测定方法参照石油产品行业标准 SH/T 0248 进行。

分析测定了 16 种生物柴油原料油的凝点和冷滤点，结果见表 2 - 30。

表 2-30　　16 种生物柴油原料油的冷点和冷滤点

序号	样品名称	凝点（℃）	冷滤点（℃）	序号	样品名称	凝点（℃）	冷滤点（℃）
1	芝麻油	−10	5	9	稻米油	−9	7
2	玉米油	1	3	10	亚麻籽油	−14	3
3	橄榄油	−13	4	11	棕榈油	2	6
4	葵花籽油	−10	18	12	地沟油	18	30
5	花生油	1	11	13	棉籽油	−12	6
6	芥花籽油	−13	4	14	橡胶籽油	−6	12
7	菜籽油	−22	8	15	蓖麻籽油	6	14.7
8	大豆油	−9	5	16	小桐子油	−8	8

从生物柴油原料油凝点和冷滤点来看，生物柴油原料油中的地沟油凝点和冷滤点最高，菜籽油的凝点最低，但冷滤点不是最低。葵花籽油由于亚油酸含量较高，其主要甘油三酯是三亚油酸甘油酯和油酸二亚油酸甘油酯，三油酸甘油酯几乎不存在，因此，葵花籽油中含有四个或更多的甘油三酯的含量超过 80%，这使葵花籽油凝固点很低。

2.6　生物柴油原料油的氧化稳定性能测定

2.6.1　原料油的诱导期测定

原料油脂受氧、水、光、热、微生物等的作用，会逐渐水解或氧化而变质酸败，使中性脂肪分解为甘油和脂肪酸，或使脂肪酸中的不饱和链断开形成过氧化物，再依次分解为低级脂肪酸、醛类、酮类等物质，而产生异臭和异味。油脂酸败使油中所含的维生素破坏，在接触其他食物时，会破坏其他食物的维生素，并且对机体酶系统有损坏作用。油脂氧化生成的产物，首先氧化过程主要是从相对于双键的 α—位的 H 原子分裂出来的均裂原子团开始的，形成的碳原子基团与氧反应生成过氧化原子基团，然后过氧化原子基团进入链式反应生成一级产物—有机过氧化物，过氧化物作为脂类自动氧化的主要初期产物不稳定，经过许多复杂的分裂和相互作用，导致产生二级产物，最终形成小分子挥发性物质，如醛、酮、酸、醇、环氧化物或聚合成聚合物，图 2-2 为油脂的氧化过程。

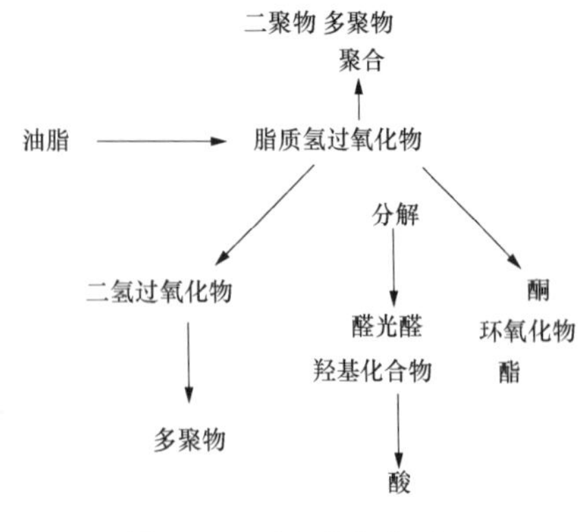

图 2-2　油脂的氧化过程

原料油的脂肪酸组成直接决定着生物柴油脂肪酸酯的结构，生物柴油脂肪酸酯的结构又决定着生物柴油的稳定性能。氧化稳定性是指生物柴油抵抗大气或氧气的作用而保持其性质不发生永久变化的能力，是生物柴油长期储存和使用期限的一个重要指标。诱导期越长，氧化稳定性越好。另外，也借助氧化过程中过氧化值、酸值、氧气压力、运动黏度、碘值等的变化以及氧化生成不溶物量的多少等多方面来判断生物柴油原料油氧化稳定性。利用 Rancimat 法测定生物柴油的氧化稳定性，采用欧洲标准方法 EN 14112—2003，即油脂和油脂衍生物、脂肪酸甲酯氧化稳定性的测定（加速氧化试验）。生物柴油欧洲标准和我国生物柴油国家标准均规定氧化安定性诱导期时间不少于6h。

诱导期是指水的电导率发生突变的时间，可以通过求曲线斜率的方法求得。Racimat测定法是将样品在一定的温度下连续通入空气，不稳定的二次氧化产物就会被流动的空气带入另外一个装入超纯水的玻璃瓶内，使超纯水的电导率随之变化，用电极测出超纯水的电导率的变化，以电导率和时间作图，得出电导率与时间的一曲线，通过求该曲线的二阶导数来求出样品的诱导期。达到诱导期的时间越长表明该生物柴油样品的氧化稳定性愈好。从而评价生物柴油样品的氧化稳定性，这种方法也就是酸败仪测定法。Rancimat法测定原理流程测定如图2-3所示。测试得出的电导率与时间的变化曲线及其二阶导数曲线等如图2-4所示。

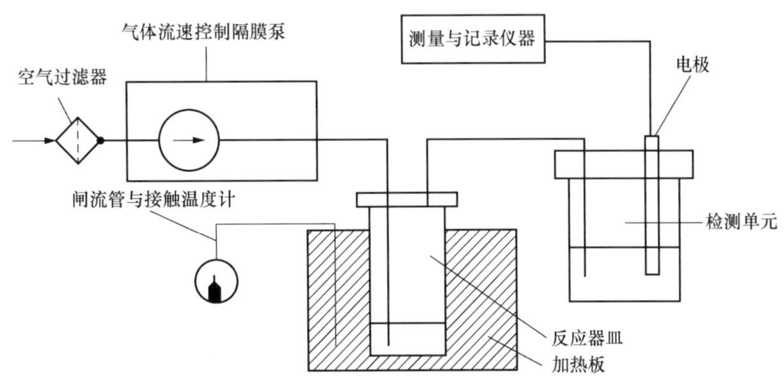

图2-3　氧化稳定性测试原理流程

2.6.2　存放时间对原料油氧化稳定性的影响

原料油随着存放时间的延长其氧化稳定性随之减小，图2-5为小桐子油的存放时间对其氧化稳定性的影响。新制备的小桐子油氧化稳定性在存放之初随存放时间变化较大，随着存放时间的延长，氧化稳定性的变化趋于平缓。这主要与小桐子油脂肪酸组成有关，表2-31为小桐子油的脂肪酸组成，小桐子油脂肪酸主要由含有一个或两个不饱和双键的油酸和亚油酸组成，这两种脂肪酸含量达73%以上，它们在存放过程中受温度、大气、光等影响发生氧化变质，导致其氧化稳定性能变差。

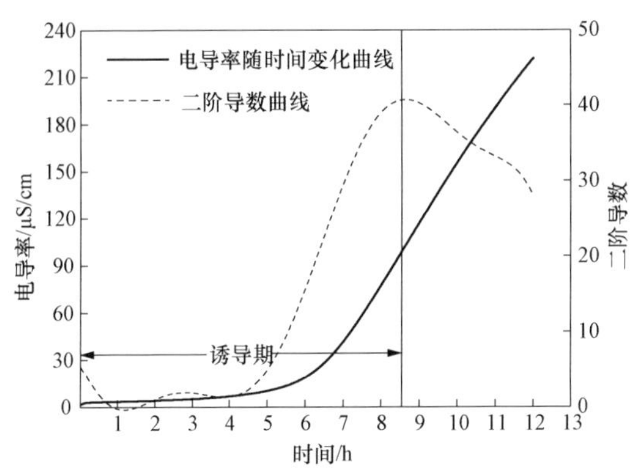

图2-4　测试样品氧化稳定性曲线

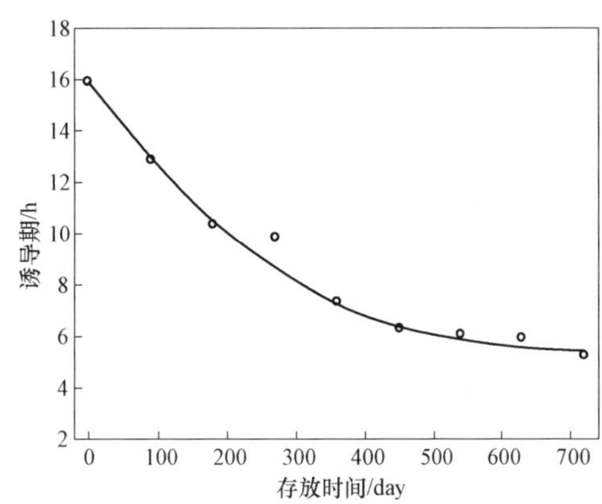

图2-5　小桐子油氧化稳定性随存放时间变化曲线

表 2-31　小桐子油的脂肪酸组成

名称	亚油酸	棕榈酸	油酸	硬脂酸	其他
含量（%）	36.5	9.8	46.6	5.6	1.5

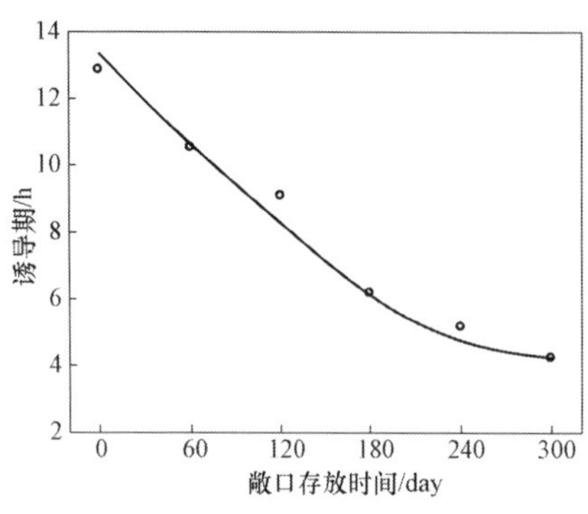

图 2-6　敞口存放时间对氧化稳定性的影响曲线

同时，原料油的敞口存放对其氧化稳定性的影响更大，图 2-6 为小桐子油的敞口存放对其氧化稳定性的影响。敞口存放时间小桐子油与空气接触方便、受到光的作用加强等因素加速了其氧化速度，使其氧化稳定性变差，在 300 天的时间里诱导期从 12.86h 下降到 4.24h，而密封存放的小桐子油的诱导期在两年的时间里从 15.90h 下降到 5.24h，裸露在空气中的小桐子油氧化稳定性下降更快。

2.6.3　测试温度对原料油氧化稳定性的影响

生物柴油原料油的氧化稳定性易受温度的影响，在不同温度下进行实验并证明，与在 5℃或 20℃的较低温度下储存的原料油样品相比，保持在高温（40℃）并暴露于空气中的样品容易降解。温度对生物柴油原料油的氧化稳定性起着重要作用，因为在较高温度下，降解过程变得更加强烈。较高的温度（40℃）是加速生物柴油原料油降解的因素之一。根据上述 Rancimat 氧化分析仪的实验原理和操作过程分别测定 16 种原料油在 100、110、120℃三个不同温度下的诱导期时间，结果见表 2-32。

表 2-32　各温度下生物柴油原料油氧化稳定性诱导期

序号	样品名称	温度 100℃	温度 110℃	温度 120℃
1	芝麻油	39.66	28.43	18.02
2	玉米油	27.32	17.49	7.66
3	橄榄油	49.62	38.34	17.02
4	葵花籽油	20.36	11.09	4.72
5	花生油	26.99	15.97	5.32
6	芥花籽油	25.46	13.86	4.36
7	菜籽油	32.62	19.64	9.60
8	大豆油	35.38	23.49	11.09
9	稻米油	29.54	18.64	7.45
10	亚麻籽油	9.02	4.23	1.31
11	棕榈油	45.71	38.67	23.88
12	地沟油	7.93	3.92	1.07
13	棉籽油	34.39	22.47	10.94
14	橡胶籽油	18.23	10.21	4.83
15	蓖麻籽油	78.18	50.54	39.19
16	小桐子油	33.46	22.45	10.33

由表 2-28 可知，不难发现，温度越高，生物柴油原料油氧化稳定性越差。其中，氧化稳定性以地沟油和亚麻籽油较差，究其原因，是因为亚麻籽中粗蛋白、脂肪、总糖含量之和高达 84.07%。亚麻籽蛋白质中氨基酸种类齐全，必需氨基酸含量高达 5.16%，是一种营养价值较高的植物蛋白质。亚麻籽油中 α—亚麻酸含量很高为 53%，且很容易被氧化并失效，故亚麻籽油的氧化稳定性极差。蓖麻籽油在 110℃的温度下诱导期 46.18h，为这 16 种原料油里最高的，在其他温度下的诱导期时间也是最长的，因此，在这 16 种原料油中蓖麻籽的氧化稳定性最好。相反，亚麻籽油、地沟油、芥花籽油的诱导期时间较短，其氧化稳定性较差。

2.6.4 脂肪酸组成对原料油氧化稳定性的影响

植物油脂作为燃料的优点是硫含量和芳香族含量低（特别适合大型发动机应用），闪点更高（储存更安全），润滑性更好（燃油泵运行更好），可生物降解性和具有无毒性。但是生物柴油原料油在热、光、金属离子或氢过氧化物的存在下形成大量高活性的碳自由基，这些碳自由基可与氧快速反应形成过氧自由基，进一步产生氢过氧化物和新的自由基，氢过氧化物分解形成稳定的二次氧化产物，如醛、酮、酸和其他含氧化合物，这些会引起内燃机运转问题，如燃油滤清器堵塞，腐蚀金属部件和硬化橡胶部件等。图 2-7 所示为原料油中脂肪酸的含量对其氧化稳定性的影响。

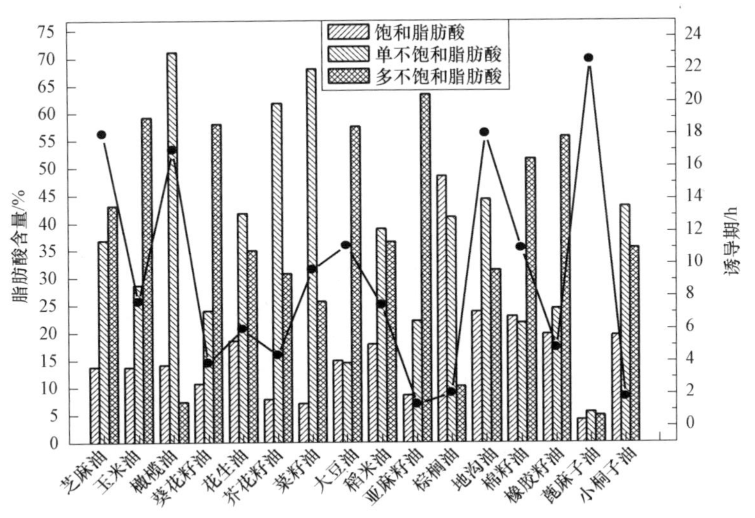

图 2-7　脂肪酸的组成对原料油的氧化稳定性的影响

从图 2-7 中可知，生物柴油原料油中的棕榈油和地沟油的饱和脂肪酸含量分别为 48.55%和 23.83%；橄榄油、芥花籽油和菜籽油具有较高的单不饱和脂肪酸含量分别为 71.17%、61.73%、68.06%；亚麻籽油、玉米油、葵花籽油、棉籽油和橡胶籽油中含有大量的多不饱和脂肪酸。蓖麻籽油的脂肪酸含量较低，这是因为蓖麻籽油中含有大量的蓖麻油酸（88%）未归置在常规的脂肪酸种类中。此外，16 种原料油的氧化诱导期的范围为 1.7h 至 23h，平均值为 9.15h。原料油中脂肪酸含量与氧化稳定性有一定的关联。从该图中可以明显看出，原料油脂肪酸组成的饱和脂肪酸含量越高，其氧化稳定性越好。双键的存在促进原料油的氧化，即不饱和脂肪酸含量高的原料油更易于被氧化。

2.6.5 抗氧化剂对原料油氧化稳定性的影响

生物柴油原料油主要组分是单脂酰甘油、二脂酰甘油和甘油三酯，其中甘油三酯含量最高，一般含量高达95%以上。原料油中脂肪酸主要包含15%～35%的棕榈酸、硬脂酸等饱和脂肪酸和65%以上的油酸、亚油酸、亚麻酸等不饱和脂肪酸。由于原料油不饱和脂肪酸含量较高，受光照、氧气、温度、水分、微量金属离子等外界因素影响，原料油在储存和加工过程中易氧化。因此，生物柴油原料油氧化稳定性需要优化。目前优化的主要方法是添加抗氧化剂法。抗氧化剂包含天然抗氧化剂和合成抗氧化剂两大类，天然抗氧剂主要有天然维生素（V_E、V_C等）、芝麻酚、棉酚、磷脂、茶多酚和胡萝卜素等，合成抗氧剂主要包括酚型抗氧剂、胺型抗氧剂、有机酸及其衍生物等，其中酚型抗氧剂主要有叔丁基羟基茴香醚（BHA）、2，6－二叔丁基对甲酚（BHT）、没食子酸丙酯（PG）、二叔丁基对苯二酚（TBHQ）、2，5－二特丁基对苯二酚（DTBHQ）、焦槠酚、4，4′－亚甲基－双（2，6－二叔丁基苯酚）、2，2′－亚甲基双（4－甲基－6－叔丁基苯酚）、6－叔丁基－2，4－二甲基苯酚、2，2′－亚甲基－双－（4－甲基－6－叔丁基苯酚）、2，2′－亚甲基－双－（4－甲基－6－环己基苯酚）、2－叔丁基－5－甲基苯酚等，其中对BHA、BHT、PG、TBHQ研究得最多。天然抗氧剂和合成抗氧剂相比，毒性较低，但抗氧化效果却明显比合成抗氧化剂差。故本节研究以合成抗氧化剂对16种原料油的氧化稳定性影响。

1. 天然抗氧化剂对其氧化稳定性的影响

生物柴油原料油中的天然抗氧化剂的成分，包括测定生育酚（α、γ和δ）、β－胡萝卜素、叶绿素的含量以及测定其氧化稳定性。表2-33中显示了原料油中的生育酚，β－胡萝卜素的含量。油菜籽、葵花籽油的生育酚含量符合食品法典标准，植物油中的生育酚含量可能受气候，遗传变化的影响，并且在很大程度上取决于加工过程。葵花籽油和菜籽油呈现最高的总生育酚含量，之间的差异不大。芝麻油和葵花籽油的差异很小，玉米油中检测到最低的生育酚含量；α－生育酚是橄榄油中的主要生育酚，而γ－生育酚在菜籽油、芝麻油和玉米油中含量最高。棕榈油是唯一含有大量β－胡萝卜素的原料油。

表2-33　生物柴油原料油的生育酚（α、γ和δ），β－胡萝卜素

油类	α－生育酚	γ－生育酚	δ－生育酚	总生育酚	β－胡萝卜素
	μg/g	μg/g	μg/g	μg/g	μg/g
玉米油	2.19±0.07	19.9±0.77	0.68±0.04	22.78±0.29	ND
橄榄油	220±21.1	15.2±1.43	0.83±0.10	236±7.55	0.10±0.02
葵花籽油	578±20.4	25.4±1.01	6.66±1.77	610±7.73	ND
菜籽油	214±7.33	335±12.7	9.28±0.33	558±6.79	ND
芝麻油	78.7±10.1	244±29.3	9.27±0.92	332±13.43	ND
棕榈油	122±5.52	1.35±0.07	7.14±0.21	131±1.94	133±10.4
牛油	22.8±2.50	0.40±0.03	ND	23.2±1.26	3.50±0.11
酥油	42.4±2.74	0.68±0.05	ND	43.1±1.90	5.64±0.40
大豆油	8.36±0.23	39.46±0.37	42.58±0.97	90.40±1.57	0.13±0.00

图2-8中给出了几种生物柴油原料油的诱导期。椰子油与其他原料油相比，其氧化稳定性较好。玉米油和芝麻油表现出较差的氧化稳定性，针对原料油中的生育酚含量与其氧化稳定性的关系进行线性分析，总生育酚的含量与原料油的氧化稳定性呈负相关性。原料油中生育酚的抗氧化机理尚未完全清楚，并且有证据表明原料油氧化稳定性对其浓度具有显著地依赖性，生育酚在具有高不饱和脂肪酸含量的原料油中具有抗氧化作用。

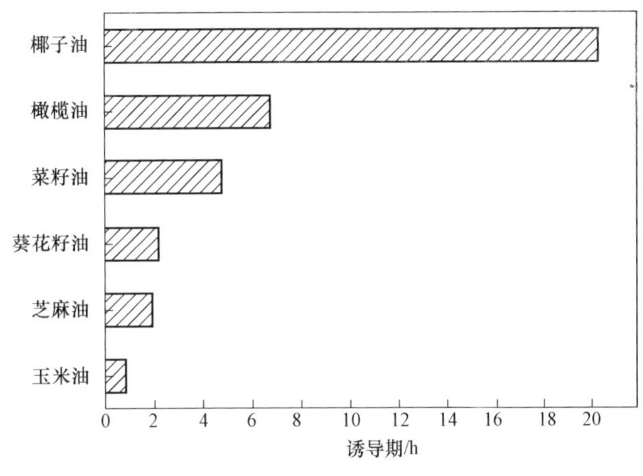

图2-8　几种原料油的诱导期

2. 合成抗氧化剂

(1) 没食子酸酯类抗氧化剂制备方法

选用没食子酸和醇类物质按一定比例装入三口烧瓶中，装上冷凝装置，通上冷却水，插上温度计，放入可控温的超声波仪器里加热，往反应液体里滴加催化剂，在超声波的辅助下，在一定温度下，反应一定的时间得到反应产物。实验装置如图2-9所示。得到的反应产物使用旋转蒸发器减压蒸馏出未反应的醇类物质，加入去离子水，使反应产物完全溶于水中，放入冰箱中冷却，晶体状物质析出，再减压抽滤，得到晶体状物质，再加入去离子水使其溶解，放入冰箱中冷却，反复多次，洗去催化剂，最后得到纯净的没食子酸酯类物质晶体，放入真空干燥箱中干燥24h，得到纯净干燥的没食子酸酯类化合物。没食子酸与醇类物质的反应是酯化反应，其化学反应方程式如图2-10所示。

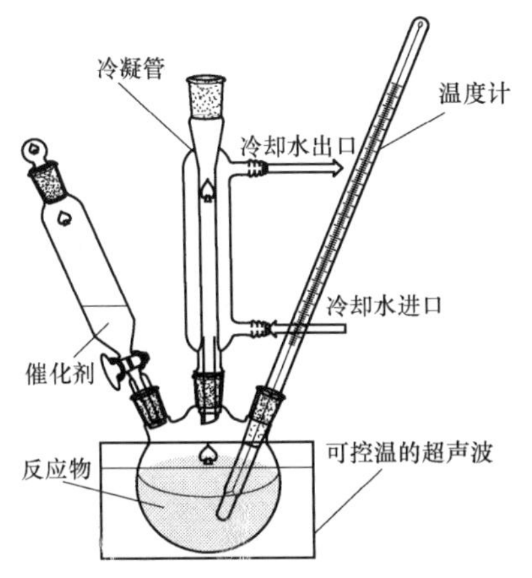

图2-9　制备没食子酸酯类抗氧化剂的实验装置示意图

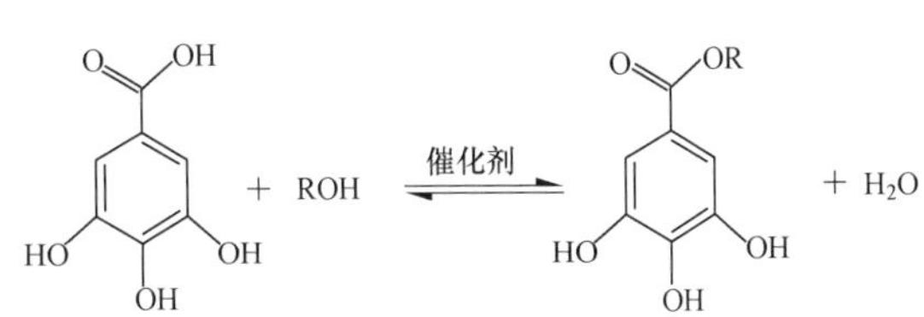

图2-10　没食子酸与醇类物质酯化反应方程式

(2) 没食子酸酯类抗氧化剂的性质分析

制备了7种不同酯基结构的没食子酸酯类抗氧化剂，分别采用甲醇、乙醇、正丙醇、异丙醇、正丁醇、异丁醇及叔丁醇与没食子酸酯化反应，得到没食子酸甲酯、没食子酸乙

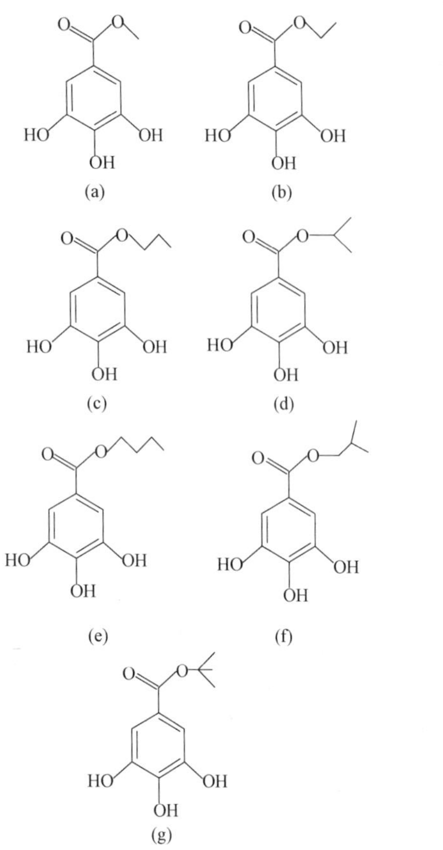

图 2-11　7 种没食子酸酯类化合物的分子结构
(a) 没食子酸甲酯（MT）；(b) 没食子酸乙酯（EG）；(c) 没食子酸丙酯（PG）；(d) 没食子酸异丙酯（iPG）；(e) 没食子酸丁酯（BG）；(f) 没食子酸异丁酯（iBG）；(g) 没食子酸叔丁酯（tBG）

酯、没食子酸丙酯、没食子酸异丙酯、没食子酸丁酯、没食子酸异丁酯和没食子酸叔丁酯。其分子结构式如图 2-11 所示，没食子酸与甲醇、乙醇、正丙醇和正丁醇酯化反应的催化剂采用对甲苯磺酸，在超声波辅助下，反应温度为 70℃左右，反应时间为 3～6h，产率能达到 92%。没食子酸与异丙醇、异丁醇和叔丁醇酯化反应的催化剂采用吡啶硫酸氢盐离子液体，在超声波辅助下，反应温度为 85℃左右，反应时间为 4～7h，产率能达到 95%。选用不同催化剂的原因是异丙醇、异丁醇和叔丁醇与没食子酸进行酯化反应较困难，选用对甲苯磺酸为催化剂在 6h 反应时间里转化率还比较低，产率才达到 50%。而采用吡啶硫酸氢盐离子液体做催化剂，反应迅速，且酯化转化率较高，产率能达到 95%。

反应产物没食子酸异丙酯的红外光谱图如图 2-12 所示。3498cm^{-1}和 3280cm^{-1}的吸收峰是酚羟基 O—H 伸缩振动吸收峰，1541cm^{-1}和 1467cm^{-1}的吸收峰是苯环伸缩振动吸收峰，1667cm^{-1}的吸收峰是羧基 C=O 的伸缩振动吸收峰，1387cm^{-1}的吸收峰是 C—O—C 伸缩振动吸收峰，1321cm^{-1}的吸收峰是—CH $(CH_3)_2$伸缩振动吸收峰，与没食子酸异丙酯结构相符，确定产物是没食子酸异丙酯。其余几种没食子酸酯的红外光谱图如图 2-13 所示。

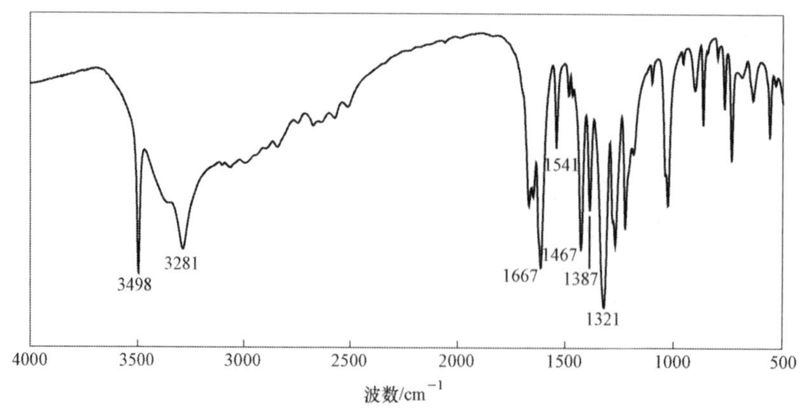

图 2-12　没食子酸异丙酯红外光谱图

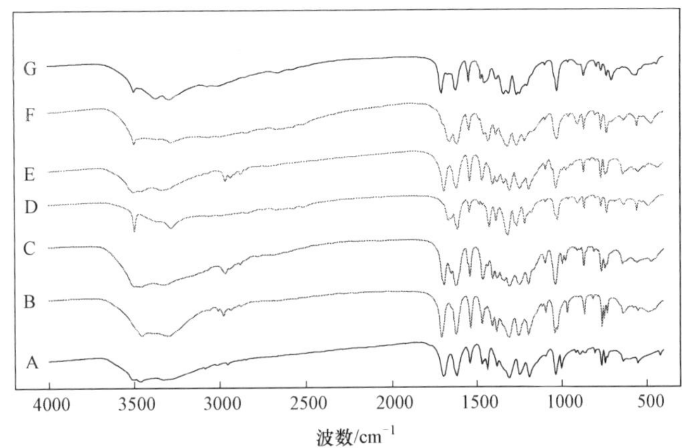

图 2-13 制备的没食子酸酯类化合物的红外光谱

A—没食子酸甲酯；B—没食子酸乙酯；C—没食子酸正丙酯；D—没食子酸异丙酯；E—没食子酸正丁酯；F—没食子酸异丁酯；G—没食子酸叔丁酯

（3）没食子酸酯类抗氧化剂对植物油脂的抗氧化性能分析

试验自制的 7 种抗氧化剂，没食子酸甲酯（methyl 3，4，5 - trihydroxybenzoate，MT）、没食子酸乙酯（ethyl gallate，EG）、没食子酸丙酯（propyl gallate，PG）、没食子酸异丙酯（isopropyl gallate，iPG）、没食子酸丁酯（n - butyl gallate，BG）、没食子酸异丁酯（isobutyl gallate，iBG）和没食子酸叔丁酯（tert - butyl gallate，tBG），对小桐子油和菜籽油的氧化稳定性能的影响如图 2-14、图 2-15 所示。分别往小桐子油和菜籽油里添加 1000ppm 的 7 种没食子酸酯类抗氧化剂，7 种没食子酸酯类抗氧化剂对小桐子油和菜籽油的氧化稳定性能起到很好的效果，其中没食子酸异丙酯、没食子酸异丁酯、没食子酸叔丁酯、没食子酸丙酯及没食子酸丁酯对小桐子油和菜籽油的抗氧化效果明显优于没食子酸甲酯和没食子酸乙酯的抗氧化效果。

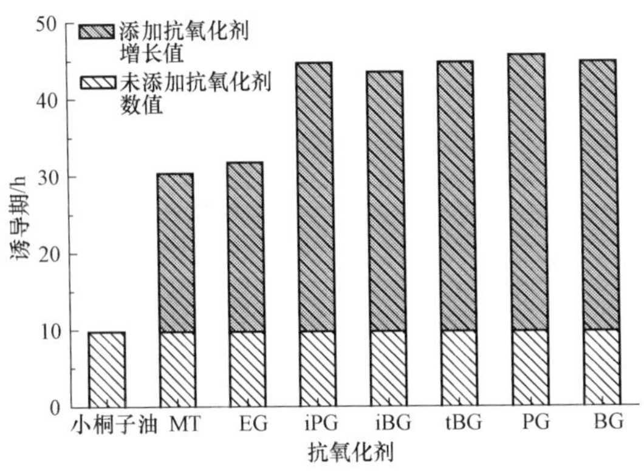

图 2-14 7 种没食子酸酯类抗氧化剂对小桐子油氧化稳定性能的影响

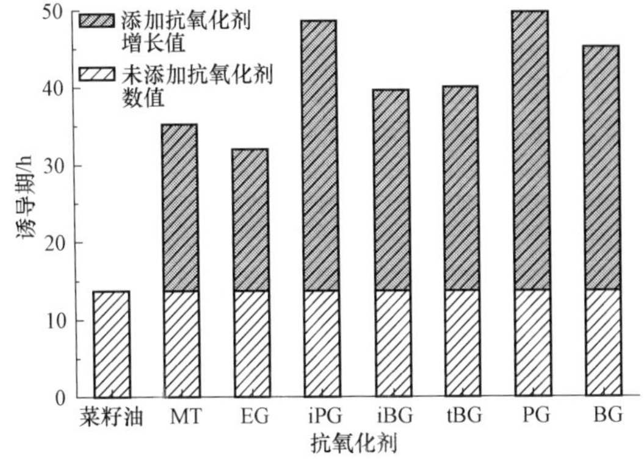

图 2-15 7 种没食子酸酯类抗氧化剂对菜籽油氧化稳定性能的影响

表 2-34 给出了 7 种没食子酸酯类抗氧化剂在添加量为 1000ppm 时对 21 种植物油脂及地沟油的抗氧化性能。由表可知，7 种没食子酸酯类抗氧化剂对 21 种植物油脂及地沟油

均能起到很好的抗氧化效果，酯基不同的没食子酸酯类抗氧化剂对植物油脂的抗氧化效果不同，且差别较大，其中没食子酸丙酯（PG）的抗氧化效果最好，对蓖麻籽油效果较差，但抗氧化效果也提高了 0.5 倍，使氧化稳定性很好的蓖麻籽油诱导期时间从 39.19h 提高到 76.88h。同一种抗氧化剂对不同植物油脂的抗氧化效果有所不同，如没食子酸甲酯（MT）对亚麻籽油抗氧化效果最好，使其诱导期时间从 1.31h 达到 10.78h，抗氧化效果提高了 8.23 倍，对蓖麻籽油的抗氧化效果较差，使其诱导期时间从 39.19h 提高到 58.99h，抗氧化效果提高了 1.5 倍。这主要是因为植物油脂的脂肪酸组成不同，不饱和脂肪酸含量越高，抗氧化剂的抗氧化效果越好。带支链酯基的没食子酸酯类抗氧化剂与直链酯基的没食子酸酯类抗氧化剂对植物油脂的抗氧化效果相差不大，但直链酯基的没食子酸酯类抗氧化剂在植物油脂中的溶解性能较差，支链酯基的没食子酸酯类抗氧化剂在植物油脂的溶解性能大大改善。

表 2-34　7 种没食子酸酯类抗氧化剂对 22 种植物油脂及地沟油的抗氧化性能

样品	未添加	MT	EG	PG	iPG	BG	iBG	tBG
芝麻油	18.02	45.23	44.01	60.21	59.23	56.34	55.21	55.99
玉米油	7.66	28.65	27.93	41.97	40.75	37.46	36.95	37.11
橄榄油	17.02	42.21	40.86	58.65	55.79	54.34	53.02	54.16
葵花籽油	4.72	17.87	16.06	23.88	22.98	21.67	20.88	21.45
花生油	5.32	19.76	17.04	26.08	25.86	23.98	23.45	24.01
芥花籽油	4.36	16.02	15.34	22.03	21.16	19.97	18.71	18.96
菜籽油	14.05	35.89	32.92	49.86	48.03	45.02	44.96	45.07
大豆油	11.09	33.28	32.09	47.08	46.19	43.21	42.78	43.04
稻米油	7.45	29.67	26.99	39.78	36.89	35.11	34.23	34.88
亚麻籽油	1.31	10.78	8.67	13.45	11.78	9.23	8.78	8.94
棕榈油	23.88	51.68	49.45	71.28	67.83	65.32	64.31	64.67
地沟油	1.07	6.96	7.31	9.46	8.28	6.98	5.24	6.06
棉籽油	10.94	34.33	31.88	50.23	46.66	45.33	43.55	44.29
橡胶籽油	4.83	18.89	16.75	30.55	26.69	24.87	22.03	23.33
蓖麻籽油	39.19	58.99	64.07	76.88	72.61	70.23	67.84	69.32
小桐子油	9.87	30.12	32.31	45.09	44.89	44.97	43.24	44.93
紫苏油	2.65	14.56	12.48	18.85	16.44	15.37	14.02	14.83
青刺果油	10.27	32.43	30.09	47.01	45.53	43.34	42.05	43.01
牡丹籽油	1.03	8.22	6.05	11.07	9.33	7.58	6.33	7.01
香薷籽油	2.01	12.67	10.44	16.66	14.77	11.68	10.33	11.17
核桃油	5.15	24.68	22.78	33.56	31.66	30.03	28.56	29.22
油茶籽油	6.78	27.31	26.87	36.56	35.97	33.47	32.83	33.21

图2-16给出了单宁酸、α—生育酚、抗坏血酸棕榈酸酯、TBHQ等抗氧化剂添加量对亚麻籽油氧化稳定性的影响。由图2-16可知，未添加抗氧化剂的亚麻籽油的氧化诱导期为2.4h。除α—生育酚外的其他抗氧化剂都增加了亚麻籽油的诱导时间，均能够提高亚麻籽油的氧化稳定性。α—生育酚的添加使亚麻籽油的氧化稳定性略有下降，具有400ppm的α—生育酚的诱导期为2.02h，所有浓度下的α—生育酚都会加速亚麻籽油中的氧化。TBHQ的抗氧化效果最好，其次是抗坏血酸棕榈酸酯，然后是单宁酸。400ppm的TBHQ使亚麻籽油的诱导期增加到28.5h，相同浓度下的抗坏血酸棕榈酸酯和单宁酸的诱导期分别为19.1h和5.8h。单宁酸和α—生育酚的抗氧化有效性显著低于TBHQ和抗坏血酸棕榈酸酯。

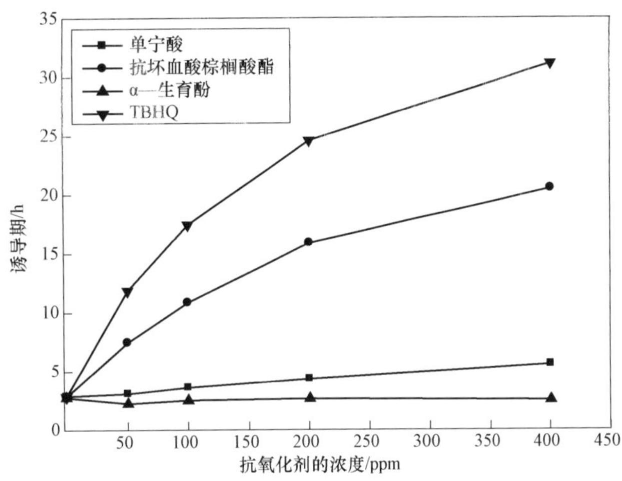

图2-16 抗氧化剂的添加对亚麻籽油氧化稳定性的影响

2.6.6 原料油常温氧化稳定性的测定

利用Rancimat法测定生物柴油原料油的氧化稳定性，国家标准规定的测试温度为110℃，一般情况下，原料油经常在常温下贮存，原料油的脂肪酸组成直接决定着生物柴油脂肪酸酯的结构，生物柴油脂肪酸酯的结构又决定着生物柴油的稳定性能。故对原料油在常温下25℃氧化稳定性的测定有一定的意义和价值。

1. 测定原理

测定生物柴油原料油的氧化稳定性方法为Rancimat法。在90、100、110、120、130、140℃等温度下向油样中连续通入空气，流动的空气会把氧化产物携带入装入超纯水的检测皿内，超纯水的电导率将随时间而变化，用电极测出电导率的变化，以电导率与时间作图，得出不同温度下电导率与时间的变化曲线，求该曲线的二阶导数得出原料油油样的诱导期时间。

2. 结果计算

对90、100、110、120、130、140℃ 6个温度下不同的氧化诱导期进行线性回归拟合，由拟合直线可得到常温下25℃下的氧化诱导期时间。温度与氧化诱导期之间的线性回归方程为

$$T = \ln\frac{t}{B} - \ln\frac{A}{B} \qquad (2-5)$$

式中：T 为温度，℃；t 为氧化诱导期时间，h；A、B 为指数公式系数。

由式（2-5）进行数学变形可得到25℃下的氧化诱导期时间，计算公式如下：

$$t = Ae^{BT} \qquad (2-6)$$

各生物柴油原料油诱导期时间见表2-35。不同原料油诱导期差异非常大，最长的是橄榄油886天，最短的是亚麻籽油4天。

表 2-35　　各类原料油 25℃ 时的诱导天数

序号	样品名称	诱导期（天）	序号	样品名称	诱导期（天）
1	芝麻油	595	9	稻米油	137
2	玉米油	139	10	亚麻籽油	45
3	橄榄油	886	11	棕榈油	338
4	葵花籽油	62	12	地沟油	75
5	花生油	87	13	棉籽油	122
6	芥花籽油	70	14	橡胶籽油	140
7	菜籽油	57	15	蓖麻籽油	375
8	大豆油	164	16	小桐子油	290

2.7　生物柴油原料油的选择

生物柴油原料油的价格占生物柴油成本的 70%～80%，原料油的性质和组成决定加工流程与产品方案。因此，原料油是发展生物柴油的关键。我国发展生物柴油的原料油主要是植物油脂、废弃油脂、微生物油脂，其中植物油脂是我国发展生物柴油的特色和优势。对原料资源、制造技术的发展现状进行分析，并针对问题提出对策、从而为促进我国生物柴油产业的健康快速发展提供参考。

能源油料植物应该以适合在边际地发展、最大化利用为原则。然而，我国目前对边际地资源、油脂植物资源的现状还缺乏全面、系统的调查研究。需要大力加强调查摸底、分析评价研究。根据我国国情，对植物原料油的含油率、生产产量、采集难易程度、土地资源分布指标进行分析，并进行资源的能源利用潜力评价研究，筛选出适合在不同区域和生态条件下大力发展的能源油料植物种类；确定主要能源油料植物的资源分布范围、制定种植区划和发展规划。对有发展潜力的能源油料植物开展品种培育技术和推广体系建设等相关研究；鼓励科研和企业结合，探索能源油料植物产业化发展模式。在制造技术方面，应加强连续化自动化绿色高效转化技术与装备的研发，加强生物柴油生产过程中高附加值产品的开发等。

2.7.1　原料油选择原则

1. 含油率指标

含油率是进行能源植物选择的首要指标。含油率的高低决定了能源植物利用的价值大小。含油率较高，开发利用价值较大、成本相对较低些。因此，在确定选择能源植物的指标体系时，含油率应为首推指标。

2. 生物产量指标

能源植物的生物产量，决定了其作为生物柴油原料油的开发利用价值和潜力。生物产量越大，开发利用的价值也就越高，开发利用的可行性也越大。决定某种能源植物生物产量的主要因素如下：

(1) 单位面积产量的高低或结实性状的好坏，对于已人工栽培的植物而言，其单位面积产量越高、其生物产量也越大，对于尚未栽培的野生种来说，若有好的结实性状，在经人工种植后，生物产量可能会较高。

（2）适生区域的大小，适生区域越大，分布面积相对也大，可开发利用的生态区域范围越广，可收获的生物量也越大。

（3）繁殖的难易程度，某种能源植物若含油率较高，但是种子的发芽率很低、无性繁殖或移栽不易成活，繁殖难度较大，则不利于大规模建立生物柴油原料油基地，总的供应量就难以满足产业发展需要。

3. 采集、提取和加工的难易程度

作为生物柴油的原料油，其含油器官要易于采集，油样要容易提取和加工，这样，就能控制生物柴油的制取成本。

4. 必须适合本国国情

山地多、耕地少是我国的具体国情，就要充分利用发挥山地、盐碱滩涂地等资源优势，大力地规模栽培木本、草本等适合不同生态条件发展的各类油料植物。

5. 原料油的分类为依据

（1）地沟油为原料油

以地沟油为原料，原料易得、工艺简单、产品质量稳定、生产设备全密闭化、不会造成二次环境污染。同时也有效地解决了餐厨垃圾变废为宝的目的，同时提高了食品的安全性。副产品甘油用途为化工原料，可以在化妆品、皮革、烟草、纺织行业中应用。

（2）动物油脂为原料油

以动物油脂为原料，主要为猪油、牛油、羊油、成本低廉，工艺简单，设备投资少，适合工艺化生产。催化剂为氢氧化钾，效率高，后处理容易；选用间歇式醇解工艺，转化率高，生产周期短，采用真空脱水干燥法精制产品，省去了高温精馏法，所得产品性能优良，动物油生物柴油可以代替石化柴油为燃料使用，也可以按任意比例与石化柴油掺和使用。

（3）植物油脂为原料油

以植物油脂为原料，主要为小桐子油、菜籽油、大豆油、亚麻籽油、花生油、棕榈油、葵花籽油等，采用催化酯化制备生物柴油。

生物柴油原料油种子含油率的测定和经济效益分析的意义主要是为制成的生物柴油做成本预算和价值评估。从中选取成本最低经济价值最高的种子原料油来制取生物柴油，从经济学的角度来研究生物柴油。提高生物柴油原料油的种子产量，降低原料成本，才能使生物柴油有更大的发展前景。

对不同种生物柴油原料油植物的选择考虑问题较多，如花生、大豆等，虽然可以作为生物柴油的原料油，由于和粮食作物等存在争地问题，因此不能推广扩种，潜力有限。如王摇智等选用含油量、油脂成分、结实性状、分布范围和繁殖性状作为评价指标，运用灰色关联度分析法对云南分布的、可作为生物柴油原料油的188种主要木本油料植物（含油率大于等于30%）进行了综合评价，研究结果表明有29种适用于作为生物柴油原料油且具有开发利用前景的木本油料植物，其中黄连木使用潜力最大。佘珠花等人以麻疯树籽油为原料，甲醇钠作催化剂，甲酯化制备生物柴油，产品获得率为88.88%，研究表明麻疯树籽油是理想的生物柴油制备原料；苏有勇等根据小桐子的分布和种植面积指出小桐子油为是我国生物柴油的理想原料，实验探索了其制备工艺条件。方学智等认为我国特色的油茶果仁含油率高达40%以上，油茶籽油中含油酸含量达50%～83%，是制备生物柴油的理想原料；周大云等认为棉籽油为是我国制备生物柴油的理想原料；吴东辉等认为大豆油适合作为我国生物柴油的制备原料；吴苏喜认为大豆、花生等草本油料与我国主要粮食作物如水稻、玉米、小麦等争地，其扩种潜力有限，而油菜既不与其他粮食争地，还能肥沃土地，是我国发展生物柴油比较理想的原料来源。张红云和徐卫昌等认为我国是世界上最大的棉花生产国，有大量的棉籽资源。但因榨油技术水平低、出油率低，还有大量棉籽没有榨油利用，这就为生物柴油提供了一条重要原料来源；左国强，苏小莉认为中国生产生物柴油原料应采用植物油，并在降低其成本上下功夫。上述选取和探索均适合我国生物柴油发展的原料油，各有千秋。

通过在市场调查的基础上，对小桐子、橡胶籽、棉花籽、花生、葵花籽、大豆、芝麻、核桃、橄榄、油菜籽种子产量、产油量和收益进行评估和预测，主要结论如下：生物柴油原料油种子必须具备分布广泛、适应性强、出种率高、含油率高、种植成本低、年产量高、价格不贵等特点，据此小桐子、橡胶籽、棉花籽、花生、葵花籽、大豆、芝麻、核桃、橄榄、油菜籽等树种为我国生物柴油原料油的种子，根据我对它们进行含油率测定的结果可以得出，核桃的含油率最高，大豆的含油率最低，从单位质量的产量来看，核桃油制备生物柴油的产量最大，大豆单位质量制备的生物柴油最少。这是由于含油率的高低来决定的。但是还要必须考虑到种子的分布、产量和价格等因素。对此，特意对种子进行了市场价格的调查，还查阅了相关能源的原料油种子的产量，同时根据含油率的结果，综合分析了小桐子、橡胶籽、棉花籽、花生、葵花籽、大豆、芝麻、核桃、橄榄、油菜籽这十种种子的经济效益。据调查核桃和芝麻的含油率虽高，但是其价格昂贵，棉花籽和大豆的价格虽低但是它们的含油率却异常低，花生和葵花籽作为粮食种子用来大规模生产生物柴油也不现实，橄榄的含油率也是低，所以造成了橄榄油的价格居高不下，因此非粮食油料作物小桐子和橡胶籽则成为了制备生物柴油原料油的最佳且经济效益最好的种子，但是由于橡胶籽含油率不是很高，因此野生的小桐子则是经济效益最好的。而且小桐子野生的产量也特别高。经过我对这十种种子的分析得出以下结论：核桃含油率最高，大豆的价格最低，小桐子的经济价值最好。

综合以上分析，木本油料不与粮食争地，主要分布在山地、高原和丘陵地域。结合我国西部退耕还林的政策和产业结构的转型，木本植物的面积将进一步扩大，木本油料资源也将更加丰富，未来为我国生物柴油的实用化提供大量廉价的生物柴油原料油。首先，因地制宜，积极开展非食用木本油料能源林建设，探索开发非食用草本油料，逐步建成适合我国国情的可持续原料供应保障体系。其次，合理开发利用宜林荒山荒地及其他的宜种非耕地，定向培育油料能源树种，开展规模化种植。积极开发利用非食用草本油料资源。实现非食用草本油料作物品种的创新，更是育种理论上的创新，使得有关油料领域的研究和农业产业化都获得较大的发展，从而有助于促进我国农作物新品种的研发和投产。

2.7.2 原料油选择方法

选择含油率、含油种类、含油成分、含油器官、植物的繁殖方式、繁殖难易程度、群众的栽培习惯、植物的单位面积产量或结实状、适生区域的面积大小、适生区域的自然条件、植株大小、植物的生活型、植物的生态型、植物的种群结构、树冠与全株生物量比或草本植物地上部分与全株生物量比等指标，采用特菲尔调查法和专家咨询、模糊评判，并根据评分结果，将植物的含油率量（A）、单位面积产量或结实性状（B）、适生区域的面积大小（C）、繁殖难易程度（D）和油的成分（E）5个指标，作为生物柴油原料初选的指标体系。在满足以上指标后，同时综合考虑，原料的经济成本（X_1）、生态功能（X_2）及社会功能（X_3）。

（1）经济成本评价（X_1）

以各种类能源植物每制取1L油的税前成本作为比较基准。成本越低，X_1的得分就越高，反之则低，计算式为

$$X_1=1/\text{制取每升油的税前成本}$$

（2）生态功能（X_2）

将各种能源植物的生态功能分解为水土保持功能、涵养水源功能、环境保护功能、景观功能等几类，在此基础上采用专家咨询打分，然后统计打分结果计算出平均值（I），最后再乘以权重系数$C(C=0.1)$，来计算X_2的得分值。

$$X_2=CI$$

（3）社会功能（X_3）

社会功能评价打分类同于生态功能。

$$X_3=C'I'(C'=0.1)$$

（4）综合功能得分（Y）

$$Y=X_1+X_2+X_3$$

2.7.3 几种原料油的选择

绿玉树、油菜、桉、麻疯树、续随子、花生、夹竹桃、大豆、山桐子、黄连木、光皮树、白檀及棕榈13种的含油量（A）、单位面积产量或结实性状（B）、适生区域的面积大小（C）、繁殖难易程度（D）和油的成分（E）的5个指标进行了综合评分，见表2-36，然后综合考虑原料的经济成本（X_1）、生态功能（X_2）及社会功能（X_3）得到表2-37。

表2-36　原料油的综合评分及排序结果

原料种类	A	B	C	D	E	综合得分	排序
绿玉树	0.962	0.664	1.114	0.951	0.651	4.496	1
油菜	0.481	0.720	1.359	0.903	0.651	4.114	2
桉	0.948	0.558	1.101	0.903	0.434	3.944	3
麻疯树	0.632	0.558	1.101	0.903	0.717	3.911	4
续随子	0.632	0.558	1.101	0.903	0.651	3.845	5
花生	0.359	0.529	1.200	0.903	0.651	3.642	6
夹竹桃	0.948	0.186	1.101	0.903	0.434	3.572	7
大豆	0.344	0.529	1.226	0.903	0.434	3.436	8
山桐子	0.357	0.271	1.101	0.903	0.658	3.290	9
黄连木	0.632	0.186	1.101	0.903	0.434	3.256	10
光皮树	0.632	0.186	1.101	0.903	0.434	3.256	10
白檀	0.316	0.186	1.101	0.903	0.651	3.157	11
棕榈	0.036	0.186	1.101	0.903	0.651	2.877	12

表 2 - 37　　原料油的综合评价及排序结果表

原料种类	X_1	X_2	X_3	综合得分	排序
麻疯树	0.435	0.342	0.308	1.085	1
绿玉树	0.323	0.367	0.383	1.073	2
光皮树	0.331	0.333	0.383	1.047	3
油菜	0.302	0.308	0.425	1.035	4
大豆	0.214	0.379	0.438	1.031	5
山桐子	0.531	0.325	0.325	1.001	6
花生	0.211	0.342	0.442	0.995	7
黄连木	0.325	0.367	0.300	0.992	8
桉	0.175	0.317	0.433	0.925	9
夹竹桃	0.166	0.425	0.292	0.883	10
续随子	0.314	0.308	0.258	0.88	11
棕榈	0.197	0.333	0.350	0.88	12
白檀	0.182	0.342	0.292	0.816	13

从表 2 - 36 可知，绿玉树的指标 A、B、C、D、E 都比较高，在初筛中得分最高，达 4.496 分；油菜的得分第二也达到 4.114 分；麻疯树得分第四，为 3.911 分；山桐子 3.290 第九；黄连木和光皮树并列第十，得分数为 3.256，但是综合考虑原料 X_1、X_2、X_3 后，得分前 8 名的是麻疯树、绿玉树、光皮树、油菜、大豆、山桐子、花生、黄连木（见表 2 - 33）在这几种能源植物中，最终选择出木本植物麻疯树、绿玉树、光皮树、山铜子、黄连木来作为研究和开发、利用生物油的原料油，理由如下：

（1）我国的人均占有耕地面积少，山地丘陵多，山地资源丰高，选择木本植物作为生物装油的原料，可结合退耕还林等重点林业生态工程，规模种植，来促进生物柴油产量化进程。

（2）与草本作物相比，对某些木本植物可进行全株利用，如种子、果实、枝、叶等器官也可用于榨油，同时，利用山地资源规模种植木本植物，在经济上也是可行的。

参考文献

[1] 程备久，卢向阳，蒋立科，等 . 生物质能学 [M] . 北京：化学工业出版社，2008.

[2] 胡洋 . 油脂酵母利用粗甘油发酵产微生物油脂的研究 [D] . 华南理工大学，2016.

[3] GIAKOUMIS E G. Analysis of 22 vegetable oils’ physico - chemical properties and fatty acid composition on a statistical basis, and correlation with the degree of unsaturation [J] . Renewable Energy, 2018.

[4] 胡徐腾 . 液体生物燃料 [M] . 化学工业出版社，2013.

[5] 苏有勇，王华 . 生物柴油检测技术 [M] . 冶金工业出版社，2011.

[6] 李昌珠，蒋丽娟，程树棋 . 生物柴油：绿色能源 [M] . 化学工业出版社，2005.

[7] 陈广飞，冯向鹏，赵苗 . 废油脂制备生物柴油技术 [M] . 化学工业出版社，2015.

[8] 舒庆 . 生物柴油科学与技术 [M] . 冶金工业出版社，2012.

[9] 杨艳华，汤庆飞，张立，等 . 生物质能作为新能源的应用现状分析 [J] . 重庆科技学院学报（自然

科学版)，2015，17（1）：102-105.
[10] 陈国需，李进，胡泽祥等．环烷酸的结构分析及对燃料润滑性的影响［J］．石油学报，2016，32（2）：326-333.
[11] 梅文泉，汪禄祥，方海仙，等．8种云南植物油脂肪酸的气相色谱－质谱测定［J］．分析试验室，2016（12）：1432-1437.
[12] ŘEZANKA T，KOLOUCHOVÁ I，NEDBALOVÁ L，et al. Enantiomeric separation of triacylglycerols containing very long chain fatty acids［J］．Journal of Chromatography A，2018.
[13] 李法社，李明，包桂蓉，等．生物柴油原料油的理化性能指标分析［J］．中国油脂，2014，39（2）：94-97.
[14] 杨远猛，李法社，陈丹，等．HFRR法测定生物柴油及其原料油的润滑性能研究［J］．中国油脂，2017，42（5）：65-68.
[15] 徐文佳，李法社，王华各，等．原料油及其生物柴油低温流动性分析［J］．石油化工，2018（5）．
[16] 李一哲，李法社，包桂蓉，等．小桐子及其油脂的理化特性分析［J］．中国油脂，2013，38（3）：87-89.

第 3 章

生物柴油超临界两步法制备

3.1 超临界两步法制备生物柴油试验装置及方法

生物柴油的制备方法有直接混合法、微乳液法、高温热裂解法、酸碱催化酯交换法四种。直接混合法和微乳液法属于物理法，使用物理法能够降低动植物油的黏度，而且简单易行，油的较高黏度和不易挥发性势必会导致发动机喷嘴不同程度的结焦、活塞环卡死和积炭、润滑油污染等问题，因而不能够长时间应用。高温热裂解法过程简单，没有任何污染物产生，缺点是在高温下进行，需要催化剂裂解设备昂贵，且得到的产品中生物柴油含量不高，大部分是生物汽油。碱催化法由于转化率高、反应速度快等特点，在工业上已经成功应用。但碱催化法对原料的品质要求较高，适合于以精炼油脂为原料制备生物柴油，对于高酸值的餐饮废弃油脂就不太适合；酸催化法受原料、水分和游离脂肪酸影响小，可以用来催化成本低廉但酸值很高的餐饮废油脂转化成脂肪酸甲酯，但反应速度相对较慢，设备要求较高。

早在 100 多年前，超临界流体现象已经被人们注意到，但直到近 20 年，才为人们开始研究和工程应用。超临界流体是指温度、压力均处于临界点以上的流体，是一种处于气体与液体之间的流体状态，具有与液体相近的密度，与气体接近的黏度，扩散系数介于气体和液体之间，由于这些性质，超临界流体具有传统溶剂所无法比拟的溶解能力、流动性能和传递性能。超临界流体技术应用主要有超临界流体萃取、超临界流体干燥和超临界流体反应等方面，其中与生物柴油联系密切的是超临界流体反应。

超临界流体反应指在超临界流体参与下的化学反应，在反应中，超临界流体既可作为反应介质，也可直接参加反应。把传统的气相或液相反应，转变成一种完全新型的化学反应过程。这主要表现在超临界流体扩散速率远比液体中的大，黏度远比液体中的小，因此，对于受扩散速率控制的反应速率常数，反应速度大大提高；超临界流体中可以增加反应物的溶解度，从而加快了反应速率，并可消除传质阻力；超临界流体中溶质的溶解度随分子量、温度和压力的改变而有明显的变化，可利用这一性质，及时地将反应产物从反应体系中除去，以获得较大的转化率，从而大大提高效率。

3.1.1 超临界两步法制备生物柴油简介

为了克服传统酯交换方法的缺点，如工艺流程过长并且复杂，含碱废液的排放污染环境，反应速度慢，反应时间长，成本较高等，一些新技术正在被广泛研究。其中最引人注目的就是在超临界条件下进行酯交换反应的超临界流体技术，这是一种简单、高效、高收率、低污染、时间短的制备方法。随着研究的深入，超临界制备法将越来越受到关注。超临界流体在化学反应中既可作为反应介质，也可直接参加反应。超临界流体中的化学反应技术能影响反应混合物在超临界流体中的溶解度、传质和反应动力学，从而提供了一种控制产率、选择性和反应产物回收的方法。若把超临界流体用作反应介质时，物理化学性质，如密度、黏度、扩散系数、介电常数以及化学平衡和反应速率常数等，常能用改变操作条件而得以调节。充分运用超临界流体的特点，常使传统的气相或液相反应转变成一种全新的化学过程，而大大提高其效率。一般认为，在超临界相中进行的化学反应，由于传递性质的改善，要比在液相中的反应速率快。

温度不超过某一数值，对气体进行加压，可以使气体液化，而在该温度以上，无论加多大压力都不能使气体液化，该温度称为气体的临界温度。在临界温度下，使气体液化所必需的压力称为临界压力。亚临界状态是指某些物质在温度高于其沸点但低于临界温度，以流体形式且压力低于其临界压力存在的物质状态。超临界状态是指当温度超过其临界温度时，气态和液态无法区分，物质处于一种施加任何压力都不会凝聚流动状态。物质的温度与压力之间的关系如图3-1所示。超临界流体具有不同于气体或液体的性质，密度接近于液体，黏度接近于气体，而导热率和扩散系数则介于气体和液体之间。超临界反应就是在超临界流体参与下的化学反应。在反应过程中，超临界流体能作为反应介质，也可以直接参与反应。超临界法制取生物柴油分为一步法和两步法两种，超临界一步法制备生物柴油是油脂与超临界甲醇一起发生酯交换反应生成脂肪酸甲酯，即生物柴油；超临界两步法制备生物柴油第一步是植物油在亚临界水中的水解反应，第二步是由水解反应得到的植物油脂肪酸在超临界甲醇中的酯化反应。

亚临界水通常是指温度为200～350℃的压缩液态水。亚临界水中的［H_3O^+］和［OH^-］已接近弱酸或弱碱，自身具有酸催化与碱催化的功能，可使某些酸碱催化反应不必加入酸碱催化剂。水的介电常数随着温度升高而减小，随着压力的增大而增大，温度的影响更为突出。水在标准状态下的介电常数为78.46，而在400℃和3MPa时的介电常数减小到5.91，当温度达到600℃，压力为30MPa时，介电常数减小到1.51。亚临界水和超临界水的介电常数相当于标况下有机溶剂的介电常数，此时的水就能以屏蔽掉离子间的静电势能，溶解的离子便以离子对出现，具有能同时溶解有机物和无机物的特性。超临界甲醇（super-critical methanol）通常是指温度在240℃以上，压力为7.96MPa以上存在的超临界状态的甲醇，具有疏水性，介电常数较低，增大脂肪酸在其中的溶解度，游离脂肪酸可完全溶解在甲醇中，形成单相反应体系，酯化反应速度快，提高脂肪酸的转化率和产物脂肪酸甲酯的收率。超临界酯化反应大大缩短反应时间，反应无皂化物产生，简化产品纯化过程，降低反应成本，同时避免了催化剂的分离纯化过程，使酯交换过程更加简单、安全和高效。

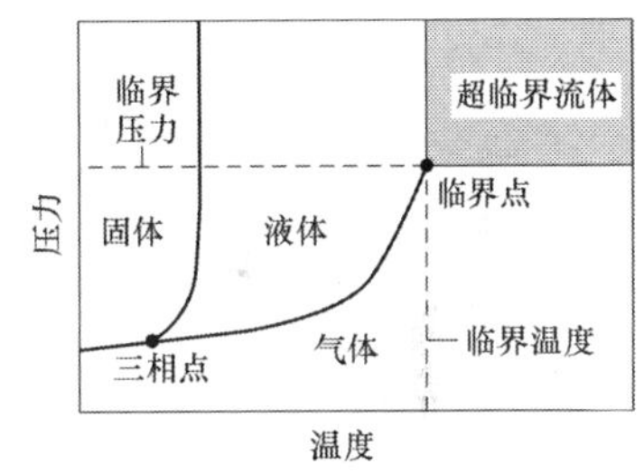

图3-1　物质三相 p-T 图

Kusdiana和Saka等采用超临界一步法使菜籽油在4min内转化为生物柴油，转化率大于95%。日本住友化工（Sumitomo Chemical）开发了一种用甲醇和植物油反应制造低成本脂肪酸甲酯的超临界方法。Madras等对葵花子油在超临界CO_2中加入脂肪酶催化进行了研究，最佳反应条件为温度45℃，酶用量为3mg，反应时间为12h，转化率为30%。杨建斌等研究了超临界CO_2流体酶催化葵花子油脂交换反应，其转化率不到30%，而在超临界醇流体条件下的酯交换反应转化率高达96%以上。银建中等以大豆油为原料，在超临界

CO_2流体酶催化反应 24h，甲酯转化率只有 11%，而采用 Novozym435 为催化剂时，反应 9h 甲酯转化率达到 28.1%。徐娟等研究了亚临界水解橡胶籽油和超临界酯化橡胶籽油脂肪酸，水解率达到 97.9%，脂肪酸的转化率可达 99.2%。罗帅等研究了亚临界水解棉籽油和超临界酯化棉籽油脂肪酸，水解转化率达到 96.8%，酯化转化率达到 98.7%。

3.1.2 超临界两步法制备生物柴油装置

图 3-2 所示为实验装置图，装置中根据反应的需要设定锡池的温度，反应釜和反应液处于同一温度（环境温度），以锡池加热反应釜和反应液。经过一段时间传热后，三者温度达到平衡，制备生物柴油的反应在恒温下进行。图 3-3 所示为间歇式反应系统。

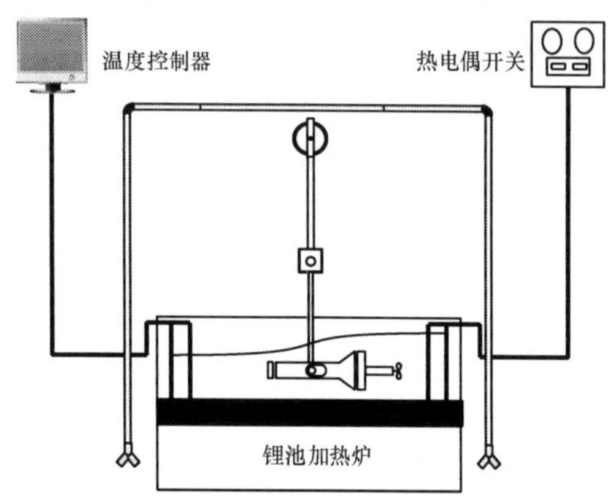

图 3-2 小型高温高压反应装置及控制示意　　图 3-3 间歇式反应系统

超临界甲醇两步法制备生物柴油是先进行亚临界水解反应，再进行超临界酯化反应，即第一步的原料油在亚临界水中的水解反应和第二步的原料油脂肪酸在超临界甲醇中的酯化反应。此方法制备生物柴油的技术路线可以如图 3-4 所示。

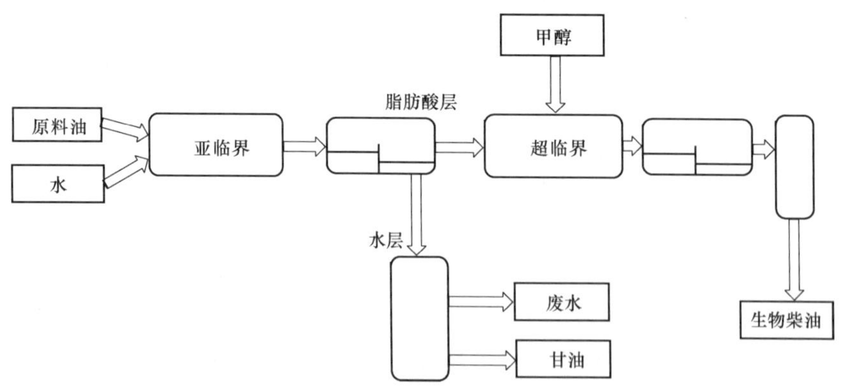

图 3-4 超临界两步法制备生物柴油的流程

亚临界水解反应在小型间歇式高温高压反应釜中进行，所需热量由锡池加热炉提供，温度和压力分别由热电偶和压力表测量。将植物油和水按照一定配比加入反应釜，充入氮气，排出空气，密封，插入热电偶，然后将反应釜侵入到具有一定温度的液态锡池里，当温度达到设定值时计时。反应结束后，将水解产物用热蒸馏水多次洗涤，洗除甘油后，在真空恒温干燥箱中干燥数小时得到纯净的水解产物，对水解产物样品进行分析，测出酸值，根据第 2 章的产物转化率分析方法进行计算，得出水解转化率。

超临界酯化反应的设备与亚临界水解反应的相同，反应操作方法相同。反应结束后处理酯化产物时要先把未反应的甲醇除去，再加入石油醚，使产物完全溶在石油醚中，后用温蒸馏水多次洗涤，之后在旋转蒸发器里减压蒸馏出石油醚，得到的产物再放进真空恒温干燥箱进行干燥数小时，得到纯净干燥的酯化产物脂肪酸甲酯，即生物柴油。对酯化产物样品进行分析，得出酯化转化率。

3.1.3 超临界两步法制备生物柴油装置温度场模拟

以超临界甲醇为媒介进行酯交换反应制取生物柴油，反应温度尤为重要，不仅决定了反应物的状态，也影响反应时间。只有让甲醇的温度超过其临界温度 239.6℃（512.6K），超临界甲醇才能起到反应物和反应介质的作用。其次，超临界法反应时间很短，且反应要在超临界条件下进行，反应液在升温过程中还没有达到超临界状态，因此有必要对升温过程进行研究。再者，由于超临界环境下反应的复杂性，反应釜内的传热过程很难用手工计算获得解析解，采取数值模拟方法，利用 CFD 软件获得传热的温度场分布是一种有效的手段。

1. CFD 软件介绍

计算流体动力学（computational fluid dynamic，CFD）是通过计算机数值计算和图像显示，对包含有流体流动和热传导等相关物理现象的系统进行科学分析。CFD 的基本思想可以归结为：把原来在时间域及空间域上连续的物理量的场，如速度场和压力场，用一系列有限个离散点上的变量值的集合来代替，通过一定的原则和方式建立起关于这些离散点上场变量之间关系的代数方程组，然后求解代数方程组获得场变量的近似值。

CFD 可以看作是在流动基本方程一质量守恒方程、动量守恒方程、能量守恒方程控制下对流动的数值模拟。通过这种数值模拟，可以得到极其复杂问题的流场内各个位置上的基本物理量（如速度、压力、温度、浓度等）的分布，以及这些物理量随时间的变化情况。CFD 方法与传统的理论分析方法、实验测量方法组成了研究流体流动问题的完整体系，图 3-5 所示为表征三者之间关系的“三维”流体力学示意。

理论分析方法的优点在于所得结果具有普遍性，各种影响因素清晰可见，是指导实验研究和验证新的数值方法的理论基础。但是往往要求对计算对象进行抽象与简化，才有可能得出理论解。对于非线性情况，只有少数流动才能给出解析结果。

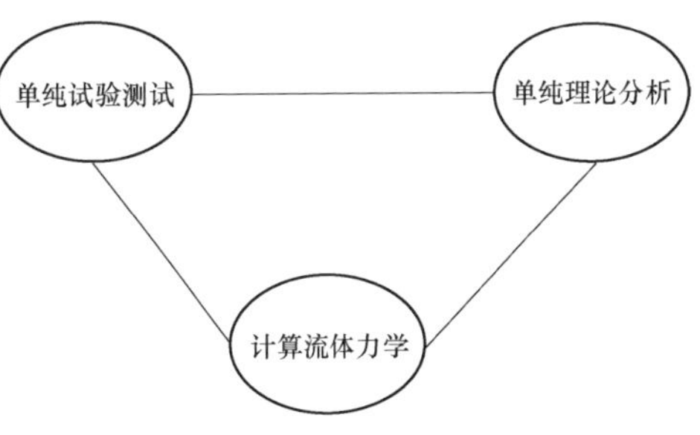

图 3-5 “三维”流体力学示意

实验测量方法所得到的试验结果真实可信，是理论分析与数值方法的基础，其重要性不容低估。实验受到模型尺寸、流场扰动、实验条件和测量精度的限制，有时很难通过实验方法得到结果。此外，实验还会遇到经费投入、人力和物力的巨大耗费及周期长等许多困难。

CFD 方法克服了前面两种方法的弱点，在计算机上实现一个特定的计算，可以形象地再现流动情景，与做实验等效。求解流动与传热问题的商业软件在国际软件产业中统称为 CFD/NHT（Numerical Heat Transfer 数值传热学）软件。

2. FLUENT 软件解决传热耦合问题的基本流程

目前应用比较广泛的 CFD/NHT 软件有 CFX、FIDAP、PHOENICS、STAR-CD 和 Fluent 等。其中基于有限容积法（FVM：Finite Volume Method）的 FLUENT 是由美国 FLUENT 公司于 1983 年推出的 CFD 软件，也是目前功能最全面、适用性最广、国内使用最广泛的 CDF 软件之一。FLUENT 公司还提供其他一些专用软件包，比如专门用于电子热分析的 ICEPAK，专门用于通风计算的 AIEPAK 等。作为目前世界范围内比较流行的大型 CFD 国际商用软件，Fluent 程序软件包括以下几个部分：

（1）GAMBIT：用于建立几何结构和网格的生成。

（2）FLUENT：用于传热流动等模拟计算的求解器。

（3）prePDF：用于模拟 PDF 燃烧过程。

（4）TGrid：用于从现有的边界网格生成体网格。

（5）Filters（Translators）：转换其他程序生成的网格，用于 Fluent 计算。可以接口的程序包括：ANSYS、I-DEAS、NASTRAN、PATRAN 等。

以上几部分是图 3-6 所示的程序结构互相协调运作的，各环节按照求解的步骤完成相应的工作。

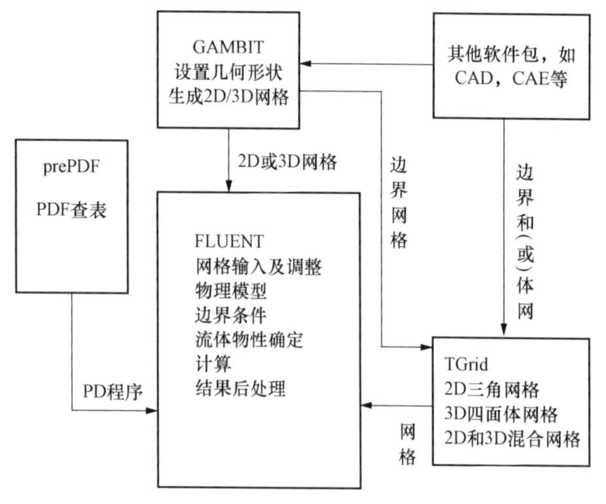

图 3-6　FLUENT 基本程序结构示意

利用 FLUENT 软件解决传热问题，首先要确定物理模型的几何形状，生成计算网格（用 GAMBIT，也可以读入其他指定程序生成的网格）。之后启动 FLUENT 软件后的基本流程如下：

a. 选择 2D 或 3D 来模拟计算。

b. 输入网格。

c. 检查网格。

d. 选择解法器。

e. 选择求解的方程：层流或湍流（或无黏流），化学组分或化学反应，传热模型等。确定其他需要的模型如：风扇、热交换器、多孔介质等模型。

f. 确定流体物性。

g. 指定边界条件。

h. 条件计算控制参数。

i. 流场初始化。

j. 计算。

k. 检查结果。

l. 保存结果，后处理等。

3. 物理模型的选取

（1）计算域的选择

反应装置的温度场模拟是为了得到锡池、反应釜、反应液之间的传热过程计算结果并将温度场分布进行可视化处理，为此类装置将来扩大为工业化生产的运行及改造提供参考。因此以反应釜的实际尺寸为物理模型，选择了锡池的外表面所包含的区域为计算域，图 3-7 即为计算域。

（2）GAMBIT 划分网格

尽管 FLUENT 提供了强大的解算器运算功能，但一个数学模型最基本的几何尺寸、边界条件还是由网格体提供的。网格质量的高低直接决定着整个数学模型的优劣。为了直观地展现锡池、反应釜和反应液之间的传热过程，且能从各层面分析三维传热数据，以各传热体的实际尺寸作为计算模型，经过多次试验选用非结构化网格，图 3-8 所示为对应的 GAMBIT 网格划分参数设置。

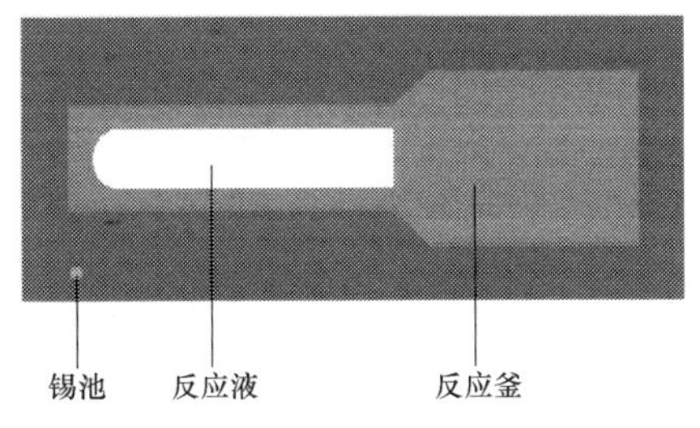

图 3-7　反应装置平面图

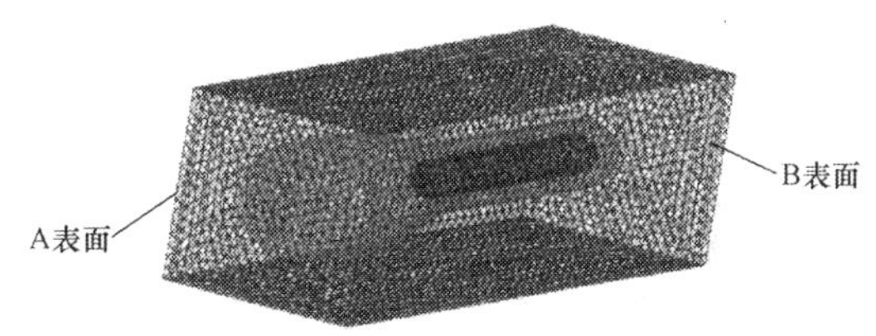

图 3-8　反应釜网格图

（3）控制方程与边界条件的确定

1）基本控制方程

为合理设置边界条件，简化计算过程，对传热过程的整体模型作以下假设：

a. 锡池整个外表面不对空气辐射传热，即没有热量损失。

b. 反应液充满反应釜的整个腔体，固一液接触表面没有间隙。

c. 各流体为不可压缩流体，即流体密度不随时间变化。

实验装置锡池为热源（热体），反应釜与反应液为热阱（冷体）。所涉及的传热方式主要为热传导。描述热传导的机理及数学模型为傅里叶（Fourier）定律。控制方程为三维不可压缩流动的连续性方程和 Navier - Stokes 动量及能量方程：

$$\frac{\partial u}{\partial x}+\frac{\partial v}{\partial y}+\frac{\partial w}{\partial z}=0 \tag{3-1}$$

$$\rho\frac{\mathrm{d}u}{\mathrm{d}t}=-\frac{\partial p}{\partial x}+\mu\left(\frac{\partial^2 u}{\partial x^2}+\frac{\partial^2 v}{\partial y^2}+\frac{\partial^2 w}{\partial z^2}\right)+F_x \tag{3-2}$$

$$\rho\frac{\mathrm{d}v}{\mathrm{d}t}=-\frac{\partial p}{\partial y}+\mu\left(\frac{\partial^2 u}{\partial x^2}+\frac{\partial^2 v}{\partial y^2}+\frac{\partial^2 w}{\partial z^2}\right)+F_y \tag{3-3}$$

$$\rho\frac{\mathrm{d}w}{\mathrm{d}t}=-\frac{\partial p}{\partial z}+\mu\left(\frac{\partial^2 u}{\partial x^2}+\frac{\partial^2 v}{\partial y^2}+\frac{\partial^2 w}{\partial z^2}\right)+Fz \tag{3-4}$$

$$\begin{aligned}\rho\frac{\mathrm{d}E}{\mathrm{d}t}=&-\nabla\cdot(pU)+\left[\frac{\partial(u\tau_{xx})}{\partial x}+\frac{\partial(u\tau_{xy})}{\partial y}+\frac{\partial(u\tau_{xz})}{\partial z}+\frac{\partial(v\tau_{yx})}{\partial x}+\frac{\partial(v\tau_{yy})}{\partial y}\right.\\&\left.+\frac{\partial(v\tau_{yz})}{\partial z}+\frac{\partial(w\tau_{zx})}{\partial x}+\frac{\partial(w\tau_{zy})}{\partial y}+\frac{\partial(w\tau_{zz})}{\partial z}\right]+\nabla\cdot(k\nabla T)+S_E\end{aligned} \tag{3-5}$$

式（3-5）中，流体的比能 E 定义为单位质量流体的热力学能和动能之和，$E=i+(u^2+v^2+w^2)/2$。对于不可压缩流体，热力学能 $i=c_vT$，c_v 是比定容热容，$\nabla^\circ u=0$。于是能量方程可以写成下面的温度方程：

$$\rho c_v \frac{\mathrm{d}T}{\mathrm{d}t} = \nabla \cdot (k\,\nabla T) + \tau_{xx}\frac{\partial u}{\partial x} + \tau_{xy}\frac{\partial u}{\partial y} + \tau_{xz}\frac{\partial u}{\partial z} + \tau_{yx}\frac{\partial v}{\partial x} + \tau_{yy}\frac{\partial v}{\partial y} + \tau_{yz}\frac{\partial v}{\partial z}$$
$$+ \tau_{zx}\frac{\partial \omega}{\partial x} + \tau_{zy}\frac{\partial \omega}{\partial y} + \tau_{zz}\frac{\partial \omega}{\partial z} + S_i \qquad (3-6)$$

FLUENT 采用有限体积法（FVM）求解传热用的是如下形式的能量方程和 N-S 动量方程：

$$\frac{\partial}{\partial t}(\rho E) + \frac{\partial}{\partial x_i}[u_i(\rho E + p)] = \frac{\partial}{\partial x_i}\left(k_{\mathrm{eff}}\frac{\partial T}{\partial x_i}\right) - \sum_{j'} h_{j'} J_{j'} + u_j\,(\tau_{ij})_{\mathrm{eff}} + S_{\mathrm{h}} \qquad (3-7)$$

式中：k_{eff}为有效导热系数，$K_{\mathrm{eff}}=k_t+k$；$T_{\mathrm{ref}}=298.15\mathrm{K}$。

$$\rho\frac{\mathrm{d}u}{\mathrm{d}t} = -\frac{\partial p}{\partial x} + \nabla \cdot (\mu\,\nabla u) + S_{Mx} \qquad (3-8)$$

$$\rho\frac{\mathrm{d}v}{\mathrm{d}t} = -\frac{\partial p}{\partial y} + \nabla \cdot (\mu\,\nabla v) + S_{My} \qquad (3-9)$$

$$\rho\frac{\mathrm{d}w}{\mathrm{d}t} = -\frac{\partial p}{\partial z} + \nabla \cdot (\mu\,\nabla w) + S_{Mz} \qquad (3-10)$$

2）条件的设置

当初始温度相差极大的锡池与反应釜接触传热时，两相间在计算过程中需要连续地进行传热，其温度和热流密度都受到流体与壁面之间相互作用的制约而实时地变化着。为了解决这类热边界条件——由热量变换过程动态地加以决定而不能预先规定的耦合传热问题，在两相交界面处引入耦合边界条件：

$$T_{\mathrm{w}}\big|_{\mathrm{I}} = T_{\mathrm{w}}\big|_{\mathrm{II}}\text{（温度连续）}$$
$$q_{\mathrm{w}}\big|_{\mathrm{I}} = q_{\mathrm{w}}\big|_{\mathrm{II}}\text{（热流密度连续）}$$
$$\lambda\left(\frac{\partial T}{\partial n}\right)_{\mathrm{w}}\bigg|_{\mathrm{I}} = h(T_{\mathrm{w}} - T_{\mathrm{f}})\bigg|_{\mathrm{II}} \qquad (3-11)$$

这里假设区域Ⅱ为流体，区域Ⅰ为固体。在此研究的对象中有两个固液耦合面，即锡池（液）与反应釜外壁（固）的接触面和反应釜内壁（固）与反应液（液）的接触面，分别对应的物理模型中产生的 solid-shadow 和 fluid-2-shadow 两个耦合面。

3）FLUENT 解算器的设置

a. 设置解算器类型与激活模型控制方程

考虑到实际的应用允许温度在一个小的范围内波动，没有选择双精度 3D 解算器，只选择了单精度 3D 解算器。

在解算器格式方面，FLUENT 提供三种不同的解格式：分离解；隐式耦合解；显式耦合解。三种解法都可以在很大流动范围内提供准确的结果，但是也各有优缺点。分离解和耦合解方法的区别在于，连续性方程、动量方程、能量方程以及组分方程的解的步骤不同，分离解是按顺序解，耦合解是同时解。两种解法都是最后解附加的标量方程（比如：湍流或辐射）。隐式解法和显式解法的区别在于线化耦合方程的方式不同。但是考虑到耦合隐式解所需要内存大约是分离解的 1.5 到 2 倍，还是选择了分离解的格式。另外实际模拟的目的是为了得出温度度场的分布随时间的变化，即非稳态解，因此先通过稳态解求出传热平衡所需的时间，通过与实验结果的比较，验证了模型的可靠性。然后求出模型的非稳态解，此时的求解才有意义。

b. 耦合传热边界条件的设置

在本模型中，除了常规传热边界条件外，最重要的是前文提过的耦合边界条件的设置。在FLUENT解算器中，设置壁面边界条件需要输入下列信息：

热边界条件（对于热传导计算）：①速度边界条件（对于移动或旋转壁面）；②剪切（对于滑移壁面，此项可选可不选）；③壁面粗糙程度（对于湍流，此项可选可不选）；④组分边界条件（对于组分计算）；⑥化学反应边界条件（对于壁面反应）；⑦辐射边界条件（对于P－1模型、DTRM或者DO模型的计算）；⑧离散相边界条件（对于离散相计算）。

为了计算传热耦合问题，在开启了能量方程之后，还需要在壁面边界处定义热边界条件。一般界面的热边界条件包括以下五种：固定热流量、固定温度、对流热传导、外部辐射热传导、外部辐射热传导和对流热传导的结合。

c. 模型初始化条件的赋予

材料属性是在材料面板中定义的，允许输入各种属性值，这些属性值和在模型面板中定义的问题范围相关。这些属性可能会包括：密度或者分子量、黏性、比热容、导热系数、质量扩散系数、标准状态焓、分子运动论中的各个参数。

属性可能是与温度和/或成分相关的。温度相关是基于所定义的或者有分子运动论计算得出的多项式、分段线性或者分段多项式函数和个别成分属性：

多项式：

$$\phi(T)=A_1+A_2T+A_3T^2+\cdots \tag{3-12}$$

分段线性：

$$\phi(T)=\phi_n+\frac{\phi_{n-1}-\phi_n}{T_{n+1}-T_n}(T-T_n) \tag{3-13}$$

式中：N 为所分的段数，$1\leqslant n\leqslant N$。

分段多项式：

$$\begin{aligned}&\text{由 } T_{\min,1}<T<T_{\max,1}\text{ 可得 }\phi(T)=A_1+A_2T+A_3T^2+\cdots\\&\text{由 } T_{\min,2}<T<T_{\max,2}\text{ 可得 }\phi(T)=B_1+B_2T+B_3T^2+\cdots\end{aligned} \tag{3-14}$$

根据甲醇传热的特点及试验温度范围，选择分段多项式的形式赋予比热值，其分段式比热表达式为

$$\begin{aligned}C_p=&31.25\times(4.714-6.986\times10^3T^{-1}+4.211\times10^5T^{-2}\\&-4.443\times10^8T^{-3}+1.535\times10^{11}T^{-4})\end{aligned} \tag{3-15}$$

4. 计算结果的分析

采用SIMPLE算法求解压力-速度耦合方程，动能和能量的离散格式均采用一阶迎风差分格式，反应釜和各流体壁面均采用标准壁面函数方法处理，材料相关参数来自文献，表3-1为材料相关参数，与温度有关的参数在计算时均作了拟合。

表3-1　材料相关参数

材料	密度（$kg\cdot m^{-3}$）	比热容（$J\cdot kg^{-1}\cdot k^{-1}$）	热导率（$w\cdot m^{-1}\cdot k^{-1}$）
锡（Sn）	5765	205	62
反应釜（SUS 316）	7900	502	20.5
甲醇（CH_4O）（20℃）	791.5	1613	0.21

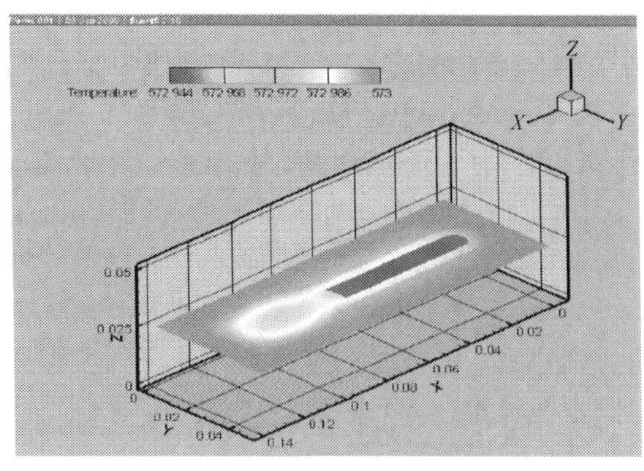

图 3-9　89s 时温度场等值线云图/K

通过求解非稳态解得出在经过大约 89s 时间的传热后，锡池、反应釜和反应液三者温度达到平衡，此时沿中心轴所在对称面得到的温度场分布云图导入图形可视化处理软件 tecplot 后，图 3-9 所示模拟的结果与实际的传热时间 90s 基本吻合，说明所选计算模型是可行的。

在非稳态解的求解过程中，利用 FLUENT 提供的强大监测功能，将锡池，反应釜和反应液三者的换热过程输出为视频剪辑。截取视频的时间间隔为 1s。图 3-10 所示为温度变化较明显的时刻对应的温度场分布云图。

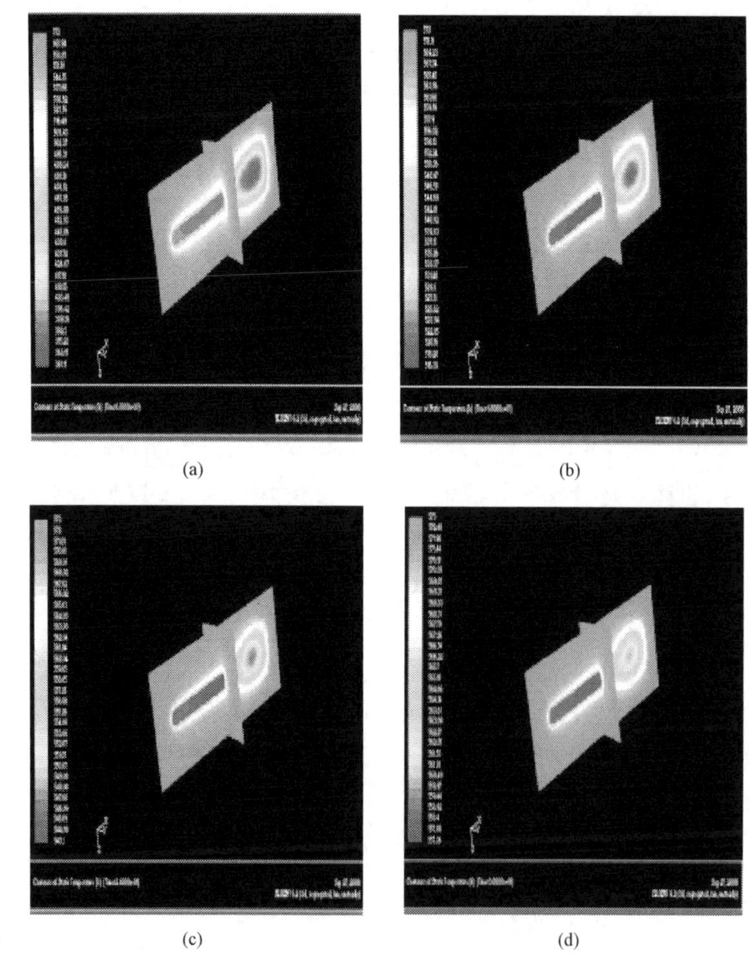

(a)　(b)　(c)　(d)

图 3-10　典型时刻的温度场分布云图

(a) 6s; (b) 18s; (c) 24s; (d) 30s

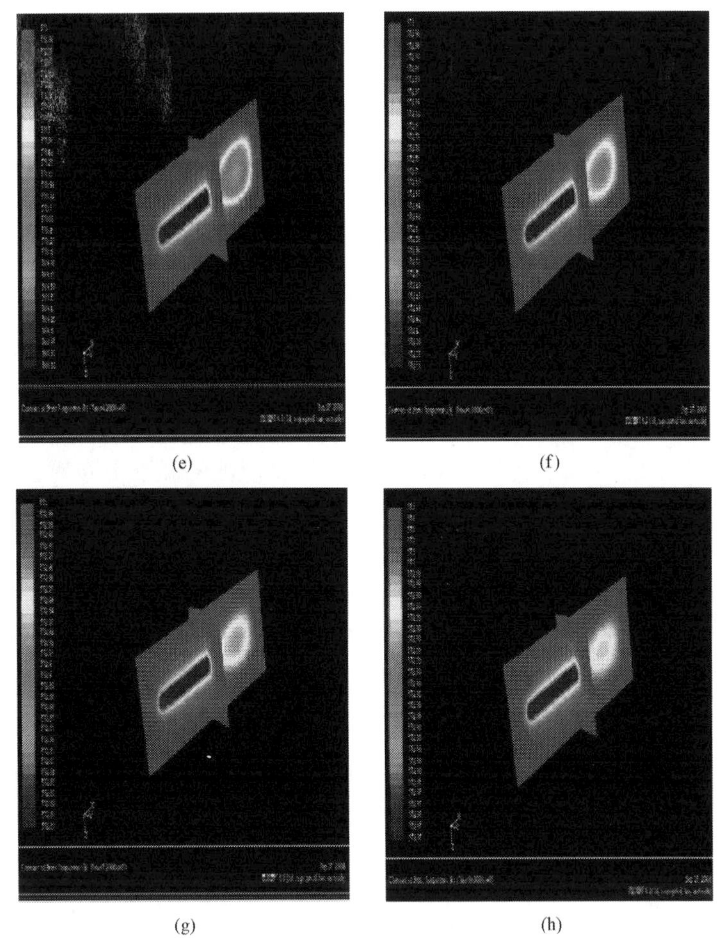

图 3-10 典型时刻的温度场分布云图（续）
(e) 42s；(f) 60s；(g) 72s；(h) 90s

由于前 3s 时间所求解不稳定，所以截取了 3s 以后各时刻的锡液传热速率随时间的变化，如图 3-11 所示。从锡液传热速率的变化曲线可以看出，前 30s 内明显高于后段传热时间的传热速率，随着锡池、反应釜和反应液三者温差的降低，传热速率降低，传热过程满足傅里叶定律。将模拟的温升曲线和试验测得的温升曲线进行了对比，图 3-12 所示为模拟的升温过程和实验数据的误差在 8%以内。

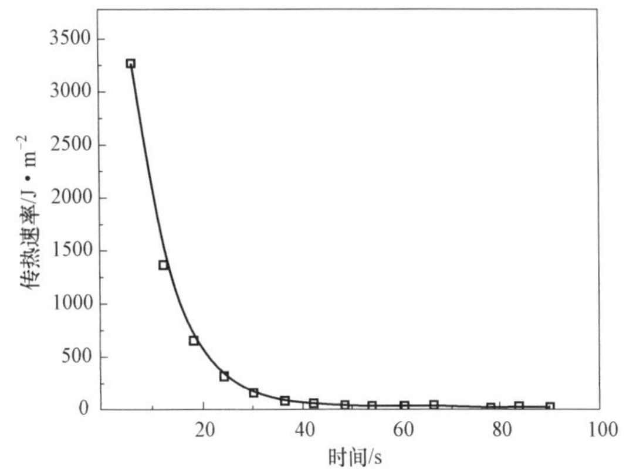

图 3-11 锡池传热速率随时间变化

模拟结果表明此时反应釜腔体内流体温差较大，即温度场分布不均匀。为了改善这种温度场分布的不均匀性，对该装置采取了强化传热的措施，且对强化传热进行了仿真。

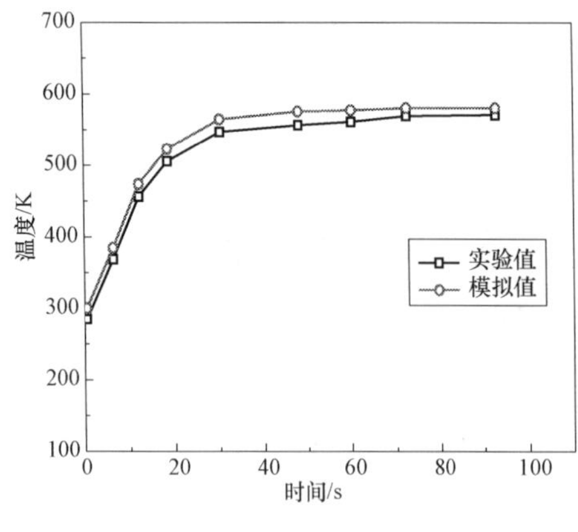

图 3-12　温升对照

5. 仿真模拟

甲醇的超临界温度为 512.6K，着重考察了反应釜腔体内流体在 512.6K 温度附近的温度场分布，且采取了强化传热的措施，将锡池设为流动状态，假设图 3-10 中的 B 表面为流体入口，A 表面为出口，尺寸减小到 40mm×128mm×40mm，以节省锡的用量和减小反应装置的体积，以沿 X 轴的对称面截取速度场和温度场云图。为了从不同角度和层面显示仿真效果，对于温度的分布选取了三维、二维和一维图形。图 3-13 所示为流体流动的速度场云图，两种情形反应液的温度分布对比的云图、$X-Y$ 平面的温度分布和沿中心轴的温度分布分别由图 3-14～图 3-16 所示。前者反应液的中轴线处在 X 方向 15～82mm 段，后者处于 10～77mm。为了更直观地显示反应液的温度场分布，利用 tecplot 软件的镜像功能将图 3-14 中的反应液温度分布情况进行了完全的展示。

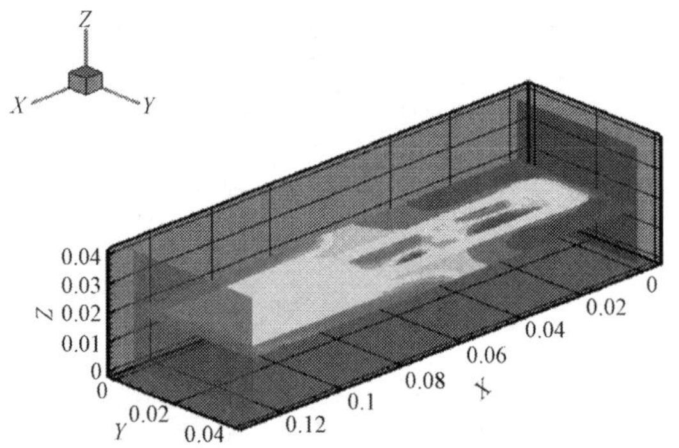

图 3-13　流体速度场云图

从仿真结果可以得到以下结论：

(1) 原来的传热方式在 18s 左右使流体温度达到临界温度，温度分布在 516.39～534.7K，而后者只需 8s 左右，温度分布在 520.69～521.69K，大幅缩短了传热时间。

(2) 图 3-15 (a) 中反应液的温度在 $X-Y$ 平面内分布在一个较大的范围内，图 3-15 (b) 中反应液的温度分布范围要窄得多；图 3-16 (a) 中反应液的温度沿中心轴的分布波动较大，相比之下图 3-16 (b) 中反应液的温度沿中心轴分布要平缓得多。虽然两者是从不同层面反映了温度的温布情况，但有异曲同工之妙，即均说明原来的反应装置中的反应液在超临界温度下的温度分布不均匀，与文献中的报道内容相符。且通过强化传热后，这种不均匀性得到了较大的改善。

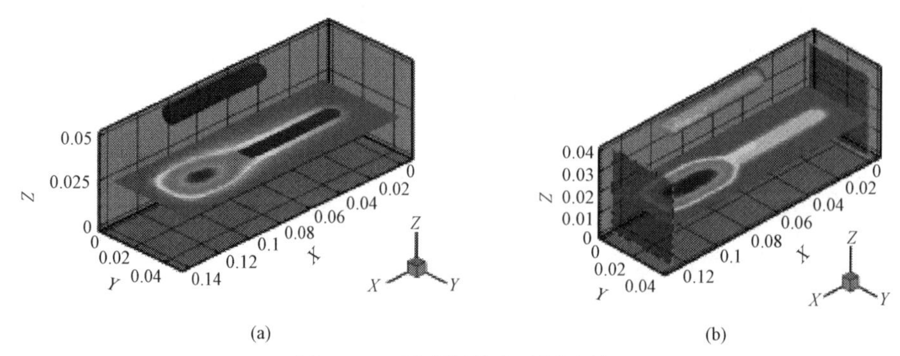

图 3-14　温度场分布云图比较

(a) 锡不流动温度场分布云图；(b) 锡流动温度场分布云图

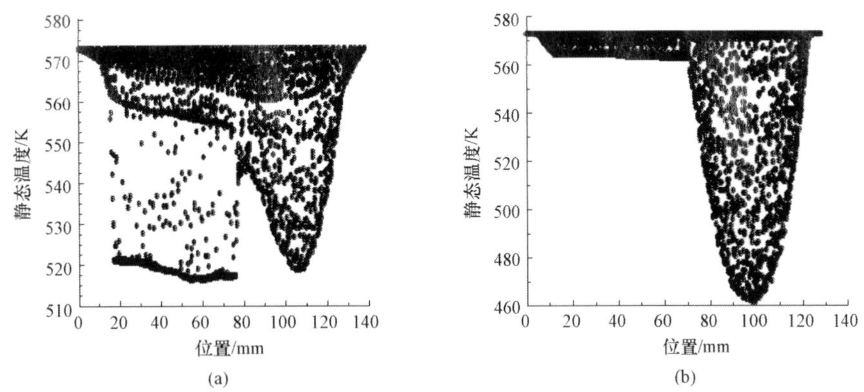

图 3-15 沿 X—Y 平面的温度分布

(a) 锡不流动沿 X—Y 平面的温度分布；(b) 锡流动沿 X—Y 平面的温度分布

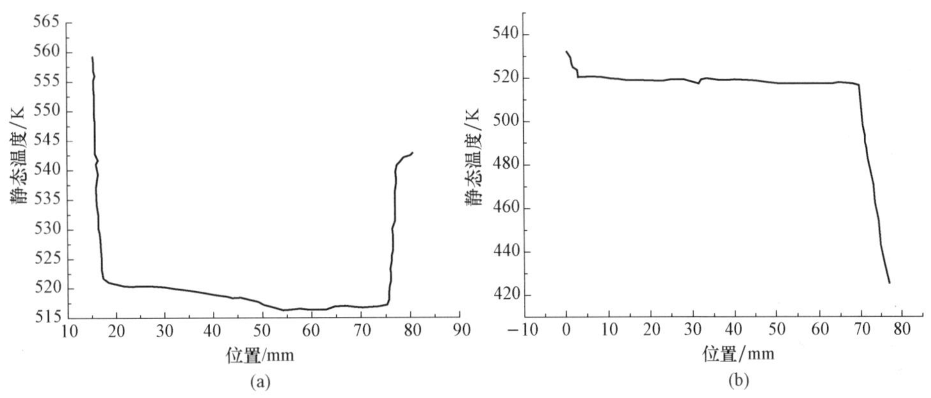

图 3-16 沿中心轴温度分布比较

(a) 锡不流动沿中心轴轴温度分布；(b) 锡流动沿中心轴轴温度分布

(3) 图 3-15 和图 3-16 均表明反应釜腔体内的流体温度要比左边反应釜壁面温度低，这是因为金属吸热快的缘故。图 3-15 (a) 和图 3-16 (a) 中流体温度低于反应釜密封端的温度，图 3-15 (b) 和图 3-16 (b) 图中流体温度高于反应釜密封端的温度。由于两种情形传热时间的差别，而反应釜密封端金属较多，前者经过时间较长，密封端吸收了较多的热量，温度升高较流体快；后者经过时间短，密封段吸收热量较少，温度低于流体。这样可以减少反应釜吸收的热量，提高传热效率。

3.1.4 超临界两步法制备生物柴油转化率分析方法

1. 酸值测定法

酸值（A.V.）是指中和 1g 油脂中的游离脂肪酸所需氢氧化钾的质量（mg），其单位是 mgKOH/g 是评定油脂中所含游离脂肪酸多少的量度。亚临界水-超临界甲醇两步法制备生物柴油，第一步是亚临界水解反应，即植物油在亚临界水中的水解反应，第二步超临界甲醇酯化反应是植物油水解得到的脂肪酸在超临界甲醇中的酯化反应。在第一步的水解反应中，植物油水解反应生成脂肪酸和甘油，第二步酯化反应，利用制备的脂肪酸酯化反应生成脂肪酸甲酯和水。因此可以通过测定反应产物酸值的大小来表示反应转化率的大

小。第一步反应可以根据植物油的理论酸值、所测水解产物的酸值和植物油的初始酸值，植物油水解反应转化率的计算式为

$$AV = \frac{C_c - C_s}{C_l - C_s} \times 100\% \tag{3-16}$$

式中：AV 为产物酸值；C_c 为试验所测水解产物的酸值，mgKOH/g 油；C_s 为原料油的初始酸值，mgKOH/g 油；C_l 为原料油脂肪酸的理论酸值，mgKOH/g 油。

第二步反应可以根据植物油脂肪酸的酸值、酯化产物的酸值，式（3-17）计算酯化转化率。

$$AV = \frac{C_z - C_h}{C_z} \tag{3-17}$$

式中：AV 为植物油脂肪酸酯化转化率；C_z 为植物油脂肪酸的酸值，mgKOH/g 油；C_h 为酯化产物的酸值，mgKOH/g 油。

2. 以甘油测定转化率

传统的甘油含量测定方法有物理法、化学法、酶法及色谱法。雷猛采用碘酸钾法测定酯交换反应生成的甘油量. 通过计算酯化率衡量反应程度。刘伟伟在以橡胶籽为原料，采用高温气相酯化-酯交换法制取生物柴油的反应中，利用皂化-水解法测定产物中的甘油含量。用甘油产率来表示棉籽油转化率，即

由于第一步植物油亚临界水解反应生成脂肪酸和甘油，所以甘油产率大小就等同于水解反应的转化率。所以可以通过测得植物油的理论甘油含量和反应产物脂肪酸中的甘油含量，油水解转化率的计算式为

$$FRC = \frac{C_l - C_c}{C_l} \times 100\% \tag{3-18}$$

式中：FRC 为水解转化率；C_l 为植物油理论甘油含量；C_c 为产物脂肪酸中甘油含量。

3. 以甲酯测定转化率

甲酯含量主要通过高效液相色谱（HPLC）、气相色谱（GC）和凝胶渗透色谱（GPC）进行测定。

参考的标准主要有 GB 5009.168—2016（动植物油脂脂肪酸甲酯的气相色谱分析）和 prEN14103：2003（Fat and oil derivatives - Fatty Acid Methyl Ester（FAME）Determination of ester and linolenic acid methyl ester contents）等。

色谱结果的分析方法主要包括内标法、面积法和外标法。

（1）内标法计算转化率

利用内标法可以测定产物中甲酯的质量。鲁明波先用碱法将原料油完全甲酯化再用酶法催化合成生物柴油，分别测定 2 种方法的产物中脂肪酸甲酯的含量，用以计算酶法合成生物柴油的转化率，即

$$FRC = \frac{C_c}{C_g} \times 100\% \tag{3-19}$$

式中：C_c 为固定化脂肪酶处理获得的样品中脂肪酸甲酯含量；C_g 为油脂完全酯化后脂肪酸甲酯含量。

（2）面积法计算转化率

峰面积比可以代表质量百分比，因此通过测定相应峰面积占所有峰面积总和的百分数

来计算给定组分 i 的含量，用甲酯的质量百分比来表示生物柴油的转化率，即

$$FRC = A_i/(\sum A) \times 100\% \quad (3-20)$$

式中：A_i 为组分 i 的峰面积；$\sum A$ 为各峰面积的总和。

聂开立在酶法合成生物柴油的反应中。利用峰面积归一法计算甲酯的转化率。即甲酯转化率＝脂肪酸甲酯的峰面积/（三甘油酯峰面积＋二甘油酯峰面积＋单甘油酯峰面积＋脂肪酸峰面积＋甲酯峰面积）×100％

（3）外标法计算转化率

通过色谱测定脂肪酸单甘酯（MG）、脂肪酸二甘酯（DG）、脂肪酸三甘酯（TG）、脂肪酸甲酯（FAME）、甘油、游离脂肪酸（FFA）等成分，建立峰面积与其含量之间的标准曲线，然后通过标准曲线确定各种成分的具体含量。Dube，Salis 等用 HPLC 测定校准曲线和各种成分的量，转化率的计算公式为

$$X = [M_{oil}(t=0) - M_{oil}(t=t)]/M_{oil}(t=0) \quad (3-21)$$

式中：X 为转化率；$M_{oil}(t=0)$ 为反应物油脂量（主要为 TG，DG，MG）；t 为反应时间；$M_{oil}(t=t)$ 为产物中剩余的 TG 的量。

Zheng. S 利用 GPC 测定产物，采用的计算方法为

$$X = [N_{FAME}(t=t)]/3N_{oil}(t=0) \quad (3-22)$$

$$N_{oil}(t=0) = N_{TG}(t=0) + 2/3N_{DG}(t=0) + 1/3N_{MG}(t=0) + 1/3N_{FFA}(t=0) \quad (3-23)$$

式中：$N_{FAME}(t=t)$ 为产物中的脂肪酸甲酯的物质的量；N_{oil}（$t=0$）为反应物中酰基的物质的量；$N_{TG}(t=0)$ 为反应物中三甘油的物质的量；$N_{DG}(t=0)$ 为反应物中二甘油的物质的量；$N_{MG}(t=0)$ 为反应物中单甘油的物质的量；$N_{FFA}(t=0)$ 为反应物中游离脂肪酸的物质的量。

以酸值的变化率测定转化率主要应用在原料为脂肪酸的酯化反应中，而且催化剂不能用酸和碱，只能用脂肪酶，应用范围十分有限。由于酶法中甲醇通常是分段加入反应器中的，所以不利于测定其变化量，而化学法中甲醇是过量的，反应温度较高，容易挥发，影响计算结果的准确性。甘油容易黏附在固体催化剂表面，同时甘油分离提纯复杂，所以用甘油的变化率来测定转化率也存在一定局限性。通过色谱测定甲酯的变化率来计算转化率是一种精确的方法。用面积法计算转化率时，不同类物质的质量与峰面积比值并不相同，需要测定各种物质的校正因子；如果原料成分复杂（如地沟油），内标法需要测定各种成分与内标的相对校正因子，外标法需要绘制各种成分标准曲线图，比较烦琐。

3.2 超临界两步法第一步——亚临界水解反应

亚临界水（Sub-critical water）通常是指温度为200～350℃的压缩液态水。近临界水中的［H_3O^+］和［OH^-］已接近弱酸或弱碱，因此自身具有酸催化与碱催化的功能，可使某些酸碱催化反应不必加入酸碱催化剂；SCW 具有足够小的介电常数（$\varepsilon<10$），具有能同时溶解有机物和无机物的特性。同时，亚临界水还具有优良的传质性能及绿色环保等优点，因而在有机化学反应、废弃物再资源化等领域得到了较广泛的研究。

原料油的亚临界水解是两步法制备生物柴油技术的关键第一步骤，之所以进行此步反

应，不仅是因该步骤为第二步反应提供原料，更重要的是，通过此过程，原料油中的甘油酯转化为游离的脂肪酸，与其本身就含有的脂肪酸混合后再与甲醇进行反应制取生物柴油，就可以避免超临界一步酯化过程中，由于原料油中的游离脂肪酸的存在会消耗醇而产生的副反应，导致醇的浓度降低，使超临界一步法酯交换反应受到影响。

3.2.1 小桐子油亚临界水解反应

1. 反应温度对水解转化率的影响

图 3 - 17 给出不同反应时间和油水体积比下反应温度对小桐子油水解反应转化率的影响。图 3 - 17 可知，随着温度的增加水解转化率随之增大，且反应时间 40、30、20min 和 10min 初始阶段增大较明显，50min 和 60min 不是很明显，这说明反应时间较长，反应温度较低其转化率已较大，水解反应已进行了大部分。反应温度较高时，任何油水体积比的水解转化率已基本稳定，变化不是很大。反应温度再增高时，其水解转化率反而有下降的趋势，这是因为反应温度过高，小桐子油水解产物发生了裂变和聚合等副反应。对反应时间 20min 和 10min 来说，温度达到 290℃和 300℃时，其水解转化率还有增大的趋势，这是因为温度虽高，但反应时间较短，这时小桐子油主要进行水解反应，裂解和聚变等副反应进行的较少。小桐子油在亚临界水中的最佳反应温度为 290℃。

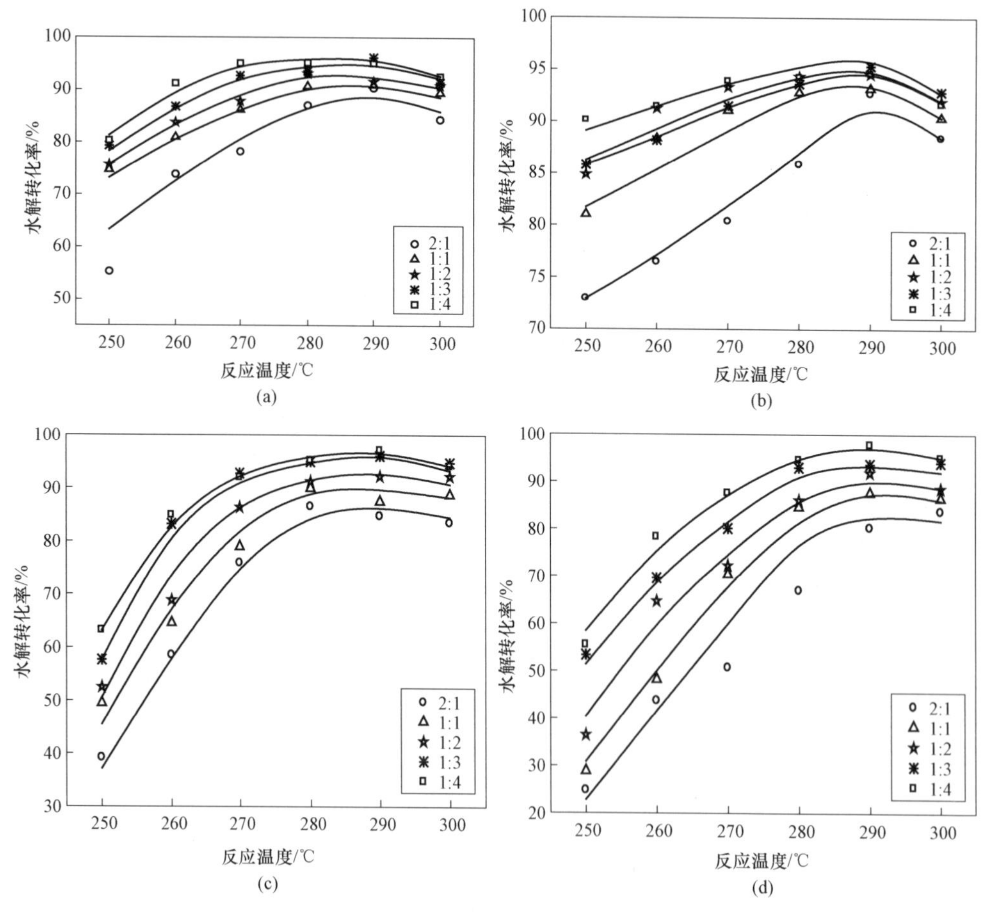

图 3 - 17　反应温度对转化率的影响

(a) 反应时间 60min；(b) 反应时间 50min；(c) 反应时间 40min；(d) 反应时间 30min

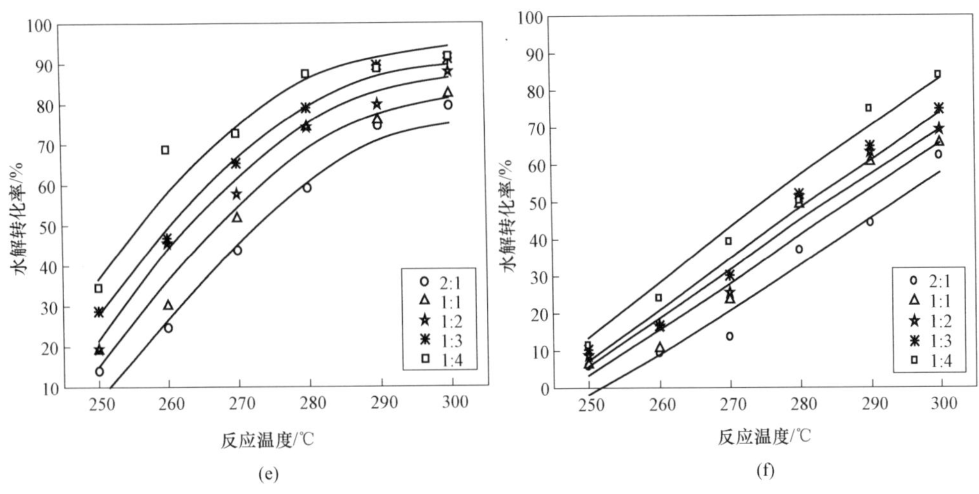

图 3-17 反应温度对转化率的影响（续）

(e) 反应时间 20min；(f) 反应时间 10min

图 3-18 所示为相同反应时间 40min 和油水体积比 1∶3，不同反应温度下小桐子油水解的色谱图，从图中可以看出温度较低时，水解反应产物中有亚麻酸，但随着温度的增加，亚麻酸逐渐消失，这是因为温度较低时，小桐子油水解出亚麻酸，没有完全被氧化，还存在于水解产物中，但随着温度升高，水解出的亚麻酸很不稳定，被氧化成其他物质，因此，在温度较高的水解反应中，水解产物中亚麻酸已不存在，这主要是因为亚麻酸是含有 18 个碳原子和 3 个双键的不饱和脂肪酸，故其性质在温度过高时极不稳定。亚油酸在

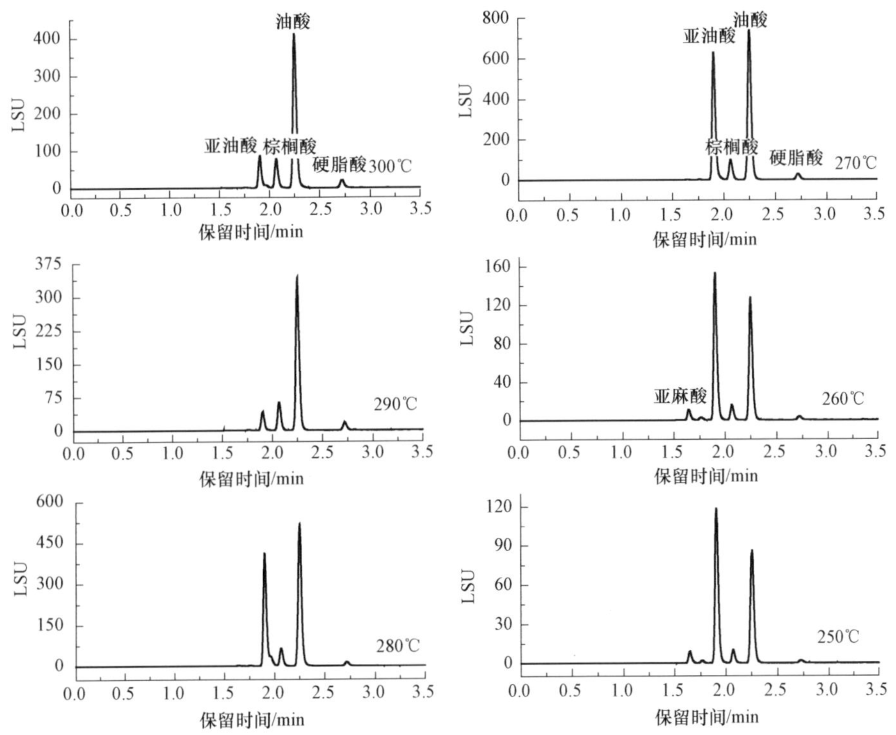

图 3-18 相同反应时间和油水体积比不同反应温度下小桐子油水解产物色谱图

温度较低时已很容易被水解出来，但随着温度的升高，其在产物中的比例反而降低，这是因为亚油酸是一种含有 18 个碳原子和 2 个双键的不饱和脂肪酸，在温度较高时性质不稳定，被氧化成其他物质。油酸是含 18 个碳原子和 1 个双键的不饱和脂肪酸，相对其性质较为稳定，但温度过高时也会被氧化为其他物质，致使温度过高时，小桐子油水解产物发生副反应，从而使水解转化率随着温度再度增加而降低。从图中还可以看出，水解产物棕榈酸和硬脂酸性质较为稳定，因为棕榈酸是一种含 16 个碳原子的饱和脂肪酸，硬脂酸是一种含 18 个碳原子的饱和脂肪酸，两种脂肪酸均是饱和脂肪酸，不含有双键或三键，故其性质较稳定。

2. 反应时间对水解转化率的影响

图 3-19 所示为不同反应温度和油水体积比下反应时间对小桐子油水解反应转化率的影响。由图可知，反应初始阶段随着时间的增加，水解转化率增大较明显，尤其反应温度较高时。在反应温度 250℃时，初始阶段转化率增大速率不是很大，反而在反应 20min 后转化率增大的非常迅速，这说明 250℃的反应温度需要较长的反应时间水解反应才能完成。在 260℃时，10min 后转化率就迅速增大，在 270℃和大于 270℃时，从初始水解转化率就迅速增大，这说明小桐子油在亚临界水中的水解反应，温度越高，反应时间就越短。这是因为，此水解反应是一自催化的化学反应，当反应开始后，反应速率越来越大，温度较低时，水解反应开始的较慢，所以初始阶段水解转化率的增速并不是很明显，但温度较高时水解反应较容易进行，所以初始阶段水解转化率的增幅就较为明显。

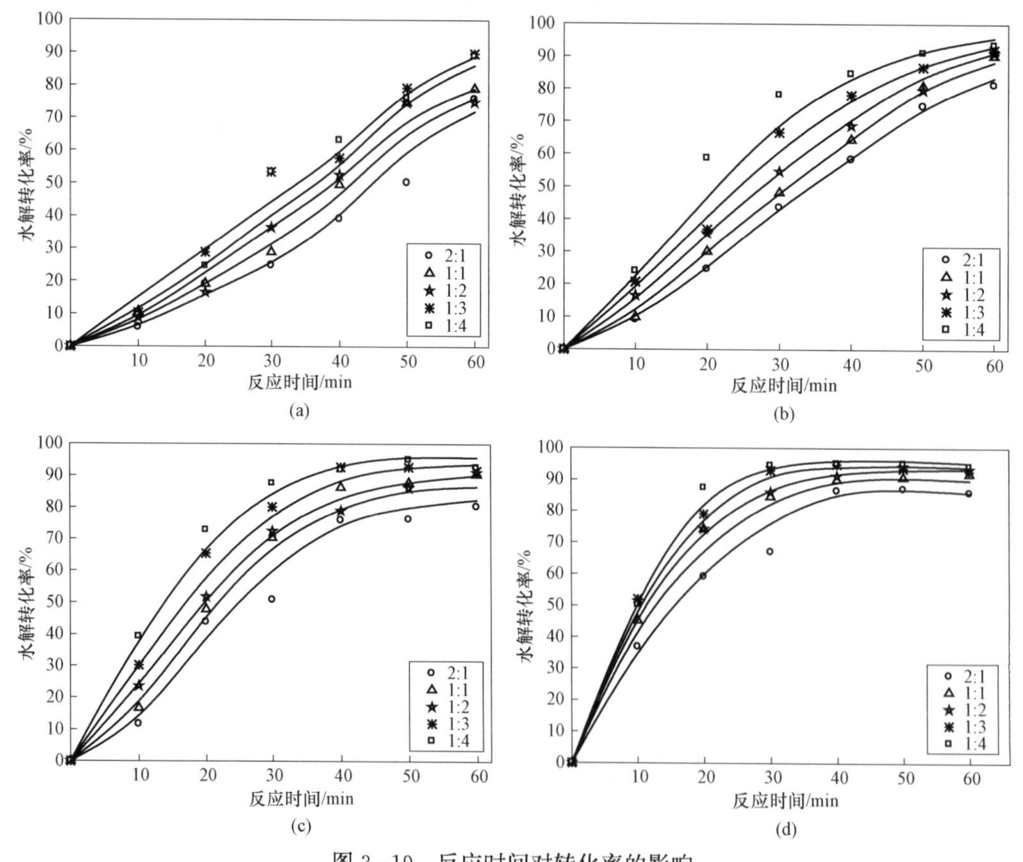

图 3-19 反应时间对转化率的影响

(a) 反应温度 250℃；(b) 反应温度 260℃；(c) 反应温度 270℃；(d) 反应温度 280℃

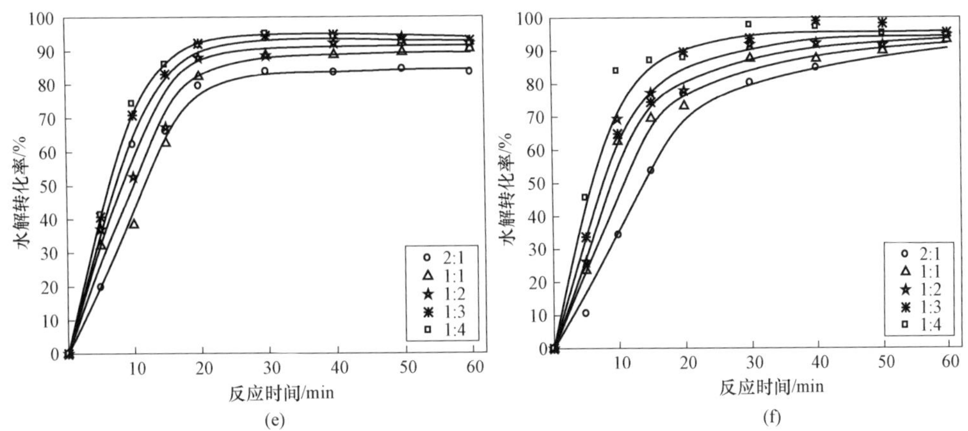

图 3-19　反应时间对转化率的影响（续）

(e) 反应温度 290℃；(f) 反应温度 300℃

图 3-19 中还可以看出，并不是所有的水解反应随着时间的增加转化率在一直增大，尤其是反应温度较高的水解反应，反应时间超过 40min 后转化率有降低的趋势。这是因为随着反应时间的增加，水解反应在一定程度上已进行的差不多完全，所以其水解转化率不会随着反应时间的延长而一直增大。反应温度较高的水解反应随着反应时间的延长会使水解产物发生裂解和聚合等副反应，所以到一定反应时间后其水解转化率有减小的趋势。结合反应温度的影响，从图中看出小桐子油亚临界水解反应的最佳反应时间为 40min。

图 3-20 给出了相同反应温度 290℃和油水体积比 1∶2，不同反应时间的小桐子油亚临界水解反应的色谱图。从图中可以看出，反应时间为 5min 的水解反应产物中包含亚麻酸、豆蔻酸、亚油酸、棕榈酸、油酸和硬脂酸等。随着反应时间的延长，亚麻酸和豆蔻酸的含量愈来愈低，反应时间为 30min 的水解反应产物中其含量几乎为零，40min 的水解反应产物中就已完全没有了。这是因为亚麻酸和豆蔻酸性质很不稳定，水解出来后在一定温度下随着反应时间的延长而氧化为其他物质。同时看到亚油酸的含量也是随着反应时间的延长而有降低的趋势，原因也是因为亚油酸是含有两个双键的不饱和脂肪酸，性质不稳定，在一定温度下随着反应时间的延长而氧化为其他物质。

3. 油水体积比对水解转化率的影响

图 3-21 给出了不同反应时间下小桐子油与水的体积比对水解反应转化率的影响。由图可知，油水体积比对水解转化率有一定的影响，尤其是反应时间较短的水解反应。从图中可以明显看出反应时间不大于 30min 的水解反应，随着油水体积比的减小水解转化率增大，这是因为此水解反应是可逆反应，增加任一反应物的浓度就会促使可逆反应向反应的正方向进行，因此减小油水体积比实际上是增大了反应物—水的浓度，促使反应向正方向进行，从而使水解转化率增大。反应时间大于 40min 的水解反应，随着油水体积比的减小水解转化率并不是一直在增大，尤其是反应温度较高的水解反应更为明显。这是因为此水解反应虽是可逆反应，从理论上只要增大反应物的浓度就会促使反应向正方向进行，但当油水体积比达到一定数值时，再减小其值，水解转化率也不会有很大变化。此水解反应的油水理论摩尔比是 1∶3，当油水体积比是 2∶1 时其摩尔比已接近为 1∶26，水已是过量。

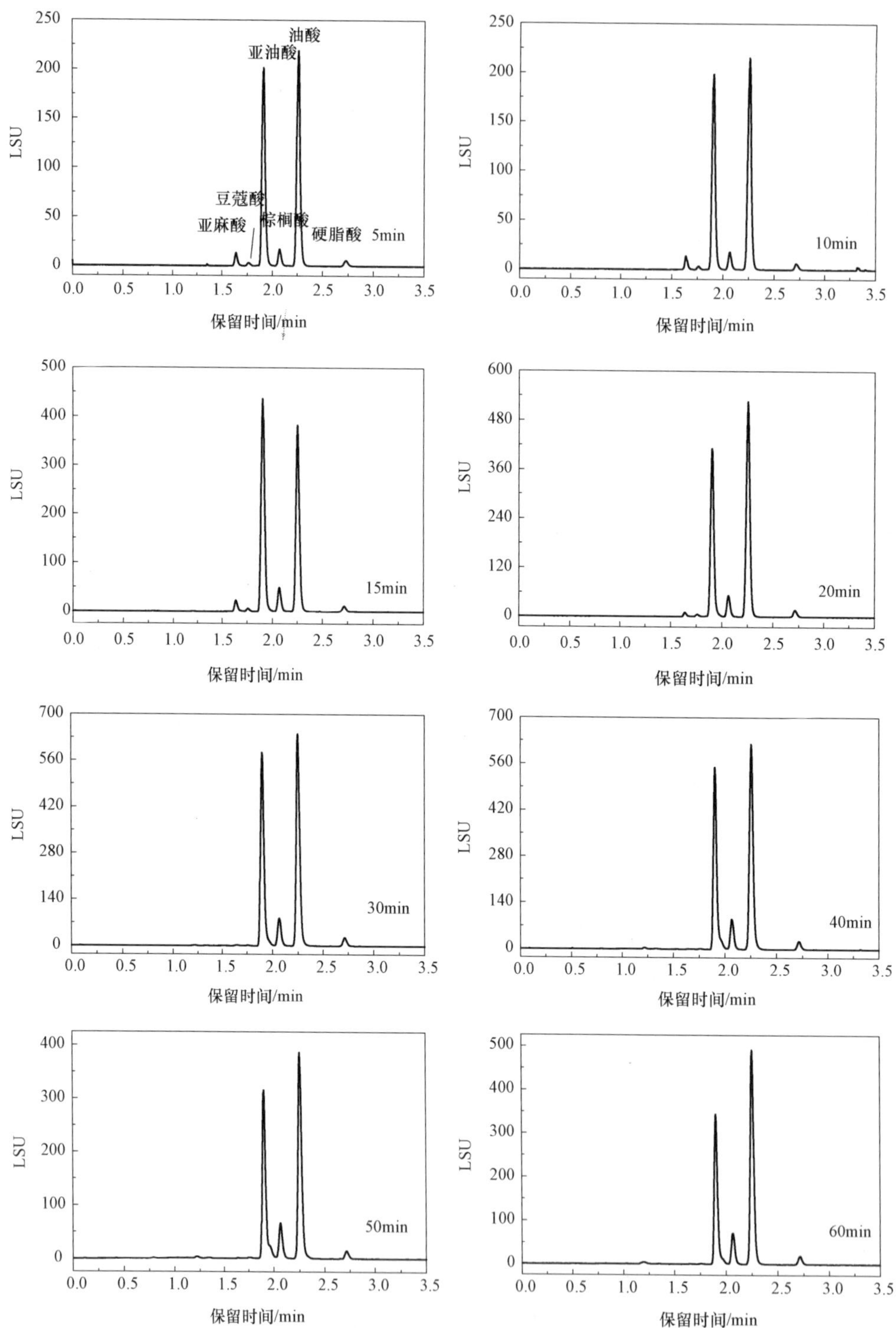

图 3-20　相同反应温度和油水体积比下不同反应时间水解产物色谱图

当油水体积比达到 1∶3 时其摩尔比已达到 1∶78 左右，这时水已是大大过量，所以再增大水的量已对此反应影响不是很明显了，故其水解转化率几乎没有变化。

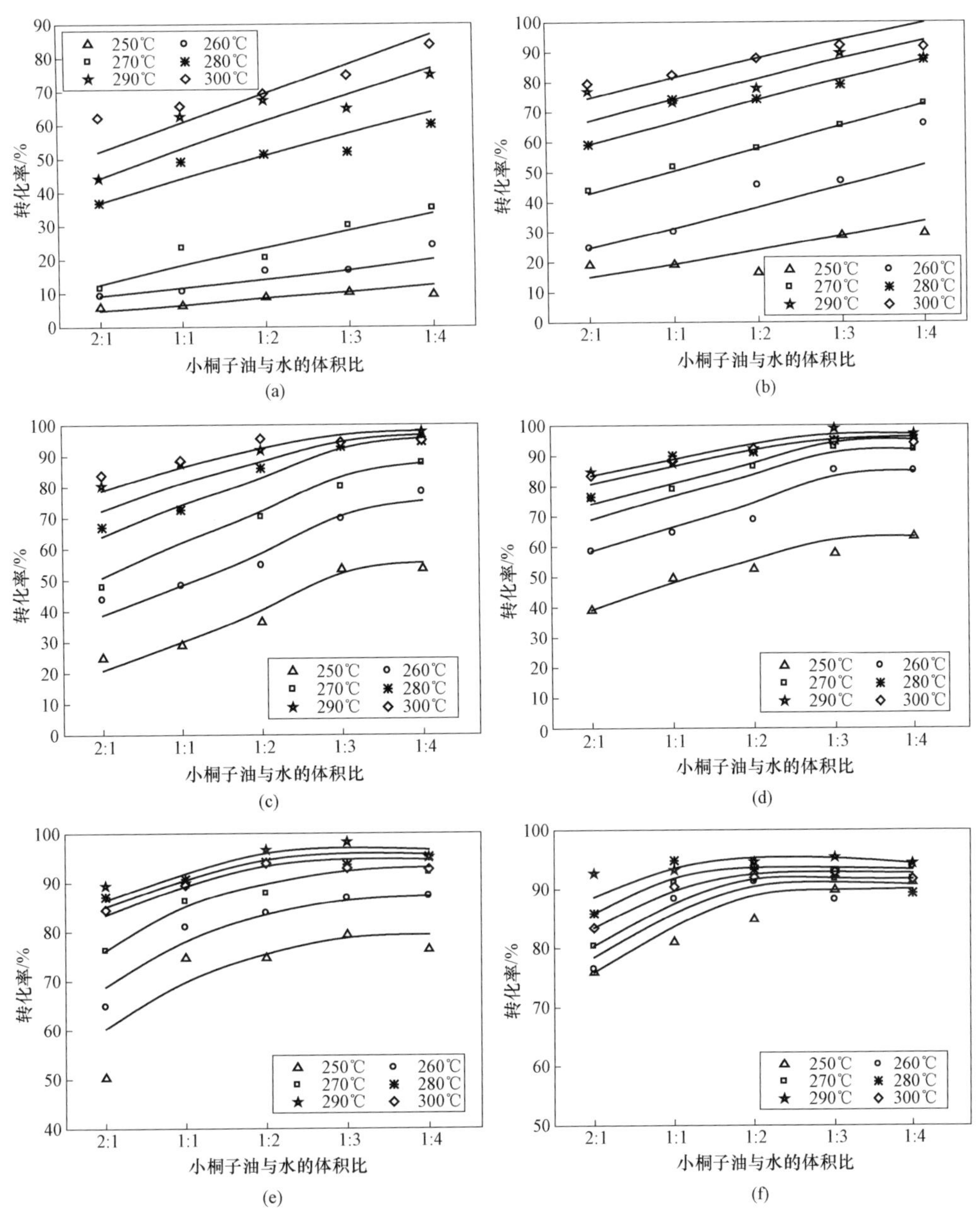

图 3-21 油水体积比对转化率的影响

(a) 反应时间 10min；(b) 反应时间 20min；(c) 反应时间 30min；(d) 反应时间 40min；(e) 反应时间 50min；(f) 反应时间 60min

图 3-22 所示为相同反应温度 290℃和相同反应时间 30min，不同油水体积比的小桐子油亚临界水解反应产物的色谱图。从图中可以看出，油水体积比 1：4 的水解反应产物中几乎没有了亚麻酸和豆蔻酸，并且亚油酸的含量也明显降低，这是因为油水体积比为 1：4 的水解反应，水过量，反应速度加快，在同样的反应时间了水解出更多的亚麻酸、豆蔻酸和亚油酸，但其被水解出来的越早，被氧化为其他物质的量也就越多（亚麻酸、豆蔻酸和亚油酸是不饱和脂肪酸，性质不稳定），因此，在 1：4 的水解反应中，水解出来的亚麻

酸、豆蔻酸几乎被完全氧化为其他物质，一部分亚油酸也被氧化为其他物质，故在色谱图这几种酸的含量随着油水体积比的减小而降低。

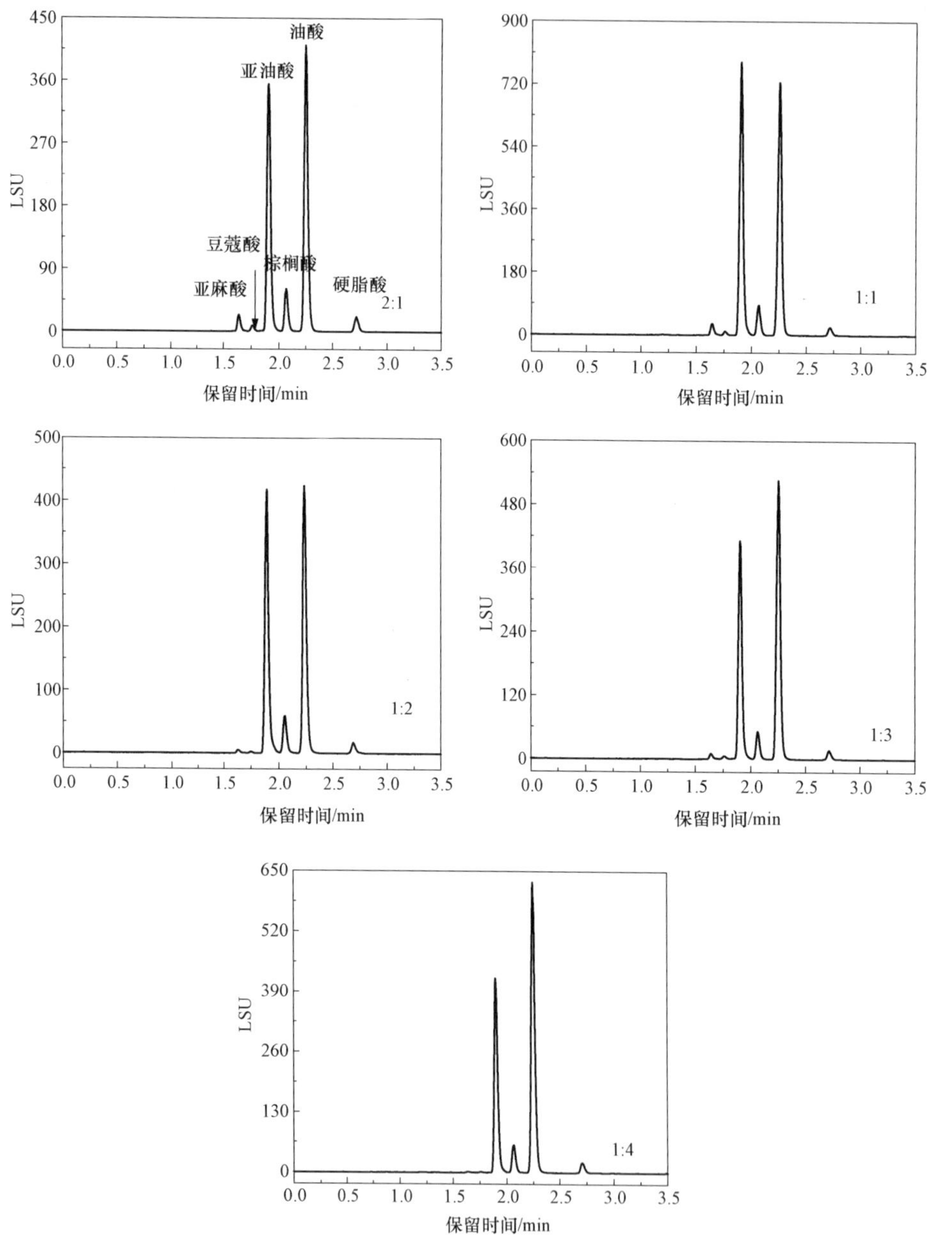

图 3-22　相同反应温度和反应时间下不同油水体积比水解产物色谱图

4. 反应压力对水解转化率的影响

图 3-23 所示为在反应温度 290℃、反应时间为 40min、油水体积比 1∶3 条件下反应压力对水解转化率的影响。试验中压力的改变是通过改变水与小桐子油的总体积实现的，而小桐子油和水的体积比维持 1∶3 不变。从图中可以看出随着反应压力的增加转化率没有太大的变化，压力进一步增加，转化率也并未有影响，因此反应压力对转化率的影响不

是很大。这是因为反应压力大小的改变是通过反应物填充率的改变来调节的，在一定的反应温度和反应时间下，填充率的大小改变对其转化率影响不大，填充率的大小改变通过反应压力来的反映，因此反应压力对其转化率的影响不是很大。

5. 其他因素对水解转化率的影响

小桐子油亚临界水解反应的反应物是小桐子油和水，又因为此水解反应为可逆反应，所以小桐子油所含水分对此水解反应有一定的影响。相当于增大了反应物的初始浓度，促使反应向正方向进行，所以小桐子油所含水分在一定意义上加快了反应速度。油水体积比对水解反应有一定的影响，但油水体积比为 1：3 和 1：4 时，其对此水解反应影响不是很大，又因为小桐子油中所含水分很小，只是微量，对改变油水体积比更是微小，因此可以认为小桐子油所含水分对水解反应几乎没有影响。就是考虑其影响也只是增大了反应速度，促使反应向正方向进行，对水解反应有一定的积极影响。

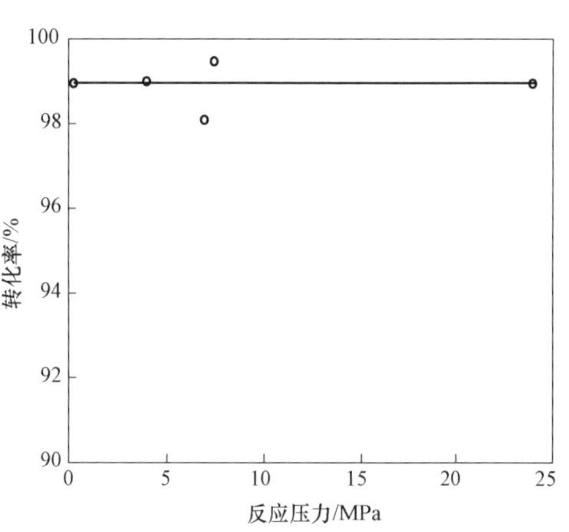

图 3 - 23　反应压力对转化率的影响

小桐子油亚临界水解反应的反应产物是脂肪酸和甘油，此水解反应是可逆反应，因此小桐子油所含游离脂肪酸对此水解反应有一定的影响。小桐子油所含游离脂肪酸越多，意味着反应初始阶段增大了反应产物的浓度，促使反应向反方向进行，也就减缓水解反应速度。小桐子油所含游离脂肪酸的多少与小桐子油的存放时间有关，一般刚榨取的小桐子油的酸值在 3gKOH/g 油左右，存放一年的小桐子油的酸值在 10gKOH/g 油左右，存放两年的小桐子油的酸值在 15gKOH/g 油左右。图 3 - 24 所示为小桐子油的酸值随时间的变化曲线，由图可知，时间对小桐子油的酸值影响较大，存放时间越长，酸值越大，致使小桐子油中游离脂肪酸含量增大，游离脂肪酸含量的大小对水解反应有一定的影响，所以在用高酸值的小桐子油做原料时，从理论上要考虑游离脂肪酸对水解反应的影响。但脂肪酸是反应产物之一，是试验所要的产物，其影响也只是对其反应速度具有一定的影响，减缓了反应速度，对生成产物的成分没有任何影响，也不影响水解产物的分离，因此，小桐子油中游离脂肪酸含量对水解反应虽有一定的影响，但可以不予考虑。

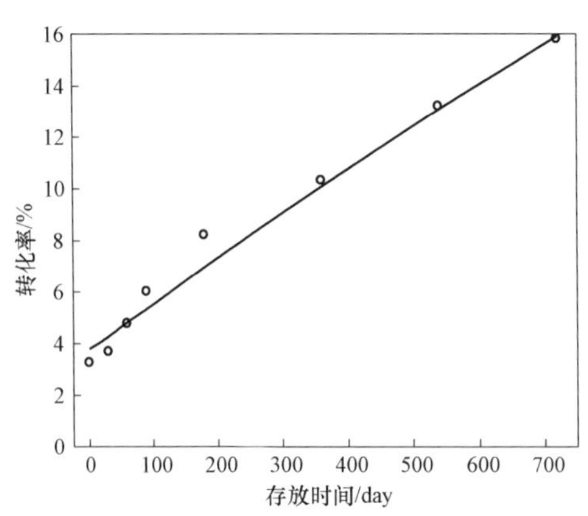

图 3 - 24　小桐子油酸值与储放时间的关系曲线

3.2.2　橡胶籽油亚临界水解反应

1. 反应温度与反应时间对水解反应的影响

提高反应温度能加快反应速率，提高转化率。采用油水体积比为 1：2（摩尔比 1：108），在温度 250～300℃、反应时间 10～60min 进行试验，结果可由图 3 - 25 所得。

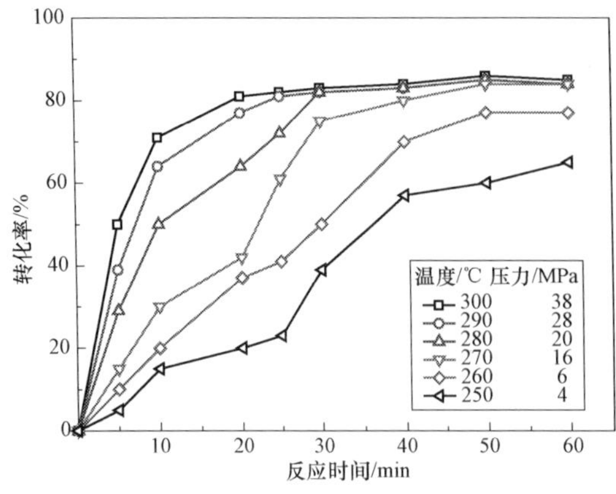

图 3-25 温度与反应时间对水解反应转化率的影响

图 3-25 可知，在较低温度下，甲酯的反应速率和转化率都比较低，当温度较高时，油脂转化率趋于一致，但反应速率不同。250℃和 60min 反应条件下，只有 73.6%的油脂转化为脂肪酸，这可能与该条件下水亚临界状态的稳定性有关。温度的升高使油脂在水中的溶解度逐渐增大，反应速率和转化率由此而加快并缓慢地趋于平衡。反应 40min 后，280℃和 290℃时转化率相近，分别有 92.3%和 92.7%油脂转化为脂肪酸。当温度达到 300℃，反应 60min 转化率出现下降趋势，这可能是油脂在此温度下可发生热裂解和聚合等副反应。

2. 反应压力对水解转化率的影响

反应压力通常同时与反应温度和水油总体积有关，其对水解反应转化率的影响通常不如温度和水油体积比这 2 个因素明显。研究了 280℃时于不同压力下反应 40min 后的转化率，图 3-26 表示压力的改变是通过改变水与橡胶籽油的总体积实现的，而橡胶籽油和水的体积比维持 1：2 不变。图 3-26 表明在一定压力范围内，随着压力的升高，油脂的转化率会提高，但过高的压力并不会对油脂水解起促进作用。

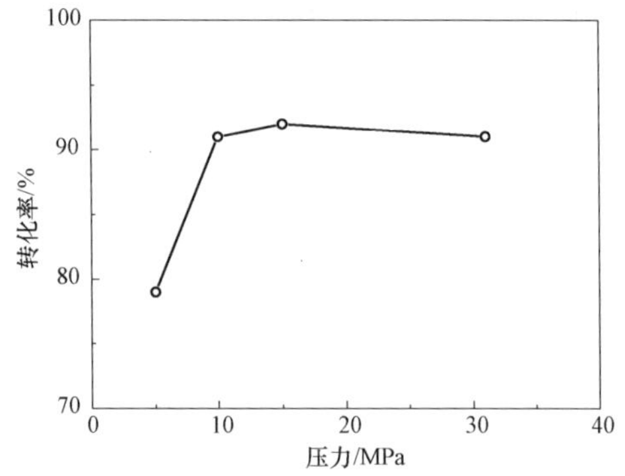

图 3-26 反应压力对水解反应转化率的影响

3. 水油配比对水解转化率的影响

根据反应方程式可知，转化 1mol 的甘油三酸酯需要消耗 3mol 水，生成 3mol 的脂肪酸和 1mol 的甘油。根据反应动力学原理，增加水的质量分数有利于反应向正方向进行，提高水解产率。通过改变水油摩尔比来考察其对水解产率的影响，试验中反应温度为 280℃，结果如图 3-27 所示。增加水油摩尔比可以增大油脂水解产率，当水油摩尔比为 27：1（体积比 1：2）时，水解产率只能达到 80.5%；当水油摩尔比增加到 162：1 时，反应 40min 后水解产率可达到 96%以上。

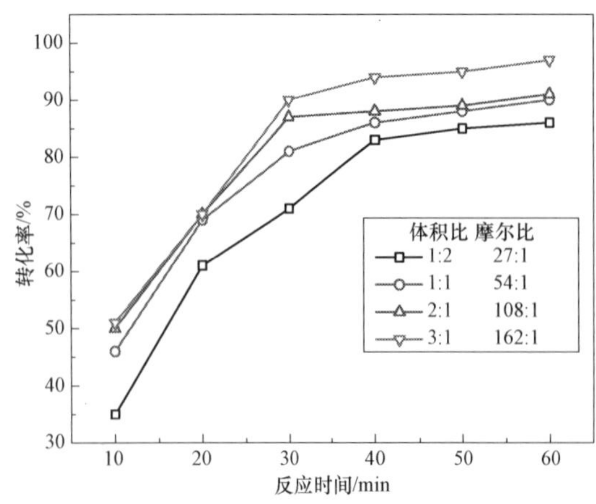

图 3-27 水油摩尔比对水解反应转化率的影响

3.2.3 棉籽油亚临界水解反应

1. 反应温度对水解转化率的影响

图 3-28 是棉籽油与水体积比为 1：4，反应时间为 10～60min 时，不同反应温度对水解反应转化率的影响。由图 3-28 可见，反应温度为 290℃时，水解反应转化

率最高，但反应温度继续增加时，转化率反而降低。因此，反应温度控制为280～300℃较好。

2. 反应时间对水解转化率的影响

图3-29所示为反应温度为260～300℃，棉籽油与水体积比为1∶4时，不同反应时间对水解转化率的影响。由图3-29可见，随着反应时间的延长，水解转化率并不随之增大反而有减小的趋势。这是因为油脂的热氧化和自动氧化无本质上的区别，只是在高温下热氧化的速度要快得多。油脂在高温下分解成脂肪酸和甘油，温度越高，时间越长，分解越快。脂肪酸会进一步氧化生成低分子的醛、酮、羟酸等产物，该过程和油脂的酸败相同，所以在油脂加热的最初时间，往往会出现黏度降低的现象。含有不饱和脂肪酸的油脂在高温和氧的作用下，还会发生聚合和氧化聚合作用，形成带支链的六碳环二聚体、三聚体等产物。因此，反应时间应控制在30min左右较好。

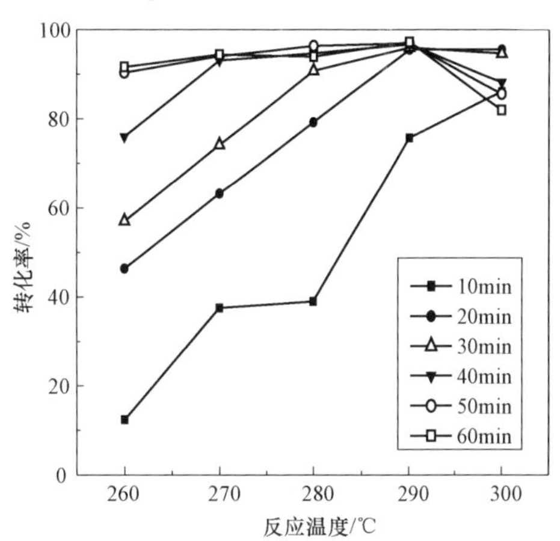

图3-28　反应温度对水解反应转化率的影响

3. 油与水体积比对水解转化率的影响

图3-30所示是反应温度为290℃，反应时间为30min时，棉籽油与水不同体积比对水解转化率的影响。由图可见，棉籽油与水体积比为1∶3时，水解反应转化率最高，但水的量继续增加时，转化率基本保持不变。这是因为此反应棉籽油和水的理论摩尔比是1∶3，由于该反应是可逆反应，实际进行过程中为使反应向水解方向进行，水必须过量。当棉籽油与水体积比为1∶3时，对应的棉籽油和水的摩尔比为1∶36，这时水已大大过量，再增加水的量时，对水解反应转化率的影响并不明显。因此，棉籽油与水的体积比控制在1∶3左右较好。

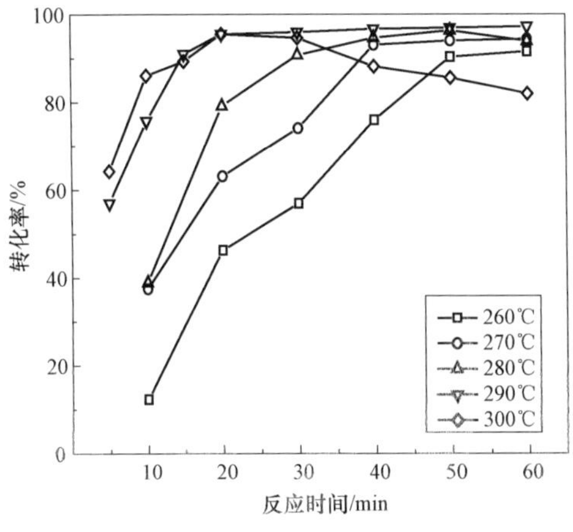

图3-29　反应时间对水解反应转化率的影响

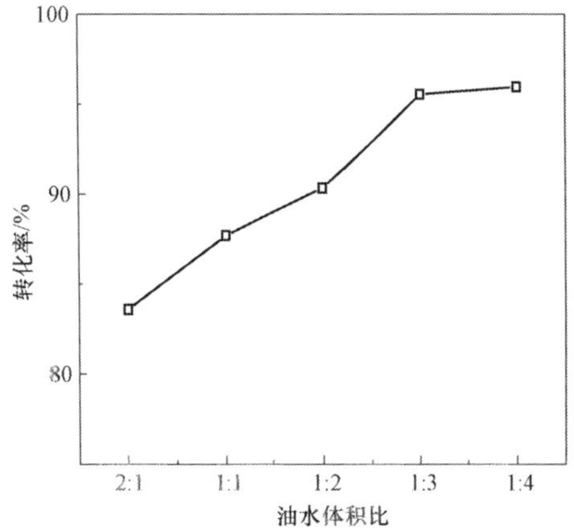

图3-30　棉籽油与水体积比对水解反应转化率的影响

3.2.4 菜籽油亚临界水解反应

1. 反应温度对水解转化率的影响

温度是影响水解反应的重要因素之一，采用单因素分析方法，水油体积比为4∶1，对250～300℃范围内温度变化对水解转化率的影响进行了分析。分析分别用酸值测定法和色谱分析法进行分析。图3-31所示为酸值分析法反应温度对水解反应转化率的影响。

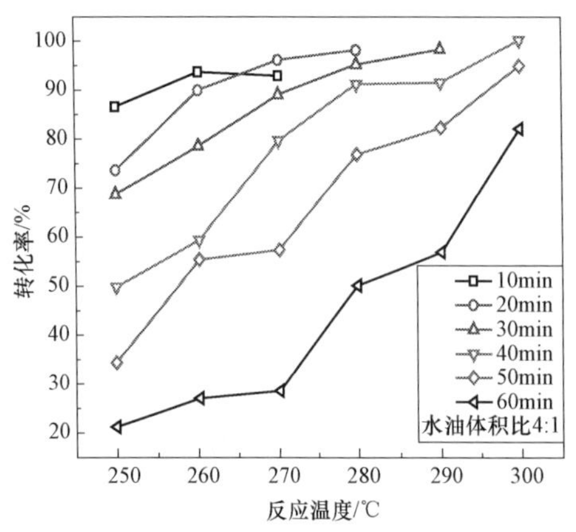

图3-31 反应温度对水解反应转化率的影响

图3-31所示为不同反应温度下，水解反应转化率与温度的关系。研究了从250℃到300℃以（10℃递增）六个温度下的原料油水解情况。从图中可以得到，水解反应的转化率随着反应温度的升高有明显的提高，这是由于温度作为一个影响反应速率的重要因素，对反应起促进作用，水解反应的反应速度随着温度的升高，不断加快，且在产量的积累下，总体转化率也在不断地升高。因此，从酸值表示的转化率与反应时间的关系图中得到明显的正比关系。温度越高，水解反应的转化率越高。此外，还可以得到反应温度对反应转化快慢的影响。从整体上讲，当反应温度从250℃升至270℃时，转化率的升幅不大，当反应温度从270℃升至280℃及280℃升至290℃，反应时间为10min和20min时，转化率有相对明显的升高，说明这个温度区域内是反应进行的最快区域。当反应温度达到300℃时，反应10min时转化率相对290℃也有很大提高，说明反应时间越短，越能体现出温度对反应的影响。其中反应温度为280℃，反应时间为50min时，转化率最高可达到98%。

由于原料菜籽油水解后的油酸含量最高，因此以油酸为研究对象计算转化率，图3-32所示为反应转化率与温度的关系。

从本图中可以更为准确地判断出水解反应温度对转化率的影响，图中油酸的含量随着温度的升高在250～290℃的范围内呈明显的上升趋势，但是到了300℃时，油酸的含量明显降低，说明当反应温度到达300℃后，油酸开始分解，因此，可以得到水解反应的最佳反应温度为290℃，此时当反应时间为30min时，反应到达最佳的反应平衡状态。

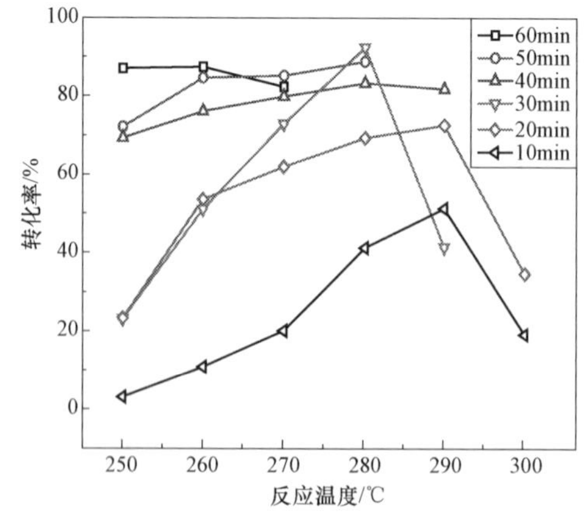

图3-32 反应温度对水解反应转化率的影响

2. 反应时间对水解转化率的影响

反应时间是另外一个影响水解反应的重要因素，采用单一因素分析方法，对10min到60min范围内时间变化对实验的影响进行了分析。分析分别用酸值测定法和色谱分析法进行分析。图3-33表示酸值分析法的结果。

图3-33所示为不同反应时间下，水解反应转化率与时间的关系。研究了从10min到60min（以10min为一个梯度范围）六个时间段下的原料油水解情况，从图中可以得到，水解反应的转化率随着反应时间的延长有明显的提高，这是由于反应时间作为另外一个影响转化率的重要因素，对反应起促进作用，水解反应的反应程度随着时间的延长在不断地升高。因此，从酸值表示的转化率与反应时间的关系图中得到明显的正比关系。反应时间越长，水解反应的转化率就越高。当反应温度为280℃，反应时间为50min时，转化率最高可达到98%。

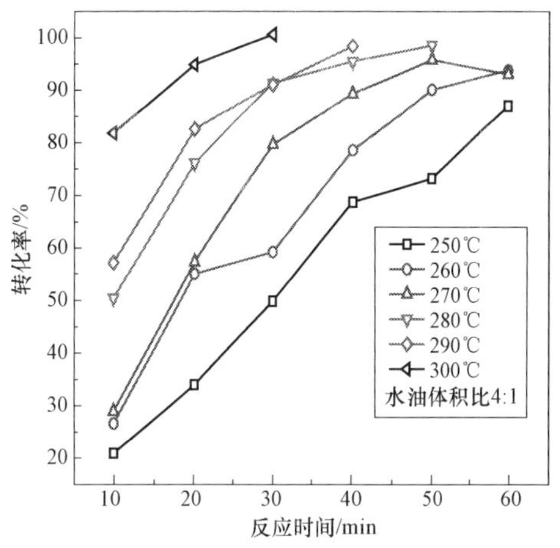

图3-33 反应时间对水解反应转化率的影响

以油酸为研究对象，采用液相色谱分析计算转化率，得到反应转化率于时间曲线的关系。如图3-34所示：上图中可以得到与酸值法分析不一样的结论，在250～270℃的范围内，随着反应时间的延长，油酸的得率是在不断增加的，但是当温度升到280℃以上时，油酸的含量并不是随着时间的延长而逐渐升高，反而有下降的趋势，说明此时，油酸开始部分分解，从图中可以得到，当反应时间为30min，反应温度为290℃时，油酸的得率最高。

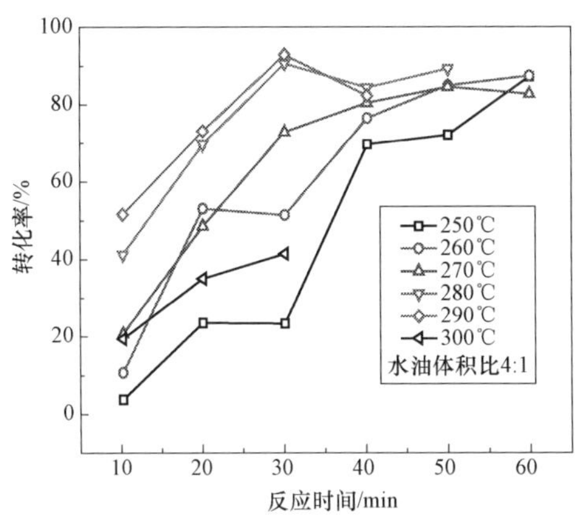

图3-34 反应时间对水解反应转化率的影响

3. 油水摩尔比对水解转化率的影响

油脂的亚临界水解反应为可逆反应，可以采用过量的水来推动反应平衡向正反应方向移动，从而提高水解的转化率。但是，虽然水的浓度的增加会对正反应起促进作用，但是水过量太多对正反应的促进作用有限，而且会导致成本的增加。所以，需要确定最佳的水油摩尔比。通过对实验产品的酸值分析，按照产品中酸值的大小来分析反应物摩尔比对水解反应的影响，其结果如图3-35所示。

从图3-35可以清楚地得到，在相同的反应温度，相同的反应时间下，反应原料不同配比情况下，水解反应的转化率情况，通过改变水和油的比例来研究原料配比对转化率的影响，显而易见的是当水和油的比例为4：1时，此时摩尔比大约为220：1，反应的转化率最高可达到97%。

利用液相色谱对产品中油酸含量进行分析，可以更清晰的研究出原料配比对转化率的影响，如图3-36所示。

从图3-36中可以得到与酸值法基本类似的结论，就是当水油体积比为4：1时，油酸的得率最高，随着水油体积比的减少，油酸的产率逐渐降低，当水油体积比为1：1时到达最低。因此，可以确定最佳的水油体积比为4：1，对应的摩尔比为220：1。

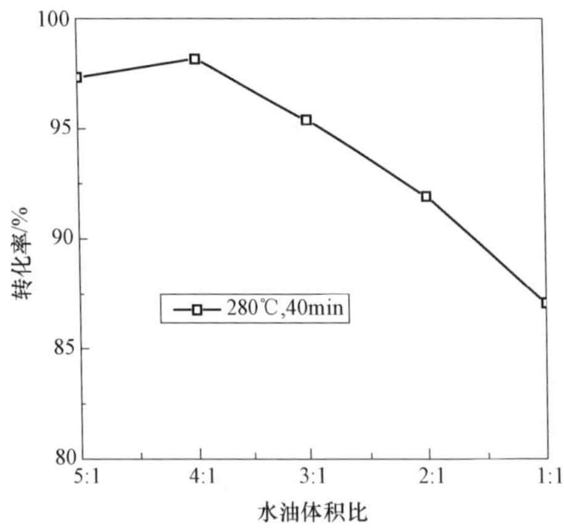

图 3-35　水油配比对水解反应转化率的影响

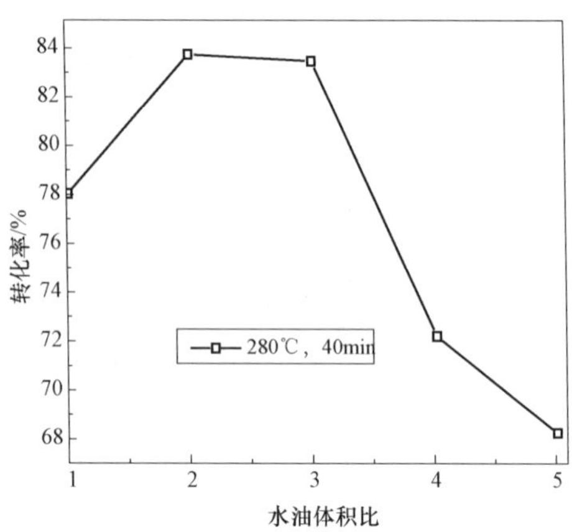

图 3-36　水油配比对水解反应转化率的影响

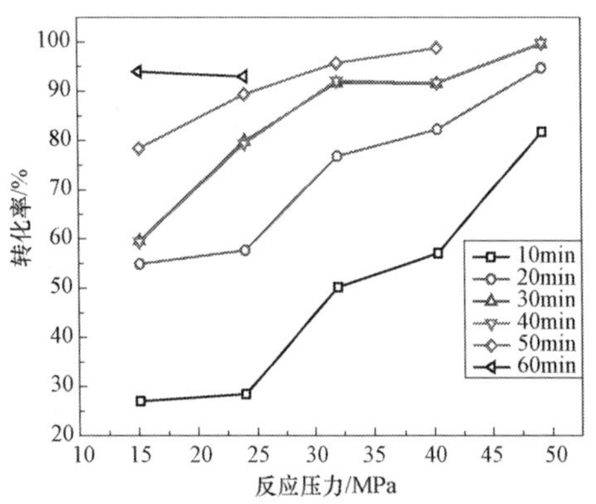

图 3-37　反应压力对水解反应转化率的影响

4. 反应压力对水解转化率的影响

反应压力也是一个影响水解反应的重要因素，采用单一因素分析方法，对 10～50MPa 范围内压力变化对转化率的影响进行了分析。分析分别用酸值测定法和色谱分析法进行分析。图 3-37 所示为酸值分析法的结果，即不同反应时间下，水解反应转化率与压力曲线的关系。

图 3-37 研究了从 15～60MPa 压力范围内的原料油水解情况，可以得到，反应到达平衡时，水解反应的转化率随着压力的升高有明显的提高，这是由于压力作为影响转化率的重要因素，对反应起促进作用，在反应时间相对短的情况下，水解反应的反应速度随着压力的升高越来越快，且在不断量的积累下，转化率也在不断地升高。当反应时间比较长时，压力的提高对转化率的影响就变得不明显了。因此，从酸值表示的转换率与压力的关系图中得到明显的正比关系。压力越高，水解反应的转化率就越高。当反应压力为 32MPa，反应时间为 50min 时，转化率最高可达到 98%。

利用液相色谱对产品中油酸含量进行分析，可以更清晰的研究出压力对转化率的影响。从图 3-38 中可以得到，当反应时间为 10、20、30min 时，油酸的含量随着反应压力的提高有明显的上升趋势，到了 40min 后，压力增加到一定程度，油酸的含量随着压力的升高到 25MPa 以后，存在下降的情况发生，说明此时油酸开始分解，并不会因为压力的提高，油酸

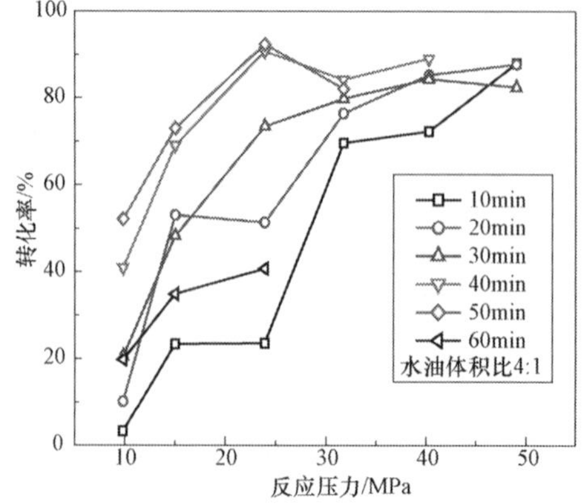

图 3-38　反应压力对水解反应转化率的影响

的得率也相应提高。而且可以清楚地看到当反应时间到达60min后，油酸的含量开始明显降低，说明此时，油酸开始大量的分解了。由于实验中是通过调节温度来控制压力的变化的，所以压力变化反映出来的规律与温度是密不可分的。

3.3 超临界两步法第二步——超临界酯化反应

超临界甲醇（super - critical methanol，SCM）通常是指温度在239℃以上，压力为8.09MPa以上存在的超临界状态的甲醇。超临界状态下，甲醇具有疏水性，介电常数比较低，反应物游离脂肪酸可以完全溶解在甲醇中，形成单相反应体系，酯化反应速度快，脂肪酸甲酯总收率有很大提高。

在超临界酯化反应过程中，甲醇既是反应介质，也是反应物，随着反应的不断进行，脂肪酸在甲醇中的溶解度增大，到一定程度时，甲醇与脂肪酸由两相转化为单相，在较短的时间内，反应就可进行彻底。

脂肪酸的超临界酯化反应是两步法制备生物柴油的关键技术的第二步骤，其对应的方程式为

$$R'COOH + CH_3OH \xrightarrow[R]{\text{超临界状态}} R'COOCH_3 + H_2O \qquad (3-24)$$

3.3.1 小桐子油超临界酯化反应

1. 反应温度对酯化转化率的影响

图3-39所示为小桐子油脂肪酸与甲醇体积比为1∶4，反应时间为30min时，不同反应温度对酯化反应转化率的影响。由图可知，反应温度为290℃时，酯化反应转化率最高，但反应温度继续增加时，转化率反而降低，这是因为温度过高导致油脂不饱和的脂肪酸和脂肪酸甲酯发生了氧化副反应。小桐子油中所含的脂肪酸亚油酸、油酸均是含有一个或多个双键的不饱和酸，其甲酯也是其相对应含有双键的不饱和脂肪酸甲酯，均在温度过高时性质不稳定，易氧化为其他物质，致使温度过高时其酯化转化率反而降低，因此，此酯化反应温度不易过高，控制在280～300℃较好。

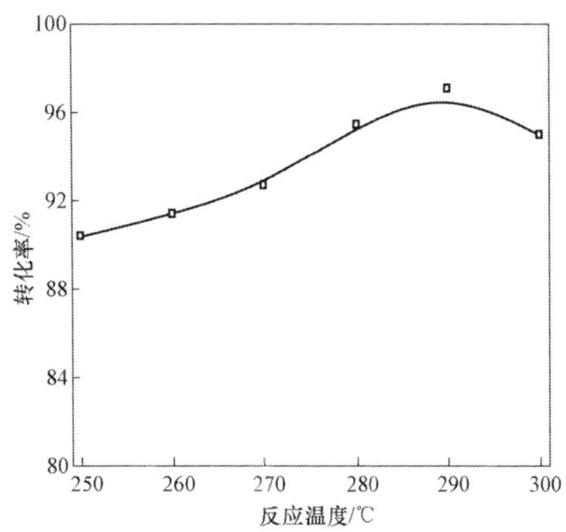

图3-39 反应温度对酯化反应转化率的影响

图3-40所示为相同反应时间为30min、相同酸醇体积比为1∶3，不同反应温度下小桐子油在超临界甲醇中酯化反应的色谱图。从图中可以看出反应温度为250℃和260℃的酯化反应很不完全，反应物中的脂肪酸还有很多没有反应，因此可知两温度下的酯化反应转化率较低。反应温度较高的酯化反应较完全，反应物在色谱图上的含量也较低，尤其反应温度为300℃的酯化反应，原料中的脂肪酸几乎反应完全，其酯化转化率也较高。同时可以看出亚油酸甲酯和油酸甲酯在温度较高被氧化为其他物质，尤其含有两个双键的亚油酸甲酯表现更为明显。小桐子油含有的脂肪酸主要是油酸和亚油酸，这两种脂肪酸含量达到80%以上，所以生成

的脂肪酸甲酯相对来说性质不稳定，尤其在较高温度是已发生氧化反应，生成其他物质，因此，酯化反应温度不易过高。

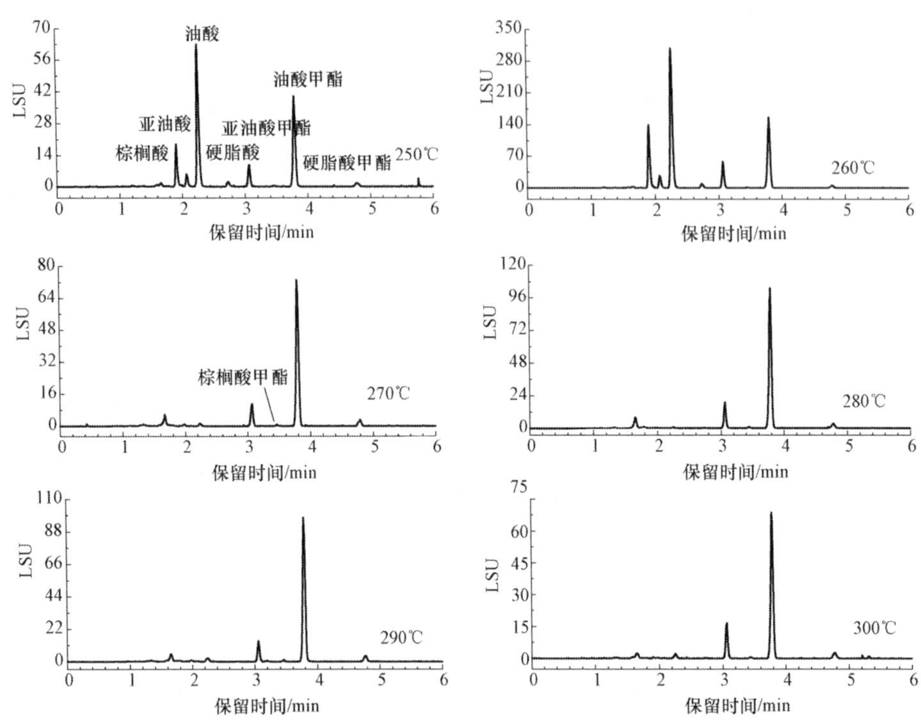

图 3-40 相同反应时间和酸醇体积比下不同反应温度的酯化产物色谱图

2. 脂肪酸与甲醇体积比对酯化转化率的影响

图 3-41 所示为反应温度为 290℃，反应时间为 30min 时，脂肪酸与甲醇不同体积比对酯化转化率的影响。由图可知，反应酯化转化率随着脂肪酸与甲醇体积比的减小而增大，这是因为此酯化反应是可逆反应，减小比例就是增大反应物甲醇的浓度，使其过量，可以促使可逆反应向反应正方向进行，使其酯化转化率增大。但随着脂肪酸与甲醇体积比的减小其酯化转化率并不一直增大，达到一定比例后再减小其转化率反而也有减小的趋势，当脂肪酸与甲醇体积比为 1∶2 时，酯化反应转化率最高，甲醇的量继续增加时，转化率基本保持不变，还有减小的趋势。这是因为此酯化反应脂肪酸和甲醇的理论摩尔比是 1∶1，由于该反应是可逆反应，在实际反应过程中，为了使反应向酯化正方向进行，甲醇必须过量。减小脂肪酸与甲醇体积比，实际上增大了甲醇的浓度，理论上应该增大反应速度，转化率也相应增大，但当脂肪酸与甲醇体积比为 1∶2 时，对应的脂肪酸和甲醇的摩尔比为 1∶24，甲醇已大大过量，再增加甲醇的量，对酯化反应转化

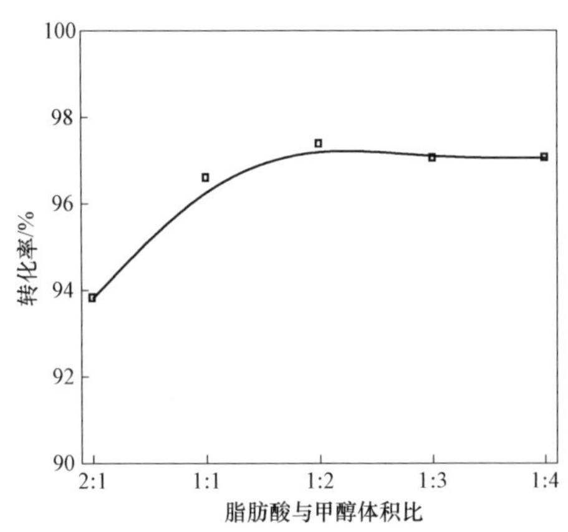

图 3-41 脂肪酸与甲醇体积比对酯化反应转化率的影响

率的影响并不是很明显。反而使快速反应生成的含有一个或多个不饱和双键的脂肪酸甲酯氧化生成其他物质，造成酯化转化率降低。因此，脂肪酸与甲醇的体积比控制在1∶2左右较好。

图3-42给出了反应温度290℃、反应时间30min，不同酸醇体积比下小桐子油脂肪酸在超临界甲醇中酯化反应产物的色谱图。从图中可以看出反应物脂肪酸的含量均已不多，说明在此反应温度和反应时间下大部分小桐子油脂肪酸均已进行了反应。从图中可以看出，亚油酸甲酯的含量在酸醇比1∶3、1∶4的酯化反应里很低，这是因为在此酸醇体积比下，甲醇大大过量，其浓度被大大增加，促使了可逆反应向正方向进行，增大了反应速度，使此酯化反应的初始速度加快，快速地生成含有两个双键的不饱和的亚油酸甲酯，其性质不稳定，在同样的反应时间里，其被氧化生成其他物质的时间得到增大，被氧化成其他物质的亚油酸甲酯也增多，使酯化产物里亚油酸甲酯的含量降低，导致酯化转化率降低，因此1∶3、1∶4的酯化反应色谱图中亚油酸甲酯的含量较低。这也是酸醇体积比较小时其酯化转化率降低的原因。故此酯化反应的脂肪酸与甲醇的体积比不易太小，故其体积比值应为1∶2最佳。

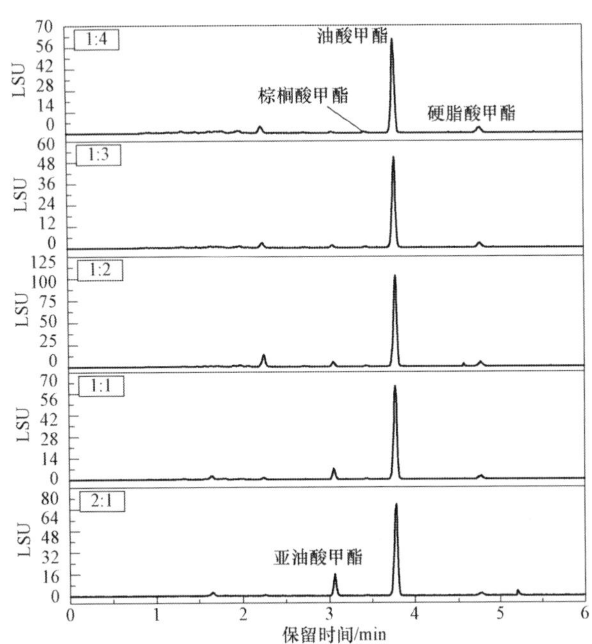

图3-42 相同反应温度和反应时间下不同酸醇体积比酯化产物色谱图

3. 反应时间对酯化转化率的影响

图3-43所示是不同反应温度，脂肪酸与甲醇体积比为1∶3时，不同反应时间对酯化转化率的影响。由图可知，随着反应时间的延长，初始阶段其酯化转化率随之增大，尤其反应温度较低时表现更为明显。但反应时间延长到20min时酯化转化率基本均已基本达到最大值，只有反应温度较低的酯化反应其酯化转化率还有增长的趋势。其他反应温度下随着反应时间的延长，酯化转化率并不随之增大反而有减小的趋势，这是因为在反应温度较低时、需要反应时间较长，在20min时还没有达到完全

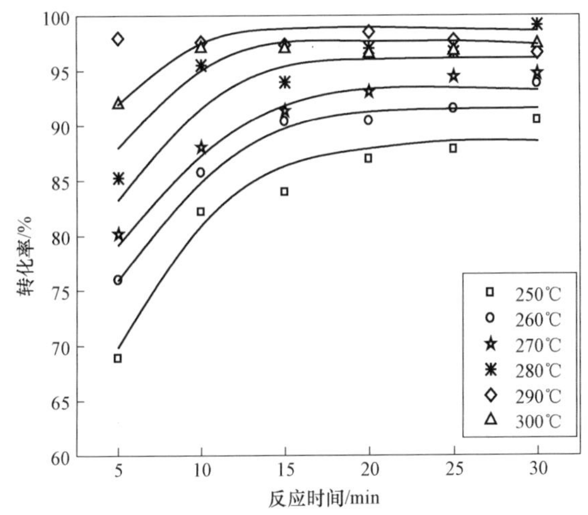

图3-43 反应时间对酯化反应转化率的影响

反应。而在反应温度较高时，需要的反应时间较短，在 20min 时基本上均已达到完全反应，随着反应时间的延长，反而使含有双键的不饱和脂肪酸甲酯发生氧化等副反应，生成其他物质，导致生成产物里的脂肪酸甲酯含量降低，从而使酯化转化率降低。因此，此酯化反应时间不易过长，应控制在 20min 左右较好。

图 3 - 44 给出了反应温度为 270℃、酸醇体积比为 1：3，不同反应时间下小桐子油脂肪酸在超临界甲醇中酯化反应产物的色谱图。从图中可以明显看出反应时间较短时，原料脂肪酸的含量还很大，说明酯化反应进行的不够完全，随着反应时间的延长，脂肪酸的含量越来越少，说明酯化反应进行的越来越完全。当反应时间达到 25min 和 30min 的酯化反应，其中的脂肪酸含量已变得很小，说明酯化反应进行的较为彻底。因为此酯化反应是可逆反应，反应进行再完全，反应物也不可能完全转化为脂肪酸甲酯，所以酯化反应进行很完全的反应产物里也会含有反应物脂肪酸。

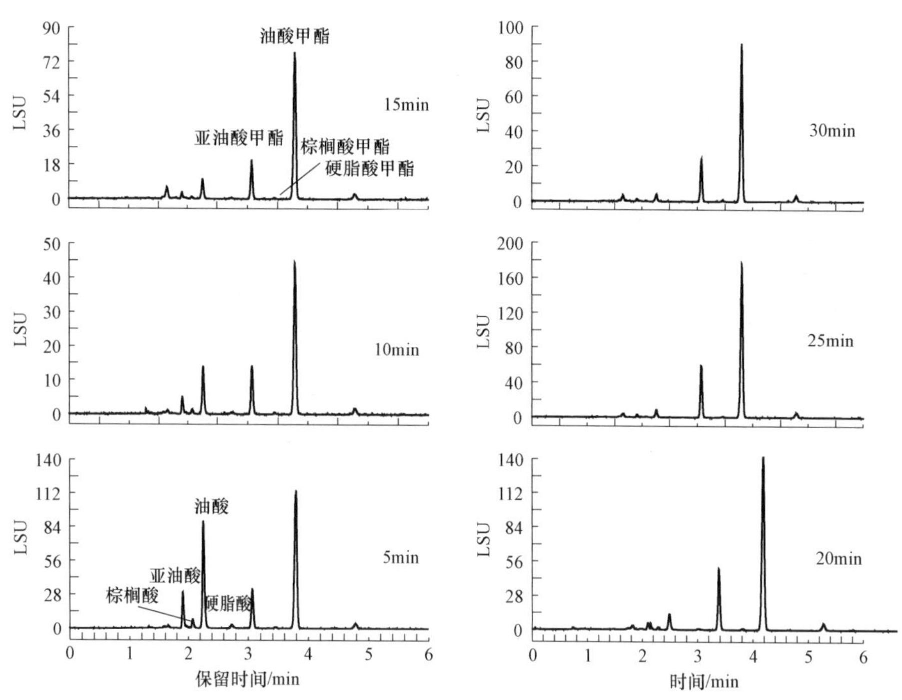

图 3 - 44　相同反应温度和醇酸体积比下不同反应时间的酯化产物色谱图

4. 第一步水解反应转化率对酯化转化率的影响

小桐子油脂肪酸是由第一步水解反应产生的，且水解反应是可逆反应，因此小桐子油脂肪酸里会含有未反应的小桐子油，小桐子油在超临界甲醇中会发生酯交换反应，生成脂肪酸甲酯和甘油，虽脂肪酸甲酯是所制备的生物柴油，但甘油是所不希望生成的，因为会影响生物柴油的质量。因此小桐子油的含量会影响酯化反应的转化率，同时也会影响生物柴油的质量。含有小桐子油的多少是由亚临界水解反应转化率的大小决定的，因此进行超临界酯化反应时，必须考虑水解反应转化率对酯化反应转化率的影响。

研究水解反应转化率对酯化反应的影响的方法是采用小桐子油全水解得到脂肪酸，测出酸值，再用小桐子油和脂肪酸混合，使脂肪酸的含量达到一定比例，视此比例为水解反应的转化率，测出其混合物的酸值，此酸值视为在一定水解转化率下得到的脂肪酸酸值。用此配好的脂肪酸和甲醇按体积比1∶2取量，在反应温度290℃，反应时间30min条件下进行酯化反应，反应产物静置一段时间，吸取上层未反应的甲醇，加入适量石油醚，使产物完全溶解在石油醚中，用温蒸馏水进行多次洗涤，产物放进真空恒温干燥箱干燥数小时，得到纯净干燥的产物样品，测试出其酸值，酯化转化率的计算式为

$$\mathrm{FRC}=\frac{C_z-C_h}{C_z}\times 100\% \tag{3-25}$$

式中：C_z 为小桐子油与全水解的脂肪酸混合物的初始酸值，mgKOH/g 油；C_h 为酯化反应后得到反应产物的酸值，mgKOH/g 油。

图3-45所示为第一步水解转化率对第二步酯化反应转化率的影响曲线。由图中曲线可知，酯化反应的转化率随着水解转化率的增大而增大，水解转化率较低时，酯化转化率增幅较大，但随着水解转化率的增大，其酯化转化率的增幅变小，趋于平缓，这说明水解转化率较大时，对酯化反应转化率的影响不是很大。因为酯化反应是可逆反应，生成产物是脂肪酸甲酯和水，小桐子油在超临界甲醇中也能和甲醇发生酯交换反应，生成脂肪酸甲酯和甘油，生成物中脂肪酸甲酯含量变大，影响脂肪酸与甲醇酯化反应速率，阻止酯化反应向正方向进行，产物中脂肪酸的含量就会相对变大，测试出产物样品的酸值也会变大，导致酯化反应转化率降低。水解转化率较大时，小桐子油含量较低，其生成的脂肪酸甲酯量很少，对酯化反应速度影响不是很大，相应地对酯化率影响也较小。由于亚临界水解反应转化率一般均较大，所以在超临界酯化反应中不用刻意地注意水解转化率对其反应的影响。

5. 其他因素对酯化转化率的影响

小桐子油脂肪酸所含水分会对酯化反应有一定的影响，因为水是酯化反应的生成物，酯化反应是可逆反应，所以脂肪酸所含水分的大小也就决定反应初始阶段生成物水的浓度大小，浓度大会抑制反应向正方向进行。脂肪酸是由第一步的水解反应生成的，脂肪酸里的水分有可能很大，所以脂肪酸所含水分对酯化反应转化率具有一定的影响。因此，第一步水解反应生成的脂肪酸需要进行干燥，使脂肪酸的含水量降低，以免较大地影响酯化反应速度。因为水是生成物之一，生成物又需水来洗涤，因此，所含水分的大小对生成生物柴油的质量没有影响，只是影响反应速度的快慢。

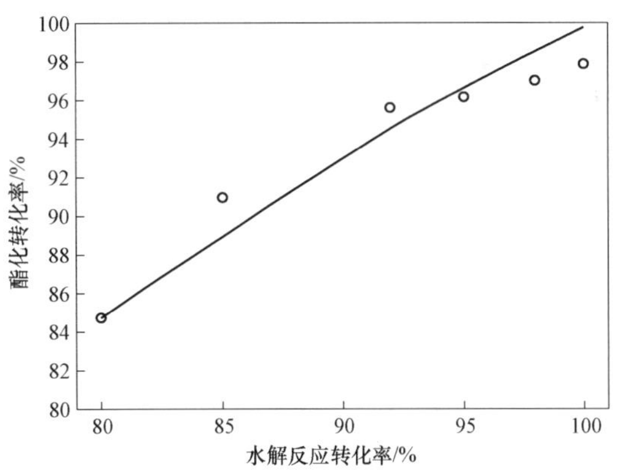

图3-45　第一步水解转化率对第二步酯化转化率的影响

小桐子油脂肪酸所含甘油含量会对酯化反应产生一定的影响，由于第一步水解反应生成物之一就是甘油，通过热蒸馏水多次洗涤，目的就是洗去甘油，经过多次洗涤后脂肪酸里的甘油含量已经很低，甚至可以完全洗去，所以脂肪酸的甘油含量对酯化反应理论上影响不大。但如果洗涤不彻底，甘油含量较大，就会对酯化反应造成影响，甘油含量过高时，就会相对地使酯化反应物浓度降低，影响酯化反应速率，而且还会使生物柴油样品的

成分变得复杂，处理样品过程变得复杂，进而影响生物柴油的质量。因此，第一步水解反应制备的脂肪酸必须经过多次洗涤，尽可能地除去甘油，使甘油含量降到最低，甚至完全除去，这样才可以不影响第二步的酯化反应。

3.3.2 橡胶籽油超临界酯化反应

1. 反应温度与时间的影响

提高反应温度能加快反应速率，提高转化率。采用甲醇和脂肪酸体积比为 3 ∶ 1（摩尔比 23 ∶ 1），在温度 250～300℃、反应时间 5～60min 范围内进行试验，如图 3 - 46 所示。

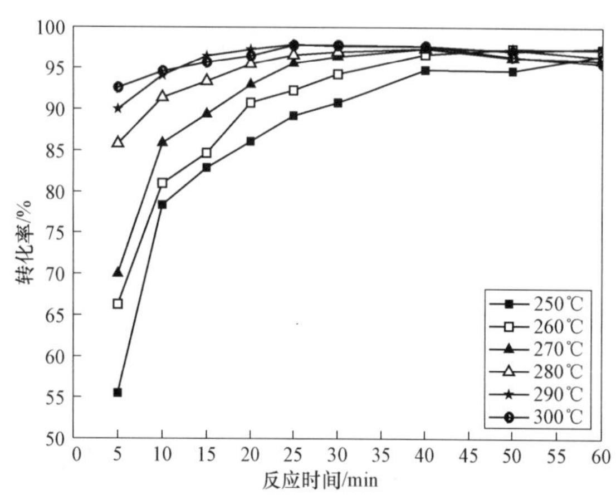

图 3 - 46 温度与反应时间对酯化率的影响

由图可知，在较低温度下，脂肪酸的反应速率和转化率都比较低，当温度较高时，油脂转化率趋于一致，但反应速率不同。250℃和 20min 反应条件下，84.2%的脂肪酸转化为脂肪酸甲酯。温度的升高使反应速率加快，转化率由此而增加并缓慢地趋于平衡。反应 30min 后，280℃和 290℃时转化率相近，分别有 96.8%和 97.0%脂肪酸转化为脂肪酸甲酯。在较高的温度下（如 290℃或 300℃），反应超过 40min 后，转化率出现下降趋势，这可能与不饱和脂肪酸甲酯在高温下稳定性较差有关。

2. 醇酸配比的影响

根据反应动力学原理，增加甲醇的质量分数有利于反应向正方向进行，提高酯化产率。通过改变甲醇和脂肪酸摩尔比来考察其对酯化产率的影响，试验中反应温度维持为 280℃，结果如图 3 - 47 所示。当醇酸摩尔比为 8 ∶ 1（体积比 1 ∶ 1）时，反应 30min 后酯化产率有 94.4%；当醇酸摩尔比增加到 15 ∶ 1 时，反应 30min 后酯化产率可达到 97.2%以上；再继续增加醇酸摩尔比，酯化率变化不明显。

3. 压力的影响

反应压力通常同时与反应温度和醇酸总体积有关，其对酯化反应转化率的影响通常不如温度和醇酸配比这两个因素明显。本试验研究了 280℃时于不同压力下反应 30min 后的转化率，如图 3 - 48 所示。试验中压力的改变是通过改变甲醇与脂肪酸的总体积实现的，而脂肪酸和甲醇的体积比维持 1 ∶ 2 不变。由图 3 - 50 可知，当压力由 1.4MPa 升高到 8.8MPa（甲醇临界压力 8.09MPa），酯化率由 93.2%提高到 97.8%，但继续升高压力转化率不再提

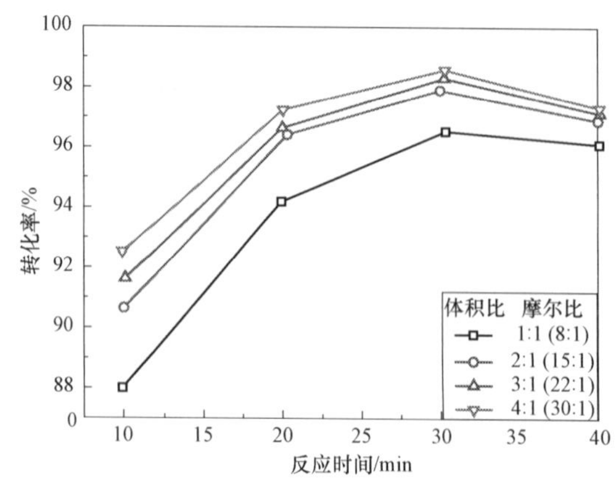

图 3 - 47 醇酸体积比对酯化率的影响

高。表明在一定压力范围内，随着压力的升高，酯化率会提高，但过高的压力并不会对酯化反应起促进作用。

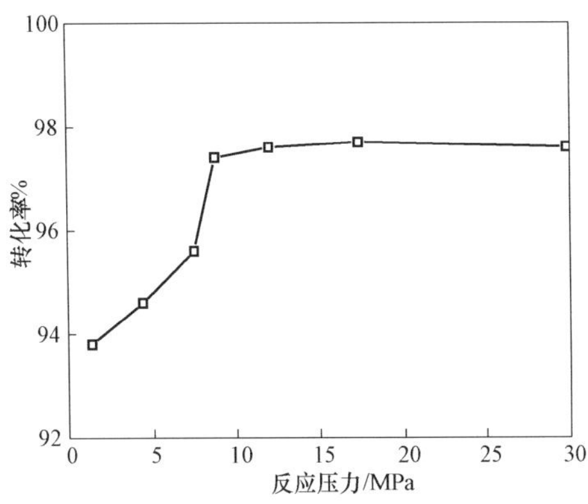

图 3-48 反应压力对酯化率的影响

4. 与油脂超临界甲醇酯交换反应比较

据文献报道甘油三酸酯在超临界甲醇中要达到理想的转化率需要 350～400℃的高温和 45～65MPa 的高压以及醇油摩尔比在 42∶1 以上，而超临界酯化反应与甘油三酸酯在超临界甲醇酯交换反应相比，获得一定的反应转化率，脂肪酸在超临界甲醇中的反应条件要缓和许多。除了对温度和压力的要求明显降低外，醇油摩尔比也可显著降低。

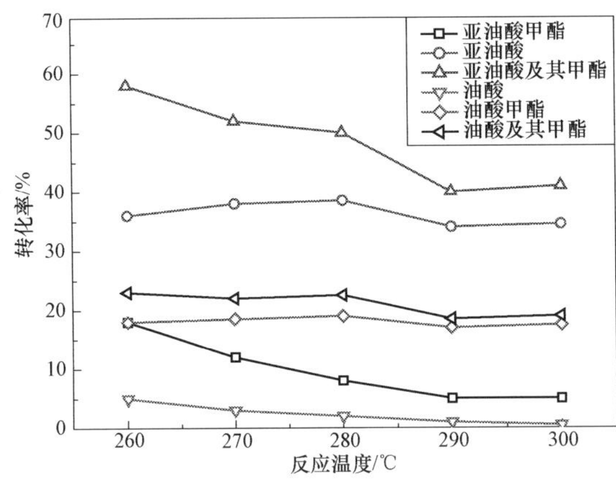

图 3-49 反应温度对脂肪酸甲酯的影响

3.3.3 棉籽油超临界酯化反应

1. 反应温度对生物柴油中亚油酸甲酯和油酸甲酯的影响

在脂肪酸与甲醇体积比 1∶3，反应时间 20min 条件下，研究反应温度对超临界法制备的生物柴油中不同脂肪酸甲酯含量的影响，结果见图 3-49。由图可见，产物脂肪酸甲酯的含量并不是随着反应温度增加而升高。当温度超过 280℃后产物中亚油酸甲酯与油酸甲酯的含量开始呈下降的趋势。

2. 反应时间对生物柴油中亚油酸甲酯和油酸甲酯的影响

在脂肪酸与甲醇体积比 1∶3，反应温度 270℃条件下，研究反应时间对超临界法制备的生物柴油中不同脂肪酸甲酯含量的影响，结果见图 3-50。由图可见，棉籽油脂肪酸在超临界甲醇中，并不是随着反应时间的延长其脂肪酸甲酯的含量越高，产物中油酸甲酯与亚油酸甲酯的含量均在反应 15min 之前随时间延长而升高，在 15min 后呈降低趋势。

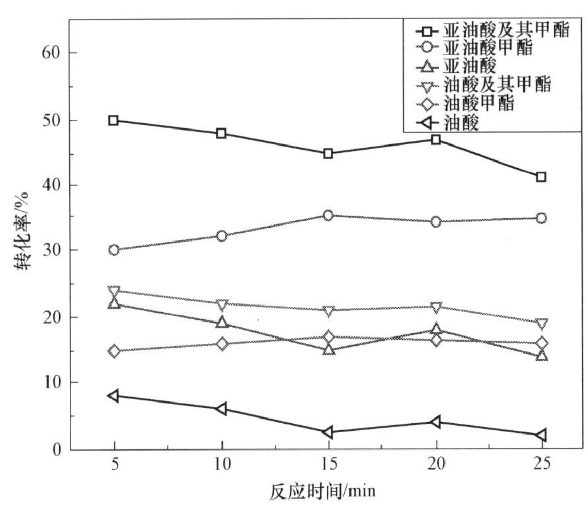

图 3-50 反应时间对脂肪酸甲酯的影响

3. 脂肪酸与甲醇体积比对生物柴油中亚油酸甲酯和油酸甲酯的影响

在反应温度 290℃，反应时间 30min 时，考察了超临界甲醇法制备生物柴油过程中脂肪酸与甲醇体积比

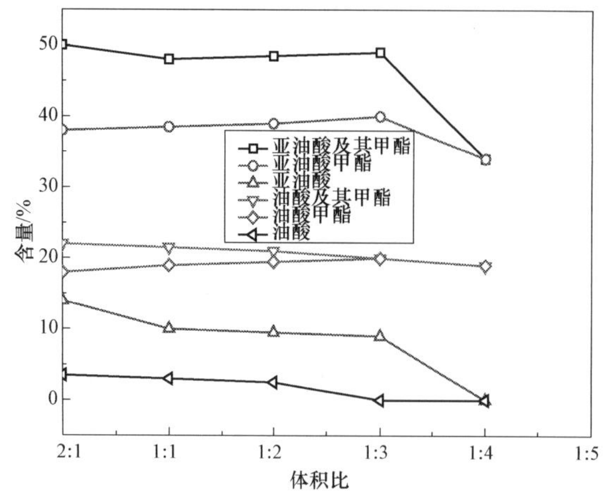

图 3-51 体积比对生物柴油中亚油酸甲酯和油酸甲酯的影响

对生物柴油中不同脂肪酸甲酯含量的影响，结果见图 3-51。由图可见，棉籽油脂肪酸在超临界甲醇中，并不是随着甲醇用量的增大产物中脂肪酸甲酯的含量越高。在脂肪酸与甲醇体积比小于 1∶3 时，随脂肪酸与甲醇体积比的增大，产物中亚油酸甲酯和油酸甲酯含量增加；当脂肪酸与甲醇体积比超过 1∶3 后，亚油酸甲酯和油酸甲酯含量呈下降趋势。

3.3.4 菜籽油超临界酯化反应

1. 反应温度对超临界酯化反应的影响

温度是影响超临界酯化反应的重要因素之一，采用单一因素分析方法，醇酸体积比为 4∶1（摩尔比为：8∶1），对 260～300℃范围内温度变化对试验的影响进行了分析。试验结果的分析分别用酸值测定法和色谱分析法进行分析。图 3-52 表示酸值分析法的结果。

图 3-52 所示为不同反应温度下，超临界酯化反应转化率于温度曲线的关系。研究了从 260℃到 300℃（以 10℃递增）五个温度下的游离的脂肪酸和甲醇进行酯化反应情况，从图中可以得到，反应到达平衡时，酯化反应的转化率随着反应温度的升高无明显的变化，这说明温度作为一个影响反应速率的因素，对酯化反应所起作用不明显，酯化反应非常容易进行，反应时间到 20min 以后，转化率就可以达到 94%以上。因此，从酸值表示的转换率与反应时间的关系图中得到，反应温度对反应转化率快慢的影响，当反应时间为 10min 时，反应温度从 260℃升至 270℃时，转化率的升幅比较大，此后，随着温度的升高，转化率也在升高，但显然没有前面的明显。当反应温度从 270℃升至 300℃时，随着反应时间的延长，转化率并无明显的变化，甚至有轻微的下降的趋势。说明在这个温度区域内是反应的稳定区域。当反应温度达到 260℃时，反应 40min 时转化率最高可达到 98%以上。

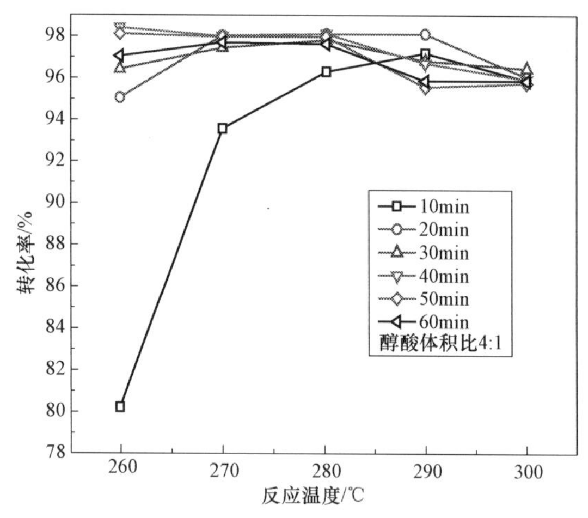

图 3-52 反应温度对超临界酯化反应转化率的影响（酸值表示）

将反应产物采用超高效液相色谱分析，可计算出产物中脂肪酸甲酯的质量相对含量，就可以相应的计算出转化率。图 3-53 所示为对应的转化率。

由于游离脂肪酸和甲醇反应产物中油酸甲酯含量最高，因此以油酸甲酯为研究对象计算转化率，从本图中可以更为准确地判断出酯化反应温度对转化率的影响，随着反应温度的提高，不同反应时间下油酸甲酯的产率总体上呈明显的降低的趋势，说明温度的升高的同时，油酸甲酯有分解现象的发生。

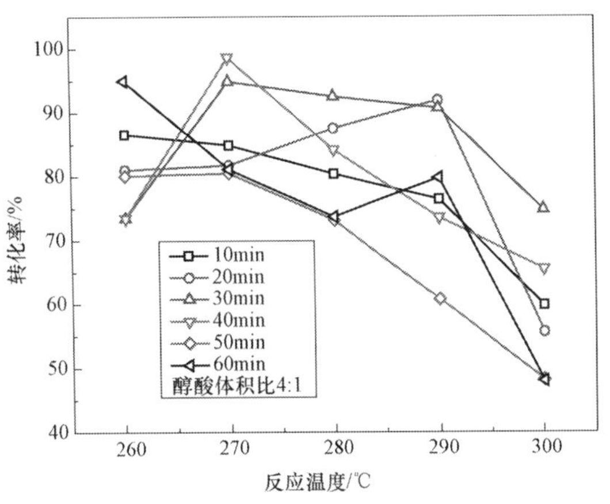

图3-53 反应温度对超临界酯化反应转化率的影响（色谱分析——油酸甲酯表示）

2. 反应时间对超临界酯化反应的影响

反应时间是另外一个影响酯化反应的重要因素，采用单一因素分析方法，对10～60min范围内时间变化对实验的影响进行了分析。实验结果的分析分别用酸值测定法和色谱分析法进行分析。图3-54所示为酸值分析法的结果。

图3-54所示为不同反应时间下，酯化反应转化率于时间曲线的关系。研究了10～60min（以10min为一个梯度范围）六个时间段下的原料油水解情况，从图中可以得到，反应到达平衡时，水解反应的转化率随着反应时间的延长没用明显的提高，虽然反应时间作为另外一个影响转化率的重要因素，但对酯化反应来讲，由于到达平衡的时间非常短，因此反应时间的延长，并不能意味着转化率的升高，因此，从酸值表示的转换率与反应时间的关系图中得到，当反应时间为40min、260℃时，转化率最高可达到98%。

将反应产物采用超高效液相色谱分析，可计算出产物中脂肪酸甲酯的质量相对含量，从而可以相应的计算出油酸对于油酸甲酯转化率。图3-55所示为对应的转化率。

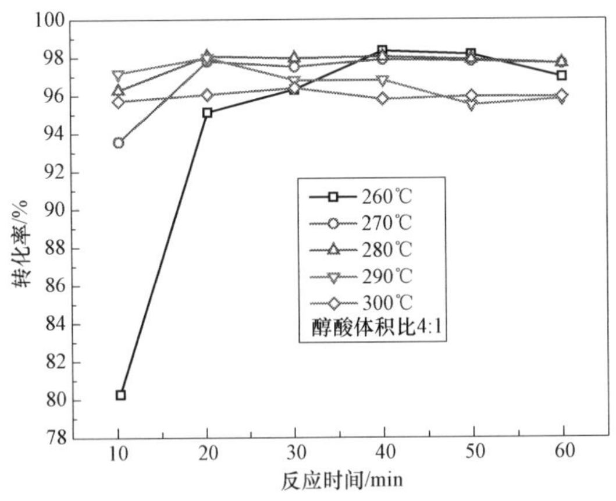

图3-54 反应时间对酯化反应转化率的影响（酸值表示）

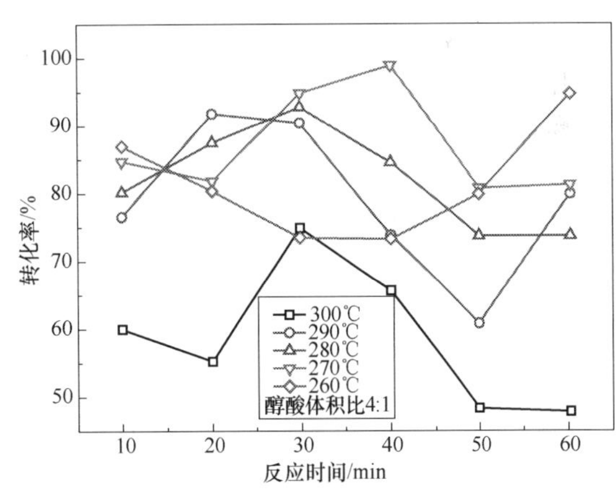

图3-55 反应时间对酯化反应转化率的影响（色谱分析——油酸甲酯表示）

从上图中看出采用油酸甲酯计算的转化率随时间变化的情况，随着反应时间的延长，反应的转化率都呈现出先升高再降低的趋势，其中260℃除外。在260℃的条件下，反应在短时间内到达平衡后，开始有部分逆反应发生，随着时间的延长，反应又开始向正方向进行，并且随着量的积累，油酸甲酯的含量有所提高。在270℃时，也有类似的情况发生，只不过量的积累更明显，当反应时间到了40min以后，油酸甲酯的含量有较大降低，说明此时油酸甲酯开始分解。在280℃和290℃时，油酸甲酯含量呈先升后降的趋势，而且下降开始的反应时间较低温时有所提前，说明温度升高后，反应到达最佳状态的时间减少。在 300℃时，随着反应时间的延长，也呈先升后降的趋势，不过其对应的油酸甲酯的含量较前几个温度有明显降低，说明在此温度下，油酸甲酯的分解程度比较大。已经不适合作为酯化反应的条件。此外，由于酯化反应到达平衡所需要的时间非常短，所以还要对更短时间段（10min 内）的酯化反应转化率的研究分析。

3. 反应压力对超临界酯化反应的影响

反应压力也是一个影响酯化反应的重要因素，采用单一因素分析方法，对 10～50MPa 范围内压力变化对实验的影响进行了分析。实验结果的分析分别用酸值测定法和色谱分析法进行分析。图 3－56 所示为不同反应时间下，酯化反应转化率于压力曲线的关系（酸值分析法）。

图 3－56 研究了 10～60min（以 10min 为一个梯度范围）六个时间段下的超临界酯化反应的情况，从图中可以得到，反应到达平衡时，酯化反应的转化率随着反应压力的延长无明显的提高，这说明，当压力到达一定程度后，单纯的增加反应压力对反应并无明显的促进作用。甚至随着压力增加到一定程度，油酸甲酯还有分解的情况发生。因此从此图中可以得到，当反应压力为 15MPa，反应时间为 40min 时，转化率最高可达到 98％以上。

将反应产物采用超高效液相色谱分析，可计算出产物中脂肪酸甲酯的质量相对含量，就可以相应的计算出转化率。图 3－57 为对应的转化率。

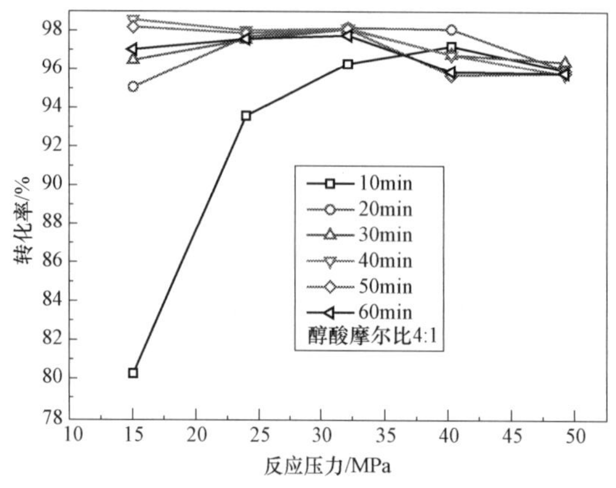

图 3－56 反应压力对酯化反应转化率的影响（酸值表示）

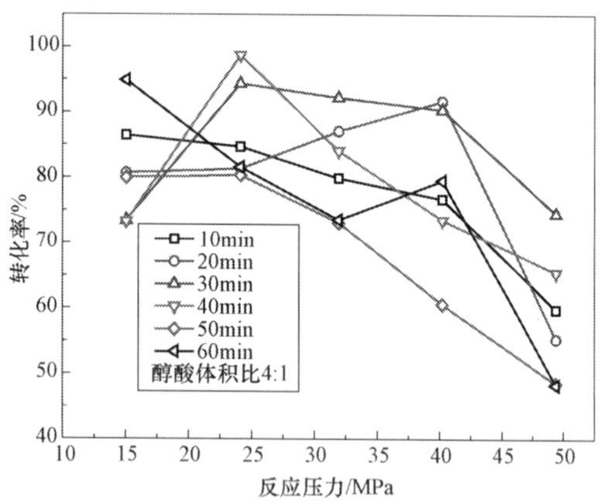

图 3－57 反应压力对酯化反应转化率的影响（色谱分析——油酸甲酯表示）

从图 3－57 中可以得到更清晰地看出反应压力对酯化反应转化率的影响，随着压力的升高，酯化反应的转化率总体上来讲都呈下降的趋势，除 10min 条件下，转化率是一直降低外，其他各个温度下，都有起伏。其中，当反应压力为 24MPa，反应时间为 40min 时，转化率最高可达到 98％以上。

4. 反应物摩尔比对超临界酯化反应的影响

超临界酯化反应为可逆反应，可以采用过量的甲醇来推动反应平衡向正反应方向移动，从而提高酯化反应转化率。但是，虽然甲醇的浓度的增加会对正反应起促进作用，但是并不是甲醇过量就一定会对正反应起促进作用，而且会导致成本的增加。所以，需要确定最佳的醇酸摩尔比。通过对实验产品的酸值分析，按照产品中酸值的大小来分析反应物摩尔比对水解反应的影响。

从图 3 - 58 中可以看出，随着摩尔配比的变化，这酯化反应的转化率由明显的变化趋势，随着甲醇浓度的增大，转化率呈明显的上升趋势，但醇酸体积比为 2 ∶ 1 时转化率趋于稳定，此后继续增加甲醇的浓度，转化率无太大的变化，因此，可以确定合适的醇酸体积比为 2 ∶ 1，摩尔比为 24 ∶ 1。

将反应产物采用超高效液相色谱分析，可计算出产物中脂肪酸甲酯的质量相对含量，就可以相应的计算出转化率。图 3 - 59 所示为对应的转化率。

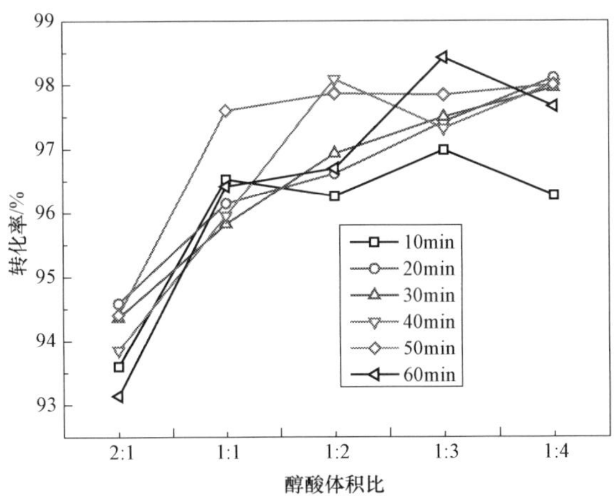

图 3 - 58　摩尔配比对酯化反应转化率的影响
（酸值表示）

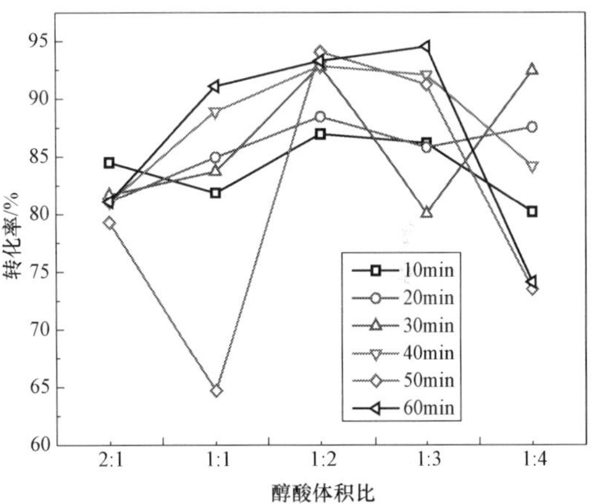

图 3 - 59　摩尔配比对酯化反应转化率的影响
（色谱分析——脂肪酸甲酯表示）

采用脂肪酸甲酯含量表示的转化率同酸值表示的转化率在数值上有所不同外，都反应出了相同的趋势，就是随着甲醇的浓度的提高，转化率有明显上升趋势，而且相对变化较明显的是将酸和醇体积比例从 1 ∶ 3 调整到 1 ∶ 4 后，转化率下降的趋势比较明显。虽然 20min 和 30min 时转化率是增加的，但和 1 ∶ 2 的相比还是有所下降。因此，最佳的醇酸摩尔比例为 4 ∶ 1。

3.4　反应动力学的研究与探讨

掌握生物柴油制备过程中的动力学理论，在指导生物柴油生产、制定生物柴油能源战略等方面具有十分重要的指导意义。在传统的动力学研究中，科研人员研究较多的是确定性系统所具有的现象和规律。但在实际科研问题中，大多数的系统例如生物柴油的生产过程等实际上是属于随机过程，受到随机噪声的扰动是不可避免的。确定性系统模型可以看做实际系统的理想化，因此，研究化学反应中各种过程，采用随机系统进行更为本质和真实。本章主要以化学反应的随机动力学的知识为基础，对应给出化学反应随机动力学的数学模型，以及对应的两种等价描述：化学反应主方程和随机微分方程表示；由于亚临界态及超临界态均非属于正常状态下反应条件，且反应过程归于随机系统，因此在此条件下进行的反应动力学研究需要采用新的方法进行探讨。

3.4.1 动力系统研究进展概况

1. 确定动力系统

动力系统的研究起源于十九世纪的 H. Poincar 和 A. M. Lyapunov 对力学系统稳定性的研究。动力系统在 21 世纪中期形成了基本的理论框架，并在以后几十年里取得了巨大的进展。线性动力系统的研究比较简单，可以看作是线性代数的问题，而非线性动力系统却异常的复杂，目前仍然不是能够很好地处理此类问题。有限维状态空间动力系统与无穷维空间动力系统是动力系统的两种类型。前者的一些理论发展相对完善，其中包括稳定性理论、正规型理论、遍历理论等。从无穷维系统重点研究问题，是通过发展新的偏微分方程来对系统解的存在性、稳定性及其正则性，还有全局吸引子的存在性及其几何拓扑结构进行描述。从动力系统的角度，全局吸引子的存在性及几何拓扑结构更被关注。由于空间维数的无限性以及紧性的缺乏，问题变得困难，但近十几年来在吸引子，不变流形，不变叶层，惯性流形等方面取得了很大的成果。在无穷维动力系统的研究方面，目前是十分活跃的，有着广泛的实际应用背景，如气象科学、流体学，生命学等。文献对各类发展方程的全局吸引子的存在性，维数的估计以及惯性流形做了系统的介绍。

2. 反应动力学基本理论及模型

反应动力学是研究各种物理、化学因素（如温度、压力、浓度、反应体系中的介质、催化剂、流场和温度场分布、停留时间分布等）对反应速率的影响以及相应的反应机理和数学表达式等的化学反应工程的分支学科，是研究化学反应速度以及影响反应速度的条件，了解物质结构与反应能力之间的关系，进而有效地控制化学反应。绝大多数化学反应并不是按化学计量式一步完成的，而是由多个具有一定程序的基元反应（一种或几种反应组分经过一步直接转化为其他反应组分的反应，或称简单反应）所构成，反应进行的这种实际历程称反应机理。化学动力学参数是探讨反应机理的有效数据。

化学动力学的研究方法主要有以下几个：

(1) 唯象动力学研究方法，也称经典化学动力学研究方法，是从化学动力学的原始实验数据一浓度 c 与时间 t 的关系出发，经过分析获得某些反应动力学参数 - 反应速率常数 k、活化能 Ea、指前因子 A。用这些参数可以表征反应体系的速率特征。

(2) 分子反应动力学研究方法，从微观的分子水平来看，一个元化学反应是具有一定量子态的反应物分子间的互相碰撞，进行原子重排，产生一定量子态的产物分子以至互相分离的单次反应碰撞行为。用过渡态理论解释，是在反应体系的超势能面上一个代表体系的质点越过反应势垒的一次行为。原则上，如果能从量子化学理论计算出反应体系的正确的势能面，并应用力学定律计算具有代表性的点在其上的运动轨迹，就能计算反应速率和化学动力学的参数。但是，除了少数很简单的化学反应以外，量子化学的计算至今还不能得到反应体系的可靠的完整的势能面。因此，现行的反应速率理论（如双分子反应碰撞理论、过渡态理论）仍不得不借用经典统计力学的处理方法。这样的处理必须作出某种形式的平衡假设，因而使这些速率理论不适用于非常快的反应。尽管对平衡假设的适用性研究已经很多，但完全用非平衡态理论处理反应速率问题尚不成熟。

(3) 网络动力学研究方法是对包括几十个甚至上百个基元反应步骤的重要化工反应过程（如烃类热裂解）进行计算机模拟和优化，以便进行反应器最佳设计的研究方法。

3. 常见的反应动力学模型

按化学反应的不同特点和不同的应用要求，常用的动力学模型有：基元反应模型、分子反应模型和经验模型。

（1）基元反应模型

一个复杂反应由若干个基元反应组成，按照拟定的机理写出反应速率方程，然后通过实验来检验拟定的动力学模型，估计模型参数。这样得到的动力学模型称为基元反应模型。

1）分子反应模型。根据有关反应系统的化学知识，假定若干分子反应，写出其化学计量方程式。所假设的反应必须足以反映反应系统的主要特征，然后按标准形式（幂函数型或双曲线型）写出每个反应的速率方程。再根据等温（或不等温）动力学实验的数据估计模型参数。这种方法已被成功地用于某些比较复杂的反应过程，例如乙烷、丙烷等烃类裂解。

2）经验模型。从实用角度出发，不涉及反应机理，以较简单的数学方程式对实验数据进行拟合，通常用幂函数式表示。对于有成千上万种组分参加的复杂反应过程（如石油炼制中的催化裂化），建立反应动力学描述每种组分在反应过程中的变化的分子反应模型是不可能的。近年来发展了集总动力学方法，将反应系统中的所有组分归并成数目有限的集总组分，然后建立集总组分的动力学模型。集总动力学模型已成功地用于催化裂化、催化重整、加氢裂化等石油炼制过程。

（2）反应速率方程

化学反应速度除受反应物的性质影响外，还受许多外因如浓度、温度、催化剂、电磁场等影响。在其他因素恒定，只反映浓度对反应速率 r 影响的代数式称为化学反应速度方程，即

$$r = f(c_1, c_2, c_3, \cdots, c_B, \cdots) \tag{3-26}$$

此方程的解析式即具体的函数关系，必须由动力学实验结果确定，故称为经验速率方程。外界条件恒定下，反应速率通常是随时间推移减小的。存在即时与平均速率 $\overline{r}$。在速率方程中的 r 是即时速率而不是平均速率。又“即时速率”不能称“瞬时速率”。

化学反应速率方程是利用反应物浓度或分压计算化学反应的反应速率的方程。对于一个化学反应 $m\mathrm{A}+n\mathrm{B}\rightarrow\mathrm{C}$，化学反应速率方程（与复杂反应速率方程相比较）的一般形式为

$$r = -\frac{1}{m}\frac{\mathrm{d}[\mathrm{A}]}{\mathrm{d}t} = k[\mathrm{A}]^m[\mathrm{B}]^n \tag{3-27}$$

在这个方程中，表示一种给定的反应物的活度，单位通常为摩尔每升（mol/L），但在实际计算中有时也用浓度代替（若该反应物为气体，表示分压，单位为帕斯卡）。表示这一反应的速率常数，与温度、离子活度、光照、固体反应物的接触面积、反应活化能等因素有关，通常可通过阿累尼乌斯方程计算出来，也可通过实验测定。指数为反应级数，取决于反应历程。在基元反应中，反应级数等于化学计量数。但在非基元反应中，反应级数与化学计量数不一定相等。复杂反应速率方程可能以更复杂的形式出现，包括含多项式的分母。

上述速率方程的一般形式是速率方程的微分形式，可以从反应机理导出，而且能明显表示出浓度对反应速率的影响，便于进行理论分析。将积分便得到速率方程的积分形式，

即反应物/产物浓度与时间的函数关系式。

速率方程的确定主要有以下三种方式：

1）微分法：对$-\frac{d[A]}{dt}=k[A]^n$求对数，得到：$\ln\left\{-\frac{d[A]}{dt}\right\}=\ln k+n\ln[A]$，然后选定若干个不同初始浓度$[A]_0$，分别从$[A]-t$图上求出相应的斜率$\frac{d[A]_0}{dt}$，求出$\ln\left\{-\frac{d[A]_0}{dt}\right\}-\ln[A]_0$直线斜率，从而求出反应物A的反应级数。

2）尝试法/试差法：将某一化学反应的[A]和t分别代入级数反应的各种积分速率计算方程，观察哪一个最准确。

3）半衰期法：分别求得两个不同初始浓度下的反应半衰期，再根据总结半衰期通式，从而求出反应级数。

（3）阿累尼乌斯方程

温度T是影响r的极重要因素。与浓度不同在于，是通过改变k进而影响r的。因此，两者有本质区别。温度对r的影响引起许多化学家的关注。早在1862年，贝塞罗（Berthelot）就提出：$R=ATm$，A及m为经验常数。稍后（1884年）范特霍夫提示：在室温附近，温度升高10℃一般化学反应的速率大约增加2～4倍，即$K_{T+10}/K_T=v$，$v=2\sim4$。式中V为速率常数的温度系数，$v=(dk/dT)$。写成一般形式，即

$$K_{T+10n}/K_T=v^n \tag{3-28}$$

范特荷夫基于平衡常数与温度的关系，推导出更为准确的经验关系式，即

$$k=A\exp(-B/T) \tag{3-29}$$

阿伦尼乌斯（Arrhenius）在后续研究中通过实验与理论的论证，提出了A及B的物理意义，并写为

$$k=A\exp(-E_a/RT) \tag{3-30}$$

式（3-30）称为Arrhenius'Law，很少有人知道该式最早是由范特荷夫提出的。事过9年（1893年），范特荷夫的学生柯奇（Kooji D. M.）给予更为精确的公式，即

$$k=A'Tm\exp(-Eo/kT) \tag{3-31}$$

到1898年，范特霍夫总结了大量关于k与T的关系式，建立了更为广泛的经验公式：

$$k=ATm\exp(E_0-ar^2)/k_T \tag{3-32}$$

式中：a、r为与反应本性有关的常数。

其他经验方程皆为本方程特例，能用于所有的实验数据。但到1910年以后，人们通常采用阿氏公式。

1）Arrhenius定律的内容。根据范特荷夫等压方程，化学平衡常数K与T的关系为

$$d\ln k/dt=\Delta_r H/RT^2 \tag{3-33}$$

又因为$K=k_{正}/k_{逆}$，写为$K=k_1/k_{-1}$代入式（3-33），可得

$$d\ln(k_1/k_{-1})/dT=\frac{d\ln k_1-d\ln k_{-1}}{dT}=\frac{\Delta_r H}{RT} \tag{3-34}$$

范氏假定$\Delta_r H/RT$为两个能量因子E_1与E_{-1}之差，即

$$d\ln k_1/dT-d\ln k_{-1}/dT=E_1/RT^2-E_{-1}/RT^2 \tag{3-35}$$

$$d\ln k_1/dT=E_1/RT^2,d\ln k_{-1}/dT=E_{-1}/RT^2 \tag{3-36}$$

不考虑式中的角标，并予以积分，可得

$$\int \mathrm{d}\ln k = \int E/RT^2 . \mathrm{d}T \tag{3-37}$$

$$\ln k = -E/RT + C \tag{3-38}$$

可写为

$$k = A\exp(-Ea/RT) \tag{3-39}$$

方程指出，A 及 E_a 是与温度、浓度无关的常数，只由化学反应的本性决定。认为 E_a 是反应物分子中能够发生反应的分子所具有的最低能量称为活化能，相应的分子则为活化分子，称 A 为指前因子，揭示反应物分子碰撞在方向上影响因子。由此可见，A 与 k 同量纲。

阿氏公式有多种形式：

a. 指数式：$k=Ae^{-E_a/RT}$

b. 对数式：$\ln k=\ln A-E_a/RT$

c. 微分式：$\mathrm{d}\ln k/\mathrm{d}t=E_a/RT^2$

d. 定积分式：$\ln k_2/k_1=\frac{E_a}{R}\left(\frac{T_2-T_1}{T_1T_2}\right)$

Arrhenius 定律表明温度对反应速率影响程度取决于 E_a 的大小，E_a 的值越大。其 r 随 $\ln(k)$ 对 $1/T$ 作图，该直线的斜率（m）和截距（a）可求 E_a 及 A：$m=-E_a/k$，$a=\ln[A]$。由此求出的 E_a，称为经验（表现）活化能。

2）Arrhenius 定律适用范围如下：

a. Arrhenius 定律是对基元反应速率受温度控制的定量描述。复杂反应动力学使用该定律只是借用其形式来描述速率与温度的关系，但对式中的 E_a 及 A 则无明确的物理意义。

b. 由于 Arrhenius 定律是用速度系数代替反应速率，这就要求在使用该定律的温度及浓度范围内，反应速率方程式的形式不能改变。此处不必要求质量作用定律有效；因对复杂反应，质量作用定律已不适用，但仍有其速率方程。

c. 作为经验关系的 Arrhenius 定律，对 k 与 T 的关系描述并不十分精确。这是因为从理论上和精密的实验测定都表明 A 及 E_a 均与温度有关。所以在 Arrhenius 定律的指数式、对数式及定积分式都只适用于 $\ln(k)$ 与 $1/T$ 成直线的区域。然而该定律的微分式中 E_a 则不受此限制。是因前三式都假定在积分式的温度范围内，E_a 与 T 无关或 T 对 E_a 的影响可忽略。

3.4.2 亚临界水解反应动力学参数的确定

1. 反应级数、反应速率方程的确定

关于反应级数的确定方法：微分法、半衰期法、积分法、孤立法等，微分法容易增加数据之间的不确定性，在大多数情况下，积分法具有更大的优势，全部使用原始数据，不作任何人工处理，因而能保证结果的准确性，但积分法需要逐个尝试，计算量大，且对于非整数级反应容易漏掉。但随着计算机的广泛使用，一些软件可以取代所有的手工计算，可克服计算量大的缺点。现采用微分法对亚临界水解反应的反应级数进行确定。

以小桐子油水解反应为例

$$r_A = kC_A^{\alpha}C_B^{\beta} \tag{3-40}$$

由于反应中水的过量，所以 kc_B^{β} 为常数，则方程转化为

$$r_A = k_1 C_A^n \tag{3-41}$$

其中，$k_1 = k c_B^{\beta}$。

定义小桐子油在亚临界水中水解反应的转化率为 x，在反应体系中的初始浓度为 C_{A0}，当油水体积比为 1∶3 时其值为 0.234 3mol/L。在任一时刻反应体系中小桐子油浓度为 c_A，则有

$$c_A = c_{A0}(1-x) \tag{3-42}$$

因此

$$r_A = -\frac{dc_A}{dt} = -\frac{d[c_{A0}(1-x)]}{dt} = c_{A0}\frac{dx}{dt} = k_1 c_A^n \tag{3-43}$$

综合式（3-42）和式（3-43）有

$$\frac{dx}{dt} = \frac{k_1}{c_{A0}}[c_{A0}(1-x)]^n = k_2[c_{A0}(1-x)]^n \tag{3-44}$$

式（3-44）中

$$k_2 = k_1/c_{A0} \tag{3-45}$$

对式（3-44）两边取对数得

$$\ln\frac{dx}{dt} = n\ln[c_{A0}(1-x)]^n + \ln k_2 \tag{3-46}$$

可以看出，$\ln\frac{dx}{dt}$与 $\ln[c_{A0}(1-x)]$ 呈线性关系。对在 290℃的反应温度下所得数据曲线用 Origin 进行多项式方程拟合，拟合曲线如图 3-60。拟合所得方程为

$$x(t) = 1.034\ 21\times10^{-5}t^3 - 1.48\times10^{-3}t^2 + 6.747\times10^{-2}t - 1.034\ 64\times10^{-4} \tag{3-47}$$

则

$$\frac{dx}{dt} = 3.102\ 63\times10^{-5}t^2 - 2.96\times10^{-3}t + 6.747\times10^{-2} \tag{3-48}$$

分别求出不同时间所对应的 $\ln[c_{A0}(1-x)]$ 和 $\ln\frac{dx}{dt}$值，用所得数据作图，可得一条线性关系很好的直线，如图 3-61 所示。

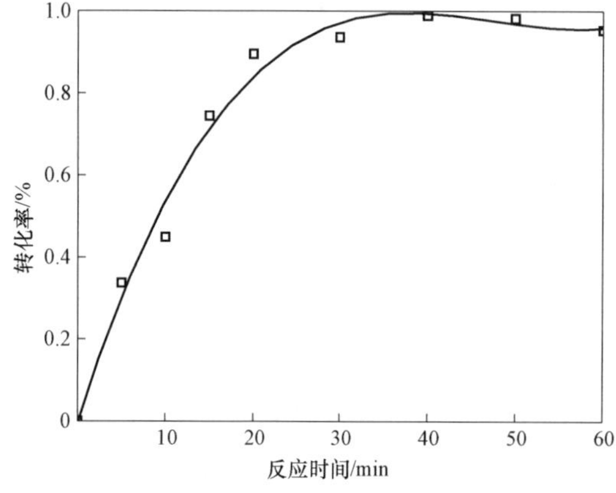

图 3-60　290℃下反应时间与转化率的关系

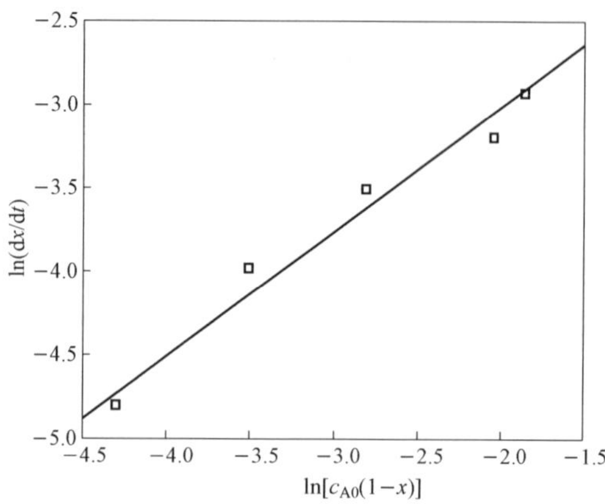

图 3-61　290℃下 $\ln[c_{A0}(1-x)]$ 与 $\ln dx/dt$ 关系

直线方程为

$$\ln\frac{\mathrm{d}x}{\mathrm{d}t}=0.769\ 38\ln[c_{A0}(1-x)]-1.406\ 13 \tag{3-49}$$

反应级数为0.77，由式（3-45）得 $k_2=0.245\ 1$。由式（3-44）得到 $k_1=c_{A0}\times k_2=0.057\ 425$。同理得到其他温度的动力学方程及有关参数，其他温度下 $\ln[c_{A0}\ (1-x)]$ 与 $\ln\frac{\mathrm{d}x}{\mathrm{d}t}$线性关系如图3-62所示。油水体积比1∶3不同温度下的反应速率常数、反应级数和相关系数见表3-2。

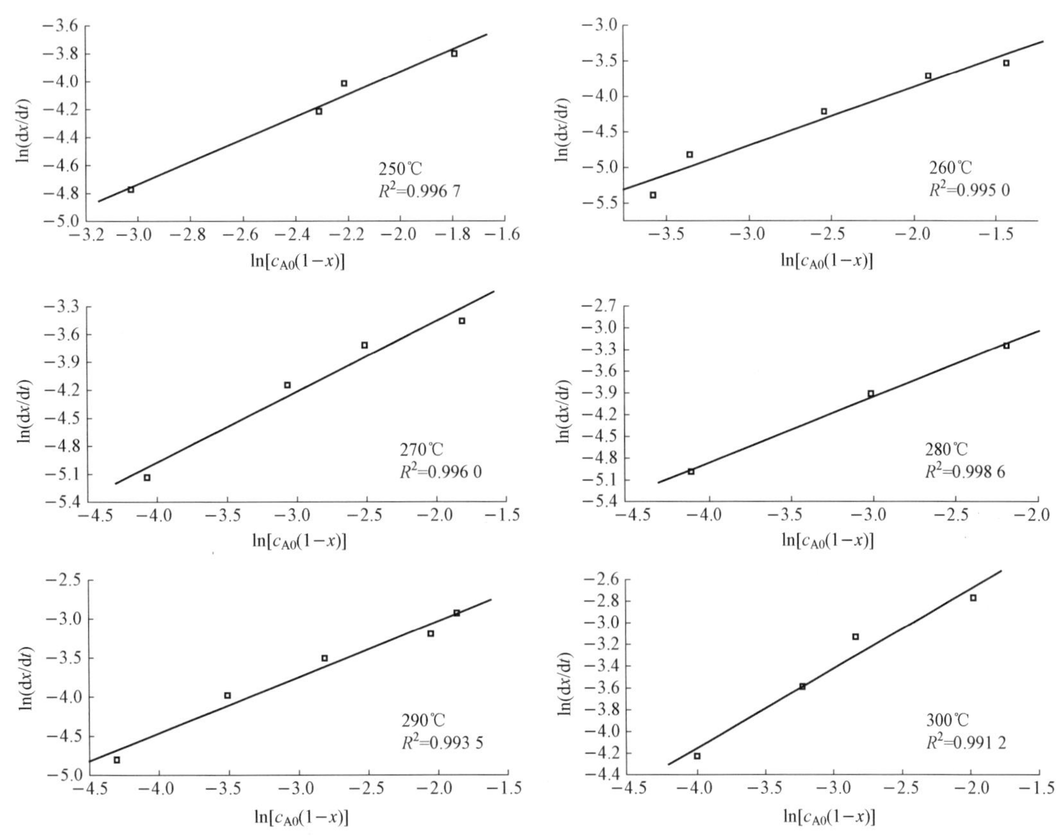

图3-62 不同温度下 $\ln[c_{A0}\ (1-x)]$ 与 $\ln\frac{\mathrm{d}x}{\mathrm{d}t}$关系

表3-2 亚临界水解反应的速率常数、反应级数和相关系数

温度（℃）	反应速率常数 k_1	反应级数 n	相关系数
250	0.022 827	0.801 63	0.996 7
260	0.028 080	0.848 68	0.995 0
270	0.033 483	0.756 84	0.996 0
280	0.039 119	0.759 71	0.998 6
290	0.057 425	0.769 38	0.993 5
300	0.068 301	0.730 49	0.991 2

2. 活化能的确定

Arrhenius 方程为

$$k = Ae^{-\frac{E_a}{RT}} \tag{3-50}$$

式中：k 为反应速率常数；A 为频率因子；E_a 为活化能，kJ/mol；R 为通用气体常数，8.314J/(mol·K)。

对式（3-50）两边取对数，可得到

$$\ln k = -\frac{E_a}{RT} + \ln A \tag{3-51}$$

由式（3-51）可知，$\ln k$ 与 $1/T$ 呈线性关系，根据表 3-2 的数据可以得到相对应 $\ln k$ 与 $1/T$ 的一系列数据，见表 3-3。以表 3-3 的数据作图可以得到一直线，如图 3-63 所示，图中直线方程为式（3-52），其相关系数 $R^2=0.991\ 8$。

表 3-3　亚临界水解反应温度所对应的速率常数及 $1/T$、$\ln k_1$ 的值

温度（℃）	反应速率常数 k_1	$1/T$	$\ln k_1$
250	0.022 827	1.911×10^{-3}	−3.779 8
260	0.028 080	1.876×10^{-3}	−3.572 7
270	0.033 483	1.841×10^{-3}	−3.396 7
280	0.039 119	1.808×10^{-3}	−3.241 2
290	0.057 425	1.776×10^{-3}	−2.857 3
300	0.068 301	1.745×10^{-3}	−2.683 8

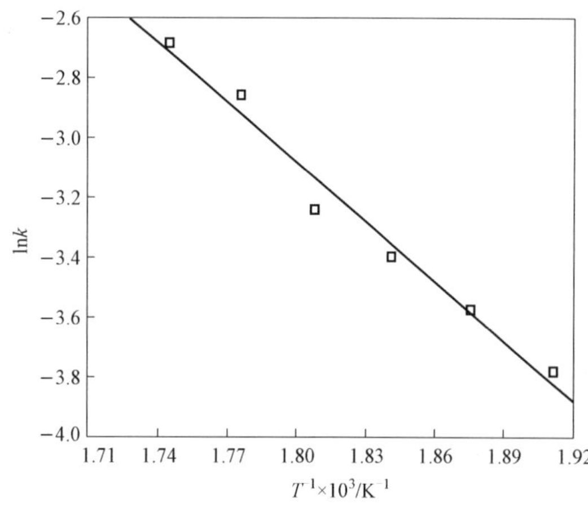

图 3-63　$1/T$ 与 $\ln k_1$ 的关系

$$\ln k_1 = -\frac{6.650\ 64}{T} + 8.889\ 44 \tag{3-52}$$

由直线方程式（3-52）的斜率求出活化能 E_a，由其截距求出频率因子 A。因此小桐子油在亚临界水中水解反应的活化能为 $E_a=6.650\ 64R=55.34$kJ/mol，同时可得频率因子 $A=7.254\ 96$。

根据以上数据，将各条件下的反应级数取平均值，得到小桐子油在亚临界水中水解反应的反应级数为 0.777 8，活化能为 55.34kJ/mol，由此得到反应动力学模型，即

$$-\frac{dc_A}{dt} = 7254.96e^{-\frac{55.34}{RT}} c_A^{0.777\ 8}$$

同理，可以求出其他几种油的亚临界水解反应动力学参数，见表 3-4。

表 3-4　其他几种油的亚临界水解反应动力学参数

物质	反应级数	活化能（kJ/mol）	动力模型
小桐子油	0.777 8	55.34	$-\frac{dc_A}{dt}=7.255\times10^3 e^{-\frac{55.34}{RT}}C_A^{0.7778}$
橡胶籽油	1.4	43.5	$-\frac{dc_A}{dt}=1.9\times10^3 e^{-\frac{4.35\times10^4}{RT}}C_A^{1.4}$
棉籽油	1.15	108.63	$-\frac{dc_A}{dt}=2.696\times10^9 e^{-\frac{108.63}{RT}}C_A^{1.15}$
菜籽油	0.776 6	61.49	$-\frac{dc_A}{dt}=7.26\times10^3 e^{-\frac{61.49}{RT}}C_A^{0.7766}$

3.4.3　超临界酯化反应动力学参数的确定

1. 反应级数、反应速率方程的确定

现在利用 Excel 软件，以制备小桐子生物柴油为例，对反应级数用积分法进行确定，酯化反应的宏观反应速率方程为

$$r_A = kc_A^{\alpha}c_B^{\beta} \tag{3-53}$$

由于反应中的甲醇大大过量，所以 kc_B^{β} 为常数，则方程转化为

$$r_A = kc_A^{n} \tag{3-54}$$

其中，$k=kc_B^{\beta}$。

定义脂肪酸的酯化转化率为 X，初始浓度为 c_{A0}，在任一时刻反应体系中脂肪酸浓度为 c_A，则有

$$c_A = c_{A0}(1-x) \tag{3-55}$$

因此可得

$$r_A = -\frac{dc_A}{dt} = -\frac{d[c_{A0}(1-x)]}{dt} = c_{A0}\frac{dx}{dt} = kc_A^{n} \tag{3-56}$$

综合式（3-55）和式（3-56），有

$$\frac{dx}{dt} = \frac{k}{c_{A0}}[c_{A0}(1-x)]^{n} \tag{3-57}$$

由式（3-57）可得

$$\frac{dx}{(1-x)^{n}} = \frac{k}{c_{A0}^{1-n}}dt \tag{3-58}$$

将式（3-58）两边积分可得

$$(1-x)^{1-n} = \frac{k(n-1)}{c_{A0}^{1-n}}t + 1 \tag{3-59}$$

因此可以得到 $(1-x)^{1-n}$ 与 t 呈线性关系。

由式（3-59）可以看出，$(1-x)^{1-n}$ 与 t 呈线性关系，当 $n=1$ 时，$\ln(1-x)$ 与 t 呈线性关系，当 $n\neq1$ 时，$(1-x)^{1-n}$ 与 t 呈线性关系，可计算不同 n 值时的相关系数，取相关系数最大时的 n 值为该反应的反应级数。在 Excel 中有个规划求解宏选项，其功能：当指定一个可变值（如级数 n）和确定一个目标值（如相关系数 R）后，程序会自动找到一个最合适的 n 值，使其相关系数最大。

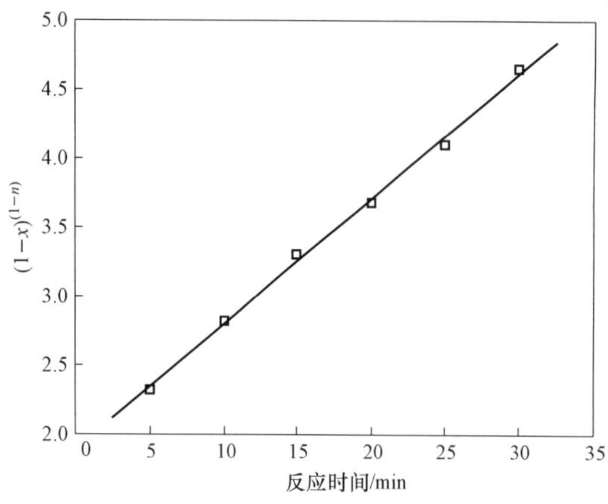

图 3-64　270℃时 $(1-x)^{1-n}$ 与反应时间 t 的关系

以反应温度为 270℃，脂肪酸与甲醇体积比为 1∶3 的酯化反应为例，计算小桐子油脂肪酸与甲醇酯化反应级数。脂肪酸初始浓度为 0.815 0mol/L，分别测出不同反应时间下酯化转化率，用 Excel 中的规划求解求出反应级数为 1.488 522，并以此分别求出不同反应时间对应的 $(1-x)^{1-1.488\,522}$ 值，用所得数据作图，可以得到一条相关性很好的直线，如图 3-64 所示。直线方程为

$$(1-x)^{1-1.488\,522}=0.090\,7t+0.893\,36 \tag{3-60}$$

据式（3-59）可以求得反应温度为 270℃时的反应速率常数 K 值为 0.205 175，同理可得到其他温度下酯化反应的动力学方程及有关参数，其他温度 $(1-x)^{1-n}$ 下与反应时间 t 的线性关系如图 3-65 所示，其他温度下的反应级数及其速率常数见表 3-5。

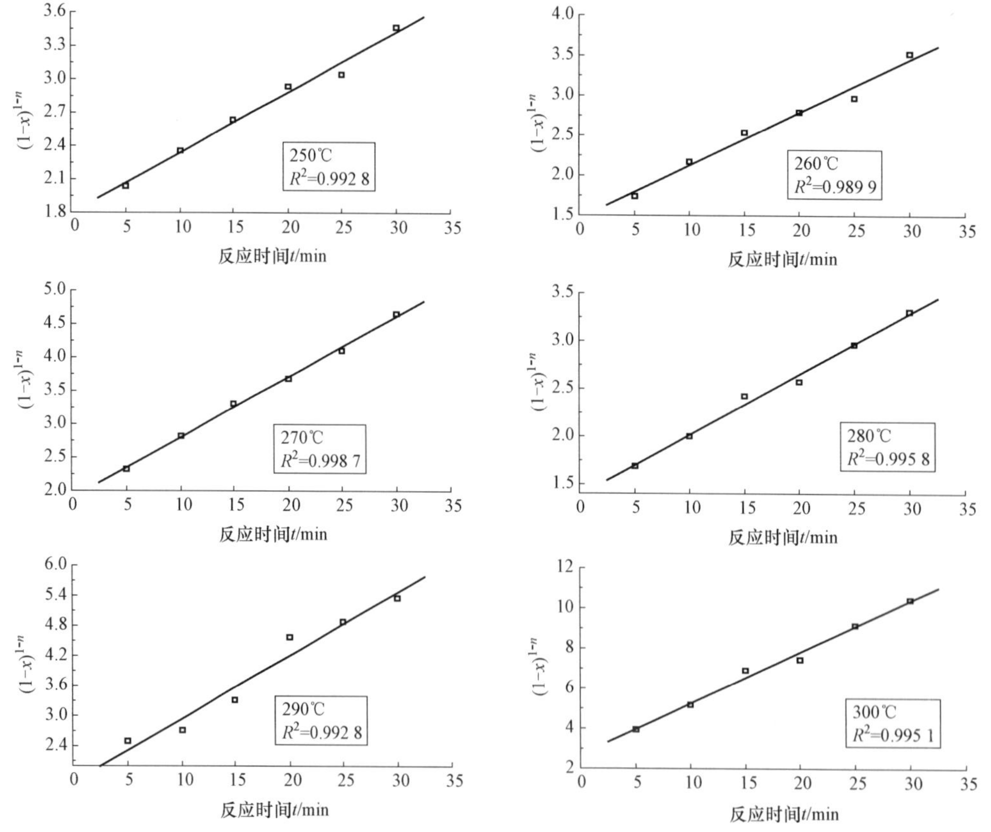

图 3-65　不同反应温度下 $(1-x)^{1-n}$ 与反应时间 t 关系

表 3-5　酯化反应的反应级数、速率常数及相关系数

反应温度（℃）	反应级数 n	反应速率常数 K	相关系数 R
250	1.530 177	0.114 383	0.992 82
260	1.398 723	0.180 412	0.989 86
270	1.488 522	0.205 175	0.998 69
280	1.253 403	0.265 043	0.995 81
290	1.362 735	0.375 305	0.992 82
300	1.646 507	0.453 699	0.995 08

2. 活化能的确定

对活化能方程两边取对数可知，$\ln k$ 与 $1/T$ 呈线性关系，根据表 3-5 的数据可以得到相对应 $\ln k$ 与 $1/T$ 的一系列数据，见表 3-6，以表 3-6 的数据作图可以得到一直线，见图 3-66，图中直线方程为式（3-61），其相关系数 $R^2=0.991\ 09$。

$$\ln k=-\frac{8.033\ 98}{T}+13.244\ 26 \tag{3-61}$$

表 3-6　超临界酯化反应温度所对应的速率常数及 $1/T$、$\ln k$ 的值

温度（℃）	反应速率常数 k_1	$1/T$	$\ln k_1$
250	0.114 383	1.911×10^{-3}	−2.168 2
260	0.180 412	1.876×10^{-3}	−1.712 5
270	0.205 175	1.841×10^{-3}	−1.583 9
280	0.265 043	1.808×10^{-3}	−1.327 9
290	0.375 305	1.776×10^{-3}	−0.980 0
300	0.453 699	1.745×10^{-3}	−0.790 3

由直线方程式（3-61）的斜率求出活化能 E_a，由其截距求出频率因子 A。因此可以得到小桐子油脂肪酸在超临界甲醇中酯化反应的活化能 $E_a=9.885\ 09R=66.79$kJ/mol，同时可得频率因子 $A=5.65\times10^5$。

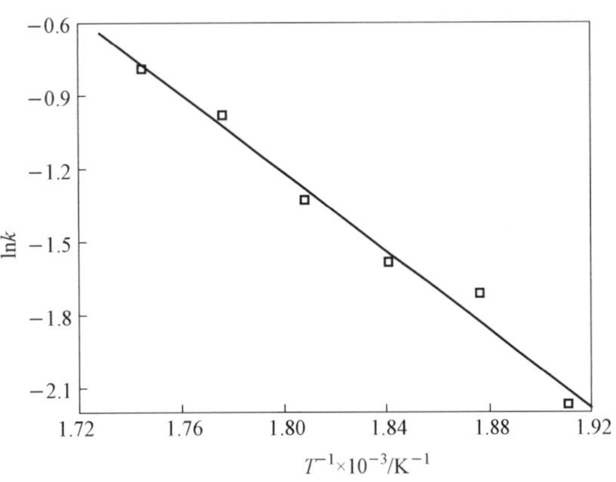

图 3-66　$\ln k$ 与 $1/T$ 的关系

根据以上数据，将各条件下的反应级数取平均值，得到小桐子油脂肪酸在超临界甲醇中酯化反应的反应级数为 1.5，活化能为 66.79kJ/mol，反应动力学模型式为

$$-\frac{dc_A}{dt}=5.65\times10^5 e^{-\frac{66.79}{RT}} c_A^{1.446\ 7} \tag{3-62}$$

同理，可以求出其他种类油的反应动力学参数，见表 3-7。

表 3-7 其他种类油的反应动力学参数

物质	反应级数	活化能（kJ/mol）	动力模型
小桐子油	1.5	66.8	$-\frac{dc_A}{dt}=5.65\times10^5e^{-\frac{66.79}{RT}}c_A^{1.5}$
橡胶籽油	1.4	20.3	$-\frac{dc_A}{dt}=1.81\times10e^{-\frac{20.3}{RT}}c_A^{1.4}$
棉籽油	2.0	22.8	$-\frac{dc_A}{dt}=1.241\times e^{-\frac{22.8}{RT}}c_A^{2.0}$
菜籽油	1.8	21.4	$-\frac{dc_A}{dt}=6.3\times10e^{-\frac{20.14}{RT}}c_A^{1.8}$

3.4.4 反应机理的研究与探讨

酯交换反应是指将一种酯与另一种脂肪酸、醇、自身或其他酯混合并伴随羧基交换或分子重排生成新酯的反应。制备生物柴油中的酯交换指的是利用动植物油脂和微生物油脂中的甘油三酯在催化剂作用下与低碳醇发生的酯基交换反应，是不需要经过化学反应改变脂肪酸组成，就能改变油脂特性的一种工艺方法。这种酯交换反应也叫醇解反应。酯交换反应的历程如图 3-67 所示。

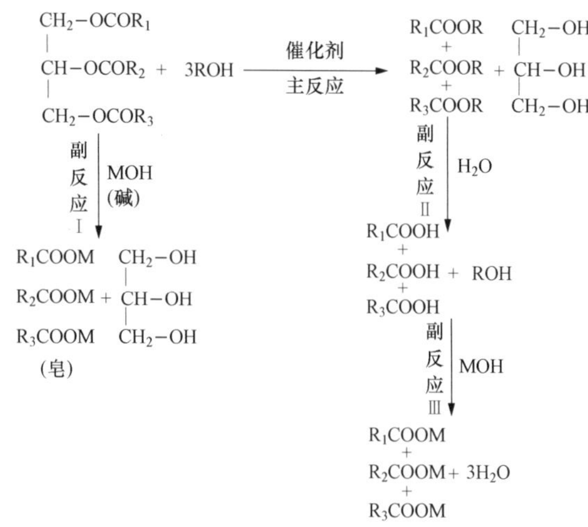

图 3-67 酯交换反应历程

从酯交换反应历程中可以看出，1mol 甘油三酯与 3mol 醇反应生成 3mol 脂肪酸酯和 1mol 甘油。如果用氢氧化钠或氢氧化钾作催化剂制备生物柴油，在反应条件控制不当的情况下，酯交换反应中还会有副反应发生，副反应为反应物甘油三酯与碱发生的皂化反应，产物中的脂肪酸酯发生水解反应，生成的脂肪酸与碱发生中和反应。传统的酯交换工艺采用的是化学反应方法。化学酯交换在甘油三酯内部或物质间进行，直至反应达到平衡。反应分为定向酯交换和随机酯交换两种，酯交换反应在高于熔点最高的甘油三酯的熔点以上进行时，所有的甘油三酯都参与了反应，达到完全随机；反之，未溶解的甘油三酯就不能参加反应。随着酯交换的进行，饱和甘油三酯就会结晶。一些生成物从溶液中析出，这将有利于反应向该种生成物方向进行，从而形成相对的定向酯交换作用。在化学酯交换中，甲醇钠是最常用的催化剂，其他的催化剂还有金属钠或氢氧化钠、无机酸等。

酯交换反应机理可用图 3-67 的通式来表示，具体来说，甘油三酯与醇发生酯交换分为三个步骤，第一步是甘油三酯与醇反应生成甘油二酯和酯，第二步反应则是第一步反应中生成的甘油二酯与醇再度反应生成甘油一酯和酯，第三步反应则是第二步反应中生成的甘油一酯与醇反应生成甘油和酯。这三步反应是同时可逆进行的，之所以这样人为地分成三步来表述，目的是为了更好更清楚地说明甘油三酯与醇发生酯交换反应的历程而已。酯交换反应机理三步法详细表述见图 3 - 68。

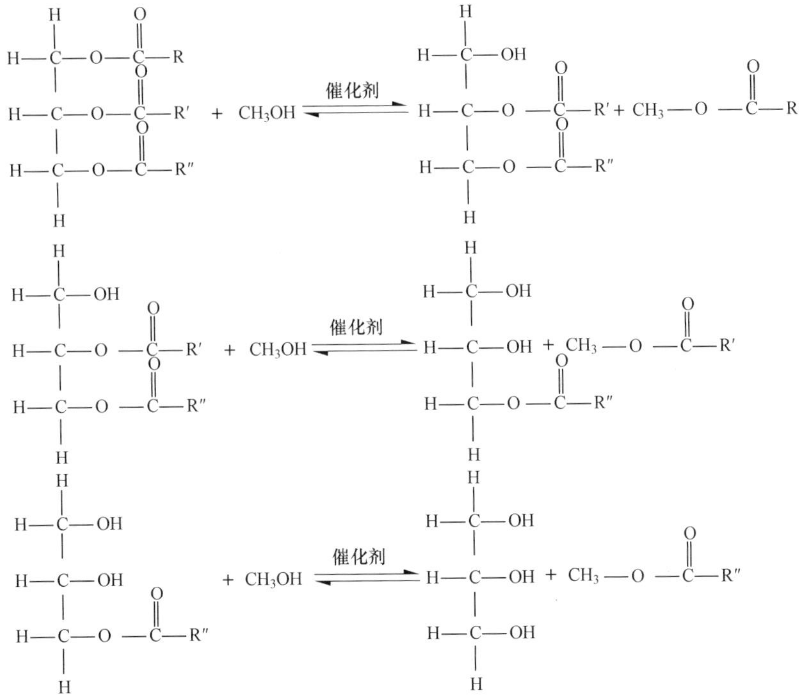

$$\begin{array}{l} H_2C{-}O{-}CO{-}R \\ HC{-}O{-}CO{-}R' \\ H_2C{-}O{-}CO{-}R'' \end{array} + CH_3OH \xrightleftharpoons{\text{催化剂}} \begin{array}{l} H_2C{-}OH \\ HC{-}O{-}CO{-}R' \\ H_2C{-}O{-}CO{-}R'' \end{array} + CH_3{-}O{-}CO{-}R$$

$$\begin{array}{l} H_2C{-}OH \\ HC{-}O{-}CO{-}R' \\ H_2C{-}O{-}CO{-}R'' \end{array} + CH_3OH \xrightleftharpoons{\text{催化剂}} \begin{array}{l} H_2C{-}OH \\ HC{-}OH \\ H_2C{-}O{-}CO{-}R'' \end{array} + CH_3{-}O{-}CO{-}R'$$

$$\begin{array}{l} H_2C{-}OH \\ HC{-}OH \\ H_2C{-}O{-}CO{-}R'' \end{array} + CH_3OH \xrightleftharpoons{\text{催化剂}} \begin{array}{l} H_2C{-}OH \\ HC{-}OH \\ H_2C{-}OH \end{array} + CH_3{-}O{-}CO{-}R''$$

图 3 - 68　酯交换反应机理详细表述

酯交换反应机理可表述成 3 个步骤：第一步是醇的阴离子（RO^-）袭击碳基的碳原子，以形成一个中间四面体；第二步是中间四面体与一个醇（ROH）反应再生成一个醇的阴离子（RO^-）；第三步是中间四面体重组形成一个脂肪酸甲酯和一个甘油二酯，其作用机理可用图 3 - 69 表示，这样更形象更清楚一些，这里是碱催化反应。

1. 超临界一步法制备生物柴油的反应机理

超临界一步法制备生物柴油实际上是植物油脂的甘油三酯与甲醇酯交换反应，没有使用催化剂，从反应机理上来说有一定的区别。超临界一步法制备生物柴油的化学反应方程式如图 3 - 70 所示。超临界状态下的甲醇具有疏水性，介电常数比较低，增大了油脂在其中的溶解度，可以完全溶解在甲醇中，形成单相反应体系。超临界一步法制备生物柴油反应机理如图 3 - 71 所示，Kusdiana 等认为超临界甲醇条件下酯交换反应属于亲核反应，首先甘油三酯由于电子分布不均

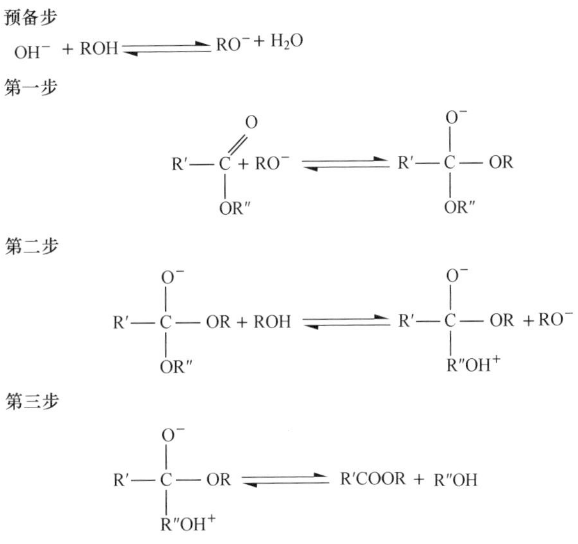

预备步

$$OH^- + ROH \rightleftharpoons RO^- + H_2O$$

第一步

$$R'{-}C(=O){-}OR'' + RO^- \rightleftharpoons R'{-}C(O^-)(OR''){-}OR$$

第二步

$$R'{-}C(O^-)(OR''){-}OR + ROH \rightleftharpoons R'{-}C(O^-)(R''OH^+){-}OR + RO^-$$

第三步

$$R'{-}C(O^-)(R''OH^+){-}OR \rightleftharpoons R'COOR + R''OH$$

图 3 - 69　碱催化酯交换反应作用机理

匀而发生振动，使得羰基上碳原子显示正价，而氧原子显示负价，同时甲醇上的氧原子攻击带有正电的碳原子，形成反应中间体，然后中间体醇类物质的氢原子向甘油三酯中烷基中的氧转移形成第二种反应中间体，进而得到酯交换产物脂肪酸甲酯和甘油二酯，甘油二酯与甲醇重复上面的反应，得到甘油一酯和脂肪酸甲酯，继而甘油一酯和甲醇反应生成甘油和脂肪酸甲酯。超临界一步法制备生物柴油与碱催化法制备生物柴油的反应步骤相同，分三个步骤，同时可逆进行。

$$\begin{array}{l} CH_2OCOR^1 \\ | \\ CHOCOR^2 \\ | \\ CH_2OCOR^3 \end{array} + 3CH_2OH \xrightleftharpoons{\text{超临界}} \begin{array}{l} R^1COOCH_3 \\ + \\ R^2COOCH_3 \\ + \\ R^3COOCH_3 \end{array} + \begin{array}{l} CH_2-OH \\ | \\ CH-OH \\ | \\ CH_2-OH \end{array}$$

图 3-70　超临界一步法制备生物柴油化学反应方程式

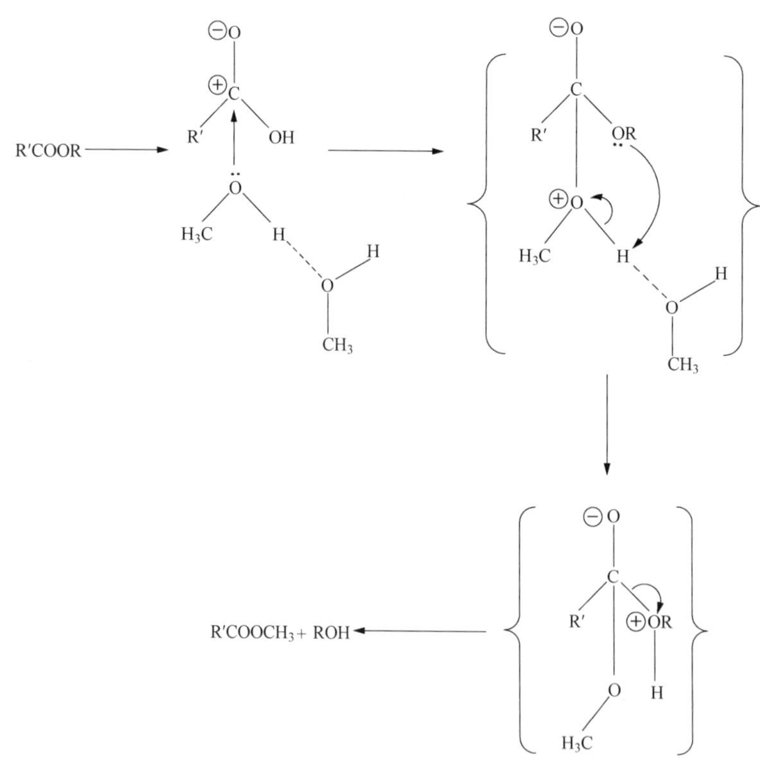

图 3-71　超临界一步法酯交换反应机理

ROH—甘油二酯；R—长链烃基；R′—烷基

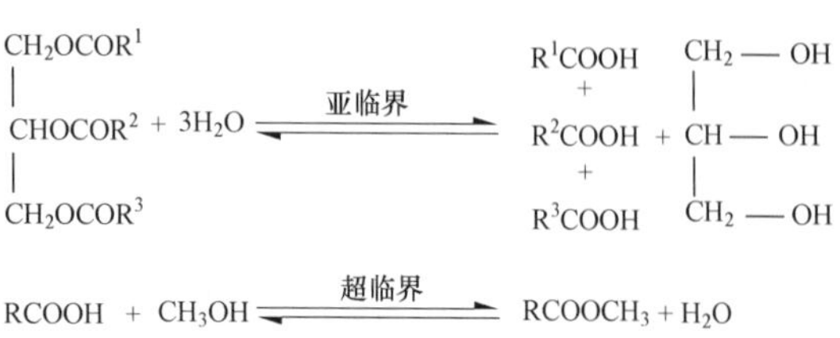

$$\begin{array}{l} CH_2OCOR^1 \\ | \\ CHOCOR^2 \\ | \\ CH_2OCOR^3 \end{array} + 3H_2O \xrightleftharpoons{\text{亚临界}} \begin{array}{l} R^1COOH \\ + \\ R^2COOH \\ + \\ R^3COOH \end{array} + \begin{array}{l} CH_2-OH \\ | \\ CH-OH \\ | \\ CH_2-OH \end{array}$$

$$RCOOH + CH_3OH \xrightleftharpoons{\text{超临界}} RCOOCH_3 + H_2O$$

图 3-72　超临界两步法水解反应和酯化反应方程式

2. 超临界两步法制备生物柴油的反应机理

超临界两步法制备生物柴油的化学反应就是第一步的油脂在亚临界水中的水解反应，第二步就是水解得到的脂肪酸与超临界甲醇的酯化反应。反应方程式如图 3-72 所示。

(1) 亚临界水解反应的机理探讨

亚临界状态下的水中的 [H_3O^+] 和 [OH^-] 已接近弱酸或弱碱，自身具有酸催化与碱催化的功能，可使某些酸碱催化反应不需加入酸碱催化剂。由图 3-73 和图 3-74 可知，水解反应初期随时间的延长，水解转化率增大，各脂肪酸的含量也增大，增幅不是很大，尤其是在反应温度较低时。但随着时间的延长，脂肪酸含量增大迅速，到一定时间后其含量趋于一个数值，温度较高时反有下降的趋势。这些均能说明亚临界水解反应机理可用图 3-75 表示。亚临界水中的 [H_3O^+] 首先与小桐子油甘油三酯分子反应，使甘油三酯质子化，显示正价，质子化的甘油三酯水解，生成甘油二酯，并电离出一个 H^+ 和水结合形成 [H_3O^+]，这就是甘油三酯的水解过程。形成的 [H_3O^+] 和亚临界水里的 [H_3O^+] 继续使甘油二酯发生相似的水解反应，生成甘油一酯，甘油一酯继续快速地进行相似的反应，最后完全水解成各种脂肪酸和甘油。这也是亚临界状态下的甘油三酯与水自催化反应机理。

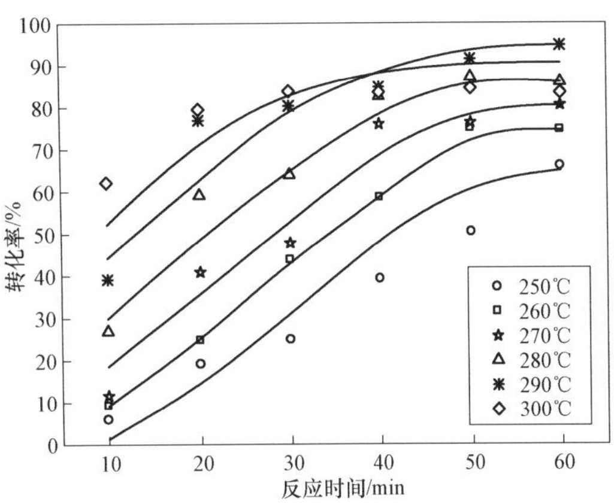

图 3-73 亚临界水解反应时间对转化率的影响曲线

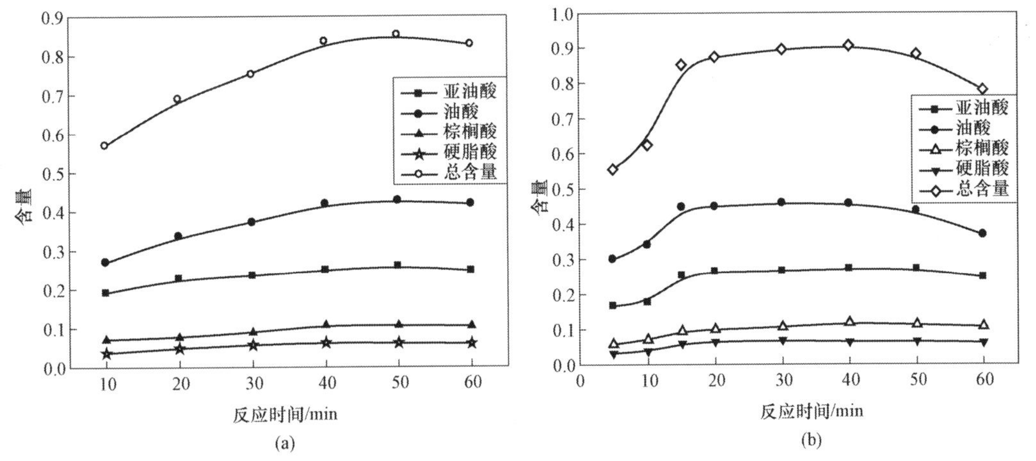

图 3-74 水解产物中各脂肪酸含量随时间的变化曲线

(a) 反应温度 280℃、油水体积比 1∶3；(b) 反应温度 290℃、油水体积比 1∶3

在亚临界水中，存在 [H_3O^+] 和 [OH^-] 显弱酸弱或弱碱性，甘油三酯由于电子分布不均而发生震动，使得羰基上碳原子显示正价，而氧原子显示负价，这样带一个正电荷的 [H_3O^+] 中的氧原子首先攻击带负电的碳原子，形成反应中间体，然后中间体水中的氢原子向甘油三酯中烷基中的氧转移形成第二种反应中间体，进而得到水解产物。这就是亚临界水解反应的亲核反应机理，如图 3-76 所示。

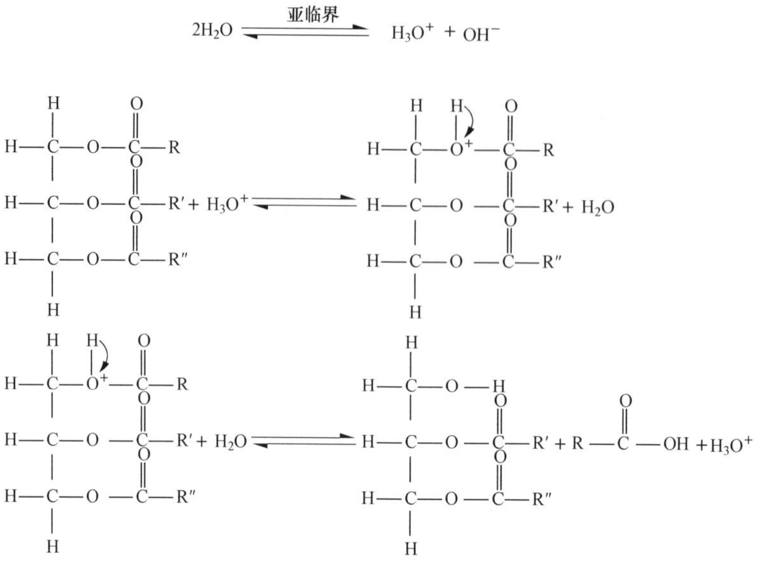

$$2H_2O \underset{}{\overset{\text{亚临界}}{\rightleftharpoons}} H_3O^+ + OH^-$$

图 3-75　亚临界水解反应自催化反应机理

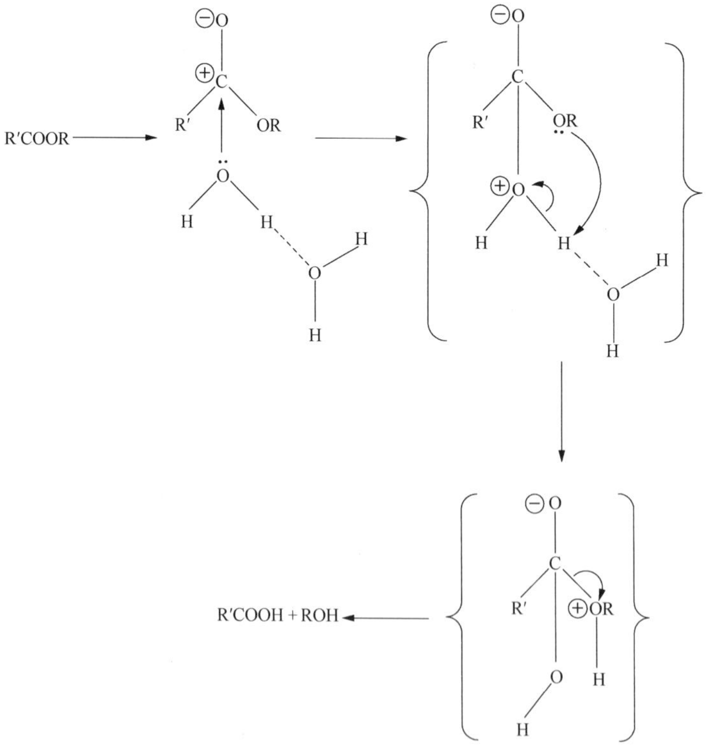

图 3-76　亚临界水解反应亲核反应机理

亚临界水解反应分三个步骤完成，第一步是甘油三酯水解反应生成甘油二酯和脂肪酸，第二步是第一步水解得到的甘油二酯继续水解反应生成甘油一酯和脂肪酸，第三步是第二步水解得到的甘油一酯继续水解反应生成甘油和脂肪酸。这三步反应是同时可逆进行的，之所以这样人为地分成三步来表述，目的是为了更好更清楚地说明甘油三酯与水发生水解反应的历程而已，其反应的三个步骤机理如图 3-77 所示。

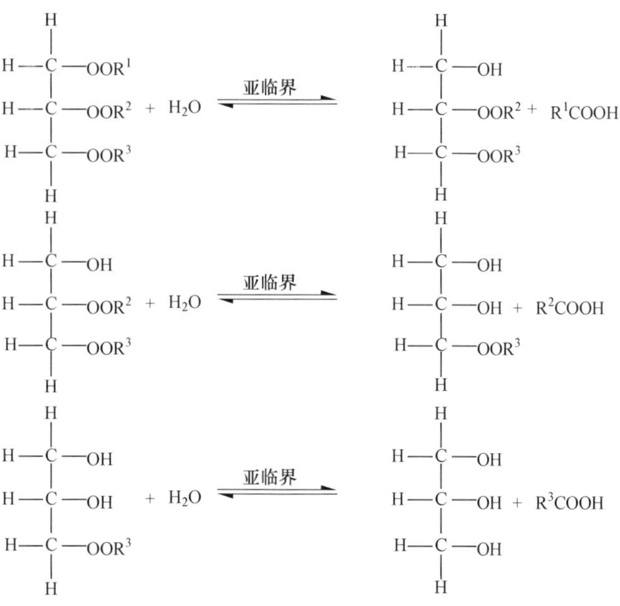

图 3-77　亚临界水解反应三步骤机理

(2) 超临界酯化反应的机理探讨

超临界酯化反应也就是脂肪酸与超临界的甲醇发生酯化反应，超临界甲醇（super-critical methanol）通常是指温度在 240℃以上，压力为 7.96MPa 以上存在的超临界状态的甲醇。超临界状态下的甲醇具有疏水性，介电常数比较低，增大了脂肪酸在其中的溶解度，游离脂肪酸可以完全溶解在甲醇中，形成单相反应体系，酯化反应速度快，提高了原料脂肪酸的转化率和产物脂肪酸甲酯的收率，同时超临界状态下酯化反应大大缩短了反应时间。由图 3-78 和图 3-79 可知，脂肪酸与甲醇在超临界状态下反应迅速，在较短的时

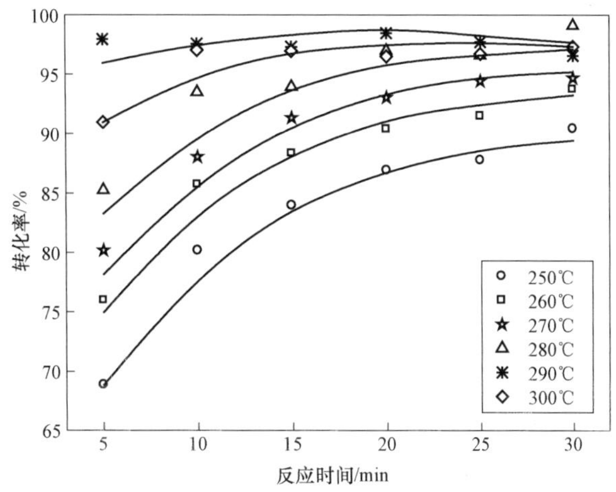

图 3-78　超临界酯化反应时间对转化率的影响曲线

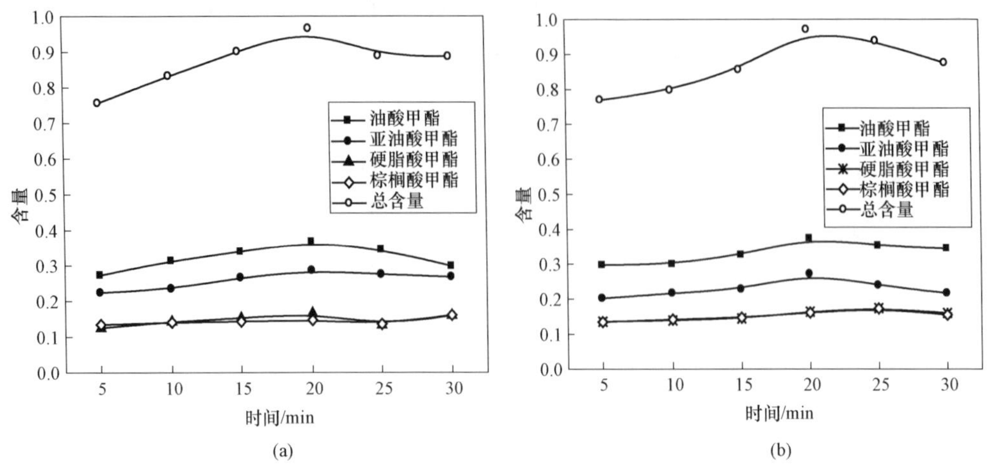

图 3-79 酯化产物中各脂肪酸甲酯含量随时间的变化曲线

(a) 反应温度 270℃、酸醇体积比 1∶3；(b) 反应温度 270℃、酸醇体积比 1∶3

间内转化率已达很高，尤其在反应温度较高时。各脂肪酸甲酯的含量在较短时间已是很高，随着时间的延长也是在增大，但反应时间 20min 时已基本反应完全，各脂肪酸甲酯含量已趋于稳定，时间再延长，反而使其含量降低，这主要是含有不饱和键的脂肪酸甲酯发生氧化副反应。

脂肪酸在超临界状态下电离出 H^+，H^+ 使脂肪酸质子化，使脂肪酸带正电，带正电的脂肪酸中羧基的 H 原子被超临界状态下甲醇中的烷基替换下，生成带一个正电荷脂肪酸甲酯，被替换下的 H^+ 与超临界状态下的甲醇中的羟基结合生成水，带一个正电荷的脂肪酸甲酯去除质子化后得到脂肪酸甲酯和一个 H^+。这就是超临界状态下脂肪酸和甲醇自催化反应机理，如图 3-82 所示。

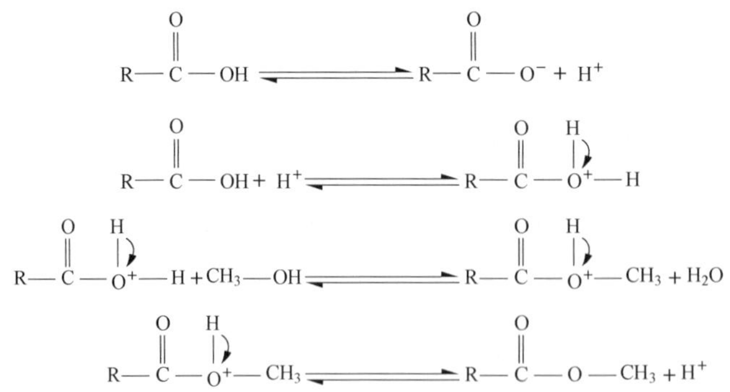

图 3-80 超临界酯化反应自催化反应机理图

超临界状态下的脂肪酸由于电子分布不均匀而发生振动，使得羰基上碳原子显示正价，而氧原子显示负价，同时甲醇上的氧原子攻击带有正电的碳原子，形成反应中间体，然后中间体醇类物质的氢原子向脂肪酸中羟基中的氧转移形成第二种反应中间体，进而得到酯化产物，如图 3-81 所示。

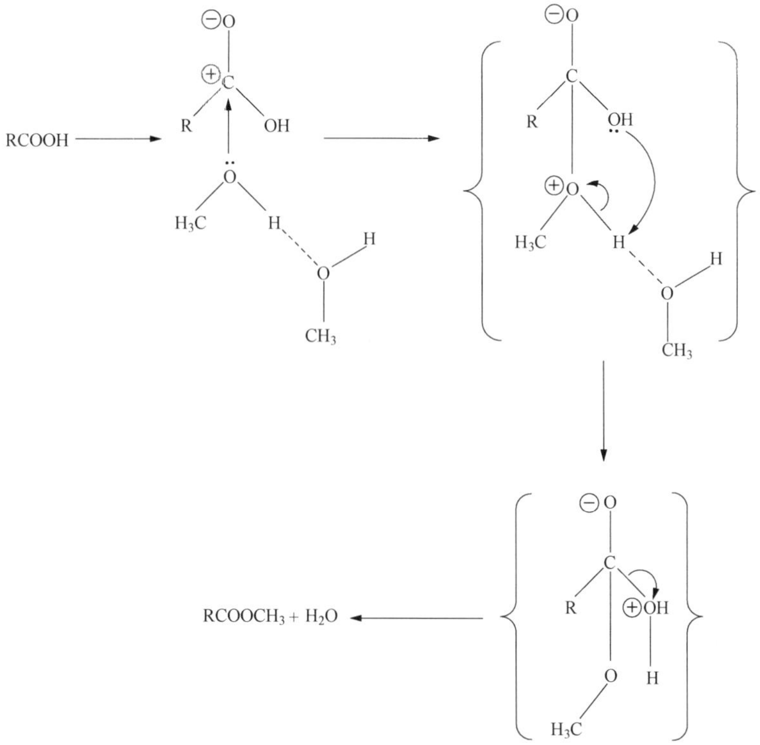

图 3 - 81　超临界酯化反应机理

3.5　超临界两步法制备生物柴油的随机动力学模型

在很多传统动力学研究方法所难以解决的问题当中，有很多是因为研究对象含有不确定性的随机因素，导致分析的难度通常比确定性模型大很多。因此，当模型建立后，难以进行定量分析，从而得不到目标的解析结果；或者是虽有解析结果，但由于计算的代价太大以至于不能使用。针对这种类型的研究对象，研究者可以考虑利用随机模拟的方法即 Monte Carlo 法，此类方法都是以概率统计的理论为指导思想，通过数值计算来解决问题的方法，同时也可看作是一种基于计算机基础的用来解决数值问题的统计抽样方法。

本章节首先通过 Arrhenius 定律研究的在亚临界—超临界环境中菜籽油水解反应及酯化反应的动力学反应模型，并研究了反应动力学模型的反应级数、频率因子和活化能等关键参数；基于此时并未考虑亚临界和超临界环境对反应的影响，因此紧接着构建了随机动力学模型，探索反应温度、反应时间、均方差、反应速率常数等变量对反应动力学模型的影响，从随机系统的视角描述菜籽油在亚临界 - 超临界中反应的过程和变化规律，从而更好地掌握在亚临界 - 超临界环境中菜籽油水解和酯化反应过程中的动力学反应及其所需的条件，以便更好地指导生物柴油实际连续化生产。

研究人员通过大量研究得到结论，对于一个研究系统，其噪声与非线性特征之间是交互作用的，使噪声在系统的演化中起着决定性作用，此类作用针对不同情况会对系统有着不同的影响，有时会导致系统结构的完全损坏，甚至会让系统行为从有序变得无序，但有时也起着积极的作用，能将系统行为从无序变为有序。通过研究人员的深入的研究发现，可以掌握非线性随机现象的内在机理、运动性态，从而掌握其内在规律。基于这些成果和基础，人为控制使系统行为朝有利于科研目的方向发展，这不仅对研究对象有着实际的指导价值，更无疑是一项具有重要的科学意义的研究。

人们研究实际问题时，在建立了确定的模型之后往往希望模型能全面反映实际情况，可以收集到数据用来预测未来状态，但事实上却总不尽如人意，在对某些问题用确定方法时无法建立合适的数学模型。如大气问题，计算流体力学，化学反应等研究对象，时间、空间和维数存在分离很大的不同尺度，同时系统内部也会自激产生大量的“噪声”，又有外部的诸多未知的因素等影响着实际系统。在监测此类研究对象的过程中遗失的信息似乎对整个系统似乎很“小”，从复杂的非线性系统的动力行为分析，其扰动会有很强的敏感性。引入随机过程作为此类丢掉的信息进行补偿，是一个比较理想的替代。

随机动力系统作为联系动力系统和随机分析的枢纽，20 世纪 80 年代很多科学家及其一些数学家研究得到一些结论，随机方程的解不仅仅定义了一组随机过程，更是在实际运算中给予了一个随机微分同胚流。如此就将随机微分方程与动力系统联系起来，使得对于随机微分方程的一些经典结果可采用动力系统的观点来分析。

3.5.1 随机动力学基本理论及模型

1. 基本理论

在概率论中都学习了随机变量的概率分布的一般理论，知道概率论中的随机变量大都是静态的，与时间无关。然而实际问题中变量都是随时间变化的，现在就来研究系统的概率分布随时间演化的问题。

考虑一个可用单个随机变量 Y 对描述的系统，对于 Y 的概率密度，采用下面的记号表示：

$P(y_1，t_1)$ 表示 Y 在 t_1 时刻取的 y_1 概率密度；$P(y_1，t_1；y_2，t_2)$ 表示 Y 在 t_1 时刻取 y_1，在 t_2 时刻取 y_2 的概率；$P(y_1，t_1；y_2，t_2；\cdots；y_n，t_n)$ 表示 Y 在 t_1 时刻取 y_1，在 t_2 时刻取 y_2，在 t_n 时刻取 y_n 的联合概率。这些联合概率满足以下条件：

$$0 \leqslant P \leqslant 1 \tag{3-63}$$

$$\int_{\infty}^{+\infty} P(y_1, t_1) \mathrm{d}y_1 = 1 \tag{3-64}$$

$$\int_{\infty}^{+\infty} P(y_1, t_1; y_2, t_2, \cdots, y_n, t_n) \mathrm{d}y_n = P(y_1, t_1; y_2, t_2; \cdots; y_{n1}, t_{n1}) \tag{3-65}$$

定义矩如下：

$$< y_1(t_1) y_2(t_2) \cdots y_n(t_n) \geqslant \iint \cdots \int y_1 y_2 \cdots y_n P(y_1, t_1; y_2, t_2; \cdots; y_n, t_n) \mathrm{d}y_1 \mathrm{d}y_2 \cdots \mathrm{d}y_n \tag{3-66}$$

矩是和时间有关的，给出 Y 在不同时刻的分布之间的关联。若一个过程对一切 n 与 τ 均有关。

$$P(y_1, t_1; y_2, t_2, \cdots, y_n, t_n) = P(y_1, t_1 + \tau; y_2, t_2 + \tau; \cdots; y_n, t_n + \tau)$$

则这个过程叫平稳过程。对平稳过程，有

$$P(y_1, t_1) = P(y_1) \tag{3-67}$$

根据式（3-67），即概率密度与时间无关。且对平稳过程，二阶矩（$y_1(t_1)y_2(t_2)$）之和和时间差｜t_1-t_2｜，处在平衡态上的所有物理过程都是平稳过程。

2. 随机动力系统的概念

粗略地说，随机动力系统是以下下两类系统的结合。即遍历理论意义下的保测动力系统（Ω，F，P，$(v_t)_{t\in T}$）。其被称为度量动力系统或驱使动力系统，即概率空间（Ω，F，P）上满足如下两个条件的映射流，（t，ω）$\rightarrow\vartheta_t w$ 是 $B(T)\otimes F$ 可测的 v_t：$\Omega\rightarrow\Omega$ 是保测的，即 $\vartheta_t P=P$，$\vartheta_t P(B)=P\{\omega;\ \vartheta_t\omega\in B\}$，$\forall B=F\vartheta_t P=P$

设（X，P）为一 Polish 空间。

定义：设为度量动力系统，映射为

$$\phi:(t,\omega,x)\in T\times\Omega\times X\rightarrow\phi(t,\omega)x\in X \tag{3-68}$$

满足

$$\phi(0,\omega)=id \tag{3-69}$$

余圈性质：任给 s，$t\in T$ 和 $\omega\in\Omega$

$$\phi(t+s,\omega)=\varphi(t,\vartheta_s\omega)\cdot\varphi(s,\omega) \tag{3-70}$$

（1）若 ϕ 可测，则称 ϕ 为 ϑ 驱使的可测随机动力系统。

（2）若 X 为一拓扑空间，可测随机动力系统 ϕ 满足 $\forall$（t，ω）$\in T\times\Omega$，$\chi\rightarrow\phi(t,\omega)\chi$ 是连续的，则称 ϕ 为驱使 ϑ 的连续或拓扑可测随机动力系统。

（3）X 为一光滑流形，连续随机动力系统 ϕ 满足对某个 k，$1\ll k\ll\infty$，$\forall$（t，ω）$\in T\times\Omega$，$\chi\rightarrow\phi(t,\omega)\chi$ 是 C^k 的，则称 ϕ 为 v 驱使的光滑或（更确切的）C^k 的随机动力系统。

（4）除随机方程或随机映射迭代出的系统外，随机系统还包括一些生成斜积流的非自治系统，概周期系统等也被归入随机动力系统。其中非自治系统相对随机系统更为广泛和复杂，值得研究者关注。

3. 随机吸引子

在无穷维动力系统中，有限维的渐进行为是数学物理上的重要发现之一，其中包括判断吸引子存在的方法和维数的估计。其基本思路就是利用偏微分方程解的存在性和稳定性得到系统对应的解半群 $S(t)$，且在适当的 Banach 空间中是连续的，且存在有界的吸收集。紧致吸引子可以利用半群的紧性结论得到。其他方面，如估计吸引子的有限自由度，如 Lyapunov 指数、决定函数等问题还有很多工作可以开展。

如果噪声对系统有干扰影响，则不需再关注确定性动力系统的紧致不变集，所以对于随机系统中吸引子的问题，研究者需要重新定义不变集与吸引子的概念。如果研究得到一个紧致的不变集，且这个不变集是随时间平稳变化的，就把这种不变集称为随机不变集。下面介绍有关随机吸引子的基本概念和结论。

设（X，d）是一个可分得完备度量空间，（Ω，F，P）为一概率空间 ϑ_t 是 Ω 上保持 P 的度量动量系统。设 Ω 是定义在 X 上的由 ϑ_t 驱使的连续随机动力系统，见定义：首先引入一些记号。任给非空集合 A，$B\in X$ 定义

$$d(A,B)=\sup_{x\in A}\inf_{y\in B}d(x,y) \tag{3-71}$$

$d(x,B)=d(\{x\},B)$。注意对所有 $A\subset B$，$d(A,B)=0$，因此 $d(A,B)$ 并不是 2^X 上的一个度量。取值 X 中闭集的集映射 K：$\Omega\rightarrow 2$，若对给定的 $x\in X$ 映射，$\omega\rightarrow d(x,K(\omega))$ 是可测的。取值闭集的可测映 K：$\Omega\rightarrow 2^x$ 称为随机闭集。

定义：给定一个随机集 K，其 Ω 极限定义为

$$\Lambda(K,\omega)=\Lambda_K(\omega)=\bigcap_{T\geqslant 0}\overline{\bigcup_{t\geqslant T}\phi(t,\vartheta_{-t}\omega)K(\vartheta_{-t}\omega)} \tag{3-72}$$

可见 $\Lambda_K(\omega)$ 为闭集。

定义：给定一个随机集 K，若

$$\phi(t,\omega)K(\omega)\subset K(\vartheta_t\omega),\forall t>0 \tag{3-73}$$

$$d(\phi(t,\vartheta_t\omega)D(\vartheta_{-t}\omega),A(\omega))\to 0,t\to\infty,\forall D\in\widetilde{D} \tag{3-74}$$

则称 A 为 ϕ 的 $\widetilde{D}$ 吸引子。

上述定义中给出的吸引子称为拉回（pullback）吸引子。在实际应用中把初始时刻移到 $-\infty$，对固定的 $\omega\in\Omega$ 考虑解在 $t=0$ 时刻的值即可。为了得到吸引子，紧性的讨论是必需的，然而这往往是困难所在。为此引入稍弱的条件一渐进紧，从而得到随机吸引子的存在。

定义：令 ϕ 是定义在 Polish 空间上的随机动力系统，若满足对任意游街序列 $\{X_n\}\subset X$。当 $t_n\to\infty$ 时，序列 $\{\phi(t_n,\ \vartheta_{-t_n}\omega,\ X_n)\}$ 在 X 中预紧，则称 ϕ 是渐进紧的。

对渐进紧的随机动力系统 ϕ 有如下定理。

定理：若 ϕ 是渐进紧的连续随机动力系统，$K(\omega)\in D$ 是一个吸收集，则 ϕ 存在唯一的全局随机紧吸引子，即

$$A(\omega)=\bigcap_{\tau>t_K(\omega)}\overline{\bigcup_{t\geqslant\tau}\phi(t,\vartheta_{-t}\omega,K(\vartheta_{-t}\omega))} \tag{3-75}$$

4. 随机化学反应系统

下面是一个化学反应系统的简单例子：

$$S+E\xrightarrow{c1}ES$$

$$ES\xrightarrow{c2}E+S$$

$$ES\xrightarrow{c3}E+P \tag{3-76}$$

这是名为 Michaelis - Menten 的系统，可以用来描述酶动力学。由反应底物（S），酶（E），酶 - 底物配合物（ES）和反应产物（P）四种反应物和上述三个反应构成。c_1，c_2，c_3 为反应概率常数。反应发生的速率由质量作用定律给出。

质量作用定律：化学反应的速率等于单位时间内该反应的反应物之间碰撞的数目乘以每次碰撞后反应成功发生的概率。对于反应

$$A+B\to C \tag{3-77}$$

单位时间内反应物之间碰撞的数目等于 A 和 B 的浓度（或分子数）的乘积再乘以一个与系统体积、形状，温度等有关的常数。由此得到这个反应发生的速率为 $a=k[A][B]$（或 $a=C\#(A)\#(B)$），其中 [.] 表示浓度（# (.) 表示分子数）。a 称为该反应的丰度函数或反应速率函数，是一个与系统状态有关的函数。质量作用定律成立的基础是分子间大量的无规则碰撞。当分子扩散的速率远大于反应发生的速率时，分子能在很短时间内遍历整个空间，可以认为系统是匀质的，因此反应的发生与空间位置无关，也没有记忆性。上述假设成立的化学反应系统通常需要满足下面的条件：①反应系统是充分混合的，反应物在空间的分布是均匀且各向同性的。对于速度充分慢的反应来说，上述条件可以通过对反应环境的充分搅拌来实现；②分子之间存在大量无规则的频繁碰撞，从而保证大量分子

的速率处于某一稳定分布，通常为麦克斯韦分布，在大量的碰撞中只有非常小的一部分能导致化学反应进行；③温度在空间和时间中是常数，否则会使得反应速率对空间依赖以及产生记忆性。

可以看到上述条件是非常苛刻的，尤其是对于单细胞内的微观反应系统通常是不成立的，因为在细胞环境中化学物质的流动性会受到很大限制，并且细胞内存在很多局部的特殊环境，这些都会对分子的自由扩散产生影响，但在目前大部分时候仍然假设质量作用定律是近似成立的，基于质量作用定律的化学反应速率函数仍被用于描述大部分微观化学反应系统的动力学行为。

（1）确定性方法（反应速率方程）

传统的化学反应动力学研究往往关心宏观的系统，比方说试管中进行的化学反应。在这样的系统中参与反应的分子数往往以摩尔量级（$1\text{mol}=6.02\times10^{23}$）计算。虽然系统中的单个反应仍然是随机发生，但整个系统表现出来的涨落随着系统尺度的增大而减小，因此对外表现出几乎确定性的行为。对于分子数巨大的宏观系统，反应物的浓度是比较合适的观察量。浓度的变化可以用反应速率方程（reaction rate equation，RRE）来描述，这是一个常微分方程组。对于前面提到的 Michaelis - Menten 反应，其对应的 RRE 为

$$\frac{\mathrm{d}[S]}{\mathrm{d}t}=k_2[ES]-k_1[S][E],$$

$$\frac{\mathrm{d}[E]}{\mathrm{d}t}=(k_2+k_3)[ES]-k_1[S][E]$$

$$\frac{\mathrm{d}[ES]}{\mathrm{d}t}=k_1[S][E]-(k_2+k_3)[ES]$$

$$\frac{\mathrm{d}[P]}{\mathrm{d}t}=k_2[ES] \tag{3-78}$$

上几式中：k_1、k_2、k_3、k_4 为反应速率常数，与反应概率常数相差一个反映系统尺度的因子 Ω，即 $k_j=C_i/\Omega$。

这是一个常微分方程组，给定初值后可以相对快速准确的求解。但由于其模型本身完全忽略了系统内部的涨落，是无法描述系统随机效应过程的。大量研究均表明，针对很多微观系统中，随机效应是不可忽视的，有时甚至会起到至关重要的作用。所以，为了研究随机性对化学反应动力学的影响，需要退回到更为本质的微观模型。

（2）化学反应随机动力学的数学模型

考虑一个由 N 种反应物［S_1，…，S_N］和 M 化学反应［R_1，…，R_M］构成的系统。设 X_i 为第 i 种反应物 S_i 的分子数，系统的状态可以用 N 维向量 $X=(X_1, X_2, \cdots, X_N)$ 表示。当反应发生时，系统的状态会随之改变。每一个反应 j 都对应一个状态改变向量 $V_j=(V_{1j}, \cdots, V_{Nj})$ 和一个定义在状态空间上的丰度函数或反应速率函数 $a_j(X)$：$Z^N\to R$ 状态改变向量表示该反应发生一次对系统的改变量，以它为列向量构成 $N\times M$ 维状态改变矩阵 V。对 Michaelis - Menten 系统：

$$V=\begin{pmatrix}-1 & 1 & 0\\ -1 & 1 & 1\\ 1 & -1 & -1\\ 0 & 0 & 1\end{pmatrix}. \tag{3-79}$$

反应速率函数 $a(X)=(a_1(x),\ a_2(x),\ \cdots,\ a_m(x))$ 通常由质量作用定律给出，等于反应物分子碰撞的数目乘以该反应的反应概率常数。因此对于形如

$$q_1S_1+q_2S_2+\cdots+q_NS_N \xrightarrow{c} p_1S_1+p_2S_2+\cdots+p_NS_N \tag{3-80}$$

的反应来说，有

$$a(X)=c\prod_{i=1}^{N}\frac{x_i!}{(x_i-q_i)!} \tag{3-81}$$

对 Michaelis - Menten 系统，$a_1(X)=c_1x_1x_2$，$a_2(X)=c_2x_3$，$a_3(X)=c_3x_3$。又比如对于下述 Schlögl 模型：

$$X_1+2X_3 \underset{c_2}{\overset{c_1}{\rightleftharpoons}} 3X_3 \tag{3-82}$$

$$X_2+X_3 \underset{c_4}{\overset{c_3}{\rightleftharpoons}} X_3 \tag{3-83}$$

其状态改变矩阵 V 为

$$V=\begin{pmatrix}-1 & 1 & 0 & 0\\ 0 & 0 & -1 & 1\\ 1 & -1 & 0 & 0\end{pmatrix} \tag{3-84}$$

其丰度函数为

$$a_1(X)=c_1x_1x_3(x_3-1)/2,a_2(X)=c_2x_2x_3 \tag{3-85}$$

说明：对某些系统，质量作用定律也许不能适用，但只要能给出反应的丰度函数 $a_j(X)$，并且 $a_j(X)$ 以系统状态 X 为自变量，不显示依赖于空间位置和时间，则本研究所有的方法和结论同样适用。

在给定了状态改变向量 V_j 和反应速率函数 $a_j(X)$ 后，系统的演化遵从下面的规律。

系统演化规律：假设系统在某 t 时刻处于的状态为 $X(t)=x$，则在一个时间微分 $\mathrm{d}t$ 内，系统中每个反应 j 独立于其他反应以概率 $a_j(X)\mathrm{d}t$ 发生。一旦反应 j 发生，系统状态改变到 $X+V_j$。

在给了一个初始状态后，系统状态 $X(t)$ 将按照上述规律演化，由此生成的轨道 $X(t)$ 可看作一个随机过程，更进一步，$X(t)$ 是连续时间的马尔可夫跳过程。下面将介绍两种描述 $X(t)$ 的方法，一种是通过化学反应主方程来描述系统状态的概率密度函数，另一种是通过泊松过程来描述 $X(t)$ 演化的轨迹，这两者是等价。

（3）化学反应主方程

以化学反应随机动力学演化规律为基础推导的系统状态是定义在状态空间上的一个随机过程，服从如下化学反应主方程（chemical master equation，CME）或 Kolmogorov 前向方程：

$$\partial_t p(X,t\mid X_0,t_0)=\sum_{j=1}^{M}a_j(X-V_j)P(X-V_j,t\mid X_0,t_0)-\sum_{j=0}^{M}a_j(X)P(X,t\mid X_0,t_0) \tag{3-86}$$

式中：$P(X,\ t\mid X_0,\ t_0)$ 为从状态（X_0，t_0）到（X，t）的转移概率。

形式上上述方程可以通过对 Chapman - Kolmogorov 方程求导得到。

式（3 - 86）有非常明确的物理意义，如果把转移概率理解为流体，则等式左端为某

一状态的转移概率流的变化率，由等式右端的两项决定，第一项为从所有可能其他状态流入该状态的转移概率流，第二项为从该状态流出到其他状态的转移概率流，负号表示流出。主方程经常也指如下更简单的形式：

$$\partial_t P(X,t)=\sum_{j=1}^{M}a_j(X-V_j)P(X-V_j,t)-\sum_{j=0}^{M}a_j(X)P(X,t) \tag{3-87}$$

注意到式（3-86）是对转移概率来说的，因此式（3-87）中的初始条件必须理解为

$$P(X,t_0)=\delta(X-t_0) \tag{3-88}$$

从而 $p(X, t)$ 表示系统从（X_0，t_0）到（X，t）的转移概率。进一步。因此如果给定一个初始分布 $P_0(x)$，可以将其表示成 δ—函数的线性叠加形式：

$$P_0(X)=\int_X P_0(X)\delta(X'-X)\mathrm{d}X' \tag{3-89}$$

式（3-87）可以看作是系统。在 t 时刻处于状态 X 的概率分布 $P(X, t)$ 的演化方程。同样如果把概率看作流体，则式（3-87）表示系统在状态空间某一点处的概率随时间的变化率（等式左端）等于从其他状态流入的速率（右端第一项），减去从该状态流出的速率（右端第二项）。不难证明，如果初始条件 $P_0(x)$ 确实是一概率分布函数，则式（3-88）能够保持 $P(X, t)$ 概率分布性质，即且 $P_0(X)\gg 0$ 且 $\int_X P(X,t)=1$。式（3-87）是一个确定性的方程，但能够得到解析解的情形非常有限。其空间维数等于系统所有可能的状态数。

（4）随机微分方程表示

下面介绍化学反应随机动力学的另一种等价表述。与化学反应主方程等价，但是能直接给出 $X(t)$ 的轨道行为，称这种表示形式为随机微分方程表示。首先有两个基本概念需要明确。

泊松随机变量：X 是参数为 P 的泊松随机变量，称为 $X\sim P(\lambda)$，如果服从分布：

$$\mathrm{Prob}(X=n)=\frac{\lambda^n e^{-\lambda}}{n!},n=0,1,2,\cdots \tag{3-90}$$

易知 X 的均值和方差均为 λ。

泊松过程：$X(t)$ 是强度 λ 为的泊松过程，假设：

1）$X(t)$ 在不同时间区域内的增加量是彼此相互独立的随机变量；

2）$X(t)$ 在相同时间区间内的增加量属于同分布；

3）$X(0)=0$ 在一个 t 很小的区间 h 内 $X(t)$ 的增量超过 2 的概率是 h 的高阶无穷小 $o(h)$，并等于 1 的概率为 $\lambda h+0(h)$。

在一个连续时间的计数过程中，$X(t)$ 有一个重要的性质：强度为 λ 的泊松过程于一段时间［t，$t+\tau$）内所研究事件的数量必须服从泊松分布（参数为 $\lambda\tau$），即

$$X(t+\tau)-X(t)\sim P(\lambda t) \tag{3-91}$$

随机化学反应系统的演化可以写成

$$X(t)=X(0)+\sum_{j=1}^{M}K_j(t)V_j \tag{3-92}$$

$K_j(t)$ 表示到 t 时刻为止第 j 个反应发生的总次数

$$K_j(t)=Y_j(\int_0^t a_j(X(s))\mathrm{d}s) \tag{3-93}$$

其中$Y_j(t)$，$j=1$，…，M是彼此独立的强度为1的泊松随机过程。注意式（3-92）是精确的，虽然$Y_j(t)$本身彼此独立，但$K_j(t)$是相互关联的，其关联通过系统状态$X(t)$产生。下面写出式（3-93）的微分形式，对$dt>0$，有

$$
\begin{aligned}
dX(t) &= \sum_{j=1}^{M}\left[Y_j\left(\int_0^{t+dt}a_j(X(s))ds\right)-Y_j\left(\int_0^{t}a_j(X(s))ds\right)\right]V_j \\
&= \sum_{j=1}^{M}Y_j\left(\int_0^{t+dt}a_j(X(s))ds\right)V_j \\
&= \sum_{j=1}^{M}P(a_j(X(t\_))dt)V_j
\end{aligned}
\tag{3-94}
$$

在式（3-94）的最后一步用到了式（3-92）。形式上，令$dt\to 0$得到系统状态演化方程，即

$$
dX(t) = \sum_{j=1}^{M}P(a_j(X(t\_))dt)V_j \tag{3-95}
$$

$X(t_i)$来自于轨道的$X(t)$左连续性．给定初值$X(0)$。解上述方程就能得到$X(t)$的某一条轨道，从大量轨道中就能得到关心的$X(t)$的统计性质，这正式蒙特卡洛方法模拟随机化学反应动力学的主要任务。注意到方程右端含有的是泊松随机变量，跟熟悉的常微分方程（ODE）和高斯过程驱动的随机微分方程（D-SDE，D表示Diffusion）相似却又不同，称其为松噪声驱动的随机微分方程（P-SDE）。需要指出，对式（3-80）的推导只是形式上的数学上更为严格的表述方式。

3.5.2 随机系统及动力学模型发展前沿

1. 随机响应的研究

非线性系统研究的核心问题是非线性随机动力系统响应的研究，目前成熟的研究方法是将针对确定性的非线性系统渐近分析方法应用到随机领域，比如多尺度法、摄动法、统计线性化法、随机平均法和等效非线性化法等。其中，摄动法的是于1830年Poisson在研究单摆振动问题时提出的，在1883年，Lindstedt随后解决了摄动法久期项的问题，到了1892年，Poincar研究了摄动法的数学基础，至今摄动法作为非线性确定系统及随机动力系统研究中最常用近似解析方法；统计的线性化方法是用具有精确解的线性系统替换原来的非线性系统，使得两个系统方程的差在统计意义为最小；其中，等效的线性化方法基础还拓展出了广义等效线性化、二阶线性化和等效非线性化等各种响应预测的方法，最为简单可行的处理多自由度非线性系统的随机响应和可靠性问题；随机平均法是这一类方法的总称，此方法在随机动力系统中的应用有三种：标准随机平均法、能量包线平均法和FPK方程系数平均法。其中随机平均法是确定性系统的平均法演变而来，如今在随机动力系统分析中的应用最为广泛，理论基础是Strotonovitch-Khasminskii定理，详见这方面的专著与综述文章。Xu等用改进了多尺度法用来分析强非线性系统在谐和与窄带随机共同激励下的随机响应与稳定性，并考察了窄带随机激励下的Duffing系统响应双峰，并对结果进行了数值验证，完善了关于弱非线性情形所得的结果；并提出了PE-HAM法，此方法不依赖于系统参数，解决了经典摄动法要求系统小参数的问题，因此可求解强非线性动力系统的系统响应。通过运用PE-HAM法，研究了随机强非线性Duffing的系统响应，并进行了数值验证。需要指出的是，由确定性系统的研究方法演变而来的研究随机动力系统

中采用的近似方法虽在工程实际中有非常广泛的应用，但数学基础和适用范围严格来说尚待进一步研究。

2. 随机混沌的研究

研究确定性混沌系统在随机微扰下的系统行为称为随机混沌。目前，随机分岔解的计算只在几个简单的随机分岔系统中进行，而对于高维系统的随机分岔研究相对较少，并且在某些特定系统中判定随机分岔的两种标准会出现截然相反的结果。通过最大 Lyapunov 指数是否大于零来判别随机系统出现分岔与混沌，但此类计算大多局限于 Khasminkii 方法，虽已成功用于一维与二维随机系统，但很难适用于高维系统。随机系统中判定混沌存在，并研究确定系统混沌与随机系统混沌之间的异同，是相关国际非线性随机动力系统会议的讨论议题，各国学者对非混沌运动，混沌运动及随机运动之间的联系和区别的研究，及其这些问题在物理、化学、力学、生物、医学以及金融领域的应用表现出极大的兴趣。此类研究不但具有重要的科学意义，且对实际应用研究具有十分重要的理论指导意义。

3. 混沌同步与控制

噪声对系统的稳定性有一定的破坏作用，同时噪声在系统的同步方面又有着积极作用。1994 年，Maritan 提出通过噪声可使两个完全相同的未耦合的系统达到完全同步，此观点在学术界引起很大的关注，2000 年，Baroni 等研究耦合映射格子通过时空噪声的方法驱动可实现随机同步。2001 年，Hwang 等以随机 Zaslavsky 映射为模型，研究了随机动力系统的随机同步机理。同年，Pikovsky 等研究了系统相同步与系统随机性之间的关系，2002 年，Zhou 等很好地解释了噪声诱导同步这一机理，并提出了噪声可以诱导系统的相同步；2003 年，Freund 等研究了随机动力系统的频率同步和相同步，2004 年，Ichinomiya 研究了随机网络同步问题，并获得频率同步的充分条件。2005 年，Blasius 研究了系统反相同步与系统随机性之间的关系。2006 年，Balakrishnan 从几何学的观点进一步研究了随机动力系统的耦合相同步，这些研究为从实验测试与数值模拟得到的噪声诱导的相同步问题提供了很好的解答。

将确定性混沌控制与同步的有效结果在随机系统中加以讨论和实现，对非线性混沌系统部分周期轨道实控制，研究对不同结构的混沌系统同步控制，进一步讨论混沌同步与控制在物理、化学、生物、力学、医学以及金融领域的应用，是非常值得开展的研究工作。

4. 随机动力系统的数值方法研究

Markov 过程可以描述受高斯白噪声激励影响线性及非线性动力系统，其响应过程对应的转移概率密度是由 FPK 方程确定的。对于其他系统，如果响应是一个高阶的 Markov 过程，也可以得到对应响应过程的 FPK 方程。FPK 方程可以看作是二阶抛物型偏微分方程，关于如何求解 FPK 方程，是研究的一个核心课题。目前为止，仅有少数特殊情况可以得到其精确平稳解。

对随机动力系统的全局进行分析研究的过程中，最重要的部分是数值方法。在众多的数值方法中，研究人员提出了很多方法，如 Hsu 提出的简单胞映射算法，具有快速、准确的特点，且适用范围较广，从而被众多研究者所关注。随后 Hsu 将简单胞映射与链理论相结合，进一步对广义的胞映射法进行了定义，并在随后相继研究发展了各种形式的胞映射方法。其中代表性的有插值胞映射、点映射等。在此基础上，Hsu 将广义胞映射法进一步与结合图论及其偏序，从而提出了广义胞映射的图论方法。其中本质是改进的蒙特卡洛方法，这些改进都极大地提高了计算的效率，基于 Markov 链理论与胞映射方法的结合，因此在随机系统的研究中占有明显的优势。胞映射图方法也简化了动力系统某些特征（稳定流形，不稳定流形）的计算。Hong 等利用广义的胞映射图方法，研究了非线性系统的激变行为，Xu 等利用广义胞映射图方法，研究了 Duffing，Duffing - Van der Pol 系统在噪声作用下系统随机激变行为规律，揭示了这些系统的全局随机分岔现象。

在利用近似解析方法与理论方法解决确定性非线性动力系统及非线性随机系统问题时，都远不能满足实际的需求。因此，十分有必要开发出计算快速、精度较高、具有良好稳定性的有效数值算法。并且，通过探讨和研究非线性随机系统的高余维分岔理论及非光滑随机系统的内在规律，可以更加深刻地揭示非线性现象的原理，有利于开发各种数值算法，尤其是开展高精度算法的研究

3.5.3 亚临界水解反应的随机动力学模型

这里以菜籽油为研究对象，所提出的随机动力学模型，反映了亚临界—超临界流体中菜籽油水解反应和菜籽油脂肪酸酯化反应中反应物转化为目标产物的随机的特性。该随机动力学模型的显著特点是由两个方程构成：①应用 langmuir 动力学方程来描述转化率的时均值；②以马尔可夫过程为基础提出了概率密度函数，描述了反应物转化为反应产物的随机变化情况。

1. 亚临界水解过程中的随机动力学模型的建立

在原料油亚临界水解对应反应环境体系下，假设反应溶液中菜籽油的转化率 X 是一个随时间的变化的随机过程，两者之间的关系用 $X(t)$ 来表示，同时定义随机过程对应的概率密度数为 $P(w, t)$。假设 $X(t)$ 满足 Marlkov 过程，则 $X(t)$ 的 n 级联合概率密度函数和条件概率密度函数为

$$P(x_1,t_1;x_2,t_2;\cdots;x_n,t_n)=P(x_2,t_2;\cdots;x_n,t_n \mid x_1,t_1)P(x_1,t_1) \tag{3-96}$$

式中：$P(x_1, t_1)$ 为一级概率密度函数。

由式（3 - 93）还可以推导得到

$$\begin{aligned}P(x_1,t_1;x_2,t_2;\cdots;x_n,t_n) &= P(x_3,t_3;\cdots;x_n,t_n \mid x_1,t_1;x_2,t_2)P(x_1,t_1;x_2,t_2)\\ &= \cdots\cdots\\ &= P(x_n,t_n \mid x_{n-1},t_{n-1};\cdots;x_1,t_1)P(x_{n-1},t_{n-1};\cdots;x_1,t_1)\end{aligned} \tag{3-97}$$

由于 $X(t)$ 是一个 Marlkov 过程，所以有

$$P(x_n,t_n \mid x_{n-1},t_{n-1};\cdots;x_1,t_1)=P(x_n,t_n \mid x_{n-1},t_{n-1}) \tag{3-98}$$

而 Marlkov 过程的转移概率符合 Chapman - kelmogrow 方程

$$P(x,t|x_0,t_0)=\int_{-\infty}^{+\infty}P(x,t|\eta\cdot S)\cdot P(\eta\cdot S|x_0,t_0)\cdot \mathrm{d}\eta t>s>t_0 \tag{3-99}$$

在式（3 - 99）中：η、s 都是转换变量，通过使用转移概率来建立任意一个时刻一级概率密度与初始概率密度的关系式，即

$$P(x,t)=\int_{-\infty}^{+\infty}P(x,t|x_0\cdot t_0)\cdot P(x_0,t_0)\mathrm{d}x_0 \tag{3-100}$$

式中：$P(x, t)$ 为概率密度函数；$P(x_0, t_0)$ 为初始的第一级概率密度函数。

为了确定转移概率 $P(x, t \mid x_0, t_0)$ 的微分方程，由式（3 - 98）可得

$$P((x,t+\Delta t)\mid x_0,t_0)=\int_{-\infty}^{+\infty}P(x,t+\Delta t\mid x-\Delta x,t)\cdot P(x-\Delta x,t\mid w_0,t_0)\mathrm{d}\Delta x \tag{3-101}$$

对式（3-101）进行 Talor 展开，整理简化可得

$$\frac{\partial p(x,t|x_0,t_0)}{\partial t}=-\frac{\partial}{\partial w}[\alpha_1(x,t)\cdot p(x,t|x_0,t_0)]+\frac{1}{2}\frac{\partial^2}{\partial x^2}[\alpha_2(x,t)\cdot P(x,t|x_0,t_0)] \tag{3-102}$$

$$\alpha_n(x,t)=\lim_{\Delta t\to\infty}\frac{1}{\Delta t}\int_{-\infty}^{+\infty}(\Delta x)^R\cdot P(x+\Delta x,t+\Delta t|x,t)\mathrm{d}\Delta x \tag{3-103}$$

式中：α_1、α_2 为矩参数；$\alpha_n(x,\ t)$ 为增量 $x(t+\Delta t)-x(t)$ 的矩。

边界条件和初始条件可概化为

$$\lim_{x\to\infty}p(x,t|w_0,t_0)=0\ 或\lim_{x\to\infty}p(x,t|w_0,t_0)=\delta(x-x_0) \tag{3-104}$$

对式（3-104）两边同时乘以 $P(x_0,\ t_0)$，并积分可得

$$\frac{\partial p(x,t)}{\partial t}=\frac{\partial}{\partial x}[\alpha_1(x,t)\cdot p(x,t)]+\frac{1}{2}\frac{\partial^2}{\partial x^2}[\alpha_2(x,t)\cdot p(x,t)] \tag{3-105}$$

到这一步，可以得出菜籽油转化为油脂过程 $X(t)$ 的概率密度函数 $P(x,\ t)$ 满足的一般方程的表达式。一旦得到 $X(t)$ 所遵循的方程式，就能够得到矩参数 α_1 和 α_2，然后通过式（3-103）求得 $P(x,\ t)$ 的具体函数表达式。

根据水解反应试验数据可模拟得到转化率确定性动力学模型：

$$\frac{\mathrm{d}x}{\mathrm{d}t}=f(x,t) \tag{3-106}$$

考虑到随机的扰动作用，有

$$\frac{\mathrm{d}x}{\mathrm{d}t}=f(x,t)+\varphi(x,t)\frac{\mathrm{d}H(t)}{\mathrm{d}t} \tag{3-107}$$

式中：$f(x,\ t)$ 为确定性函数；$H(t)$ 为 wener 过程；$\varphi(x,\ t)$ 为菜籽油转化为脂肪酸过程 $X(t)$ 的导数和该过程均值的差值分布的离散程度。

联立式（3-106）和式（3-107）可得式（3-108）和式（3-109），即

$$\alpha_1(x,t)=f(x,t) \tag{3-108}$$

$$\alpha_2(x,t)=\varphi^2(x,t) \tag{3-109}$$

因此，式（3-107）即可变化为

$$\frac{\partial p(x,t)}{\partial t}=-\frac{\partial}{\partial x}[f(x,t)\cdot P]+\frac{1}{2}\frac{\partial^2}{\partial x^2}[\varphi^2(x,t)\cdot P] \tag{3-110}$$

假设

$$\varphi(x,t)=2(Dx)^{1/2} \tag{3-111}$$

式中：D 为均方差。

将式（3-109）和式（3-110）代入式（3-111），可得

$$\frac{\partial p(x,t)}{\partial t}=-\frac{\partial}{\partial x}[f(x,t)]+\frac{1}{2}\frac{\partial^2}{\partial x^2}(2Dxp) \tag{3—112}$$

将式（3-101）和式（3-102）代入式（3-103），可得

$$\varphi(x,t)=f(x,t)+(2Dx)^{1/2}\mathrm{d}H(t) \tag{3-113}$$

相应的初始条件和边界条件为

$$\begin{cases} P\mid_{t=0,x>0}=0 \\ P\mid_{t=0,x=0}=\delta(0) \end{cases} \quad \begin{cases} P\mid_{x=0}=0 \\ \left.\dfrac{\mathrm{d}p}{\mathrm{d}x}\right|_{x=0}=0 \end{cases} \tag{3-114}$$

$$(Px)\mid_{x=\infty}=0\int_{0}^{\infty}p(x)\mathrm{d}x=1(t>0) \tag{3-115}$$

2. 亚临界中的随机动力学模型特性分析

本研究所提出的模型，反映了菜籽油在亚临界状态下水解反应的随机特性。本模型主要是由两个方程组成，第一个是用实验数据得到的拟合方程描述亚临界水解反应转化生成脂肪酸的时均值；第二个是以马尔克夫过程为基础的概率密度函数，给出了亚临界条件下油水混合物进行反应后得到的脂肪酸含量的随机变化情况。

通过研究随机动力学的模型特征，即研究影响概率密度函数的主要参数，分别为反应速率常数 K_1，反应级数 n 和均方差 D。分别分析这三个变量在若干取值情况下菜籽油水解转化率的概率密度分布情况可以得到亚临界反应的随机动力学模型特征。

（1）水解反应中均方差系数对概率密度分布的影响

由图 3-82 及图 3-83 中，可以得出均方差 D 的取值可以直接影响油脂水解反应转化率的概率密度分布情况。这是由于均方差 D 本身就可以作为反映亚临界中菜籽油转化率的一个参数，体现了菜籽油脂肪酸量的离散程度。均方差 D 越大，表明水解反应产生的脂肪酸的分散程度越大；D 越小，说明脂肪酸的分散程度越小。分析在 $t=20\sim60\text{min}$ 的反应阶段时，菜籽油水解产生脂肪酸的分散程度。例如在快速反应阶段，即 $t=30\text{min}$ 时，D 从 0.05（1/s）增大到点 5 时，概率密度分布图的变化趋势就表明两者之间的关系，如图 3-82 和图 3-83 所示。

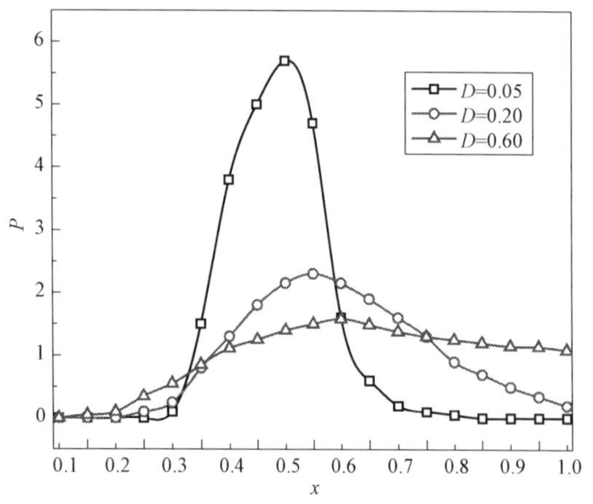

图 3-82　水解反应均方差 D 对概率密度的影响（$t=30\text{min}$）

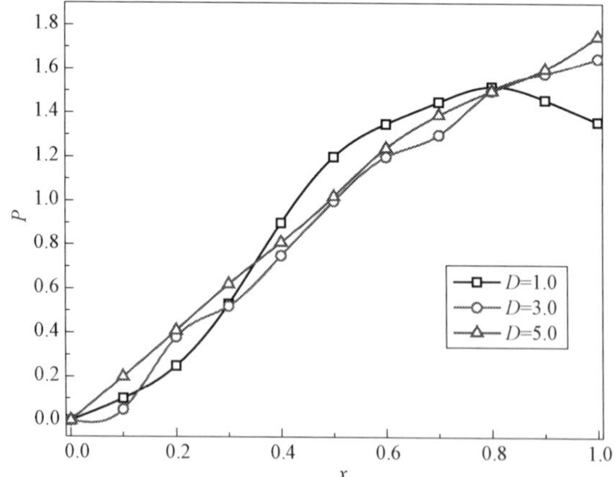

图 3-83　水解反应均方差 D 对概率密度的影响（$t=30\text{min}$）

当 x 较小如 0.05(1/s) 时，概率密度分布图较为对称，这说明菜籽油水解产生的脂肪酸分散程度较小，而当 x 为 0.60(1/s) 时，概率密度分布图开始明显右偏，且偏向十分严重，峰值也在减小，说明此时菜籽油水解产生的脂肪酸分散程度较大。这时，菜籽油的水解反应应该进行的较为彻底，产生了大量的菜籽油脂肪酸。

从图 3-82 中还可知，在 $x<0.60(1/\text{s})$ 时，方差的增大时伴随着概率密度对应峰值

的快速减小，与此同时峰值的位置逐渐向右移动。当均方差 0.05(1/s) $<x<$0.60(1/s) 时，不同 D 对应的分布形状大致相似，当均方差 $x>$0.60(1/s) 时，概率密度的分布形状发生了巨大的改变，如图 3-83 所示。当 $x>$1.0(1/s)，最大值移动至 $x=1.0$ 处，并且随着的增大，概率密度分布的最大值也在逐渐增大，这与 $x<$0.60(1/s) 时的变化趋势不同。

当反应时间 $t>$40min，可以认为菜籽油的水解反应已经进入慢反应阶段，此时概率密度分布的最大值均集中在 $x=1.0$ 处，详细情况参见图 3-84 和图 3-85。D 值从 0.05(1/s) 变化到 5(1/s)，此过程中概率密度分布图像对应的最大值随着 D 值的增大反而减小，说明该反应区间与之前快速反应区间相比，即在后期慢速反应阶段中，反应达到平衡后出现了水解反应的逆反应。

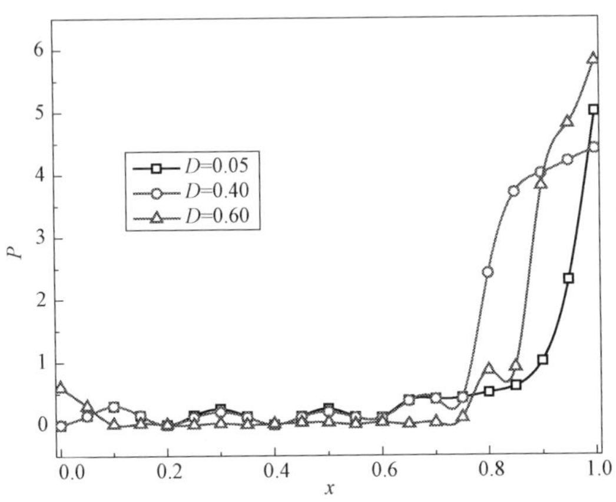

图 3-84 水解反应中均方差 D 对概率密度的影响（$t>$40min）

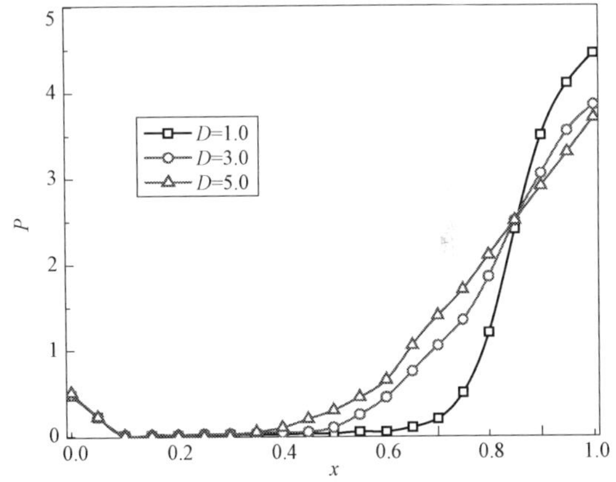

图 3-85 均方差 D 对水解转化率概率密度的影响（$t>$40min）

(2) 反应速率常数对概率密度分布的影响

图 3-86 所示为反应速率常数 k_1 与概率密度分布对应变化曲线图，当 $D=0.05$ (1/s)，$n=0.78$，$t=40$min 时，$k_1=$ 0.022、0.035、0.050 时，P 对应峰值位置从左侧向右侧逐渐移动，并且以 1 为极限。也就是说，随着反应速率常数 k_1 的增加，水解反应的正向反应更加强烈，对应水解反应产物脂肪酸的含量趋近于 1，此时概率密度函数对应的峰形状更为陡峭，说明此时水解反应剧烈。

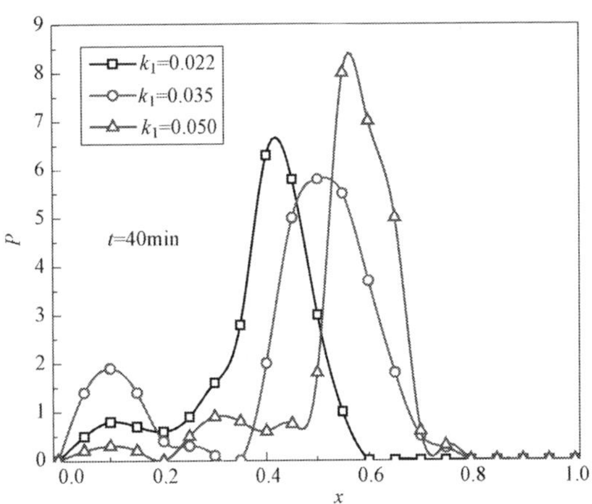

图 3-86 反应速率常数对水解转化率概率密度的影响（$t=40$min）

当 $D=0.05$ (1/s)，$n=0.78$，$t=$ 50min 时，对应反应后期的缓慢阶段见图 3-87。此时概率密度函数对应的 x 的数值非常明显趋近于 1，随着反应速率常数 k_1 的增加，x 远小于 1 的部分也逐渐出现了概率密度分布图像。并且随着反应速率常数 k_1 的持续增大，概率密度分布所对应的峰值（最大值）略有减小。这就意味着此时水解反应可能向逆向进行。

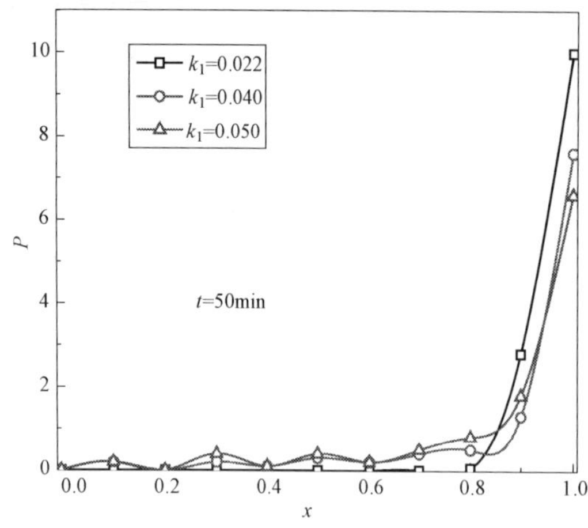

图 3-87 反应速率常数对水解转化率概率密度的影响（t=50min）

（3）反应级数对概率密度分布的影响

图 3-88 表明反应级数与概率密度分布之间有十分紧密的联系（概率密度的位置和大小均发生了较大变化）。当均方差 D=0.05（1/s），反应速率常数 k_1=0.050 时，在 n=0.75、0.78 和 0.80 的范围内，概率密度分布曲线中的峰值数值会随着 n 值的增大呈现先增大后减小的趋势，对应峰值的位置也从右侧向左侧移动。n 值对概率密度分布的影响也随着时间的延长逐渐减小。如图 3-89 所示，当 t=30min 时，P 的峰值位置集中在 1，P 的最大值随着 n 的增大而略有增大。这是由于此时水解产生的菜籽油脂肪酸含量几乎达到最大，随着反应时间的延长，转化率略有变化。

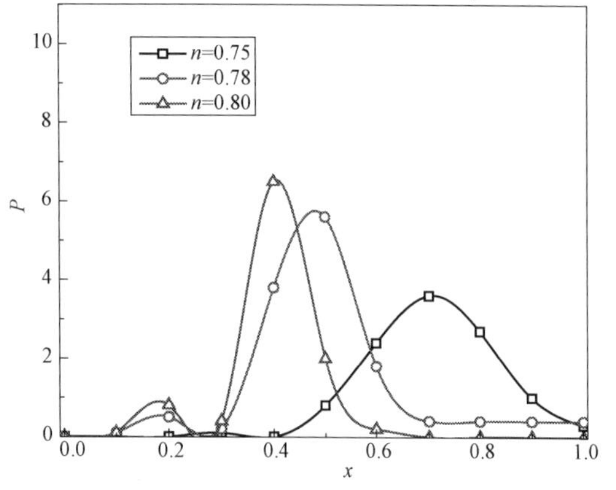

图 3-88 反应级数对水解转化率概率密度的影响

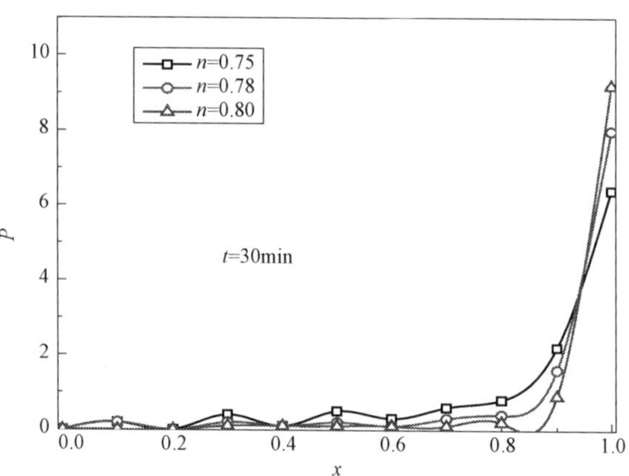

图 3-89 反应级数对水解转化率概率密度的影响（t=30min）

（4）亚临界中的随机动力学模型验证

对多次重新试验所得数据进行随机动力学实验，对菜籽油在亚临界流体中水解反应随机动力学模型进行验证。

1）均方差 D 的确定。通过对试验数据进行处理分析，可以初步掌握均方差 D 与反应时间之间的变化规律，如图 3-90 所示。D 随着反应时间 t 的延长而发生规律性变化，在快速反应阶段，水解反应产生菜籽油脂肪酸的转化率很大，均方差 D 的数值随着时间 t 的增大而急剧变大，在慢速反应阶段，D 的值先快速减小，后又慢慢增大。这说明在菜籽油水解反应过程中，在初始阶段的转化速度最快，随后慢慢降低，直至反应平衡。

2）水解反应随机动力学模型拟合。在建立了亚临界流体中水解反应转化率的随机动力学模型之后，要对模型的有效性进行验证，根据试验数据，采用 matlab 软件对随机动力学模型进行拟合，拟合结果如图 3-91 所示。

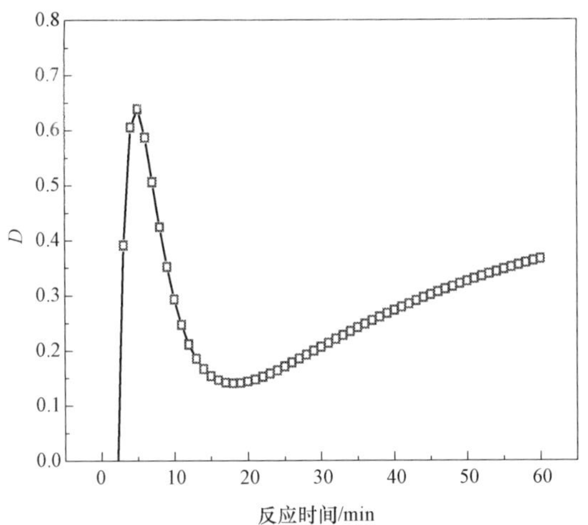

图 3-90　均方差的变化

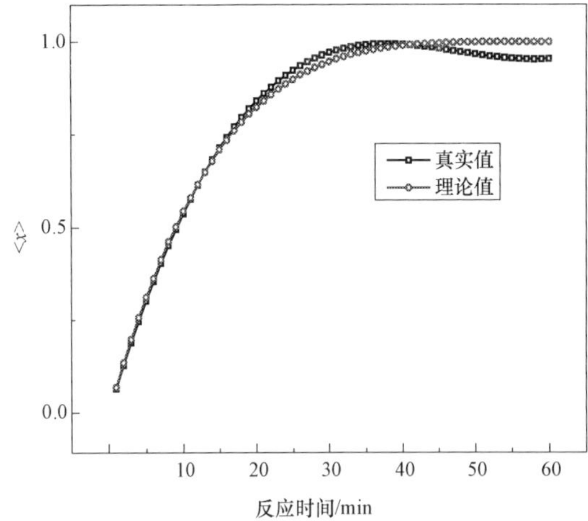

图 3-91　t=40min 时转化率的计算值和实际值比较

从图 3-91 可知，菜籽油在亚临界流体中的随机动力学模型计算所得值与实际值拟合程度较好，模型的拟合分析数据见表 3-8。

表 3-8　　模型拟合分析数据

Mean	Adj. R^2	Skewness	Kurtosis
0.814 99	0.989 23	−1.492 77	1.119 22

从表 3-8 可知，Kurtosis（峰度）为 1.119 22 明显大于 0，说明菜籽油水解反应所得数据的分布比标准正态分布要陡峭；Skewness（偏度）为−1.492 77 小于 0，表明试验所得数据左偏。系统的误差均值为 0.814 99，处于较低水平；系统的调整决定系数（Adj. R^2）为 0.989 23，表明模型是高度显著，即表明模型能够较好的刻画菜籽油水解反应的随机过程，验证了理论的有效性。因此，从模型的拟合程度来看，随机动力学模型能够较好的展示菜籽油水解转化率的变化过程。

3.5.4　超临界酯化反应的随机动力学模型

1. 超临界中随机动力学模型的建立

在超临界的反应环境体系条件下，可以通过实验得到脂肪酸经过酯化反应后所得脂肪酸甲酯转化率，设该脂肪酸转化率为 x，而且 x 随时间的变化可以通过随机过程 $x(t)$ 来进行定义。并在此基础上定义 $P(w, t)$ 为随机过程 $x(t)$ 对应的概率密度函数。假设 $x(t)$ 满足 Marlkov 过程，则 $x(t)$ 的 n 级联合概率密度函数和条件概率密度函数为：

$$P(x_1,t_1;x_2,t_2;\cdots;x_n,t_n)=P(x_2,t_2;\cdots;x_n,t_n|x_1,t_1)P(x_1,t_1) \tag{3-116}$$

式中：$P(w_1, t_1)$ 为一级概率密度函数。

由式（3-116）还可以推导得到

$$\begin{aligned}P(x_1,t_1;x_2,t_2;\cdots;x_n,t_n)&=P(x_3,t_3;\cdots;x_n,t_n|x_1,t_1;x_2,t_2)P(x_1,t_1;x_2,t_2)\\&=\cdots\cdots\\&=P(x_n,t_n|x_{n-1},t_{n-1};\cdots;x_1,t_1)P(x_{n-1},t_{n-1};\cdots;x_1,t_1)\end{aligned} \tag{3-117}$$

由于 $x(t)$ 是一个 Marlkov 过程，所以有

$$P(x_n,t_n|x_{n-1},t_{n-1};\cdots;x_1,t_1)=P(x_n,t_n|x_{n-1},t_{n-1}) \tag{3-118}$$

而 Marlkov 过程的转移概率符合 Chapman - kelmogrow 方程

$$P(x,t|x_0,t_0)=\int_{-\infty}^{+\infty}P(x,t|\eta\cdot S)\cdot P(\eta\cdot S|x_0,t_0)\cdot \mathrm{d}\eta t>s>t_0 \tag{3-119}$$

式中：η、S 均为转换变量。

在 Marlkov 变换过程中，可以通过转移概率来建立任何时刻对应的一级概率密度与初始概率密度之间的关系，即

$$P(x,t)=\int_{-\infty}^{+\infty}P(x,t\mid x_0\cdot t_0)\cdot P(x_0,t_0)\mathrm{d}x_0 \tag{3-120}$$

式中：$P(x,\ t)$ 为概率密度函数；$P(x_0,\ t_0)$ 为初始的第一级概率密度函数。

为了确定转移概率的微分方程，由式（3 - 120）可得

$$P((x,t+\Delta t)|x_0,t_0)=\int_{-\infty}^{+\infty}P(x,t+\Delta t|x-\Delta x,t)\cdot P(x-\Delta x,t|w_0,t_0)\mathrm{d}\Delta x \tag{3-121}$$

对式（3 - 121）进行 Talor 展开，整理简化可得

$$\frac{\partial P(x,t|x_0,t_0)}{\partial t}=-\frac{\partial}{\partial w}[\alpha_1(x,t)\cdot P(x,t|x_0,t_0)]+\frac{1}{2}\frac{\partial^2}{\partial x^2}[\alpha_2(x,t)\cdot P(x,t|x_0,t_0)] \tag{3-122}$$

$$\alpha_n(x,t)=\lim_{\Delta t\to\infty}\frac{1}{\Delta t}\int_{-\infty}^{+\infty}(\Delta x)^R\cdot P(x+\Delta x,t+\Delta t|x,t)\mathrm{d}\Delta x \tag{3-123}$$

式中：α_1、α_2 为矩参数；$\alpha_n(x,\ t)$ 为增量 $x(t+\Delta t)-x(t)$ 的矩。

边界条件和初始条件可概化为

$$\lim_{x\to\infty}p(x,t|w_0,t_0)=0\ \lim_{x\to\infty}p(x,t|w_0,t_0)=\delta(x-x_0) \tag{3-124}$$

对式（3 - 124）两边同时乘以 $P(x_0,\ t_0)$，并积分可得

$$\frac{\partial p(x,t)}{\partial t}=\frac{\partial}{\partial x}[\alpha_1(x,t)\cdot p(x,t)]+\frac{1}{2}\frac{\partial^2}{\partial x^2}[\alpha_2(x,t)\cdot p(x,t)] \tag{3-125}$$

至此，给出了脂肪酸转化为脂肪酸甲酯过程 $x(t)$ 概率密度函数 $P(x,\ t)$ 所满足的一般方程。一旦得到 $x(t)$ 所遵循的方程式，就能够得到矩参数 α_1 和 α_2，然后通过式（3 - 126）求得 $P(x,\ t)$ 的具体函数表达式。

根据酯化反应试验数据可模拟得到转化率确定性动力学模型：

$$\frac{\mathrm{d}x}{\mathrm{d}t}=f(x,t) \tag{3-127}$$

考虑到随机的扰动作用，有

$$\frac{\mathrm{d}x}{\mathrm{d}t}=f(x,t)+\varphi(x,t)\frac{\mathrm{d}H(t)}{\mathrm{d}t} \tag{3-128}$$

式中：$P(x,\ t)$ 为确定性函数；$H(t)$ 为 wener 过程；$\varphi(x,\ t)$ 用来表征反应物脂肪酸转化为脂肪酸酸甲酯过程中 $X(t)$ 的导数与其均值的差值分布的离散程度。

联立式（3 - 126）和式（3 - 137）可得

$$\alpha_1(x,t)=f(x,t) \tag{3-129}$$

$$\alpha_2(x,t)=\varphi^2(x,t) \tag{3-130}$$

因此，式（3 - 127）可变化为

$$\frac{\partial p(x,t)}{\partial t}=-\frac{\partial}{\partial x}[f(x,t)\cdot P]+\frac{1}{2}\frac{\partial^2}{\partial x^2}[\varphi^2(x,t)\cdot P] \tag{3-131}$$

根据现有的大量的实验数据可得转化率 x 与转化时间 t 的动力学方程式，即

$$\ln\frac{\mathrm{d}x}{\mathrm{d}t}=n\ln[c_{A0}(1-x)]+\ln k_2 \text{ 或 } \frac{\mathrm{d}x}{\mathrm{d}t}=k_2[c_{A0}(1-x)]^n \tag{3-132}$$

式中：n 为反应级数；表示 k_2 为反应速率常数 K_1 与反应溶液溶质的初始浓度 c_{A0} 的比值，$k_2=k_1/c_{A0}$。

假设

$$\varphi(x,t)=2(Dx)^{1/2} \tag{3-133}$$

式中：D 为均方差。

将式（3 - 132）和式（3 - 133）代入式（3 - 131），可得

$$\frac{\partial p(x,t)}{\partial t}=-\frac{\partial}{\partial x}[f(x,t)]+\frac{1}{2}\frac{\partial^2}{\partial x^2}(2Dxp) \tag{3-134}$$

将式（3 - 132）和式（3 - 133）代入式（3 - 129），可得

$$\varphi(x,t)=f(x,t)+(2Dx)^{1/2}\mathrm{d}H(t) \tag{3-135}$$

相应的初始条件和边界条件为

$$\begin{cases}P|_{t=0,x>0}=0\\ P|_{t=0,x=0}=\delta(0)\end{cases}\begin{cases}P|_{x=0}=0\\ \left.\frac{\mathrm{d}P}{\mathrm{d}x}\right|_{x=0}=0\end{cases} \tag{3-136}$$

$$(Px)|_{x=\infty}=0\int_0^{\infty}P(x)\mathrm{d}x=1(t>0) \tag{3-137}$$

2. 临界流体中的随机动力学模型特性分析

（1）均方差系数对概率密度分布的影响

根据随机动力学知识可知，均方差 D 的数值与概率密度分布有着直接的作用。这是由于均方差 D 可以直观反映超临界中菜籽油脂肪酸转化为油酸甲酯（生物柴油）量的离散程度的一个参数，均方差 D 越大，表明酯化反应生成的油酸甲酯的分散程度越大；D 越小，说明油酸甲酯的分散程度越小。分析在 $t=30\sim50$min 反应阶段时，菜籽油脂肪酸转化为油酸甲酯的过程。例如在快速反应阶段，即 $t=30$min，D 从 0.1（1/s）增大到点 0.9 时，相应概率密度分布图的变化趋势就阐释了这个问题，如图 3 - 92 所示。

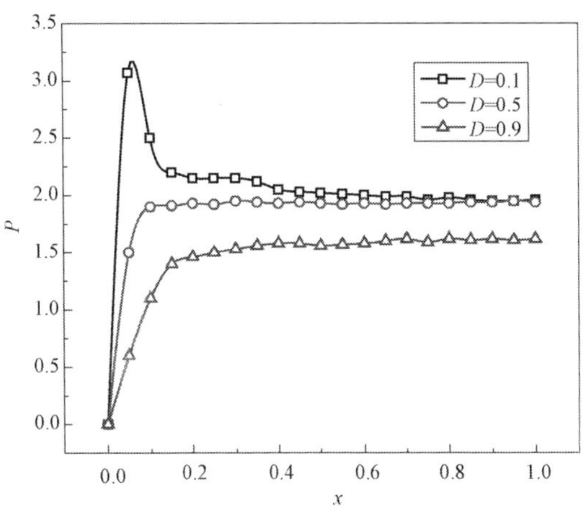

图 3 - 92　均方差对概率密度的影响

从图 3 - 92 中可知，随着 D 的变化，概率密度的分布并没有发生明显变化，图形始终处于左偏状态，且偏向十分严重。随着 D 的增大，峰值不断地在减小，说明此时菜籽油酯化产生的油酸甲酯分散程度较大。这时，菜籽油脂肪酸的酯化反应进行得较为彻底，产生了大量的油酸甲酯。之所以区别于水解反应不能较好的描述油

酸甲酯产生的过程及其分散程度，主要是由于超临界反应初始反应速度过快，而本实验记录的数据的时间步长太大，因而无法展示菜籽油脂肪酸在超临界流体中的酯化过程。

(2) 反应速率常数对概率密度分布的影响

从随机动力学模型的方程式来看，反应速率常数对概率密度有较大的影响，反应速率常数对概率密度的影响如图 3-93 所示。

反应速率常数 k_1 对概率密度分布的影响同均方差一样，影响并非十分明显，如图 3-93 所示。只能大致看出，P 的峰值位置从左向右缓慢的移动升高，并且以 1 为极限。换句话说，随着 k_1 的增大，酯化反应的逆向方向更加激烈，但是逆向反应增加的幅度不大。

(3) 反应级数对概率密度分布的影响

根据随机动力学模型方程式，按照常理推断，反应级数对概率密度有重要影响。反应级数对概率密度的影响，结果如图 3-94 所示。

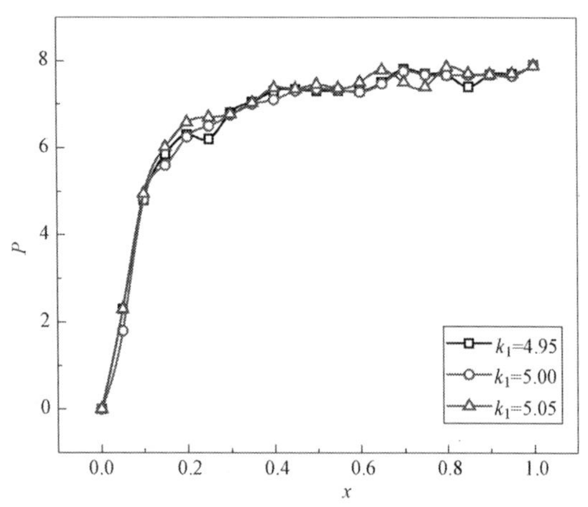

图 3-93　反应速率常数 k_1 与概率密度

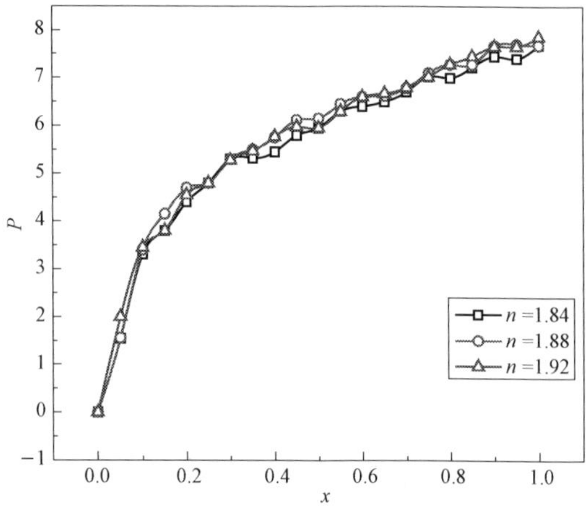

图 3-94　反应级数与概率密度

从图 3-94 可知，当 $D=0.05(1/s)$，$k_1=1.85$ 时，在反应级数 $n=1.84\sim1.92$ 的范围内，概率密度的分布曲线的峰值随着 n 的增大而不断增大，但峰值的位置移动并不明显。这主要还是因为试验条件不够，所得试验数据无法体现菜籽油脂肪酸在超临界流体中快速完成反应的过程，因此无法研究油酸甲酯产生机理过程。

3. 超临界中的随机动力学模型验证

对多次重新试验所得数据进行随机动力学实验，对菜籽油在亚临界流体中水解反应随机动力学模型进行验证。

(1) 均方差 D 的确定

通过对试验数据进行分析，可以初步掌握均方差 D 的变化规律，如图 3-95 所示。

从图 3-95 中可知，D 随着反应时间 t 的延长而发生规律性变化，在快速反应阶段，水解反应产生菜籽油脂肪酸的转化率很大，均方差 D 随着时间 t 的增大而急剧增大（比水解反应同一时间还要陡峭），在慢反应阶段，D 值慢慢减小。这说明在菜籽油水解反应过程中，在初始阶段的转化速度最快，随后慢慢降低，直至反应平衡。

(2) 酯化反应随机动力学模型拟合

为了验证菜籽油在超临界流体中酯化反应转化率的随机动力模型，根据试验数据，采用 matlab 软件对随机动力学模型进行拟合，拟合结果如图 3 - 96 所示。

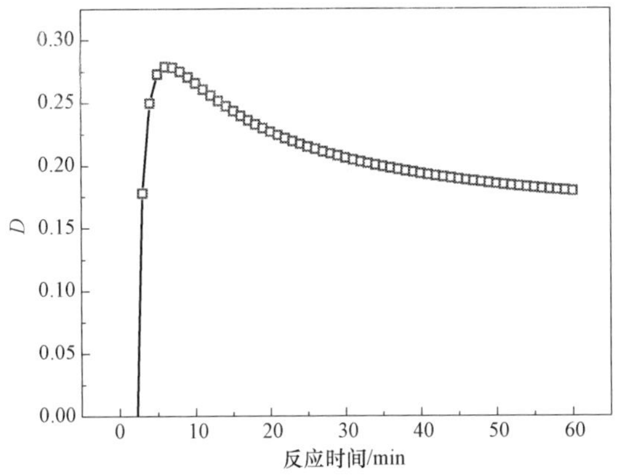

图 3 - 95　均方差随时间的变化规律

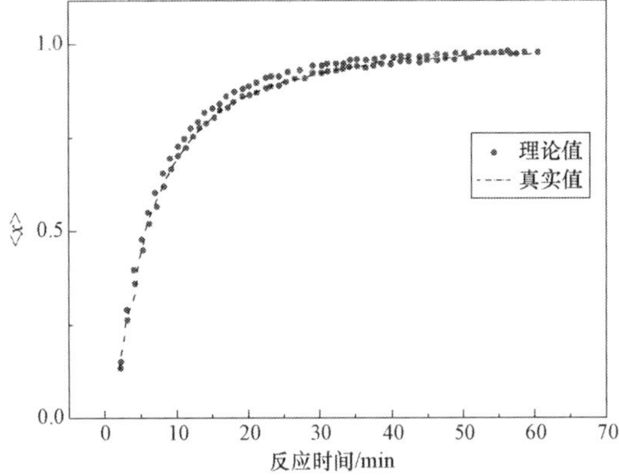

图 3 - 96　t=40min 数值模拟和时间数据的对比

从图 3 - 98 可知，菜籽油在超临界流体中的随机动力学模型计算所得值与实际值拟合程度较好，模型的拟合分析数据见表 3 - 9。

表 3 - 9　模型拟合评价表

Mean	Adj. R^2	Skewness	Kurtosis
0.800 24	0.970 99	−1.733 45	1.023 04

从表 3 - 9 可知，Kurtosis（峰度）为 1.023 04 明显大于 0，说明菜籽油脂肪酸酯化反应所得数据的分布比标准正太分布要陡峭；Skewness（偏度）为−1.733 45 小于 0，表明试验所得数据左偏。系统的误差均值为 0.814 995，处于较低水平；系统的调整决定系数（Adj. R^2）为 0.970 99，表明模型高度显著，即模型能够呈现菜籽油脂肪酸的酯化过程，验证了理论的有效性。因此，从模型的拟合程度来看，随机动力学模型整体上能够较好的展示菜籽油脂肪酸酯化转化率的变化过程。但是由于数据的原因，在对单独系数的分析过程中，无法从随机角度分析油酸甲酯产生的过程。

参考文献

[1] 李会雄，孙树翁．超临界水在倾斜光管中的传热不均匀性研究［J］．工程热物理学报，2008，2（29）：241 - 245.

[2] 朱自强．超临界流体技术：原理和应用［M］．北京：化学工业出版社，2000：235 - 288.

[3] 杨建斌，陈明锴，汤世华，等．超临界流体技术制备生物柴油［J］．中国油脂，2008，33（1）：40 - 42.

[4] 徐娟，包桂蓉，王华，等．亚临界水中橡胶籽油水解反应的试验研究，化学工程，2010，38（1）46 - 49.

[5] 徐娟，包桂蓉，王华，等．均匀设计和回归分析优化油脂亚临界水解工艺，科学技术与工程，2009，9（4）：930 - 932.

[6] 徐娟，包桂蓉，王华，等．正交试验探讨脂肪酸超临界酯化制备生物柴油，工业加热，2009，38（3）：5 - 7.

[7] 徐娟，包桂蓉，王华，等．正交试验探讨橡胶籽油亚临界水解反应，中国油脂，2009，34（6）：36 - 38.

[8] 罗帅，包桂蓉，王华，等．脂肪酸超临界甲醇法制备生物柴油的研究，中国油脂，2009，34（9）：51 - 54.

[9] 廖传华，王重庆．超临界流体与绿色化工［M］．北京：中国石化出版社，2007.

[10] 李法社．小桐子生物柴油的超临界两步法制备及其抗氧化耐低温性的研究［D］．云南：昆明理工大学，2010.

[11] 李一哲，王华，包桂蓉，等．菜籽油脂肪酸在超临界甲醇中酯化反应工艺条件研究［J］．中国油脂，2014，39（8）：57-59.

[12] 李一哲．亚临界水-超临界甲醇两步法制备生物柴油试验研究［D］．云南：昆明理工大学，2008.

[13] 朱平．超临界两步法制备生物柴油的数值模拟研究［D］．云南：昆明理工大学，2009.

[14] 杜威，李法社，姜亚，等．棉籽油亚临界水解反应及其动力学研究［J］．中国油脂，2015，40（3）：70-72.

[15] 李一哲．两步法制备生物柴油随机动力学模型及低温流动性改进评价研究［D］．云南：昆明理工大学，2015.

[16] 李法社，包桂蓉，王华，等．小桐子油脂肪酸在超临界甲醇中酯化反应动力学的研究［J］．太阳能学报，2010，38（5）：532-535.

第4章

生物柴油的理化性能

生物柴油理化性质与0号柴油十分相近，使得生物柴油作为化石燃料的替代燃料具有得天独厚的优势。在能源危机和环境问题日益严重的今天，生物柴油具有不含芳香烃，硫含量低，碳排放为零，十六烷值高，可被生物降解等优点。由于全球性的能源危机和生物柴油得天独厚的可再生性，生物柴油的研究发展十分迅速。作为多种脂肪酸酯的混合物，生物柴油的理化性质主要取决于脂肪酸甲酯的含量与比例，同时，各个国家对生物柴油的理化性能指标以及测定方法都已经制定了相应的标准。我国生物柴油标准制定较晚，最早为2007年7月颁布的GB/T 20828—2007《柴油机燃料调和用生物柴油（BD）100》，该标准对密度，闪点，冷滤点，硫含量等16项指标含量以及测定方法进行了规定。

本章主要介绍生物柴油结构表征与理化性能检测的国家标准以及部分实验室检测方法以及生物柴油和0号柴油调和燃料的理化性能。

4.1 生物柴油结构表征与成分组成测定

生物柴油的结构和成分组成可以预测生物柴油的部分理化性质，对结构和成分的测量主要包括色谱法和光谱法两大类。

色谱分析方法采用流动相和固定相，以流动相对固定相中的待测物进行洗脱，由于不同物质在不同相态中选择性分配，那么待测物中的不同组分将以不同的速度沿着固定相移动，最终便达到分离的目的。在生物柴油组分分析中高效液相色谱（HPLC）、气相色谱（GC）、凝胶渗透色谱（GPC）以及液相色谱与气相色谱联用法（LC-GC）均有良好的应用。Holeapek等人通过高效液相色谱方法对生物柴油反应过程中反应液的成分含量进行了分析。Ragonese等人采用气相色谱法分析了生物柴油调和燃料中脂肪酸甲酯的含量。仲兆平等人采用凝胶渗透色谱测量了生物柴油混合燃料的平均分子质量。Lechner等人通过LC-GC联用方法对植物油甲酯中的甘油酯含量进行了分析。

光谱分析方法包括中红外光谱分析（MIR）、近红外光谱分析（NIR）、拉曼光谱与核磁共振光谱技术（NMR）等。Liliana等人运用中红外光谱分析了生物柴油调和燃料的密度、硫含量和蒸馏温度。国标中对脂肪酸甲酯（生物柴油）的体积浓度为1.7%～22.7%范围内的调和燃料采用中红外光谱进行分析，通过测量1745cm^{-1}附近的吸收强度来对脂肪酸甲酯的含量进行预测。Oliveira通过近红外光谱和拉曼光谱对生物柴油混合燃料中掺杂的植物油含量进行了预测。Monteiro等人将大豆和蓖麻油为原料生产的生物柴油与三种不同的柴油混合，运用核磁共振光谱技术对其中的生物柴油含量进行了定量分析，研究表明该分析技术的结果并不被生物柴油种类或柴油种类影响。

光谱法与色谱法相比，具有以下两个优点：分析速度快，效率高，可以同时对多组分进行测量；无需对样品进行预处理，信号可以远距离传输，便于在线检测；但是，光谱分析技术是一种间接的分析技术，必须在测量的真实值的基础上建立模型，以进行分析，其测量精确度难以超过标准方法的精确度；色谱分析技术精确度高，因而常常被用于光谱分析过程中标准值的测量，色谱-光谱联用分析技术是目前趋势所在。

4.1.1 生物柴油红外光谱分析

通常条件下，分子处于单重态的基态。红外光谱的主要原理是当连续波长的红外光线照射到物质上时，如果物质中某个基团的振动频率或转动频率和红外光的频率一样时，分子就能吸收能量由原来的基态跃迁到较高的能级，分子吸收红外辐射后发生能级的跃迁，该处波长的光就被物质吸收。

分子中成键原子间的振动可以近似地用经典力学模型来描述，最简单的情况是A—H键的伸缩振动，根据胡克（Hooke）定律和牛顿（Newton）定律导出振动频率，见式（4-1）～式（4-3）。

$$\nu = \frac{1}{2\pi}\sqrt{\frac{K}{m}} \tag{4-1}$$

频率用波数表示为

$$\overline{\nu} = \frac{1}{2\pi c}\sqrt{\frac{K}{m}} \tag{4-2}$$

式中：c 为光速，cm/s；K 为键的力常数，是键的属性，与键的电子云分布有关，代表键发生振动的难易程度，N/cm；m 为氢原子的质量，其值为 1.66×10^{-24} g。

对于双原子间的伸缩振动，一般可将质量折算为 M 代入式（4-2）。折算方法为

$$M = \frac{m_1 m_2}{m_1 + m_2} \tag{4-3}$$

式中：m_1、m_2 为两个原子的质量。

这种计算方法把基团孤立起来，并且按照经典力学计算的方法，忽略了分子基团间的相互影响，非常简陋，过于简化。在分子范围内，经典力学失去准确性与适用性，进入量子力学的范围。因此该公式一般不用于精确度较高的计算。

目前红外光谱仪主要分为第二代反射光栅作为色散元件的光谱仪以及第三代迈克尔孙（Milcheson）干涉仪。由于计算机技术的发展，使得计算能力提高，第二代光谱仪目前已经基本被淘汰，第三代红外光谱仪因其准确快速方便的特点被普遍应用。光栅扫描的是利用分光镜将检测光（红外光）分成两束，一束作为参考光，一束作为探测光照射样品，再利用光栅和单色仪将红外光的波长分开，扫描并检测逐个波长的强度，最后整合成一张谱图。傅立叶变换红外光谱是利用迈克尔逊干涉仪将检测光（红外光）分成两束，在动镜和定镜上反射回分束器上，这两束光会发生干涉。相干的红外光照射到样品上，经检测器采集，获得含有样品信息的红外干涉图数据，经过计算机对数据进行傅立叶变换后，得到样品的红外光谱图。红外光谱仪原理如图4-1所示。当镜头移动时，光源发出的两束光通过干涉仪会使得两束光产生光程差，通过试样之后会产生不同波长，被探测器探测之后通过信号和滤波器产生干涉图，通过数电转换器之后经电脑进行傅里叶变换，最终输出红外光谱图。

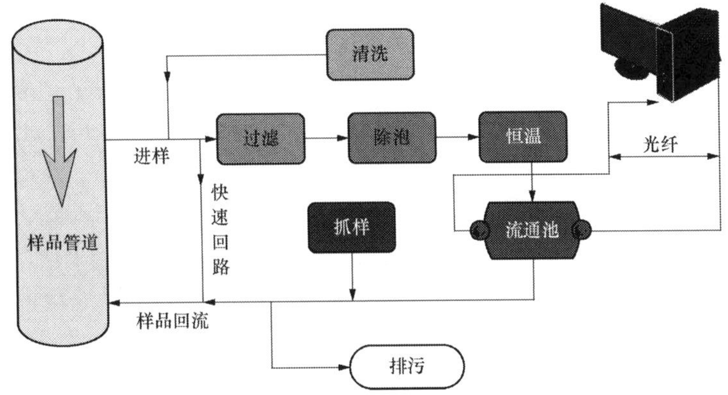

图 4 - 1　红外光谱仪原理示意

对于红外光谱仪，应满足国标 GB/T 21186 的测定范围以及标准要求。本小节采用美国公司生产的 Bruker 型号为 ALPHA 的近红外光谱仪对进行检测。检测样品为：地沟油生物柴油、橡胶籽生物柴油、小桐子生物柴油、棕榈油生物柴油，样品检测参数：分辨率为 4cm^{-1}，样品扫描时间 10 次，背景扫描时间 10 次，保存数据从 100～4500cm^{-1}。采用 OPUS 软件进行数据分析，其结果如图 4 - 2 所示。

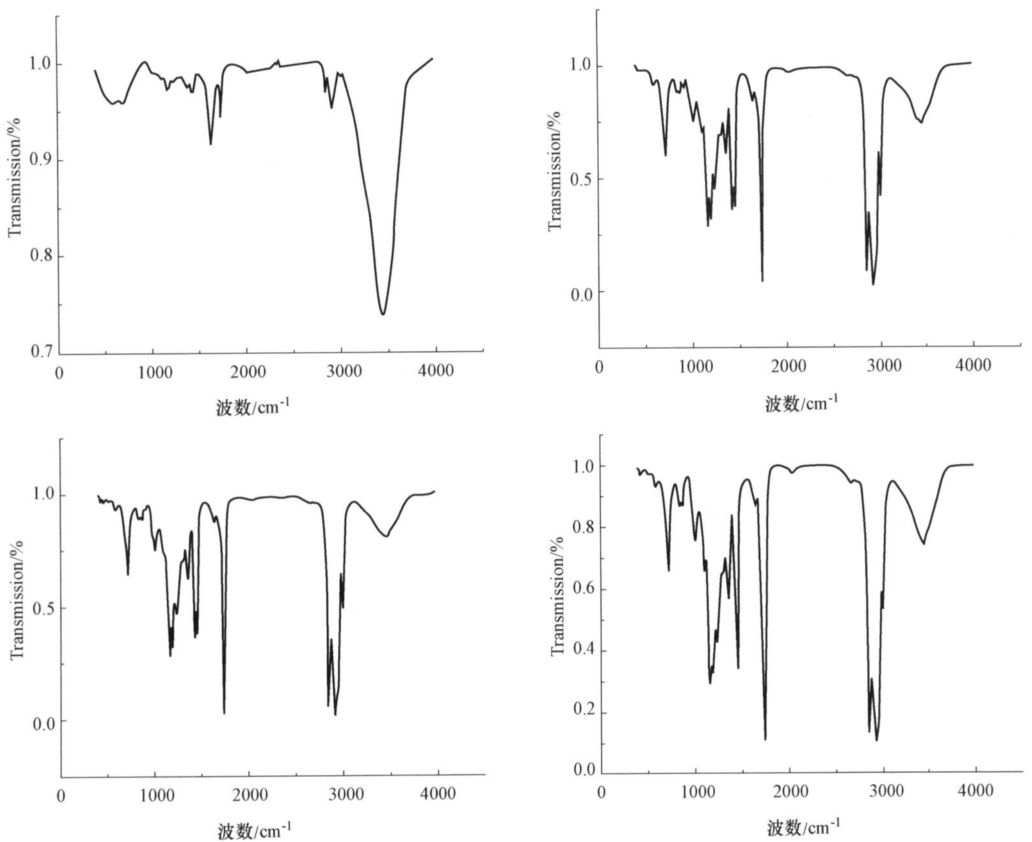

图 4 - 2　地沟油生物柴油、橡胶籽油生物柴油、小桐子生物柴油、棕榈油生物柴油红外光谱图

分析测定结果可知，振动区间3400～3500cm^{-1}是O—H伸缩振动，化合物为醇，分子内缔合，所以峰形较宽；3010cm^{-1}是不饱和C—H弯曲振动，化合物为烯烃；2926cm^{-1}和2855cm^{-1}是C－H对称伸缩振动，化合物为烷烃；1743cm^{-1}是C＝O伸缩振动，化合物为羧酸；1463cm^{-1}和1436cm^{-1}是C－H剪式摇摆，2926cm^{-1}和2855cm^{-1}是其倍频峰；1654cm^{-1}是C＝C振动；1171cm^{-1}、1246cm^{-1}、1197cm^{-1}是C—H的伸缩振动；723cm^{-1}是—CH_2—摇摆振动。

影响近红外光谱测量结果的因素主要有样品存放时间，样品制作的质量，水分含量，杂质等，而地沟油生物柴油3447cm^{-1}峰，一般为水的振动峰，所以地沟油生物柴油的在此处的比较宽，地沟油生物柴油原料油来源比较复杂，其他区间振动峰的形状与其他生物柴油有些差别。

4.1.2 生物柴油的拉曼光谱分析

当频率为v_0的入射光照射到样品时，光会发生反射、透射以及散射。其中光的散射按照光子的频率是否改变分为瑞利散射和拉曼散射。如图4-3所示，当基态E的分子受光子激发跃迁至虚态E_2+h_{v2}，或者激发态能级E_1的分子跃迁至虚态E_1+h_{v0}时，由于虚态处的分子不稳定，其又会向低能级跃迁，该过程中将产生光子，相应光子的能量为h_{v0}、$h_{(v0+\Delta v)}$或者$h_{(v0-\Delta v)}$。若光子频率不变，则该过程称为瑞利散射，反之即为拉曼散射。拉曼散射的强度十分微弱，仅为入射光的10^{-6}～10^{-8}倍。

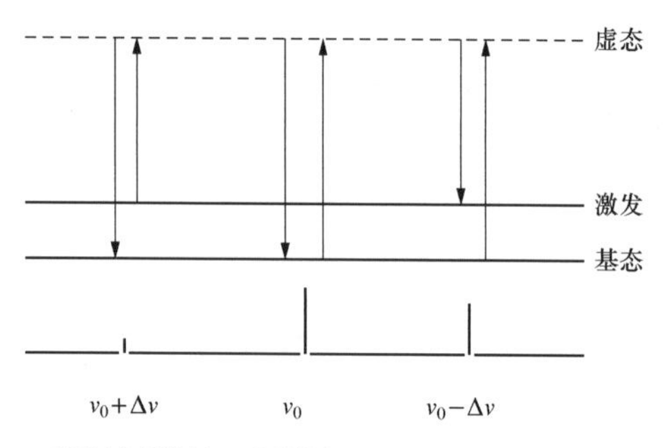

图4-3 光的散射能级示意

在拉曼散射光中，两侧对称分布着频率为（$v_0-\Delta v$）及（$v_0+\Delta v$）的谱线，Δv为拉曼位移；上述谱线又被称为斯托克斯线与反斯托克斯线，斯托克斯线的强度比反斯托克斯线的要高得多。在拉曼光谱图中，通常以拉曼位移为横坐标，强度为纵坐标；由于反斯托克斯线强度极低，在拉曼谱图中可以直接省略。

拉曼谱图反映的是拉曼位移与强度之间的关系，其与激发光频率无关，只与待测样品的分子振动与转动能级有关。拉曼光谱的强度I，与待测样本分子的浓度C的关系为

$$I=K\cdot L\cdot C\cdot I_0$$

式中：K为系统参数；L为光程；I_0为入射光的强度。

与近红外光谱相比，拉曼光谱具有以下特点：

（1）对水分子不敏感，由于水的拉曼光谱强度极弱，便于直接进行含水溶液的测量。

（2）测量范围较宽，对于近红外光谱无法识别的无机化合物有着极强的解析能力。

拉曼光谱极易受到环境条件的干扰，并且其激光源对于样品会造一定的影响，不适用于某些特殊生物样品。拉曼光谱对于样品的荧光杂质十分敏感，产生的荧光噪声极有可能超过拉曼光谱的强度，造成信号识别的困难。拉曼光谱通过计算特征峰相对高度（或面积）来进行定量分析，比较适合于简单体系。

使用拉曼光谱时必须保证是暗室，机器无振动，无强磁干扰等，样品放在玻璃器皿里，发射透镜使激光聚焦在样品上，这时试样信息会传到仪器自带软件进行分析，其检测

原理如图 4-4 所示。光谱图处理顺序：基线校正→消除荧光→标峰位。

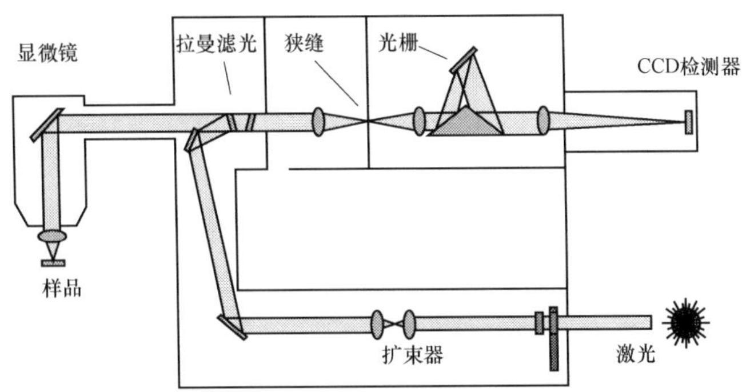

图 4-4　拉曼光谱原理示意

为研究生物柴油的结构表征，采用 HORIBA JOBIN YVON 公司生产的最新型 LabRAM HR Evolution 显微共焦激光拉曼光谱仪，YAG 激光器，激光功率 50mW，激光波长 785nm，波数范围 $100cm^{-1}$～$4000cm^{-1}$，分辨率 $1cm^{-1}$，积分次数 3 次，检测时间 3min。

从图 4-5 可以得到，$3010cm^{-1}$ 振动峰是顺式 C＝C 振动；2700～$3100cm^{-1}$ 是 C－H 振动；$2855cm^{-1}$ 和 $2906cm^{-1}$ 是 C—C(CH_2CH_3) 分子骨架变形；1600～$1800cm^{-1}$ 是 C＝C 振动；1260～$1297cm^{-1}$ 是—CH_2—基团振动；$1440cm^{-1}$ 是 C—H 振动；857、970、1021、$1090cm^{-1}$ 是 C—O 振动；$728cm^{-1}$ 是长链烷基。

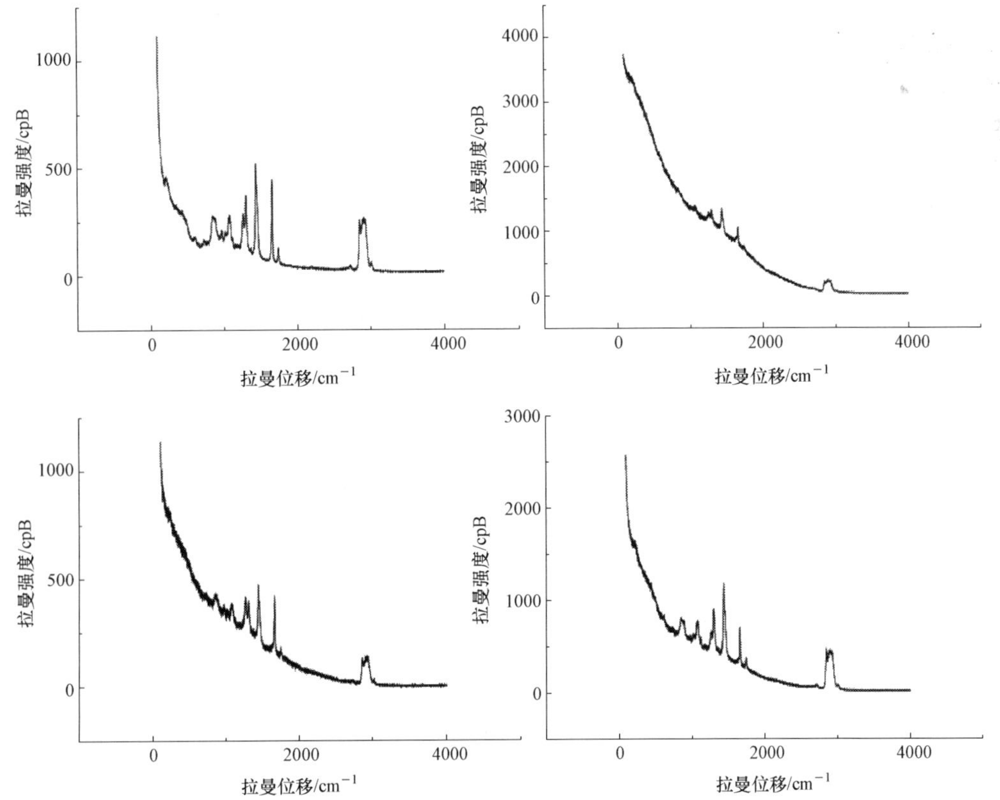

图 4-5　地沟油生物柴油、橡胶籽油生物柴油、小桐子生物柴油、棕榈油生物柴油拉曼谱图

4.1.3 生物柴油气相色谱分析

气相色谱主要是用于分离复杂样品中的化学物，从而检测试样化学成分组成。是一种在有机化学中对易于挥发而不发生分解的化合物进行分离与分析的色谱技术。通常用来测定化合物纯度以及对混合物中各组分进行分离，同时还可以测量各组分的相对含量。在特殊条件下，气相色谱还可以用于提纯混合物。

气相色谱原理如图 4-6 所示。在气相色谱分析法中，一定质量已知的气体或液体分析物被注入色谱柱的进样口中［通常使用微量进样器，也可以使用固相微萃取纤维（solid phase microextraction fibres）或气源切换装置］。当分析物在载气带动下通过色谱柱时，分析物的分子会受到色谱柱中填料的吸附，使通过柱的速度降低。分子通过色谱柱的速率取决于吸附的强度，它由被分析物分子的种类与固定相的类型决定。由于每一种类型的分子都有自己的通过速率，分析物中的各种不同组分就会在不同的时间（保留时间）到达柱的末端，从而得到分离。检测器用于检测色谱柱的流出流，从而确定每一个组分到达色谱柱末端的时间以及每一个组分的含量。通常来说，通过物质流出色谱柱（被洗脱）的顺序和在柱中的保留时间来表征不同的物质。

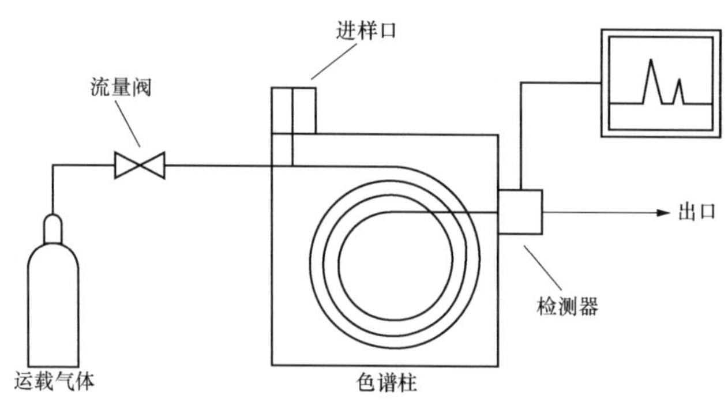

图 4-6 气相色谱原理示意

4.1.4 生物柴油液相色谱分析

高效液相色谱主要原理是高效液相层析仪根据各种各样的化工互作用力来分离混合物。这种相互作用力是由于分析物与分析管柱之间的一种非共价性质。在高效液相色谱的使用过程中，试样在不同时间注入色谱柱，通过压力在固定相中移动，由于试样与固定相之间的相互作用，使得试样中不同的物质按不同顺序离开色谱柱。在这个过程中，通过检测器会得到不同的峰值信号，每个峰都代表了一种化合物种类。通过比对化合物峰值信号好来判断和推测试样中所含的物质。

在进行液相色谱测定时，须先配制标液。其方法为准确称取一定量的各脂肪酸甲酯标样，配制成一定浓度的甲醇溶液标样，把这些标样通过超高效液相色谱仪进行分析，得出各脂肪酸甲酯的色谱图，分析出其各个脂肪酸甲酯的出峰时间。其标样色谱图如图 4-7 所示。准确称量一定质量的小桐子生物柴油样品，配制成一定浓度的甲醇溶液样品，通过超高效液相色谱进样分析，得出小桐子生物柴油样品的色谱图，如图 4-8 所示，再通过外标法进行分析计算，可以得出生物柴油成分各脂肪酸甲酯的含量。测出的生物柴油样品中各脂肪酸甲酯的含量数值见表 4-1 所示，测定小桐子生物柴油成分组成主要有亚油酸甲酯、棕榈酸甲酯、油酸甲酯和硬脂酸甲酯，这四种脂肪酸甲酯含量达到92.8%。

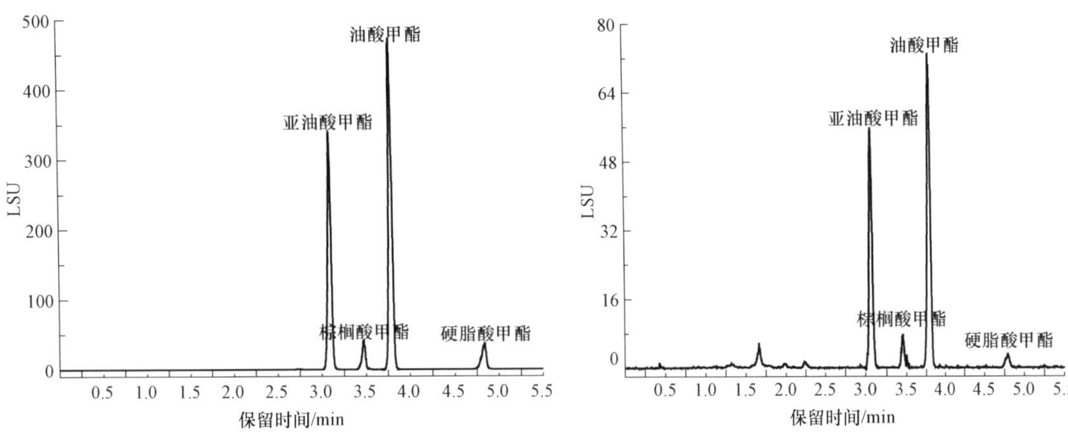

图4-7　几种脂肪酸甲酯标样色谱图　　图4-8　小桐子生物柴油色谱图

表4-1　小桐子生物柴油组成及含量

名称	亚油酸甲酯	棕榈酸甲酯	油酸甲酯	硬脂酸甲酯	其他
质量含量（%）	29.5	11.7	42.9	8.7	7.2

4.1.5　生物柴油GC－MS分析

GC-MS全称为气相色谱-质谱联用，将GC与MS通过一定接口耦合到一起的分析仪器。样品通过气相色谱（GC）分离后的各个组分依次进入质谱检测器，组分在离子源被电离，产生带有一定电荷、质量数不同的离子。不同离子在电场和/或磁场中的运动行为不同，采用不同质量分析器把带电离子按质荷比（m/z）分开，得到依质量顺序排列的质谱图。通过对质谱图的分析处理，可以得到样品的定性、定量结果。GC-MS工作系统主要包括气相色谱系统（一般不带检测器）、离子源、质量分析器、检测器、真空系统和计算机系统几部分。

采用美国Finnigan公司生产的气相色谱一质谱联用仪（GC-MS）检测地沟油生物柴油、小桐子生物柴油、橡胶籽油生物柴油、棕榈油生物柴油等成分组成。GC-MS检测样品参数：DB-WAX型色谱柱，进样量0.1μL，所用气体为He载气；开始程序升温时，初始温度为150℃，保持1min再以5℃/min的速率升温到210℃，再以3℃/min的速率升温到240℃，保持10min即可；该系统会用自带软件对结果进行处理，使用GC-MS测样之前，要先用正己烷进行预处理。图4-9～图4-12为四种生物柴油的GC-MS色谱图，其中保留时间12.46min为棕榈酸甲酯，13.31min为硬脂酸甲酯，15.48min为油酸甲酯，16.00min为亚油酸甲酯，16.62min为亚麻酸甲酯。由四种生物柴油谱图可看出，生物柴油中含量最高的为油酸甲酯，其次为亚油酸甲酯。五种脂肪酸甲酯含量占生物柴油总含量的90%以上。

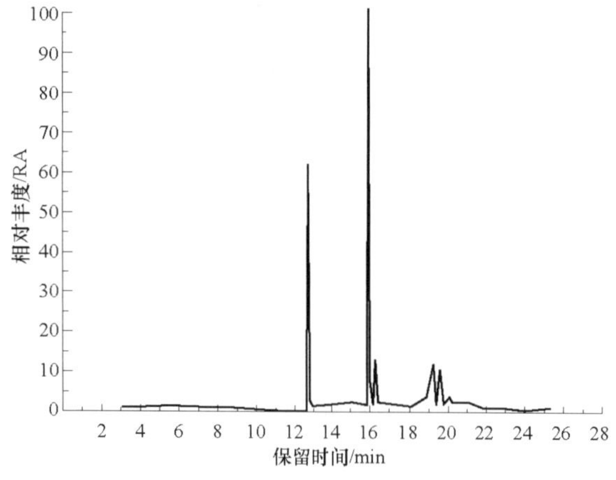

图 4-9　地沟油生物柴油 GC-MS 色谱图

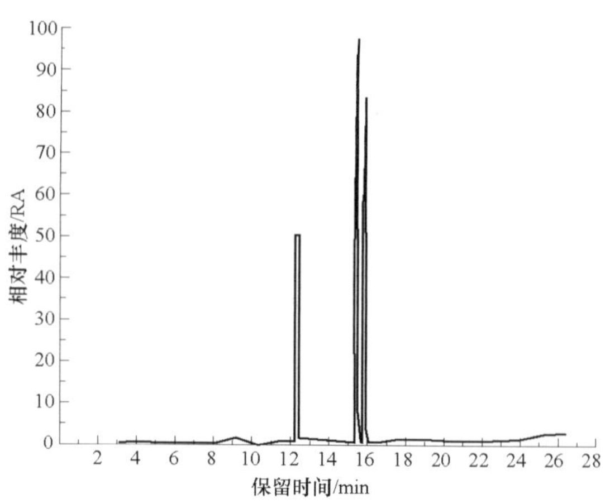

图 4-10　小桐子生物柴油 GC-MS 色谱图

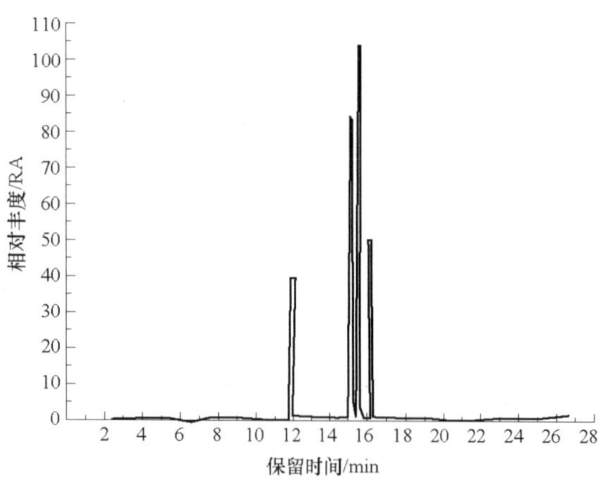

图 4-11　橡胶籽油生物柴油 GC-MS 色谱图

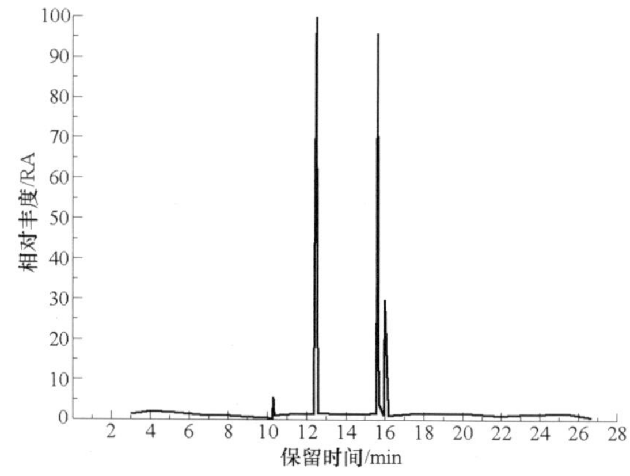

图 4-12　棕榈油生物柴油 GC-MS 色谱图

选择小桐子生物柴油和橡胶籽油生物柴油等四种生物柴油作为样本色谱图，其他 12 种生物柴油的色谱图都与这 4 种生物柴油色谱图相近，出峰顺序和保留时间也在合理范围内，因此可以认定这些脂肪酸甲酯依次为棕榈酸甲酯，硬脂酸甲酯，油酸甲酯，亚油酸甲酯，亚麻酸甲酯。对十六种生物柴油 GC-MS 图谱分析，并得出其成分见表 4-2，棕榈酸甲酯中含量最高的是棕榈油生物柴油为 27%，含量最低的是芥花油生物柴油 6.5%；硬脂酸甲酯中含量最高的是小桐子生物柴油为 7.66%，含量最低的是花椒油生物柴油为 3.31%；油酸甲酯中含量最高的是橄榄油生物柴油为 69.57%，含量最低的是橡胶籽油生物柴油 27.39%；亚油酸甲酯含量最高的是葵花籽油生物柴油为 49.66%，含量最低的是橄榄油生物柴油 5.37%；亚麻酸甲酯中含量最高的是橡胶籽油生物柴油为 12.26%。

表 4-2　　十六种生物柴油 GC-MC 成分分析

样品名称	棕榈酸甲酯($C_{16:0}$)	硬脂酸甲酯($C_{18:0}$)	油酸甲酯($C_{18:1}$)	亚油酸甲酯($C_{18:2}$)	亚麻酸甲酯($C_{18:3}$)
稻米油生物柴油	17.68	4.56	40.59	33.97	0.92
菜籽油生物柴油	6.51	3.68	55.22	20.18	6.93

续表

样品名称	棕榈酸甲酯($C_{16:0}$)	硬脂酸甲酯($C_{18:0}$)	油酸甲酯($C_{18:1}$)	亚油酸甲酯($C_{18:2}$)	亚麻酸甲酯($C_{18:3}$)
花生油生物柴油	10.87	5.15	38.88	34.94	0.05
大豆油生物柴油	11.48	5.56	29.56	43.21	6.98
玉米油生物柴油	12.32	3.77	33.99	46.01	0.90
葵花籽油生物柴油	10.63	5.89	32.98	49.66	0.00
地沟油生物柴油	18.83	7.02	39.96	20.04	1.67
棉籽油生物柴油	23.75	5.70	38.77	23.07	1.78
棕榈油生物柴油	27.00	6.40	44.16	12.84	1.16
小桐子生物柴油	12.96	7.66	41.89	34.45	0.56
橡胶籽油生物柴油	11.39	6.01	27.39	38.13	12.3
橄榄油生物柴油	11.16	5.99	69.57	5.37	0.32
花椒油生物柴油	4.08	3.31	55.39	17.11	5.11
芥花油生物柴油	6.50	3.66	57.35	23.62	6.23
油茶籽油生物柴油	9.23	4.03	67.85	7.51	0.13
芝麻油生物柴油	17.83	5.55	37.78	34.99	0.64

 4.2 生物柴油的燃料特性测定

衡量生物柴油性质的指标主要包括两大类，一类是与石化柴油共有指标：密度、运动黏度、闪点、馏程、残炭等。其中采用十六烷值来评价生物柴油燃烧性能，采用馏程来评价生物柴油蒸发性能；采用闪点，燃点来评价生物柴油的安全性能；采用热值来评价生物柴油的动力性能。另一类为生物柴油所特有的指标，如离子含量、磷含量，甘油含量等，这些指标主要评价生物柴油的纯度。

4.2.1 生物柴油的发热量测定

发热量又称热值，是指生物柴油完全燃烧放出的热量与其质量之比，是燃料基本性能指标之一。热值的高低直接决定了燃料的实用性，热值越高代表其单位质量放出的热量越多。热值可分为高位热值和低位热值，其大小与元素组成有关，单位质量燃料中氢元素含量越高，则热值越大；氧元素含量越高，则热值越小。参照 GB 384 的规定，测试方法主要是以量热计测定不含水的石油产品（汽油、喷气燃料、柴油和重油等）的总热值及净热值。其测定原理和测定方法与原料油热值测定相同。

采用氧弹式量热仪测量 17 种生物柴油的热值见表 4-3。由表可知，17 种生物柴油热值均介于 37.00～41.50MJ/kg，不同种类生物柴油热值差别主要是由于生物柴油成分组成不同。

表 4-3　　生物柴油低位发热量

生物柴油种类	低位发热量（MJ/kg）	生物柴油种类	低位发热量（MJ/kg）
芝麻油生物柴油	40.41	稻米油生物柴油	38.73
玉米油生物柴油	39.98	亚麻籽油生物柴油	37.83
橄榄油生物柴油	39.96	棕榈油生物柴油	37.08
葵花籽油生物柴油	39.91	地沟油生物柴油	38.81
花生油生物柴油	38.05	棉籽油生物柴油	37.20
芥花油生物柴油	37.89	橡胶籽油生物柴油	39.42
菜籽油生物柴油	41.10	蓖麻籽油生物柴油	37.63
大豆油生物柴油	37.75	小桐子生物柴油	39.73
油茶籽油生物柴油	40.10		

1. 生物柴油调和燃料热值分析

对于生物柴油，由于其通常与 0 号柴油混合使用，使得其调和热值对生物柴油的使用也十分重要。分别以小桐子生物柴油，地沟油生物柴油和橡胶籽油生物柴油与 0 号柴油调和，研究其理论热值与实际热值变化情况。

生物柴油调和燃料是按照体积百分比进行调配，百分比热值计算时需要质量百分比，首先测定四种燃料油密度：0 号柴油 829.4kg/m³、小桐子生物柴油 878.3kg/m³、地沟油生物柴油 882.4kg/m³、橡胶籽油生物柴油 862.8kg/m³。以 B5 小桐子生物柴油调和燃料为例，质量百分比计算方法如下：

5%体积分数相当于质量分数为

$$\frac{5\% \times 878.3}{5\% \times 878.3 + 95\% \times 829.4} = 5.3\% \tag{4-4}$$

三种生物柴油及其调和燃料的质量分数计算结果见表 4-4。

表 4-4　　三种生物柴油调和燃料质量分数

不同种类	B0	B5	B10	B20	B30	B40	B50	B60	B70	B80	B90	B100
小桐子生物柴油（%）	0	5.3	10.5	20.9	31.2	41.4	51.4	61.4	71.2	80.9	90.5	100
地沟油生物柴油（%）	0	5.3	10.6	21.0	31.3	41.5	51.5	61.5	71.3	81.0	90.5	100
橡胶籽油生物柴油（%）	0	5.2	10.4	20.6	30.8	41.0	51.0	61.0	70.8	80.6	90.3	100

采用元素分析仪分别对三种生物柴油及其调和燃料进行元素分析见表 4-5，由表可知，三种生物柴油的氧元素含量均大于 10%，其中地沟油生物柴油的氧元素含量最高，达到 12.250%，小桐子生物柴油的氧元素含量最低，为 10.060%，因此小桐子生物柴油的热值最高，达 39.73MJ/kg，地沟油生物柴油热值最低，为 38.81MJ/kg。随生物柴油调和比例的增大，其氧元素含量也随之增大，碳元素含量随之降低。

表 4-5　　　　调和燃料元素分析

不同比例	小桐子生物柴油					地沟油生物柴油					橡胶籽油生物柴油				
	C(%)	H(%)	O(%)	N(%)	S(%)	C(%)	H(%)	O(%)	N(%)	S(%)	C(%)	H(%)	O(%)	N(%)	S(%)
B0	86.050	13.560	0.110	0.130	0.150	86.050	13.560	0.110	0.130	0.150	86.050	13.560	0.110	0.130	0.150
B5	85.535	13.509	0.607	0.187	0.161	85.428	13.516	0.717	0.184	0.153	85.449	13.508	0.703	0.183	0.156
B10	85.020	13.459	1.105	0.244	0.172	84.807	13.473	1.324	0.239	0.157	84.848	13.457	1.297	0.236	0.162
B20	83.990	13.358	2.100	0.358	0.194	83.564	13.386	2.538	0.348	0.164	83.646	13.354	2.484	0.342	0.174
B30	82.960	13.257	3.095	0.472	0.216	82.321	13.299	3.752	0.457	0.171	82.444	13.251	3.671	0.448	0.186
B40	81.930	13.156	4.090	0.586	0.238	81.078	13.212	4.966	0.566	0.178	81.242	13.148	4.858	0.554	0.198
B50	80.900	13.055	5.085	0.700	0.260	79.835	13.125	6.180	0.675	0.185	80.040	13.045	6.045	0.660	0.210
B60	79.870	12.954	6.080	0.814	0.282	78.592	13.038	7.394	0.784	0.192	78.838	12.942	7.232	0.766	0.222
B70	78.840	12.853	7.705	0.928	0.304	77.349	12.951	8.608	0.893	0.199	77.636	12.839	8.419	0.872	0.234
B80	77.810	12.752	8.070	1.042	0.326	76.106	12.864	9.822	1.002	0.206	76.434	12.736	9.606	0.978	0.246
B90	76.780	12.651	9.065	1.156	0.348	74.863	12.777	11.036	1.111	0.213	75.232	12.633	10.793	1.084	0.258
B100	75.750	12.550	10.060	1.270	0.370	73.620	12.690	12.250	1.220	0.220	74.030	12.530	11.980	1.190	0.270

利用门捷列夫经验公式计算三种生物柴油及其与0号柴油调和燃料的理论热值，并采用GB/T 384测量其实际热值见表4-6。

表 4-6　　　　三种生物柴油调和燃料热值与计算热值　　　　(MJ/kg)

不同比例	小桐子生物柴油			地沟油生物柴油			橡胶籽油生物柴油		
	理论热值	测定热值	百分比热值	理论热值	测定热值	百分比热值	理论热值	测定热值	百分比热值
B0	46.21	46.27	46.27	46.21	46.27	46.27	46.21	46.27	46.27
B5	45.92	45.35	45.92	45.89	45.045	45.87	45.89	45.61	45.69
B10	45.63	44.97	45.58	45.56	44.22	45.48	45.56	45.30	45.5
B20	45.05	44.29	44.90	44.87	43.62	44.70	44.89	44.44	44.86
B30	44.47	43.75	44.23	44.23	42.80	43.93	44.23	43.88	44.16
B40	43.82	43.19	43.56	43.57	42.28	43.17	43.56	43.28	43.46
B50	43.31	42.38	42.91	42.91	42.23	42.42	42.90	42.76	42.77
B60	42.73	41.44	42.25	42.25	41.95	41.68	42.23	41.97	42.09
B70	42.14	41.18	41.61	41.59	41.40	40.9	41.57	41.54	41.42
B80	41.5	40.75	40.98	40.92	40.49	40.22	40.9	40.95	40.74
B90	40.98	40.02	40.35	40.26	39.16	39.51	40.24	40.44	40.0
B100	40.38	39.73	39.73	39.63	38.81	38.81	39.57	39.42	39.42

三种生物柴油的热值均低于0号柴油，且地沟油生物柴油热值最低，低于0号柴油16.1%，原因是生物柴油是含氧燃料，氧元素含量在10%左右，会降低燃油热值；随着生物柴油添加比例的增加，调和燃料热值降低，在添加比例为50%时降低水平分别为8.4%、8.7%、7.6%，地沟油生物柴油调和燃料热值下降速度最快。由于生物柴油氧元

素含量在10%左右，石化柴油主要为烷烃类化合物，三种生物柴油的热值均低于0号柴油；且随着生物柴油比例的增加，地沟油生物柴油调和燃料热值下降速度最快，在添加比例为50%时调和燃料热值下降8.7%。小桐子生物柴油中C、H元素含量最高，为88.3%；O元素含量为10.06%，低于其他两种生物柴油，所以三种生物柴油中小桐子生物柴油热值最高。

2. 生物柴油调和燃料热值拟合

对小桐子生物柴油，地沟油生物柴油和橡胶籽油生物柴油理论热值，测定热值以及百分比热值进行分析，并利用散点图对三种生物柴油的理论热值与测定热值进行线性拟合，得出各自拟合公式。比较拟合公式的斜率值可以得出何种理论热值更切近实际热值；比较校正决定系数可以得出拟合公式与实际热值的切近程度。

小桐子生物柴油的测定热值和理论热值以及百分比热值，如图4-13所示。

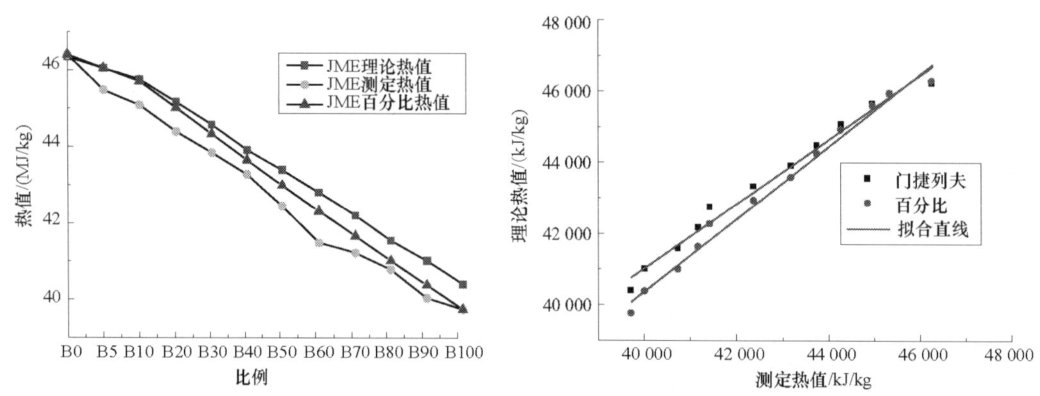

图4-13 小桐子生物柴油热值

小桐子生物柴油的测定热值低于理论热值和百分比热值，这主要是由于测量过程中氧弹会对环境放热，导致测量结果偏低。两种理论热值线性拟合公式如下所示。门捷列夫理论热值与测定热值拟合公式为

$$y = 1151.996 + 0.904\ 81x \tag{4-5}$$

百分比热值与测定热值拟合公式为

$$y = -93.553 + 1.018\ 85x \tag{4-6}$$

两个拟合公式的校正决定系数分别为0.983 74和0.987 05，拟合度较好，但是百分比热值与测定热值的拟合直线斜率为1.018 85，优于门捷列夫理论热值与测定热值拟合直线0.904 81的斜率值。表明百分比理论热值更加接近实际热值，在生产应用时，通过调和燃料百分比计算小桐子生物柴油调和燃料理论热值，要优于通过门捷列夫高位发热量算得的理论热值。

如图4-15所示，地沟油生物柴油热值在添加比例为50%之前和小桐子生物柴油趋势相似，但在添加比例超过50%后其实际热值略高于百分比热值。两种理论热值线性拟合公式如下所示。门捷列夫理论热值与测定热值拟合公式为

$$y = 367.978 + 0.982\ 57x \tag{4-7}$$

百分比热值与测定热值拟合公式为

$$y = -1051.367\ 7 + 1.113\ 22x \tag{4-8}$$

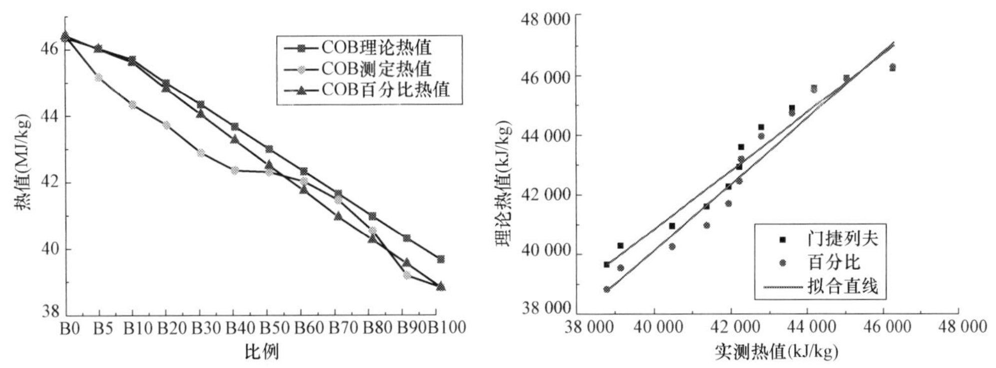

图4-14 地沟油生物柴油热值

两个拟合公式的校正决定系数分别为0.946 26和0.947 35，拟合直线斜率分别为0.982 57和1.113 22，校正决定系数略低于其他两种生物柴油调和燃料，说明地沟油生物柴油由于其成分的复杂性，导致调和燃料热值的线性关系较差；但是就两种理论计算方法比较看，地沟油生物柴油调和燃料的门捷列夫理论热值更接近实际热值。

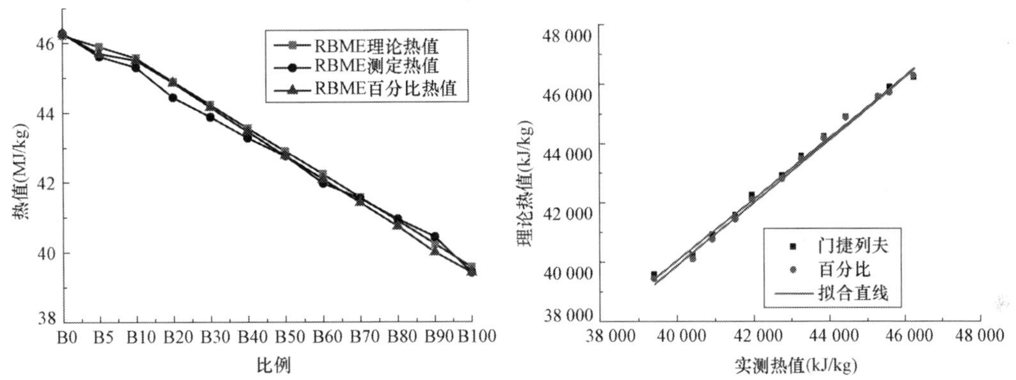

图4-15 橡胶籽油生物柴油热值

如图4-16所示，小桐子生物柴油的实际热值和两种理论热值结果十分接近，但在B50之前仍略低于理论热值。两种理论热值线性拟合公式如下所示。门捷列夫理论热值与测定热值拟合公式为

$$y=-333.496+1.036\,1x \tag{4-9}$$

百分比热值与测定热值拟合公式为

$$y=-588.635+1.058\,57x \tag{4-10}$$

两个拟合公式的校正决定系数分别为0.993 46和0.993 84，拟合直线斜率分别为1.036 1和1.058 57，两者差别较小，算得理论热值均与实际热值接近，在应用过程中，工作人员可以根据现场实际情况进行选择；橡胶籽油生物柴油调和燃料的校正决定系数非常接近1，远远大于其他两种调和燃料，表明该种生物柴油理论热值的线性关系较好，在试验条件不完备的情况下，可以通过理论计算的方法获得橡胶籽油生物柴油调和燃料的热值，代替实际测量值，且误差很小。

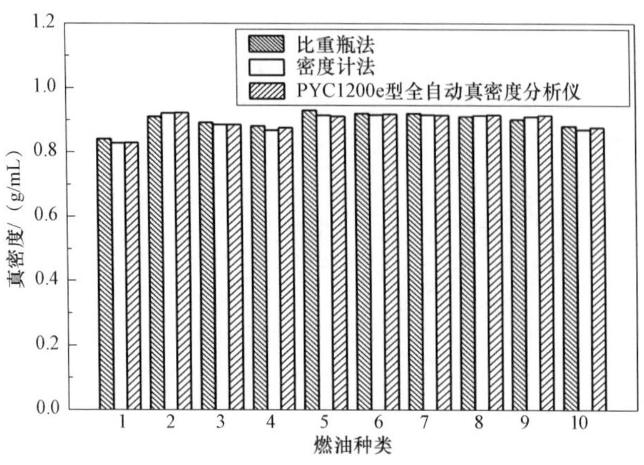

图 4-16 不同方法测定生物柴油及原油密度

1—0 号柴油；2—橡胶籽油；3—橡胶籽油生物柴油；4—地沟油生物柴油；5—花生油；6—葵花籽油；7—菜籽油；8—玉米油；9—小桐子油；10—小桐子生物柴油

生物柴油实际测量热值和百分比热值低于理论热值，这主要是由于测量过程中氧弹会向周围放热，导致热量散失，使得测量结果偏低。

4.2.2 生物柴油的密度测定

密度是单位体积燃油质量，是燃油最基本、最重要的物性参数。对其他理化性质都有直接或者间接影响，尤其对生物柴油的雾化有较为明显的影响，密度越大，单位体积的质量越大，在雾化时雾化颗粒越大，直接影响了生物柴油的燃烧效果。

密度测量可采用密度计法（GB/T 1884）、比重瓶法（GB/T 13377、GB/T 5526）、石油计量表（GB/T 1885）等国家标准测试方法。密度计法测量生物柴油密度见表 4-7。

表 4-7　　17 种生物柴油密度

生物柴油种类	密度（kg/m³，15℃）	生物柴油种类	密度（kg/m³，15℃）
芝麻油生物柴油	867.2	稻米油生物柴油	876.4
玉米油生物柴油	867.4	亚麻籽油生物柴油	935.5
橄榄油生物柴油	876.2	棕榈油生物柴油	882.3
葵花籽油生物柴油	868.2	地沟油生物柴油	880.6
花生油生物柴油	877.1	棉籽油生物柴油	871.4
芥花油生物柴油	872.3	橡胶籽油生物柴油	882.3
菜籽油生物柴油	884.8	蓖麻籽油生物柴油	929.4
大豆油生物柴油	880.6	小桐子生物柴油	862.0
油茶籽油生物柴油	876.0		

分别采用密度计法和比重瓶法以及 PYC1200e 测定橡胶籽原油及其生物柴油、小桐子原油及其生物柴油、地沟油生物柴油、花生油、葵花籽油、菜籽油、玉米油、小桐子油的密度如图 4-16 所示。

生物质燃油的密度相对 0 号柴油较大，所以生物质燃油的雾化质量较差，采用比重瓶法、密度计法以及 PYC1200e 型全自动真密度分析仪测试的 10 种燃油密度，由图 4 - 16 可知，三种测试方法测出的结果相差不大，由于 PYC1200e 型全自动真密度分析仪在测试过程中给予了试样一定压力，致使油样中的气泡破裂，从而得到了油样的真实体积。因此，PYC1200e 型全自动真密度分析仪理论测试结果应大于密度计法，测试结果也更为准确。

密度对生物柴油的雾化效果不仅影响雾化颗粒大小，还会影响雾化角度。对于生物柴油调和燃料，其密度是影响内燃机使用的重要影响因素。以稻米油生物柴油为例，研究生物柴油与 0 号柴油调和燃料的密度，并将其与计算值比较。计算方法参照热值，按照热值时介绍方法换算为质量分数并将密度值计算见表 4 - 8。

表 4 - 8　　稻米油生物柴油计算密度与测试密度

生物柴油添加比例	密度计法测定值（kg/m³，20℃）	计算值（kg/m³，20℃）	偏差
0	838.4	839.0	0.6
5	840.3	840.3	0.0
10	842.0	842.2	0.2
20	845.9	846.0	0.1
30	849.7	849.8	0.1
40	853.5	853.6	0.1
50	857.3	857.4	0.1
60	861.3	861.2	0.1
70	865.0	865.0	0.0
80	869.0	868.8	0.2
90	872.9	872.6	0.3
100	876.4	877.0	0.6

由表 4 - 8 可知，生物柴油的密度略高于 0 号柴油，所以在添加生物柴油过程中会使得调和燃料密度不断增大，由于国标规定燃料油密度不得超过 860kg/m³，所以生物柴油的添加量不应过多。同时，计算密度值与实测密度值相差较小，该计算方法十分可靠，能准确预测生物柴油调和燃料的密度。

4.2.3　生物柴油的馏程测定

生物柴油是由复杂的脂肪酸甲酯组成的混合物，与纯化合物不同，没有一个固定的沸点，其沸点随气化率的增加而不断升高，因此，生物柴油的沸点以某一温度范围表示，这一温度范围称沸程或馏程。馏程是评价生物柴油使用的重要指标，可区别不同油品。馏程是保证生物柴油在发动机气缸内迅速蒸发气化和燃烧的重要指标。为保证良好的低温启动性能，要有一定的轻质馏分，使其蒸发速度快，有利于形成可燃混合气，燃烧速度快。

在生物柴油使用过程中，尤其是在发动机上的使用，馏程可以评价其启动、加速和燃烧性能。初馏点（一般为 5%或 10%馏出）温度较低的油品，在启动温度较低时，难以启动；而初馏温度较高的油在启动时，由于油品蒸发迅速，会产生气阻现象。而 50%馏出温度则是评价生物柴油的平均蒸发性，平均蒸发性会影响发动机的加速性。50%出馏温度较低时，说明生物柴油使用时具有较好的蒸发性和发动机加速性，在发动机工作时也十分平稳。对于终馏点（90%或95%馏出）或者干点则是评价生物柴油不能完全燃烧的重质馏分的指标。当终馏温度较低时，表示生物柴油中不能完全蒸发的成分以及不能完全燃烧的成分较少，燃烧性较好；当终馏温度较高时，则表示不能完全蒸发成分以及不能完全燃烧成分较多，此时，生物柴油的燃烧效果较差，不完全燃烧较多。馏程的测定方法采用GB/T 255。

测得17种生物柴油馏程（90%馏出）见表4-9。

表4-9　　17种生物柴油的馏程

生物柴油种类	馏程（90%馏出,℃）	生物柴油种类	馏程（90%馏出,℃）
芝麻油生物柴油	343.6	稻米油生物柴油	346.0
玉米油生物柴油	345.8	亚麻籽油生物柴油	361.0
橄榄油生物柴油	347.9	棕榈油生物柴油	339.3
葵花籽油生物柴油	356.5	地沟油生物柴油	353.2
花生油生物柴油	350.1	棉籽油生物柴油	349.5
芥花油生物柴油	349.2	橡胶籽油生物柴油	354.2
菜籽油生物柴油	344.3	蓖麻籽油生物柴油	381.6
大豆油生物柴油	345.0	小桐子生物柴油	352.3
油茶籽油生物柴油	358.1		

由表4-9可看出，蓖麻籽油生物柴油馏程最高，其着火特性也较差，冷启动性较差。温度对于生物柴油馏程有十分重要的影响，不同温度的馏出成分和馏出体积都不相同。分别以小桐子生物柴油、橡胶籽油生物柴油以及地沟油生物柴油为例，研究生物柴油馏出馏程与馏出体积的关系，见表4-10及图4-17。

表4-10　　生物柴油与0号柴油馏出率与温度关系

温度（℃）	小桐子生物柴油	橡胶籽油生物柴油	地沟油生物柴油	0号柴油
开始蒸馏温度	308	311	309	199
10%回收温度	327	329	328	219
20%回收温度	331	332	330	228
30%回收温度	334	334	333	245
40%回收温度	335	336	334	259
50%回收温度	337	337	336	273
60%回收温度	338	338	338	286
70%回收温度	339	338	338	301
80%回收温度	343	342	343	309
90%回收温度	352	354	353	339
95%回收温度	358	360	362	351

由表4-10及图4-17可知，生物柴油的初始出馏温度比0号柴油高，但在馏出率达到90%以上时，生物柴油和0号柴油的馏程相差不多。这表明生物柴油中轻、中馏分低于柴油，即生物柴油的蒸发雾化性能不如0号柴油，而且生物柴油重馏分高于0号柴油，高

温下重馏分容易裂解产生结焦现象。生物柴油的馏程低于0号柴油，对于其不同混合比例的调和燃料，能够调节调和燃料的馏程，以达到合适的馏程，使其具有良好的启动性能。以大豆油生物柴油为例，研究生物柴油与0号柴油调和燃料的馏程，结果如图4-18所示。

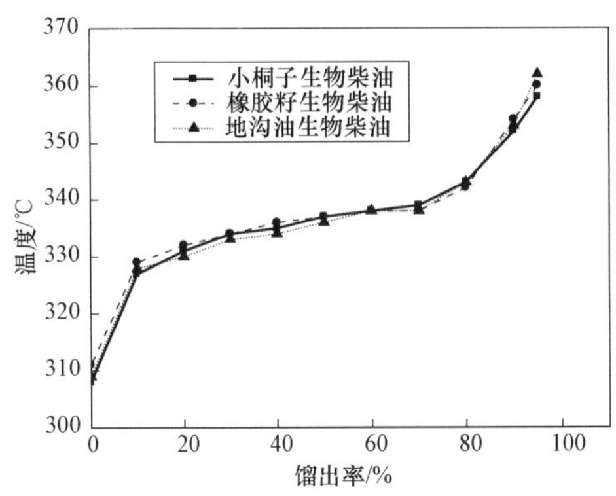

图4-17　生物柴油馏出体积与温度关系图

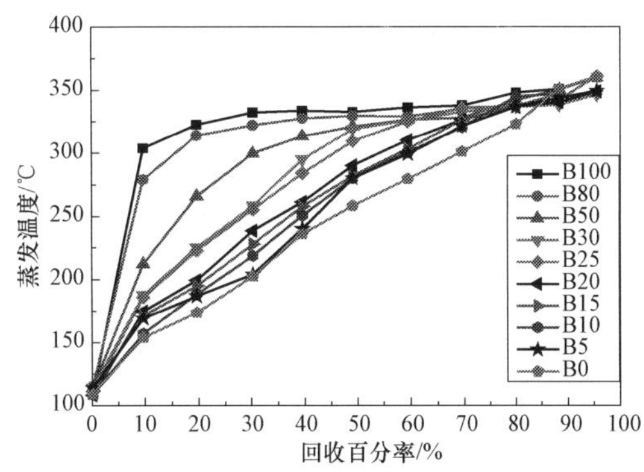

图4-18　不同混配比例生物柴油馏出率与温度关系

如图4-18所示，随着生物柴油添加比例的增加，调和燃料的初馏点以及中馏点温度降低，但馏出体积越多时，其馏出温度基本一致，并且在生物柴油添加比例为80%以上时，调和燃料20%馏出体积以上的馏出温度基本不变。

4.2.4　生物柴油的闪点测定

闪点是评价生物柴油着火倾向的物性数据。可燃性液体能挥发变成蒸气，逸入空气中，温度升高，挥发速度加快，当挥发出的蒸气和空气的混合物与火源接触能够闪出火花时，把这种短暂的燃烧过程称为闪燃。把发生闪燃的最低温度叫闪点。测定油品闪点的意义是：①从油品的闪点可以判断其馏分组成的轻重，一般来说，油品蒸气压越高，馏分组成越轻，其闪点就越低；②闪点是油品（汽油除外）的爆炸下限温度，即在此温度下油品遇到明火会立即发生爆炸燃烧。闪点可以鉴定油品发生火灾的危险性，燃点越低，燃料就越易燃。闪点的测定有闭口杯法（GB/T 261—2008）和开口杯法（GB/T 267—1988）。

采用开口杯法及闭口杯法测得生物柴油闪点见表4-11。

表4-11　生物柴油开口杯闪点及闭口杯闪点

生物柴油种类	闭口闪点（℃）	开口闪点（℃）	生物柴油种类	闭口闪点（℃）	开口闪点（℃）
芝麻油生物柴油	170	149	稻米油生物柴油	152	122
玉米油生物柴油	170	151	亚麻籽油生物柴油	170	143
橄榄油生物柴油	171	155	棕榈油生物柴油	180	151
葵花籽油生物柴油	162	134	地沟油生物柴油	176	150
花生油生物柴油	174	152	棉籽油生物柴油	165	146
芥花油生物柴油	178	153	橡胶籽油生物柴油	158	140
菜籽油生物柴油	163	128	蓖麻籽油生物柴油	161	137
大豆油生物柴油	159	127	小桐子生物柴油	164	137
油茶籽油生物柴油	150	120			

由表 4-11 可得出棕榈油生物柴油闪点最高，油茶籽油生物柴油闪点最低。由于生物柴油分子的平均长度较石化柴油分子长，使得生物柴油的闭口闪点均在 140℃以上。因此，生物柴油不易发生爆炸，有较高的抗震性。开口杯闪点一般高于闭口杯闪点。

生物柴油闪点影响生物柴油运输安全性，由于生物柴油的闪点高于 0 号柴油，在混配时可以调节生物柴油调和燃料闪点，使其在不影响使用性能的条件下，具有较高的闪点，以保证运输安全。以小桐子生物柴油为例，研究生物柴油与 0 号柴油调和燃料的闪点，添加比例为 10%、20%、30%、40%、50%、60%、70%、80%、90%的生物柴油体积分数，表 4-12 为小桐子生物柴油调和燃料闪点。

表 4-12　　小桐子生物柴油调和燃料闪点

生物柴油添加比例（%）	开口闪点（℃）	生物柴油添加比例（%）	开口闪点（℃）
0	67	60	90
10	71	70	94
20	72	80	103
30	77	90	124
40	79	100	164
50	87		

由表 4-12 可知，混合物的闪点随生物柴油体积分数从 0 增加到 40%时，闪点缓慢增加，从 67℃增加到 79℃，仅增加了 12℃，在生物柴油体积分数在 40%～100%时，混合物的闪点随生物柴油体积分数的增加而较快增加，从 79℃增加到 164℃，增加了 85℃，特别是在 70%以后，闪点由 94℃急剧增加到 164℃，增加了 70℃。生物柴油的闪点较 0 号柴油的闪点高得多，在柴油与生物柴油混合后，闪点增加，有利于储存、运输和使用过程中的安全。

4.2.5　生物柴油的十六烷值测定

十六烷值是生物柴油燃烧着火性质的指标，能够衡量油品抗爆性。生物柴油的十六烷值大小取决于生物柴油中的脂肪酸甲酯的含量。一般来说，十六烷值随着生物柴油中脂肪酸甲酯的含量增加而增加，随不饱和脂肪酸甲酯的增加而降低，随着碳链的长度增加而增加，随着双键的减少而增加。生物柴油的十六烷值比普通矿物柴油要略高，通常为 50～60。CN 值的测定有“临界压缩比法”“延滞点火法”和“同期闪火法”，GB/T 386 规定采用“同期闪火法”。

对于转数一定的发动机，十六烷值也有一个对应的合适值，十六烷值太低或者太高都会影响发动机的正常工作，并且造成燃料的不充分燃烧，使得排放物污染增加。当十六烷值太低，表明燃烧比较困难，不容易着火，而且滞燃期比较长，会发生爆震；当十六烷值过高时，表明燃料的滞燃期太短，在燃烧过程中会生成过氧化物，燃料与空气在未充分接触时，就已经燃烧，会导致生成碳烟颗粒，造成尾气排放有大量黑烟。因此，十六烷值应维持在一个合适的水平。但在海拔较高的地区，或气温较低地区，应选择十六烷值较高的燃料，使发动机启动较为容易。

测得 17 种生物柴油十六烷值见表 4-13。

表4-13　　17种生物柴油十六烷值

生物柴油种类	十六烷值	生物柴油种类	十六烷值
芝麻油生物柴油	50.5	稻米油生物柴油	55.7
玉米油生物柴油	47.4	亚麻籽油生物柴油	51.3
橄榄油生物柴油	58.7	棕榈油生物柴油	61.2
葵花籽油生物柴油	46.7	地沟油生物柴油	51.5
花生油生物柴油	58.4	棉籽油生物柴油	51.7
芥花油生物柴油	54.3	橡胶籽油生物柴油	50.4
菜籽油生物柴油	48.0	蓖麻籽油生物柴油	56.6
大豆油生物柴油	51.8	小桐子生物柴油	51.3
油茶籽油生物柴油	52.3		

由表4-13可得出，棕榈油生物柴油十六烷值最高，葵花籽油生物柴油十六烷值最低。因此，棕榈油生物柴油适合在一些高海拔地区以及气温较低地区使用。相较于生物柴油原料油，生物柴油的十六烷值较高，燃烧性能好。

生物柴油的主要成分时脂肪酸甲酯，脂肪酸甲酯十六烷值对生物柴油燃烧特性有十分重要的影响，为研究生物柴油各组分对于生物柴油十六烷值的影响，测得生物柴油主要脂肪酸甲酯十六烷值见表4-14。

表4-14　　生物柴油成分及脂肪酸甲酯十六烷值

棕榈油生物柴油成分	含量（%）	十六烷值	棕榈油生物柴油成分	含量（%）	十六烷值
$C_{12:0}$	—	61.4	$C_{18:1}$	44.16	59.3
$C_{14:0}$	—	66.2	$C_{18:2}$	12.84	38.2
$C_{16:0}$	27	85.9	$C_{18:3}$	1.16	20.6
$C_{16:1}$	—	51.0	$C_{22:1}$	—	76.0
$C_{18:0}$	6.4	101.0			

由表4-14可看出，对比生物柴油的组分构成以及0号柴油十六烷值，随着碳链的增长，脂肪酸甲酯的十六烷值升高，但不饱和双键数目的增加会降低脂肪酸甲酯的十六烷值。由于棕榈油生物柴油含有较多的饱和脂肪酸甲酯，同时不饱和脂肪酸中只含一个不饱和双键，导致棕榈油生物柴油的十六烷值较高。

根据棕榈油生物柴油成分组成计算得到其十六烷值为64.19，与实际试验检测值61.2差别不大，也说明生物柴油十六烷值大小主要与其成分组成有关。

4.2.6　生物柴油摩擦性能测定

生物柴油的摩擦性能对于使用生物柴油作为燃料的发动机性能的影响十分巨大，油品的润滑性能与化学组成密切相关，生物柴油的主要组成成分是脂肪酸甲酯，元素组成包括碳、氢、氧等，其润滑性能不同于柴油。影响生物柴油的摩擦性能的原因主要有：①含极性的基团能够在固体表面形成一层吸附膜，阻碍接触面表面接触，同时，生物柴油含有大量的—COO—酯基团，—COO—酯基团极性较强，也能附着在金属表面，在摩擦面形成吸附膜，在低负荷条件下，能够有效润滑接触表面。②形成聚合膜。脂肪酸烷基含有活性基团，在电子作用下，活性基团会与金属表面发生反应。形成一层聚合膜，高负荷条件下，聚合膜是影响摩擦的主要原因。

生物柴油的摩擦性能会影响发动机的使用寿命，一般来说，生物柴油的润滑性能比柴油高，而造成生物柴油摩擦性能较差的主要原因是由于在制备生物柴油时引入的杂质，会降低生物柴油的润滑性。目前测定生物柴油摩擦性能的方法主要有高频线性振动法（SH/T 0721）和四球机法（SH/T 0762），以磨斑直径大小表示其摩擦性能。

测量17种生物柴油的磨斑直径见表4-15。

表4-15　　高频线性振动法测定生物柴油磨斑直径

生物柴油种类	磨斑直径 $WS_{1.4}$	生物柴油种类	磨斑直径 $WS_{1.4}$
芝麻油生物柴油	182.14	稻米油生物柴油	185.16
玉米油生物柴油	181.27	亚麻籽油生物柴油	165.56
橄榄油生物柴油	171.84	棕榈油生物柴油	182.54
葵花籽油生物柴油	180.99	地沟油生物柴油	153.58
花生油生物柴油	169.97	棉籽油生物柴油	166.23
芥花油生物柴油	184.62	橡胶籽油生物柴油	169.71
菜籽油生物柴油	186.47	蓖麻籽油生物柴油	183.23
大豆油生物柴油	179.15	小桐子生物柴油	171.84
油茶籽油生物柴油	176.67		

从表4-15中可看出，地沟油生物柴油的磨斑直径最低，但地沟油原油的磨斑直径很大，摩擦性能差。地沟油生物柴油磨斑直径低的原因主要是在制备生物柴油过程中将地沟油原油中的金属离子等杂质除去。

1. 生物柴油调和燃料摩擦系数

生物柴油的摩擦性能较差，在添加到0号柴油的过程中会影响到摩擦性能的改变。添加生物柴油，使调和燃料有良好的摩擦性能，以获得具有优异性能的调和燃料。为研究生物柴油调和燃料摩擦性能，以小桐子生物柴油为例，分别测定不同添加比例的生物柴油摩擦系数见表4-16。

表4-16　　不同混配体积小桐子生物柴油摩擦系数

生物柴油体积分数（%）	小桐子生物柴油摩擦系数	生物柴油体积分数（%）	小桐子生物柴油摩擦系数
0	0.181 2	60	0.081 3
10	0.131 2	70	0.080 1
20	0.097 2	80	0.079 2
30	0.088 3	90	0.078 7
40	0.087 6	100	0.077 1
50	0.082 2		

由表4-16可得，随着小桐子生物柴油的添加量增加，调和燃料的摩擦系数逐渐降低。小桐子生物柴油可以有效降低0号柴油的摩擦性能，使得柴油润滑性能提升。

2. 生物柴油组分对摩擦性能的影响研究

生物柴油主要是由硬脂酸甲酯，棕榈酸甲酯，油酸甲酯和亚油酸甲酯四种成分构成。这四种成分的含量对生物柴油的摩擦性能有着重要影响。对于小桐子生物柴油的成分以及四种甲酯的摩擦直径测量见表4-17。

表4-17　　小桐子生物柴油组分及其磨斑直径

小桐子生物柴油组分	含量	磨斑直径	小桐子生物柴油组分	含量	磨斑直径
硬脂酸甲酯	7.66	271	油酸甲酯	41.89	179
棕榈酸甲酯	12.96	213	亚油酸甲酯	34.45	158

由表4-17可得出，硬脂酸甲酯和棕榈酸甲酯都属于饱和脂肪酸，而油酸甲酯和亚油酸甲酯都属于不饱和脂肪酸。这说明生物柴油中不饱和脂肪酸有降低机械磨损的作用，能够减少生物柴油的摩擦系数。

同时基于多元线性回归，建立了硬脂酸甲酯，油酸甲酯等十种成分的生物柴油磨斑直径的预测模型为

$$d = 184.58 - 0.55C_{18:0} - 0.05C_{18:1} - 0.13C_{18:3} - 5.4C_{16:1} - 1.1C_{20:1} + 0.63C_{20:0} - 1.53C_{22:0} - 0.12C_{16:0} + 0.11C_{22:1} + 2.6C_{其他} \quad (4-11)$$

式中：$C_{18:0}$、$C_{18:1}$、$C_{18:3}$、$C_{16:1}$、$C_{20:1}$、$C_{20:0}$、$C_{22:0}$、$C_{16:0}$、$C_{22:1}$分别为硬脂酸甲酯、油酸甲酯、亚麻酸甲酯、棕榈油酸甲酯、二十碳烯酸甲酯、花生酸甲酯、山嵛酸甲酯、棕榈酸甲酯、芥酸甲酯；$C_{其他}$代表为木焦油酸甲酯和其他未知成分含量之和；d为生物柴油的磨斑直径。

对所建立的模型预测值与测量值与实验值偏差如图4-19所示。

由图4-19可看出，60个数据点均匀分布在对角线两侧，绝大部分实验值和预测值差距小于1.5μm，在试验误差范围内。相关性系数的显著性概率水平为0.01，实验值与预测值之间是高度相关的，回归模型能够根据脂肪酸甲酯的组成较好的预测生物柴油的磨斑直径。

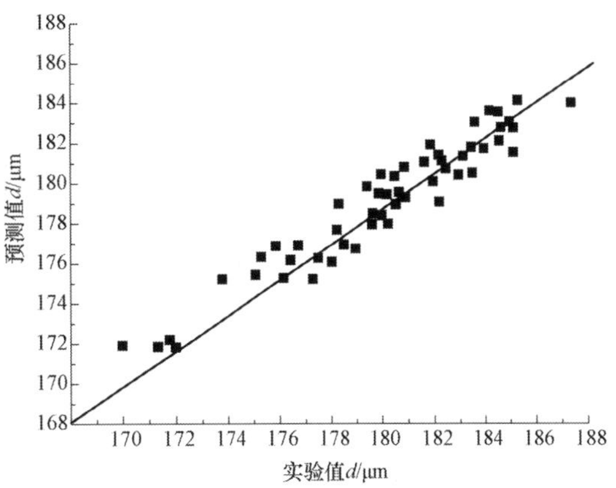

图4-19　生物柴油磨斑直径预测模型与测量值

温度对于生物柴油性能指标的影响十分重要，不仅对黏度，密度等指标有影响，对于生物柴油的摩擦性能也就重要影响。生物柴油在使用过程中，尤其是内燃机，温度变化十分剧烈，对摩擦性能的要求也很高。所以温度对于生物柴油摩擦性能的影响十分重要。以花椒油生物柴油为例，研究温度，湿度对生物柴油摩擦性能的影响，见表4-18。

表 4-18　不同温度及湿度下花椒籽油生物柴油磨斑直径

试验温度（℃）	磨斑直径 $WS_{1.4}$	试验湿度（%）	磨斑直径 $WS_{1.4}$
25	165.12	10	163.42
45	176.31	35	175.31
60	187.29	45	187.35
75	200.67	65	201.42

由表 4-18 可看出，随着试验温度升高，花椒籽油生物柴油的磨斑直径均增大，这是因为试验温度越高，样品燃料油的运动黏度降低，试验钢球与试验钢片之间粘敷的油层变薄，加重了其之间的摩擦，导致磨损增加，磨斑直径增大。随着试验湿度的增加，花椒油生物柴油的磨斑直径也增加，这主要是由于水分会影响生物柴油液膜的形成。

4.2.7　生物柴油离子含量测定

离子含量的测定主要是通过离子色谱来测量离子含量。根据被分析物质使用的离子色谱柱不同可分为离子交换色谱原理、离子排斥色谱原理、离子对色谱原理。

采用瑞士万通有限公司生产的 Metrosep C4-150/4.0 型阳离子色谱柱同时测定分析阳离子（K^+，Na^+，Ca^{2+}，Mg^{2+}，NH^{4+}和 $[HN(CH_2CH_2OH)_3]^+$）和使用瑞士万通有限公司生产的 Metrosep A Supp 5-150/4.0 型阴离子色谱柱同时测定分析无机阴离子（F^-，Cl^-，Br_-，NO^{3-}，PO_4^{3-}，SO_4^{2-}），这两种色谱柱均采用了离子交换色谱原理。在测定样品时，对阴阳离子应采用不同的淋洗液以及色谱柱条件。实验室对于国家标准进行改进，能够同时测量 K^+，Na^+，Ca^{2+}，Mg^{2+}，NH^{4+}和 $[HN(CH_2CH_2OH)_3]^+$ 阳离子，其淋洗液和色谱柱条件见表 4-19。

表 4-19　阳离子的淋洗液和色谱柱条件

色谱条件	
色谱柱	柱型：Metrosep C4-150/4.0，颗粒物大小：5μm 色谱柱填充材料：带有羧基官能团的硅胶 pH 值范围：2～7
标准淋洗液	1.7mmol·L^{-1}硝酸 0.7mmol·L^{-1}2，6 吡啶二甲酸 0.05mmol·L_{-1}18—冠醚—6
淋洗液流速	0.9mL/min
样品环体积	20μL
检测系统	非化学抑制电导检测
室温	25.0℃
色谱柱最大压力	20MPa

同时测定无机阴离子（F^-，Cl_-，Br^-，NO_3^-，PO_4^{3-}，SO_4^{2-}）的色谱条件见表 4-20，

其主要 pH 值范围为 3～12，淋洗液采用碳酸钠和碳酸氢钠，其淋洗液和色谱柱条件见表 4-20。

表 4-20　　无机阴离子的淋洗液和色谱柱条件

色谱条件	
色谱柱	柱型：Metrosep A Supp 5-150/4.0，颗粒物大小：5μm 色谱柱填充材料：带有季铵官能团的聚乙烯醇 pH 值范围：3～12
标准淋洗液	3.2mmol・L^{-1}碳酸钠 1.0mmol・L^{-1}碳酸氢钠
淋洗液流速	0.7mL・min^{-1}
样品环体积	20μL
检测系统	化学抑制电导检测
室温	25.0℃
色谱柱最大压力	15MPa

对于有机酸离子，不同于上述无机阴阳离子，采用了硫酸作为淋洗液，并且应对色谱进行化学抑制电导检测。具体条件见表 4-21。

表 4-21　　阳离子的淋洗液和色谱柱条件

色谱条件	
色谱柱	柱型：Metrosep Organic Acids-250/7.8，颗粒物大小：9μm 色谱柱填充材料：带有磺酸基官能团的聚苯乙烯/二乙烯基苯共聚物 pH 值范围：1～13
标准淋洗液	0.5mmol・L^{-1}硫酸
淋洗液流速	0.5mL・min^{-1}
再生溶液（抑制系统）	25mmol・L^{-1}氯化锂溶液
样品环体积	20μL
检测系统	化学抑制电导检测
室温	25.0℃
色谱柱最大压力	7MPa

采用上述阳离子色谱条件，对于十五种生物柴油的阳离子含量进行检测，见表 4-22，并对结果采用 ICP-OES 或 FAAS 进行验证。生物柴油中含有的金属离子主要是 Ca^{2+}，Na^{+}等。但除去金属离子外，所有生物柴油都含有一定量的 NH_4^{+}离子，只有很少种类生物柴油含有［HN（$CH_2CH_2OH)_3$］$^{+}$离子。

亚麻籽油生物柴油含有的 K^{+}最多，其次是橡胶籽油生物柴油和菜籽油生物柴油，均超过 15mg/kg，远高于其余生物柴油含量。

表 4-22　　15种生物柴油离子含量

生物柴油	二价金属（mg·kg^{-1}）		一价金属（mg·kg^{-1}）		NH_4^+（mg·kg^{-1}）	[HN（$CH_2CH_2OH)_3$]$^+$（mg·kg^{-1}）
	Ca^{2+}	Mg^{2+}	Na^+	K^+		
芝麻油生物柴油	1.143	0.521	9.135	2.523	1.173	0
玉米油生物柴油	2.814	0.345	4.271	2.637	1.173	0
橄榄油生物柴油	1.744	0.584	1.490	4.625	1.337	0
葵花籽油生物柴油	3.129	0.438	4.682	7.157	1.107	0
花生油生物柴油	1.213	0.491	1.144	0.269	0.921	0
芥花油生物柴油	1.145	0.507	1.652	1.445	0.599	0
菜籽油生物柴油	1.407	0.346	0.346	13.316	1.192	14.838
大豆油生物柴油	0.297	0.064	0.305	0.570	0.18	0
油茶籽油生物柴油	5.176	0.476	1.475	0.392	1.905	0
稻米油生物柴油	1.968	0.592	1.191	0.615	1.414	0
亚麻籽油生物柴油	1.568	0.223	1.753	20.327	1.230	25.737
棕榈油生物柴油	2.952	0.384	2.991	5.159	1.076	0
地沟油生物柴油	3.963	1.370	2.323	0.793	1.317	0
棉籽油生物柴油	7.094	1.906	2.936	1.168	1.084	0
橡胶籽油生物柴油	4.773	0.619	4.457	18.898	0.958	0

对该方法采用ICP-OES或FAAS进行验证，结果相差在5%以内。亚麻籽油生物柴油、橡胶籽油生物柴油、菜籽油生物柴油的Na^+含量都较高，远高于其他几种生物柴油。

4.2.8　生物柴油的水分测定

水分含量是生物柴油的重要指标，水分的存在会使得生物柴油变质，影响生物柴油使用性能。生物柴油制备过程中，用碱做催化剂时，水分会使得原料油产生皂裂，影响生物柴油纯度以及制备难度，同时水分含量过高，会使得生物柴油在储存过程中酸值变高。水分会引起油品水解、微生物污染，导致生物柴油储存性能下降。如果生物柴油含水量较大，会使油品更加容易发生水解和氧化，同时水会导致生物柴油的氧化并与游离脂肪酸生成酸性水溶液，同时水本身对金属具有腐蚀性；另一方面水能促进生物柴油中的微生物如酵母菌、真菌和细菌的生长，这些有机体可形成淤泥并堵塞柴油机的滤网。我国生物柴油国家标准规定生物柴油含水量不能超过0.005%才算合格。美国生物柴油标准要求生物柴油水分和沉渣不超过0.05%，欧洲标准要求水含量不超过500mg/kg。对于水分的测量，主要有卡尔·费休法（GB/T 11133）、蒸馏法（GB/T 260）以及电量法（SH/T 0246）。

采用卡氏法和蒸馏法测得水分见表4-23。

表 4-23　　卡式法与蒸馏法水分含量

生物柴油种类	卡式法（%）	蒸馏法（%）	生物柴油种类	卡式法（%）	蒸馏法（%）
芝麻油生物柴油	0.086	0.250	稻米油生物柴油	0.084	0.175
玉米油生物柴油	0.083	0.210	亚麻籽油生物柴油	0.077	0.129
橄榄油生物柴油	0.079	0.183	棕榈油生物柴油	0.079	0.231
葵花籽油生物柴油	0.092	0.162	地沟油生物柴油	0.031	0.126
花生油生物柴油	0.087	0.093	棉籽油生物柴油	0.088	0.180
芥花油生物柴油	0.088	0.195	橡胶籽油生物柴油	0.069	0.193
菜籽油生物柴油	0.096	0.120	蓖麻籽油生物柴油	0.091	0.188
大豆油生物柴油	0.091	0.150	小桐子生物柴油	0.081	0.174
油茶籽油生物柴油	0.086	0.169			

由表 4-23 可得，相较于卡尔费休法法，蒸馏法测得的水分含量较大，这主要是由于生物柴油存在于许多挥发性单酯，在采用蒸馏法过程中，挥发性物质被蒸发出来，导致测量结果偏大。

4.2.9　生物柴油的灰分测定

在规定条件下，生物柴油被灼烧后，剩余的无机残留物即称为灰分。灰分是评价生物柴油的重要指标。理论上来说，生物柴油燃烧后只产生 CO_2 和水，少数会产生 SO_2，但在实际的燃烧过程中，生物柴油燃烧后会产生灰分，这主要是由于生物柴油燃烧后一些未燃烧的碳氢化合物和无机杂质造成的。

在生物柴油中灰分以三种形式存在：固体磨料、可溶性金属离子及未除去的催化剂。固体磨料和未除去的催化剂能导致喷射器、燃油泵、活塞和活塞环磨损以及发动机沉积；金属离子会导致滤网堵塞和发动机沉积。美国和欧洲标准都要求生物柴油硫酸盐灰分不超过 0.02%。灰分测定主要是参照 GB/T 508。

测得 17 种生物柴油的灰分见表 4-24。

表 4-24　　17 种生物柴油灰分

生物柴油种类	灰分（%）	生物柴油种类	灰分（%）
芝麻油生物柴油	0.045	稻米油生物柴油	0.064
玉米油生物柴油	0.056	亚麻籽油生物柴油	0.059
橄榄油生物柴油	0.066	棕榈油生物柴油	0.087
葵花籽油生物柴油	0.037	地沟油生物柴油	0.077
花生油生物柴油	0.060	棉籽油生物柴油	0.071
芥花油生物柴油	0.039	橡胶籽油生物柴油	0.048
菜籽油生物柴油	0.017	蓖麻籽油生物柴油	0.098
大豆油生物柴油	0.052	小桐子生物柴油	0.051
油茶籽油生物柴油	0.054		

由表 4-24 可看出，蓖麻籽油生物柴油灰分最高，菜籽油生物柴油中灰分含量最低。

灰分中不仅含有硫酸盐还含有未燃尽的碳以及生物柴油中的金属离子。

4.2.10 生物柴油的残炭测定

生物柴油在隔绝空气时加热，此时生物柴油不会发生氧化，只发生蒸发，裂解和缩合，生成焦炭状的物质，这种物质就是残炭。其主要是由生物柴油中的胶质，沥青质以及灰分等成分组成。燃烧器液体燃料的残炭值可以粗略地估计燃料在蒸发式的釜型燃烧器和套管型燃烧器中形成沉积物的倾向。残炭的含量主要影响油品使用过程中的积碳、焦碳量以及稳定性。残炭量过高会使得油品使用时容易产生积炭，会堵塞出油口影响雾化效果。残炭的测量主要有康氏法（GB/T 268）和兰氏法（SH/T 0160）以及微量法（GB/T 17144）。

测得17种生物柴油的残炭含量见表4-25。

表4-25　17种生物柴油残炭含量

生物柴油种类	残炭（%）	生物柴油种类	残炭（%）
芝麻油生物柴油	0.023	稻米油生物柴油	0.047
玉米油生物柴油	0.038	亚麻籽油生物柴油	0.043
橄榄油生物柴油	0.029	棕榈油生物柴油	0.440
葵花籽油生物柴油	0.048	地沟油生物柴油	0.051
花生油生物柴油	0.036	棉籽油生物柴油	0.039
芥花油生物柴油	0.003	橡胶籽油生物柴油	0.046
菜籽油生物柴油	0.023	蓖麻籽油生物柴油	0.580
大豆油生物柴油	0.020	小桐子物柴油	0.046
油茶籽油生物柴油	0.380		

由表4-25可看出，生物柴油的残炭含量较低，在使用过程中不容易发生积炭以及沉积。除蓖麻籽油生物柴油，油茶籽油生物柴油以及地沟油生物柴油外均满足欧洲标准，即小于0.05。

4.2.11 生物柴油的机械杂质测定

机械杂质是指生物柴油中不溶于油和规定溶剂的物质的量的总和（不溶于乙酸乙酯，丙酮，丁酮，乙腈等溶剂）。如泥沙、尘土、铁屑、纤维和某些不溶性盐类。机械杂质可用沉淀或过滤等方法除去。对生物柴油来说，机械杂质会堵塞油路，促使生胶或腐蚀；会堵塞喷嘴，降低燃烧效率，增加燃料消耗；会破坏油膜，增加磨损，堵塞油过滤器，促进生成积炭等。生物柴油机械杂质的来源复杂，生产和运输过程中会进入杂质；原料油中含有的机械杂质，以及制备过程中催化剂等引入的杂质，使用过程中添加剂引入的杂质。

机械杂质会使得生物柴油在使用过程中造成磨损，机械杂质含量越高，磨损情况越严重，同时在运输过程中会造成运输成本增加，设备使用寿命减少。生物柴油的机械杂质测定采用GB/T 511的方法，主要原理是称取一定量的试样溶于用于测量的溶剂，在用重量已知的滤纸或微孔玻璃过滤器过滤混合溶液，被留下来的即为机械杂质。

测得17种生物柴油的机械杂质见表4-26。

表4-26　生物柴油机械杂质含量

生物柴油种类	机械杂质（%）	生物柴油种类	机械杂质（%）
芝麻油生物柴油	0.002	稻米油生物柴油	0.005
玉米油生物柴油	0.002	亚麻籽油生物柴油	0.001
橄榄油生物柴油	0.004	棕榈油生物柴油	0.001
葵花籽油生物柴油	0.003	地沟油生物柴油	0.004
花生油生物柴油	0.001	棉籽油生物柴油	0.007
芥花油生物柴油	0.003	橡胶籽油生物柴油	0.006
菜籽油生物柴油	0.001	蓖麻籽油生物柴油	0.006
大豆油生物柴油	0.006	小桐子生物柴油	0.003
油茶籽油生物柴油	0.007		

由表4-26可看出，生物柴油的机械杂质含量较少，这主要是因为在由原油制备生物柴油的过程中，要经过多次过滤、旋蒸等操作，使得新制生物柴油的杂质含量较低，机械杂质的来源主要是催化剂以及原油中含有的杂质。

4.2.12　生物柴油的硫含量测定

硫含量是指生物柴油中硫元素的质量，硫的存在不仅会产生大气污染，造成酸雨，还会对设备和仪器造成腐蚀。由于生物柴油的特性，一般来说生物柴油的硫含量相较于化石燃料十分低，少部分种类的生物柴油基本不含硫。石油的硫含量测量有燃灯法（GB/T 380、GB/T 11131）和管式炉法（GB/T 387）以及荧光法（GB/T 17040、GB/T 11140、SH/T 0699），管式炉法主要测量深色石油产品的硫含量，对于生物柴油一般采用燃灯法测量硫含量。

测得17种生物柴油硫含量见表4-27。

表4-27　燃灯法测定17种生物柴油硫含量

生物柴油种类	硫含量（%）	生物柴油种类	硫含量（%）
芝麻油生物柴油	0.201	稻米油生物柴油	0.034
玉米油生物柴油	0.033	亚麻籽油生物柴油	0.048
橄榄油生物柴油	0.045	棕榈油生物柴油	0.019
葵花籽油生物柴油	0.001	地沟油生物柴油	0.065
花生油生物柴油	0.043	棉籽油生物柴油	0.031
芥花油生物柴油	0.007	橡胶籽油生物柴油	0.056
菜籽油生物柴油	0.046	蓖麻籽油生物柴油	0.032
大豆油生物柴油	0.027	小桐子生物柴油	0.041
油茶籽油生物柴油	0.032		

由表4-27可看出，17种生物柴油除地沟油生物柴油外，硫含均达到国标要求，主要因为地沟油生物柴油的原料来源复杂，使得其硫含量略高于国标。

4.2.13 生物柴油的甘油含量测定

生物柴油的甘油含量是甘油单酯、甘油二酯、甘油三酯三类甘油含量，游离和结合的甘油的总和。甘油含量反映了生物柴油的质量。由于甘油的分离，高含量的游离甘油可能会在储存期间引起燃料系统故障。甘油含量过高会导致喷射器结垢，并且还可能加速喷嘴，活塞或阀门处形成沉积物。甘油单酯、甘油二酯、甘油三酯的测量方法有气相色谱法（GC），高效液相色谱法（HPLC），红外光谱法（IR）以及高效体积排阻色谱法（HPSEC）。游离甘油含量检测主要有密度法，高碘酸氧化酸碱滴定法以及折光法，分光光度法，气相色谱法等。

这里主要介绍总甘油含量的气相色谱法（ASTM D6587），以及游离甘油含量的密度法和高碘酸氧化酸碱滴定法（GB/T 13216）。

17 种生物柴油甘油含量见表 4-28。

表 4-28　　17 种生物柴油甘油含量

生物柴油种类	甘油含量	生物柴油种类	甘油含量
芝麻油生物柴油	0.15	稻米油生物柴油	0.12
玉米油生物柴油	0.11	亚麻籽油生物柴油	0.24
橄榄油生物柴油	0.06	棕榈油生物柴油	0.15
葵花籽油生物柴油	0.07	地沟油生物柴油	0.04
花生油生物柴油	0.06	棉籽油生物柴油	0.07
芥花油生物柴油	0.08	橡胶籽油生物柴油	0.21
菜籽油生物柴油	0.08	蓖麻籽油生物柴油	0.07
大豆油生物柴油	0.04	小桐子生物柴油	0.08
油茶籽油生物柴油	0.13		

4.2.14 生物柴油的磷含量测定

生物柴油中磷的存在，使得生物柴油存储或运输过程中会形成黏胶导致油质恶化。此外，较高的磷含量也会导致较高的灰分和颗粒排放，以及发动机系统的堵塞。因此，研究生物柴油中的磷含量，对于生物柴油的生产、生物柴油的品质保证及发动机的平稳正常运行具有十分重要的指导意义。

欧洲国家对于含磷量的检测主要是采用 EN 14107 方法。实验室通常采用离子色谱法，离子色谱法的主要机理是离子分离，根据其基本原理可分为三种，分别为高效离子交换色谱（HPIC）、离子对色谱（MPIC）和离子排斥色谱（HPIEC）。用于 3 种原理的柱填料的树脂骨架基本都是苯乙烯-二乙烯基苯的共聚物，但树脂的离子交换功能基和容量各不相同。HPIC 用的离子交换树脂为低容量的，MPIC 用不含离子交换基团的多孔树脂，HPIEC 用的树脂为高容量的。3 种原理各基于不同分离机理。HPIC 的分离机理主要是离子交换，HPIEC 主要为离子排斥，而 MPIC 则是主要基于吸附和离子对的形成。

采用 Metrosep A Supp 5-150/4.0 型阴离子色谱柱同时测定分析正磷酸盐（PO_4^{3-}）、焦磷酸盐（$P_2O_7^{4-}$）、多聚磷酸盐（$P_3O_{10}^{5-}$）、三偏磷酸盐（$P_3O_9^{3-}$）。所采用色谱原理如下：低容量的薄壳型阴离子交换树脂（带有交换离子的活性基团，网状和不溶性聚合物），通常是分离柱中的球形颗粒作为固定相，以及强电解质作为淋洗液，当淋洗液将被分析物带到分离柱时，由于离子对离子交换树脂有不同的亲和力，使得离子一次被分离和洗脱。然后这些离子依次进入抑制器、电导检测器进行检测和定量。测得 10 种生物柴油磷酸根离子含量见表 4-29。

表 4-29　　10 种生物柴油磷含量　　(mg/L)

生物柴油	PO_4^{3-}、$P_2O_7^{4-}$、$P_3O_{10}^{5-}$、$P_3O_9^{3-}$ 中的 P				
	PO_4^{3-}	$P_2O_7^{4-}$	$P_3O_9^{3-}$	$P_3O_{10}^{5-}$	合计 (P)
地沟油生物柴油	—	76.019 0	0.317 6	16.757 8	93.094 4
小桐子生物柴油	22.332 2	6.513 0	0.352 8	5.782 2	34.980 2
稻米油生物柴油	—	6.939 8	2.884 6	10.486 0	20.310 4
玉米油生物柴油	7.481 5	12.275 5	2.990 0	9.762 3	32.509 3
葵花籽油生物柴油	8.188 7	11.564 1	4.396 6	8.556 2	32.705 6
大豆油生物柴油	8.542 3	36.037 0	0.247 3	8.556 2	53.383 4
菜籽油生物柴油	11.724 6	19.532 0	0.516 5	16.999 1	48.772 2
油茶籽油生物柴油	11.724 6	15.690 3	2.708 7	92.260 5	122.386 8
芥花油生物柴油	13.846 1	36.890 7	1.653 8	8.315 0	60.705 6
花生油生物柴油	—	14.409 8	2.708 7	10.003 6	27.122 1

由表 4-29 可知，生物柴油的磷含量很低，对比于原油，生物柴油的磷含量降低十分明显。这主要因为在生物柴油制备过程中多次过滤和洗涤使得磷含量降低。

 4.3　生物柴油的低温流动性能测定

在生物柴油的诸多性能指标中，低温流动性能占有非常重要的地位。生物柴油的低温流动性影响到车辆冷启动以及运输等方面，对生物柴油雾化研究也有重要意义。我国通常使用凝点和冷滤点衡量生物柴油的低温性能，美国和欧盟一般使用浊点，倾点，冷滤点 3 个指标。研究表明，含支链的醇合成生物柴油或生物柴油与石化柴油混合物结晶温度明显降低，异丙基和 2—丁基大豆油脂与大豆油甲酯相比，结晶温度分别降低 7～11℃和 12～14℃。含支链的大豆油脂结晶温度随着石化柴油加入也会大大降低。衡量生物柴油低温流动性能的主要指标：

(1) 凝点 (solidifying point，SP)：指油品开始不能流动的最高温度，油品能够使用的实际温度要高于凝点。

(2) 冷滤点 (cold filter plugging point，CFPP) 冷滤点是衡量生物柴油低温流动性的重要指标，是试样 1min 内不能通过滤网的最高温度，冷滤点反映了油品应用中的实际能够使用的温度，最能表达油品在较低温度下的使用性能。

(3) 倾点 (pour point，PP)：生物柴油能倾动的最高温度。

(4) 浊点 (cloud point，CP)：生物柴油产生结晶而出现浑浊时的温度。

(5) 运动黏度 (kinematic viscosity，KV)：运动黏度是指动力黏度与同温同压下流体的密度的比值。GB/T 20828—2015 规定了柴油机燃料调和用生物柴油 (BD100) 运动黏度 (40℃) / (mm^2/s) 质量指标为 1.9～6.0。

影响生物柴油低温流动性能的因素很多，如制备方法，储存方式及时间，制备原料，与其他燃料混合或者添加降凝剂等。生物柴油是由 C_{14}～C_{24} 饱和脂肪酸甲酯和不饱和脂肪酸甲酯组成，其中饱和脂肪酸甲酯（SFAME）有棕榈酸甲酯（$C_{16:0}$）和硬脂酸甲酯（$C_{18:0}$）；不饱和脂肪酸甲酯（USFAME）有单不饱和脂肪酸甲酯 $C_{16:1}$～$C_{22:1}$、二不饱和脂肪酸甲酯 $C_{18:2}$（亚油酸甲酯）、三不饱和脂肪酸甲酯 $C_{18:3}$（亚麻酸甲酯），是一个很复杂的有机构成体系。这里主要介绍生物柴油低温流动特性指标测定。

4.3.1 生物柴油的表面张力测定

表面张力是指由于分子间作用力的存在，使得液体表面会有缩小的倾向，以获得最小表面位能，这个使得液体表面缩小的力就是表面张力。生物柴油的表面张力是雾化性能十分重要的指标。生物柴油的表面张力主要采用 GB/T 22237 方法测定。

17 种生物柴油的表面张力见表 4-30。

表 4-30 生物柴油表面张力

生物柴油种类	表面张力（N/m）	生物柴油种类	表面张力（N/m）
芝麻油生物柴油	0.021 6	稻米油生物柴油	0.025 0
玉米油生物柴油	0.022 7	亚麻籽油生物柴油	0.023 4
橄榄油生物柴油	0.022 5	棕榈油生物柴油	0.024 1
葵花籽油生物柴油	0.025 5	地沟油生物柴油	0.025 8
花生油生物柴油	0.025	棉籽油生物柴油	0.025 3
芥花油生物柴油	0.024	橡胶籽油生物柴油	0.025 2
菜籽油生物柴油	0.023 4	蓖麻籽油生物柴油	0.034 5
大豆油生物柴油	0.023 5	小桐子生物柴油	0.037 1
油茶籽油生物柴油	0.025 2		

4.3.2 生物柴油的运动黏度测定

黏度是流体微观分子内摩擦力的宏观表现，分为动力黏度和运动黏度。对于生物柴油一般用运动黏度表征，通常情况下生物柴油都是牛顿流体。生物柴油的运动黏度是评价燃油运输和泵送，以及燃烧器雾化的重要指标。生物柴油的运动黏度采用 GB/T 265 测定。

测得 17 种生物柴油运动黏度见表 4-31。

表 4-31 17 种生物柴油运动黏度

生物柴油种类	运动黏度（40℃，$mm^2 \cdot s^{-1}$）	生物柴油种类	运动黏度（40℃，$mm^2 \cdot s^{-1}$）
芝麻油生物柴油	4.20	稻米油生物柴油	3.24
玉米油生物柴油	4.30	亚麻籽油生物柴油	4.06
橄榄油生物柴油	5.05	棕榈油生物柴油	4.44
葵花籽油生物柴油	4.22	地沟油生物柴油	5.83
花生油生物柴油	5.06	棉籽油生物柴油	4.56
芥花籽生物柴油	4.53	橡胶籽油生物柴油	4.79
菜籽油生物柴油	4.63	蓖麻籽油生物柴油	4.52
大豆油生物柴油	4.12	小桐子生物柴油	4.06
油茶籽油生物柴油	4.54		

由表4-31可看出，除蓖麻籽油生物柴油黏度较高，为14.52$mm^2 \cdot s^{-1}$之外，其余生物柴油运动黏度均在3～5$mm^2 \cdot s^{-1}$附近，具有良好的流动特性。

0号柴油运动黏度远远低于生物柴油，生物柴油与0号柴油调和燃料可以调节生物柴油黏度，使其具有良好的雾化特性。对于生物柴油调和燃料的运动黏度研究十分重要。以小桐子生物柴油为例，研究生物柴油与0号柴油调和燃料的运动黏度，其结果见表4-32。

表4-32　不同生物柴油添加比例的运动黏度

生物柴油添加比例（%）	运动黏度（40℃，$mm^2 \cdot s^{-1}$）	运动黏度计算值（40℃，$mm^2 \cdot s^{-1}$）	偏差
0	3.048	3.098	−0.050
10	3.153	3.136	0.017
20	3.253	3.227	0.026
30	3.347	3.321	0.026
40	3.462	3.417	0.045
50	3.566	3.517	0.049
60	3.696	3.619	0.077
70	3.820	3.725	0.095
80	3.801	3.832	−0.031
90	3.924	3.945	−0.021
100	4.060	4.054	0.006

由表4-32可知，添加号0号柴油能有效降低生物柴油黏度，使得调和燃料具有良好的低温流动特性，便于生物柴油的使用。

4.3.3　生物柴油的凝点与冷滤点测定

凝点与冷滤点是评价生物柴油低温流动性的重要指标。凝点是指液体失去流动性的最高温度。冷滤点是指柴油通过发动机滤网的最高温度。这两个指标对于生物柴油的使用十分重要。是评价低温时生物柴油性能以及雾化效果十分重要的性质。凝点测定方法参照GB/T 510测定，冷滤点测定参照SH/T 0248方法。

测得17种生物柴油凝点、冷滤点见表4-33。

表4-33　17种生物柴油凝点与冷滤点

生物柴油种类	凝点（℃）	冷滤点（℃）	生物柴油种类	凝点（℃）	冷滤点（℃）
芝麻油生物柴油	−14	−6	稻米油生物柴油	−1	0
玉米油生物柴油	−8	−5	亚麻籽油生物柴油	−8	−2
橄榄油生物柴油	−5	−2	棕榈油生物柴油	12	11
葵花籽油生物柴油	−5	−1	地沟油生物柴油	0	3
花生油生物柴油	−3	16	棉籽油生物柴油	0	5
芥花油生物柴油	−2	3	橡胶籽油生物柴油	−7	−1
菜籽油生物柴油	−13	−10	蓖麻籽油生物柴油	−23	−6
大豆油生物柴油	−3	2	小桐子生物柴油	−1	2
油茶籽油生物柴油	−7	−2			

4.4 生物柴油的氧化稳定性能测定

油脂受氧、水、光、热、微生物等的作用，会逐渐水解或氧化而变质酸败，使中性脂肪酸酯分解为甘油和脂肪酸，或使脂肪酸酯中的不饱和链断开形成过氧化物，再依次分解为低级脂肪酸、醛类、酮类等物质，而产生异臭和异味，有的酸败产物还具有致癌作用。油脂氧化生成的产物，首先氧化过程主要是从相对于双键的 α 一位的 H 原子分裂出来的均裂原子团开始的，形成的碳原子基团与氧反应生成过氧化原子基团，然后过氧化原子基团进入链式反应生成一级产物——有机过氧化物，过氧化物作为脂类自动氧化的主要初期产物，其性质不稳定，经过许多复杂的分裂和相互作用，导致产生二级产物，最终形成小分子挥发性物质，如醛、酮、酸、醇、环氧化物或聚合成聚合物。

由于生物柴油是由脂肪酸甲酯组成的，而脂肪酸甲酯中的碳碳双键极易发生氧化反应，不仅会影响生物柴油的质量，而且还会带来车辆引擎腐蚀、油路阻塞和引擎功率不稳定等问题。因此研究生物柴油原料油的氧化稳定性，对客观评价生物柴油原料油品质，选择生物柴油原料油抗氧化剂具有指导性的作用。

生物柴油氧化稳定性通常是通过测定其氧化诱导期来进行评价的，诱导期越长，氧化稳定性越好。另外，也借助氧化过程中过氧化值、酸值、氧气压力、运动黏度、碘值等的变化以及氧化生成不溶物量的多少等多方面来判断生物柴油原料油氧化稳定性。生物柴油氧化稳定性的具体评价方法有多种，欧洲各国及国际标准化组织所用标准方法是 EN 14112，实际测定中也可借鉴石油产品氧化稳定性评价方法，如 ASTMD2274、ASTM D4625、ASTM D6468、ASTM D3241（JFTOF 法）、IP306、ASTM D525、ASTM D5304、ASTM I 6186（PDSC）、ASTM E 2009（PDSC）等进行生物柴油氧化稳定性评价。

4.4.1 生物柴油的酸值测定

中和 1g 生物柴油所需的氢氧化钾毫克数称为生物柴油酸值。酸值是对生物柴油品质判断的一项重要指标，酸值是表示油品中所含高分子有机酸的数量的多少，生物柴油常温氧化稳定性越差，其酸值越高说明其中含酸量越多。高酸值的生物柴油会造成燃料油系统的沉积并增加腐蚀的可能性，同时还会使喷油泵的磨损加剧，喷油器头部和燃烧室积炭增多，从而导致喷雾恶化以及柴油机功率降低和气缸活塞组件磨损增加。生物柴油的酸值测定的是游离脂肪酸和在烃类柴油中不存在的降解副产物。在新燃料油系统设计中提高循环温度会加速油品降解，从而导致高酸值并增加过滤器堵塞的可能性，从而造成氧化稳定性变差。生物柴油酸值测定参照 GB/T 264 方法。17 种生物柴油的酸值测定值见表 4 - 34。

表 4 - 34　生物柴油酸值、铜片腐蚀、诱导期

生物柴油种类	酸值（mg KOH/g）	铜片腐蚀	诱导期（h）
芝麻油生物柴油	0.16	1A	4.76
玉米油生物柴油	0.19	1A	5.21

续表

生物柴油种类	酸值（mg KOH/g）	铜片腐蚀	诱导期（h）
橄榄油生物柴油	0.37	1A	1.70
葵花籽油生物柴油	0.32	1A	1.57
花生油生物柴油	0.19	1A	5.53
芥花油生物柴油	0.21	1A	1.37
菜籽油生物柴油	0.24	1A	4.63
大豆油生物柴油	0.32	1A	3.53
油茶籽油生物柴油	0.22	1A	3.64
稻米油生物柴油	0.28	1A	2.34
亚麻籽油生物柴油	0.29	1A	0.40
棕榈油生物柴油	0.27	1A	11.4
地沟油生物柴油	0.41	1B	5.00
棉籽油生物柴油	0.29	1A	1.80
橡胶籽油生物柴油	0.22	1A	5.12
蓖麻籽油生物柴油	0.39	1A	12.90
小桐子生物柴油	0.34	1A	1.53

4.4.2 生物柴油的铜片腐蚀测定

铜及其合金是机械制造中重要的金属材料，生物柴油对铜片腐蚀行为是评价生物柴油在储存，运输以及发动机使用时对设备的使用寿命的影响。铜片腐蚀测定参照GB/T 5096方法。17种生物柴油的铜片腐蚀测定值见表4-34。

4.4.3 生物柴油的诱导期测定

诱导期可表示油品在储存时生成胶质的倾向，但在不同的储存条件下和对不同的汽油，其诱导期和在储存时生成胶质的相关性可能有显著差别。生物柴油诱导期测定主要根据GB/T 8018。17种生物柴油的诱导期测定值如表4-34所示。

4.4.4 生物柴油氧化前后成分分析

在氧、光、金属离子等的存在下，含有双键和三键的不饱和脂肪酸甲酯极易发生氧化，生成初级氧化产物。初级氧化产物不稳定，极易分解生成次级氧化产物，如醇、醚、醛、水、有机酸、聚合物及不可溶树脂等，这些次级氧化产物会引起生物柴油产生臭味、分层和不溶物等现象，会对引擎造成腐蚀，过滤困难，油路阻塞和引擎功率不稳等一系列问题。因此，生物柴油氧化稳定性能的好坏不仅影响生物柴油的质量，还会对机动车辆各系统的运转、车辆的使用寿命造成影响，制约着生物柴油的商业化应用与发展。

对地沟油生物柴油等三种生物柴油氧化前后成分通过红外光谱（FTIR）以及GC-MS进行分析见表4-35。

表 4-35　　三种生物柴油氧化前后成分

化合物	地沟油生物柴油（%）		橡胶籽油生物柴油（%）		小桐子生物柴油（%）	
	氧化前	氧化后	氧化前	氧化后	氧化前	氧化后
己醛	—	0.19	—	0.21	—	0.42
己酸	—	0.21	—	0.26	—	0.37
庚酸甲酯	—	0.23	—	0.39	—	0.48
壬醛	—	0.21	—	0.12	—	0.21
辛酸甲酯+辛酸	—	0.46	—	0.56	—	0.72
壬酸		0.12	—	0.32	—	0.26
2—癸烯醛	—	0.08	—	0.21	—	0.22
2，4—癸二烯醛	—	—	—	—	0.06	—
4—氧代辛酸甲酯	—	0.42	—	0.30	—	0.31
十一烯醛	—	0.21	—	0.13	—	0.30
葵酸甲酯	0.06	—	0.01	—	0.02	—
8—羟基辛酸甲酯	—	0.39	—	0.26	—	0.54
9—氧代壬酸甲酯	0.01	0.79	—	0.77	0.01	0.68
辛二酸单甲酯	—	0.03	—	0.07	—	0.24
壬二酸单甲酯	—	0.72	—	0.63	—	1.13
十一烯酸甲酯	—	0.29	—	0.32	—	0.45
双环（4，2，1）癸—10—酮	—	0.23	—	0.41	—	0.39
十二烷酸甲酯	0.16	0.16	0.06	0.05	—	0.02
壬二酸二甲酯	0.06	—	0.02	—	—	—
十四碳烯酸甲酯	0.06	—	—	—	—	—
十四烷酸甲酯	1.44	1.62	0.51	0.59	0.06	—
十五烷酸甲酯	0.13	0.19	0.05	0.02	0.01	—
十六碳烯酸甲酯	2.19	1.96	1.00	0.83	0.93	0.64
棕榈酸甲酯	24.80	34.38	14.68	22.10	14.50	22.94
油酸甲酯	0.17	—	0.06	—	0.06	0.26
2—己基环丙基辛酸甲酯	0.27	0.61	0.12	0.36	0.09	0.23
十七烷酸甲酯	29.37	3.06	36.32	13.26	39.02	0.30
亚油酸甲酯	32.26	30.05	36.91	36.47	37.41	27.66
十八碳：烯酸甲酯	0.70	—	0.90	0.20	0.02	—
硬脂酸甲酯	6.64	9.74	7.91	12.6	6.75	12.76
十八碳三烯酸甲酯异构体	—	—	0.14	—	—	—
十八碳二烯酸甲酯异构体	0.18	—	0.10	—	0.01	—
2—环已烷基丙烯醇	—	0.92	—	0.84	—	1.03
顺—3—辛基—环氧乙烷基辛酸甲酯	—	2.97	—	1.59	—	9.13
反—3—辛基—环氧乙烷基辛酸甲酯	—	2.16	—	1.14	—	6.08

续表

化合物	地沟油生物柴油（%）		橡胶籽油生物柴油（%）		小桐子生物柴油（%）	
	氧化前	氧化后	氧化前	氧化后	氧化前	氧化后
二十碳二烯酸甲酯	0.10	—	0.05	—	0.07	—
二十碳烯酸甲酯	0.34	2.04	0.27	1.39	0.10	—
二十烷酸甲酯	0.24	0.68	0.32	0.77	0.24	1.11
二十二碳烯酸甲酯	0.14	0.10	0.06	0.02	0.01	—
二十二烷酸甲酯	0.08	0.16	0.07	0.05	0.03	—

由表4-35可看出，地沟油生物柴油、橡胶籽油生物柴油和小桐子生物柴油中脂肪酸甲酯含量分别为95.38%、99.56%和99.40%，氧化后生物柴油中检出的脂肪酸甲酯含量分别为95.3%、97.32%和88.88%。地沟油生物柴油、橡胶籽油生物柴油和小桐子生物柴油主要由棕榈酸甲酯、亚油酸甲酯、油酸甲酯和硬脂酸甲酯组成，氧化前3种生物柴油的这4种脂肪酸甲酯总含量分别为93.07%、95.82%和97.68%。3种生物柴油氧化后产物的这4种脂肪酸甲酯的总含量分别降为77.23%、84.51%和63.66%，尤其是含有两个不饱和双键的亚油酸甲酯的相对含量降低幅度很大，分别从29.37%、36.32%和39.02%降为3.06%、13.26%和0.30%。生物柴油氧化后成分十分复杂，有不同的醛、酸、酮、醇及小分子的酯等物质。这些均说明生物柴油氧化主要是含有不饱和双键或三键的脂肪酸甲酯的氧化。

参考文献

[1] 李法社，倪梓皓，杜威，等．生物柴油氧化前后成分分析的研究［J］．中国油脂，2015，40（1）：64-68.

[2] 单郑帅，李法社，包桂蓉，等．8种生物柴油常温氧化稳定性的测定与优化研究［J］．中国油脂，2017，42（10）：106-109.

[3] 王海京，杜泽学，高国强．影响生物柴油酸值的因素及降酸值方法研究［J］．中国油脂，2017，42（6）：121-124.

[4] ŞÜKRAN E，CEVIZ M A，TEMUR H. Comparative engine characteristics of biodiesels from hazelnut，corn，soybean，canola and sunflower oils on di diesel engine［J］. Renewable Energy，2018，119.

[5] DHAMODARAN G，KRISHNAN R，POCHAREDDY Y K，et al. A comparative study of combustion，emission，and performance characteristics of rice-bran-，neem-，and cottonseed-oil biodiesels with varying degree of unsaturation［J］. Fuel，2017，187：296-305.

[6] KUMAR N. Oxidative stability of biodiesel：Causes，effects and prevention［J］. Fuel，2016.

[7] CALDEIRA C，FREIRE F，OLIVETTI E A，et al. Fatty acid based prediction models for biodiesel properties incorporating compositional uncertainty［J］. Fuel，2017，196：13-20.

[8] LI R，WANG Z. Study on status characteristics and oxidation reactivity of biodiesel particulate matter［J］. Fuel，2018，218：218-226.

[9] QUBEISSI M A. Predictions of droplet heating and evaporation：an application to biodiesel，diesel，gasoline and blended fuels［J］. Applied Thermal Engineering，2018，136（C）：260-267.

[10] 刘作文，李法社，申加旭，等．小桐子生物柴油在氧化期间的特性分析［J］．中国粮油学报，2018（5）.

[11] 徐文佳，李法社，王华各，等. 原料油及其生物柴油低温流动性分析 [J]. 石油化工，2018 (5).
[12] 申加旭，李法社，王华各，等. 生物柴油调和燃料理论热值比对分析 [J]. 中国油脂，2017，42 (11)：45-48.
[13] 杨远猛，李法社，陈丹，等. HFRR 法测定生物柴油及其原料油的润滑性能研究 [J]. 中国油脂，2017，42 (5)：65-68.
[14] 王文超，李法社，李瑛，等. 生物柴油酯基结构的优化及其对低温流动性能影响 [J]. 中国油脂，2018，43 (12)：105-108，113.
[15] 薛原，杨志强，杜葩，等. 冬化处理对棕榈油生物柴油低温流动性的影响 [J]. 化工科技，2018，26 (3)：1-4.
[16] 何抗抗，杨超，蔺华林，等. 改善稻米油生物柴油的低温流动性 [J]. 中国油脂，2017，(7)：92-96.
[17] 吴永会，李法社，王霜. 生物柴油氧化安定性能改进研究进展 [J]. 中国油脂，2018，43 (12)：114-118.
[18] 刘金胜. 生物柴油氧化安定性标准测试方法的进展及有关建议 [J]. 石油商技，2018，36 (2)：4-8.

第5章

生物柴油低温流动性能的优化

 5.1 生物柴油低温流动性能影响因素分析

5.1.1 生物柴油低温流动性能评价指标

生物柴油的低温流动性能关系到柴油发动机燃料供给系统在低温下能否正常运行，还关系到生物柴油在低温下的储存、运输、装卸等作业能否正常进行。生物柴油与石化柴油相似，在低温下也会结晶，低温结晶和凝胶化现象对生物柴油在低温条件下正常使用不利，因此进一步改善生物柴油的低温流动性能尤为重要。

生物柴油低温流动性能的技术指标通常与石化柴油相同，包括浊点（CP）、凝点（SP）、倾点（PP）和冷滤点（CFPP）。国内评价生物柴油低温流动性通常使用凝点和冷滤点两个指标，国外通常使用浊点、倾点和冷滤点，研究表明倾点与国内所指的凝点相同。

运动黏度是衡量燃料流动性能及雾化性能的重要指标。运动黏度太高，流动性就差，同时喷出的油滴的直径过大，油流射程过长。使得油滴有效蒸发面积减少，蒸发速度减慢，还会引起混合气组成不均匀，燃烧不完全，燃料消耗量大。黏度过低时流动性会过高，使燃料从油泵的柱塞和泵筒之间的空隙流出，致使喷入气缸的燃料减少，发动机效率下降。同时雾化后油滴直径过小，喷出油流射程短，不能与空气均匀混合，燃烧不完全。一般认为黏度在1.9～6.0mm^2/s之间适合做柴油机燃料使用。生物柴油的碳链长度一般为14～20个碳原子，而矿物柴油为8～10个碳原子。因此生物柴油的黏度要比矿物柴油稍高一些。运动黏度可按GB/T265进行测定。18种生物柴油低温流动性能见表5-1。

表5-1　18种生物柴油的低温流动性能

生物柴油	凝点（℃）	冷滤点（℃）	运动黏度（40℃，mm^2/s）
玉米油生物柴油	−8	−5	4.30
葵花籽油生物柴油	−5	−1	4.22
棕榈油生物柴油	12	11	4.44
棉籽油生物柴油	0	5	4.56
小桐子生物柴油	−1	2	4.06
花生油生物柴油	−3	16	5.06
橄榄油生物柴油	−5	−2	5.05
稻米油生物柴油	−1	0	3.24
芝麻油生物柴油	−14	−6	4.20
芥花油生物柴油	−2	3	4.53
花椒油生物柴油	−11	−2	5.32
地沟油生物柴油	0	3	5.83

续表

生物柴油	凝点（℃）	冷滤点（℃）	运动黏度（40℃，mm^2/s）
大豆油生物柴油	−4	2	4.12
菜籽油生物柴油	−13	−10	4.63
油茶籽油生物柴油	−7	−2	5.54
橡胶籽油生物柴油	−7	−1	4.79
亚麻籽油生物柴油	−8	−2	4.06
蓖麻籽油生物柴油	−23	−6	4.52

目前优化生物柴油低温流动性能的方法包括：生物柴油与石化柴油混合；添加剂的加入；化学或物理法改变原料油或生物柴油。

1. 添加剂加入法

传统的石化柴油添加剂有倾点（PP）抑制剂或蜡结晶改性剂。倾点抑制剂用来改善原油在泵中的流动性且不会影响其成核特性，相反的，这种添加剂能抑制结晶从而消除凝聚效应。倾点（PP）抑制剂通常是由低分子质量的共聚物构成的，结构类似于脂肪族烷烃分子，应用最广泛的是乙烯基酯。蜡结晶改性剂，顾名思义，是共聚物破坏部分结晶过程产生更多更小更紧凑的蜡晶体。许多研究已经将这些添加剂应用在生物柴油-石化柴油混合物和纯生物柴油中。例如，大豆油生物柴油使用添加剂后，倾点降低了6℃左右，冷滤点（CFPP）也得到了一定的改善，没有相关研究表明浊点（CP）有明显的改善。

如前所述，降低生物柴油浊点（CP）的一种潜在机制是使用厚重的部分破坏晶体成核过程中酯分子的有序堆积。至此，一些研究中使用对甲苯磺酸催化酯化合成单、双官能团的脂肪酸和醇。值得一提的是，混合了大豆油生物柴油的生物柴油浊点（CP）最多降低了1℃。第二种方法是改变甲基丙烯酸长链烷基酯和丙烯酸酯的共聚物，添加到生物柴油中改善低温性能。

Ming等人研究了各种添加剂的效果，包括自行合成的和商业使用的：Tween-80，二羟基脂肪酸（DHFA），丙烯酸酯化聚酯预聚物（APP），棕榈基多元醇（PP），二羟基脂肪酸（DHFA）和乙基己醇（DHFAPP）1∶1的混合物，使用DHFA和乙基己醇（DHFAEH）合成的添加剂使蓖麻油酸酯的CP平均下降5.5℃，棕榈油生物柴油加入1%DHFA和1%PP后，其最大降幅为10.5℃。推测多羟基化合物的有效性是由于添加剂中的羟基与样品相互作用的结果。然而，添加剂的加入导致黏度大大增加。向棕榈油生物柴油中加入1.0%PP，其黏度从29.5CP增加到42.2CP。此外，生物柴油的一些副产物可以用来制造甘油，与异丁烯反应生成甘油的丁基醚。

2. 原料油性质的改变

冬化是使用低于特定截止值的凝固温度分离油的方法。一种方法是在特定时间内以一定的温度将油冷冻一段时间，然后析出剩余的液体。另一种较为高效的方法是将大量的油放置在低温环境中一段时间。Dunn采用逐步冬化技术，选用大豆油生物柴油将其放入恒温−10℃环境中3h内不出现浑浊。通常一周需要重复上述步骤5、6次才能使大豆油生物柴油的倾点（PP）低于−16℃，但这样会导致大豆油生物柴油接近75%的质量损失。其中，$C_{16:0}$的质量百分比损失最大，减少了3倍，而$C_{18:3}$的比例增加了近一半。发现冬化后的大豆油生物柴油含有少量的饱和长链脂肪酸甲酯，对酯交换且冬化后的大豆油生物柴油的低温流动性能有很大的影响。26.0%（质量百分含量）油酸甲酯（$C_{18:1}$），68.3%（质量百分含量）亚油酸酯（$C_{18:2}$）和5.7%（质量百分含量）亚麻酸甲酯（$C_{18:3}$）混合物的CP和PP分别为－23℃和－48℃。比冬化后只含有5.6%（质量百分含量）饱和脂肪酸甲酯的大豆油生物柴油低了7～32℃。然而将材料进行大规模削减工作量较大，正如上述所提到的，要花去一周的时间。

Duffield提出一种直接的改变生物柴油原料的方法，基因修改油料种子以改变脂肪酸特性。通过修改大豆油基因，使其油酸（$C_{18:1}$）含量升高，多不饱和和饱和脂肪酸减少。这样的油生产出来的生物柴油氧化稳定性提高并且能适用多种的气候。第二种可用的方法是同时提高油酸（$C_{18:1}$）和硬脂酸（$C_{18:0}$）的含量，这样能提高燃料的燃烧性能和氧化稳定性，但随之而来的，相关的低温流动性能就会变差。到目前为止专门针对生物柴油基因改造原料油取得的进展较小。

3. 生物柴油性质的改变

一种较为通用的物理改变生物柴油低温流动性能的方法是结晶分馏。同样的方法在原料油中是冬化。生物柴油现已应用干法分馏和溶剂分馏。干法分馏不使用液体溶剂，从熔融状态下结晶，是最简单较为经济的方法。Lee在实验84h经10步采用干馏大豆油生物柴油得到5.5%（质量百分含量）饱和脂肪酸酯，和同等条件下非分馏的产物相比，温度低10.8℃。溶剂分馏方面，其产率仅为初始大豆油生物柴油的25.5%。相比之下，由Gonzalez干法分馏得到的地沟油生物柴油的CFPP降低幅度较大，从－1℃到－5℃。但在这种分馏条件下会导致30%～100%的产率损失。

与干法分馏相比，溶剂分馏具有明显的优势：减少结晶时间和提高产量。但安全性降低、成本较高。采用一步法提取大豆油生物柴油中的已烷，停留时间为3.5～6.5h，产率为78.4%，CP为－10℃。使用异丙醇生产的生物柴油能得到相似的CP值，但是饱和脂肪酸甲酯一定程度的减少表明CP的减少是因为残留在大豆油生物柴油中的溶剂。一些研究使用不同的溶剂进行溶剂分馏并取得了一定的进展，包括甲醇、丙酮、氯仿和乙醇。采用丙酮对大豆油生物柴油进行分馏对CP没有任何影响，氯仿的使用也不会产生任何结晶。

通过不同方式分馏都能够使饱和脂肪酸甲酯的含量减少，不饱和脂肪酸甲酯会增加。对生物柴油的其他性能也有一定的影响，如氧化安定性和点火性能。分离过程的花费较大，和石化柴油相比，增大了生物柴油的价格竞争力。分馏是一种新的操作技术，包括溶剂的添加、结晶和溶剂回收，但是会导致产率降低。任何企业都不能接受75%的原材料损失。

现已有化学方法将生物柴油转化为三酯。甲醇钠做催化剂，用分馏得到棕榈油甲酯和三羟甲基丙烷（TMP）合成棕榈油多元醇酯（POTE），产物的倾点达到－30℃，比90%（质量百分含量）三酯的效果好。最终产物的倾点与棕榈油生物柴油分馏后剩余的棕榈酸酯（$C_{16:0}$）有很大的依赖关系。含有9.8%wt $C_{16:0}$的棕榈油多元醇酯（POTE）倾点（PP）为－11℃，含有8.7%wt $C_{16:0}$的棕榈油多元醇酯（POTE）倾点（PP）为－29℃，因此，结合分馏技术化学改造棕榈油是非常成功的，能够显著降低$C_{16:0}$含量。

另一种方法是利用不饱和脂肪酸的p—键通过电加成生成支链或大分子酯。首先通过原位过氧甲酸法将油酸异丙酯（IPO）合成95%的环氧化油酸异丙酯（EIPO）。与1M环氧化油酸异丙酯（EIPO）溶剂反应得到的油酸异丙酯的α—羟基与各种醇在H_2SO_4作为催化剂的条件下进行反应。使用的醇包括：乙醇、正丙醇、异丙醇、正丁醇、异丁醇、2－甲氧基乙醇、己醇、辛醇、2－乙基己醇和癸醇。与油酸异丙酯相比，乙基 α-羟基醚是唯一一种表现出较好低温流动性能的衍生物。三种碳醚具有与油酸异丙酯相似的 CP 和 PP。CP 实际上是纯物质的熔点因此只用来在纯化合物之间做比较。已有结果显示，长链醚超过三个碳时，低温流动性能得到很大的改善。例如，癸醚的 CP 为－23℃、PP 为－24℃，而未进行改造的大豆油异丙酯的 CP 为－9℃，PP 为－12℃。但这种比较并不是很合理，因为纯化合物（油酸异丙酯的癸醚）的性质不能和混合物质（大豆油异丙酯）一起比较。还应注意的是这些化合物和商用生物柴油不同，纯化合物的 CP 只能和化学性质相似的纯物质来比较。但是，生物柴油的化合物添加剂引起的浊点变化是有效的。

Moser 为了解决这一问题，将油酸异丙酯的 4 种不同的醚进行混合，大豆油甲酯调入的含量不超过 2.0%（质量百分含量）。在混入比例为 0.5%（质量百分含量）时，浊点没有明显的改善，但向大豆油甲酯中加入 2%（质量百分含量）2－乙基己基醚时，CP 降低了 3K。鉴于 CP 的试验显示该方法的误差范围在 2K，改善的效果并不明显。其表面张力和润滑性几乎与纯大豆油甲酯相同。两种醚混合的运动黏度较高，比标准 EN14214 高 2%。

另一种方法是使用类似 α－羟基醚合成的技术生产油酸二酯。环氧油酸烷基酯（丙基、异丙基、辛基、2－乙基己基）在没有催化剂的条件下和丙酸或辛酸发生酯化反应。反应温度为 100℃，反应时间为 14～15h，得到 95%纯化后的油酸二酯。添加辛酸使链长增长进而提高低温流动性能。但是，丙酸较于链长更长的酸得到的氧化稳定性能更好。

本书主要针对添加降凝剂、生物柴油与 0 号柴油混合、生物柴油与生物柴油混合等优化生物柴油低温流动性的方法进行研究。

5.1.2 原料油对生物柴油低温流动性能的影响

生物柴油是由原料油通过酯交换反应得到的，对原料油的密度、凝点、冷滤点、运动黏度等性能进行分析，探究原料油低温流动性能对其生物柴油的影响。

1. 原料油密度

密度的大小对燃料从喷嘴喷出的射程和油品的雾化质量影响很大。运动黏度太高或太低都会造成燃料燃烧不完全，使燃烧质量恶化。18 种生物柴油原料油的密度见表 5-2。18 种生物柴油原料油的密度（20℃）为 0.89～0.93g/cm^3。

表 5-2　20℃下 17 种生物柴油原料油的密度　(g/cm^3)

样品	密度	样品	密度
芝麻油	0.921 5	地沟油	0.923 4
大豆油	0.918 2	亚麻籽油	0.918 7
芥花油	0.917 4	橄榄油	0.917 5
菜籽油	0.916 6	棕榈油	0.917 5
油茶籽油	0.918 5	棉籽油	0.912 3
葵花籽油	0.915 7	蓖麻子油	0.919 2
花生油	0.916 1	橡胶籽油	0.892 2
稻米油	0.913 2	小桐子油	0.908 0
玉米油	0.917 8	花椒油	0.896 7

18种原料油中，地沟油的密度最大，为0.923 4g/cm³，橡胶籽油的密度最小，为0.892 2g/cm³。选取菜籽油、玉米油、大豆油和芥花籽油为样品，分析密度随温度变化情况，其结果如图5-1所示，密度随温度的升高而降低，且两者呈良好的线性关系，但变化率不大。可以看出，温度较低时，生物柴油的密度对燃料雾化产生较大的影响。

2. 原料油的运动黏度

原料油的运动黏度较大，这也是不能直接应用于内燃机的主要原因。测定17种生物柴油原料油的运动黏度，其结果见表5-3，17种生物柴油原料油运动黏度差别较大，地沟油在常温下几乎是固体，在40℃时虽是液体，但黏度较大，达到了62.64mm²/s，这是因为其含有较高质量分数的不饱和脂肪酸，这是造成其运动黏度较大的主要原因。葵花籽油、橡胶籽油、芝麻油与玉米油的运动黏度相对较小，但已超过30mm²/s，是不能直接应用于内燃机的。当原料油经过酯化反应得到生物柴油时，运动黏度显著大幅下降。

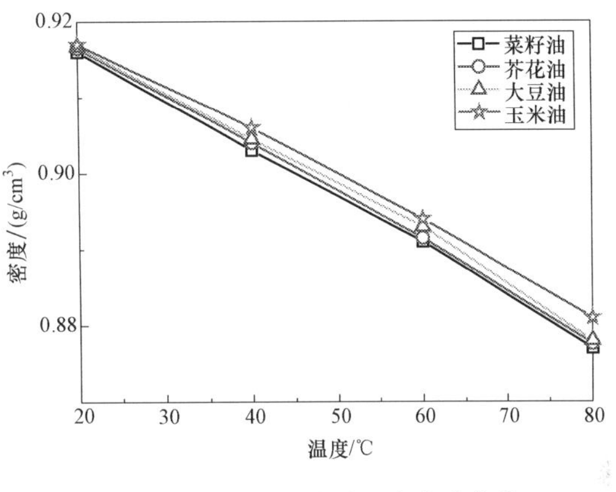

图5-1 原料油密度随温度变化曲线

表5-3 **17种生物柴油原料油的运动黏度** (mm²/s)

样品	运动黏度	样品	运动黏度
芝麻油	35.88	稻米油	49.52
玉米油	36.69	亚麻籽油	58.50
橄榄油	42.11	地沟油	62.64
葵花籽油	32.27	棕榈油	61.34
花生油	38.35	橡胶籽油	34.25
芥花籽油	40.74	小桐子油	43.72
菜籽油	39.87	棉籽油	47.88
大豆油	38.35	蓖麻籽油	59.39
油茶籽油	41.80	花椒油	50.78

3. 原料油的浊点和倾点

Evangelos G从不饱和度角度分别分析了原料油浊点、倾点的变化规律。如图5-2介绍了15种原料油不饱和度与浊点的关系，图5-3介绍了16种原料油不饱和度与倾点的关系。原料油不饱和度与浊点的相关系数$R^2=0.742$，原料油不饱和度与倾点的相关系数为$R^2=0.775$。不饱和度是由原料油脂肪酸中含有双键的不饱和脂肪酸的质量分数决定的，所以原料油不饱和度与浊点、倾点的关系也是原料油成分与低温流动性的关系。

如图5-2所示，浊点与不饱和度存在一定的相关性，随着不饱和度的增大，浊点逐渐降低，由此可以看出不饱和度较高的油比较适合在寒冷的季节使用，在其他文献中也得到了相似的结果。

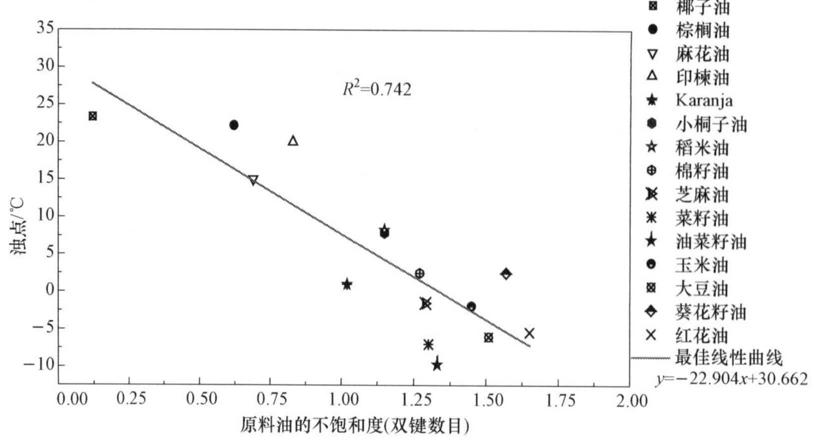

图 5-2　原料油不饱和度对浊点的影响

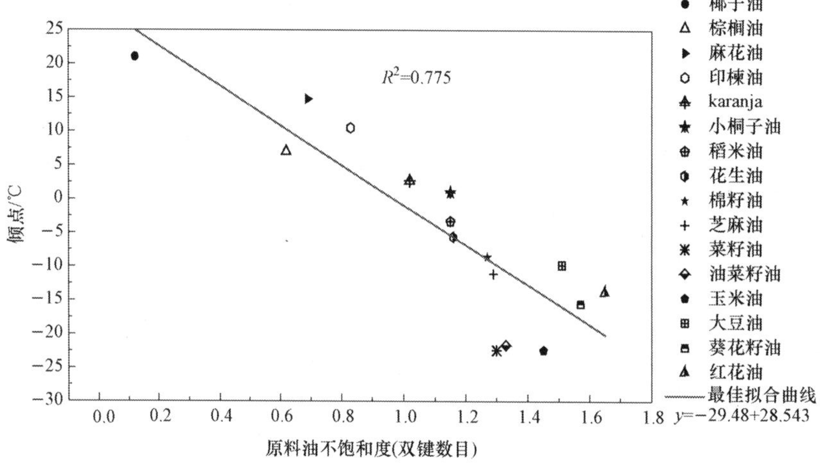

图 5-3　原料油不饱和度对倾点的影响

倾点的温度范围为−22.4～21℃（饱和程度最高的是椰子油），平均值为−6.11℃。与浊点相似，倾点与不饱和度也存在一定的相关性，如图 5-3 所示。从整体看，生物柴油的凝点比其原料油的凝点高，其中小桐子原油与小桐子生物柴油的凝点变化不大，见表 5-4。

表 5-4　　生物柴油与原料油凝点的比较　　(℃)

生物柴油	凝点	原料油	凝点
玉米油生物柴油	−8	玉米油	1
葵花籽油生物柴油	−5	葵花籽油	−10
棕榈油生物柴油	12	棕榈油	2
棉籽油生物柴油	0	棉籽油	−12
小桐子生物柴油	−1	小桐子油	−8
花生油生物柴油	−3	花生油	1

续表

生物柴油	凝点	原料油	凝点
橄榄油生物柴油	−5	橄榄油	−13
稻米油生物柴油	−1	稻米油	−9
芝麻油生物柴油	−14	芝麻油	−10
芥花油生物柴油	−2	芥花油	−13
花椒油生物柴油	−11	花椒油	−3
地沟油生物柴油	0	地沟油	18
大豆油生物柴油	−4	大豆油	−9
菜籽油生物柴油	−13	菜籽油	−22
油茶籽油生物柴油	−7	油茶籽油	−2
橡胶籽油生物柴油	−7	橡胶籽油	−6
亚麻籽油生物柴油	−8	亚麻籽油	−14
蓖麻籽油生物柴油	−23	蓖麻籽油	6

5.1.3 温度对生物柴油低温流动性能的影响

S. Kerschbaum，G. Rinke 等人研究了 4 种生物柴油在较大温度范围内运动黏度的变化，分别得到了高于 273K 和低于 273K 时 4 种生物柴油运动黏度的经验公式。4 种生物柴油的测试结果见表 5-5，各值为多次测量的平均值。除 RME GER-B 在 268K 以下偏差达 8%，其余三种生物柴油各温度下动力黏度的偏差均小于 3%。

表 5-5　4 种生物柴油不同温度下动力黏度　(mPa·s)

温度（K）	动力黏度			
	WME A	WME GER-B	RME GER-B	RMEGER-KA
258.15	94.10	—	—	27.93
259.15	—	—	71.00	26.68
260.15	—	—	64.00	25.78
261.15	—	—	57.70	24.40
262.15	—	—	53.60	21.87
263.15	68.80	—	44.75	21.20
264.15	—	75.30	43.00	18.65
265.15	—	68.70	38.20	17.70
266.15	—	64.70	19.10	16.98
267.15	—	57.70	16.90	16.17
268.15	51.70	54.27	14.93	15.40
269.15	49.03	50.80	14.75	14.53
270.15	42.80	47.07	14.25	13.95

续表

温度（K）	动力黏度			
	WME A	WME GER - B	RME GER - B	RMEGER - KA
271.15	18.47	42.20	13.55	13.36
272.15	13.70	16.10	13.05	12.78
273.15	12.78	13.00	12.10	12.08
278.15	11.08	11.20	10.10	10.23
283.15	9.71	9.40	8.91	9.41
288.15	8.03	8.47	6.91	7.98
293.15	7.14	7.04	6.09	6.24
298.15	6.32	6.24	5.75	5.85
303.15	5.59	5.50	5.08	5.38

注 WME A 为澳洲地沟油生物柴油；WME GER - B 为柏林/德国地沟油生物柴油；RME GER - B 为柏林/德国菜籽油生物柴油；RME GER - KA 为德国/Karlsruhe 菜籽油生物柴油。

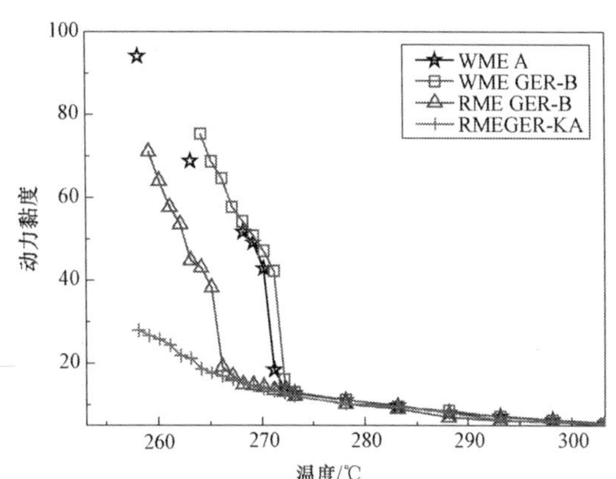

图 5 - 4　4 种生物柴油随温度变化曲线

图 5 - 4 显示了测量动力黏度与温度的依赖关系，可以看出，在高于 273K 时，随着温度的升高，WME A、WME GER - B、RME GER - B 动力黏度急剧下降，RME GER - KA 没有发现这种剧烈的下降。温度高于 273K 时，4 种生物柴油随温度变化趋势相近，随温度的升高下降较为平缓。

根据上述分析，黏度以 Arrhenius 公式的形式降低，分析了高于 273K 和低于 273K 时，4 种生物柴油 $\ln\eta$ 与绝对温度 T 之间的关系，见表 5 - 7 和表 5 - 7。通过计算斜率和偏差的平均值，将高于 273K 的 4 种生物柴油黏度经验公式拟合成一个经验公式，即

$$\eta = e^{(\frac{2359}{T}-6.1)} \quad (5-1)$$

表 5 - 6　高于 273K 的 4 种生物柴油黏度经验公式

样品	黏度经验公式
WME A	$\eta=e^{(\frac{2315.2}{T}-5.919)}$
WME GER - B	$\eta=e^{(\frac{2392.4}{T}-6.192)}$
RME GER - B	$\eta=e^{(\frac{2385.5}{T}-6.27)}$
RME GER - KA	$\eta=e^{(\frac{2342.4}{T}-6.08)}$

温度低于273K时，4种生物柴油运动黏度在2K范围内发生变化，如图5-4所示，先剧烈下降，随后缓慢下降。这可能和生物柴油的化学组成有关，如熔点较高的棕榈酸甲酯会先结晶。从图5-4也可以看出，RME GER-KA随温度升高没有剧烈的变化，这可能是因为这种燃料已经冬化或是使用了添加剂。

在过渡区之后的温度范围内，4种样品曲线下降的都较平缓，略微有弯曲。仍然使用 $\ln\eta$ 与绝对温度 T 分析其关系，其结果见表5-7，曲线相关系数为0.985～0.999。

表5-7　　低于273K的4种生物柴油黏度的经验公式

样品	黏度经验公式
WME A	$\eta=e^{(\frac{4117.4}{T}-11.409)}$
WME GER-B	$\eta=e^{(\frac{5581.0}{T}-16.813)}$
RME GER-B	$\eta=e^{(\frac{7139.2}{T}-23.283)}$
RME GER-KA	$\eta=e^{(\frac{4512.9}{T}-14.123)}$

可以看出低于273K时经验公式的系数与高于273K时差别较大，原因是高于273K时化学成分没有发生变化，样品成分均匀如式（5-1），低于273K时，高熔点的组分结晶，化学成分发生变化，温度与黏度的依赖关系也发生变化。

基于S. Kerschbaum，G. Rinke的研究，以小桐子生物柴油、地沟油生物柴油、橡胶籽油生物柴油为例，进一步研究了生物柴油运动黏度随温度的变化，如图5-5所示。

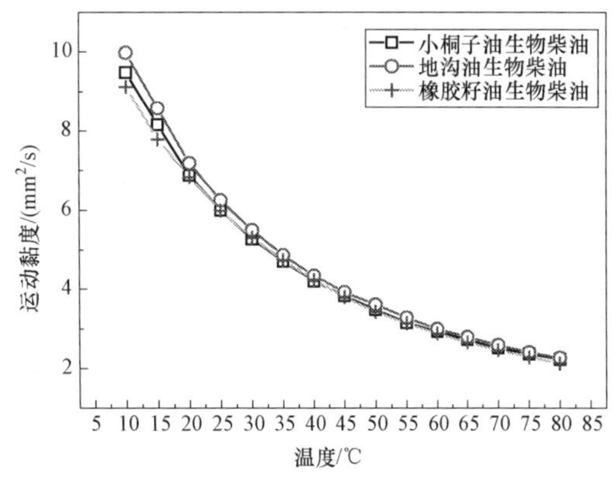

图5-5　温度对生物柴油运动黏度的影响曲线

温度升高，生物柴油的运动黏度降低。在温度较低时，地沟油生物柴油的运动黏度>小桐子生物柴油的运动黏度>橡胶籽油生物柴油的运动黏度，且其运动黏度随温度变化明显，如在10℃时小桐子生物柴油、地沟油生物柴油和橡胶籽油生物柴油的运动黏度分别为9.486、9.981mm^2/s 和9.117mm^2/s，在20℃时三种生物柴油的运动黏度降低到6.878、7.187mm^2/s 和6.836mm^2/s，20℃三种生物柴油运动黏度分别降低了27.5%、28.0%及25.0%；在温度较高时，三种生物柴油运动黏度相差不大，其运动黏度随温度变化较弱，如70℃时小桐子生物柴油、地沟油生物柴油和橡胶籽油生物柴油的运动黏度分别为2.511、2.590mm^2/s 和2.461mm^2/s，在80℃时三种生物柴油的运动黏度降低到2.229、2.267mm^2/s 和2.126mm^2/s，80℃三种生物柴油运动黏度仅降低了11.2%、12.5%及13.6%。生物柴油液体分子间的吸引力是构成其运动黏度的主要因素，生物柴油分子间的作用力与距离的关系如图5-6所示。当温度升高时，分子的平均平动动能增大，分子的热运动就越剧烈，分子间距离 r 增加，吸引力减小，所以液体的黏度下降。在温度较低时，分子间的距离 r 小于平衡距离 r_0，分子力表现为斥力。随着温度升高，分子热运动加剧，分子间距离 r 增加，斥力急剧减小，所以黏度降低明显。在温度较高时，分子间的距离 r 大于平衡距离 r_0，分子力表现为引力。随着温度升高，分子间距离 r 继续增加，引力先增大后逐渐减小，所以黏度降低不明显。

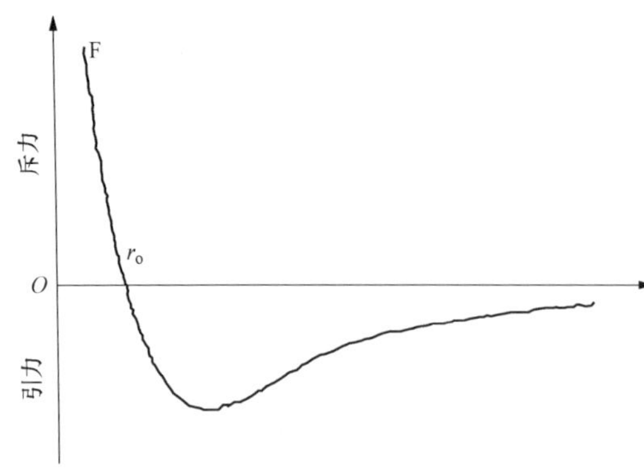

图 5-6　分子间的作用力与距离的关系

S. Kerschbaum 提出运动黏度是以 Arrhenius 公式的形式降低，即 $\ln\eta$ 与 $1/T$ 呈线性关系变化，其运动黏度与温度的经验公式为式（5-2），其相关系数为 0.980～0.999。

$$\eta = e^{(A+B/T)} \tag{5-2}$$

式中：η 为运动黏度，mm^2/s；T 为摄氏温度，K；A 和 B 为不同种生物柴油的特征常数。

利用 S. Kerschbaum 的经验公式分析小桐子生物柴油、地沟油生物柴油和橡胶籽油生物柴油三种生物柴油的运动黏度，其经验公式及相关系数见表 5-8，三种生物柴油经验公式的相关系数较高。A、B、C 的预测结果分别来自三种生物柴油运动黏度与温度的经验公式。三种生物柴油计算黏度值、试验值和误差见表 5-9。

表 5-8　　三种生物柴油运动黏度与温度的经验公式

样品	经验公式	相关系数 R^2
小桐子生物柴油	$\eta=e^{(2050.8/T-5.071)}$	0.992 3
地沟油生物柴油	$\eta=e^{(2096.4/T-5.182)}$	0.992 7
橡胶籽油生物柴油	$\eta=e^{(2068.1/T-5.140)}$	0.997 5

由表 5-9 可知经验公式对于小桐子生物柴油、地沟油生物柴油和橡胶籽油生物柴油运动黏度的预测在温度较低时误差较大，三种生物柴油在 10℃时相对误差分别为 7.15%、7.22%和 4.15%。经验公式的误差波动范围较大、不稳定，如地沟油生物柴油经验公式计算值的误差在 0.07%～7.22%。

表 5-9　　三种生物柴油运动黏度的试验值和使用经验公式的计算计算值　　(mm^2/s)

温度	小桐子生物柴油		地沟油生物柴油		橡胶籽油生物柴油	
t（℃）	试验值	计算值（% 误差）	试验值	计算值（% 误差）	试验值	计算值（% 误差）
10	9.486	8.808 (7.15)	9.981	9.261 (7.22)	9.117	8.739 (4.15)
15	8.159	7.767 (4.81)	8.575	8.143 (5.04)	7.782	7.698 (1.09)
20	6.878	6.878 (0.01)	7.187	7.192 (0.07)	6.836	6.810 (0.38)
25	5.997	6.116 (1.98)	6.249	6.378 (2.07)	5.982	6.049 (1.12)
30	5.274	5.459 (3.51)	5.496	5.679 (3.33)	5.307	5.395 (1.65)
35	4.716	4.891 (3.72)	4.868	5.076 (4.27)	4.74	4.829 (1.87)
40	4.203	4.398 (4.63)	4.345	4.553 (4.78)	4.234	4.338 (2.45)
45	3.828	3.967 (3.64)	3.921	4.098 (4.51)	3.800	3.910 (2.89)

续表

温度	小桐子生物柴油		地沟油生物柴油		橡胶籽生物柴油	
t（℃）	试验值	计算值（% 误差）	试验值	计算值（% 误差）	试验值	计算值（% 误差）
50	3.481	3.590（3.14）	3.612	3.700（2.44）	3.427	3.535（3.16）
55	3.151	3.259（3.43）	3.281	3.352（2.15）	3.137	3.207（2.22）
60	2.928	2.967（1.33）	2.997	3.045（1.60）	2.877	2.917（1.38）
65	2.723	2.709（0.53）	2.794	2.774（0.71）	2.653	2.661（0.30）
70	2.511	2.479（1.26）	2.590	2.534（2.15）	2.461	2.434（1.11）
75	2.363	2.275（3.71）	2.406	2.321（3.52）	2.283	2.232（2.24）
80	2.229	2.093（6.10）	2.267	2.131（5.98）	2.126	2.052（3.50）

对生物柴油运动黏度与温度的经验公式进行优化，主要解决在温度较低时生物柴油运动黏度预测的相对误差较大和误差不稳定的问题。提出优化的经验公式为

$$\eta = e^{(A+Bt+Ct^2)} \tag{5-3}$$

式中：η 为运动黏度，mm^2/s；t 为摄氏温度，℃；A、B、C 为不同种生物柴油的特征常数。

使用优化后的经验公式分析小桐子生物柴油、地沟油生物柴油和橡胶籽油生物柴油等三种生物柴油的运动黏度，得其经验公式及相关系数见表 5 - 10，小桐子生物柴油运动黏度试验值、计算值及其误差见图 5 - 7，地沟油生物柴油运动黏度试验值、计算值及其误差见图 5 - 8，橡胶籽油生物柴油运动黏度试验值、计算值及其误差见图 5 - 9。

表 5 - 10　　生物柴油运动黏度与温度的优化经验公式

样品	优化后的经验公式	相关系数 R^2
小桐子生物柴油	$\eta=e^{(2.567-0.0334t+0.000156t^2)}$	0.9995
地沟油生物柴油	$\eta=e^{(2.621-0.0349t+0.000156t^2)}$	0.9995
橡胶籽油生物柴油	$\eta=e^{(2.5000-0.0312t+0.000118t^2)}$	0.9999

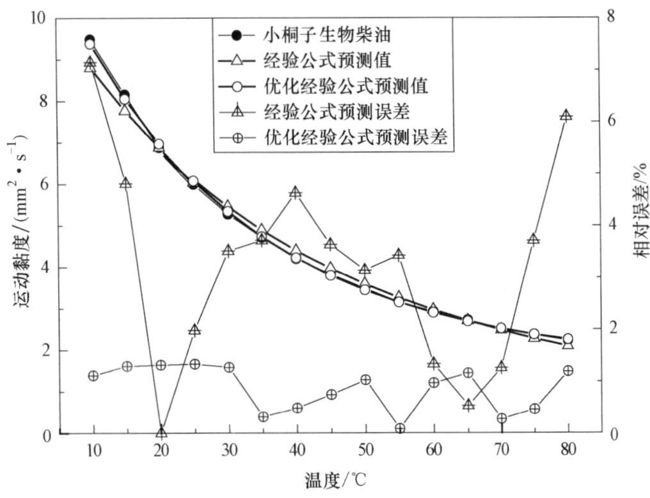

图 5 - 7　小桐子生物柴油运动黏度试验值与计算值及其误差

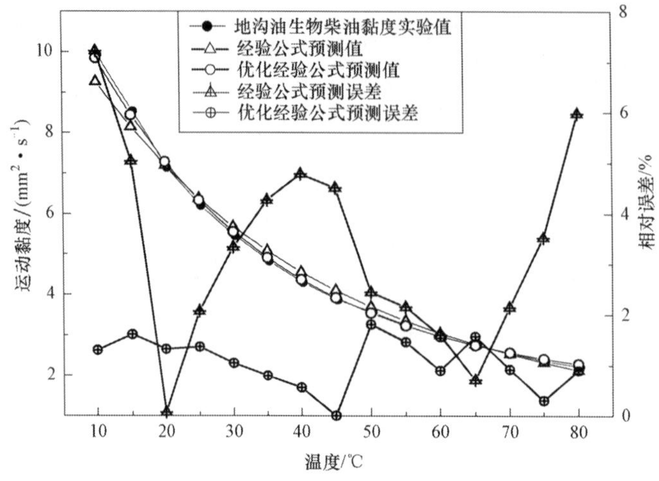

图 5-8　地沟油生物柴油运动黏度试验值与计算值及其误差

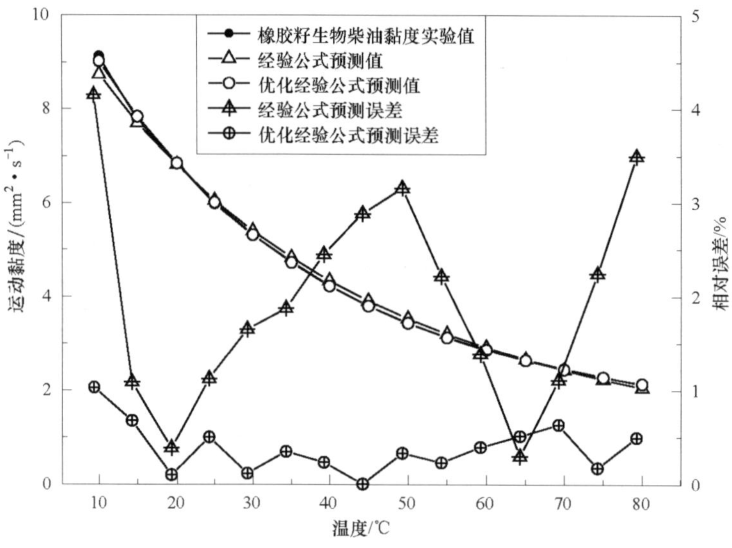

图 5-9　橡胶籽油生物柴油运动黏度试验值与计算值及其误差

经验公式的误差较大且极不稳定，如小桐子生物柴油经验公式计算值的相对误差在0.01%～7.15%。优化经验公式计算值的相对误差较小且误差较为稳定，如小桐子生物柴油、地沟油生物柴油和橡胶籽油生物柴油运动黏度计算值的最大相对误差分别为1.33%、1.81%和1.03%，且三种生物柴油运动黏度计算值的误差分别稳定在0.87%、1.06%和0.4%。在温度较低时三种生物柴油运动黏度计算值的误差较小，在10℃时三种生物柴油优化经验公式计算值的相对误差分别为1.12%、1.30%和1.03%。该优化的经验公式得到温度与运动黏度间的相关系数高，精度和误差稳定性等方面也较好。

因温度对生物柴油运动黏度影响较大，尤其是低温时更为明显，为了更方便地研究温度对生物柴油运动黏度的影响规律，提出运动黏度梯度的概念。运动黏度梯度为单位温度下运动黏度的变化量。运动黏度梯度对分析研究生物柴油低温流动性和雾化意义重大。运

动运动黏度梯度为

$$\mathrm{grad}\eta = \left| \frac{\mathrm{d}\eta}{\mathrm{d}t} \right| \tag{5-4}$$

式中：η为运动黏度 mm^2/s；$\mathrm{grad}\eta$为运动黏度梯度，$mm^2 s^{-1} \cdot ℃^{-1}$；t为温度,℃。

黏度梯度的大小反映生物柴油的运动黏度随温度的变化率。生物柴油运动黏度梯度越大，升高相同温度其运动黏度降低越明显，其雾化时液滴直径越小，生物柴油在发动机中燃烧质量和排放特性均得到改善。且生物柴油的运动黏度梯度越大，燃烧前的预热成本将降低。小桐子生物柴油、地沟油生物柴油、橡胶籽油生物柴油的运动黏度梯度如图5-10所示。温度越高生物柴油的运动黏度梯度越小，温度较低时地沟油生物柴油运动黏度梯度大于小桐子生物柴油运动黏度梯度>橡胶籽油生物柴油运动黏度梯度，且运动黏度梯度随温度急剧变化；温度较高时三种生物柴油运动黏度梯度基本相同，且运动黏度梯度随温度变化趋势不明显。

当 $\mathrm{grad}\eta = 0.03 mm^2 s^{-1} \cdot ℃^{-1}$时，温度升高1℃运动黏度只改变0.03$mm^2/s$，若此时通过升高温度的方法降低生物柴油的运动黏度，运动黏度降低不明显，此时对应的温度称为临界预热温度t_r。当预热温度t_y>临界预热温度t_r时，温度对黏度变化的影响程度不大，升高温度对流动性能、雾化质量和燃料液滴大小等改变不明显，但是预热成本将大幅增加。当预热温度t_y<临界预热温度t_r时，温度对黏度变化影响较大，升高温度能够使生物柴油的流动性能、雾化质量和燃料液滴大小等明显得到改善。小桐子生物柴油的临界预热温度为71.4℃，地沟油生物柴油的临界预热温度为72.9℃，橡胶籽油生物柴油的临界预热温度为75.8℃。

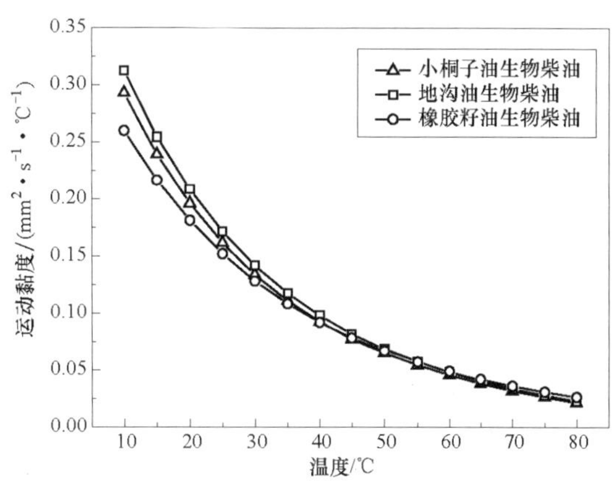

图5-10 三种生物柴油黏度梯度的变化规律

5.1.4 成分组成对生物柴油低温流动性能的影响

1. 生物柴油主要组成成分

生物柴油主要是由饱和和不饱和脂肪酸甲酯（Fatty Acid Methyl Ester，FAME）混合而成的，由各种生物油在一定条件下经过酯化反应转化而成，生物柴油中各种脂肪酸甲酯的含量和分布与原生物油中脂肪酸的含量和分布基本相同。陈秀利用GC-MS分析仪对多种生物柴油的组分和分子结构进行分析，提出生物柴油是以长链饱和脂肪酸甲酯（Saturated Fatty Acid Menthyl Ester，SFAME）为溶质，不饱和脂肪酸甲酯（Unsaturated Fatty Acid Methyl Ester，UFAME）为溶剂的伪二元溶液的理论。

从生物柴油自身结构和成分含量出发，研究对生物柴油各项低温流动性能的影响具有非常重要的意义。目前国内外从生物柴油成分角度出发，分析不饱和度、双键数目、碳原子数、主要脂肪酸甲酯含量等对凝点、冷滤点、运动黏度的影响。

2. 生物柴油主要成分对运动黏度的影响

何抗抗研究了稻米油生物柴油、菜籽油生物柴油、花生油生物柴油、大豆油生物柴油、玉米油生物柴油、葵花籽油生物柴油 6 种生物柴油饱和脂肪酸甲酯（$C_{\leqslant 18}$）、饱和脂肪酸甲酯（$C_{\geqslant 19}$）对冷滤点的影响，其结果见表 5 - 11。

表 5 - 11　　饱和脂肪酸甲酯对生物柴油冷滤点的影响

生物柴油	饱和脂肪酸甲酯（%）	饱和脂肪酸甲酯（$C_{\leqslant 18}$）（%）	饱和脂肪酸甲酯（$C_{\geqslant 19}$）（%）	冷滤点（℃）
稻米油生物柴油	24.79	24.1	0.69	−3
菜籽油生物柴油	13.86	13.05	0.81	−7
葵花籽油生物柴油	17.94	13.78	4.16	−4
大豆油生物柴油	17.96	17.57	0.39	−6

稻米油生物柴油和菜籽油生物柴油中的饱和脂肪酸甲酯的质量分数分别为 24.79%和 13.86%，冷滤点分别为−3℃和−7℃，其中，两种生物柴油的饱和脂肪酸甲酯（$C_{\geqslant 19}$）的质量分数分别为 0.69%和 0.81%，含量相差不大，但是菜籽油生物柴油的冷滤点却比稻米油生物柴油低 4℃。菜籽油生物柴油和葵花籽油生物柴油中饱和脂肪酸甲酯的含量分别为 13.86%和 17.94%，冷滤点分别为−7℃和−4℃，其中，两种生物柴油的饱和脂肪酸甲酯（$C_{\leqslant 18}$）质量分数分别为 13.05%和 13.78%，含量相差很小，但菜籽油生物柴油的冷滤点却比葵花籽油生物柴油低 3℃。葵花籽油生物柴油和大豆油生物柴油中饱和脂肪酸甲酯的含量几乎相同，冷滤点却分别为−4℃和−6℃，其中，两种生物柴油中的饱和脂肪酸甲酯（$C_{\geqslant 19}$）含量分别为 4.16%和 0.39%。可以看出，生物柴油的冷滤点受饱和脂肪酸甲酯的影响比较大，随着饱和脂肪酸甲酯含量的增加而增大，而且饱和脂肪酸甲酯的脂肪基的碳原子数越多，对冷滤点的影响也越明显。这是因为饱和脂肪酸甲酯的脂肪基的碳原子数越大，相对分子质量就越大，分子间力越强，分子越容易结晶，对冷滤点的影响越显著。

大豆油生物柴油和玉米油生物柴油中的饱和脂肪酸甲酯的含量见表 5 - 12，大豆油生物柴油和玉米油生物柴油中的饱和脂肪酸甲酯的含量相差不大，饱和脂肪酸甲酯（$C_{\leqslant 18}$）的含量也几乎相同，但是两种生物柴油的单不饱和脂肪酸甲酯的含量不同，分别为 30.89%和 34.84%，前者比后者低接近 4%，冷滤点低于后者 1℃。

表 5 - 12　　单不饱和脂肪酸甲酯对生物柴油冷滤点的影响

生物柴油	饱和脂肪酸甲酯（%）	饱和脂肪酸甲酯（$C_{\leqslant 18}$）（%）	单不饱和脂肪酸甲酯（%）	冷滤点（℃）
大豆油生物柴油	17.96	0.39	30.89	−6
玉米油生物柴油	18.06	0.51	34.84	−5

稻米油/菜籽油生物柴油掺混油和玉米油生物柴油的饱和脂肪酸甲酯和饱和脂肪酸甲酯（$C_{\leqslant 18}$）含量相差不大（见表 5 - 13），掺混油的双不饱和脂肪酸甲酯含量比玉米油生物柴油低，冷滤点高于玉米油生物柴油。

表 5-13　　双不饱和脂肪酸甲酯对生物柴油冷滤点的影响

生物柴油	饱和脂肪酸甲酯（%）	饱和脂肪酸甲酯（$C_{\leqslant 18}$）（%）	双不饱和脂肪酸甲酯（%）	冷滤点（℃）
稻米油生物柴油（40%）菜籽油生物柴油（60%）混合	18.19	0.76	28.86	−4
玉米油生物柴油	18.06	0.51	46.84	−5

稻米油/菜籽油生物柴油掺混油和大豆油生物柴油的饱和脂肪酸甲酯和饱和脂肪酸甲酯（$C_{\leqslant 18}$）含量见表 5-14，稻米油/菜籽油生物柴油掺混油和大豆油生物柴油的饱和脂肪酸甲酯和饱和脂肪酸甲酯（$C_{\leqslant 18}$）含量相差不大，掺混油的三不饱和脂肪酸甲酯含量比大豆油生物柴油低 3%，冷滤点比大豆油生物柴油高 2℃。说明生物柴油的冷滤点受不饱和脂肪酸甲酯的影响，随着不饱和脂肪酸甲酯含量的增加而减小，而且随着脂肪酸甲酯的不饱和度增加，冷滤点逐渐减小。这是因为碳链的不饱和度越大，碳链越容易弯曲，空间位阻越大，越不容易结晶，所以冷滤点也就越小。

表 5-14　　三不饱和脂肪酸甲酯对生物柴油冷滤点的影响

生物柴油	饱和脂肪酸甲酯（%）	饱和脂肪酸甲酯（$C_{\leqslant 18}$）（%）	三不饱和脂肪酸甲酯（$C_{\geqslant 19}$）（%）	冷滤点（℃）
稻米油生物柴油（40%）菜籽油生物柴油（60%）混合	18.19	0.76	28.86	−4
大豆油生物柴油	17.96	0.39	30.89	−6

由表 5-14 可以看出，生物柴油中饱和脂肪酸甲酯的含量越高，饱和脂肪酸甲酯的脂肪酸碳链越长，生物柴油的低温流动性越差；在饱和脂肪酸甲酯分布确定的条件下，生物柴油中不饱和脂肪酸甲酯的含量越高，脂肪酸碳链越短，脂肪酸甲酯的不饱和度越大，生物柴油的低温流动性越好；饱和脂肪酸甲酯对生物柴油低温流动性的影响很大，与饱和脂肪酸甲酯相比，不饱和脂肪酸甲酯对生物柴油低温流动性的影响可以忽略。

陈秀探究生物柴油组成与组分结构对其低温流动性能的影响，提出了伪二元溶剂的定义，可以将生物柴油近似为一个伪二元组分的溶液，溶质为高熔点组分的 SFAME，溶剂为低熔点组分的 UFAME。

从表 5-15 中也可以看出，相同温度下，碳链越长，运动黏度就越大；UFAME 的运动黏度比 SFAME 运动黏度小，且不饱和度越高运动黏度就越小。

表 5-15　　7 种脂肪酸甲酯的运动黏度

脂肪酸甲酯	$C_{12:0}$	$C_{14:0}$	$C_{16:0}$	$C_{18:0}$	$C_{18:1}$	$C_{18:2}$	$C_{18:3}$
运动黏度（mm^2/s）	2.43	3.30	4.38	5.83	4.51	3.65	3.14

由溶液结晶原理可知，溶质含量越高，越容易结晶。生物柴油中 SFAME 含量越高，生物柴油越容易结晶，因此 CFPP 随着 SFAME 含量的增加而增加。又由分子晶体的相似相溶原理可知，溶质与溶剂的分子结构越相似，溶剂越容易溶解溶质；反之，溶

质越容易结晶。SFAME 的长链烷基碳原子采用等性 sp^3 杂化，碳链呈直线“之”字形结构排列，如图 5-11 所示。UFAME 中 C—C 的碳原子采用的也是等性 sp^3 杂化，而 C=C 的碳原子采用的则是等性 sp^2 杂化，因此单键的碳链呈直线“之”字形结构排列，顺式双键使碳链发生弯曲，如图 5-12 所示。SFAME 中烷基碳链长度越长，直线“之”字形结构越长，与 UFAME 的弯曲分子结构差异越大，SFAME 越容易结晶。因此生物柴油中 SFAME≥$C_{20:0}$，较 SFAME<$C_{20:0}$ 容易结晶。对低温流动性的影响比 SFAME<$C_{20:0}$ 显著。

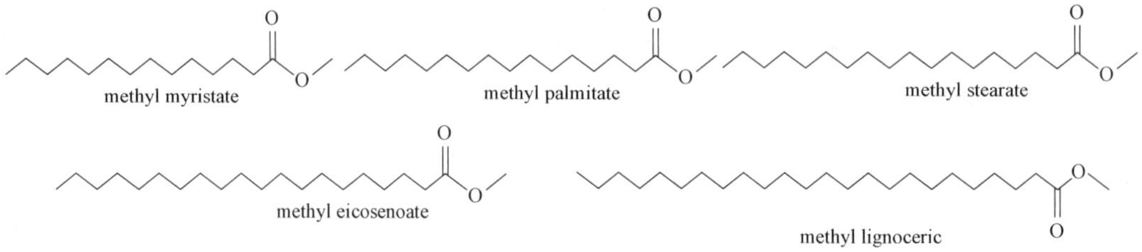

methyl myristate　methyl palmitate　methyl stearate

methyl eicosenoate　methyl lignoceric

图 5-11　饱和脂肪酸甲酯的分子结构

methyl oleate

methyl linoleate　methyl linoleate

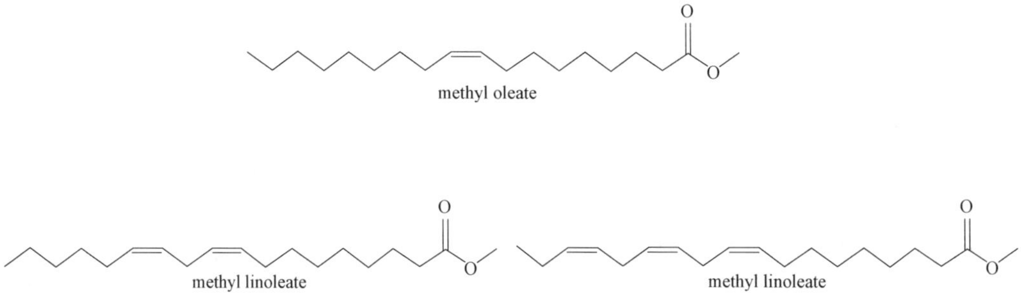

图 5-12　不饱和脂肪酸甲酯的分子结构

由上述得到的结论，陈秀采用花生油生物柴油、棕榈油生物柴油、棉籽油生物柴油、芝麻油生物柴油、葵花籽油生物柴油、大豆油生物柴油、玉米油生物柴油、菜籽油生物柴油、废弃油脂生物柴油及其调和生物柴油共 46 种生物柴油样品分析其冷滤点，SFAME≥$C_{20:0}$. 质量分数分别在≤1.0%、1.0%～2.0%、≥2.0%范围内的生物柴油，CFPP 与 SFAME 呈现斜率不同的线性相关性，可根据生物柴油的组成直接预测 CFPP 得以下结果：

$$\mathrm{CFPP}=\begin{cases}0.4827\times\omega(\mathrm{SFAME})-12.504(\omega(\mathrm{SFAME})_{\geqslant C20:0}\leqslant 1.0\%)(R^2=0.9658)\\0.7786\times\omega(\mathrm{SFAME})-18.828(1.0<\omega(\mathrm{SFAME})_{\geqslant C20:0}<2.0\%)(R^2=0.9658)\\1.8095\times\omega(\mathrm{SFAME})-33.266(\omega(\mathrm{SFAME})_{\geqslant C20:0}\geqslant 2.0\%)(R^2=0.9658)\end{cases}$$

16 种生物柴油的主要成分见表 5-16。生物柴油的组成与组分结构对低温流动性起决定性作用，可通过调整生物柴油的组成（如采用生物柴油原料油筛选、减压蒸馏、调和、结晶分馏等措施减少生物柴油中 SFAME，特别是 SFAME≥$C_{20:0}$ 含量）来改善生物柴油的低温流动性能，又因生物柴油的脂肪酸基团组成与制备生物柴油原料油基本一致，因此可根据生物柴油原料油的脂肪酸组成直接预测生物柴油的低温流动性。

表 5-16　　16 种生物柴油成分组成与含量

分子质量 (kg/mol)	5：0 $C_6H_{12}O_2$	12：0 $C_{13}H_{26}O_2$	14：0 $C_{15}H_{30}O_2$	16：0 $C_{17}H_{34}O_2$	16：1 $C_{17}H_{32}O_2$	18：0 $C_{19}H_{38}O_2$	18：1 $C_{19}H_{36}O_2$	18：2 $C_{19}H_{34}O_2$	18：3 $C_{19}H_{32}O_2$	20：0 $C_{21}H_{42}O_2$	20：1 $C_{21}H_{40}O_2$	22：0 $C_{23}H_{46}O_2$	22：1 $C_{23}H_{44}O_2$
	120	214.34	242.39	268	268.43	298.5	296.49	294.47	292.46	326.56	324.54	354.61	352.59
名称	2-戊-4-羟基-4-甲基	月桂酸甲酯	肉豆蔻酸甲酯	棕榈酸甲酯	棕榈油酸甲酯	硬脂酸甲酯	油酸甲酯	亚油酸甲酯	亚麻酸甲酯	花生酸甲酯	二十碳烯酸甲酯	山嵛酸甲酯	芥酸甲酯
玉米油生物柴油	0	0	0	12.32	0	2.64	34.59	48.78	0.6	0	0	0	0
葵花籽油生物柴油	0	0	0.09	9.39	0.34	4.46	32.98	45.76	0	0	0	0	0
棕榈油生物柴油	0.15	0.16	0.81	34.1	0	2.71	50.82	12.84	0.16	0.31	0	0.03	0
棉籽油生物柴油	0.13	0.12	0.87	21.62	2.13	5.5	40.61	24.24	3.56	0	0.42	0.19	0
小桐子生物柴油	2.45	0	0.13	13.1	0.39	7.78	37.98	42.45	0	0	0	0.25	0
花生油生物柴油	0.53	0	0.01	11.65	0	4.28	47.49	34.94	0.05	2	0	2.34	0
橄榄油生物柴油	0.43	0	0	11.16	0.84	4.03	80.98	5.37	0.32	0.33	0	0.04	0
稻米油生物柴油	0.39	0	0.15	17.68	0	2.56	41.59	33.97	0.92	0	0.75	0.11	0
芝麻油生物柴油	0.25	0	0	17.83	0	5.72	43.54	34.99	0.85	0	0.68	0.1	0

续表

分子质量（kg/mol）	5：0 $C_6H_{12}O_2$	12：0 $C_{13}H_{26}O_2$	14：0 $C_{15}H_{30}O_2$	16：0 $C_{17}H_{34}O_2$	16：1 $C_{17}H_{32}O_2$	18：0 $C_{19}H_{38}O_2$	18：1 $C_{19}H_{36}O_2$	18：2 $C_{19}H_{34}O_2$	18：3 $C_{19}H_{32}O_2$	20：0 $C_{21}H_{42}O_2$	20：1 $C_{21}H_{40}O_2$	22：0 $C_{23}H_{46}O_2$	22：1 $C_{23}H_{44}O_2$
	120	214.34	242.39	268	268.43	298.5	296.49	294.47	292.46	326.56	324.54	354.61	352.59
名称	2-戊-4-羟基-4-甲基	月桂酸甲酯	肉豆蔻酸甲酯	棕榈酸甲酯	棕榈油酸甲酯	硬脂酸甲酯	油酸甲酯	亚油酸甲酯	亚麻酸甲酯	花生酸甲酯	二十碳烯酸甲酯	山嵛酸甲酯	芥酸甲酯
芥花油生物柴油	2.23	0	0	4.08	0	3.33	58.7	17.11	5.11	0	3.01	0	9.4
芥花油生物柴油	0.14	0	0	4.5	0.2	1.98	61.48	23.62	6.83	0	1.58	0	0.5
地沟油生物柴油	0.76	0	0	20.25	0.89	6.64	46.52	25.51	1.64	0	0	0	0
大豆油生物柴油	0.28	0	0.04	11.48	0	4.27	27.64	52.09	5.21	0.34	0	0.24	0
菜籽油生物柴油	0.65	0	0	4.51	0.2	2.12	59.96	20.18	6.93	0	1.26	0	0.6
油茶籽油生物柴油	0.33	0	0.02	9.23	0	3.09	82.05	7.01	0.03	0	0.32	0.09	0
橡胶籽油生物柴油	0	0.07	0.51	13.58	0	7.62	35.76	37.35	10.15	0	0.25	0	0

由生物柴油成分对低温流动性能的研究看出，精确研究几种主要脂肪酸甲酯对低温流动性能的影响很有必要。将硬脂酸甲酯、棕榈酸甲酯、油酸甲酯、亚油酸甲酯、亚麻酸甲酯 5 种脂肪酸甲酯按照不同比例调配并测量其凝点，倾点，冷滤点、运动黏度等参数，表 5-17 通过测定混合脂肪酸甲酯的运动黏度得到的预测模型能够更精准的预测生物柴油的运动黏度，得到的结果也令人满意。

表 5-17　55 组脂肪酸甲酯混合比例、凝点、冷滤点和运动黏度

硬脂酸甲酯	棕榈酸甲酯	油酸甲酯	亚油酸甲酯	亚麻酸甲酯	凝点（℃）	冷滤点（℃）	运动黏度（mm^2/s）
1	0	0	0	0	25	30	3.978
0	1	0	0	0	22	29	4.009
0	0	1	0	0	−16	−10	7.293
0	0	0	1	0	−55	−40	2.942
0	0	0	0	1	−75	−58	3.16
0.166 7	0.833 3	0	0	0	23	28	3.713
0	0.833 3	0.166 7	0	0	22	27	3.65
0	0.833 3	0	0.166 7	0	20	26	3.462
0	0.833 3	0	0	0.166 7	20	26	3.473
0.833 3	0.166 7	0	0	0	26	28	3.709
0.833 3	0	0.166 7	0	0	25	27	3.66
0.833 3	0	0	0.166 7	0	24	26	3.468
0.833 3	0	0	0	0.166 7	23	26	3.476
0	0.166 7	0.833 3	0	0	−5	5	7.182
0.166 7	0	0.833 3	0	0	−2	6	7.186
0	0	0.833 3	0.166 7	0	−23	−15	6.476
0	0	0.833 3	0	0.166 7	−25	−18	6.468
0	0.166 7	0	0.833 3	0	0	8	3.483
0.166 7	0	0	0.833 3	0	1	9	3.49
0	0	0.166 7	0.833 3	0	−40	−20	3.766
0	0	0	0.833 3	0.166 7	−43	−30	3.161
0	0.166 7	0	0	0.833 3	−2	7	3.117
0.166 7	0	0	0	0.833 3	1	8	3.122
0	0	0.166 7	0	0.833 3	−45	−25	3.619
0	0	0	0.166 7	0.833 3	−47	−32	3.17
0.333 3	0.666 6	0	0	0	24	28	3.912
0	0.666 6	0.333 3	0	0	23	27	4.529
0	0.666 6	0	0.333 3	0	21	26	4.046
0	0.666 6	0	0	0.333 3	20	25	4.058
0.666 6	0.333 3	0	0	0	25	28	4.362
0.666 6	0	0.333 3	0	0	24	28	4.812

续表

硬脂酸甲酯	棕榈酸甲酯	油酸甲酯	亚油酸甲酯	亚麻酸甲酯	凝点（℃）	冷滤点（℃）	运动黏度（mm^2/s）
0.666 6	0	0	0.333 3	0	24	27	4.353
0.666 6	0	0	0	0.333 3	23	26	4.342
0	0.333 3	0.666 6	0	0	12	20	6.705
0.333 3	0	0.666 6	0	0	13	22	6.7
0	0	0.666 6	0.333 3	0	−26	−16	6.286
0	0	0.666 6	0	0.333 3	−30	−18	6.273
0	0.333 3	0	0.666 6	0	8	16	3.467
0.333 3	0	0	0.666 6	0	12	17	3.46
0	0	0.333 3	0.666 6	0	−34	−22	3.82
0	0	0	0.666 6	0.333 3	−57	−43	3.172
0	0.333 3	0	0	0.666 6	8	15	3.126
0.333 3	0	0	0	0.666 6	11	17	3.131
0	0	0.333 3	0	0.666 6	−37	−25	3.66
0	0	0	0.333 3	0.666 6	−56	−45	3.178
0.5	0.5	0	0	0	25	27	4.697
0.5	0	0.5	0	0	28	30	6.485
0	0	0.5	0.5	0	−30	−18	6.002
0	0.5	0.5	0	0	20	26	4.78
0	0.5	0	0.5	0	15	20	3.305
0	0.5	0	0	0.5	14	20	3.238
0.5	0	0	0.5	0	22	24	3.221
0.5	0	0	0	0.5	21	24	3.208
0	0	0.5	0	0.5	−35	−23	6.151
0	0	0	0.5	0.5	−58	−42	3.326

55组混合脂肪酸甲酯使用多元线性回归法得到式（5-5），R^2 为99.6%，表明生物柴油的运动黏度与5种脂肪酸甲酯有明显的相关性，验证了该模型的可行性。$F=1122.13$，Significance$F=2.84\times10^{-49}<0.01$，可用该模型描述出5种脂肪酸甲酯与40℃下生物柴油运动黏度的关系，使用多元线性回归法分析是可靠的。X_1硬脂酸甲酯、X_2棕榈酸甲酯、X_3油酸甲酯、X_4亚油酸甲酯、X_5亚麻酸甲酯的P-value分别为1.55×10^{-28}、2.85×10^{-27}、9.44×10^{-42}、3.08×10^{-24}和3.23×10^{-23}，均远小于0.01，说明X_1、X_2、X_3、X_4、X_5对生物柴油运动黏度有显著的影响，且根据式（5-5）X_1、X_2、X_3、X_4、X_5系数绝对值大小可看出，5种成分对运动黏度影响大小的顺序为：油酸甲酯＞硬脂酸甲酯＞棕榈酸甲酯＞亚油酸甲酯＞亚麻酸甲酯，油酸甲酯的含量对生物柴油运动黏度具有很大影响。长链单不饱和脂肪酸甲酯对生物柴油的运动黏度有不利的影响，生物柴油组成成分对生物柴油运动黏度的影响十分复杂，运动黏度的大小是几种成分相互作用的结果。结合数理统计分析获得一个精准预测运动黏度模型是十分必要的。

$$\nu = 3.98X_1 + 3.73X_2 + 7.54X_3 + 3.19X_4 + 3.02X_5 \quad (5-5)$$

式中：ν 为运动黏度；X_1 为硬脂酸甲酯；X_2 为棕榈酸甲酯；X_3 为油酸甲酯；X_4 为亚油酸甲酯；X_5 为亚麻酸甲酯。

Evangelos G. Giakoumis 等人采用 23 种生物柴油的脂肪酸组成，根据多元线性回归方法得到了运动黏度与 8 种主要脂肪酸之间的经验公式（5-6），公式相关系数为 $R^2=66.39\%$。

$$\begin{aligned} KV =& 5.338 - 0.79593X_1 - 0.04417X_2 + 0.00073X_3 + 0.009571X_4 - \\ & 0.00102X_5 - 0.00578X_6 - 0.01179X_7 - 0.01726X_8 \end{aligned} \quad (5-6)$$

式中：X_1为月桂酸；X_2为肉豆蔻酸；X_3为棕榈酸；X_4为硬脂酸；X_5为棕榈油酸；X_6为油酸；X_7为亚油酸；X_8为亚麻酸。

目前，对黏度与脂肪酸组成之间相关性的研究很少，使用多元线性回归分析法发现这 8 种主要脂肪酸含量与生物柴油的运动黏度关联不大，R^2大约为 66%，见表 5-18。

表 5-18　运动黏度的多元回归模型相关数据

回归统计	多元回归模型	回归统计	多元回归模型
R	0.8148	偏差	0.199
R^2	66.39	观测量	23

图 5-13 建立了不饱和度（双键数）与运动黏度之间的关系，可以看出相关性比较小，$R^2=0.57$，在过去相关的研究中，除了分析双键数目与运动黏度之间的关系外，还有分子质量这一影响因素。结果发现运动黏度随着分子质量的增加而增加，随双键数目增加而减小。

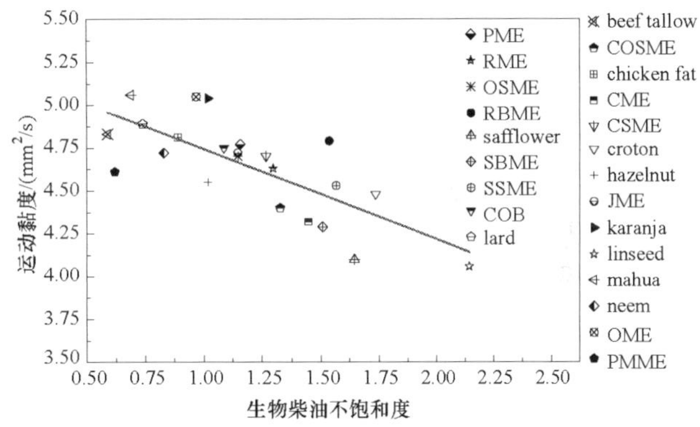

图 5-13　24 种生物柴油不饱和度与运动黏度的关系

通过数学方法分析模型的预测能力，表 5-19 和图 5-14 展示了开发模型式（5-6）的预测能力，预测误差非常大，6 个试验值，误差大约在 10%，上述所得模型的预测能力较低，排除试验的不确定性和误差，不能充分证明脂肪酸成分组成与运动黏度之间有明显的定量关系。

表 5-19　试验值（公式）与预测值的比较

生物柴油	试验值（mm²/s）	预测值（mm²/s）	误差（%）
牛油生物柴油	4.36	4.71	8.0
大豆油生物柴油	4.01	4.5	12.2
葵花籽油生物柴油	4.03	4.45	10.4
玉米油生物柴油	4.18	4.52	8.1
棉籽油生物柴油	4.06	4.6	13.3
油菜籽油生物柴油+猪油生物柴油	4.47	4.78	6.94

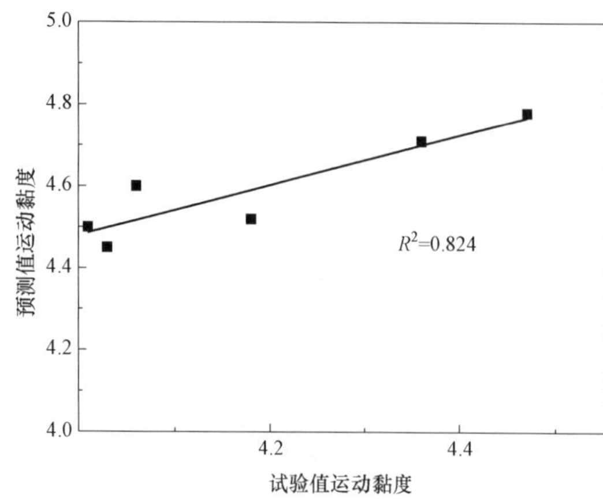

图 5-14 运动黏度模型的预测能力

3. 生物柴油主要成分对凝点的影响

根据表 5-17，得到 5 种主要脂肪酸甲酯成分对凝点的定量关系为

$$CP = 102.21X_1 + 86.82X_2 - 19.12X_3 - 36.63X_4 - 42.63X_5 - 84.82X_1^2 - 71.73X_2^2 \quad (5-7)$$

式中：CP 为凝点；X_1 为硬脂酸甲酯；X_2 为棕榈酸甲酯；X_3 为油酸甲酯；X_4 为亚油酸甲酯；X_5 为亚麻酸甲酯。

该方程的相关系数 $R^2=0.823$，说明 5 种主要成分与凝点之间没有明显的相关性，在一定程度上可知硬脂酸甲酯、棕榈酸甲酯等饱和脂肪酸甲酯会使凝点升高，亚麻酸甲酯，亚油酸甲酯、油酸甲酯等不饱和脂肪酸甲酯对凝点有明显的改善效果，双键数量越多，凝点就越小。

4. 生物柴油主要成分对冷滤点的影响

根据表 5-16，5 种主要脂肪酸甲酯成分对冷滤点的定量关系为

$$CFPP = 92.38X_1 + 82.90X_2 - 9.36X_3 - 23.58X_4 - 28.93X_5 - 71.01X_1^2 - 60.97X_2^2 \quad (5-8)$$

式中：CFPP 为冷滤点；X_1 为硬脂酸甲酯；X_2 为棕榈酸甲酯；X_3 为油酸甲酯；X_4 为亚油酸甲酯；X_5 为亚麻酸甲酯。

该方程的相关系数 $R^2=0.818$，说明 5 种主要成分与冷滤点之间没有明显的相关性，结论与凝点相同，在一定程度上可看出硬脂酸甲酯、棕榈酸甲酯等饱和脂肪酸甲酯会使凝点升高，亚麻酸甲酯，亚油酸甲酯、油酸甲酯等不饱和脂肪酸甲酯对凝点有明显的改善效果，双键数量越多，冷滤点越小。

其他方面，袁银男采用 25 种生物柴油及调配生物柴油共 120 种，基于含有 18 个碳以及少于 18 个碳的饱和脂肪酸甲酯、含有 20 个碳以及 20 个碳以上的饱和脂肪酸甲酯、单不饱和脂肪酸甲酯、双不饱和脂肪酸甲酯 4 个影响因素得出生物柴油冷滤点的预测模型为

$$CFPP = -15.62 + 0.70 \times SFAME_{C\leqslant 18} + 2.43 \times SFAME_{C\geqslant 20} - 0.03 \times MUFAME - 0.07 \times DUFAME \quad (5-9)$$

式中：$SFAME_{C\leqslant 18}$ 为含有 18 个碳以及少于 18 个碳的饱和脂肪酸甲酯；$SFAME_{C\geqslant 20}$ 为含有 20 个碳以及 20 个碳以上的饱和脂肪酸甲酯；MUFAME 为单不饱和脂肪酸甲酯；DUFAME 为双不饱和脂肪酸甲酯。

表 5-20 表明了生物柴油的 CFPP 与 $SFAME_{C\leqslant 18}$、$SFAME_{C\geqslant 20}$、MUFAME 和 DUFAME 有非常显著的线性相关性，模型显著性检验 $F=471.65$，Significance$F=2.53\times 10^{-70}<0.01$，说明回归方程在描述生物柴油 FAME 组成与其 CFPP 之间的线性关系是非常显著的，表明利用多元线性回归分析方法是可靠的。$SFAME_{C\leqslant 18}$ 的 $P=2.32\times 10^{-57}$ 和 $SFAME_{C\geqslant 20}$ 的 $P=2.30\times 10^{-59}$ 均远低于 0.01，说明 $SFAME_{C\leqslant 18}$ 和 $SFAME_{C\geqslant 20}$ 对 CFPP 的影响非常显著；MUFAME 的 $P=5.54\times 10^{-2}$ 低于 0.10，说明 MUFAME 对 CFPP 的影

响显著；DUFAME 的 $P=4.13\times10^{-3}$低于 0.05，说明 DUFAME 对 CFPP 的影响十分显著。回归方程中 $SFAME_{C\leqslant18}$、$SFAME_{C\geqslant20}$、MUFAME 和 DUFAME 的线性回归系数分别为 0.70、2.43、−0.03 和 −0.07，说明影响 CFPP 升高因素：$SFAME_{C\leqslant18}$ 和 $SFAME_{C\geqslant20}$，其主次顺序：$SFAME_{C\geqslant20}$>$SFAME_{C\leqslant18}$；影响 CFPP 降低因素：DUFAME 和 MUFAME，其主次顺序：DUFAME>MUFAME，即生物柴油的 CFPP 随着 SFAME 含量的增加呈线性升高，且碳链越长增加幅度越显著；随着 UFAME 含量的增加而呈线性降低，且不饱和度越大降低幅度越明显。

表 5-20　　回归方程模型统计分析

样本量	相关系数 R	标准误差 S	F 检验	显著性检验
120	0.971	1.59	471.05	2.053×10^{-70}

Ji-Yeon Park 使用大豆油生物柴油、棕榈油生物柴油、菜籽油生物柴油两两混合，研究其成分与冷滤点之间的关系。

通过分析各脂肪酸含量与冷滤点之间的关系发现棕榈酸的含量与冷滤点之间有很好的相关性，这是因为棕榈酸为饱和脂肪酸，在其他饱和脂肪酸中也发现了相似的结论。当考虑总的不饱和脂肪酸时，也发现了较好的相关性。当不饱和脂肪酸的含量大于 88%时，冷滤点快速下降。由上述关系得到脂肪酸含量与冷滤点之间的关系为

$$Y=-0.4880X+36.0548(0<X\leqslant88) \tag{5-10}$$

$$Y=-2.7043+232.0036(88<X\leqslant100) \tag{5-11}$$

式中：X 为不饱和脂肪酸含量；Y 为冷滤点。

当知道混合生物柴油的成分组成时，就能通过公式得到冷滤点。

正如前面所述，混合生物柴油的脂肪酸组成对 CFPP 有影响。棕榈油生物柴油，菜籽油生物柴油和大豆油生物柴油的质量比为 20∶60∶20，亚油酸和亚麻酸的总含量为 31.8%、不饱和脂肪酸总含量为 83.2%，见表 5-21。混合生物柴油（20∶60∶20）的 CFPP 为 6.0℃。由于其不饱和脂肪酸的含量与大豆生物柴油类似，所以该混合生物柴油（20∶60∶20）的 CFPP 与大豆生物柴油的 CFPP 值相近。使用公式计算得到的 CFPP 的值为−5℃，与试验值也相近。由此可以看出，使用不饱和脂肪酸含量预测混合生物柴油的冷滤点是十分有效的。

表 5-21　　混合生物柴油的脂肪酸组成（质量百分含量）及 CFPP

编号	混合比例 (palm∶rapeseed∶soybean)	CFPP (℃)	Palmiticacid (%)	Oleicacid (%)	Linoleic (%)	Linolenicacid (%)
1	0∶0∶100	−3.0	11.0	23.1	53.3	6.8
2	0∶20∶80	−2.0	9.6	31.0	46.6	7.3
3	0∶40∶60	−4.0	8.3	38.8	39.9	7.8
4	0∶60∶40	−8.0	7.0	46.7	33.1	8.4
5	0∶80∶20	−13.0	5.7	54.5	25.4	8.9
6	0∶100∶0	−20.0	4.4	62.4	19.7	9.5
7	20∶0∶80	−3.0	16.8	27.1	44.8	5.5

续表

编号	混合比例 (palm：rapeseed：soybean)	CFPP (℃)	Palmiticacid (%)	Oleicacid (%)	Linoleic (%)	Linolenicacid (%)
8	20：20：60	−4.0	15.5	35.0	38.1	6.0
9	20：40：40	−4.0	14.2	42.8	31.4	6.5
10	20：60：20	−6.0	12.9	50.7	24.7	7.1
11	20：80：0	−5.0	11.6	58.5	18.0	7.6
12	40：0：60	0.0	22.6	31.1	36.4	4.1
13	40：20：40	−2.0	21.3	38.9	29.7	4.7
14	40：40：20	−3.0	20.0	46.8	23.0	5.2
15	40：60：0	−3.0	18.7	54.6	16.3	5.8
16	60：0：40	5.0	28.4	35.1	27.9	2.8
17	60：20：20	3.0	27.1	42.9	21.2	3.4
18	60：40：20	2.0	25.8	50.8	14.5	3.9
19	80：0：20	8.0	34.3	39.0	19.5	1.5
20	80：20：0	7.0	33.0	46.9	12.8	2.1
21	100：0：0	10.0	40.1	43.0	11.0	0.2

5.2 添加降凝剂法优化生物柴油低温流动性能

5.2.1 常用降凝剂的性质

降凝剂结构性能及结构具有以下共同特征，见表 5-22，降凝剂的相对分子质量在4000～10 000 时，降凝结果较好，相对分子质量过低（4000 以下）或过高（2000 以上），都显示不出多大的效果；降凝剂的分子结构由长链烷基基团和极性基团两部分组成，长链烷基结构可以在侧链上，也可以在主链上，或者两者兼有。

表 5-22　典型结构的降凝剂种类

结构特征	降凝剂名称
具有长侧链	聚（甲基）丙烯酸 C_{16-30}长侧链烷基酯， 丙烯酸长链烷基酯和甲基丙烯酸长侧链烷基酯的共聚物，乙烯基 C_{10-20}烷基醚的均聚物， （甲基）丙烯酸长链烷基酯和其他极性单体共聚物，α－烯烃（C_{15-20}）－马来酸酐－C_{16-18}胺共聚物
具有长主链	乙烯－醋酸乙烯酯共聚物，乙烯－甲基丙烯酸酯共聚物， 乙烯－丙烯共聚物，乙烯－乙烯酯甲酮共聚物，乙烯－马来酸酐共聚物
长侧链、长主链兼有	乙烯－C_{15-17}脂肪酸乙烯酯共聚物，乙烯－马来酸酐 C_{16-20}醇酯共聚物，乙烯－苯乙烯－丙烯酸烷基酯共聚物

小桐子生物柴油添加抗凝剂的研究，选用乙烯—醋酸乙烯酯共聚物和丙烯酸酯类共聚物的降凝剂，降凝剂1为聚甲基丙烯酸酯，全称聚甲基丙烯酸甲酯，是使用较多的一种降凝剂，此类降凝剂的作用效果与聚合物中酯的组成和酯基侧链平均碳数有关。降凝剂2、3均为乙烯—醋酸乙烯酯类共聚物，但醋酸乙烯酯的含量不同。它的平均相对分子质量范围为1000～3000，醋酸乙烯酯的含量为20％～40％，而每一种降凝剂都有本身的相对分子质量分布。

5.2.2 常用降凝剂对生物柴油低温流动性能的影响

1. 降凝剂对生物柴油低温流动性能的影响

表5-23和表5-24列出了降凝剂1和降凝剂3对地沟油生物柴油和橡胶籽油生物柴油低温流动性能的影响。降凝剂1在添加量3‰时，对地沟油生物柴油的降凝效果为最好，能够使地沟油生物柴油凝点和冷滤点分别降低了4℃和6℃，随降凝剂添加量增加运动黏度有所上升，但幅度不大. 而对橡胶籽油生物柴油，降凝剂在添加量5‰和6‰时的降凝效果最佳，可以使橡胶籽油生物柴油的凝点与冷滤点分别降低3℃和4℃，随降凝剂1的添加比例增大，生物柴油的运动黏度有所上升，上升幅度不大。降凝剂3在添加量5‰和6‰时，对地沟油生物柴油的降凝效率最佳，能够使地沟油生物柴油的凝点与冷滤点分别降低3℃和5℃，随降凝剂加入量增大运动黏度有一定程度的上升，但幅度不大. 而对橡胶籽油生物柴油，降凝剂3在添加量3‰时的降凝效率最佳，能够使橡胶籽油生物柴油的凝点与冷滤点分别降低2℃和3℃，随降凝剂3的添加比例增大，生物柴油的运动黏度略有所增加，但增加幅度不大。经分析可知，降凝剂1比降凝剂3的降凝效果好，但降凝剂3比降凝剂1对生物柴油的运动黏度影响大。图5-15和图5-16展示出了降凝剂1和降凝剂3对地沟油生物柴油低温流动性能的影响，图5-17和图5-18展示了降凝剂1和降凝剂3橡胶籽油生物柴油低温流动性能的影响。

表5-23　　降凝剂1对两种生物柴油低温流动特性的影响

添加量	地沟油生物柴油			橡胶籽油生物柴油		
	凝点（℃）	冷滤点（℃）	运动黏度（mm^2/s）	凝点（℃）	冷滤点（℃）	运动黏度（mm^2/s）
0	3	6	4.23	−1	2	4.08
0.5	0	2	4.23	−2	0	3.98
1	0	1	4.29	−2	−1	4.06
2	0	1	4.32	−2	−1	4.06
3	−1	0	4.32	−3	−1	4.07
4	0	1	4.37	−3	−2	4.11
5	0	1	4.40	−4	−2	4.17
6	0	1	4.52	−4	−2	4.20

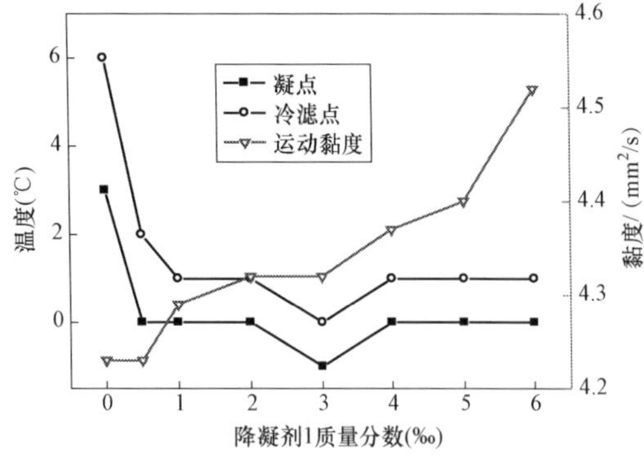

图 5-15　降凝剂 1 对地沟油生物柴油低温流动性能的影响

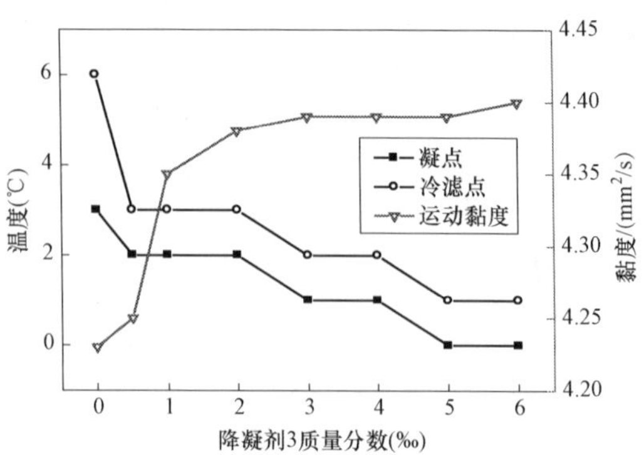

图 5-16　降凝剂 3 对地沟油生物柴油低温流动性能的影响

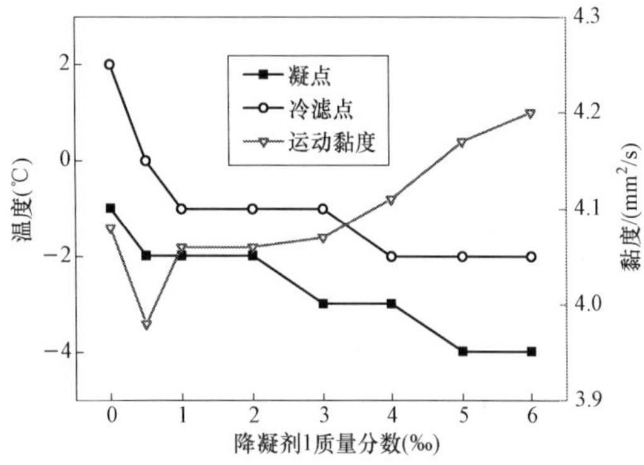

图 5-17　降凝剂 1 对橡胶籽油生物柴油低温流动性能的影响

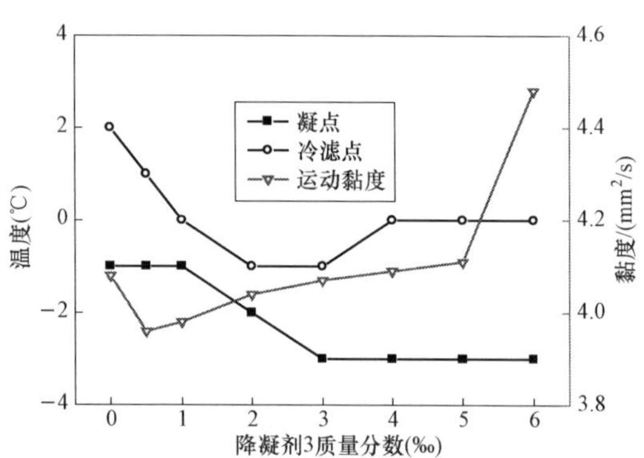

图 5-18　降凝剂 3 对橡胶籽油生物柴油低温流动性能的影响

表 5-24　降凝剂 3 对两种生物柴油低温流动特性的影响

添加量	地沟油生物柴油			橡胶籽油生物柴油		
	凝点（℃）	冷滤点（℃）	运动黏度（mm^2/s）	凝点（℃）	冷滤点（℃）	运动黏度（mm^2/s）
0	3	6	4.23	−1	2	4.08
0.5	0	2	4.23	−2	0	3.98
1	0	1	4.29	−2	−1	4.06
2	0	1	4.32	−2	−1	4.06
3	−1	0	4.32	−3	−1	4.07
4	0	1	4.37	−3	−2	4.11
5	0	1	4.40	−4	−2	4.17
6	0	1	4.52	−4	−2	4.20

图 5-19 列出了加入不同量的降凝剂 1 后小桐子生物柴油的冷滤点、凝点及运动黏度的变化情况。可以看出降凝剂 1 可以改进小桐子生物柴油的凝点和冷滤点。当降凝剂 1 的添加量为 0.5～2‰时，小桐子生物柴油的凝点和冷滤点下降较快，凝点最低可降到−2℃，

冷滤点到－1℃，分别降低了3℃和5℃。当再增加降凝剂的用量时，冷滤点和凝点不再下降。这是因为降凝剂的添加量过少时，降凝剂分子难以满足与生物柴油中石蜡共晶吸附的要求，生物柴油的流动性不会有太大的改进余地。添加量过多时，反而使冷滤点和凝点温度升高，过量的降凝剂分子不再参与共晶吸附作用，反而过量后使生物柴油的冷滤点和凝点温度升高。从经济的角度上考虑也不合适。运动黏度随着降凝剂用量的增加反而小幅上升，这主要是因为加入降凝剂后使生物柴油中的小蜡晶增多，进而影响了生物柴油的运动黏度，改进了生物柴油的流动性能。

图5-20给出了加入不同量降凝剂2后小桐子生物柴油的冷滤点、凝点及运动黏度的变化情况。由图可以看出降凝剂2对小桐子生物柴油的低温流动性的影响不大。降凝剂2加入3‰时小桐子生物柴油的凝点和冷滤点分别为0℃和1℃，只分别降低了1℃和3℃。黏度随着降凝剂2用量的增加反而上升。

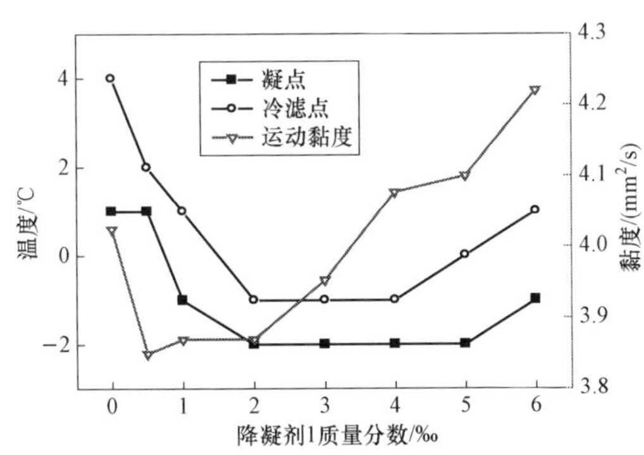

图5-19　降凝剂1对小桐子生物柴油低温流动性能的影响

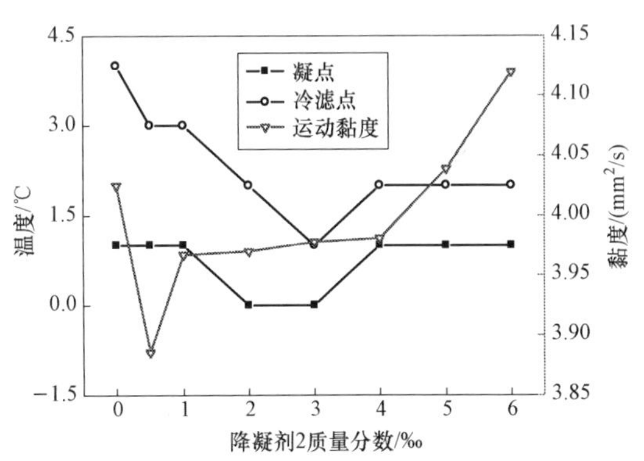

图5-20　降凝剂2对小桐子生物柴油低温流动性能的影响

图5-21给出了加入不同量降凝剂3后小桐子生物柴油的冷滤点、凝点及运动黏度的变化情况。由图可以看出降凝剂3对小桐子生物柴油低温流动性的影响不是很大。降凝剂3添加4‰时使生物柴油的凝点和冷滤点分别为－1℃和1℃，只降低了2℃和3℃。当降凝剂3的添加量为0.5～2‰时，生物柴油的凝点和冷滤点下降较快，凝点为最低可到－2℃，冷滤点到－1℃，分别降低了3℃和5℃。当再增加降凝剂的用量时，冷滤点和凝点基本不变。小桐子生物柴油的运动黏度反而随降凝剂用量的增加而上升。

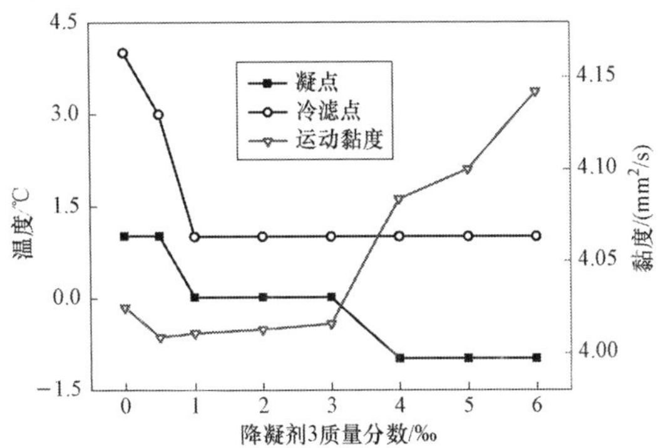

图5-21　降凝剂3对小桐子生物柴油低温流动性能的影响

由图5-19～图5-21可以说明三种降凝剂在一定加入量时对小桐子生物柴油的低温流动性能起到改善作用。可以看出市售的生物柴油降凝剂的效果稍好于柴油降凝剂，但效果还不理想。随着三种降凝剂含量继续增加，凝点和冷滤点反而回升，说明三种降凝剂加入量对小桐子生物柴油的降凝效果存在最佳值，降凝剂1、降凝剂2和降凝剂3的最佳添加量分别为2‰、

3‰和4‰。因此降凝剂1相对降凝剂2、3效果较好。由于生物柴油与石化柴油的成分不同，低温下结晶行为和晶体形态不同，尽管柴油降凝剂对改善生物柴油的低温流动性具有一定的效果，但针对生物柴油组分结构特点，研制出适合不同生物柴油的改进剂是本领域的研究方向和热点之一。生物柴油降凝剂的研制应该有针对性地进行烷基丙烯酸酯类、乙酸乙烯酯类、马来酸酐及α—烯烃类共聚物的合成，以达到理想的改进效果。

2. 降凝剂对菜籽油生物柴油低温流动性能的影响

探究降凝剂对菜籽油生物柴油低温流动性能的影响，选用市售的9种降凝剂研究对菜籽油生物柴油凝点、冷滤点、运动黏度的影响。9种降凝剂的规格见表5-25。

表5-25　　9种降凝剂的规格

降凝剂编号	品牌	规格（mL）	降凝剂编号	品牌	规格（mL）
1	巴斯夫	250	6	尼德尔	250
2	力魔	250	7	艾纳	350
3	路邦D—990	355	8	洁力神	250
4	海龙	400	9	凡响	250
5	安捷讯	325			

菜籽油生物柴油中分别添加其体积的0.1%、0.2%、0.3%、0.4%、0.5%的9种不同的降凝剂，测定不同条件下菜籽油生物柴油的凝点、冷滤点、运动黏度，其结果见表5-26。

表5-26　　添加0.1%降凝剂对菜籽油生物柴油低温流动性能的影响

降凝剂编号	冷滤点（℃）	凝点（℃）	运动黏度（mm^2/s）
1	—6	—14.5	5.46
2	—6.5	—16	5.47
3	—8	—14	5.50
4	—7.5	—13.5	5.49
5	—6.5	—16.5	5.50
6	—7	—14	5.51
7	—6.5	—14	5.39
8	—6.5	—14	5.49
9	—7	—14	5.46

由表5-26可以看出，当降凝剂添加量为0.1%时，9种降凝剂对菜籽油生物柴油冷滤点、凝点的影响都不明显。3号降凝剂能使其冷滤点降低2℃，其他8种都降低0～1℃；2号和5号降凝剂使其凝点分别降低2.5、3℃；9种降凝剂均使运动黏度有所上升，但幅度不大，对生物柴油的冷滤点不产生影响。这是因为添加降凝剂后，使产生的结晶物沉于生物柴油的底部，使其上层液仍能保持流动。

表5-27为降凝剂的添加量为0.2%时，生物柴油的低温流动性能。6号降凝剂对菜籽油生物柴油影响最显著，使其凝点降低到—22℃，其次是7号和2号，分别使凝点降到—19℃和—18℃，其他6种小幅度降低凝点。3号和4号降凝剂使菜籽油生物柴油冷滤点降低至

−9℃和−8.5℃，其他几种有小幅度降低。

表 5-27　添加0.2%降凝剂对菜籽油生物柴油低温流动性能的影响

降凝剂编号	冷滤点（℃）	凝点（℃）	运动黏度（mm^2/s）
1	−6	−15	5.47
2	−8	−18	5.55
3	−9	−16	5.56
4	−8.5	−16	5.52
5	−6.5	−17.5	5.52
6	−7.5	−22	5.51
7	−7	−19	5.45
8	−7	−14	5.49
9	−8	−15.5	5.46

表5-28为降凝剂的添加量为0.3%时，生物柴油的低温流动性能。当添加量为0.3%时，2、5、6、7号降凝剂都能将菜籽油生物柴油凝点降到−20℃以下，2号降凝剂能使冷滤点降低至−11℃，运动黏度有小幅度升高。

表 5-28　添加0.3%降凝剂对菜籽油生物柴油低温流动性能的影响

降凝剂编号	冷滤点（℃）	凝点（℃）	运动黏度（mm^2/s）
1	−7	−17	5.48
2	−11	−24	5.60
3	−9.5	−17	5.65
4	−9	−19	5.54
5	−6.5	−28	5.56
6	−10	−30	5.55
7	−7	−27	5.50
8	−7	−14	5.53
9	−8	−17	5.54

当降凝剂的添加量0.4%时，生物柴油的低温流动性能见表5-29，2、5、6、7号降凝剂都能将菜籽油生物柴油凝点降到−35℃以下；2、3号和6号降凝剂能使其冷滤点分别降至−13、−11℃和−11℃；运动黏度有小幅度上升。

表 5-29　添加0.4%降凝剂对菜籽油生物柴油低温流动性能的影响

降凝剂编号	冷滤点（℃）	凝点（℃）	运动黏度（mm^2/s）
1	−8	−17	5.50
2	−13	−35	5.68
3	−11	−18.5	5.72
4	−10.5	−24	5.55

续表

降凝剂编号	冷滤点（℃）	凝点（℃）	运动黏度（mm^2/s）
5	−7	−40	5.60
6	−11	−41	5.64
7	−7.5	−38	5.58
8	−8	−15	5.61
9	−8.5	−19	5.58

当降凝剂的添加量0.5%时，生物柴油的低温流动性能见表5-30。当添加量为0.5%时，9种降凝剂对菜籽油生物柴油的凝点、冷滤点的变化和表上表基本差不多，有的有少量升高。

表5-30　添加0.5%降凝剂对菜籽油生物柴油低温流动性能的影响

降凝剂编号	冷滤点（℃）	凝点（℃）	运动黏度（mm^2/s）
1	−9	−17	5.54
2	−12	−35	5.73
3	−11	−19	5.76
4	−10.5	−26	5.59
5	−7	−38	5.69
6	−11	−36	5.68
7	−7.5	−37	5.67
8	−8	−16	5.71
9	−8.5	−18	5.63

对比表5-26～表5-30发现，随降凝剂添加量的增大，菜籽油生物柴油凝点、冷滤点整体下降，运动黏度变化不大；当降凝剂添加量超过0.4%时，菜籽油生物柴油凝点、冷凝点变化不大，这说明降凝剂的最佳添加量为0.4%，此时对菜籽油生物柴油的低温流动性能改善效果最佳。

3. 降凝剂对大豆油生物柴油低温流动性能的影响

巫森鑫等人选用降凝剂1（南京炼油厂，聚乙烯基酯类），降凝剂2（聚乙烯基酯类），降凝剂3（兰州炼油厂，α—烯烃共聚物）、降凝剂4和降凝剂5（乙丙共聚物）来探究降凝剂对大豆油生物柴油低温流动性能的影响。表5-31～表5-33列出了降凝剂1～降凝剂3对大豆油生物柴油低温流动性能的影响。降凝剂1在添加量0.2%和0.3%时降凝效果最好，能使生物柴油的凝点和倾点分别降低6℃和4℃，使冷滤点降低2℃，随降凝剂用量增加黏度有所上升。

表5-31　降凝剂1对大豆油生物柴油低温流动性能和黏度的影响

加入比例（%）	凝点（℃）	倾点（℃）	冷滤点（℃）	运动黏度（mm^2/s）
0.00	−2	−1	0	4.16
0.05	−4	−3	−2	4.16

续表

加入比例（%）	凝点（℃）	倾点（℃）	冷滤点（℃）	运动黏度（mm^2/s）
0.10	−4	−3	−2	4.16
0.20	−8	−5	−2	4.17
0.30	−8	−5	−2	4.18
0.40	−6	−5	−3	4.22
0.50	−6	−5	−2	4.23

表 5-32　　降凝剂 2 对大豆油生物柴油低温流动性能和运动黏度的影响

加入比例（%）	凝点（℃）	倾点（℃）	冷滤点（℃）	运动黏度（mm^2/s）
0.00	−2	−1	0	4.16
0.10	−4	−2	0	4.18
0.20	−10	−8	0	4.21
0.30	<−35	<−35	0	4.23
0.40	<−35	<−35	0	4.25
0.60	−14	−10	0	4.28
0.80	−12	−8	0	4.33

表 5-33　　降凝剂 3 对大豆油生物柴油低温流动性能和运动黏度的影响

加入比例（%）	凝点（℃）	倾点（℃）	冷滤点（℃）	运动黏度（mm^2/s）
0.00	−2	−1	0	4.16
0.10	−6	−4	0	4.21
0.15	−12	−6	0	4.23
0.20	<−35	<−35	0	4.26
0.40	<−35	<−35	0	4.33
0.60	−20	−14	0	4.44
0.80	−14	−10	0	4.54

从表 5-32 和表 5-33 可知，降凝剂 2 和降凝剂 3 能使生物柴油的凝点和倾点显著降低，黏度随降凝剂用量增加而上升，但对生物柴油的冷滤点不产生影响。这是因为添加降凝剂 2 和降凝剂 3，能使产生的结晶物沉于生物柴油的底部，使其上层液仍能保持流动。由表 5-32、表 5-33，可知，在降凝剂 2 和降凝剂 3 添加量较少时，生物柴油的凝点和倾点随降凝剂用量的增加而下降，但添加量较多时降凝效果下降，存在降凝剂用量最佳点。在降凝剂 2 用量在 0.3%～0.4%，降凝剂 3 用量 0.2%～0.3%时，降凝效果最好，能使生物柴油的凝点和倾点都降低 30℃以上。

另外，还考察了乙丙共聚物降凝剂 4 和降凝剂 5 对生物柴油低温流动性能的影响，发现当降凝剂用量在 0.1%～0.8%时，此两种降凝剂对生物柴油无降凝作用，但生物柴油的黏度随降凝剂用量增加而增加。

4. 降凝剂对棕榈油生物柴油低温流动性能的影响

张志研究了降凝剂 FZ520 对棕榈油生物柴油低温流动性能的影响，其结果见表 5-34。由表 5-34 可以看出，降凝剂 FZ520 对棕榈油生物柴油低温流动性能改善效果很差，0.1%添加量只能降低浊点、冷滤点和倾点约 1℃。更高浓度的 FZ520 对棕榈油生物柴油低温流动性能没有明显改善。

表 5-34　添加不同浓度 FZ520 后棕榈油生物柴油低温流动性能　(℃)

添加量（%）	CP	CFPP	PP
1.00	11	8	12
0.50	12	9	12
0.25	12	10	12
0.10	12	10	12

5.2.3　常用降凝剂对生物柴油调和燃料低温流动性能的影响

1. 降凝剂对调和混配油 B5 低温流动性能的影响

生物柴油自身的缺点限制其大规模的使用，所以一般采用调和混配油作为燃料使用。图 5-22 给出了降凝剂 1 对调合油 B5（体积含量 5%的小桐子生物柴油与 95%的 0 号普通柴油调和）的低温流动性的影响。总体来看，降凝剂 1 能够改善调合油 B5 的低温流动性。降凝剂 1 的含量占调合油 B5 的 5‰时，就能使调合油的凝点降低到－20℃，冷滤点降低到－4℃，达到了－20 号柴油低温流动性的要求。随着降凝剂 1 的含量的增加，冷滤点反而有上升的趋势，凝点不再变化，黏度会小幅度的上升。

图 5-23 给出了降凝剂 2 对调合油 B5 的低温流动性的影响。结果表明，降凝剂 2 能够很好地改善调和油 B5 的低温流动性。降凝剂 2 的含量占调合油 B5 的 0.4%时，就能使调和油的凝点降低到－35℃，冷滤点降低到－19℃，达到了－35 号柴油低温流动性的要求。而当降凝剂 2 的含量占调合油 B5 的 5‰时，调合油的凝点降低到－40℃以下，冷滤点降低到－22℃。随着降凝剂 2 含量的增加，黏度会小幅度的上升。

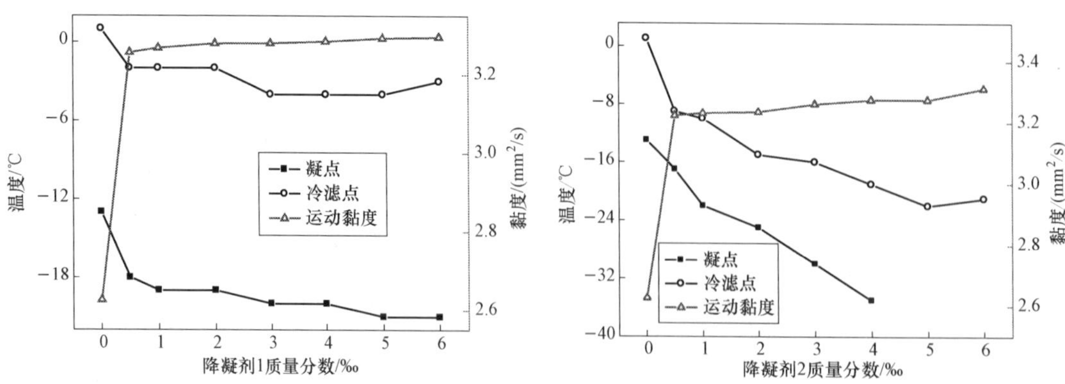

图 5-22　降凝剂 1 对小桐子生物柴油调和油 B5 低温流动性能的影响

图 5-23　降凝剂 2 对小桐子生物柴油调和油 B5 低温流动性能的影响

图 5-24 给出了降凝剂 3 对调和油 B5 的低温流动性的影响。结果表明，降凝剂 3 对调

合油 B5 的低温流动性的影响很大。降凝剂 3 的含量占调和油 B5 的 2‰时，就能使调合油的凝点降低到－35℃，冷滤点降低到－15℃，达到了－35 号柴油低温流动性的要求。当降凝剂 2 的含量占调合油 B5 的 4‰时，调合油的凝点降低到－40℃以下，冷滤点降低到－21℃。随着降凝剂 3 的含量的增加，黏度有小幅度的上升。

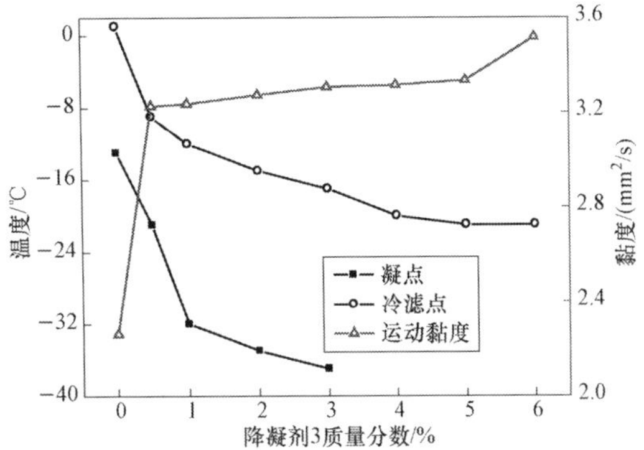

图 5-24　降凝剂 3 对小桐子生物柴油调合油 B5 低温流动性能的影响

张志等人给出了降凝剂 FZ520、降凝剂 JH2008 对棕榈油生物柴油调合油 B5 低温流动性能的影响，见表 5-35。

表 5-35　降凝剂对棕榈油生物柴油调合油 B5 低温流动性能的影响

项目	降凝剂	添加量	CP（℃）	CFPP（℃）	PP（℃）
B100（棕榈油生物柴油）	无	无	13	12	13
	FZ520	1%	11	8	12
	JH2088	0.05%	13	10	13
B5	无	无	2	1	1
	FZ520	1%	1	0	−9
	JH2088	0.05%	2	−3	−15
B0	无	无	1	1	0
	FZ520	1%	1	−4	−21
	JH2088	0.05%	2	−3	−18

2 种降凝剂对以烷烃为主要成分的 0 号柴油以及调和生物柴油 B5 的低温流动性能有较好的改善效果，尤其是冷滤点明显下降，而对以脂肪酸甲酯为主要成分的生物柴油 B100 没有明显改善。从以上试验结果可以发现，虽然生物柴油与矿物柴油的降凝机理相似，但由于 2 种产品结构上的差异，传统柴油降凝剂对生物柴油冷滤点的改善几乎没有任何效果。

2. 降凝剂对调和混配油 B10 低温流动性能的影响

图 5-25 给出了降凝剂 1 对调合油 B10（体积含量 10%的小桐子生物柴油与 90%的 0 号普通柴油调和）的低温流动性能的影响。降凝剂 1 对调合油 B10 有一定的改善作用。当降凝剂含量只占调合油含量的 0.5‰时，凝点为－15℃，冷滤点为－2℃，与生物柴油（B100）相比分别降低了 16℃和 6℃。随着降凝剂含量的增加，冷滤点不再变化，黏度小幅度的上升。当降凝剂 1 的含量为 6‰时，达到了

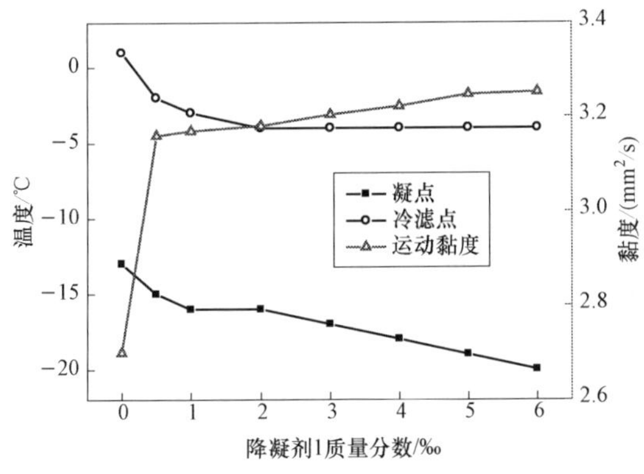

图 5-25　降凝剂 1 对小桐子生物柴油调合油 B10 低温流动性能的影响

—20 号柴油低温流动性能的要求。

图 5.26 给出了降凝剂 2 对调和 B10 的低温流动性能的影响。当降凝剂含量为 6‰时，调合油 B10 的凝点为—29℃，冷滤点为—20℃，与 BD100 生物柴油相比分别降低了 30℃和 24℃。随着降凝剂含量的增加，黏度小幅度的上升。

图 5 - 27 列出了降凝剂 3 对调合油 B10 的低温流动性能的影响。当降凝剂含量为 5‰时，调合油的凝点为—35℃，冷滤点为—20℃，与 BD100 生物柴油相比分别降低了 36℃和 24℃。达到了—35 号柴油的低温流动性的要求，适用于最低气温在—29℃以上的地区使用。随着降凝剂含量的增加，黏度小幅度的上升。

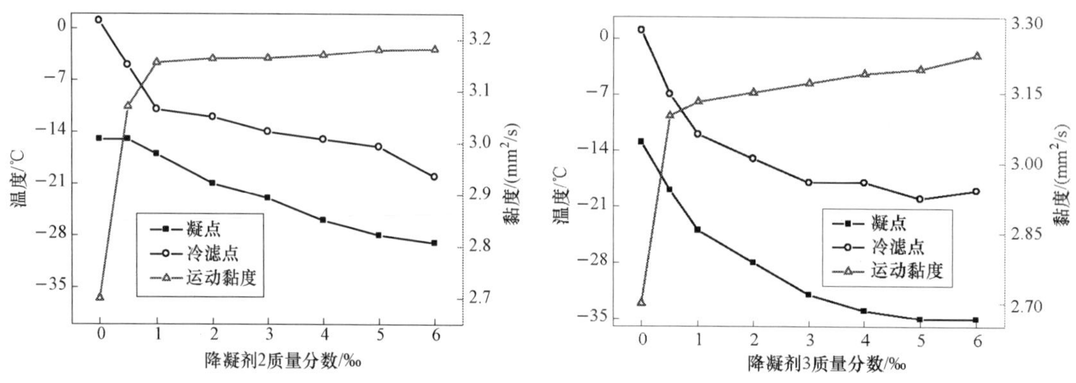

图 5 - 26　降凝剂 2 对调合油 B10 低温流动性能的影响

图 5 - 27　降凝剂 3 对小桐子生物柴油调合油 B10 低温流动性能的影响

3. 降凝剂对调和油 B20 低温流动性能的影响

图 5 - 28 给出了降凝剂 1 对调合油 B20（体积含量 20％的小桐子生物柴油与 80％的 0 号普通柴油调和）的低温流动性的影响。结果表明，加入降凝剂 1 后调合油 B20 的低温流动性得到了改善。降凝剂 1 的含量只占调合油 B20 的 0.5‰时，就能使调合油的凝点降低到—12℃，冷滤点降低到—3℃，达到了—10 号柴油低温流动性的要求。适用于最低气温在—5℃以上的地区使用。当降凝剂 1 的加入量为 6‰时，凝点为—19℃，冷滤点为—4℃，调合油 B20 的凝点和冷滤点分别降低了 20℃和 9℃。随着降凝剂 1 的继续加入，调合油 B20 的黏度会小幅度的上升，但与 BD100 生物柴油的运动黏度相比，仍然得到了改善。

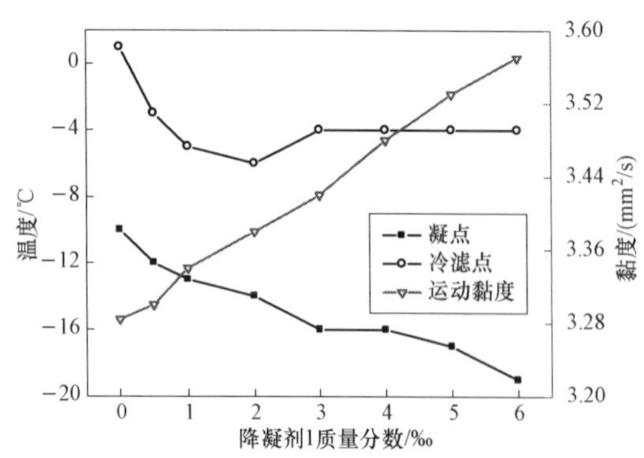

图 5 - 28　降凝剂 1 对小桐子生物柴油调合油 B20 低温流动性能的影响

图 5 - 29 给出了降凝剂 2 对调合油 B20 的低温流动性的影响。结果表明，加入降凝剂 2 后调合油 B20 的低温流动性得到了明显的改善。降凝剂 2 的含量占调合油 B20 的 3‰时，就能使调合油的凝点降低到—20℃，冷滤点降低到—13℃，达到了—20 号柴油低温流动性的要求。适用于最低气温在—14℃以上的地区使用。当降凝剂 2 的加入量为 6‰时，凝点为—27℃，冷滤点为—16℃，调合油 B20 的凝点和冷滤点分别降低了 28℃和 21℃。随着降凝剂

2 的含量的增加，冷滤点不再变化，黏度会小幅度得上升。

图 5-30 给出了降凝剂 3 对调合油 B20 的低温流动性的影响。降凝剂 3 能够很好地改善调合油 B20 的低温流动性。降凝剂 1 的含量只占调合油 B20 的 1‰时，就能使调合油的凝点降低到−20℃，冷滤点降低到−8℃，达到了−20 号柴油低温流动性的要求。适用于最低气温在−14℃以上的地区使用。当降凝剂 3 的加入量为 6‰时，调合油 B20 凝点为−33℃，冷滤点为−18℃，调合油 B20 的凝点和冷滤点分别下降了 34℃和 22℃。随着降凝剂 3 的含量的增加，冷滤点几乎不再变化，凝点的变化也很小，黏度会小幅度的上升。

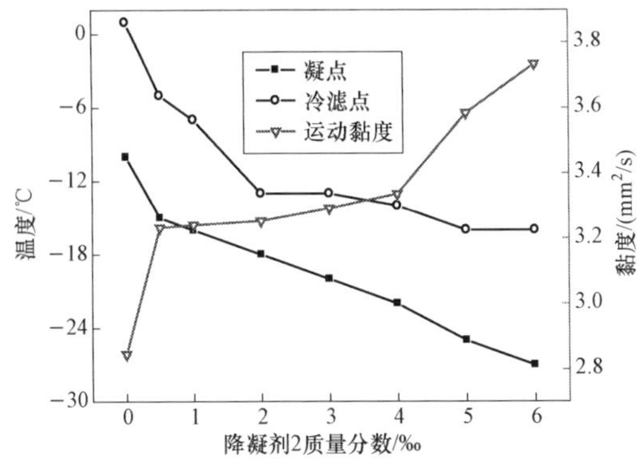

图 5-29　降凝剂 2 对小桐子生物柴油调合油 B20 低温流动性能的影响

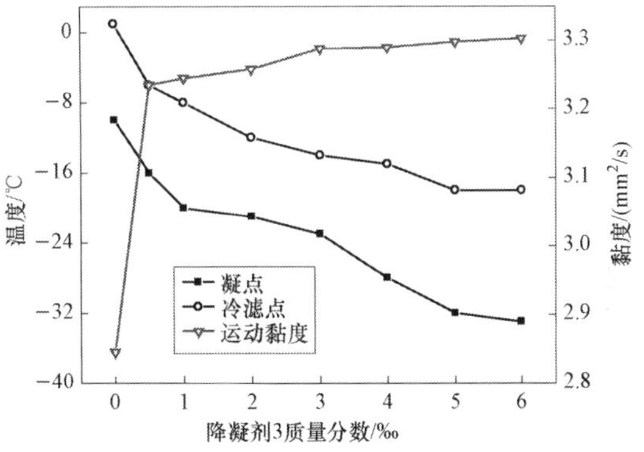

图 5-30　降凝剂 3 对小桐子生物柴油调合油 B20 低温流动性能的影响

5.2.4　降凝剂对生物柴油低温流动性能改进性能综合评价

1. 评价指标分析

本研究选取浊点、倾点、冷滤点和运动黏度作为降凝剂对低温流动性效用的评价指标。由于不同指标在使用环境中的重要性程度不一样，为了更好评价改进效率，需要对指标进行加权处理，例如凝点、冷滤点等数据结果与实际柴油低温下使用的性能检测结果较符合，就可以更准确地判断柴油的低温性能是否得到优化，从而对柴油的使用有实际指导意义。因此，在构建模型的时候，需要设置主观权重，从而更加快科学合理的对降凝剂的效果做出评价。

2. DEA 评价模型

(1) 模型描述

数据包络分析法（data envelopment analysis，DEA）是一种运用数学方法评价经济系统的非参数方法，通过研究生产前沿面有效性来验证分析结果。DEA 方法的第一个模型为 CCR 模型，可用这个模型计算降凝剂的相对效率，此模型是在规模报酬不变的条件下，采用决策单元（decision making unit，DMU）的投入、产出指标对应权重系数作为变量，然后使用数学规划的方法将 DMU 结果投影到 DEA 的生产前沿面上，比较每一个 DMU 偏离生产前沿面的程度，然后对评价决策单元的相对有效性进行综合评价。

CCR 模型为

$$\left.\begin{aligned}&\mathrm{Min}[\delta-\varepsilon(e_1^T S^- + e_2^T S^+)] = V_D\\&\mathrm{s.t.}\ \sum_{j=1}^{n}\lambda_j X_j + S^- = \delta X_{j0}\\&\sum_{j=1}^{n}\lambda_j Y_j - S^+ = Y_{j0}\\&\lambda_j \geqslant 0, j=1,2,\cdots,n\\&S^+ \geqslant 0, S^- \geqslant 0\end{aligned}\right\}\tag{5-12}$$

决策单元的投入可用变量 $X_j=(x_{1j}, x_{2j}, \cdots, x_{ij})^T$ 表示，x_{ij} 定义为投入 i 单元到DMU中。决策单元的输出可用变量 $Y_j=(y_{1j}, y_{2j}, \cdots, y_{ij})^T$ 表示，y_{ij} 定义为DMU中产出 i 单元。S^+ 和 S^- 为松弛变量，δ，λ_j，S^+，S^- 都是最优解。

1）当 $\delta=1$，并且 $S^+=S^-=0$ 时，表明DMU有效。

2）当 $\delta=1$，并且 S^+ 和 S^- 不同时为0时，表明纯技术效率和规模效率都不是有效的，因此弱DMU有效。

3）当 $\delta=1$ 时，表明DMU无效，若 $\sum_{j=1}^{n}\lambda_j=1$，DMU规模效益不变；若 $\sum_{j=1}^{n}\lambda_j>1$，DMU规模效益递减；若 $\sum_{j=1}^{n}\lambda_j<1$，DMU规模效益递增。

（2）数据转换

因为DEA模型中，输入输出数据不可以为负值。因此需要对数据进行数据变换。浊点、倾点、冷滤点三个指标的数据大部分均为负值，直接进行取相反数并加一常数即可。运动黏度指标数据为非期望产出，首先取其相反数，满足DEA方法对输出越大越好的要求，再同时都加上任一大于0的常数，进一步将负值都变换为正值。

3. 评价分析

DEA方法简言之，就是用相对较少的投入获得较多的产出。可以考虑有多个投入和多个产出，而不仅仅是一个投入和一个产出的情况。DEA值为1，则相对有效，值不为1，则相对无效，并且值越小，效率越低。DEA计算的过程就是找出效率相对最高者，然后依次计算出其他效率。这一个过程是通过对投入产出指标赋予权重实现的，而权重的计算过程可以说是一个暗箱操作，不必计算出来，程序自会对权重进行计算并依据权重结果得出各个决策单元的相对效率。

本研究中选取浊点、倾点、冷滤点和运动黏度作为降凝剂，对生物柴油低温流动性进行评价。对应的运动黏度越小，其低温流动性越好。并基于成本的视角分析了各种降凝剂对于改进生物柴油低温流动性的效用进行评价，因此将所用费用（试剂费用）作为输入数据来处理。因为冷滤点更能反映出柴油低温流动性，能相对准确地判断出柴油的低温性能，所以根据专家意见在DEA计算中对冷滤点赋权重为0.4，其余指标分别赋0.2的权重。浊点、倾点、冷滤点主要为负值，DEA计算中不允许出现负值，则需要对数据进行数据变换。因此首先应用线性转化法对数据进行转化处理，然后再进行DEA计算。在实验过程中的数据收集与统计等过程中可能产生的测量误差。而DEA方法属于效率评价，直接将收集好的数据进行处理。并不是数理统计过程，故不会有误差的产生。

对菜籽油生物柴油低温流动性能进行评价，并从成本的角度分析了各种降凝剂改进菜籽油生物柴油低温流动性能的效应，因此将试剂费用作为输入数据来处理。在 DEA 计算中对凝点和冷滤点赋权重为 0.4，运动黏度赋权重 0.3。首先应用线性转化法对数据进行转化处理，然后进行 DEA 计算，选取降凝剂添加量为 0.1%和 0.4%时数据进行运算，计算结果见表 5-36。

表 5-36　　4 种降凝剂实验 DEA 运算结果

编号	DEA 值	编号	DEA 值
0	0.215	10	0.198
1	0.415	11	1.000
2	0.423	12	0.842
3	0.583	13	0.813
4	0.328	14	0.329
5	0.395	15	1.000
6	1.000	16	1.000
7	0.013	17	0.537
8	0.224	18	0.999
9	0.513		

注　编号 0 为空白试验；1～9 号；10～18 号依次对应表中的添加 0.1%和 0.4%使得 9 种降凝剂。

由表 5-36 可以看出，在考虑成本因素时，添加 0.1%降凝剂时，空白实验的效率为 0.215，只有 6 号降凝剂相对于空白实验有效。降凝剂添加量达到 0.4%时，2、6、7 号降凝剂相对于空白实验有效。6 号降凝剂在两种实验中都存在 DEA 有效结果，因此，选定 6 号为最佳。这一结果和前面所述结论相同。

5.3　0 号柴油混合降凝法优化生物柴油低温流动性能

5.3.1　0 号柴油对生物柴油低温流动性能的影响

0 号柴油调入比例对生物柴油低温流动性能的影响，由于从中国石化购买的 0 号柴油的凝点与冷滤点分别为−20℃和−10℃，比常规 0 号柴油的凝点和冷滤点相比低很多，因此与生物柴油调和时，能很好地降低生物柴油的低温流动性能。0 号柴油的添加对小桐子生物柴油、地沟油生物柴油、橡胶籽油生物柴油、大豆油生物柴油的低温流动性能具有一定的意义。

5.3.2　调和比例对生物柴油低温流动性能的分析

1.0 号普通柴油对小桐子生物柴油低温流动性的影响

小桐子生物柴油的冷滤点为 4℃，凝点为 1℃，40℃时运动黏度为 4.025mm²/s。目前生物柴油主要应用是和 0 号普通柴油混配后使用，图 5-31 给出了小桐子生物柴油与 0 号普通柴油混配后的低温流动性能情况。与 0 号普通柴油调和后的生物柴油冷滤点的变化不是很大，这是由于小桐子生物柴油与 0 号普通柴油的冷滤点相近的原因。但是与 0 号普通柴油调和后可以有效地降低生物柴油的凝点和运动黏度。当体积分数为 20%的小桐子生物柴油和体积分数为 80%的 0 号普通柴油调和时，生物柴油的凝点和冷滤点分别降低了

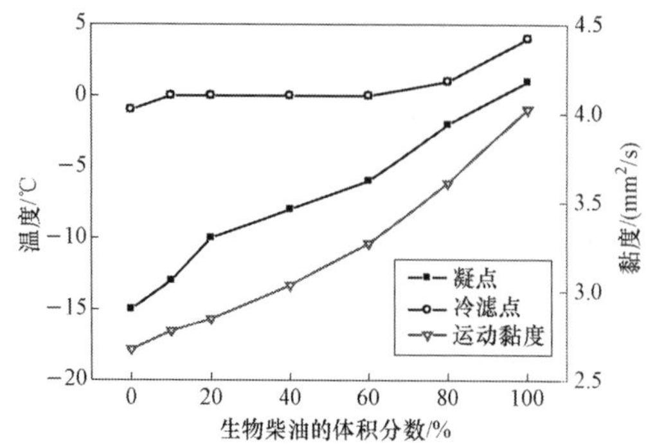

图 5-31 0 号普通柴油与小桐子生物柴油不同比例调和的低温流动性能

11℃和 3℃，40℃时的运动黏度可降低 29%。因此与低温流动性能较好的 0 号普通柴油调和是一种较好地改善生物柴油低温流动性能的方法。随着 0 号普通柴油加入，调合油中的饱和脂肪酸甲酯的相对含量降低，冷却时饱和脂肪酸不易析出，从而改善了生物柴油的低温流动性能。目前，生物柴油还不能大规模地替代石化柴油使用，而是与石化柴油调和使用。因此，采用此方法既可以改善生物柴油低温流动性，又能扩大生物柴油的使用范围，减少对环境的污染，是一种非常可行的方法。

2.0 号普通柴油对橡胶籽油生物柴油低温流动性的影响

橡胶籽油生物柴油的冷滤点为 2℃，凝点为−1℃，40℃时运动黏度为 4.08mm²/s。图 5-32 给出了橡胶籽油生物柴油与 0 号普通柴油调和后的低温流动性能。0 号普通柴油低温流动性较好，凝点达到−20℃，冷滤点达到−10℃，黏度为 2.38mm²/s。与橡胶籽油生物柴油调和时能很好地改善生物柴油的低温流动性。当 20%生物柴油和 80%0 号普通柴油调和时，凝点可降低 13℃，冷滤点可降低 11℃，生物柴油的黏度可降低 38%。因此与低温流动性较好的柴油调和，能够有效地改善生物柴油的低温流动性能。

3.0 号普通柴油对地沟油生物柴油低温流动性的影响

地沟油生物柴油的冷滤点为 6℃、凝点为 3℃、40℃时运动黏度为 4.32mm²/s。图 5-33 给出了 0 号普通柴油与地沟油生物柴油调和时，对地沟油生物柴油低温流动性能的影响。0 号普通柴油能很好地改善生物柴油的低温流动性能，当 20%生物柴油和 80%0 号普通柴油调和时，凝点可降低 18℃，冷滤点可降低 15℃，生物柴油的运动黏度可降低 40%。因此与低温流动性较好的柴油调和，能够有效地改善生物柴油的低温流动性能。

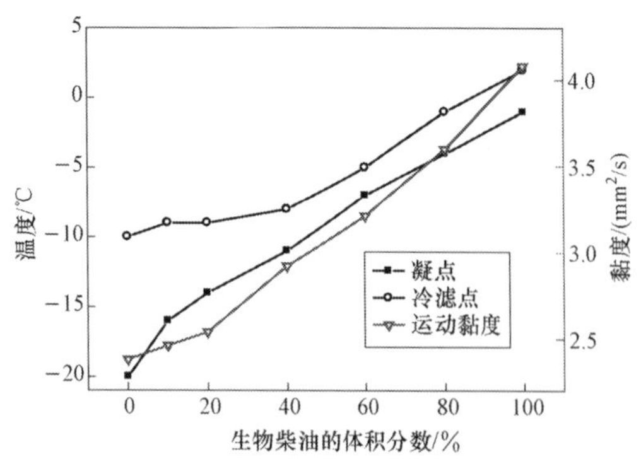

图 5-32 0 号普通柴油与橡胶籽油生物柴油不同比例调配的低温流动性能

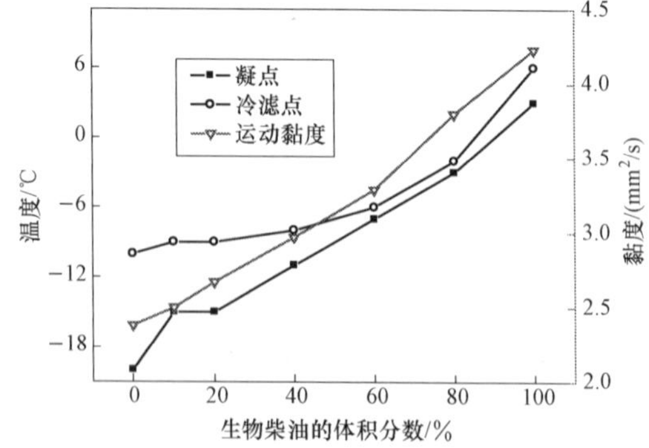

图 5-33 0 号普通柴油与地沟油生物柴油不同比例调配的低温流动性能

表 5-37 总结了 0 号柴油的添加量对小桐子，地沟油，橡胶籽油生物柴油低温流动性的影响，由表可知，随着 0 号柴油添加比例的增大，调和燃料的凝点、冷滤点、运动黏度

逐渐降低，低温流动性较好，其中以地沟油生物柴油较为显著。

表 5-37　　0号普通柴油调和混配比例对生物柴油低温流动性的影响

调和比例	地沟油生物柴油			橡胶籽油生物柴油			橡胶籽油生物柴油		
	凝点（℃）	冷滤点（℃）	运动黏度（mm^2/s）	凝点（℃）	冷滤点（℃）	运动黏度（mm^2/s）	凝点（℃）	冷滤点（℃）	运动黏度（mm^2/s）
B0	−20	−10	2.38	−20	−10	2.38	−20	−10	2.62
B10	−15	−9	2.50	−16	−9	3.46	−13	0	2.75
B20	−15	−9	2.67	−14	−9	2.54	−10	0	2.80
B40	−11	−8	2.97	−11	−8	2.92	−8	−0.1	3.08
B60	−7	−6	3.29	−7	−5	3.21	−6	−0.2	3.25
B80	−3	−2	3.80	−4	−1	3.6	−2	1	3.60
B100	3	6	4.23	−1	2	4.08	1	4	4.00

4.0号普通柴油和−20号柴油对大豆油生物柴油低温流动性的影响

表5-38，表5-39和图5-34，5-35分别给出了生物柴油与0号柴油和−20号柴油调和后的低温流动性能及其黏度。由于大豆油生物柴油的凝点、倾点和冷滤点与0号柴油相近，因此与0号柴油调和生物柴油的低温流动性能变化不大，但0号柴油可以有效降低生物柴油的黏度。当20%生物柴油和80% 0号柴油调和时，黏度可降低20%。从表5-39可见，−20号柴油的凝点、倾点和冷滤点比生物柴油低得多，两者混合后可有效地改善生物柴油的低温流动性能。20%生物柴油和80% 0号柴油调和时，生物柴油的凝点、倾点和冷滤点分别降低22℃、19℃和14℃，黏度降低39%。因此与低温流动性能较好的柴油调和是改善生物柴油低温流动性能的有效方法。这主要是因为随着−20号柴油调入，调合油中饱和脂肪酸甲酯的质量分数不断降低，在冷却时饱和脂肪酸甲酯不易结晶析出，从而导致调合油低温流动性能的改善。

表 5-38　　0号柴油与大豆油生物柴油调和后的低温流动性能与运动黏度

加入比例（%）	凝点（℃）	倾点（℃）	冷滤点（℃）	运动黏度（mm^2/s）
0	−2	−2	3	3.13
20	−2	−2	3	3.31
40	−4	−2	3	3.48
60	−4	−3	2	3.67
80	−4	−2	−1	3.91
100	−2	−1	0	4.16

表 5-39　　−20号柴油与大豆油生物柴油调和后的低温流动性能与运动黏度

加入比例（%）	凝点（℃）	倾点（℃）	冷滤点（℃）	运动黏度（mm^2/s）
0	−32	−28	−15	2.31
20	−24	−20	−14	2.55
40	−16	−12	−12	2.88
60	−12	−8	−9	3.27
80	−8	−4	−5	3.69
100	−2	−1	0	4.16

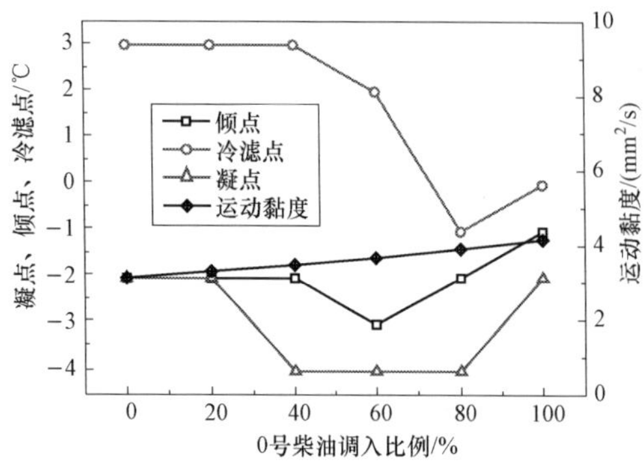

图 5-34　0 号柴油与大豆油生物柴油调和后的低温流动性能与运动黏度

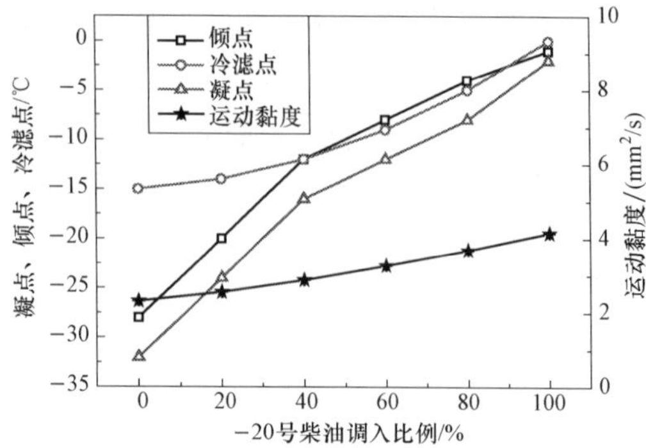

图 5-35　−20 号柴油与大豆油生物柴油调和后的低温流动性能与运动黏度

5. 小比例调入超低硫柴油对生物柴油低温流动性能的影响

生物柴油加入到石化柴油中会导致石化柴油的低温流动性能变差。Bryan R. Moser 研究超低硫柴油混合少量（B1～B5）生物柴油对其低温流动性能的影响，见表 5-40。随着超低硫柴油中生物柴油含量的增加，CP、PP、CFPP 随之增加，当菜籽油生物柴油百分含量从 B1 上升到 B5，CP 从−14.6℃上升到−13.7℃，PP 从−25℃（B1）增长到−23.7℃（B5），CFPP 从−17℃（B1）增长到−15℃（B5）。单一脂肪酸甲酯与超低硫柴油混合也有相似的结论。

表 5-40　单因素法测定低比例混合柴油，超低硫柴油、生物柴油的低温流动性能

体积含量（%）	CP	CFPP	PP	CP	CFPP	PP
ULSD						
B0	−15.7	−17.0	−25.3			
菜籽油生物柴油			菥蓂生物柴油			
B1	−14.6	−17.0	−25.0	−14.4	−16.7	−25.3
B2	−14.1	−16.3	−24.7	−14.1	−16.7	−25.0
B3	−13.9	−15.7	−24.3	−13.9	−16.0	−24.7
B4	−13.8	−15.3	−24.0	−13.9	−15.7	−24.0
B5	−13.7	−15.0	−23.7	−13.7	−15.0	−23.7
B100	−1.2	−12	−10.3	−11.6	−12.7	−17.0
棕榈油生物柴油			大豆油生物柴油			
B1	−14.3	−16.3	−24.7	−14.4	−17.0	−25.3
B2	−14.1	−15.3	−24.0	−14.3	−16.3	−24.7
B3	−13.7	−14.3	−22.3	−14.1	−16.0	−24.3
B4	−13.5	−13.7	−21.0	−13.9	−15.7	−24.0
B5	−13.1	−13.0	−20.0	−13.8	−15.0	−23.7
B100	>20	12.3	13.7	1.5	−3.0	0.0

续表

体积含量（%）	CP	CFPP	PP	CP	CFPP	PP
葵花籽油生物柴油				厨余废油生物柴油		
B1	−14.4	−16.7	−25.0	−14.5	−16.7	−25.3
B2	−14.2	−16.0	−24.7	−14.4	−16.3	−24.7
B3	−14.0	−15.7	−24.3	−14.0	−16.0	−24.7
B4	−13.9	−15.3	−24.0	−13.9	−15.3	−24.3
B5	−13.8	−15.0	−24.0	−13.7	−15.0	−23.7
B100	3.6	0.7	−2.0	−0.6	−4.0	−2.0
黄油生物柴油						
B1	−14.4	−17.0	−25.9			
B2	−14.2	−16.3	−24.7			
B3	−13.9	−16.0	−24.3			
B4	−13.8	−15.7	−24.0			
B5	−13.7	−15.0	−23.7			
B100	2.5	0.3	−5.0			

使用数学回归方法分析低温流动性与调入比例之间的关系。回归后得到CP随着调入比例呈指数式衰减（$y=m_1+m_2+em^{3x}$）。拟合曲线R^2超过0.95。可以看出，在混入比例较低时（B0～B1），自变量（调入比例）的增加，因变量（CP）变大的较为明显，从B1～B5，CP上升的幅度较小。这可能是因为在B1比例下，生物柴油含量已经足够提供脂肪酸甲酯在亚环境温度下的结晶生长，于是进一步提高生物柴油的比例到B5对CP的影响不大。

同样的，使用数学回归方法分析不同比例（B0～B5）脂肪酸甲酯与超低硫柴油混合物与CP、PP、CFPP的关系，其结果见表5-41。回归后获得的CFPP最佳拟合多项式表达式（$y=m_0+m_1x+m_2x^2$）。R^2能超过0.96。虽然一些脂肪酸甲酯的R^2较低（$R^2>0.86$），但$C_{22:1}$、$C_{16:0}$和$C_{18:0}$的R^2都超过了0.91。

表5-41　各脂肪酸甲酯与超低硫柴油混合的低温流动性能

体积含量（%）	CP	CFPP	PP	CP	CFPP	PP
ULSD						
B0	−15.7	−17.0	−25.3			
芥酸甲酯				十二烷酸甲酯		
B1	−14.6	−17.0	−25.0	−14.6	−16.3	−25.0
B2	−14.4	−16.3	−24.7	−14.5	−15.7	−25.0
B3	−14.4	−15.7	−24.3	−14.4	−15.7	−25.0
B4	−14.3	−15.3	−24.0	−14.3	−15.7	−24.7
B5	−14.2	−15.0	−23.7	−14.2	−15.0	−24.7

续表

亚油酸甲酯				肉豆蔻酸甲酯		
B1	−14.7	−16.3	−24.7	−14.6	−16.0	−25.0
B2	−14.6	−15.3	−24.0	−14.5	−15.7	−25.0
B3	−13.5	−14.3	−22.3	−14.3	−15.7	−25.0
B4	−14.4	−13.7	−21.0	−14.2	−15.7	−24.7
B5	−14.4	−13.0	−20.0	−14.1	−15.3	−24.7
油酸甲酯				棕榈酸甲酯		
B1	−14.6	−16.7	−25.0	−14.4	−16.3	−23.3
B2	−14.6	−16.0	−24.7	−14.2	−16.0	−21.3
B3	−14.5	−15.7	−24.3	−14.2	−15.7	−20.3
B4	−14.4	−15.3	−24.0	−13.8	−15.7	−19.3
B5	−14.4	−15.0	−24.0	−13.7	−14.7	−18.0
硬脂酸甲酯						
B1	−13.4	−17.0	−25.9			
B2	−12.3	−16.3	−24.7			
B3	−11.1	−16.0	−24.3			
B4	−7.5	−15.7	−24.0			
B5	−6.3	−15.0	−23.7			

超低硫柴油与生物柴油、各脂肪酸甲酯的混合物（B0～B5）与低温流动性能通过最小二乘回归法分析得到的结果见表 5-42。

表 5-42　生物柴油、各脂肪酸甲酯的混合物（B0～B5）与低温流动性能的关系

混合物	CP Best fit	CP R^2	CFPP Best fit	CFPP R^2	PP Best fit	PP R^2
CME	ED	0.964 3	POLY	0.963 7	Linear	0.998 2
FPME	ED	0.990 3	POLY	0.977 3	Linear	0.927 2
PME	ED	0.969 7	POLY	0.995 5	Linear	0.976 8
SBME	ED	0.968 5	POLY	0.970 2	Linear	0.967 0
SFME	ED	0.987 2	POLY	0.988 9	Linear	0.962 3
WCME	ED	0.966 9	POLY	0.988 8	Linear	0.922 7
YGME	ED	0.985 2	POLY	0.970 2	Linear	0.998 2
$C_{22:1}$	ED	0.988 2	POLY	0.961 3	无	—
$C_{12:0}$	ED	0.979 4	POLY	0.894 7	无	—
$C_{18:2}$	ED	0.987 9	POLY	0.876 9	无	—
$C_{14:0}$	ED	0.976 2	POLY	0.866 1	无	—
$C_{18:1}$	ED	0.981 4	POLY	0.894 7	无	—
$C_{16:0}$	ED	0.951 6	POLY	0.911 5	Linear	0.975 7
$C_{18:0}$	ED	0.970 9	POLY	0.922 9	Linear	0.956 3

注　ED 指数形式 POLY 多项式形式 Linear 线性形式。

6. 混合生物柴油对低温流动性能的影响

吕涯等人以自制的大豆油生物柴油、花生油生物柴油、牛油生物柴油两两进行不同比例的混配，测定其倾点和冷滤点。三种生物柴油的倾点和冷滤点见表5-43。

表5-43　三种生物柴油的低温流动性

生物柴油	冷滤点（℃）	倾点（℃）
大豆油生物柴油	−4	0
花生油生物柴油	12	15
牛油生物柴油	18	18

把两种生物柴油混合后按混合比例计算得到PP或CFPP点称为计算值，例如大豆油甲酯（倾点为0℃）和牛油甲酯（倾点为18℃）各50%（质量分数）混合后倾点的计算值是9℃。实际测定数据表明，大豆油甲酯和牛油甲酯混合后的冷滤点比计算值略高，倾点在大豆油生物柴油占80%时比计算值低，但其余的混合比例下比计算值高。这些现象说明，当大豆油甲酯和牛油甲酯混合时，高倾点和冷滤点的生物柴油对混合物的流动性能的影响较大。由此，推断出饱和脂肪酸甲酯对生物柴油低温流动性能的影响较大。

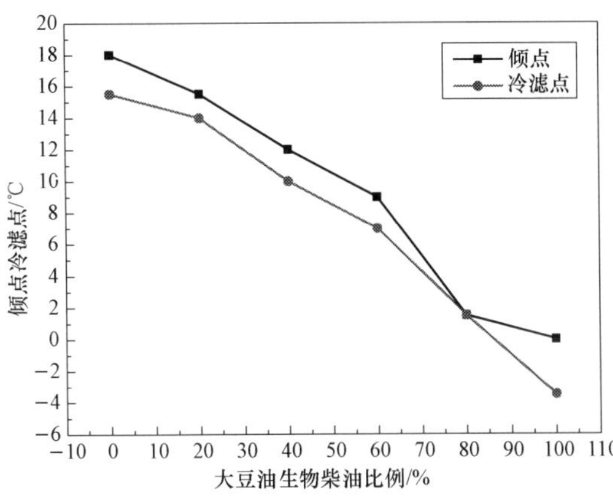

图5-36　大豆油生物柴油和牛油生物柴油混合的低温流动性能

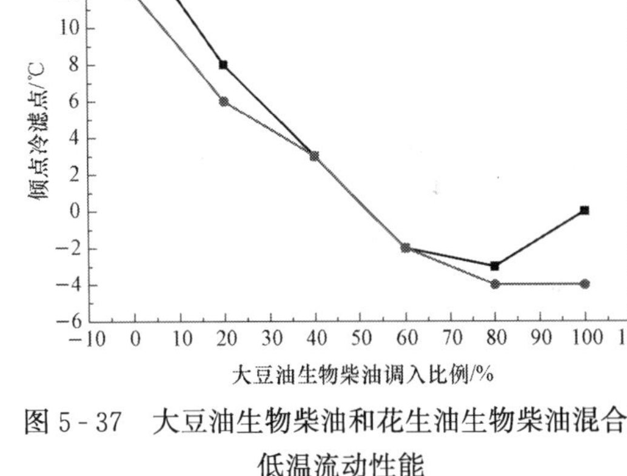

图5-37　大豆油生物柴油和花生油生物柴油混合的低温流动性能

当大豆油甲酯和花生油甲酯混合时，倾点和冷滤点的实际值都比计算值低，倾点比计算值低6.0℃或7.0℃，冷滤点最多的低3.4℃。含20%和40%花生油生物柴油时，倾点低于纯大豆油生物柴油，结果表明，当两种生物柴油以某种比例混合后，低温流动性能比纯生物柴油好。

当花生油甲酯和牛油甲酯混合时，倾点和冷滤点的实际值比计算值低。含牛油甲酯20%和花生油甲酯80%的混合生物柴油的倾点和冷滤点分别比计算值低11.4℃和11.2℃。通过加入20%牛油甲

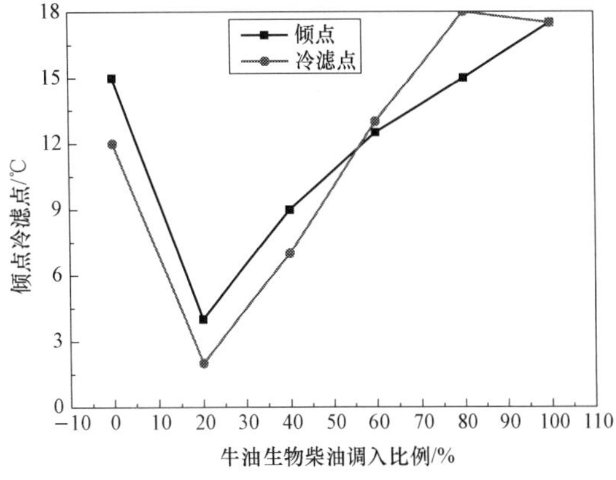

图5-38　花生油生物柴油和牛油生物柴油混合的低温流动性能

酯，花生油生物柴油的冷滤点和倾点分别下降 10℃和 11℃。这种混合油的饱和脂肪酸含量比大豆油生物柴油高，并同时含有木醋酸甲酯等长碳链脂肪酸甲酯，按其脂肪酸甲酯组成推断，其流动性能应该较差，但实际情况是其低温流动性能接近 0 号柴油。该研究结果表明，对于饱和脂肪酸含量过高的生物柴油可以通过与其他类型的生物柴油调和，降低倾点或冷滤点。

实验又进行了三种生物柴油不同比例的调和。调合油的倾点和冷滤点见表 5 - 44，同时列出了调和油的计算倾点和计算冷滤点，以及与实际值的差异。

表 5 - 44　　三种生物柴油调和时的低温流动性能

ω_{SAME}（%）	ω_{PNAME}（%）	ω_{TAME}（%）	CFPP（℃）	C - CFPP（℃）	ΔCFPP（℃）	PP（℃）	C - PP（℃）	ΔPP/（℃）
10	20	70	15	14.6	0.4	15	15.6	−0.6
70	20	10	−1	1.4	−2.4	0	4.8	−4.8
20	30	50	10	11.8	−1.8	12	13.5	−1.5
30	30	40	7	9.6	−2.6	9	11.7	−2.7
40	30	30	6	7.4	−1.4	9	9.9	−0.9
50	30	20	2	5.2	−3.2	3	8.1	−5.1
30	40	30	4	9.0	−5.0	6	11.4	−5.4
30	50	20	1	8.4	−7.4	3	11.1	−8.1
20	70	10	0	9.4	−9.4	3	12.3	−9.3

注　SAME 大豆油生物柴油 PNAME 花生油生物柴油 TAME 牛油生物柴油 C - CFPP 冷滤点计算值 ΔCFPP 冷滤点试验值与计算值误差 C - PP 倾点计算值 ΔPP 倾点试验值与计算值误差。

牛油生物柴油含量相同时和花生油生物柴油含量增大时，实际值明显低于计算值；实际值与计算值的偏离主要和花生油生物柴油含量有关，与大豆油生物柴油及牛油生物柴油的含量关系不大。因此，可推断花生油生物柴油中某些脂肪酸甲酯改善了调和生物柴油流动性能。

Ji - Yeon Park 通过大豆油生物柴油、菜籽油生物柴油、棕榈油生物柴油按照不同比例调配研究其 CFPP 的变化，结果如图 5 - 39（a）所示。当棕榈油生物柴油与菜籽油生物柴油调配时，混合生物柴油的 CFPP 随棕榈油生物柴油的添加量增加而增加，CFPP 较高的棕榈油生物柴油通过调入菜籽油生物柴油也有明显的降低，当菜籽油生物柴油超过 50%时，CFPP 降低到 0℃以下。当棕榈油生物柴油与大豆油生物柴油混合时，CFPP 随棕榈油生物柴油添加量的增加而增加，如图 5 - 39（b）所示。当大豆生物柴油的质量超过 65%时，混合生物柴油 CFPP 的降至 0℃以下。当菜籽油生物柴油和大豆油生物柴油混合时，如图 5 - 39（c）所示。CFPP 随着菜籽油生物柴油调入比例的增加而减小，混入大豆油生物柴油的菜籽油生物柴油 CFPP 均小于 0℃。

按照不同比例混合三种生物柴油研究其 CFPP，如图 5 - 40 所示。三个定点表示三种纯生物柴油。三角形的一个面表示两种生物柴油按比例的混合。侧面的每个点代表混合的生物柴油调配质量百分比为 20∶80、40∶60、60∶40 和 80∶20。三角形内的点表示三个生物柴油混合，质量百分比为 60∶20∶20、40∶40∶20、40∶20∶40、20∶60∶20、20∶40∶40 和 20∶20∶60。

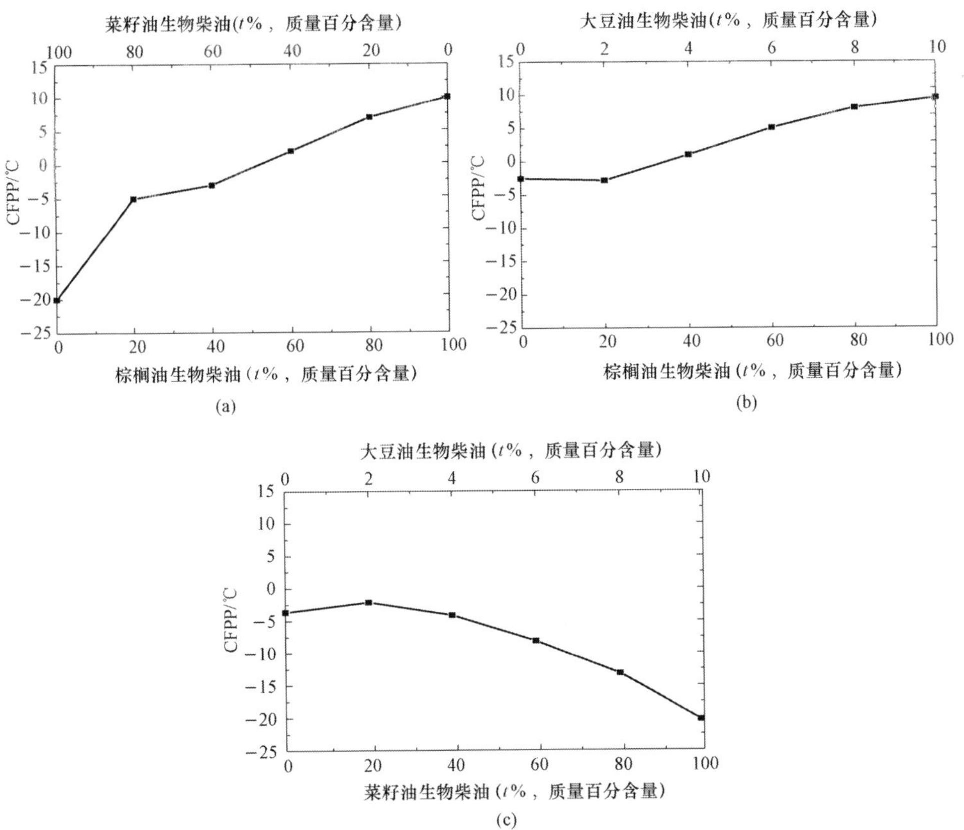

图 5-39 混合生物柴油冷滤点的变化曲线

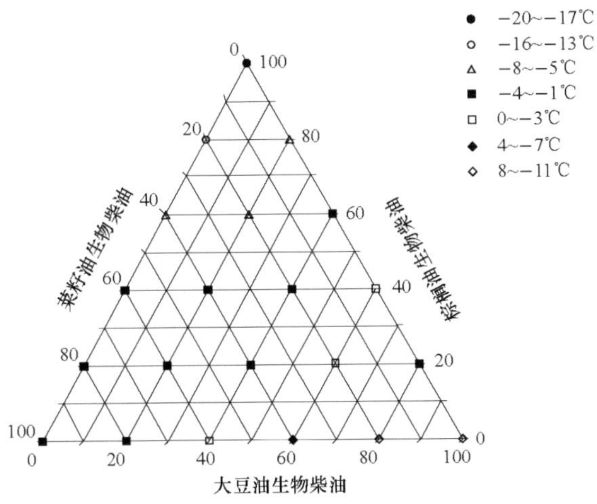

图 5-40 三种生物柴油按不同比例混合的冷滤点

因菜籽油生物柴油的 CFPP 较低，从底部到顶部 CFPP 逐渐减小，尽管棕榈油生物柴油的 CFPP 很高不能在冬天使用，但是和其他生物柴油混合能够有效降低其 CFPP。

5.4 通过改变生物柴油酯基结构优化生物柴油低温流动性能

5.4.1 油酸异基酯的催化制备及低温流动性能分析

1. 油酸异丙酯的催化制备

在低温常压试验装置上对甲苯磺酸催化油酸与异丙醇酯化反应进行研究，其酯化反应的方程式如图 5-41 所示。

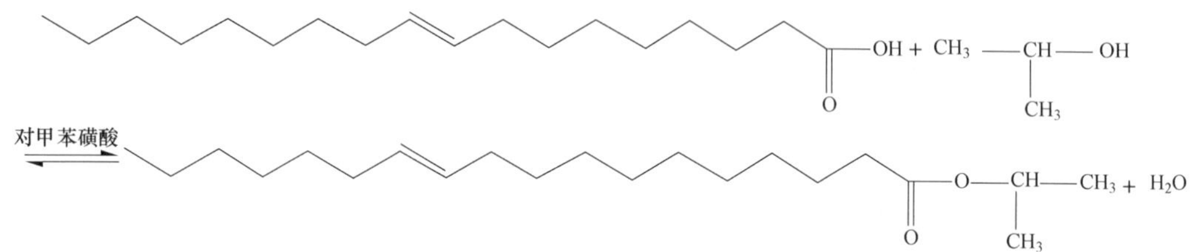

图 5-41 制备油酸异丙酯的化学反应方程式

在装有温度计、分水器、搅拌器、冷凝回流装置的 250mL 四口烧瓶中按既定比例加入油酸、异丙醇和催化剂，放入水浴锅中加热至所需温度，搅拌后开始计时反应。反应结束后，反应产物液体用蒸馏水进行多次洗涤以除去催化剂，再将产物液体放入旋转蒸发器中进行减压蒸馏，蒸馏出过量异丙醇以进行回收，然后将反应产物放进真空干燥箱内干燥数小时，得到纯净干燥的反应产物油酸异丙酯。

2. 油酸异丙酯单因素实验

(1) 反应时间对转化率的影响

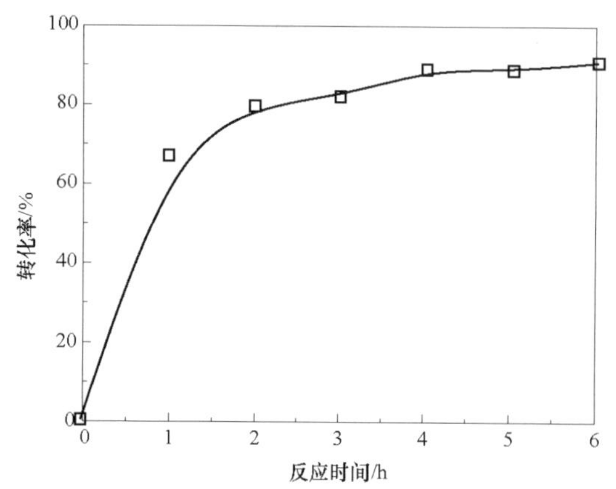

图 5-42 反应时间对酯化反应转换率的影响

在催化剂对甲苯磺酸用量为 3%，反应温度 85℃，异丙醇与油酸的体积比为 2∶1 的条件下，研究反应时间对制备油酸异丙酯的酯化转化率的影响，其结果如图 5-42 所示，该反应体系的酯化转化率随着反应时间的延长而增加，当反应时间达到 4h 时，酯化反应的酯化转化率趋于平缓，随着反应时间继续延长，体系的转化率只有微小的增加，甚至不变，这主要是因为在 4h 内反应基本完全，再延长反应时间已不能起到促使反应向正向进行，因此酯化反应的最佳反应时间为 4h。

(2) 催化剂的用量对转化率的影响

在反应温度为 85℃，反应时间为 4h，异丙醇与油酸体积比为 2∶1 条件下，研究催化剂对甲苯磺酸的用量对制备油酸异丙酯的酯化转化率的影响，其结果如图 5-43 所示。反应体系的酯化转化率随催化剂对甲苯磺酸用量的增加而迅速增大，但当催化剂的用量达到 3.0%时，继续增大催化剂用量，酯化转化率增加不再明显，逐渐趋于平缓，这是因为此时催化剂对甲苯磺酸已经使反应完全催化，再增大催化剂的用量已不能使酯化反应向正向进一步反应，并且过量催化剂的存在会使后续回收过程产生大量废水，不但浪费水且会对周围的环境造成污染，因此酯化反应催化剂的最佳用量为3.0%。

(3) 反应物配比对转化率的影响

在催化剂的用量为3.0%，反应温度为85℃，反应时间为4h的条件下，研究异丙醇和油酸体积比对酯化反应转化率的影响，其结果如图5-44所示。酯化反应转化率随醇酸体积比的增加而增大，当醇酸体积比达到1∶2（物质的量之比为2.1∶1）时，随着醇酸体积比的增大，酯化转化率增幅变小，尤其当醇酸体积比超过2∶1（物质的量之比为8.2∶1）时，随着醇酸体积比的继续增加转化率却基本保持不变。其主要原因是此酯化反应是一个可逆反应，增加醇的用量有利于反应向正反应方向进行，所以反应开始时转化率随异丙醇用量的增大而增大，但该酯化反应的醇酸理论反应物质的量之比是1∶1，当醇酸体积比达到1∶2时，物质的量之比已为2.1∶1，异丙醇已过量一倍多，再增大异丙醇的量虽增加了异丙醇的浓度，但在一定程度上降低了油酸的浓度，所以酯化转化率随异丙醇的增加而增幅变缓。故当醇酸体积比超过2∶1时，过量的异丙醇会使反应物油酸的浓度下降，反应速度减慢，过量的异丙醇对反应的推动作用已很小，从而表现为当异丙醇用量进一步增大时反应的转化率基本保持不变。因此认为此酯化反应的最佳的醇酸体积比为2∶1。

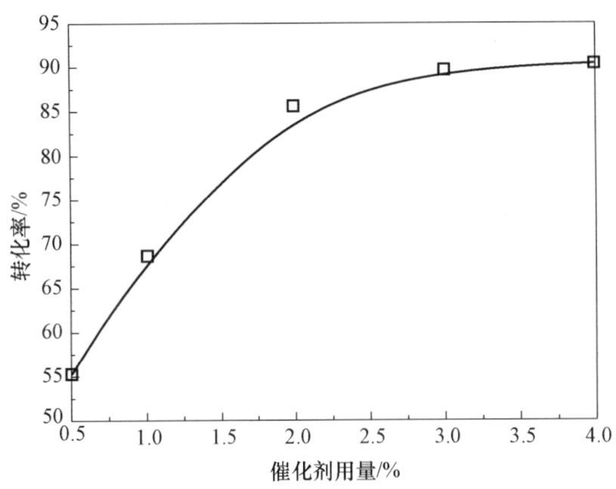

图5-43 催化剂用量对酯化反应转换率的影响

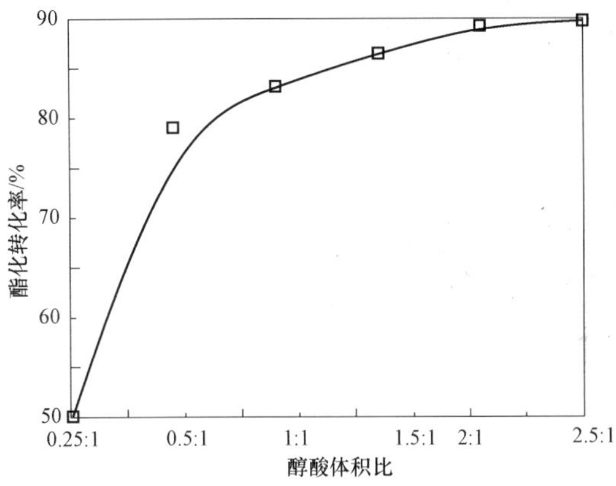

图5-44 反应物配比对酯化反应转化率的影响

(4) 反应温度对转化率的影响

在异丙醇与油酸的体积比是2∶1，催化剂的用量为3%，反应时间为4h条件下，考察反应温度对酯化转化率的影响，如图5-45所示。酯化反应的酯化转化率随反应温度的升高而增大，反应温度越高，酯化转化率增幅越小，当反应温度达到80℃时，再升高反应温度，酯化转化率基本不变，有降低的趋势。这主要是因为当反应温度较低时酯化反应的速率较慢，适当升高反应温度，可提高酯化反应的速率，从而进一步提高酯化反应转化率。但

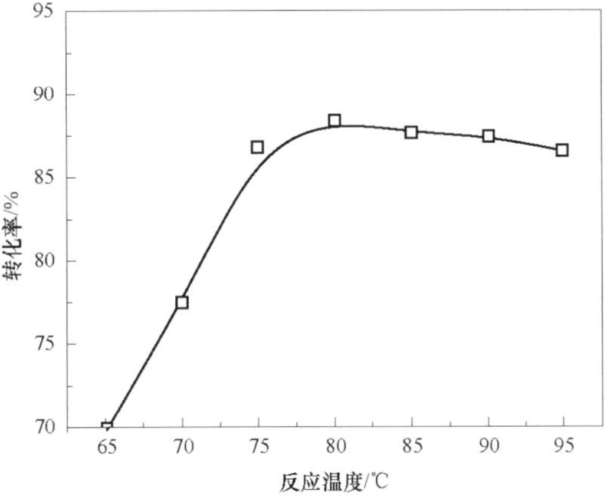

图5-45 反应温度对酯化反应转化率的影响

异丙醇的沸程为 81.6～82.6℃，因此当温度超过 80℃时，由于异丙醇大量挥发而使液相反应物中异丙醇质量分数减小，浓度降低，反而使酯化反应的速率降低，进而使酯化转化率降低。另一个因素是由于油酸含有不饱和的双键，易在反应温度较高时发生氧化反应，致使酯化转化率降低。因此可确定该酯化反应的最佳反应温度为 80℃。

制备油酸异丙酯酯化反应的最佳条件是：反应温度 80℃，醇酸体积比 2∶1，反应时间 4h，催化剂用量 3.0%，在此最优条件下进行试验，测得酯化反应转化率为 91.8%。

3. 油酸异丙酯低温流动性能分析

油酸异丙酯带支链，其低温性能较好，油酸异丙酯的凝点温度达到－25.0℃，冷滤点温度也达到－14.5℃，但其流动性能稍差，在 40℃下其运动黏度达到 6.18mm²/s。油酸异丙酯单独作为生物柴油成分，其低温性能非常好，但其运动黏度稍高，超出了国家标准，为我国生物柴油运动黏度的标准是 1.9～6.0mm²/s。因此，把油酸异丙酯和生物柴油混合，可提高生物柴油的低温性能，改善油酸异丙酯的运动黏度。图 5-46 为油酸异丙酯对小桐子生物柴油低温流动性能的影响，表 5-45 为油酸异丙酯调和比例对小桐子生物柴油、地沟油生物柴油、橡胶籽油生物柴油低温流动性能的影响。

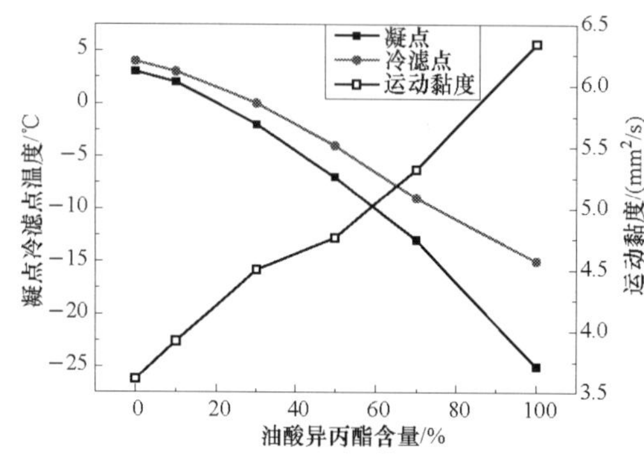

图 5-46　油酸异丙酯对小桐子生物柴油低温流动性的影响

表 5-45　油酸异丙酯调和比例对生物柴油低温流动性能的影响

调和比例（%）	地沟油生物柴油			橡胶籽油生物柴油			小桐子生物柴油		
	凝点（℃）	冷滤点（℃）	运动黏度（mm²/s）	凝点（℃）	冷滤点（℃）	运动黏度（mm²/s）	凝点（℃）	冷滤点（℃）	运动黏度（mm²/s）
0	3	6	4.23	－1	2	4.08	3	4	3.61
10	0	2	4.62	－2	0.5	4.35	2	3	3.90
30	－4	－2	5.12	－5	－1	5.01	－2	0	4.50
50	－8	－5	5.41	－9	－5	5.34	－7	－4	4.76
70	－14	－9	5.78	－15	－10	5.69	－13	－9	5.32
100	－25	－14.5	6.18	－25	－14.5	6.18	－25	－15	6.34

油酸异丙酯和小桐子生物柴油混合使用时，随着油酸异丙酯含量的增加，其混合物的运动黏度增加，凝点和冷滤点的温度降低，且增幅和降幅均较大，因此，找一个合适的配比可使其混合物的运动黏度和凝点、冷滤点温度达到一个合适的值，完全符合国家标准。油酸异丙酯的含量为 10%～80%，在这个范围内均可以使混合物的运动黏度、凝点和冷滤点符合生物柴油国家标准。根据一年四季温度的变化来调节其混合比例，以获得所需的运动黏度、凝点及冷滤点，达到改善混合物低温流动性能的目的。

根据降凝剂的增溶理论，在低温中，油酸异丙酯的侧链和生物柴油中的石蜡相互作用形成一个络合体，提高了石蜡在低分子质量馏分中的溶解度，从而降低了生物柴油的凝点和冷滤点，达到生物柴油降凝的目的。

4. 正丁基三乙胺硫酸氢盐离子液体催化制备油酸异丁酯

油酸异丁酯又名顺－9－十八烯酸－2－甲基丙基酯，是一透明油状液体，可与动植物油脂互溶，具有较好的低温流动性能。油酸异丁酯可用于机械油添加剂、增塑剂、生物柴油降凝剂等，还是一种很好的除草剂油性助剂。

（1）离子液体的制备

采用正丁基三乙胺硫酸氢盐离子液体为催化剂制备油酸异丁酯。将三乙胺与溴代正丁烷按照摩尔比 1∶1 加入反应釜中，持续通人氮气保护，在一定温度下反应 1h，得到白色固体。然后将白色固体溶于无水乙醇中并加入活性炭搅拌 30min 过滤，将滤液减压旋转蒸馏除去无水乙醇，再用乙酸乙酯和石油醚各洗涤 3 次，放人真空干燥箱内干燥数小时，获得离子液体中间体。将离子液体中间体置于三口烧瓶中，逐滴加入等物质的量的浓硫酸，在室温下磁力搅拌并通氮气保护，反应 12h 得到黏稠的淡黄色液体，再分别用乙酸乙酯和石油醚洗涤 3 次，放入真空干燥箱内干燥数小时，冷却得到黄色黏稠液体，即为正丁基三乙胺硫酸氢盐离子液体。其反应方程式如图 5-47 所示。

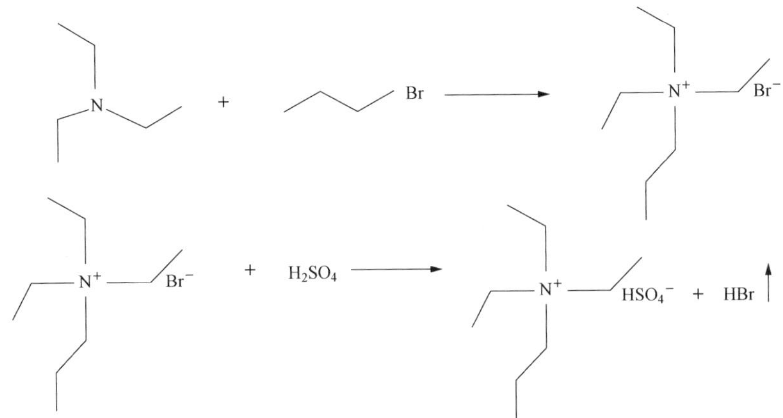

图 5-47　正丁基三乙胺硫酸氢盐离子液体的合成示意

（2）油酸异丁酯的制备

油酸与异丁醇酯化反应的化学反应方程式如图 5-48 所示，此酯化反应是可逆反应，所以在反应的过程中，异丁醇大量过量，使反应平衡向正方向进行，产生更多的油酸异丁酯作为目的产物。

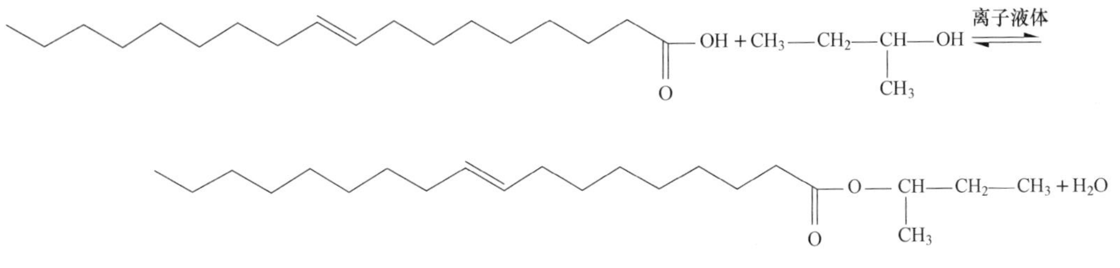

$$\text{(C}_{17}\text{H}_{33}\text{)—C(=O)—OH} + CH_3—CH_2—\underset{CH_3}{CH}—OH \xrightleftharpoons{\text{离子液体}}$$

$$\text{(C}_{17}\text{H}_{33}\text{)—C(=O)—O—}\underset{CH_3}{CH}—CH_2—CH_3 + H_2O$$

图 5-48　制备油酸异丁酯的化学反应方程式

在装有温度计、搅拌器、冷凝回流装置的三口烧瓶中加入一定比例的油酸、异丁醇及催化剂，用加热套加热，升温到设定的温度进行回流反应。反应结束后，反应产物液体用蒸馏水进行多次洗涤，然后将产物液体放人旋转蒸发器中进行减压蒸馏，蒸馏出未反应的异丁醇进行回收，把反应产物放进真空干燥箱内干燥数小时，就可得到纯净干燥的反应产物油酸异丁酯。

5. 油酸异丁酯单因素实验

(1) 反应时间对转化率的影响

在异丁醇与油酸摩尔比 4∶1，催化剂用量 8%（占油酸用量的质量分数），反应温度 90℃的条件下，研究了反应时间对酯化反应转化率的影响，如图 5-49 所示。酯化反应转化率随着反应时间的延长而增加，当反应时间达到 45min 时酯化反应已基本达到平衡，之后随着反应时间的继续延长，转化率基本不变。这主要是因为反应时间是影响可逆反应转化率的主要因素，反应时间较短时随反应时间延长转化率迅速增大，但反应时间达到一定时间后，酯化反应已进行的较为完全，如反应时间为 45min 时转化率已达 96.8%，再延长反应时间，对酯化反应转化率影响已不明显。因此，该酯化反应较为适宜的反应时间为 45min。

(2) 反应温度对转化率的影响

在异丁醇与油酸摩尔比 4∶1，催化剂用量 8%，反应时间 15min 的条件下，考察了反应温度对酯化反应转化率的影响，如图 5-50 所示。酯化反应转化率随反应温度的升高而增大，当反应温度达到 110℃时，再升高反应温度，转化率基本不再增加，反而有降低趋势。这主要是因为反应温度较低时酯化反应速率较慢，升高反应温度可提高酯化反应速率，使转化率提高。但异丁醇的沸点为 108℃，当反应温度超过 110℃时，由于异丁醇大量挥发而使液相反应物中异丁醇浓度降低，反而使反应的速率降低，从而转化率降低。并且油酸中含有不饱和双键，在较高反应温度时会发生氧化反应。因此，此反应较为适宜的反应温度为 110℃，此条件下的酯化反应转化率达到 93.9%。

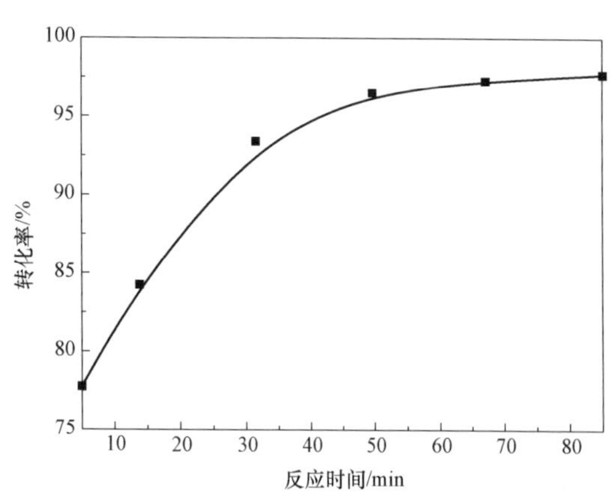

图 5-49 反应时间对酯化反应转化率的影响

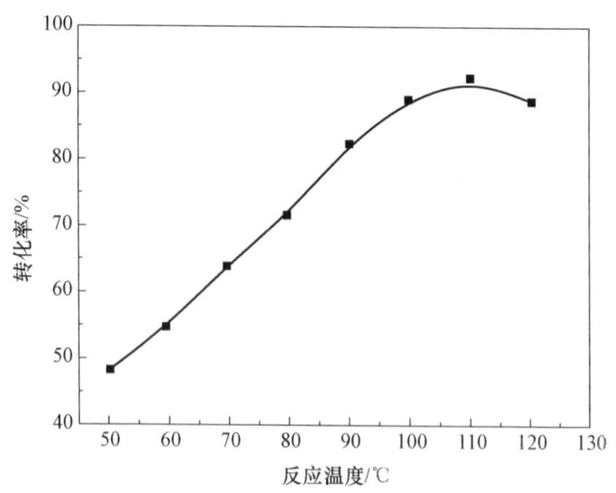

图 5-50 反应温度对酯化反应转化率的影响

(3) 催化剂转化率对转换率的影响

在异丁醇与油酸摩尔比 4∶1，反应时间 15min，反应温度 90℃的条件下，研究了催化剂用量对酯化反应转化率的影响，如图 5-51 所示。催化剂用量较小时，随催化剂用量增加，转化率迅速增大，但当催化剂用量超过 6%时，继续增大催化剂用量，酯化反应转化率增幅不明显，反而有降低趋势，且过量催化剂会使后续处理过程复杂化，产生大量废水，不但浪费水资源且对环境造成一定污染。因此，较为适宜的催化剂用量为 6%。利用离子液体的极性可调的特点增强离子液体、油酸与异丁醇的互溶度，使酯化反应增强，进而增大酯化反应转化率。

（4）反应物配比对转化率的影响

在催化剂用量 8%，反应温度 90℃，反应时间 15min 的条件下，研究了异丁醇与油酸摩尔比对酯化反应转化率的影响，如图 5-52 所示。酯化反应转化率随醇酸摩尔比的增加而增大，当醇酸摩尔比超过 5∶1 时，随着醇酸摩尔比的继续增加，转化率开始减小。其主要原因是此酯化反应是一个可逆反应，开始增加异丁醇的用量即增大反应物的浓度，有利于反应向正反应方向进行，所以随着醇酸摩尔比增大，转化率也增大，但此酯化反应的醇酸理论摩尔比是 1∶1，当醇酸摩尔比为 5∶1 时异丁醇已大大过量，再增大异丁醇的用量，在一定程度上降低了油酸的浓度，所以酯化转化率增幅变缓甚至有下降趋势。因此，酯化反应的最佳醇酸摩尔比是 5∶1。

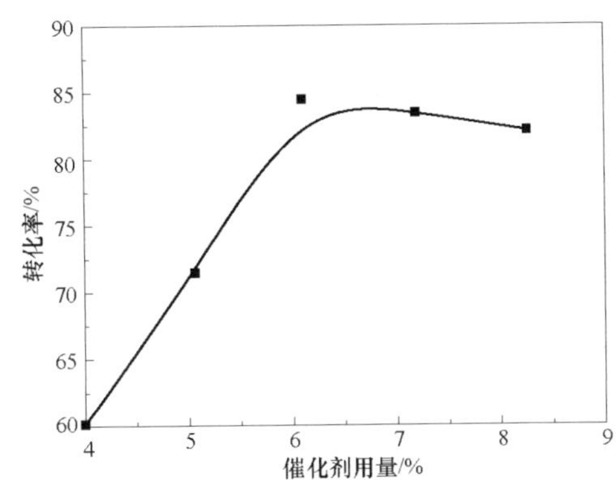

图 5-51　催化剂用量对酯化反应转化率的影响

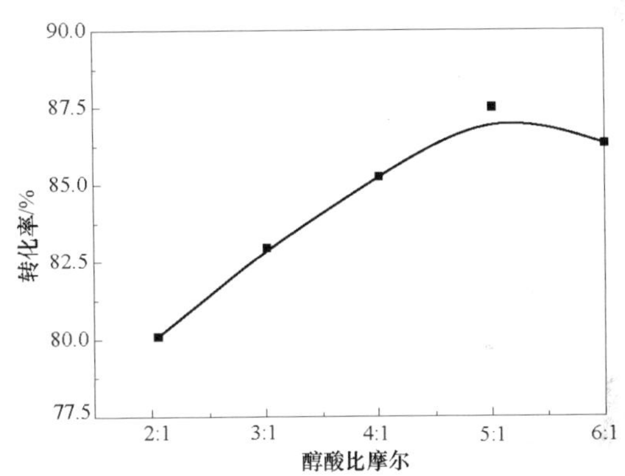

图 5-52　反应物配比对酯化反应转化率的影响

酯化催化合成油酸异丁酯的单因素实验分析得出较为适宜的反应条件为：反应时间 45min，反应温度 110℃，催化剂用量 6%，醇酸摩尔比 5∶1。

（5）正交实验

在单因素实验基础上，对反应时间、反应温度、催化剂用量、醇酸摩尔比进行四因素三水平正交实验，正交实验因素与水平见表 5-46，正交实验结果与分析见表 5-47。

表 5-46　　正交实验因素与水平

水平	A 反应温度/℃	B 醇酸摩尔比	C 催化剂用量	D 反应时间（min）
1	80	3∶1	4	15
2	100	4∶1	5	30
3	120	5∶1	6	45

表 5-47　　正交实验结果与分析

实验序列号	A	B	C	D	转化率（%）
1	1	1	1	1	91.8
2	1	2	2	2	93.5
3	1	3	3	3	94.3
4	2	1	2	3	92.7
5	2	2	3	1	95.9
6	2	3	1	2	91.9
7	3	1	3	2	94.6
8	3	2	1	3	96.8
9	3	3	2	1	92.5
K_1	93.20	93.03	93.50	93.40	
K_2	93.50	95.40	92.90	93.33	
K_3	94.63	92.90	94.93	94.60	
R	1.43	2.50	2.03	1.27	

由表 5-46 极差尺的大小，可确定因素主次顺序：B>C>A>D，由此可知，反应温度是影响油酸与异丁醇催化酯化反应转化率的主要因素，其次是催化剂用量和反应时间，最后是醇酸摩尔比。优化最佳水平组合为 B：C、A、D，即反应温度 100℃，催化剂用量 6%，反应时间 45min，醇酸摩尔比 5：1。按此条件的实验在正交实验表的 9 次实验中没有出现，通过做补充验证实验，得到酯化反应转化率为 98.6%，大于正交实验结果中的最大值 96.8%。

6. 油酸异丁酯的低温流动性能

通过测试油酸异丁酯的凝点、冷滤点和运动黏度表征油酸异丁酯的低温流动性能。凝点的检测采用 GB/T 510—1983 方法，冷滤点的检测采用 SH/T0248—2006 方法，运动黏度的检测采用 GB/T 265—1988 方法。

油酸异丁酯带有支链，低温性能较好，其凝点为－25.3℃，冷滤点为－21.5℃，但其流动性能稍差一些，在 40℃下其运动黏度为 6.52mm²/s。油酸异丁酯单独作为生物柴油成分，低温性能非常好，但运动黏度稍高，超出了国家标准，我国生物柴油国家标准中运动黏度（40℃）标准是 1.9～6.0mm²/s。因此，需要把油酸异丁酯和生物柴油调和，提高生物柴油的低温性能，降低油酸异丁酯的运动黏度。表 5-48 给出了油酸异丁酯分别与小桐子生物柴油和橡胶籽油生物柴油调和的低温流动性能数据。

表 5-48　　油酸异丁酯调入比例对生物柴油低温流动性能的影响

添加比例	小桐子生物柴油			橡胶籽油生物柴油		
	凝点（℃）	冷滤点（℃）	运动黏度（mm²/s）	凝点（℃）	冷滤点（℃）	运动黏度（mm²/s）
0	3.0	4.5	3.63	－1.0	2.5	4.18
10	1.0	3.0	4.37	－2.5	1.0	4.45
30	－2.5	0.5	4.72	－6.0	－2.0	5.11
50	－8.5	－5.5	5.19	－10.	－7.0	5.54
70	－18.5	－15.5	5.68	－20.5	－17.5	5.89
100	－25.3	－21.5	6.52	－25.3	－21.5	6.52

调入油酸异丁酯可以很好地改进生物柴油低温流动性能。50%的油酸异丁酯与50%的小桐子生物柴油调和时，生物柴油的凝点和冷滤点分别降低了11.5℃和10℃，油酸异丁酯的运动黏度降低了20.4%；50%的油酸异丁酯与50%的橡胶籽油生物柴油调和时，生物柴油的凝点和冷滤点分别降低9℃和9.5℃，油酸异丁酯的运动黏度降低15.0%。

因此，与低温流动性能较好的油酸异丁酯调和是改进生物柴油低温流动性能的有效方法。这是因为随着油酸异丁酯的调入，调合油中的不饱和脂肪酸甲酯的含量不断升高，饱和脂肪酸甲酯的含量相对减小，在冷却时饱和脂肪酸甲酯不易结晶析出，因而使调和油的低温流动性能得到改进。油酸异丁酯含量可控制为10%～80%，在该范围内均可使其调合油的运动黏度、凝点和冷滤点符合我国生物柴油国家标准，可根据四季温度的变化调节其混合比例，以达到所需的运动黏度、凝点及冷滤点，使其调合油有较好的低温流动性能。

5.4.2 硬脂酸异基酯的催化制备及低温流动性能分析

1. 吡啶硫酸氢盐离子液体催化制备硬脂酸直链低碳酯

(1) 吡啶硫酸氢盐离子液体的制备

将一定量的吡啶置于冰浴中的三口烧瓶中，进行一定时间的磁力搅拌，逐滴滴加等物质量的浓硫酸，待生成白色固体后溶于无水乙醇中。随后加入一定量的活性炭，在一定温度下磁力搅拌一段时间，将滤液旋转减压蒸馏。用石油醚和乙酸乙酯洗涤多次，放入真空干燥箱内一定温度下恒温干燥数小时，冷却到室温即为吡啶硫酸氢盐离子液体，反应方程式如图5-53所示。

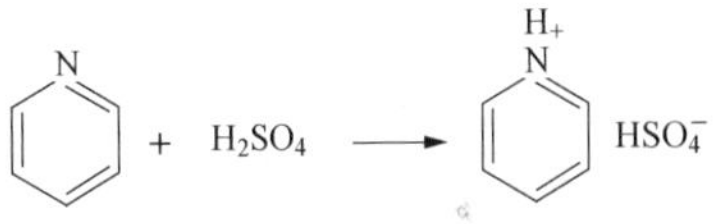

N + H_2SO_4 ⟶ $\overset{H_+}{N}$ HSO_4^-

图5-53 制备吡啶硫酸氢盐离子液体的化学方程式

(2) 硬脂酸直链低碳酯的制备

将一定比例的硬脂酸与不同醇放入装有温度计、搅拌器和冷凝回流装置的三口烧瓶中，并加入一定比例的吡啶硫酸氢盐离子液体催化剂。把三口烧瓶放置水浴锅内搅拌加热，升温到设定的温度后进行回流反应。反应结束后，反应产物用超纯水多次洗涤，然后将产物放入旋转蒸发仪中进行减压蒸馏，蒸馏出未反应的醇类进行回收，把反应产物放进真空干燥箱里干燥数小时，得到的纯净干燥的反应产物就是硬脂酸酯。

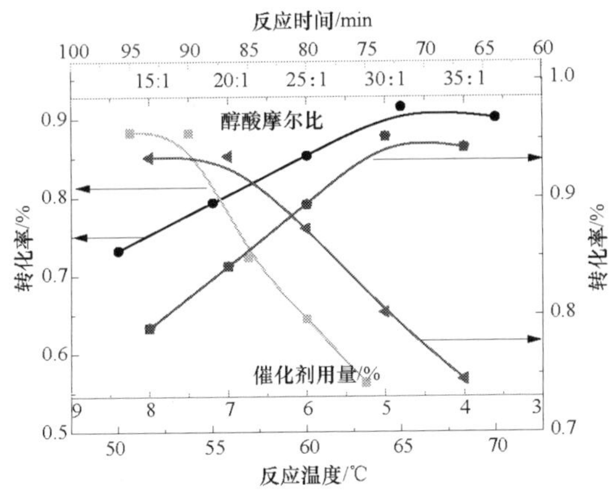

图5-54 不同因素对硬脂酸甲酯转化率的影响

2. 硬脂酸直链低碳酯单因素实验

对5种酯的制备过程进行了单因素试验分析，分析了醇酸摩尔比、反应时间、反应温度、催化剂用量对酯化反应转化率的影响，其结果如图5-54所示。

(1) 醇酸摩尔比对酯化反应的影响

从图5-54中可知，初始阶段转化率随醇酸摩尔比的增大而增大。当醇酸摩尔比到达30∶1时，转化率达到最高。继续增大醇酸摩尔比，转化率保持不变，并略有下降趋势。主要原因是此反应是可逆反应，初始阶段增加醇酸摩尔比相当于增加反应物的浓度，致使反应向正反应方向进行，转化率不断升高。但是此反应理论上的醇酸摩尔比是 1∶1，当醇酸摩尔比为 30∶1 时，醇已经大大过量，继续增加醇，一定程度上降低了硬脂酸的浓度，转化率增长趋势平缓甚至呈下降趋势。因此，此反应最佳的醇酸摩尔比为 30∶1。

（2）反应时间对酯化反应转化率的影响

初始阶段转化率随反应时间的增加逐渐增大。当反应时间到 90min 时，转化率为最大，继续增加反应时间，转化率开始不变或呈现降低的趋势。这是因为在反应的初始阶段，增加反应时间有利于反应向正反应方向进行，转化率不断增加。而到达 90min 后反应已经基本结束，继续增加反应时间可能会出现其他副反应影响试验结果，所以此反应的最佳反应时间为 90min。

（3）催化剂用量对酯化反应转化率的影响

初始阶段酯化反应转化率随离子液体用量的增加逐渐增加。当催化剂用量到达 6%时，转化率已经最大。继续增加催化剂用量，转化率增加趋势平缓，趋于不变，并有降低的趋势。这主要是因为在催化剂用量为 7%时，反应已经完全。继续增大催化剂用量，已不能使酯化反应进一步向正方向进行，且后续的处理回收比较困难，会产生大量的废水，既浪费水又污染环境，因此酯化反应的最佳催化剂用量为 7%。

（4）反应温度对酯化反应转化率的影响

初始阶段随着反应温度的逐渐增大转化率也逐渐增大。当反应温度为 70℃时，转化率达到最大。继续增加温度，转化率基本不变，趋于平缓。主要原因反应起始温度较低，反应速率较慢，适当的提高温度反应速率加快，酯化率有明显的上升。当超过 70℃时越来越接近醇的沸点，醇会大量挥发，减少了反应过程中醇的浓度，使反应速率降低，酯化率下降。因此，此反应的最佳反应温度为 70℃。

同理，对硬脂酸乙酯、硬脂酸丙酯、硬脂酸丁酯、硬脂酸戊酯的单因素试验结果如图 5-55～图 5-58 所示。

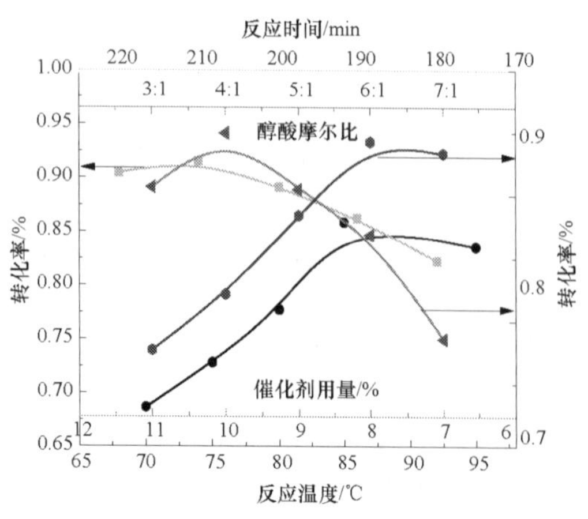

图 5-55　不同因素对硬脂酸乙酯转化率的影响

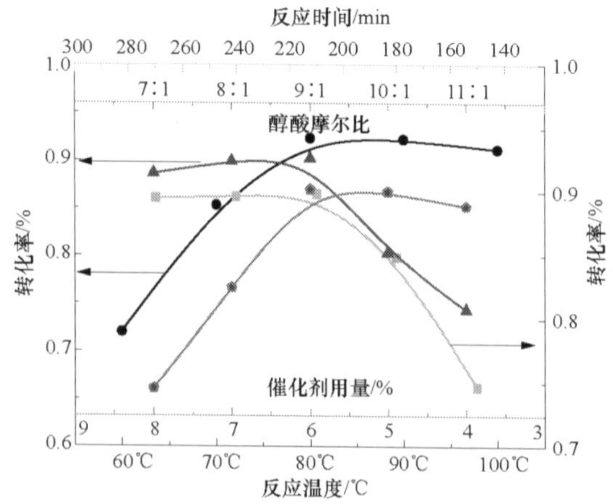

图 5-56　不同因素对硬脂酸丙酯转化率的影响

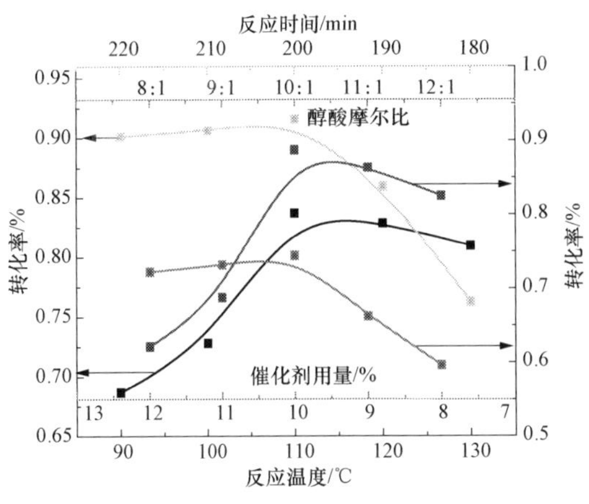

图 5-57 不同因素对硬脂酸丁酯转化率的影响

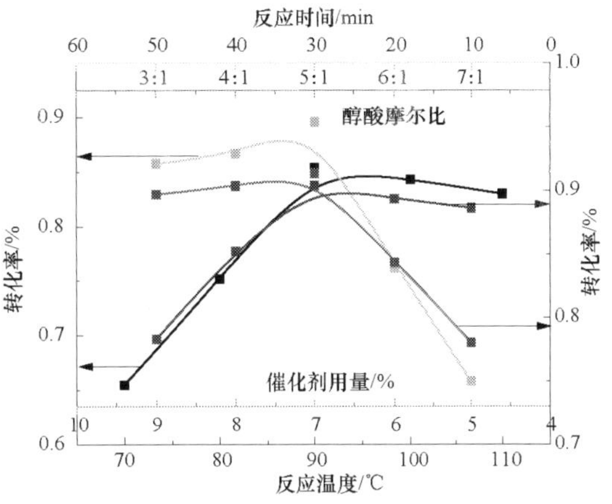

图 5-58 不同因素对硬脂酸戊酯转化率的影响

探究硬脂酸甲酯、对硬脂酸乙酯、硬脂酸丙酯、硬脂酸丁酯、硬脂酸戊酯最佳反应条件见表 5-49。

表 5-49　　合成 5 种脂肪酸甲酯的最佳反应条件

物质	反应温度（℃）	反应时间（min）	催化剂用量（%）	醇酸摩尔比	转化率（%）
硬脂酸甲酯	65	90	7	30∶1	97.79
硬脂酸乙酯	80	240	6	9∶1	97.33
硬脂酸丙酯	85	210	10	5∶1	97.46
硬脂酸丁酯	110	200	10	10∶1	98.97
硬脂酸戊酯	90	30	7	5∶1	97.29

3. 硬脂酸直链低碳酯的低温流动性能

对硬脂酸甲酯、对硬脂酸乙酯、硬脂酸丙酯、硬脂酸丁酯、硬脂酸戊酯的凝点（SP），冷滤点（CFPP）以及运动黏度进行检测，其结果见表 5-50 和图 5-59。

表 5-50　　硬脂酸直链低碳酯的低温流动性能

硬脂酸直链低碳酯	凝点（℃）	冷滤点（℃）	运动黏度（mm^2/s，40℃）
硬脂酸甲酯	33	37	4.70
硬脂酸乙酯	30	33	5.85
硬脂酸丙酯	27	32	6.63
硬脂酸丁酯	21	25	5.85
硬脂酸戊酯	16	22	3.80

随着碳链的增长，硬脂酸类酯的凝点和冷滤点逐渐下降，尤其硬脂酸戊酯最为明显。相比硬脂酸甲酯，其凝点温度下降了 51.52%，冷滤点温度降低了 40%，低温流动性能明

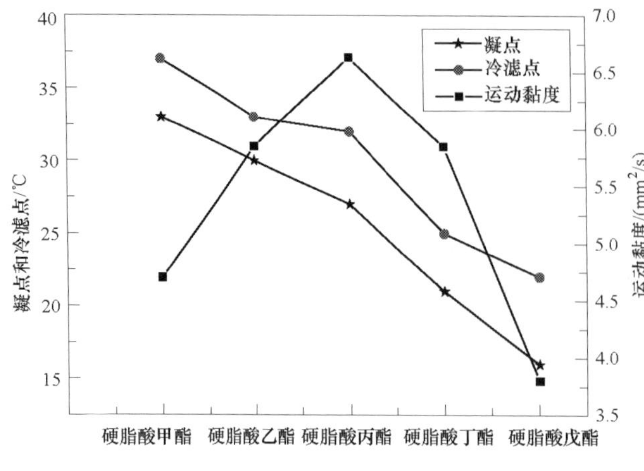

图 5-59　硬脂酸直链低碳酯的低温流动性

显提高，因此可以采用增加碳链长度的方法来提高低温流动性能；运动黏度随碳链长度没有明显的变化，除硬脂酸丙酯的运动黏度超出国家标准外，其 4 种酯的运动黏度均低于国家规定的 $6mm^2/s$，均符合使用标准。

4. 吡啶硫酸氢盐离子液体催化制备硬脂酸异基酯的制备

采用吡啶硫酸氢盐离子液体作为催化剂制备硬脂酸异基酯，吡啶硫酸氢盐离子液体制备如上节所述。以硬脂酸戊酯为例，将一定比例的硬脂酸与异戊醇放入装有温度计、搅拌器和冷凝回流装置的三口烧瓶中，并加入一定比例的催化剂。把三口烧瓶放置水浴锅内搅拌加热，升温到设定的温度后进行回流反应。反应结束后，反应产物用超纯水多次洗涤，然后将产物放入旋转蒸发仪中进行减压蒸馏，蒸馏出未反应的异戊醇进行回收，把反应产物放进真空干燥箱里干燥数小时，得到的纯净干燥的反应产物就是硬脂酸异戊酯。将异戊醇换成异丙醇，异丁醇分别得到硬脂酸异丙醇和硬脂酸异丁醇。

5. 硬脂酸异基酯单因素实验

对 3 种异基酯的制备过程进行了单因素试验分析，分析了醇酸摩尔比、反应时间、反应温度、催化剂用量对酯化反应转化率的影响，硬脂酸异戊酯的影响因素趋势、分析过程如下所示。

（1）醇酸摩尔比对酯化反应的影响

在反应温度为 80℃，反应时间为 30min，催化剂用量为 8%（质量百分含量）的条件下，研究了醇酸摩尔比对酯化反应转化率的影响，如图 5-60 所示。

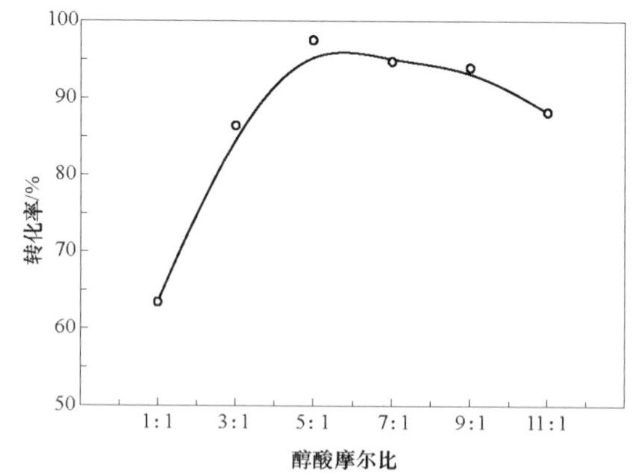

图 5-60　醇酸摩尔比对转化率的影响

初始阶段转化率随醇酸摩尔比的增大而增大。当醇酸摩尔比到达 5∶1 时，转化率达到最高。继续增大醇酸摩尔比，转化率开始保持不变，并略有下降趋势。主要原因是此反应是可逆反应，初始阶段增加醇酸摩尔比相当于增加反应物的浓度，致使反应向正反应方向进行，转化率不断升高。但是此反应理论上的醇酸摩尔比是 1∶1，当醇酸摩尔比为 5∶1 时，异戊醇已经大大过量，继续增加异戊醇，一定程度上降低了硬脂酸的浓度，转化率增长趋势平缓甚至呈下降趋势。因此，此反应最佳的醇酸摩尔比为 5∶1。

（2）反应时间对酯化反应转化率的影响

在醇酸摩尔比为 5∶1，催化剂用量为 6%，反应温度为 80℃时的反应条件下，分析了反应时间对转化率的影响，如图5-61所示。

初始阶段转化率随反应时间的增加逐渐增大。当反应时间到30min时，转化率为最大，继续增加反应时间，转化率开始不变或呈现降低的趋势。这是因为在反应的初始阶段，增加反应时间有利于反应向正反应方向进行，转化率不断增加。而到达30min后反应已经基本结束，继续增加反应时间可能会出现其他副反应影响试验结果，所以此反应的最佳反应时间为30min。

(3) 催化剂用量对酯化反应的影响

在反应时间30min，温度80℃，醇酸摩尔比为5∶1是时，研究了催化剂用量对酯化反应转化率的影响，其结果如图5-62所示。

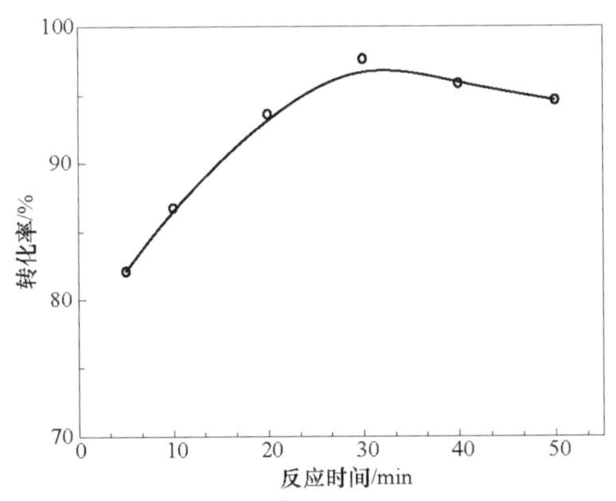

图5-61 反应时间对转化率的影响

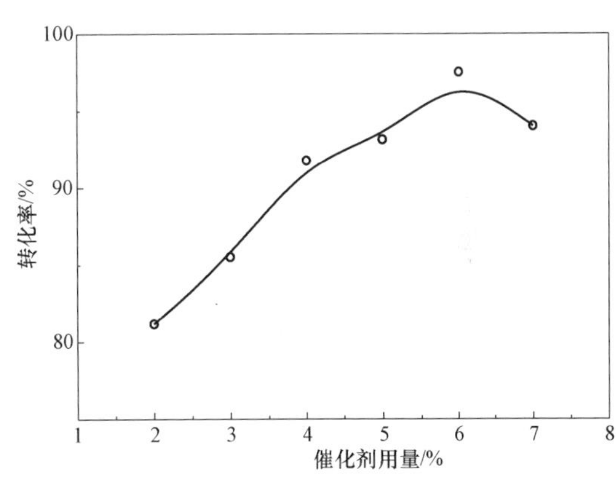

图5-62 催化剂用量对酯化反应转化率的影响

初始阶段酯化反应转化率随离子液体用量的增加逐渐增加。当催化剂用量到达6%时，转化率已经最大。继续增加催化剂用量，酯化率增加趋势平缓，趋于不变，并有降低的趋势。这主要是因为在催化剂用量为6%时，反应已经完全。继续增大催化剂用量，已不能使酯化反应进一步向正方向进行，且后续的处理回收比较困难，会产生大量的废水，既浪费水又污染环境，因此酯化反应的最佳催化剂用量为6%。

(4) 反应温度对酯化反应转化率的影响

在反应时间为30min，醇酸摩尔比5∶1，催化剂用量为6%时，分析研究了反应温度对酯化反应转化率的影响，如图5-63所示。

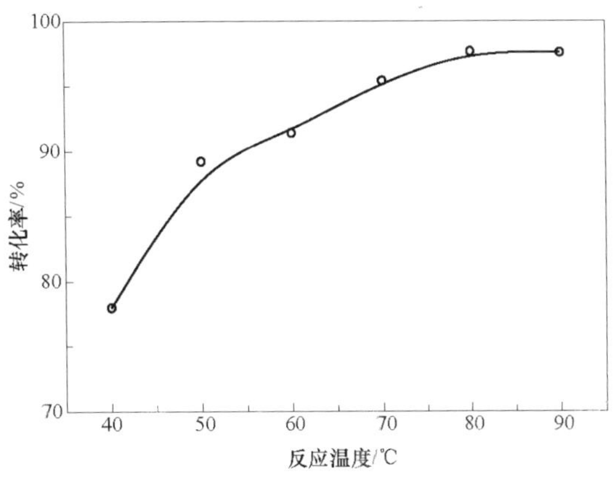

图5-63 反应温度对酯化反应转化率的影响

初始阶段随着反应温度的逐渐增大转化率也逐渐增大。当反应温度为80℃时，转化率达到最大。继续增加温度，转化率基本不变，趋于平缓。主要原因反应起始温度较低，反应速率较慢，适当的提高温度反应速率加快，酯化率有明显的上升。当超过80℃时越来越接近醇的沸点，异戊醇会大量挥发，减少了反应过程中异戊醇的浓度，使反应速率降低，酯化率下降。因此，此反应的最佳反应温度为80℃。

同理得到硬脂酸异丙酯、硬脂酸异丁酯的最佳反应条件，见表5-51。

表5-51　　硬脂酸异基酯最佳反应条件

硬脂酸异基酯	反应温度（℃）	反应时间（min）	催化剂用量（%）	醇酸摩尔比	转化率（%）
硬脂酸异丙酯	85	240	8	4∶1	97.71
硬脂酸异丁酯	95	120	6	10∶1	98.11
硬脂酸异戊酯	80	30	6	5∶1	97.98

（5）硬脂酸异戊酯正交实验

在进行单因素试验基础上，进行了反应时间、反应温度、催化剂用量、醇酸摩尔比的四因素三水平正交实验。正交实验因素与水平见表5-52，正交实验结果与分析见表5-53。

表5-52　　正交实验因素与水平

水平	A反应温度（℃）	B醇酸摩尔比	C催化剂用量	D反应时间（min）
1	70	3∶1	5	20
2	80	5∶1	6	30
3	90	7∶1	7	40

表5-53　　正交实验结果与分析

实验序列号	*A*	*B*	*C*	*D*	Y	Y^2（min）
1	1	1	1	1	87.11	7588.15
2	1	2	2	2	92.54	8563.65
3	1	3	3	3	97.09	9426.47
4	2	1	2	3	89.76	8056.86
5	2	2	3	1	91.86	8438.26
6	2	3	1	2	96.71	9352.82
7	3	1	3	2	92.86	8622.98
8	3	2	1	3	94.75	8977.56
9	3	3	2	1	91.33	8341.17
K_1	276.74	269.73	278.57	270.30		
K_2	278.33	279.15	273.63	282.11		
K_3	278.94	285.13	281.81	281.60		
k_1	92.25	89.91	92.86	90.10	—	
k_2	92.78	93.05	91.21	94.04		
k_3	92.98	95.04	93.94	93.87		
R	1.59	15.4	3.24	11.3		

对表中极差R分析，可以确定影响反应的四个因素的主次顺序$B>D>C>A$。由试验结果可知，醇酸摩尔比是影响该反应的主要因素，其次是反应时间和催化剂用量，最后是反应温度。优化最佳组合为$B_3D_2C_3A_3$，即醇酸摩尔比为 7∶1，反应时间为 30min，催化剂用量 7%，反应温度为 90℃。按此条件的实验在 9 次正交实验结果中没有出现，进行验证实验，得到转化率为 98.34%，大于正交实验中的 97.11%。

6. 硬脂酸异基酯的低温流动性能

对硬脂酸异丙酯、硬脂酸异丁酯、硬脂酸异戊酯的凝点（SP），冷滤点（CFPP）及运动黏度进行检测，见表 5-54，随着碳链的增长，硬脂酸类酯的凝点和冷滤点逐渐下降。

表 5-54　硬脂酸异基酯低温流动性能

硬脂酸异基酯	凝点（℃）	冷滤点（℃）	运动黏度（mm^2/s，40℃）
硬脂酸异丙酯	21	26	7.15
硬脂酸异丁酯	16	20	5.55
硬脂酸异戊酯	9	14	3.55

5.4.3 棕榈酸异基酯的催化制备及低温流动性能分析

1. 正丁基三乙胺硫酸氢盐离子液体催化制备棕榈酸异戊酯

采用正丁基三乙胺硫酸氢盐离子液体催化制备棕榈酸异戊酯，正丁基三乙胺硫酸氢盐离子液体制备方法如 5.4.1.3.1 节所述，制备过程如图 5-64 所示。向 250mL 三口圆底烧瓶中按一定摩尔比例加入棕榈酸，异戊醇和正丁基三乙胺硫酸氢盐离子液体催化剂；将反应混合物在恒温水浴中加热一定时间，升温到设定的温度后进行回流。反应结束后，反应产物用超纯水多次洗涤，然后将产物放入旋转蒸发仪中进行减压蒸馏，蒸馏出未反应的异戊醇进行回收，把反应产物放进真空干燥箱里干燥数小时，得到纯净干燥的反应产物就是棕榈酸异戊酯。称重后，计算产物的产率。酯化催化合成棕榈酸异戊酯的单因素实验分析得出较为适宜的反应条件为：反应时间 60 min，反应温度 90℃，催化剂用量 6%，醇酸摩尔比 20∶1。

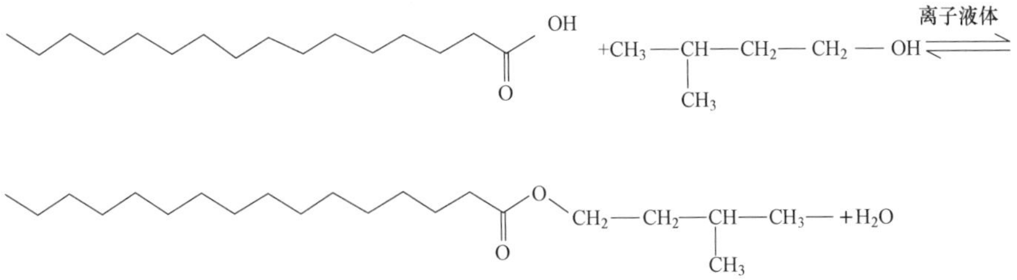

图 5-64　棕榈酸异戊酯合成分子式

2. 棕榈酸异戊酯单因素实验

(1) 醇酸摩尔比对转化率的影响

该酯化反应可逆，作为反应物的异戊醇过量可加快其反应速率，影响转化率。在反应温度 70℃，反应时间 90min，催化剂用量 5%的条件下，醇酸摩尔比对酯化反应产率的影响如图 5-65 所示。酯化反应的转化率随醇酸摩尔比的增加而增大，在醇酸摩尔比为 10：1 时，转化率达到最大。当醇酸摩尔比高于 10：1 时，随着醇酸摩尔比的增大，酯化转化率反而降低。主要原因是酯化反应为可逆反应，在增加醇酸摩尔比时增大了反应物的浓度，促使反应向正方向进行，转化率增大，但过度增加异戊醇用量时，反应物棕榈酸浓度在一定程度上被稀释，影响整个酯化反应向正方向进行，致转化率有下降的趋势。因此，醇酸摩尔比为 10：1 较好。

（2）反应时间对酯化转化率的影响

在反应温度 60℃，醇酸摩尔比 10：1，催化剂用量 6%的条件下，反应时间对酯化转化率的影响如图 5-66 所示。随之反应时间的延长，酯化转化率逐渐增大，当反应时间达到 60min 时，酯化转化率达到最大，再延长反应时间酯化转化率反而有减小的趋势。这主要是因为随着反应时间的延长，产物的浓度逐渐提高，抑制反应正方向进行，反应速率减慢；同时随反应时间的延长，产物伴随其他副反应发生，导致酯化转化率有一定的减小趋势。因此，反应时间 60min 较好。

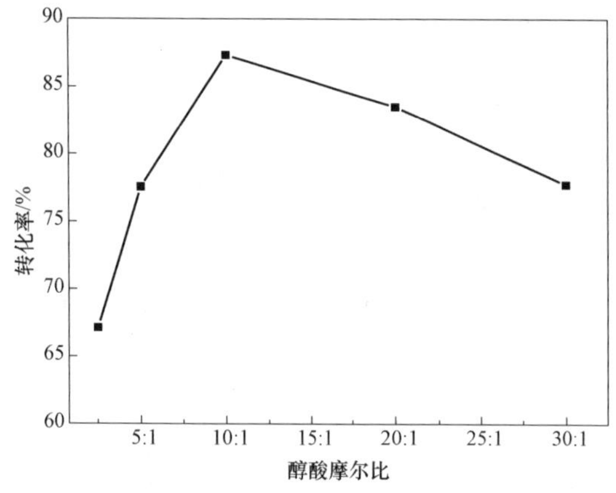

图 5-65　反应物配比对酯化转化率的影响

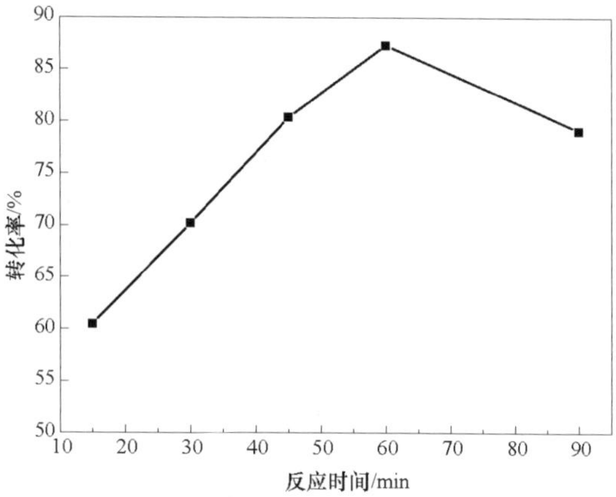

图 5-66　反应时间对酯化转化率的影响

（3）反应温度对酯化转化率的影响

在醇酸摩尔比 10：1，反应时间 60min，催化剂用量 6%的条件下，不同反应温度对酯化转化率的影响如图 5-67 所示。酯化转化率随反应温度的升高而增大，90℃时，转化率达到最大，反应温度超过 90℃后，酯化转化率趋于平缓且有下降的趋势。这是因为在温度较高时，离子液体活性降低，使酯化反应速率降低，同时在较高温度下产物会发生其他副反应。因此，反应温度 90℃较好。

（4）催化剂用量对酯化转化率的影响

在醇酸摩尔比 10：1，反应温度 90℃，反应时间 60min 条件下，催化剂用量对酯化转化率的影响如图 5-68 所示。随着催化剂用量的增加，酯化反应的转化率逐渐增大，但当催化剂用量超过 6%后，酯化转化率有所下降。利用离子液体的极型可调的特点增强离子液体、异戊醇和棕榈酸的互溶度，可使酯化反应加强，提高酯化转化率。但催化剂用量过多，酯化转化率有下降的趋势，且使后续处理过程复杂，对环境也有一定的污染。因此，催化剂用量为 6%较好。

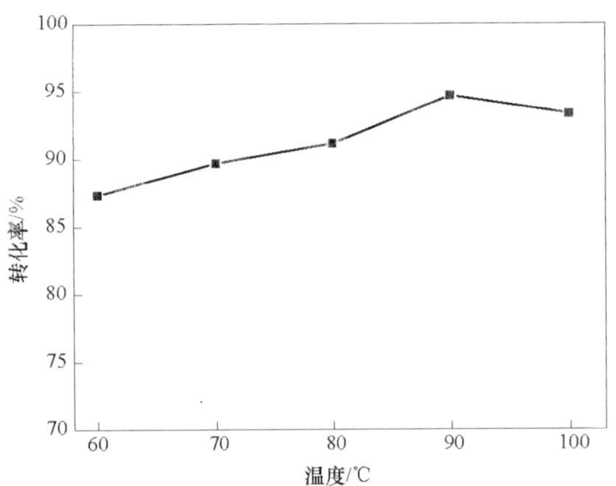

图 5-67　反应温度对酯化转化率的影响

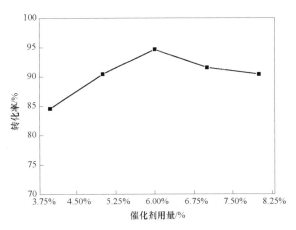

图 5-68　催化剂用量对酯化转化率的影响

（5）正交实验

根据单因素实验结果，对醇酸摩尔比、反应时间、反应温度、催化剂用量进行四因素三水平正交试验，正交试验因素与水平见表 5-55，正交试验结果与分析见表 5-56。

表 5-55　　正交试验因素水平

水平	*A* 反应温度（℃）	*B* 醇酸摩尔比	*C* 催化剂用量（%）	*D* 反应时间（min）
1	80	5∶1	5	45
2	90	10∶1	6	60
3	100	20∶1	7	90

表 5-56　　正交试验分析计算表

试验号	*A* 反应温度（℃）	*B* 醇酸摩尔比	*C* 催化剂用量（%）	*D* 反应时间（min）	Y（%）	Y^2
1	1	1	1	1	74.56	5559.19
2	1	2	2	2	91.13	8304.68
3	1	3	3	3	83.07	6900.62
4	2	1	2	3	86.82	7537.71
5	2	2	3	1	84.39	7121.67
6	2	3	1	2	86.02	7399.44
7	3	1	3	2	81.44	6632.47
8	3	2	1	3	77.52	6009.35
9	3	3	2	1	85.39	7291.45
K1	248.76	242.82	238.10	244.34	—	
K2	257.23	253.04	236.34	258.59		
K3	244.35	254.48	248.90	247.41		
k1	82.92	80.94	79.37	81.45		
k2	85.74	84.35	87.78	86.20		
k3	81.45	84.83	82.97	82.47		
R	8.47	11.66	10.8	3.07		
最优化	A_2	B_3	C_2	D_2		

由表 5－56 分析极差 R 的大小，可确定其主次顺序：$B>C>A>D$，由此可知，醇酸摩尔比是影响酯化产率的主演因素，其次是催化剂用量和反应温度，最后是反应时间。优化最佳水平组合为 $A_2B_3C_2D_2$，即反应温度 90℃，反应时间 60min，醇酸摩尔比 20∶1，催化剂用量为 6％。按此条件的实验在正交试验表的实验中没有出现，通过实验分析，得到酯化产率为 95.35％，大于正交试验结果中的最大值 91.13％。

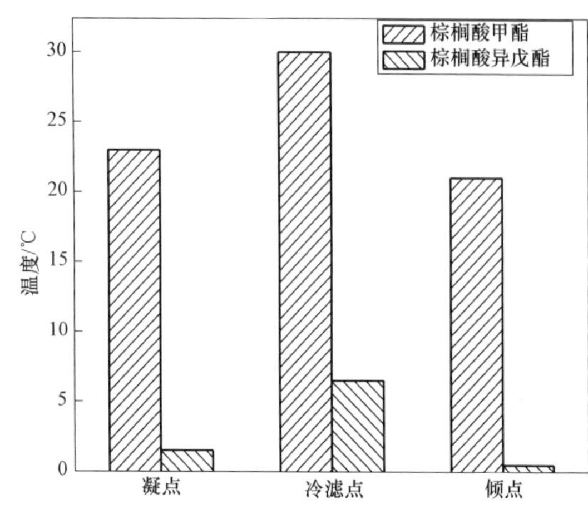

图 5－69　棕榈酸甲酯和棕榈酸异戊酯的低温流动性能参数对比

3. 棕榈酸异戊酯的低温流动性能

棕榈酸异戊酯在 40℃时的运动黏度为 5.36mm^2/s，我国生物柴油国家标准运动黏度（40℃）是 1.9～6.0 mm^2/s，其运动黏度符合国家标准。但其低温性能较差，棕榈酸异戊酯凝点为 1.5℃，冷滤点为 6.5℃，倾点为 0.5℃。图 5－69 对棕榈酸甲酯和棕榈酸异戊酯的低温流动性能参数进行对比。

棕榈酸甲酯的凝点、冷滤点、倾点分别为 23、30、21℃；棕榈酸异戊酯的凝点、冷滤点、倾点分别为 1.5、6.5、0.5℃。改变酯基结构后，棕榈酸异戊酯的凝点比棕榈酸甲酯的凝点降低了 21.5℃，冷滤点降低了 23.5℃，倾点降低了 20.5℃。从而得到通过改变生物柴油的酯基结构可以较大程度上优化其低温流动性能，为低温流动性能的优化提供数据基础。

5.5　生物柴油降凝剂降凝机理探讨

关于生物柴油降凝剂的降凝机理，目前还没有统一的说法。传统理论方面，含蜡油之所以在低温下失去流动性，是由于在低温下形成针状或片状结晶并相互联结，形成三维的网状结构，同时将低熔点的油通过吸附或溶剂化包于其中，致使整个油品失去流动性。当油品含有降凝剂时，降凝剂分子在蜡表面吸附或共晶，对蜡晶的生长方向及形状产生作用。降凝剂不能改变油品的浊点和析出蜡的数量，致使石蜡晶体的外形与大小起了变化，降凝剂能与存在于油品中的蜡质发生共结晶，改变蜡的结晶模式。且因蜡晶体被降凝剂主链分隔，产生立体位阻作用，蜡晶体就不再能够形成可阻碍流动的三维结构了，从而达到改善油料低温流动性能、降低凝固点的作用。目前，降凝剂的作用机理主要有：晶核作用理论、吸附理论、共晶理论和增溶理论。

晶核作用理论：降凝剂在高于析蜡温度的条件下结晶析出，起晶核作用并且成为蜡晶发育的中心，能使生物柴油中的小蜡晶增多，不易产生大的蜡团。

吸附理论：降凝剂吸附在蜡晶的周围，阻止生物柴油中进一步析出的蜡晶结合，破坏蜡晶与蜡晶的连接而形成三维网状凝胶结构，从而改善生物柴油的低温流动性能。

共晶理论：蜡晶的生长过程中，降凝剂分子有与石蜡分子相同的和不同的结构部分，相同的部分为链烃（非极性基团），能与石蜡共晶，不同的部分（极性基团）起到阻碍蜡晶进一步长大的目的。当降凝剂分子中的碳链与蜡中碳链长度相等时，降凝效果最好。

增溶理论：降凝剂的侧链和生物柴油中的石蜡相互作用而形成一个络合体，这样提高了石蜡在低分子质量馏分中的溶解度。

Holder等从热力学方面进行研究，并用低温显微镜进行了观察，指出降凝剂能使蜡的结晶形态变为各向同性。低温下VISCOPLEX（一种降凝剂商品名）降凝剂改变蜡结晶的机理如下：在没有加入降凝剂时，油中的蜡开始成长，逐渐形成三维网状而失去流动性；加入降凝剂后，油中的石蜡与降凝剂产生共晶作用，改变了蜡单独产生共晶作用，改变了蜡单独结晶成长，从而导致较小且较不规则的结构，无凝胶态的蜡结构可以继续流动。

石蜡晶体成长与低温流动性的关系。不含降凝剂的基础油中的蜡是呈20～150μm直径的针状结晶，如果加入降凝剂，蜡的结晶会变小，蜡的形态也会发生变化。如在加有烷基萘降凝剂的油品中，有10～15μm直径的少量带分枝星形结晶；而加了PMA的油品中，则有10～20μm直径的许多分枝的针状或星形结晶。某些高分子聚合物在低温下具有抑制蜡结晶结构生成的能力。结晶的分枝随降凝剂的浓度增加而变多。这是因为，在蜡表面存在的降凝剂对结晶生长的方向起支配作用，使其不形成牢固的三维网状构造。

油品的凝固方式分为黏温凝固和构造凝固。黏温凝固是在温度不断降低的情况下，油品黏度逐渐增大，流动性变差，直至整体不能流动时，可以认为其达到凝固状态。构造凝固多采用结晶学原理来解释，认为油品凝固主要是油品中的蜡在低温条件下结晶析出，形成针状或片状结晶并相互联结，构成三维空间网状结构，将油通过吸附或溶剂化包于其中，致使整个油品失去流动性。环烷基基础油的蜡含量很低，其凝固方式主要是黏温凝固，而石蜡基基础油的凝固方式主要是构造凝固。

胡合贵提出了抑制蜡晶中三维网状结构生成的一共晶理论，认为降凝剂的作用机理取决于降凝剂的种类。化学降凝剂一般由长链烃和极性基团组成，若其长链烃与生物柴油中石蜡的正构烷烃碳数分布最集中的链相近，则在生物柴油冷却重结晶过程中，降凝剂与生物柴油中的蜡同时析出共晶，或被吸附在蜡晶表面；个别的没有吸附降凝剂的蜡晶表面或其棱角，成为结晶中心使蜡晶很快成长起来；当新生成的蜡晶又被降凝剂包围时，在它的棱角处又会重新长出新的蜡晶。结晶过程就是按照这种链锁方式进行的，外形呈多枝状的单晶晶体的连生体，形成树枝状结晶，从而降低原油的凝点、黏度等流变参数，改善了生物柴油的低温流动性能。

宋绍峥研究高蜡原油降凝剂的发展概况，提出油品失去流动性是由于溶在油中的蜡在温度降低时结晶析出。随着油温的下降，蜡的溶解度逐渐下降，从油中析出的蜡晶相应增多，致使蜡晶相互重叠连接而形成三维空间网络结构，油便失去了流动性。降凝剂的作用是改变蜡晶的尺寸和形状，阻止蜡晶形成三维空间网络结构。但必须指出，降凝剂不能抑制蜡晶的析出，只能改变蜡晶形态，蜡晶形成三维空间网络结构的能力变弱，因而增强了原油的流动性。提出降凝剂降凝机理可能是晶核作用、吸附作用和共晶作用共同作用的结果。

生物柴油的冷冻降凝机理是通过改变脂肪酸甲酯成分的相对含量，降低容易结晶的饱和脂肪酸甲酯含量，来降低生物柴油的凝点和冷滤点温度，达到提高低温流动性能的目的，上述4种理论在一定程度上都能降低饱和酸脂肪酸甲酯的含量，因此，生物柴油降凝剂的降凝机理是上述4种理论共同作用的结果，即通过降凝剂分子表面吸附、共晶、分散作用，改变蜡晶的形状和尺寸，防止蜡晶粒间黏接形成三维网络状结构，从而降低凝点和冷滤点温度，改善生物柴油的低温流动。

参考文献

[1] 陈秀，袁银南，来永斌．生物柴油组成与组分结构对其低温流动性的影响［J］．石油学报（石油加工），2009，25（5）：673-677.

[2] 陈秀，袁银男，来永斌．生物柴油的低温流动特性及其改善［J］．农业工程学报，2010，26（3）：277-280.

[3] 舒俊峰．棕榈油生物柴油低温流动性及氧化安定性研究［D］．淮南：安徽理工大学，2016.

[4] 巫淼鑫，邬国英，韩立峰．食用植物油所制备生物柴油的低温流动性能［J］．石油炼制与化工，2005，36（4）：57-60.

[5] 李法社．小桐子生物柴油制备及其抗氧化耐低温性的实验研究［D］．昆明：昆明理工大学．2010.

[6] GIAKOUMIS，EVANGELOS G．Analysis of 22 vegetable oils' physico-chemical properties and fatty acid composition on a statistical basis，and correlation with the degree of unsaturation［J］．Renewable Energy，2018：126（2018）403-419.

[7] GIAKOUMIS E G，SARAKATSANIS C K. Estimation of biodiesel cetane number，density，kinematic viscosity and heating values from its fatty acid weight composition［J］．Fuel，2018，222：574-585.

[8] 袁银男，陈秀，来永斌，等．生物柴油冷滤点与其化学组成的定量关系［J］．农业工程学报，2013，29（17）：212-219.

[9] 何抗抗，杨超，蔺华林．生物柴油的组成对低温流动性的影响［J］．应用化工，2017，46（6）：1062-1064，1070.

[10] 巫淼鑫，邬国英，宣慧．大豆油生物柴油低温流动性能影响的研究［J］．燃料化学学报，2005，33（6）：698-702.

[11] 梁志松，李法社，包桂蓉．降凝剂对菜籽油生物柴油低温流动性能的优化与评价［J］．中国油脂，2016，41（9）：69-73.

[12] 李法社，王峥，包桂蓉．油酸异丙酯的催化制备与动力学分析及其低温流动性［J］．太阳能学报，2014，35（12）：2535-2540.

[13] 徐娟，李法社，李靖．油酸异丁酯的合成及其对生物柴油降凝效果研究［J］．应用化工，2011，40（4）：582-584.

[14] 李法社，倪梓皓，袁瑞峰．正丁基三乙胺硫酸氢盐离子液体催化制备油酸异丁酯［J］．中国油脂，2015，40（5）：60-64.

[15] 李法社，杜威，包桂蓉．生物柴油低温流动性能的改进研究［J］．昆明理工大学学报（自然科学版），2014（5）：11-15.

[16] 李法社，李明，包桂蓉．生物柴油原料油的理化性能指标分析［J］．中国油脂，2014，39（2）：94-97.

[17] 李一哲，李法社，包桂蓉．小桐子及其油脂的理化特性分析［J］．中国油脂，2013，38（3）：87-89.

[18] 黄东升，吕鹏梅，程玉峰．棕榈油生物柴油的低温流动性能及其改善研究［J］．太阳能学报，2014，35（3）：391-395.

[19] 杜威，包桂蓉，王华．小桐子油生物柴油的低温流动性的改进研究［J］．云南大学学报：自然科学版，2011，33（5）：578-582.

[20] Wang H G，Li F S，Zu E X. Experimental Study on the Quantitative Relationship Between Oxidation Stability and Composition of Biodiesel［J］．Journal of Biobased Materials & Bioenergy，2017，11（3）：216-222.

第6章

生物柴油氧化稳定性能的优化

6.1 生物柴油氧化稳定性能评价方法及指标

生物柴油的主要成分是长链脂肪酸甲酯，而在这些脂肪酸甲酯中，含碳碳双键的不饱和脂肪酸甲酯含量超过一半。如由菜籽油制备的生物柴油中，不饱和脂肪酸甲酯的含量为85.5%，大豆油制备的生物柴油中，不饱和脂肪酸甲酯的含量为93.7%，棕榈油制备的生物柴油，其不饱和脂肪酸含量也达到了54%。在实际储存中，氧、光、金属离子等条件使不饱和脂肪酸极易发生氧化反应生成一次氧化产物－过氧化物。由于过氧化物的不稳定性，其分解会生成二次氧化产物如醇、醛、有机酸、聚合物及沉淀等。这些二次氧化产物将引起臭味，生物柴油分层等现象，进一步带来引擎腐蚀，过滤困难，油路阻塞和引擎功率不稳定等一系列问题。由此可见，氧化不仅会影响油的品质，而且还会影响机动车辆各系统的运转，减少车辆的使用寿命。所以氧化稳定性是生物柴油的重要性质之一。考察生物柴油的氧化稳定性，一方面对生物柴油品质进行客观评价，另一方面对生物柴油抗氧化剂的筛选具有一定的指导意义。

目前国内外已经使用多种技术来测试生物柴油的稳定性。测试方法的类型主要取决于生物柴油稳定性，包括热稳定性，氧化稳定性和储存稳定性。生物柴油的热稳定性一般使用Rancimat法，ASTM D6408-08和TGA / DTA测试；使用改进的Rancimat法，ASTM D4625-04和ASTM D5304-06测试储存稳定性。活性氧化法（AOM），ASTM D7462-11，ASTM D2274，ASTM D3241，EN 14112和ASTM D5483用于测定生物柴油的氧化稳定性。上述的评价方法的详细叙述如下所示。

6.1.1 烘箱法（Schaal试验）

这种方法是指将定量的生物柴油样品（50g或100g）置于干燥的烧杯内，烧杯上盖表面皿后置于63℃±1℃恒温箱内，每隔一段时间感官鉴定其气味或测定达到所规定过氧化值的时间，这个时间就是生物柴油的氧化稳定性。一般感官鉴定误差较大，多用达到所规定的过氧化值的时间为该油脂的稳定性。

谭艳来用烘箱法以叔丁基羟基茴香醚（BHA）、和二叔丁基对苯二酚（TBHQ）、2，6—二叔丁基对甲酚（BHT）为抗氧化剂，分别在30℃和60℃且不通入加压空气的条件下，检测了抗氧化剂添加量分别为0.1‰、0.2‰和0.3‰时的过氧化值变化；结果表明，三种抗氧化剂对棕榈油生产的生物柴油的抗氧化效果为TBHQ>BHT>BHA。

王江薇等采用烘箱法，将样品置于63℃±2℃的培养箱中，定时取样检测样品过氧化值、酸值、硫代巴比妥酸值，考察B5、B10、B20、B100菜籽油生物柴油（RME）、大豆油生物柴油（SME）、棕榈油生物柴油（PME）、废煎炸油生物柴油（FWME）和0号柴油氧化稳定性，考察金属介质对B100生物柴油氧化稳定性的影响。结果表明，4种生物柴油的氧化稳定性依次为FWME>RME>PME>SME。而0号柴油氧化稳定性优于生物柴油；B5、B10、B20生物柴油样品表现出较好的氧化稳定性。但随着样品中生物柴油添加比例的增加，其酸值升高，样品的氧化主要是生物柴油氧化导致的；金属铜对生物柴油和0号柴油的氧化均有催化作用，金属铁的催化作用不明显。

杨湄等人在菜籽油生物柴油（RME）样品中分别添加0.04%、0.08%、0.12%3个不同水平的TBHQ、BHT与BHA等量混合物三种不同的抗氧化剂，置于（63±2)℃的培养箱中，加速其氧化，定时取样检测样品过氧化值、酸值，考察上述三种抗氧化剂的抗氧化效果及其最适添加量。研究表明，对RME而言，不同种类的抗氧化剂有不同的最适添加量；添加量相同时，不同种类的抗氧化剂表现出不同的抗氧化效果，且在不同时期内其抗氧化效果有所差异；0.08%TBHQ对RME的抗氧化效果最好。

烘箱法操作较简单，耗时较短，费用较低，但误差较大，在要求精度不高时多用此方法。

6.1.2 ASTM D6468-08光反射法

对于中间馏分燃料（包括生物柴油）的高温稳定性测定，ASTM D6468-08方法更为突出。样品在开口管中以150℃，空气为介质持续氧化90～180min。在氧化之后，冷却样品并过滤不溶性沉淀物并通过滤纸的光反射法估算。为了进行比较，使用干净的滤纸，在没有样品的情况下进行空白试验。用于该ASTM方法的滤纸的标称孔隙率为11。因此它不能捕获氧化过程中形成的所有沉积物，但是它可以在很宽的粒径范围内区分沉积物。反射率测量的方法可能受到可过滤不溶物颜色的影响，因此可能无法与过滤的材料的质量成功建立关系。因此，该方法的准确性不是100%。此外，该测试方法还有助于研究与燃料热稳定性相关的问题。

6.1.3 馏分测定法

本方法用于评价石油燃料氧化、储存稳定性的标准方法，欧盟BIOSTAB项目组和美国Stavinoha研究组研究证明，馏分测定法同样适合生物柴油氧化、储存稳定性的评价。此方法又分为馏分生物柴油氧化稳定性测定法——ASTM D2274和馏分生物柴油储存稳定性测定法——ASTM D4625两种方法。ASTM D2274原理是：将试样通人氧气，在加热条件下加速氧化，测定氧化生成的不溶聚合物量，结果用总不溶物量（可滤出不溶物量与黏附性不溶物量之和）评价样品氧化稳定性，值越大，氧化稳定性越差。ASTMD4625原理为：模拟实际储存条件，将样品在密闭黑暗的环境下加热至43℃，分别静置0周、4周、8周、12周、18周、24周，取样冷至室温，按ASTM D2274同样方法测定可过滤不溶物和黏附性不溶物，用总不溶物量表征稳定性。

馏分测定法存在耗时较长、过程较为复杂、不易实现自动化等不足，因此主要用于生物柴油氧化稳定性研究，而不适用于生产过程产品质量控制和商品生物柴油质量的检测。

6.1.4 活性氧法（AOM）

该方法是指将20ml生物柴油置于一定体积的试管中（Φ25×200mm），在98.7℃下通干净空气（2.33mL/s），测定不同时间油脂的过氧化值，并以时间-过氧化值作图计算过氧化值达到100meq/kg时的时间，时间愈长表示生物柴油愈稳定。

活性氧法（AOM法）虽然经典，但操作繁杂，耗时长，费用昂贵，不易实现自动化，不易推广使用。同时此方法是在假定过氧化物稳定不分解的条件下进行测定的，生物柴油氧化是一个过氧化物不断生成和分解的动态过程，因此用AOM法测得的结果有一定局限性。

6.1.5 ASTM D3241

ASTM D3241方法是航空燃气轮机燃料高温热氧化稳定性的标准测试方法，该方法使用喷气燃料热氧化测试仪（JFTOT）。该方法可用于评估当液体燃料接触处于特定温度的受热表面时形成的沉积物，测试燃料以固定的流速通过加热器导致降解产物形成并积聚在精密不锈钢上。积累的降解产物的量由椭圆偏振法确定。由于累积的降解产物的尺寸小，该方法是不充分的，并且需要进一步研究以改进该方法的适用性。

6.1.6 Rancimat方法

本方法是1974年瑞士学者Pardum等在AOM法测定油脂氧化稳定性的基础上发明的，是通过强化氧化条件（加热、通空气等）使生物柴油样品氧化生成过氧化物，过氧化物进一步氧化分解成甲酸、乙酸等挥发性产物，用蒸馏水或去离子水吸收这些挥发性物质，通过测定水的电导率变化来判断诱导期，从而评价样品氧化稳定性。诱导期是指水的电导率发生突变时的时间，可通过求曲线斜率的方法求得。此方法是目前生物柴油氧化稳定性评价用得最多的方法。

6.1.7 荧光光度法

梅拉等人研究了一种荧光分光光度法测定大豆生物柴油氧化稳定性。在该研究中，预测的氧化稳定性与Rancimat EN14112参考方法获得的结果一致。该方法的优点是性能快，结果准确；氧化稳定性测定分析仅需要20min，并且使用偏最小二乘法（PLS）分析制备校准模型。与其他方法相比，荧光分光光度法不需要任何样品预处理。此外，荧光分光光度法是一种非破坏性分析技术，能可靠、直接、快速地确定多种特性。

6.1.8 ASTM D5483压差扫描量热法

ASTM D5483方法主要用于测量润滑油的氧化诱导时间（OIT）。如果测试是在等温过程中进行的，则测量OIT，在非等温过程中，测量氧化温度（OT）作为稳定性参数。在这种方法中，OT在动态测量中确定，OIT在等温曲线中获得。

6.2 生物柴油氧化稳定性能影响因素分析

生物柴油及其生产技术的研究，始于20世纪50年代末60年代初，发展于20世纪70年代，20世纪80年代以后迅速发展。1980年美国开始研究用豆油代替柴油作燃料，但普通的豆油和以石油为原料制备的柴油并不相容，而且普通动植物油脂中含有的甘油三酸酯中的甘油燃烧不完全，易结焦，导致普通柴油机不能用动植物油脂作为燃料。位于伊利诺州农业研究服务组织的科学家发现从油料种子（如高含油的大豆）可以提取水压液体，在压力作用下这种液体能传递作用力，可用于汽车、推土机、拖拉机以及用来建造公路和建筑的多数大型装置上，并且以它为燃料的发动机每升燃料所传递的转力矩、功率和公里数均与石油发动机相类似。但是它不能耐低温，并且非常昂贵，后来他们发现油酸含量高的原料更好，比如向日葵、红花和某些大豆的油。1983 年美国科学家 Craham Quick 首先将亚麻籽油的甲酯用于发动机，燃烧了 1000h，并将以可再生的脂肪酸甲酯定义为生物柴油 "Biodiesel"，这就是狭义上所说的生物柴油。1984 年美国和德国等国的科学家研究了采用脂肪酸甲酯或乙酯代替柴油作燃料。

生物柴油是一种可再生燃料，衍生自脂类原料，如植物油和动物脂肪。通过与甲醇的酯交换将三酰基甘油转化为单烷基酯，以产生具有比脂质原料更接近柴油燃料性质的燃料。与其原料油相似之处在于不饱和成分的存在导致其对氧化降解的敏感。从环境角度来看，这种氧化敏感性是有益的，可使燃料生物降解而不污染环境；然而，从燃料质量的角度来看，这成为生物柴油的主要缺点。本章主要讨论存放时间，温度，甲醇含量，转化率，金属含量，0 号柴油的添加对生物柴油氧化稳定性的影响。

6.2.1 存放时间对生物柴油氧化稳定性能影响

当生物柴油需要储存较长时间时，储存时间成为影响氧化稳定性的因素。图 6-1 为生物柴油存放时间对其氧化稳定性的影响，随着存放时间的延长，生物柴油的氧化稳定性能逐渐下降。新制备的精制生物柴油的诱导期时间为 1.05h，存放 4 个月后其诱导期时间变为 0.76h，而粗制生物柴油的诱导期时间为 4.38h，存放 4 个月后其诱导期时间变为 1.63h。这两种样品均是装在白色玻璃容器内密封，在常温下存放。由图可知，存放时间对小桐子生物柴油的氧化稳定性能影响较大，故存放生物柴油时间不宜过长。

MartaSerrano 等对密封遮光存放 6 个月的菜籽油生物柴油（RME）、花生油生物柴油（PME）、棕榈油生物柴油（PMME）、大豆油生物柴油（SBME）的氧化稳定性进行分析，其结果如图 6-2 所示。

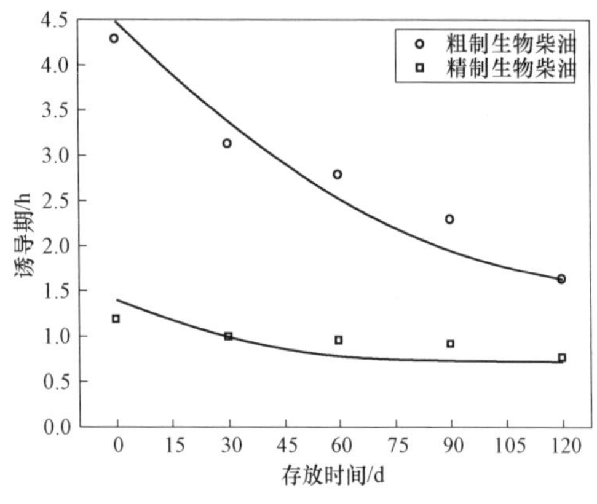

图 6-1 存放时间对生物柴油氧化稳定性能的影响

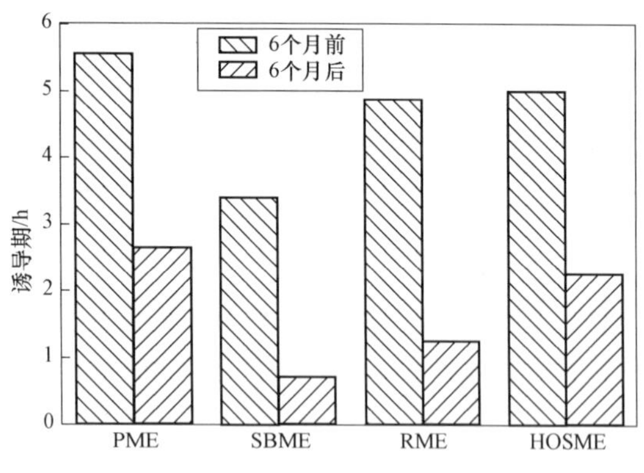

图 6-2 6 个月的存放时间对生物柴油氧化稳定性的影响

大豆油生物柴油（SBME）含有较高的多不饱和脂肪酸酯，因此对长期氧化的耐受性较低。在 6 个月内，诱导期减少了 83%，从 2.9 到 0.48 小时。菜籽油生物柴油（RME）含有的多不饱和脂肪酸酯导致其氧化诱导期从 4.6h 降至 1.1h，降低了 76%。棕榈油生物柴油（PMME）和花生油生物柴油（PME）含有少量的多不饱和脂肪酸酯意味着其更好的长期氧化稳定性。棕榈油生物柴油诱导期从 5.1h 降至 2h，降幅 61%，花生油生物柴油的诱导期从 8.1h 至 6.8h，降幅 16%。

6.2.2 测试温度对生物柴油氧化稳定性能影响

生物柴油的氧化、水解等变质反应均受温度的影响，过高的温度加速其劣变反应速度，导致生物柴油在高温下发生快速氧化，其氧化稳定性明显降低，诱导期大大缩短，图6-3所示为温度对生物柴油氧化稳定性的影响。设定不同的测试温度，在其他条件相同的情况下测试其样品的氧化稳定性，8种生物柴油的氧化诱导期随着温度的升高迅速变短，大豆油生物柴油的变化趋势最明显，从70℃的69.5h到110℃的3.53h；其次是花生油生物柴油，从80℃的59.94h到120℃的2.37h。

随着测试温度的进一步升高（如100～120℃），生物柴油氧化诱导期变化趋于平缓，生物柴油在一定温度下易氧化变质的物质已基本完全氧化变质，再升高温度对生物柴油的氧化影响不大。由此可见，温度对于生物柴油的氧化稳定性是一个重要的影响因素，这主要是因为原料油中的不饱和脂肪酸在温度较高时氧化速度加快，导致其很容易氧化变质，影响了氧化稳定性。

采用同样的方法测定地沟油生物柴油在100、110、120、130℃条件下的氧化诱导期。地沟油生物柴油在不同温度下氧化诱导期分别为：2.04、1.14、0.78、0.54h。具体如图6-4所示。酸败的速度随着温度升高而加快。这种变化主要是因为热量对自由基起引发剂作用，能够促进自由基游离，加速氧化反应进行，促进过氧化物产生。地沟油生物柴油中，油酸甲酯（单个双键）和亚油酸甲酯（两个双键）含量均较高。

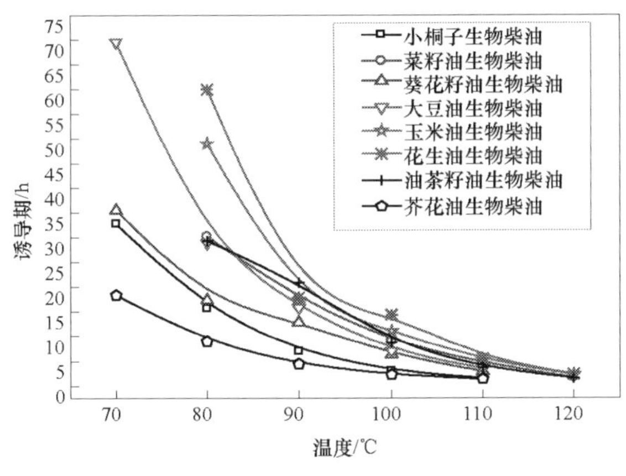

图6-3 测试温度对生物柴油氧化稳定性能的影响

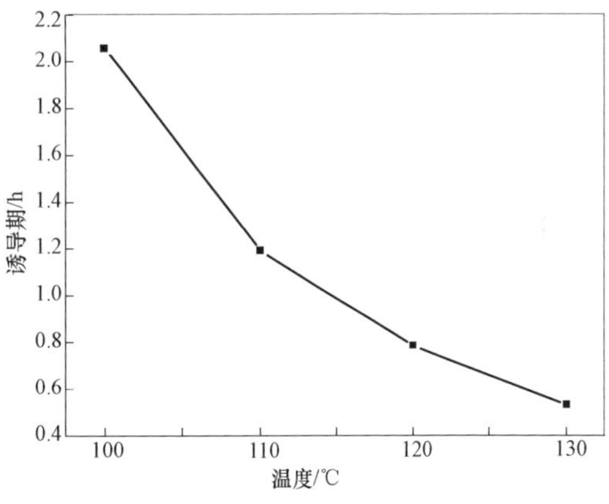

图6-4 测试温度对地沟油生物柴油氧化稳定性能的影响

由以上发现可知，生物柴油氧化诱导时间随氧化温度呈指数下降，温度每升高10℃，酸败速度就会加快约1倍。由此可见环境温度对生物柴油氧化变质起着显著影响，在生物柴油储存过程要严格控制环境温度。

6.2.3 甲醇含量对生物柴油氧化稳定性能影响

原料油与甲醇发生酯化反应生成脂肪酸甲酯（生物柴油），因为此反应是可逆反应，为促使反应向正反应进行，加大反应速度，所以通常甲醇是过量的。所得产物中不可避免地含有一定量的甲醇。图6-5为甲醇的含量对生物柴油氧化稳定性能的影响。

生物柴油氧化安定性在甲醇含量0%、0.1%、0.2%、0.3%，0.4%的氧化诱导期分别

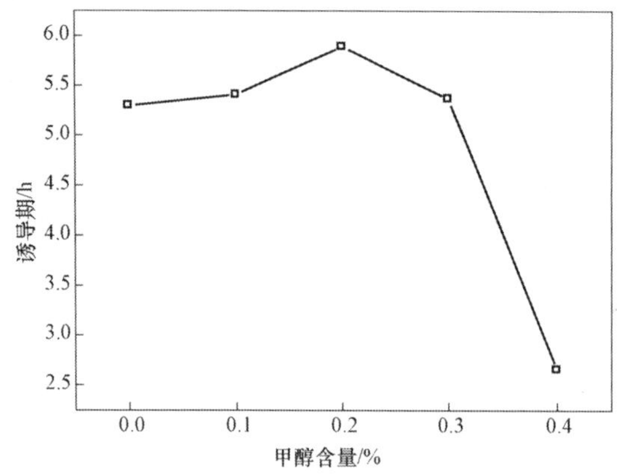

图 6-5 甲醇含量对大豆油生物柴油氧化稳定性的影响

是 5.3、5.41、5.89、5.37、2.66h，甲醇含量 0～0.2%时，生物柴油氧化诱导期略微上升，其中甲醇含量 0.2%时，生物柴油诱导期达到最大 5.89h，随着甲醇含量的进一步增加，氧化诱导期反而开始下降，在甲醇含量 0.4%时，生物柴油氧化诱导期大大下降，仅为 2.66h。

6.2.4 转化率对生物柴油氧化稳定性能影响

生物柴油的制备过程会残留一定量的原料油。原料油的残留会对生物柴油的氧化稳定性产生一定的影响。生物柴油中原料油含量的大小实际上也是表明酯交换反应转化率的大小，原油含量越大，说明其酯交换转化率越低。图 6-6 为小桐子油转化率对其氧化稳定性的影响，随着小桐子油含量的增加，其生物柴油的氧化稳定性能越好，即酯交换转化率越低，其产物的氧化稳定性能越好，诱导期时间愈长。这是因为小桐子油的氧化稳定性能比其酯化产物的氧化稳定性能好，小桐子油含量高时，其产物的氧化稳定性能自然相应就高。氧化稳定性能高实际上是小桐子油的氧化稳定性能高引起的。但小桐子油含量高说明酯交换转化率较低，产物生物柴油的运动黏度较大，燃烧不完全、使用过程中会有积炭现象产生等一系列问题，影响生物柴油质量。因此，虽然小桐子油含量较高可以提高生物柴油的氧化稳定性能，但是这些会严重影响生物柴油质量，决不能采用这种方法来提高生物柴油的氧化稳定性能，尽可能地使生物柴油中小桐子油的含量降低，即提高小桐子油脂交换转化率，以提高生物柴油的质量。

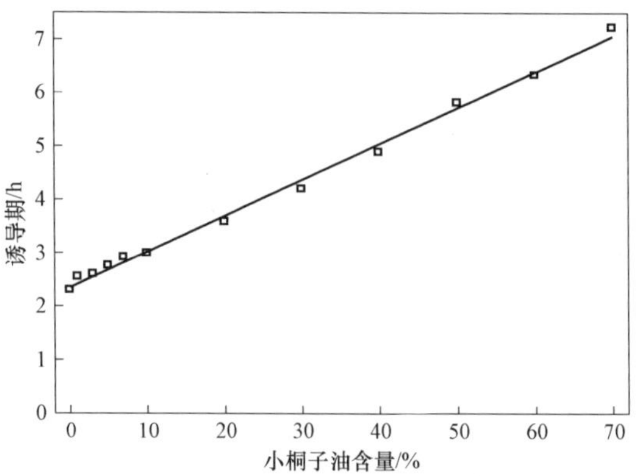

图 6-6 小桐子油转化率对生物柴油氧化稳定性能的影响

6.2.5 金属对生物柴油氧化稳定性能影响

生物柴油在储存、运输和使用过程中不可避免要和金属接触，如铁、铜等。金属铁、铜对生物柴油的氧化稳定性能有一定的影响。据报道，铜是氧化生物柴油的强烈催化剂。Knothe Gerhard 测定了铁、铜、铝等金属及其合金对生物柴油、B20 调和生物柴油的储藏稳定性能的影响，结果表明，这几种金属及其合金的加入在生物柴油中均会形成沉淀，尤其合金会形成严重沉淀。

图 6-7～图 6-9 所示为金属对生物柴油氧化稳定性能的影响，这些金属的存在降低了生物柴油的氧化稳定性。加入金属后，增加了生物柴油中游离基的生成，催化氧化生物柴油，尤其是相对于没有加入金属的生物柴油更明显。随着金属量的增加，生物柴油诱导期

时间大幅度下降，其中以铜最为明显，并且随着铜的加入，生物柴油的颜色变绿，这是因为金属铜溶解在生物柴油中变为铜离子的缘故。因此，生物柴油储存不能使用铜金属容器，与生物柴油接触的阀门、管件等均不能使用铜质的。相对于其他金属，Fe和Co对生物柴油氧化稳定性的影响较小，主要是因为加入铁粉后，铁溶解速度较慢且以低价状态溶入，对生物柴油氧化速率影响不大，随着铁粉的含量再度增加，生物柴油的诱导期又随之降低，主要是因为铁粉的增加，溶解在生物柴油的铁粉越来越多，并且由低价状态转化为高价状态，铁在高价状态下对生物柴油起到氧化促发剂作用，促使了生物柴油氧化，使其氧化稳定性能降低。铁对生物柴油的氧化影响虽不大，但生物柴油储存时间过长，铁粉的含量较高时对生物柴油氧化起到促进作用。

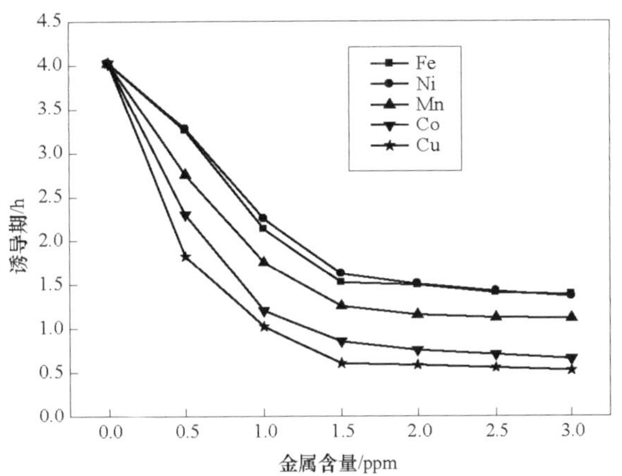

图6-7　金属含量对生物柴油氧化稳定性能的影响

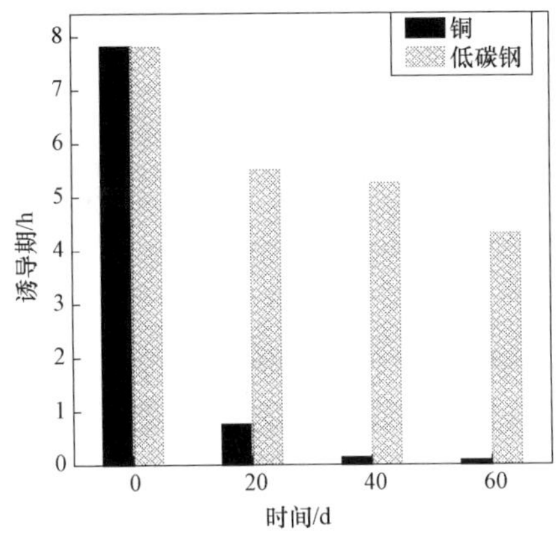

图6-8　金属对棕榈油生物柴油氧化稳定性的影响

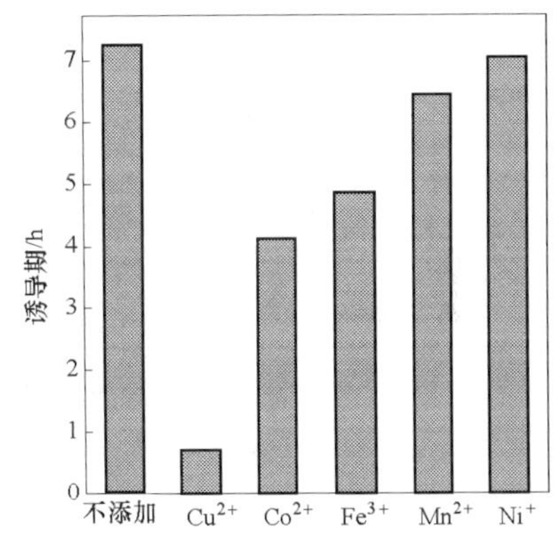

图6-9　金属离子对大豆油生物柴油氧化稳定性的影响

一些研究指出，生物柴油比柴油更具腐蚀性。生物柴油的腐蚀作用主要是由水和游离脂肪酸的存在引起的。生物柴油的化学成分在生物柴油中暴露于金属时会发生变化。此外，生物柴油降解会导致对金属的腐蚀性进一步增强。一些研究人员已经研究了不同材料（如铜、铸铁、含铅青铜和铝、不锈钢）的腐蚀行为。与铝和不锈钢相比，发现铜在生物柴油中更容易腐蚀。图6-10所示为采用扫描电镜（SEM）获取生物柴油对金属铜的腐蚀照片，由于腐蚀侵蚀或氧化化合物的分解，在生物柴油暴露的金属表面上明显的几个凹坑。进

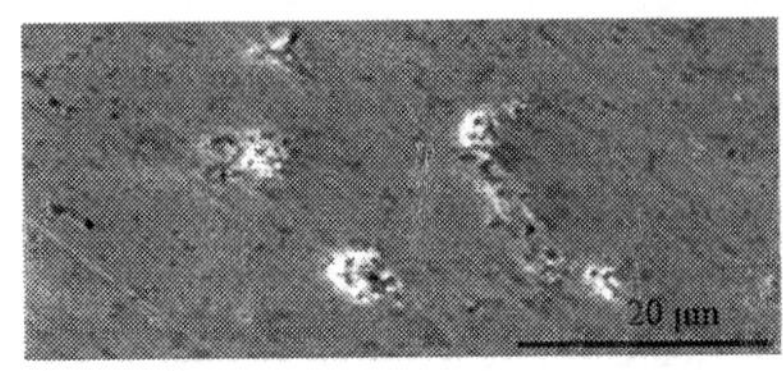

图6-10　在暴露于小桐子生物柴油60天后，铜片的SEM图片

一步验证了生物柴油和金属之间的腐蚀作用。

6.2.6 0号柴油添加量对生物柴油氧化稳定性能影响

生物柴油的动力性能与0号石化柴油相当，但热值略低于0号石化柴油，此外生物柴油的物化性能较差，并且对橡胶密封圈具有一定的溶胀作用，为了解决生物柴油的这些不足，目前多采用生物柴油与0号石化柴油按一定比例混合使用，如B5、B10、B20等不同混合比例。生物柴油随着0号柴油加入量的增大，其氧化稳定性能随之增大，图6-11给出了0号柴油的添加量对生物柴油氧化稳定性的影响。分析可知，起初随0号柴油加入量的增加，生物柴油的氧化稳定性能增加缓慢，增幅不大，但0号柴油含量较高时，随0号柴油加入量的再度增大，其氧化稳定性能增幅变大。

0号石化柴油是由中国石化公司提供，批号不同，对生物柴油的氧化稳定性能测试结果也不同。两个不同批号的0号柴油，在小桐子生物柴油中加入相同量的0号石化柴油情况下，测试的诱导期时间不同，其结果如图6-12所示。这主要是因为批号不同的0号柴油成分含量有所不同，加入的石化柴油的抗氧化剂量也不同的缘故。

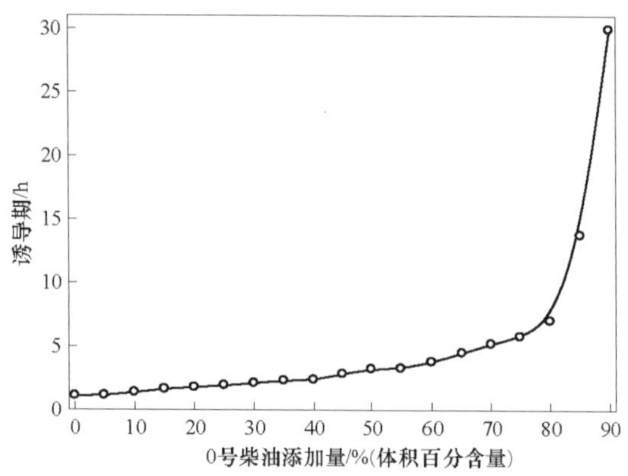

图6-11 0号柴油添加量对生物柴油氧化稳定性能的影响

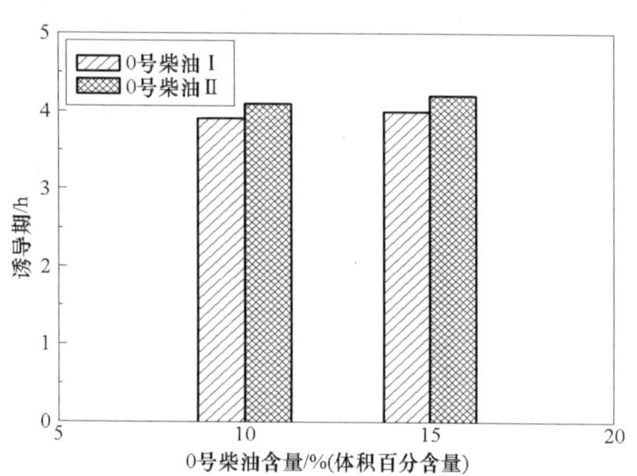

图6-12 不同0号柴油对生物柴油氧化稳定性能的影响

6.2.7 成分组成对生物柴油氧化稳定性能影响

生物柴油是长链饱和脂肪酸酯和不饱和脂肪酸酯的混合物，生物柴油对氧化的敏感性是由于其不饱和脂肪酸的含量。不饱和脂肪酸中碳碳双键的存在导致生物柴油与氧气的高反应活性，使其更容易氧化。例如，海甘蓝油的主要成分是芥酸（56%），含有22个碳原子，一个双键。大豆油含有54%的亚油酸和24%的油酸，这种差异使得海甘蓝生物柴油比大豆油生物柴油更加稳定。此外，在有关热氧化起始温度的研究中，地沟油生物柴油的降解过程在较低温度内开始并完成，其原因是地沟油生物柴油含有较高百分比的多不饱和脂肪酸酯（44.41%）。椰子油生物柴油含有较低的不饱和脂肪酸酯（10.9%），表现出较好的稳定性，诱导期为28.94h。小桐子生物柴油含有78.9%的不饱和脂肪酸酯，其诱导期3.37h。Moser利用Rancimat方法（EN 14112）和PDSC法比较脂肪酸烷基酯的氧化稳定性。这两种方法都阐明了脂肪酸甲酯的氧化稳定性随着双键数量的减少，不饱和度的减少而增加。

多不饱和脂肪酸比单不饱和脂肪酸更容易氧化，因为与单不饱和酸相比，它们的链含有更多的反应性双烯丙基位点。双烯丙基质子对氧自由基攻击非常敏感，随后分子经历氧化，导致极性氧化合物的形成。因此，具有较高含量的亚油酸酯和亚麻酸酯的生物柴油，例如大豆油生物柴油，葵花籽油生物柴油，表现出较差的氧化稳定性。

本节评估了生物柴油的组分对氧化稳定性的影响。不同生物柴油的氧化稳定性及其脂肪酸酯组成如图6-13所示。结果表明，含有52.7%的亚麻酸酯的亚麻籽油生物柴油的诱导期为2.2h，这意味着较差的氧化稳定性。同样，大豆油生物柴油含有30%的油酸甲酯，55%的亚油酸甲酯和8%的亚麻酸甲酯，橄榄油生物柴油约含有75%单不饱和脂肪酸甲酯，10%亚油酸甲酯和少量亚麻酸甲酯。两种生物柴油的脂肪酸酯的组成差异导致大豆油生物柴油比橄榄油生物柴油更加不稳定，极易被氧化。同样，含有90.84%不饱和脂肪酸酯的玉米油生物柴油也表现出较差的稳定性。

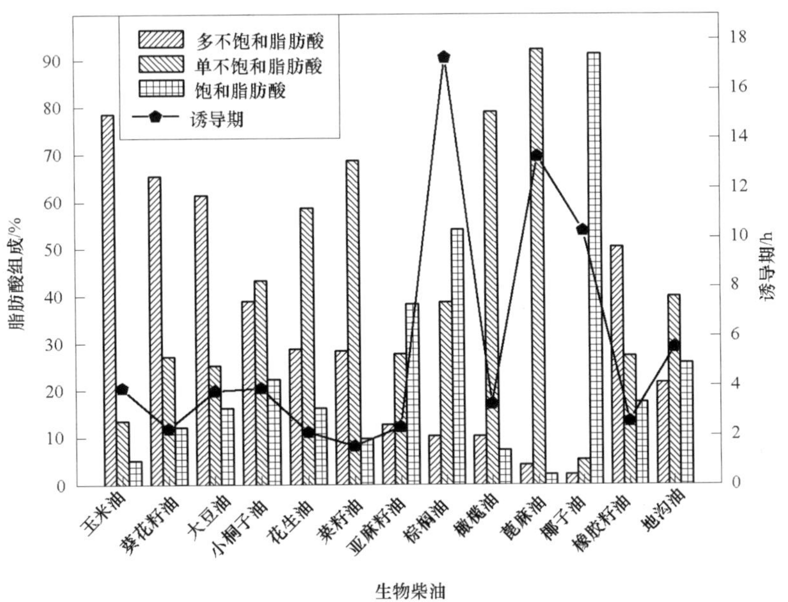

图6-13 生物柴油的组分对其氧化稳定性的影响

6.2.8 生物柴油常温氧化稳定性能

不饱和脂肪酸甲酯的氧化会带来臭味、生物柴油分层、引擎腐蚀、生物柴油难以过滤、油路阻塞、引擎功率不稳定等一系列问题，不仅会影响生物柴油的品质，而且还会影响机动车辆各系统的正常运转，减少使用寿命。因此，测定生物柴油的常温氧化诱导期对生物柴油的贮存及使用具有重要意义。

1. 生物柴油常温诱导期的预测模型的建立

如果用Rancimat 873型生物柴油氧化安定性测试仪直接测定生物柴油的常温氧化诱导期是不可行的，首先是测试仪器的时间设定范围有限，其次是时间太长且实际操作很烦琐。因此，需要对生物柴油常温氧化诱导期的测定建立一个可靠、实用、精准的预测模型。由图2可以看出氧化诱导期与温度的关系：随着温度的升高，生物柴油氧化诱导期迅速降低，都是呈下降趋势的平滑曲线。由此对5个温度下不同的氧化诱导期进行线性回归拟合。

6.2.2讨论了8种生物柴油在不同温度下的氧化诱导期，根据图6-3可以看出诱导期与温度的关系：随着温度的升高，生物柴油诱导期迅速降低；都是呈下降趋势的平滑曲线。由此对五个温度下不同的诱导期进行线性回归拟合，由拟合直线即可得出目标温度下的氧化诱导期。

下面以大豆油生物柴油（SBME）为例来研究常温氧化稳定性的预测模型；对大豆油生物柴油在110、100、90、80、70℃五个温度下的诱导期进行线性回归拟合，得出温度与诱导期之间的线性回归方程为

$$T=\frac{\ln t}{B}-\frac{\ln A}{B} \tag{6-1}$$

式中：T 为温度，℃；t 为诱导期，h；A、B 为指数公式系数。

由式（6-1）进行数学变形可得计算目标温度下的诱导期，计算公式如下：

$$t=A\times e^{B\times T} \tag{6-2}$$

式中：t 为目标温度下的诱导期，h；A、B 为指数公式系数；T 为目标温度，℃。

2. 生物柴油常温氧化稳定性的确立

由拟合直线可得计算系数、相关性系数，再由式（6-2）计算8种生物柴油常温（20℃）下的氧化诱导期，结果见表6-1。

表6-1　　8种生物柴油的常温氧化诱导期

生物柴油	系数 A	系数 B	标准因子	诱导期（h）	相关系数 R^2
JME	2371.031 0	−0.066 0	1.585	635	0.985 2
RME	10 979.666 3	−0.072 1	2.056	2598	0.983 7
SSME	2432.533 7	−0.060 2	1.825	730	0.982 7
SBME	8932.795 4	−0.071 2	2.038	2151	0.997 2
MME	9638.993 8	−0.069 0	1.994	2425	0.983 0
PME	23 922.114 3	−0.076 4	2.146	5192	0.971 5
COSME	15 890.346 6	−0.096 1	2.140	2330	0.981 4
CME	1752.163 1	−0.065 8	1.931	470	0.995 7

标准因子由回归直线得到，表示温度每变化10℃时间的变化量，该值可用于计算标准时间。由表6-1可知，该预测模型较为准确，相关性系数 R^2 为0.971 5～0.997 2。所以应用该模型预测生物柴油在常温下的氧化诱导期是合理且精确的。8种生物柴油在常温（20℃）时的氧化诱导期长短顺序如下：花生油生物柴油＞菜籽油生物柴油＞玉米油生物柴油＞油茶籽油生物柴油＞大豆油生物柴油＞葵花籽油生物柴油＞小桐子生物柴油＞芥花油生物柴油。常温下各生物柴油的氧化诱导期同样具有较大差异。常温氧化诱导期最短的为芥花油生物柴油，仅为470h。常温氧化诱导期最长的为花生油生物柴油，达到了5192h。

6.3 添加抗氧化剂法优化生物柴油氧化稳定性能

大多数动植物甘油酯是由 C_{16}～C_{18} 的长链脂肪酸基团通过与甘油骨架相连而成。为了避免由这些原料制备的生物柴油在低温下出现冻结现象，其不饱和脂肪酸甲酯的质量分数必须控制在80%～90%，但是不饱和脂肪酸甲酯的氧化速率是饱和脂肪酸甲酯的2倍。所以，加强不饱和脂肪酸甲酯抗氧化稳定性是保证生物柴油质量的关键。添加抗氧化剂是一种最可行的方式，该方法不需增加或设计特殊的装置。

本章从一个更广泛的角度，全面具体分析了多种抗氧化剂对不同种类的生物柴油的氧化稳定性以及其他性能的影响，总结了不同抗氧化剂对不同类型生物柴油的适用性。

6.3.1 常用抗氧化剂的性质

生物柴油具有可再生性，属于环境友好型清洁新能源，因此，生物柴油具有很大的发展潜力。但生物柴油在储存和使用过程中容易受外界影响而发生氧化变质，所以，提高生物柴油的氧化稳定性是生物柴油研究开发过程中必须要面对和解决的问题之一。研究表明，添加抗氧化剂是一种提高生物柴油抗氧化效果切实可行的方法。常规抗氧化剂具有良好的抗氧化效果，表6-2为10种常用抗氧化剂的性质，包括天然抗氧化剂维生素C（V_C）和维生素E（V_E），以及合成抗氧化叔丁基羟基茴香醚（BHA）、2，6－二叔丁基对甲酚（BHT）、没食子酸丙酯（PG）、二叔丁基对苯二酚（TBHQ）、没食子酸（GAM）、没食子酸甲酯（MT）、没食子酸辛酯（OG）、L－抗坏血酸棕榈酸酯（AP）等。各种抗氧化剂的分子结构式如图6-14所示。这些抗氧化剂里只有生育酚是黏稠状液体，其他均是固体粉状或晶状物质。

表6-2　常用抗氧化剂

名称	简称	分子式	分子量	规格	生产厂家
Alpha－维生素E（生育酚）	V_E	$C_{29}H_{50}O_2$	430.71	分析纯	梯希爱化成工业发展有限公司
抗坏血酸	V_C	$C_6H_8O_6$	176.13	分析纯	上海试四赫维化工有限公司
没食子酸	GAM	$C_7H_6O_5 \cdot H_2O$	188.13	分析纯	国药集团化学试剂有限公司
L－抗坏血酸棕榈酸酯	AP	$C_{22}H_{38}O_7$	414.53	分析纯	东京化成工业株式会社
没食子酸甲酯	MT	$C_8H_8O_5$	184.15	分析纯	Belgium
没食子酸丙酯（棓丙酯）	PG	$C_{10}H_{12}O_5$	212.20	分析纯	J&K CHEMICAL LTD.
没食子酸辛酯	OG	$C_{15}H_{22}O_5$	282.33	分析纯	东京化成工业株式会社
2，6－二叔丁基－4－甲基苯酚	BHT	$C_{15}H_{24}O$	220.35	分析纯	Belgium
丁羟基茴香醚	BHA	$C_{11}H_{16}O_2$	180.2	分析纯	Belgium
叔丁基对苯二酚	TBHQ	$C_{10}H_{14}O_2$	166.22	色谱纯	USA

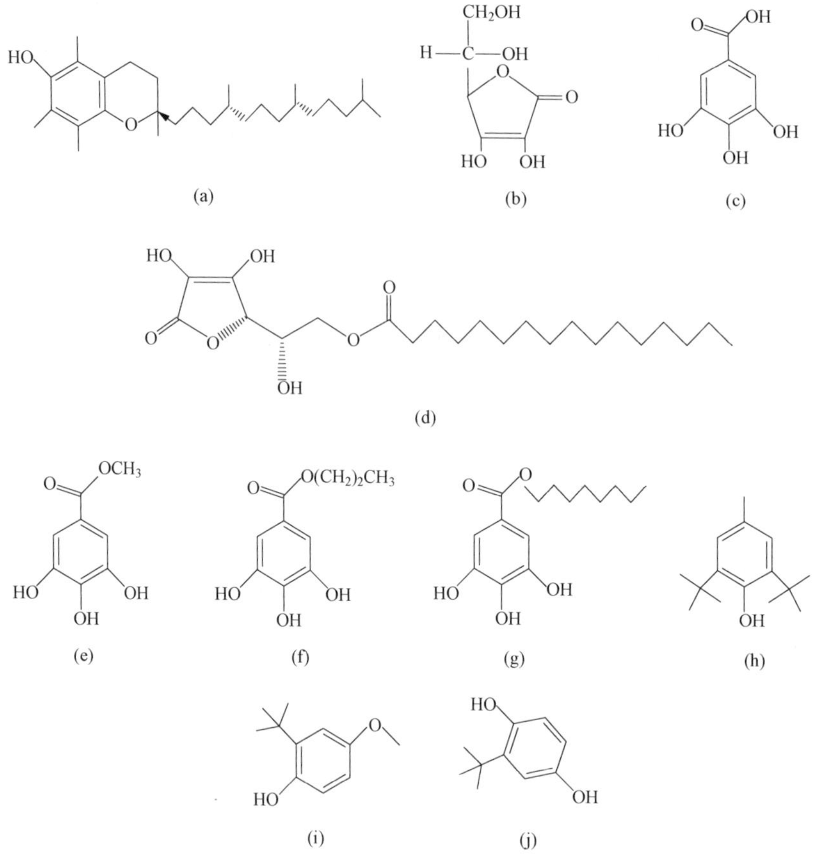

(a) (b) (c)

(d)

(e) (f) (g) (h)

(i) (j)

图 6-14 常用抗氧化剂分子结构式

(a) alpha—维生素 E (V_E)；(b) 抗坏血酸 (V_C)；(c) 没食子酸（五倍子酸，GAM）；
(d) 维生素 C 棕榈酸酯（L-抗坏血酸棕榈酸酯，AP）；(e) 没食子酸甲酯 (MT)；
(f) 没食子酸丙酯 (PG)；(g) 没食子酸辛酯 (OG)；(h) 2，6-二叔丁基-4-甲基苯酚 (BHT)；
(i) 丁羟基茴香醚 (BHA)；(j) 叔丁基对苯二酚 (TBHQ)

6.3.2 抗氧化剂的油溶性能

实际生产中，人们常用易溶、微溶等来定性的描述某种物质的溶解特性，根据《中国药典》规定：极易溶解，系指溶质 1g（mL）能在溶剂不到 1mL 中溶解；易溶，系指溶质 1g（mL）能在溶剂 1～10mL 中溶解；溶解，系指溶质 1g（mL）能在溶剂 10～30mL 中溶解；略溶，系指溶质 1g（mL）能在溶剂 30～100mL 中溶解；微溶，系指溶质 1g（mL）能在溶剂 100～1000mL 中溶解；极微溶解，系指溶质 1g（mL）能在溶剂 1000～10 000mL 中溶解；几乎不溶或不溶，系指溶质 1g（mL）在溶剂 10 000mL 中不能完全溶解。

1. 抗氧化剂在小桐子生物柴油中油溶性能

10 种抗氧化剂在不同的温度下的溶解特性分析结果见表 6-3。由表可知，部分抗氧化剂随温度升高时的溶解特性发生变化，如 TBHQ 在 0℃时属于微溶，而在 40℃时属于易溶；也有部分抗氧化剂随温度变化时溶解特性没有变化，如 GA 在温度 0～40℃变化过程中均属于几乎不溶或不溶，BHA 在温度 0～40℃变化过程中均属于溶解等。

表 6-3　各种抗氧化剂的溶解特性

温度（℃）	0	10	20	30	40
OG	极微溶解	极微溶解	极微溶解	极微溶解	极微溶解
MT	几乎不溶或不溶	几乎不溶或不溶	几乎不溶或不溶	极微溶解	极微溶解
VC	几乎不溶或不溶	几乎不溶或不溶	极微溶解	极微溶解	极微溶解
AP	几乎不溶或不溶	几乎不溶或不溶	几乎不溶或不溶	几乎不溶或不溶	极微溶解
PA	极微溶解	极微溶解	极微溶解	微溶	微溶
D-TBHQ	极微溶解	微溶	微溶	略溶	略溶
PG	极微溶解	极微溶解	极微溶解	极微溶解	微溶
GA	几乎不溶或不溶	几乎不溶或不溶	几乎不溶或不溶	几乎不溶或不溶	几乎不溶或不溶
TBHQ	微溶	微溶	溶解	溶解	易溶
BHA	溶解	溶解	溶解	溶解	溶解

2. 抗氧化剂在橡胶籽油生物柴油中的油溶性能

常规抗氧化剂在橡胶籽油生物柴油中的溶解度和油溶度随温度变化见表 6-4。由表可知，随着温度的升高，抗氧化剂在橡胶籽油生物柴油中溶解度逐渐增大，油溶度逐渐减小，且随温度变化明显。这是因为抗氧化剂溶解于橡胶籽油生物柴油中要吸收一定的热量，当温度升高时，溶解平衡将向着温度升高的方向移动，此外，温度越高，分子热运动越剧烈，分子扩散速度越快，从而加快其溶解速率。例如，在这十种常规抗氧化剂中，抗氧化剂 GA 的油溶度较大，尤其是在温度较低时，随着温度升高，油溶度迅速减小，温度从 0℃升高到 40℃时，油溶度从 500 000mL/g 降低到 41 666.67mL/g，减小 12 倍之多，也说明温度对抗氧化剂 AP 的油溶性能影响较大。即使是抗氧化效果较好、油溶性能稍好点的抗氧化剂 PA 温度对其的影响更大，温度从 0℃ 升高到 40℃ 时，油溶度从 5405.41mL/g 降低到 216.40mL/g，减小近 25 倍之多。故在添加此类抗氧化剂时，提高温度可有效加速其溶解速率，提高抗氧化剂的油溶性能。

表 6-4　常规抗氧化剂在橡胶籽油生物柴油中的溶解度与油溶度随温度变化

抗氧化剂种类	0℃		10℃		20℃		30℃		40℃	
	溶解度(g/100mL)	油溶度(mL/g)	溶解度(g/100mL)	油溶度(mL/g)	溶解度(g/100mL)	油溶度(mL/g)	溶解度(g/100mL)	油溶度(mL/g)	溶解度(g/100mL)	油溶度(mL/g)
BHA	13.523 0	7.39	20.168 0	4.35	30.095 0	3.32	48.185 0	2.08	75.552 0	1.32
TBHQ	0.623 5	160.38	1.513 9	241.78	3.448 9	28.66	6.333 4	15.79	9.140 9	10.94
D-TBHQ	0.029 5	3389.83	0.086 3	689.18	0.228 0	438.60	0.453 6	220.46	0.675 5	148.04
PA	0.018 5	5405.41	0.193 6	2439.02	0.257 8	387.90	0.333 1	300.21	0.462 1	216.40
PG	0.040 4	2475.24	0.051 1	2762.43	0.131 1	762.78	0.191 2	523.01	0.274 4	364.43
OG	0.011 4	8771.93	0.035 3	6493.51	0.059 9	1669.45	0.073 8	1355.01	0.090 0	1111.11

续表

抗氧化剂种类	0℃		10℃		20℃		30℃		40℃	
	溶解度(g/100mL)	油溶度(mL/g)	溶解度(g/100mL)	油溶度(mL/g)	溶解度(g/100mL)	油溶度(mL/g)	溶解度(g/100mL)	油溶度(mL/g)	溶解度(g/100mL)	油溶度(mL/g)
V_C	0.002 5	40 000	0.006 9	12048.19	0.011 4	8771.93	0.018 8	5319.15	0.027 9	3584.23
MT	0.000 9	111 111.11	0.003 0	20 833.33	0.003 5	28 571.43	0.006 4	19 230.77	0.008 0	12 500
AP	0.000 3	333 333.33	0.001 5	47 619.05	0.002 3	43 478.26	0.003 0	33 333.33	0.003 8	26 315.79
GA	0.000 2	500 000	0.000 9	100 000	0.001 2	83 333.33	0.001 9	52 631.58	0.002 4	41 666.67

不同温度下 10 种常规抗氧化剂在橡胶籽油生物柴油中的溶解特性分析结果见表 6-5。由表可知，常温 20℃下常规抗氧化剂没有极易溶解的，易溶的只有抗氧化剂 BHA，溶解的只有抗氧化剂 TBHQ，微溶的有 D-TBHQ、PA 和 PG 抗氧化剂三种，极微溶解的有 OG 和 V_C等两种，几乎不溶或不溶的有抗氧化剂 MT、AP 和 GA 等三种抗氧化剂。这就说明了在常温下 10 种常规抗氧化剂的油溶性能较差，只有抗氧化剂 BHA 的油溶性能较好，尤其是 MT、AP 和 GA 的油溶性能更差，在橡胶籽油生物柴油中几乎不溶，这三种抗氧化剂抗氧化效果即使好但也不适合在生物柴油中应用。随着温度的变化，同种抗氧化剂，其在生物柴油中的油溶性能转好，但溶解特性变化不大，如：抗氧化剂 PA 和 PG 在 20℃之前为极微溶解，20℃之后变为微溶，而抗氧化剂 MT、AP 和 GA 在 0～40℃变化过程中均为几乎不溶或不溶。

表 6-5　不同温度下常规抗氧化剂在橡胶籽油生物柴油的溶解特性

抗氧化剂种类	0℃	10℃	20℃	30℃	40℃
BHA	易溶	易溶	易溶	易溶	易溶
TBHQ	微溶	微溶	溶解	溶解	溶解
D-TBHQ	极微溶解	微溶	微溶	微溶	微溶
PA	极微溶解	极微溶解	微溶	微溶	微溶
PG	极微溶解	极微溶解	微溶	微溶	微溶
OG	极微溶解	极微溶解	极微溶解	极微溶解	极微溶解
V_C	几乎不溶或不溶	几乎不溶或不溶	极微溶解	极微溶解	极微溶解
MT	几乎不溶或不溶	几乎不溶或不溶	几乎不溶或不溶	几乎不溶或不溶	几乎不溶或不溶
AP	几乎不溶或不溶	几乎不溶或不溶	几乎不溶或不溶	几乎不溶或不溶	几乎不溶或不溶
GA	几乎不溶或不溶	几乎不溶或不溶	几乎不溶或不溶	几乎不溶或不溶	几乎不溶或不溶

3. 抗氧化剂在地沟油生物柴油中的油溶性能

在 20℃时，常规抗氧化剂在地沟油生物柴油中的油溶性能测定结果见表 6-6。由表可知，不同种类的抗氧化剂在地沟油生物柴油中的油溶性能差别很大，抗氧化剂 BHA 的油溶性能最好，在地沟油生物柴油的溶解度为 34.6528g/100mL，抗氧化剂 GA 的油溶性能最差，在地沟油生物柴油的溶解度仅为0.0013g/100mL，其余8种抗氧化剂油溶性能介于两者之间，但差别也较大。常规抗氧化剂在地沟油生物柴油中的油溶性能由大到小为：BHA>TBHQ>PA>D-TBHQ>PG>OG>V_C>MT>AP>GA。通过分析抗氧化剂的分子结构，对于油溶性能较好的抗氧化剂，官能团带有的亲水基—OH较少，分子极性较弱，对于油溶性能较差的抗氧化剂，官能团中带有较多的亲水基—OH，分子极性较强，而生物柴油主要是由C_{16}～C_{18}的长链脂肪酸基团通过与甘油骨架相连而成，其分子属于非极性分子，由相似相相溶原理知，分子极性较弱的抗氧化剂油溶性能较好。例如在抗氧化剂GA和MT的分子结构中，其苯环上都带有3个相邻的—OH；而在抗氧化剂BHA的分子结构中，其苯环上只带有1个—OH，抗氧化剂BHA在地沟油生物柴油中的溶解度比抗氧化剂GA和MT的溶解度要大得多。

表6-6　　常规抗氧化剂在地沟油生物柴油中的油溶性能

抗氧化剂	溶解度（g/100mL）	油溶度（mL/g）	抗氧化剂	溶解度（g/100mL）	油溶度（mL/g）
BHA	34.652 8	2.89	OG	0.040 5	2469.14
TBHQ	0.663 6	150.69	V_C	0.012 2	8196.72
PA	0.362 5	275.86	MT	0.009 5	10 526.32
D-TBHQ	0.124 8	801.28	AP	0.003 6	27 777.78
PG	0.098 5	1015.23	GA	0.001 3	76 923.08

常规抗氧化剂在地沟油生物柴油中的溶解度和油溶度随温度变化见表6-7。由表可知，随着温度的升高，抗氧化剂在地沟油生物柴油中溶解度逐渐增大，油溶度逐渐减小，且随温度变化明显。这是因为抗氧化剂溶解于地沟油生物柴油中要吸收一定的热量，当温度升高时，溶解平衡将向着温度升高的方向移动，此外，温度越高，分子热运动越剧烈，分子扩散速度越快，从而加快其溶解速率。例如，在这10种常规抗氧化剂中，抗氧化剂AP的油溶度较大，尤其是在温度较低时，随着温度升高，油溶度迅速减小，温度从0℃升高到40℃时，油溶度从125 000mL/g降低到15 384.62mL/g，减小8倍之多，也说明温度对抗氧化剂AP的油溶性能影响较大。即使是抗氧化效果较好、油溶性能稍好一些的抗氧化剂TBHQ和D-TBHQ温度对其的影响更大，温度从0℃升高到40℃时，油溶度分别从523.01mL/g和5882.35mL/g降低到14.13mL/g和148.24mL/g，减小近40倍之多。故在添加此类抗氧化剂时，提高温度可有效加速其溶解速率，提高抗氧化剂的油溶性能。

表6-7　　常规抗氧化剂在地沟油生物柴油中的溶解度与油溶度随温度变化

抗氧化剂种类	0℃		10℃		20℃		30℃		40℃	
	溶解度 g/100mL	油溶度 mL/g	溶解度 g/100mL	油溶度 mL/g	溶解度 g/100mL	油溶度 mL/g	溶解度 g/100mL	油溶度 mL/g	溶解度 g/100mL	油溶度 mL/g
BHA	11.326 8	8.83	22.985 6	4.35	34.652 8	2.89	47.708 8	2.10	62.564 8	1.60
TBHQ	0.191 2	523.01	0.413 6	241.78	0.663 6	150.69	3.070 2	32.57	7.078 0	14.13
PA	0.020 4	4901.96	0.145 1	689.18	0.362 5	275.86	0.405 2	246.79	0.678 4	147.41

续表

抗氧化剂种类	0℃		10℃		20℃		30℃		40℃	
	溶解度 g/100mL	油溶度 mL/g	溶解度 g/100mL	油溶度 mL/g	溶解度 g/100mL	油溶度 mL/g	溶解度 g/100mL	油溶度 mL/g	溶解度 g/100mL	油溶度 mL/g
D−TBHQ	0.017 0	5882.35	0.041 0	2439.02	0.124 8	801.28	0.264 2	378.50	0.674 6	148.24
PG	0.017 8	5617.98	0.036 2	2762.43	0.098 5	1015.23	0.132 5	754.72	0.165 5	604.23
OG	0.008 4	11 904.76	0.015 4	6493.51	0.040 5	2469.14	0.084 2	1187.65	0.117 9	848.18
V_C	0.002 7	37 037.04	0.008 3	12 048.19	0.012 2	8196.72	0.020 3	4926.11	0.028 6	3496.50
MT	0.001 6	62 500	0.004 8	20 833.33	0.009 5	10 526.32	0.015 0	6666.67	0.023 5	4255.32
AP	0.000 8	125 000	0.002 1	47 619.05	0.003 6	27 777.78	0.005 7	18 543.86	0.006 5	15 384.62
GA	0.000 5	200 000	0.001 0	100 000	0.001 3	76 923.08	0.001 7	58 823.53	0.002 1	47 619.05

不同温度下10种常规抗氧化剂在地沟油生物柴油中的溶解特性分析结果见表6-8。由表可知，常温20℃下常规抗氧化剂没有极易溶解的，易溶的只有抗氧化剂BHA，微溶的有抗氧化剂TBHQ、PA和D−TBHQ三种，极微溶解的有PG、OG和V_C等三种，几乎不溶或不溶的有抗氧化剂MT、AP和GA等三种抗氧化剂。这就说明了在常温下10种常规抗氧化剂的油溶性能较差，只有抗氧化剂BHA的油溶性能较好，尤其是MT、AP和GA的油溶性能更差，在地沟油生物柴油中几乎不溶，这三种抗氧化剂抗氧化效果即使好但也不适合在生物柴油中应用。同种抗氧化剂随着温度的变化，其在生物柴油中的油溶性能转好，但溶解特性变化不大，如抗氧化剂MT在30℃之前为几乎不溶或不溶，30℃之后为极微溶解，抗氧化剂AP和GA在0～40℃变化过程中均为几乎不溶或不溶。

表6-8　不同温度下常规抗氧化剂在地沟油生物柴油的溶解特性

抗氧化剂种类	0℃	10℃	20℃	30℃	40℃
BHA	易溶	易溶	易溶	易溶	易溶
TBHQ	微溶	微溶	微溶	略溶	溶解
PA	极微溶解	微溶	微溶	微溶	微溶
D−TBHQ	极微溶解	极微溶解	微溶	微溶	微溶
PG	极微溶解	极微溶解	极微溶解	微溶	微溶
OG	几乎不溶或不溶	极微溶解	极微溶解	极微溶解	微溶
V_C	几乎不溶或不溶	几乎不溶或不溶	极微溶解	极微溶解	极微溶解
MT	几乎不溶或不溶	几乎不溶或不溶	几乎不溶或不溶	极微溶解	极微溶解
AP	几乎不溶或不溶	几乎不溶或不溶	几乎不溶或不溶	几乎不溶或不溶	几乎不溶或不溶
GA	几乎不溶或不溶	几乎不溶或不溶	几乎不溶或不溶	几乎不溶或不溶	几乎不溶或不溶

6.3.3　常用抗氧化剂对生物柴油氧化稳定性能的影响

生物柴油氧化稳定性能较差，一般均不能达到生物柴油氧化稳定性能的国家标准或欧洲标准。由图6-15可以看出，只有棕榈油生物柴油氧化稳定性能达到了国家标准，其他几种生物柴油均不能达到国家标准，这主要是因为棕榈油的脂肪酸组成中饱和脂肪酸含量较高，含有双键或三键的不饱和脂肪酸含量较低，棕榈油及其生物柴油较稳定。而其他几种生物柴油就需要考虑用其他方法来使其达到国家标准，常采用往生物柴油中加入抗氧化剂的方法，以达到生物柴油氧化稳定性能的国家标准或欧洲标准。

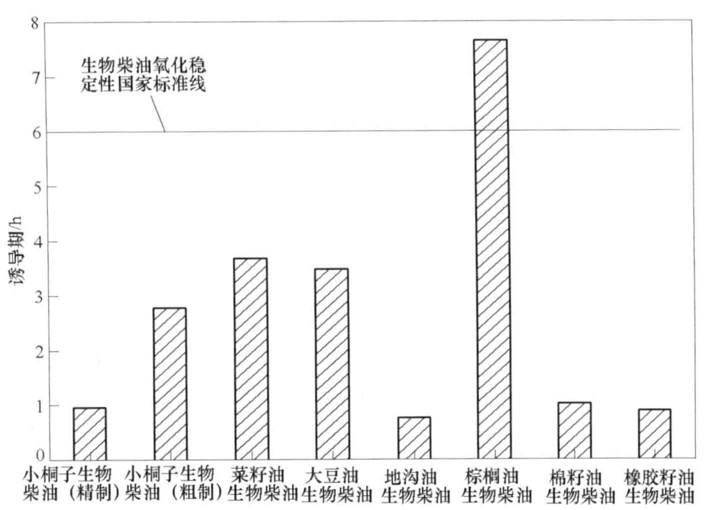

图 6-15　不同生物柴油的氧化稳定性能

以粗制小桐子生物柴油为样品，加入 2000ppm 的各种抗氧化剂，测试出的生物柴油诱导期时间如图 6-16 所示。由图可知，天然抗氧化剂维生素 C 与维生素 E 的抗氧化效果明显不如合成抗氧化剂的抗氧化效果，但对小桐子生物柴油还是起到了一定的抗氧化效果。没食子酸（GAM）对小桐子生物柴油的氧化稳定性起到很明显的促进作用，但没食子酸在生物柴油的溶解性很差，在常温下很难溶解在生物柴油里，因此，没食子酸并不是小桐子生物柴油的最佳抗氧化剂。没食子酸酯类物质对小桐子生物柴油氧化稳定性的效果很好，在生物柴油中的溶解性也好于没食子酸，因此，研究没食子酸酯类物质对小桐子生物柴油的氧化稳定性能意义重大。叔丁基对苯二酚（TBHQ）对小桐子生物柴油的抗氧化效果很好。十种抗氧化剂对小桐子生物柴油的抗氧化效果顺序如下：没食子酸（GAM）＞没食子酸甲酯（MT）＞叔丁基对苯二酚（TBHQ）＞没食子酸丙酯（PG）＞没食子酸辛酯（OG）＞丁羟基茴香醚（BHA）＞L—抗坏血酸棕榈酸酯（AP）＞2，6—二叔丁基—4—甲基苯酚（BHT）＞α—维生素 E（V_E）＞抗坏血酸（V_C）。

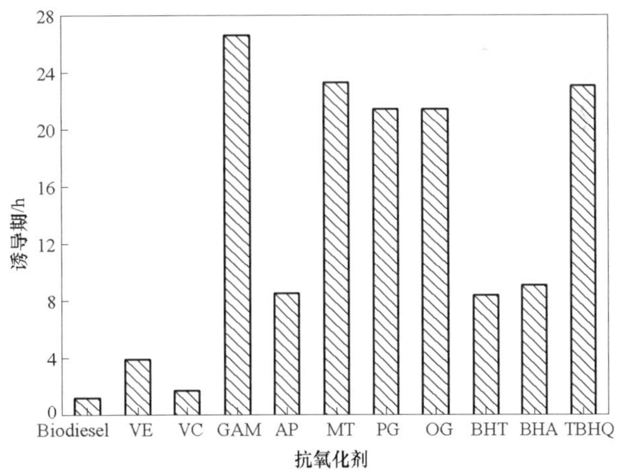

图 6-16　不同抗氧化剂对生物柴油氧化稳定性能的影响

6.3.4 常用抗氧化剂添加量对生物柴油氧化稳定性能的影响

图 6-17 和图 6-18 分别给出了小桐子精制与粗制生物柴油氧化稳定性随抗氧化剂含量的变化曲线，从图中可以看出，不管是精制还是粗制的小桐子生物柴油，其氧化稳定性能均随着抗氧化剂含量的增大而得到增强，诱导期时间随抗氧化剂含量的增大而增加，尤其在抗氧化剂含量较低阶段时，诱导期时间增加更明显。但抗氧化剂种类不同，随其含量的增加，诱导期时间的增幅也不同。由图可知，天然抗氧化剂 V_C、V_E 的含量增加到 7000ppm 时，生物柴油的诱导期时间也没有达到国家标准或欧洲标准，因此，这两种天然抗氧化剂不适合做小桐子生物柴油的抗氧化剂，也没有必要再做进一步的研究。合成抗氧化剂 L—抗坏血酸棕榈酸酯（AP）对精制的小桐子生物柴油的氧化稳定性能增加的幅度不是很大，当含量增加到 7000ppm 时也没有达到国家标准或欧洲标准，但其对粗制的小桐子生物柴油的氧化稳定性能有一定的影响，当其含量达到 1000ppm 时，粗制小桐子生物柴油的诱导期时间已达到国家标准，再随其含量的增加，粗制小桐子生物柴油的诱导期时间也随之增大，但增幅不是很大，这意味着生物柴油的制备工艺对其氧化稳定性有一定的影响。

合成抗氧化剂叔丁基对苯二酚（TBHQ）在其含量较低时随其含量增大，小桐子生物柴油的诱导期时间随之增加幅度不是很大，但当其含量达到一定值时，再随其含量的增大，小桐子生物柴油的诱导期时间增加很是明显，增幅相当大。合成抗氧化剂叔丁基对苯二酚（TBHQ）对小桐子生物柴油是一种很好的抗氧化剂，但一般添加量相对而言较多。合成抗氧化剂丁羟基茴香醚（BHA）和 2，6—二叔丁基—4—甲基苯酚（BHT）对小桐子生物柴油的氧化稳定性能能起到很好的作用，随其含量的增加，小桐子生物柴油的诱导期时间随之增大，且其含量在 1000ppm 时，小桐子生物柴油的氧化稳定性能均能达到国家标准，但随其含量再度增大，小桐子生物柴油的诱导期时间增幅不大。不过这两种合成抗氧化剂可以作为小桐子生物柴油的抗氧化剂来使用。没食子酸也是一种很好的抗氧化剂，在其含量较低时，小桐子生物柴油的氧化稳定性能就能达到国家标准，但其在生物柴油中的溶解性能很差，常温下很难溶解在生物柴油中，要借助超声波且花费很长时间才能溶解相当少的一部分，因此，一般不采用没食子酸来作为小桐子生物柴油的抗氧化剂。合成抗氧化剂没食子酸甲酯（MT）、没食子酸丙酯（PG）和没食子酸辛酯（OG）均是没食子酸酯类化合物，由图 6-19、图 6-20 中可以看出，这三种抗氧化剂在其含量较低，如 500ppm 时，均能使小桐子生物柴油的氧化稳定性能达到国家标准，并且随其含量的增大，小桐子生物柴油的诱导期时间也随之增大。因此，这三种抗氧化剂是作为小桐子生物柴油较为理想的抗氧化剂。但是，这三种抗氧化剂在小桐子生物柴油中的溶解性能也不是很大，但较小含量时在超声波辅助下还是好溶解的，其在生物柴油中溶解量足以能使生物柴油的氧化稳定性能达到国家标准。

同时，图 6-19 和图 6-20 给出了抗氧化剂的添加量对地沟油生物柴油和橡胶籽油生物柴油氧化稳定性影响，随着抗氧化剂添加量的增加，地沟油生物柴油和橡胶籽油生物柴油的氧化安定性能随之增强。针对地沟油生物柴油，在 BHA、BHT、PG、OG 等抗氧化剂添加量只有 1‰时，其诱导期分别为 7.89、7.52、10.32、6.4h，已达到国家标准。TBHQ 和 D-TBHQ 不能使地沟油生物柴油的氧化稳定性达到国家标准，分别为 4.94h 和 5.89h，但是，当 TBHQ 和 D-TBHQ 含量由 1‰增加到到 2‰时，诱导期增加明显，但添加量达到 2‰以后，其诱导期分别达到 23.26h 和 10.74h，远超国家标准。

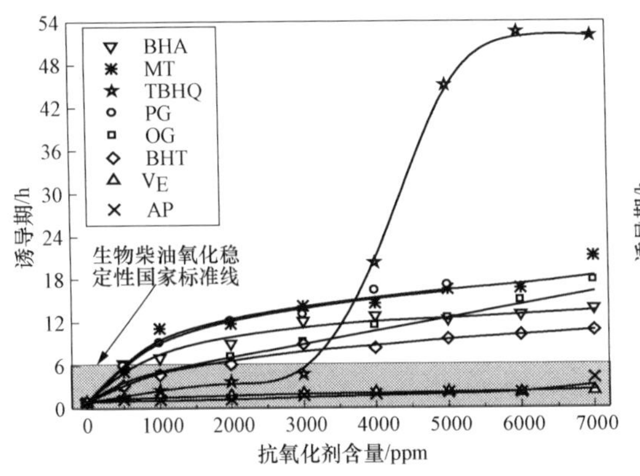

图 6-17 小桐子生物柴油（精制）氧化稳定性随抗氧化剂含量的变化曲线

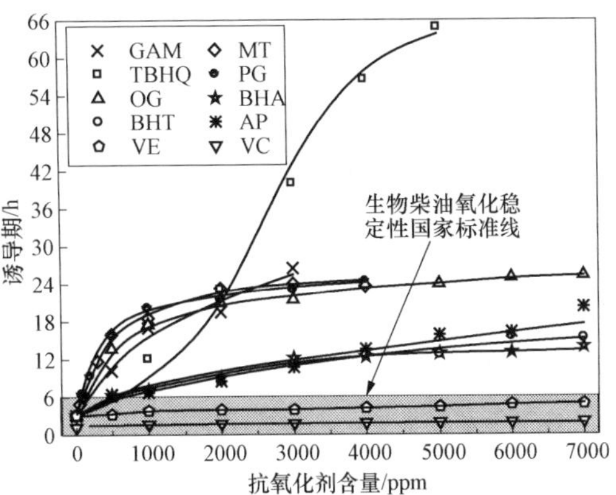

图 6-18 小桐子生物柴油（粗制）氧化稳定性随抗氧化剂含量的变化曲线

对于橡胶籽油生物柴油而言，抗氧化剂的效果远不如在地沟油生物柴油那般明显，当抗氧化剂的添加量在1‰～3‰时，生物柴油的诱导期大部分都未达到国家标准，只有TBHQ和D-TBHQ使橡胶籽油生物柴油的诱导期达标。随着抗氧化剂的继续添加，超过4‰时，其诱导期才达标。但是BHA在1‰～6‰的添加范围内，其在橡胶籽油生物柴油中抗氧化效果较差，不适合用来改进橡胶籽油生物柴油氧化安定性能。

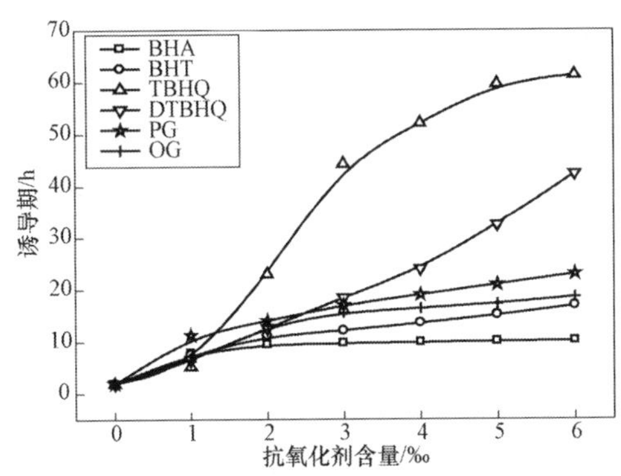

图 6-19 地沟油生物柴油氧化稳定性随抗氧化剂含量的变化曲线

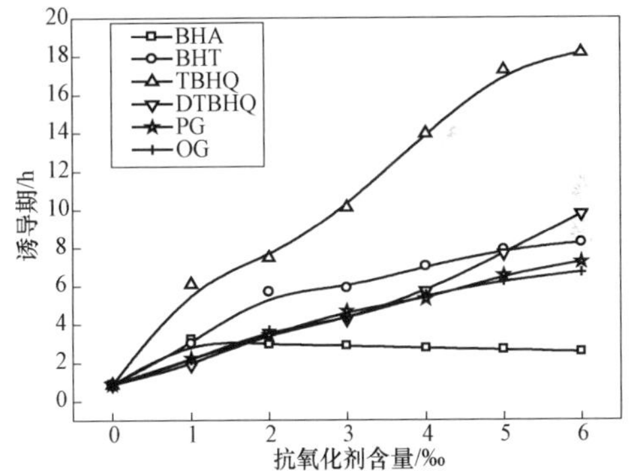

图 6-20 橡胶籽油生物柴油氧化稳定性随抗氧化剂含量的变化曲线

为了确定抗氧化剂的浓度与生物柴油的氧化稳定性具体关系，使用4种最常用的合成抗氧化剂与小桐子生物柴油进行了一系列研究。首先研究了浓度高达1000ppm的抗氧化剂的有效性，其结果与以前的研究结论一致，但是由于一些抗氧化剂需要在较高的浓度才能发挥作用，所以对抗氧化剂浓度的添加范围进行了调整。因此，PY浓度范围为100～1000ppm，TBHQ浓度范围为500～2500ppm，PG浓度为100～1000ppm，BHT浓度为500～2000ppm。

图6-21所示为抗氧化剂的浓度对生物柴油诱导期的影响，由图可知，连苯三酚（PY）是最有效的抗氧化剂，四种抗氧化剂的有效性顺序是PY>PG>BHT>TBHQ。同时在抗氧化剂浓度和诱导期之间发现线性相关性，获得具有高相关系数（0.877 03～0.986 20）的预测模型。根据预测模型，每种抗氧化剂需要以下浓度才能达到6h的诱导期：PY为118ppm，

PG 为 187ppm，BHT 为 1180ppm，TBHQ 为 1465ppm。

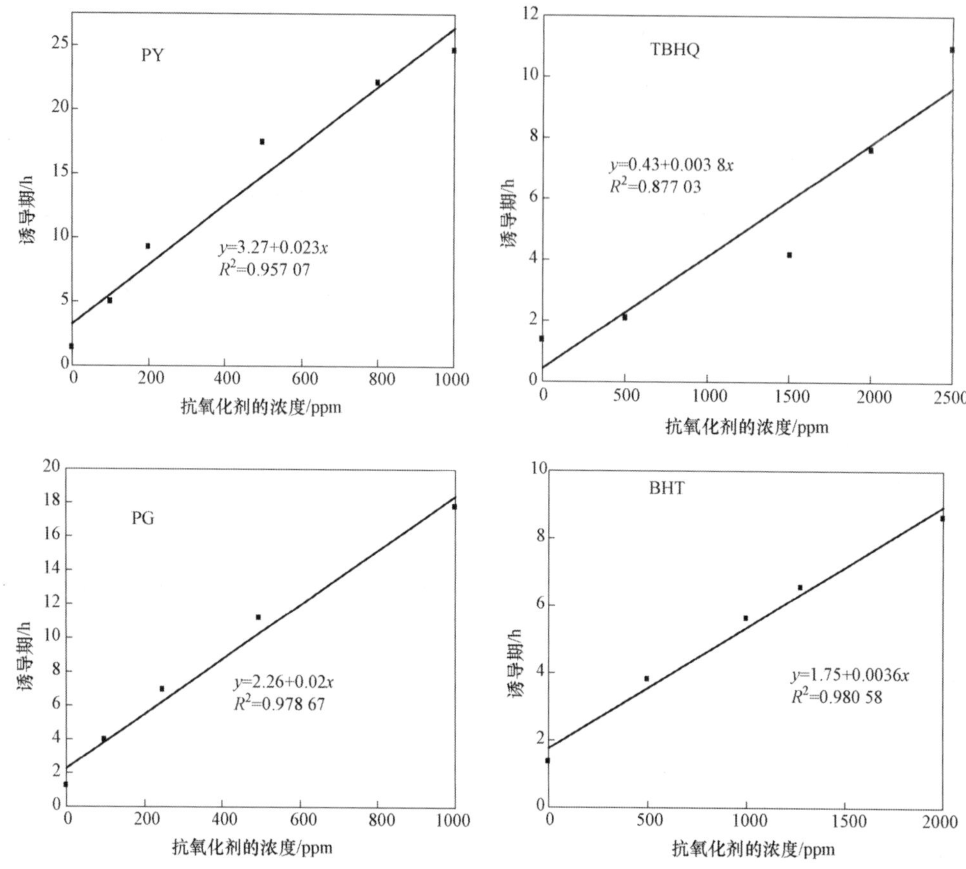

图 6-21　抗氧化剂的浓度与生物柴油诱导期之间的线性关系

6.3.5　天然抗氧化剂对生物柴油氧化稳定性能的影响

植物油中的天然抗氧化剂也具有很好抗氧化效果，生物柴油制取期间，高温破坏天然抗氧化剂的活性，导致天然抗氧化剂的效果甚微。Damasceno 等研究了向大豆油生物柴油中添加 1000ppm 咖啡酸（CA）的抗氧化活性，并指出添加 CA 的大豆油生物柴油在三个月后，其氧化稳定性也符合 EN14214 的标准。其主要原因是除了由咖啡酸提供的氢之外，咖啡酸产生的自由基和进一步反应产生的二聚体具有优异抗氧化性质。Moser 研究了杨梅素的抗氧化效果，结果证明杨梅素比 α—生育酚具有更好的抗氧化活性。此外，费尔南德斯等人认为辣木叶的乙醇提取物是比 TBHQ 更好的抗氧化剂。

浙江工业大学王建黎教授研究常见的天然抗氧化剂（咖啡酸、阿魏酸、芝麻酚、DL-α 维生素 E）对小桐子生物柴油的氧化稳定性，其结果如图 6-22 所示。阿魏酸与咖啡酸在生物柴油中的溶解性不高，有颗粒悬浮于油脂中。咖啡酸和阿魏酸结构相似，但咖啡酸比阿魏酸多出一个酚羟基，咖啡酸的抗氧化性要比阿魏酸强。芝麻酚能溶于油脂，微溶于水。DL-α-维生素 E 在有氧的情况下容易分解。由图 6-23 可以看出，阿魏酸、咖啡酸、芝麻酚和 DL-α-维生素 E 的浓度在 500ppm 时，生物柴油诱导期为 3.3、6.4、5.3h 和 3.2h；阿魏酸、咖啡酸、芝麻酚和 DL-α-维生素 E 在 1000ppm 时，生物柴油诱导期为

3.5、12.2、8.1h和3.6h；阿魏酸、咖啡酸、芝麻酚和DL—α—维生素E在1500ppm时，生物柴油诱导期为3.6、13.0、11.1h和4.0h；阿魏酸、咖啡酸、芝麻酚和DL—α—维生素E，在2000ppm时，生物柴油诱导期为3.6、14.3、12.3h和4.4h。结果表明，咖啡酸对生物柴油氧化安定性影响非常大，抗氧化性非常好；芝麻酚也能很大程度上提高生物柴油的氧化安定性；阿魏酸和DL—α—维生素E对生物柴油的氧化安定性影响较小。

对上述抗氧化剂的效果进行总结，其结果见表6-9所示，抗氧化剂在一定程度上能改善生物柴油的氧化稳定性。对于一些合成抗氧化剂，在几种常见的生物柴油中，TBHQ表现出良好的抗氧化性能，特别是在小桐子生物柴油，地沟油生物柴油，橡胶籽油生物柴油中效果比较明显；对于天然抗氧化剂，咖啡酸对生物柴油氧化稳定性影响非常大，抗氧化性非常好，阿魏酸和DL-α-维生素E对生物柴油的氧化稳定性影响较小。

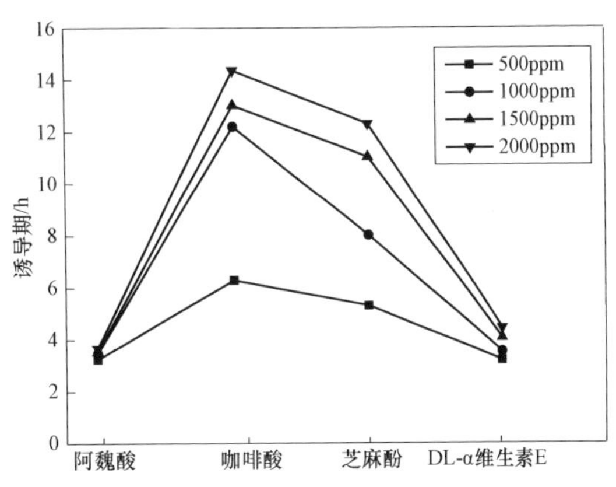

图6-22 天然抗氧化剂对生物柴油氧化稳定性的影响

表6-9 抗氧化剂的效果总结

抗氧化剂的效果排序	生物柴油	备注
TBHQ>PG>OG>BHA>AP>BHT>alpha-V_E>V_C	小桐子生物柴油	1000ppm的TBHQ满足EN14112规范
TBHQ>D-TBHQ PG>OG>BHT>BHA	地沟油生物柴油	
TBHQ>BHT>D-TBHQ>PG>OG>BHA	橡胶籽油生物柴油	
TBHQ	棉籽油生物柴油	添加300ppm的TBHQ足以获得较好的氧化稳定性
AO_2>AO_1>AO_3	大豆油生物柴油	AO_2显示出最高的氧化稳定性。AO_1和AO_3热稳定性更好
PG>PY>TBHQ>BHT>BHA>α-生育酚	菜籽油	稳定性可以通过1000ppm PG升级至12倍
δ—生育酚>γ—生育酚>α—生育酚	葵花籽油、食用油、菜籽油和牛油	抗氧化剂的失活率随着油中的不饱和度而增加
PY>PG>TBHQ>BHA>BHT	葵花籽油、油炸油和牛油	BHT不如其他四种抗氧化剂有效
咖啡酸>芝麻酚>阿魏酸>DL—α—维生素E	小桐子生物柴油	咖啡酸对生物柴油氧化安定性影响非常大，抗氧化性非常好

注 AO_1—丁基化羟基苯甲醚，AO_2—2，6—二叔丁基—4—甲基苯酚，AO_3—混合物，由2，6—二叔丁基苯酚和2，4，6—三叔丁基苯酚组成。

6.3.6 胺类抗氧化剂对生物柴油氧化稳定性能的影响

在生物柴油中使用芳族胺作为稳定剂不太受欢迎，因为随着氧化的进行，大多数芳族胺倾向于使基质变色。此外，芳香胺的不溶性氧化产物会引起活塞沉积和合适的洗涤剂，需要使用分散剂，这会增加添加剂的成本。然而，仲酚芳胺比酚类抗氧化剂具有许多优点。芳香胺的供氢能力优于酚类，因为芳香胺中的N—H键不如酚类的O—H键强。受阻酚类抗氧化剂每个分子只能捕获两个过氧自由基，而二级芳香胺每分子可以清除50个（烷基化二苯胺）至500（受阻环状仲胺衍生物）过氧自由基。本节主要讨论了三种胺类抗氧化剂：邻苯二胺（OPD），四乙烯五胺（TEPA）、二烷基二苯胺（ADPA）在菜籽油生物柴油中的抗氧化能力，其结构及抗氧化效果见图6-23和图6-24。

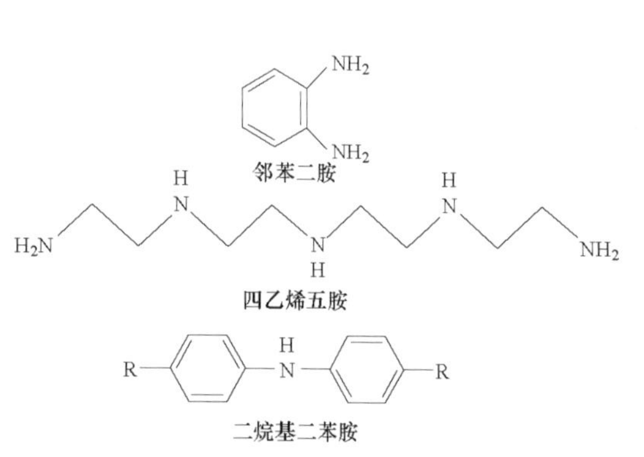

图6-23 胺类抗氧化剂分子结构

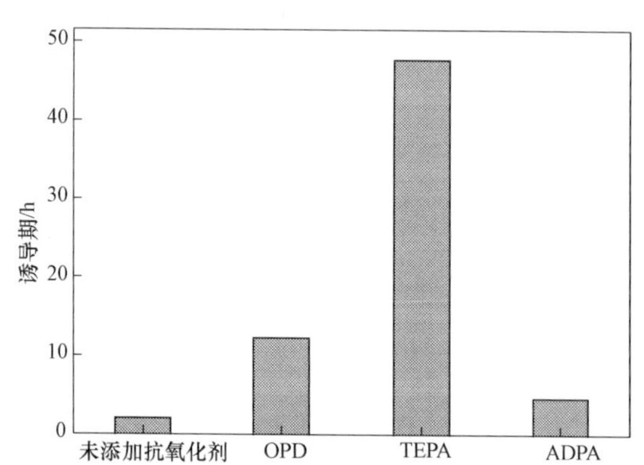

图6-24 胺类抗氧化剂的抗氧化效果

菜籽油生物柴油的氧化稳定性为2.03h，低于国家标准6h（GB/T 14112）。分别向菜籽油生物柴油中添加质量分数为4‰ADPA、TEPA、OPD3种抗氧化剂，在相同条件下分别测试其诱导期，胺类抗氧化剂对菜籽油生物柴油氧化稳定性有改进作用，但效果不一致，ADPA效果最差，未使菜籽油生物柴油达到国家标准，其余2种抗氧化剂均能使菜籽油生物柴油氧化稳定性远超国家标准。其中TEPA效果最好，使菜籽油生物柴油氧化稳定性诱导期达48.05h。由图可知，这3种胺类抗氧化剂对菜籽油生物柴油的抗氧化效果顺序为：TEPA＞OPD＞ADPA。

6.3.7 抗氧化剂复配对生物柴油氧化稳定性能的影响

由上一节可知，每种抗氧化剂对不同生物柴油的氧化安定性能所起到的效果不一样，为了更好地研究抗氧化剂所起的效果，本节分别研究了几种抗氧化剂两两复配后对生物柴油氧化稳定性的影响。

图6-25所示为复配抗氧化剂对地沟油氧化安定性的影响，复配抗氧化剂的加入量按2‰，两种抗氧化剂混合质量比1∶1，测试温度均在110℃，空气流量10L/h。表6-10是单种抗氧化剂与复配抗氧化剂的效果对比。如图及表可知，两种抗氧化剂复配所起的效果并不是都比单种抗氧化剂所起到的效果好，如BHA与DTBHQ、BHT与TBHQ、BHT与DTBHQ复配后效果均没有单种抗氧化剂的效果好。分别加入BHT与DTBHQ时地沟油生物柴油的氧化安定性能的诱导期时间分别是10.58h和10.74h，复配后地沟油生物柴油的氧化安定性能的诱导期时间是8.80h，从数据可知，复配后的抗氧化效果比每种抗氧

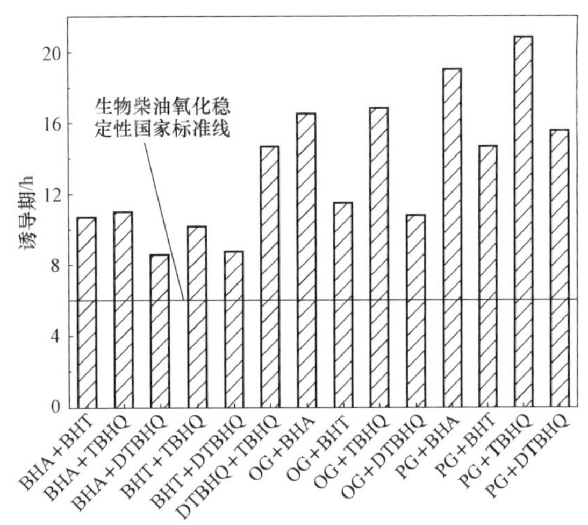

图6-25 抗氧化剂混合复配对地沟油生物柴油氧化安定性能的影响

化剂的抗氧化效果均有所下降，下降幅度较大。BHA与TBHQ、TBHQ与DTBHQ、BHT与OG、OG与TBHQ、OG与DTBHQ、PG与TBHQ复配后抗氧化效果比其中一种抗氧化剂的抗氧化效果提高，比另一种抗氧化剂的抗氧化效果降低。每一种抗氧化剂和TBHQ混合复配后抗氧化效果均有所下降。如BHA与TBHQ分别加入时（加入量均为2‰）其对地沟油生物柴油的氧化安定性能的诱导期时间分别是9.28h和23.26h，混合复配后对地沟油生物柴油的氧化安定性能的诱导期时间是11.07h。还有一些抗氧化剂混合复配后的抗氧化效果均得到提高，如BHA与BHT、OG与BHA、PG与BHA、PG与DTBHQ、PG与BHT。BHA与PG分别加入时其对地沟油生物柴油的氧化安定性能的诱导期时间分别是9.28h和13.81h，混合复配后对地沟油生物柴油的氧化安定性能的诱导期时间是19.07h，从数据可知，混合复配后抗氧化效果比两种抗氧化剂的抗氧化效果均高，且提升幅度较大。理论上，抗氧化能力较强的抗氧化剂自身被氧化的速率高于抗氧化性能弱的抗氧化剂，也就是说生物柴油氧化时，强抗氧化剂先被氧化。由于存在弱抗氧化剂，它可以还原强抗氧化剂使其重新参与抗氧化反应。弱抗氧化剂的存在可以维持强抗氧化剂在体系中相对稳定的浓度，从而起到增效作用。PG与其他抗氧化剂混合复配后的抗氧化效果大部分均能得到提高，且PG的油溶性能较差，和油溶性能较好的抗氧化剂混合复合后，其性能有了一定提高。

表6-10 不同抗氧化剂及复配抗氧化剂对地沟油生物柴油氧化安定性的影响

地沟油生物柴油（抗氧化剂含量为2‰）			
名称	诱导期/h	名称	诱导期/h
BHA	9.28	BHT	10.58
TBHQ	23.26	DTBHQ	10.74
PG	13.81	OG	13.07
BHA+BHT	10.75	BHA+TBHQ	11.07
BHA+DTBHQ	8.60	BHA+PG	19.07
BHA+OG	16.63	BHT+TBHQ	10.19
BHT+DTBHQ	8.80	BHT+PG	14.71
BHT+OG	11.52	TBHQ+DTBHQ	14.69
TBHQ+PG	20.83	TBHQ+OG	16.87
DTBHQ+PG	15.60	DTBHQ+OG	10.83

采用同样的分析方法研究抗氧化剂的复配对橡胶籽油生物柴油的影响，所测的具体数

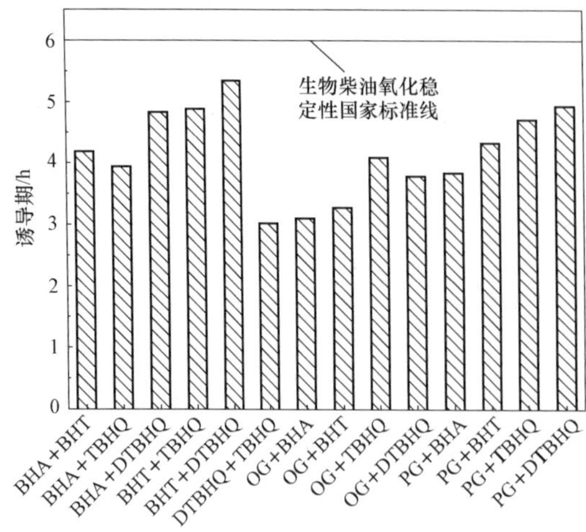

图 6-26　抗氧化剂混合复配对橡胶籽油生物柴油氧化安定性能的影响

据如图 6-26 和表 6-11 所示。由图可知，BHT 与 TBHQ、OG 与 BHT、OG 与 D-TBHQ 混合复配后的抗氧化效果比每种抗氧化剂单独作用时的抗氧化效果均有所下降。如 BHT 与 OG 分别加入时（加入量均为 2‰）其对橡胶籽油生物柴油的诱导期时间分别是 5.40h 和 3.66h，混合复配后对橡胶籽油生物柴油的诱导期时间是 3.11h。BHA 与 BHT、BHA 与 TBHQ、BHT 与 DTBHQ、TBHQ 与 DTBHQ、BHA 与 OG、OG 与 TBHQ、PG 与 TB-HQ、PG 与 BHT 复配后抗氧化效果比其中一种抗氧化剂的抗氧化效果提高，比另一种抗氧化剂的抗氧化效果降低。每一种抗氧化剂和 TBHQ 混合复配后抗氧化效果均有所下降。如 BHA 与 TBHQ 分别加入时（加入量均为 2‰）其对橡胶籽油生物柴油的氧化安定性能的诱导期时间分别是 2.82h 和 7.42h，混合复配后对橡胶籽油生物柴油的氧化安定性能的诱导期时间是 4.84h。还有一些抗氧化剂混合复配后的抗氧化效果均得到提高，如 BHA 与 DTBHQ、PG 与 BHA、PG 与 DTBHQ 等。DTBHQ 与 PG 分别加入时（加入量均为 2‰）其对橡胶籽油生物柴油的氧化安定性能的诱导期时间分别是 3.42h 和 3.56h，复配后对橡胶籽油生物柴油的诱导期时间是 4.37h，从数据可知，混合复配后抗氧化效果比两种抗氧化剂单独作用的抗氧化效果高，且提升幅度较大。PG 与其他抗氧化剂混合复配后的抗氧化效果大部分均能提高，且 PG 的油溶性能较差，和油溶性能较好的抗氧化剂混合复配后，油溶性能得到改善，抗氧化效果得到提高，是一种很好的提高橡胶籽油生物柴油氧化安定性能的方法。

表 6-11　不同抗氧化剂及复配抗氧化剂对橡胶籽油生物柴油氧化安定性的影响

橡胶籽油生物柴油（抗氧化剂含量为 2‰）			
名称	诱导期/h	名称	诱导期/h
BHA	2.82	BHT	5.4
TBHQ	7.42	DTBHQ	3.42
PG	3.56	OG	3.66
BHA+BHT	4.2	BHA+TBHQ	4.84
BHA+DTBHQ	3.96	BHA+PG	3.82
BHA+OG	3.03	BHT+TBHQ	5.36
BHT+DTBHQ	4.9	BHT+PG	3.85
BHT+OG	3.11	TBHQ+DTBHQ	4.95
TBHQ+PG	4.72	TBHQ+OG	4.12
DTBHQ+PG	4.37	DTBHQ+OG	3.28

6.3.8 酚胺类抗氧化剂复配对生物柴油氧化稳定性能的影响

由上一节了解到胺类抗氧化剂能够改善生物柴油的氧化稳定性，胺类抗氧化剂和酚类抗氧化剂的复配对生物柴油的氧化稳定性具有一定的影响。按照总的添加比例为生物柴油质量分数4‰添加抗氧化剂，各种抗氧化剂复配比例按照1∶1比例复配添加至菜籽油生物柴油中，检验其对生物柴油抗氧化性能的影响。实验结果表明，酚类抗氧化剂与四乙烯五胺复配，其抗氧化效果增加最明显，其次是酚类抗氧化剂与邻苯二胺复配，而二烷基二苯胺与酚类抗氧化剂复配效果最差，且以上三种胺类抗氧化剂与酚类抗氧化剂复配之后，其协同作用机理也有明显不同。

1. 邻苯二胺与其他抗氧化剂的复配

图6-27是OPD和TBHQ、BHA、PG复配抗氧化剂对菜籽油生物柴油氧化稳定性能的影响。如图可知，添加了OPD的菜籽油生物柴油诱导期为11.68h，而OPD和TBHQ、BHA、PG复配的诱导期分别为59.02、19.34、30.13h，复配的菜籽油生物柴油诱导期诱导期明显高于单独添加两者的代数和。其中效果最好的是OPD与TBHQ复配的抗氧化剂，达到了59.02h，是单独添加OPD的诱导期的5倍。OPD与BHA复配的抗氧化剂效果增加较明显，比单独添加BHA的诱导期增加了20%。4种抗氧化剂复配按诱导期由大到小排序为OPD+TBHQ>OPD+PG>OPD+BHA。

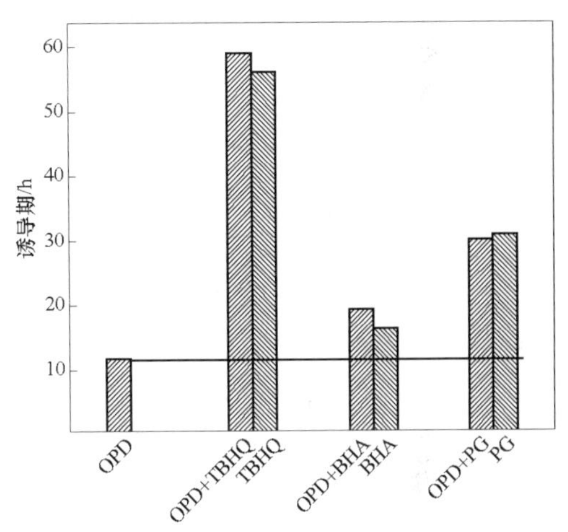

图6-27 OPD和TBHQ、BHA、PG复配抗氧化剂对菜籽油生物柴油氧化稳定性能的影响

从实验结果可以验证OPD与酚类抗氧化剂之间存在着明显的协同效应。在OPD与酚类抗氧化剂复配中，酚类抗氧化剂做主抗氧化剂发挥作用，OPD作为次抗氧化剂起到辅助作用。OPD作为一种还原性强于酚类物质，在酚类抗氧化剂发挥抗氧化作用后，提供H自由基使反应掉的酚类抗氧化剂再生，从而保持主抗氧化剂的浓度，抑制链式反应进行。在抗氧化剂添加的质量分数不变的情况下，OPD的相对分子质量比上述三种酚类抗氧化剂分子量小，可以提供较多的H自由基用于主抗氧化剂再生，有利于提高生物柴油诱导期时长。

2. 二烷基二苯胺与其他抗氧化剂的复配

图6-28是ADPA和TBHQ、BHA、PG、OPD复配抗氧化剂对菜籽油生物柴油氧化稳定性能的影响。如图可知，添加ADPA菜籽油生物柴油诱导期为3.7h，ADPA和TBHQ、BHA、PG、OPD复配的诱导期分别为21.79、11.74、31.72h和10.23h，其中添加ADPA和BHA、PG、OPD复配的菜籽油生物柴油诱导期高于单独添加两者的代数和。其中效果最好的是ADPA与PG复配抗氧化剂，达到31.72h，是单独添加ADPA诱导期的8.6倍，比单独添加PG的诱导期增加了2.5%。ADPA与TBHQ复配的抗氧化性能较二者代数和略有降低，比单独添加TBHQ诱导期降低了61%，是单独添加ADPA诱导期的5.9倍。此外ADPA和BHA、OPD复配的生物柴油诱导期较于单独添加BHA、OPD

的生物柴油诱导期也有下降。5 种抗氧化剂复配按诱导期时间长短排序为 ADPA＋PG＞ADPA＋TBHQ＞ADPA＋BHA＞ADPA＋OPD。

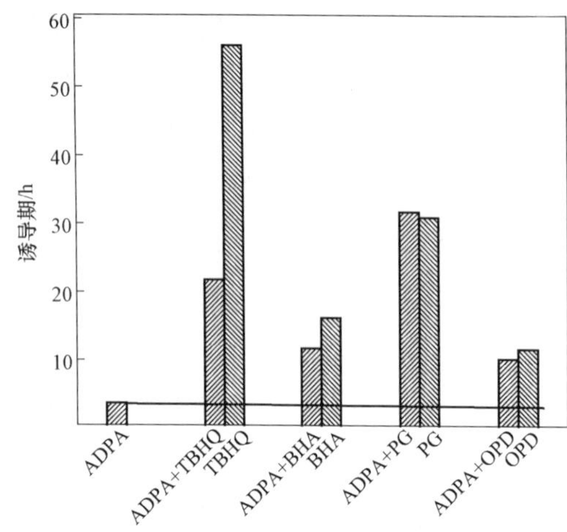

图 6-28　ADPA 和 TBHQ、BHA、PG、OPD 复配抗氧化剂对菜籽油生物柴油氧化稳定性能的影响

3. 酚胺类抗氧化剂复配的抗氧化机理

根据上述复配的菜籽油生物柴油诱导期高于单独添加两者的代数和的实验结果，验证酚类抗氧化剂与 ADPA 共同使用时的协同效应，因为酚有助于芳胺的再生，在氧化的过程中，胺类抗氧化剂捕获 ROO・的能力比酚类抗氧化剂强，但是胺类抗氧化剂捕获自由基 ROO・后，生成的新自由基不稳定，因此自由基会与酚进一步反应生成更稳定的自由基。酚胺类抗氧化剂复配共同作用时，既提高了体系捕获自由基 ROO・的能力，又增加了体系捕获自由基 ROO・后生成新自由基的稳定性，见式（6-3）。当酚类抗氧化剂消耗完毕时，ADPA 还可以继续通过链式反应捕获自由基。

ADPA 在抗氧化过程中，首先被烷基过氧自由基夺去氢原子，反应速度很快，且与温度、氧化程度及二烷基二苯胺的结构有关，见式（6-3）。在低温下（＜120℃），二烷基二苯胺抗氧化剂的作用机理见方程式（6-4）和式（6-5）。氨基自由基与仲烷基过氧自由基作用生成氮氧自由基、烷氧自由基和硝基自由基。

ROO• → ROOH；R–C₆H₄–N•–C₆H₄–R ⇌ R–C₆H₄–NH–C₆H₄–R；O•/OH（叔丁基甲氧基苯酚）　（6-3）

借助三个共振结构得以稳定，见式（6-6）。接下来，一个叔烷基过氧自由基和胺自由基反应生成一个硝基过氧化物，随后硝基过氧化物消除一个酯分子生成一个硝基环己二烯酮，一个季烷基过氧基自由基与硝基环己二烯酮进行加成反应，硝基环己二烯酮过氧化物解离成 1，4－苯醌和烷基亚硝基苯。

$$R-C_6H_4-NH-C_6H_4-R \xrightarrow{RO\bullet/ROO\bullet} R-C_6H_4-\dot{N}-C_6H_4-R + ROH/ROOH \quad (6-4)$$

$$R-C_6H_4-\dot{N}-C_6H_4-R \xrightarrow{ROO\bullet} R-C_6H_4-N(O\bullet)-C_6H_4-R + RO\bullet \quad (6-5)$$

$$\text{R}-\text{C}_6\text{H}_4-\underset{}{\overset{\text{O}\cdot}{\text{N}}}-\text{C}_6\text{H}_4-\text{R}\xrightarrow{\text{ROO}\cdot}\text{R}-\text{C}_6\text{H}_4-\overset{\text{O}^-}{\text{N}^+}=\text{C}_6\text{H}_4(\text{OOR})(\text{R})\xrightarrow[-\text{ROR}]{}\text{R}-\text{C}_6\text{H}_4-\overset{\text{O}^-}{\text{N}^+}=\text{C}_6\text{H}_4=\text{O}$$

$$\xrightarrow{\text{ROO}\cdot}\text{R}-\text{C}_6\text{H}_4-\overset{\text{O}\cdot}{\text{N}}-\text{C}_6\text{H}_4(\text{ROO})=\text{O}\xrightarrow[\cdot\text{RO}\cdot]{}\text{R}-\text{C}_6\text{H}_4-\text{N}=\text{O}+\text{O}=\text{C}_6\text{H}_4=\text{O} \tag{6-6}$$

$$\text{R}-\text{C}_6\text{H}_4-\overset{\text{O}\cdot}{\text{N}}-\text{C}_6\text{H}_4-\text{R}\rightleftharpoons\text{R}-\text{C}_6\text{H}_4-\overset{\text{O}^-}{\underset{\cdot}{\text{N}^+}}-\text{C}_6\text{H}_4-\text{R}\rightleftharpoons\text{R}-\text{C}_6\text{H}_4-\overset{\text{O}^-}{\text{N}^+}-\text{C}_6\text{H}_4\cdot-\text{R} \tag{6-7}$$

在酚类抗氧化剂与ADPA共同使用时，先由ADPA捕获自由基，再由酚类抗氧化剂提供H自由基再生ADPA，当酚类抗氧化剂消耗殆尽时，再由ADPA进一步反应捕获自由基。由于PG分子结构上有3个酚羟基，TBHQ分子结构上有2个酚羟基，而BHA分子结构上仅有1个酚羟基，其抗氧化效果也呈现ADPA+PG>ADPA+TBHQ>ADPA+BHA。可以推知酚类抗氧化剂与ADPA复配时，其抗氧化效果与酚上的酚羟基数和其可提供的氢自由基数有关。由于ADPA相对分子质量较大，按照质量分数添加时，提供的H自由基数量相对较少，导致复配后的抗氧化剂总的H自由基含量下降。图6-29所示为TEPA和TBHQ、PG、BHA、OPD复配抗氧化剂对菜籽油生物柴油氧化稳定性能的影响。由图可知，菜籽油生物柴油单独添加TEPA抗氧化剂后诱导期为45.35h，相对于原油2.03h有比较明显的抗氧化效果。TEPA在于与TBHQ、PG、BHA、OPD复配添加入菜籽油生物柴油后，其诱导期也有大幅提升，分别达到92.03、54.78、62.03、105.28h。其中效果最好的是TEPA与PG复配的抗氧化剂，达到了105.28h，是单独添加TEPA的诱导期的2.3倍，比单独添加PG的诱导期增加了240%，五种抗氧化剂复配按诱导期由大到小为PG+TEPA>TBHQ+TEPA>BHA+TEPA>OPD+TEPA。

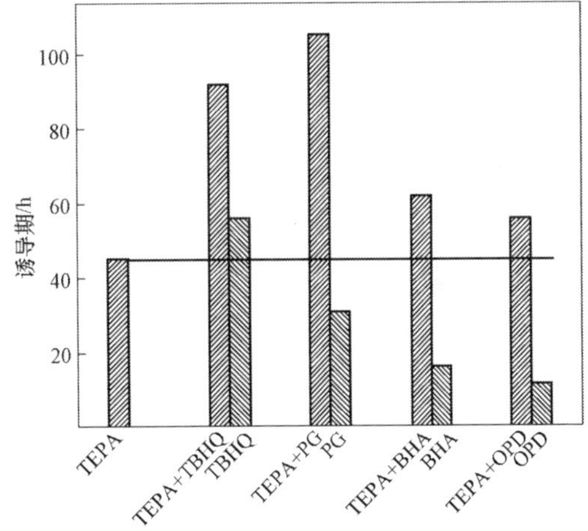

图6-29 TEPA和TBHQ、PG、BHA、OPD复配抗氧化剂对菜籽油生物柴油氧化稳定性能的影响

TEPA在氧化过程中，亚氨基邻位上的碳氢键被活化失去1个氢原子，见式(6-8)。该自由基十分活泼可以参加自由基的链锁反应见式(6-9)。别的TEPA分子又可还原氢过氧四乙烯五胺，并在亚氨基的强碱性催化作用下使之脱水。见式(6-10)。TEPA上的四个乙基都发生这样的反应，则产物为四乙炔五胺，见式(6-11)。

$$\begin{gathered}\text{R}-\overset{\text{H}}{\text{N}}-\text{CH}_2-\text{CH}_2-\overset{\text{H}}{\text{N}}-\text{R}'\xrightarrow{\text{ROO}\cdot}\text{R}-\overset{\text{H}}{\text{N}}-\text{CH}_2-\dot{\text{C}}\text{H}-\overset{\text{H}}{\text{N}}-\text{R}'+\text{ROOH}\\ \text{R}-\overset{\text{H}}{\text{N}}-\text{CH}_2-\dot{\text{C}}\text{H}-\overset{\text{H}}{\text{N}}-\text{R}'\longleftrightarrow\text{R}-\overset{\text{H}}{\text{N}}-\text{CH}_2-\text{CH}=\underset{\text{H}}{\dot{\text{N}}}-\text{R}'\end{gathered} \tag{6-8}$$

$$
\begin{aligned}
&R-\overset{H}{N}-CH_2-\dot{C}H-\overset{H}{N}-R' \xrightarrow{O_2} R-\overset{H}{N}-CH_2-\underset{OO\cdot}{CH}-\overset{H}{N}-R' \\
&R-\overset{H}{N}-CH_2-\underset{OO\cdot}{CH}-\overset{H}{N}-R' \xrightarrow{RH} R-\overset{H}{N}-CH_2-\underset{OOH}{CH}-\overset{H}{N}-R' + R
\end{aligned}
\tag{6-9}
$$

$$
\begin{aligned}
&R-\overset{H}{N}-CH_2-\underset{OOH}{CH}-\overset{H}{N}-R' \xrightarrow{-\overset{H}{N}-} R-\overset{H}{N}-\underset{H}{CH}-\underset{OH}{CH}-\underset{H}{N}-R' + -\overset{OH}{N}- \\
&R-\overset{H}{N}-\underset{H}{CH}-\underset{OH}{CH}-\underset{H}{N}-R' \xrightarrow{-\overset{H}{N}-\ \ -H_2O} R-\overset{H}{N}-CH=CH-\overset{H}{N}-R'
\end{aligned}
\tag{6-10}
$$

$$
\begin{aligned}
&H_2N-CH=CH-NH-CH=CH-\dot{N}-CH=CH-NH-CH=CH-NH_2 \\
&\updownarrow \\
&H_2N-CH=CH-NH-CH=CH-N=CH-\dot{C}H_2-NH-CH=CH-NH_2 \\
&\updownarrow \\
&H_2N-CH=CH-NH-CH=CH-N=CH-CH=\underset{H}{\dot{N}}-CH=CH-NH_2 \\
&\updownarrow \\
&H_2N-CH=CH-NH-\dot{C}H-\overset{H}{C}=N-CH=CH-\overset{H}{N}-CH=CH-NH_2 \\
&\updownarrow \\
&H_2N-CH=CH-\underset{H}{\dot{N}}=CH-\overset{H}{C}=N-CH=CH-NH-CH=CH-NH_2
\end{aligned}
\tag{6-11}
$$

每个四乙炔五胺分子可以提供 5 个 H 自由基。该化合物能像芳胺提供氢型抗氧化剂。亚氨基提供一个氢原子后，本身形成的自由基被五个共振体所稳定。

由图 6-29 可知，TEPA 在和酚类抗氧化剂复配之后，其诱导期是单独添加二者的代数和的数倍，抗氧化性能有了明显的提高。按照上述反应机理，TEPA 抗氧化机理与 ADPA 不同，与 OPD 作用机理相似，主要通过释放 H 自由基达到抗氧化的作用。可以按照主从抗氧化协同机理解释，酚类抗氧化剂为主抗氧化剂，TEPA 作为从辅助抗氧化剂提供 H 自由基使酚类抗氧化剂再生，同时主抗氧化剂存在也可以使 TEPA 的链式反应顺利进行下去。其中 PG 与 TEPA 复配后的菜籽油生物柴油诱导期达到了 105.28h，比 TBHQ 和 TEPA 复配后的抗氧化性能还要优秀，抗氧化效果也呈现 TEPA＋PG＞TEPA＋TBHQ＞TEPA＋BHA，可以推测酚类抗氧化剂与 TEPA 复配时，也存在着抗氧化效果与酚上的酚羟基数和其可提供的氢原子数有关。从分子结构式上分析，PG 分子上有 3 个酚羟基，而 TBHQ 分子上只有 2 个，但是单独添加的时候，TBHQ 的诱导期远大于 PG，说明 PG 分子 3 个酚羟基上的 H 自由基并没有完全释放。而在与 TEPA 复配后抗氧化的性能有了大幅提升，说明其在与 TEPA 复配后，PG 释放的 H 自由基数量也大幅增加。

除上述抗氧化剂的复配方式外，一些专家和学者还尝试过其他抗氧化剂的复配方式。其中一种就是 1010 与 BHT 的复配，抗氧剂 1010 化学名为：四［β-(3，5-二叔丁基—4—羟基苯基）丙酸］季戊四醇酯，化学性质稳定，1010 虽然是酚型抗氧化剂，但添加后对生物柴油酸值提高的影响不大。1010 的市场价为 31 000 元/吨，跟 BHT 价格接近，图 6-30 所示为1010与BHT在精炼地沟油生物柴油中以总浓度500ppm不同比例复配效果比较。

从图中可以看出对精炼地沟油生物柴，BHT添加量500ppm时诱导期为3.12h，1010添加量为500ppm时诱导期为2.75h，不同配比情况下，生物柴油诱导期变化不大，BHT抗氧化效果略好于1010，对五组不同组成的生物柴油进行酸值分析，测出生物柴油酸值分别为：0.63、0.64、0.66、0.64、0.65、0.66mgKOH/g，说明添加1010与BHT的复配对生物柴油酸值影响不大。即1010与BHT复配与单独使用对生物柴油氧化诱导期的作用效果相近，但两者复配一方面降低了经济成本，另一方面降低了生物柴油酸值，总体提高了生物柴油品质。

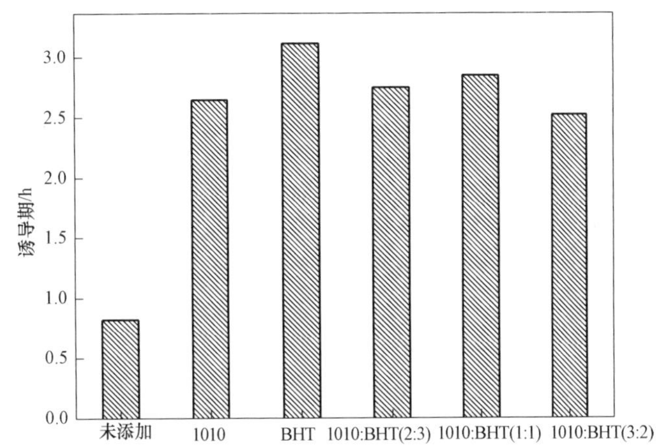

图6-30 抗氧化剂1010与BHT复配对生物柴油氧化稳定性的影响

另外几种复配方式为BHA/柠檬酸/V_C、TBHQ/柠檬酸/V_C、邻苯二胺/没食子酸。柠檬酸具有螯合作用，能够清除某些有害金属，防止因酶催化和金属催化引起的氧化作用，在抗氧化剂中通常作为辅助抗氧化剂使用，丙二醇是常用的添加剂，在复配抗氧化剂总浓度为300ppm前提下，考察了将TBHQ与柠檬酸与丙二醇、BHA与柠檬酸与丙二醇按2∶1∶1配比后精炼地沟油生物柴油抗氧化效果大小，没食子酸与邻苯二胺均为抗氧化性能较好的抗氧化剂，按2∶1、1∶1、1∶2配比后添加到精炼生物柴油后，比较了抗氧化剂的复配效果，结果见图6-31。

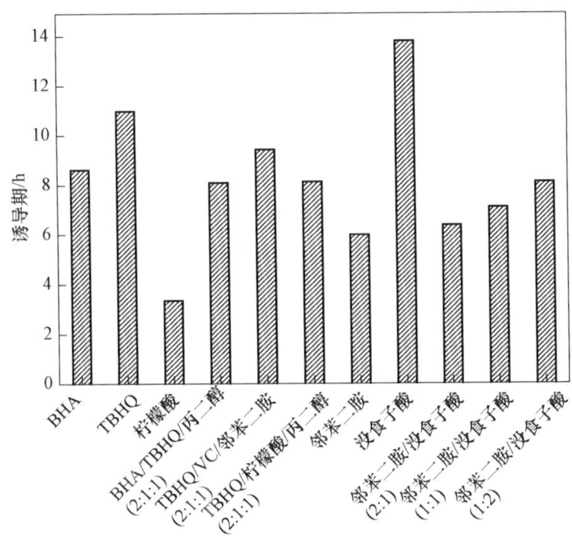

图6-31 BHA/柠檬酸/VC、TBHQ/柠檬酸/VC、邻苯二胺/没食子酸的抗氧化效果

单独加入300ppm柠檬酸、BHA、TBHQ后，生物柴油的氧化诱导期分别提高到3.35、8.62、10.96h。作为增效剂的柠檬酸单独使用对生物柴油的诱导期改变作用较小，BHA/柠檬酸/丙二醇（2∶1∶1）和TBHQ/柠檬酸/丙二醇（2∶1∶1）复配后，生物柴油的氧化诱导期分别达到了8.09h和9.43h，远大于浓度150ppmTBHQ单独使用时生物柴油的诱导期。这证明了柠檬酸和丙二醇对BHA、TBHQ具有很强的协同作用。在另一组实验中，我们发现加入邻苯二胺后地沟油生物柴油的颜色变深，由接近透明转为浅黄色，随着没食子酸的含量的升高，生物柴油油品的诱导期也随之升

高。单独使用邻苯二胺（300ppm）、没食子酸（300ppm），生物柴油氧化诱导期分别为 6、13.8h，邻苯二胺/没食子酸 2∶1，1∶1 和 1∶2 复配后生物柴油的氧化安定性分别为 6.38、7.11、8.12h，也表现了一定的正协同关系。从图中发现，复配后的抗氧化剂协同作用从大到小顺序为 TBHQ/柠檬酸/丙二醇＞BHA/柠檬酸/丙二醇＞邻苯二胺/没食子酸（1∶2）＞邻苯二胺/没食子酸（1∶1）＞邻苯二胺/没食子酸（2∶1）。

Westhuizen 等学者研究了胺基抗氧化剂 OroxPK 与酚类抗氧化剂 Anox 20 的复配表现良好的协同作用，一些抗氧化的组合比两种单纯的抗氧化剂具有更有效的抗氧化效果。因此，研究这种协同作用是否延伸到胺与其他酚类抗氧化剂的混合物是有意义的。为此，向向日葵生物柴油中添加了 OroxPK 与其他几种酚类抗氧化剂的混合物，质量比为 1∶2。总抗氧化剂浓度保持在 0.15%。酚类抗氧化剂是 TBHQ、D-TBHQ、BHT、PY 和没食子酸丙酯。单一和复合抗氧化剂的结果如图 6-32 所示。单一的抗氧化剂 TBHQ、PY 和 PG 可以实现 8h 的诱导时间。然而，只有 OroxPK-D-TBHQ 组合可以改善生物柴油的诱导期，表现出协同作用。其他组合没有显示出任何协同效应。

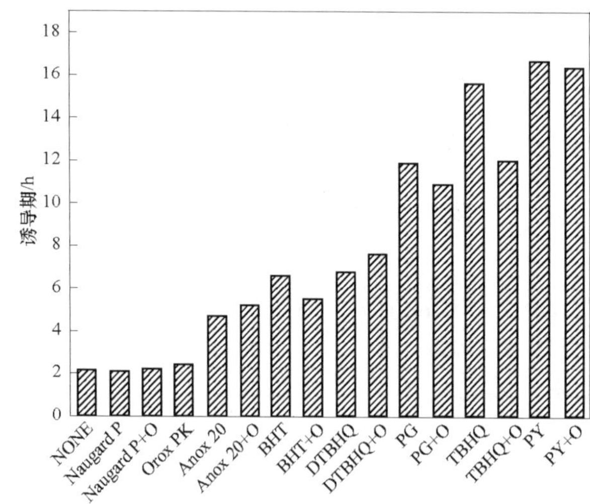

图 6-32　抗氧化剂的复配对葵花籽油生物柴油氧化稳定性的影响

以上结果表明，多种抗氧化剂联合使用，其效果有时要大于使用同剂量的单一抗氧化剂的效果，即抗氧化剂之间具有协同作用，抗氧化协同作用就是抗氧化剂之间通过某种方式使抗氧化效果增强的作用，主要体现在以下几个方面：

（1）修复再生：抗氧化剂之间存在明显的互补作用，通过电子转移等方式提供和维持还原剂水平。

（2）吸收氧气：在反应体系中，某种抗氧化剂可以直接与氧反应，降低氧的浓度，从而降低其他抗氧化剂与氧反应生成的过氧化自由基。

（3）改变酶的活性：通过改变氧化酶或促氧化酶的活性起到协同作用。

（4）络合金属离子：抗氧化剂中的某种配体与氧化体系中的金属离子形成螯合物，降低金属离子对体系氧化的催化作用。

6.3.9　添加常用抗氧化剂对生物柴油其他性能指标的影响

抗氧化剂的加入可能会对生物柴油的其他性能产生影响，如密度、酸值、运动黏度等。本节主要研究常用抗氧化剂的添加对生物柴油其他性能指标的影响。

1. 单一的抗氧化剂对生物柴油其他性能指标的影响

由表 6-12 可知，没有添加抗氧化剂的样品的运动黏度为 4.219mm^2/s，不同抗氧化剂对油样运动黏度的影响有较大差别，其中影响最为明显的是 BHA，使油样运动黏度提高了 0.59%，而 V_C抗氧化剂使油样运动黏度降低了 0.28%。不同种类抗氧化剂对生物柴油运动黏度的影响不同是由分子间的作用力和量转移引起的，而液体内部的分子无规则运动速度很慢，故分子间的相互作用力占主导地位。随着抗氧化剂溶于生物柴油中，降低了油样的凝点，但因为相似相溶原理，官能团中含亲水基—OH较少的抗氧化剂与生物柴油的互溶能力较强，分子之间的相互作用力加强，对运动黏度会有影响。在40℃的测试温度下，BHA的油溶性最好，溶于生物柴油的BHA分子促使脂肪酸之间的分子力增大，从而提高了油样的运动黏度，所以BHA对油样运动黏度的影响效果最为明显。

表6-12　抗氧化剂对小桐子生物柴油其他性能的影响

抗氧化剂	凝点（℃）	运动黏度（mm^2/s）	热值（MJ/kg）
无添加	4	4.219	40.201
没食子酸（GAM）	3	4.237	40.120
丁基羟基茴香醚（BHA）	2	4.244	40.205
没食子酸甲酯（MT）	3	4.212	40.425
L—抗坏血酸棕榈酸酯（AP）	2	4.225	40.073
抗坏血酸（Vc）	4	4.207	40.718
叔丁基对苯二酚（TBHQ）	3	4.234	40.171

热值是燃料基本性能指标之一。不同种类抗氧化剂对生物柴油热值影响不同，总体来看，GAM、AP和TBHQ抗氧化剂使油样热值降低，MT和V_C抗氧化剂使油样热值升高，但影响程度有限，热值变化范围均在2%以内。抗氧化剂对热值的影响主要是因为其本身化学成分的热值决定的，GAM抗氧化剂含有1个结晶水，导致没食子酸难燃烧，且含氧量较高，添加到生物柴油中导致生物柴油热值降低；抗氧化剂AP相对分子质量较大，含氧量达到27%，燃烧困难，添加到生物柴油中导致生物柴油热值降低；抗氧化剂TBHQ是酚类物质，含氧量较高，添加到生物柴油中降低了生物柴油的热值。

2. 抗氧化剂的复配对生物柴油其他性能指标的影响

单一的抗氧化剂与复配的抗氧化剂对生物柴油酸值和运动黏度的影响不同，其结果见表6-13。

表6-13　天然抗氧化剂与复配形式的抗氧化剂对生物柴油酸值和运动黏度的影响

抗氧化剂种类	酸值（mgKOH/g）	运动黏度（mm^2/s）
茶多酚	0.65	4.88
a—V_E	0.6	4.77
阿魏酸	0.73	4.73
芝麻酚	0.69	4.81
BHA	0.61	4.81
BHT	0.8	4.81
TBHQ	0.83	4.83
领苯二胺/没食子酸（2：1）	0.78	4.87
领苯二胺/没食子酸（1：1）	0.73	4.9
领苯二胺/没食子酸（1：2）	0.89	4.96
BHA/柠檬酸/丙二醇（2：1：1）	0.69	4.83
TBHQ/V_C/领苯二胺（2：1：1）	0.81	4.79
TBHQ/柠檬酸/丙二醇（2：1：1）	0.76	4.88
无添加	0.74	4.6

表6-13的酸值测定结果显示，加抗氧化剂后，大豆油生物柴油的酸值会有所上升。合成抗氧化剂对生物柴油酸值影响大于天然抗氧化剂，复配抗氧化剂对生物柴油酸值影响较小，其中茶多酚、阿魏酸对酸值影响比较大；另外，可以从表中看出，随着抗氧化剂添加量的增加，生物柴油的酸值都有所上升，当浓度过大时，部分生物柴油酸值会超过国家规定范围（生物柴油酸值<0.8mgKOH/g）；从黏度测定结果可以看出，添加抗氧化剂后生物柴油黏度变化不大，基本上都符合国家标准中对黏度的要求（生物柴油黏度为4～6mm^2/s）。

6.3.10 添加抗氧化剂后生物柴油常温氧化稳定性能分析

分别向8种生物柴油中添加抗氧化剂TBHQ、PG、BHA和BHT，添加量均为0.2%，采用6.2.8节中介绍的方法预测添加抗氧化剂后生物柴油的常温氧化稳定性，结果见表6-14～表6-17。

表6-14 添加2000ppm的TBHQ时生物柴油常温（20℃）下的诱导期及相关系数

生物柴油种类	计算系数 A	计算系数 B	标准因子 x	常温诱导期（h）	相关性系数 R^2
JME	88 126.233 4	−0.067 3	1.961	22 926	0.991 7
RME	11 171.077 1	−0.053 1	1.700	3865	0.950 7
SSME	86 787.114 1	−0.071 7	2.048	20 698	0.964 5
SBME	255 991.752 9	−0.078 5	2.193	53 232	0.987 0
MME	127 300.721 2	−0.072 5	2.064	29 874	0.995 6
PME	96 501.748 6	−0.066 9	1.954	25 274	0.963 4
COSME	17 165.123 9	−0.049 9	1.647	6327	0.997 2
CME	281 406.301 4	−0.078 6	2.195	58 428	0.988 4

表6-15 添加2000ppm的PG时生物柴油常温（20℃）下的诱导期及相关系数

生物柴油种类	计算系数 A	计算系数 B	标准因子 x	常温诱导期（h）	相关性系数 R^2
JME	92 664.735 3	−0.074 5	2.106	20 901	0.999 4
RME	40 014.951 5	−0.068 1	1.976	10 247	0.986 2
SSME	96 659.957 1	−0.078 4	2.191	20 135	0.999 2
SBME	82 188.569 2	−0.076 8	2.155	17 690	0.999 2
MME	91 135.795 8	−0.076 9	2.157	19 582	0.993 9
PME	33 643.481 9	−0.065 7	1.929	9043	0.966 8
COSME	45 491.581 4	−0.063	1.878	12 898	0.994 4
CME	44 027.075	−0.069 5	2.004	10 964	0.992 3

表6-16 添加2000ppm的BHA时生物柴油常温（20℃）下的诱导期及相关系数

生物柴油种类	计算系数 A	计算系数 B	标准因子 x	常温诱导期（h）	相关性系数 R^2
JME	19 580.258 6	−0.066 3	1.94	5202	0.992 3
RME	10 028.160 3	−0.061 5	1.851	2927	0.992 0
SSME	22 299.338 4	−0.071 2	2.038	5368	0.979 9
SBME	20 542.960 6	−0.070 8	2.03	4986	0.997 8
MME	21 930.223 5	−0.070 0	2.014	5405	0.999 7
PME	22 901.479 2	−0.062 1	1.862	6722	0.988 1

续表

生物柴油种类	计算系数 A	计算系数 B	标准因子 x	常温诱导期（h）	相关性系数 R^2
COSME	13 161.635 4	−0.055 8	1.746	4315	0.997 1
CME	10 787.841 9	−0.062 3	1.864	3104	0.996 8

表 6-17　添加 2000ppm 的 BHT 时生物柴油常温（20℃）下的诱导期及相关系数

生物柴油种类	计算系数 A	计算系数 B	标准因子 x	常温诱导期（h）	相关性系数 R^2
JME	29 972.844 9	−0.069 2	1.998	7507	0.999 4
RME	34 713.645 4	−0.071	2.035	8383	0.999 8
SSME	25 713.518 8	−0.074 3	2.103	5815	0.999 4
SBME	42 793.329 7	−0.077 4	2.168	9105	0.998 2
MME	44 474.186 9	−0.075 3	2.124	9856	0.998 4
PME	51 639.508 3	−0.075 5	2.128	11 399	0.999 4
COSME	55 836.235 7	−0.069 5	2.004	13 907	0.999 4
CME	35 069.491 1	−0.072 3	2.062	8252	0.999 7

由以上四个表的数据可得：添加抗氧化剂对生物柴油常温氧化稳定性的提升是非常巨大的，因此添加抗氧化剂对于增强生物柴油常温稳定性是一种可行的方法。其中常温诱导期最长的是添加 TBHQ 后的芥花油生物柴油（CME）达到了 58 428h，即 6.67 年；常温诱导期最短的是添加 BHA 后的菜籽油生物柴油（RME）只有 2927h，0.33 年。并且相关性系数都达到了 95%以上，所以通过预测模型计算出生物柴油常温诱导期的数据是非常可靠、精准的。由此可见抗氧化剂的使用对生物柴油常温氧化稳定性的优化起到了巨大的效果。

为了对比常温下 8 种生物柴油添加 4 种抗氧化剂后的优化效果，表 6-18 给出了添加 4 种抗氧化剂后生物柴油常温氧化稳定性。

表 6-18　加抗氧化剂后 8 种生物柴油的常温氧化诱导期　（h）

生物柴油种类	无添加	TBHQ	PG	BHA	BHT
JME	635	22 926	20 901	5202	7507
RME	2598	3565	10 247	2927	8383
SSME	730	20 698	20 135	5368	5815
SBME	2151	53 232	17 690	4986	9105
MME	2425	29 874	19 582	5405	9856
PME	5192	25 274	9043	6722	11 399
COSME	2330	6327	12 898	4315	13 907
CME	470	58 428	10 964	3104	8252

由表 6-18 可知，不同抗氧化剂对生物柴油常温氧化稳定性的优化效果差别较大。综合考虑，4 种抗氧化剂中，TBHQ 对小桐子生物柴油、葵花籽油生物柴油、大豆油生物柴油、玉米油生物柴油、花生油生物柴油和芥花油生物柴油的抗氧化性最好。PG 对小桐子生物柴油的抗氧化性最好。BHA 对花生油生物柴油的抗氧化性最好。BHT 对油茶籽油生物柴油的抗氧化性最好。

添加抗氧化剂 TBHQ 后，8 种生物柴油常温稳定性由高到低为：芥花油生物柴油>大豆油生物柴油＞玉米油生物柴油＞花生油生物柴油＞小桐子生物柴油＞葵花籽油生物柴油＞油茶籽油生物柴油＞菜籽油生物柴油。添加抗氧化剂 PG 后，8 种生物柴油常温氧化稳定性由高到低为：小桐子生物柴油＞葵花籽油生物柴油＞玉米油生物柴油＞大豆油生物柴油＞油茶籽油生物柴油＞芥花油生物柴油＞菜籽油生物柴油＞花生油生物柴油；添加抗氧化剂 BHA 后，8 种生物柴油常温氧化稳定性由高到低为：花生油生物柴油＞玉米油生物柴油＞葵花籽油生物柴油＞小桐子生物柴油＞大豆油生物柴油＞油茶籽油生物柴油＞芥花油生物柴油＞菜籽油生物柴油，且这 8 种生物柴油常温氧化诱导期分布相对较为均匀；添加抗氧化剂 BHT 后，8 种生物柴油常温氧化稳定性由高到低为：油茶籽油生物柴油＞花生油生物柴油＞玉米油生物柴油＞大豆油生物柴油＞菜籽油生物柴油＞芥花油生物柴油＞小桐子生物柴油＞葵花籽油生物柴油。

6.4 新型没食子酸酯类抗氧化剂的制备及其抗氧化性能

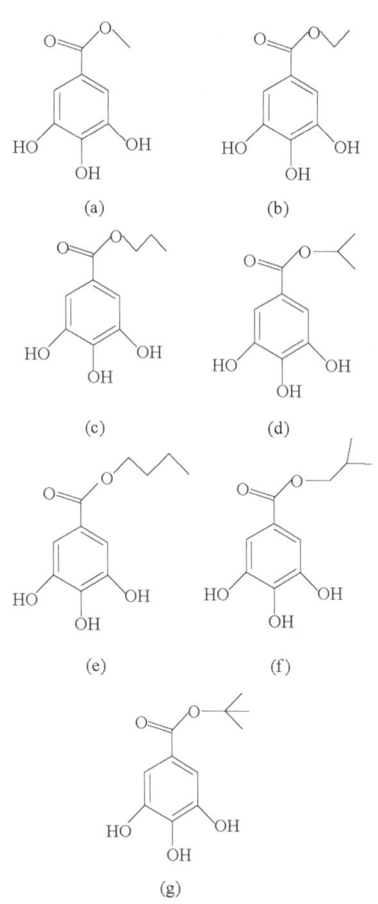

图 6-33 几种没食子酸酯类化合物的分子结构

(a) 没食子酸甲酯 (MT)；(b) 没食子酸乙酯 (EG)；(c) 没食子酸丙酯 (PG)；(d) 没食子酸异丙酯；(e) 没食子酸丁酯 (BG)；(f) 没食子酸异丁酯；(g) 没食子酸叔丁酯

由以上章节分析可以看出，没食子酸酯类化合物对生物柴油的氧化稳定性能起到很好的效果，但其油溶性能较差。对没食子酸酯类化合物进行了进一步的深入研究，采用新方法制备出没食子酸甲酯、没食子酸乙酯、没食子酸丙酯、没食子酸异丙酯、没食子酸丁酯、没食子酸异丁酯和没食子酸叔丁酯等几种没食子酸酯类化合物，并研究了其作为抗氧化剂对生物柴油的氧化稳定性能的影响。

6.4.1 新型没食子酸抗氧化剂的催化制备

分别采用甲醇、乙醇、正丙醇、异丙醇、正丁醇、异丁醇及叔丁醇与没食子酸酯化反应，得到没食子酸甲酯、没食子酸乙酯、没食子酸丙酯、没食子酸异丙酯、没食子酸丁酯、没食子酸异丁酯和没食子酸叔丁酯，其分子结构式如图 6-33 所示。没食子酸与甲醇、乙醇、正丙醇和正丁醇酯化反应的催化剂采用对甲苯磺酸，在超声波辅助下，反应温度为 70℃左右，反应时间为 3～6h，产率能达到 92%。没食子酸与异丙醇、异丁醇和叔丁醇酯化反应的催化剂采用吡啶硫酸氢盐离子液体，在超声波辅助下，反应温度为 85℃左右，反应时间为 4～7h，产率能达到 95%。选用不同催化剂的原因是异丙醇、异丁醇和叔丁醇与没食子酸进行酯化反应较困难，选用对甲苯磺酸为催化剂在6h反应时间里转化率还比较低，产率才达到50%。而采用吡啶硫酸氢盐离子液体做催化剂，反应迅速，且酯化转化率较高，产率能达到95%。

6.4.2 新型没食子酸抗氧化剂的性能表征及分析

对上一节制备的没食子酸类抗氧化剂进行验证，反应产物没食子酸异丙酯的红外光谱图如图6-34所示。$3498cm^{-1}$和$3280cm^{-1}$的吸收峰是酚羟基O—H伸缩振动吸收峰，$1541cm^{-1}$和$1467cm^{-1}$的吸收峰是苯环伸缩振动吸收峰，$1667cm^{-1}$的吸收峰是羧基C═O的伸缩振动吸收峰，$1387cm^{-1}$的吸收峰是C—O—C伸缩振动吸收峰，$1321cm^{-1}$的吸收峰是—CH $(CH_3)_2$伸缩振动吸收峰，与没食子酸异丙酯结构相符，确定产物是没食子酸异丙酯。其余几种没食子酸酯的红外光谱图如图6-35所示。

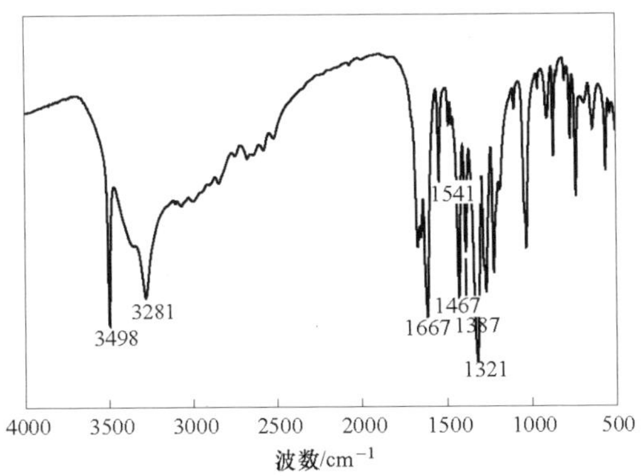

图6-34 没食子酸异丙酯红外光谱图

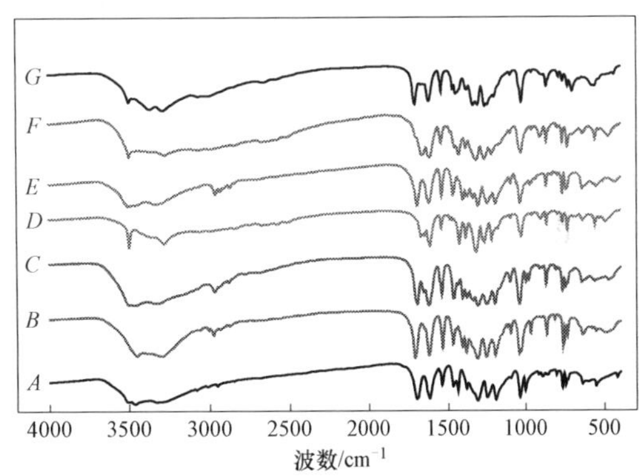

图6-35 制备的没食子酸酯类化合物的红外光谱图

A—没食子酸甲酯；B—没食子酸乙酯；C—没食子酸正丙酯；D—没食子酸异丙酯；E—没食子酸正丁酯；F—没食子酸异丁酯；G—没食子酸叔丁酯

6.4.3 新型没食子酸抗氧化剂的抗氧化性能分析

对自制的新型抗氧化剂进行分析，首先研究试验自制的7种抗氧化剂，没食子酸甲酯（methyl 3，4，5-trihydroxybenzoate，MT）、没食子酸乙酯（ethyl gallate，EG）、没食子酸丙酯（propyl gallate，PG）、没食子酸异丙酯（isopropyl gallate，iPG）、没食子酸丁酯（n-butyl gallate，BG）、没食子酸异丁酯（isobutyl gallate，iBG）和没食子酸叔丁酯（tert-butyl gallate，tBG），对生物柴油的原料油小桐子油和菜籽油的氧化稳定性能的影响。分别往小桐子油和菜籽油里添加1000ppm的各种抗氧化剂，采用相同的条件分别测试出其诱导期时间，如图6-36、图6-37所示。制备的抗氧化剂对小桐子油和菜籽油的氧化稳定性能起到很好

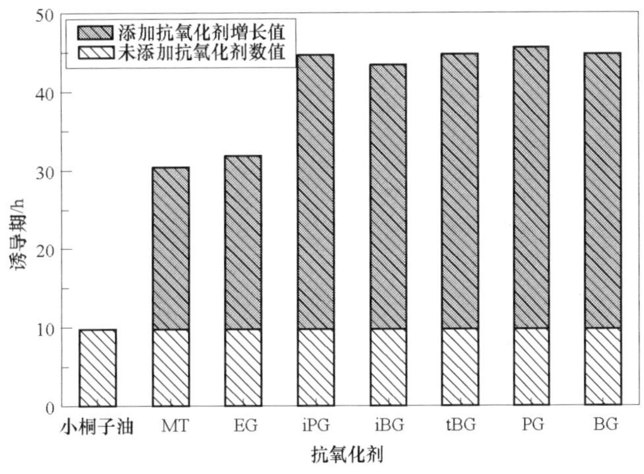

图6-36 制备的抗氧化剂对小桐子油的氧化稳定性能的影响

的效果，其中没食子酸异丙酯、没食子酸异丁酯、没食子酸叔丁酯、没食子酸丙酯及没食子酸丁酯对小桐子油和菜籽油的抗氧化效果明显优于没食子酸甲酯和没食子酸乙酯的抗氧化效果。

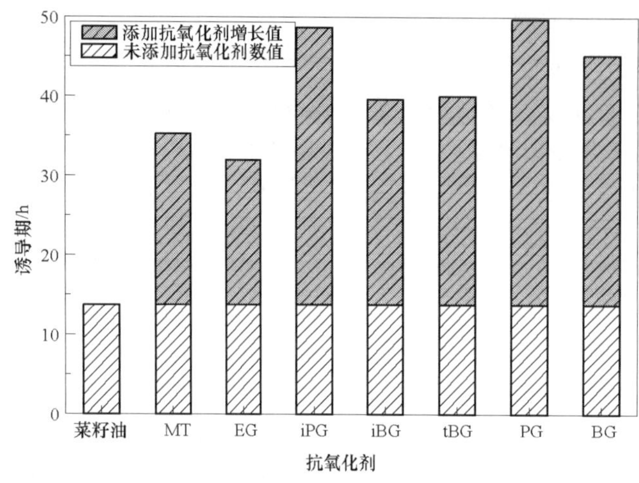

图 6-37　制备的抗氧化剂对菜籽油的氧化稳定性能的影响

通过图 6-36、图 6-37 还可以看出这 7 种制备的抗氧化剂对小桐子油的抗氧化效果明显优于对菜籽油的抗氧化效果。因为小桐子油的脂肪酸组成大部分是由含有双键和三键的不饱和脂肪酸组成，在存放过程中极易氧化变质，降低了小桐子油的各方面性能，所以选用这 7 种没食子酸酯类物质作为小桐子油的抗氧化剂对于小桐子油的储存能起到很好的作用，可以大大延长小桐子油的存放时间。但没食子酸甲酯与没食子酸丙酯在小桐子油中的溶解性能较差，需要借助超声波的辅助作用才能使其完全溶解在小桐子油中。其他几种在小桐子油中的溶解性较好，加入后多搅拌一下均能完全溶解。

把这 7 种自制的抗氧化剂分别加入到精制小桐子生物柴油和粗制小桐子生物柴油里，使其含量均为 1000ppm，在相同的条件下测试生物柴油的诱导期时间，以研究制备的抗氧化剂对小桐子生物柴油氧化稳定性能的影响，其影响柱线图如图 6-38、图 6-39 所示。从图中可以看出，这 7 种抗氧化剂对小桐子生物柴油（粗制和精制）的氧化稳定性能起到很好的效果，使生物柴油的诱导期时间大幅增加，增幅很明显，抗氧化剂添加量为 1000ppm 时均能使生物柴油氧化稳定性达到国家标准。由于小桐子生物柴油主要成分是由含有一个或多个双键的不饱和脂肪酸甲酯组成，其性质不稳定，在常温下很易氧化变质，且其氧化稳定性远不能符合国家标准，选用这 7 种制备的抗氧化剂在添加量较低的情况下，只有没食子酸异丁酯稍微不能使精制小桐子生物柴油氧化稳定性符合国家标准，其他几种均能使其生物柴油氧化稳定性达到国家标准。

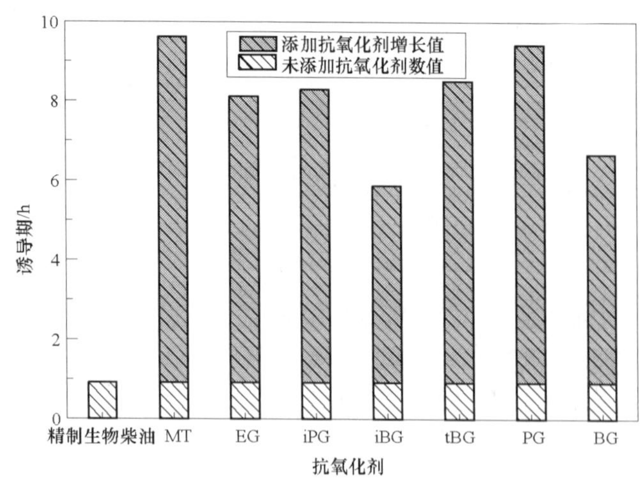

图 6-38　制备抗氧化剂对小桐子生物柴油（精制）氧化稳定性能影响

图 6-40 给出了自制的抗氧化剂与购买的几种常用抗氧化剂对小桐子生物柴油的抗氧化稳定效果的比较，从图中可以看出，自制的几种抗氧化剂对小桐子生物柴油的抗氧化效果明显好于购买的几种常用抗氧化剂的抗氧化

效果。购买的没食子酸丙酯（PG）与实验室自制的没食子酸甲酯对小桐子生物柴油的抗氧化效果相差不多，而购买的没食子酸甲酯（MT）与实验室自制的没食子酸甲酯对小桐子生物柴油的抗氧化效果相差很大。实验室自制的没食子酸甲酯对小桐子生物柴油的抗氧化效果明显优于购买的没食子酸甲酯，购买的没食子酸甲酯在添加量为1000ppm时还不能使精制的小桐子生物柴油氧化稳定性达到国家标准6h，而相同添加量实验室制备的没食子酸甲酯却已使其生物柴油的氧化稳定性远远超过国家标准6h，诱导期时间达到9.61h，这可能是实验室制备的没食子酸甲酯的纯度大于商业生产的没食子酸甲酯的纯度引起的。购买的其他几种抗氧化剂在添加量为1000ppm时均不能使生物柴油氧化稳定性达到国家标准，要想使其符合国家标准，只有加大抗氧化剂的含量，但这就加大了生物柴油的生产成本。综合考虑，选用实验室自制的几种没食子酸酯类物质为小桐子生物柴油的抗氧化剂是非常合适的，有助于小桐子生物柴油的储存，避免小桐子生物柴油氧化变质，进而影响生物柴油的质量，降低生物柴油的燃烧特性，同时也可以使小桐子生物柴油的生产成本在一定程度上得到降低。

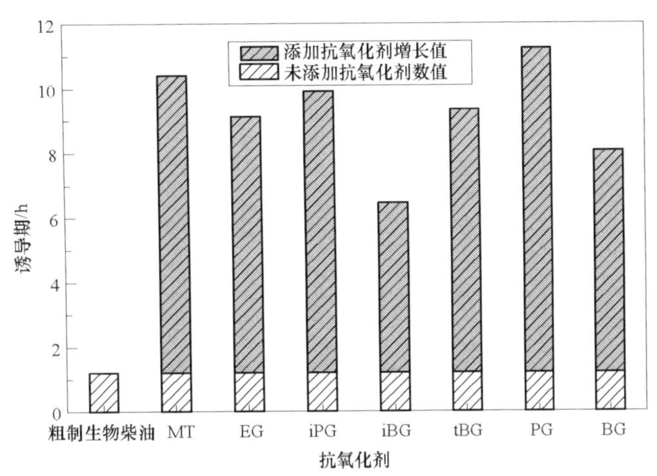

图6-39　制备抗氧化剂对小桐子生物柴油（粗制）氧化稳定性能影响

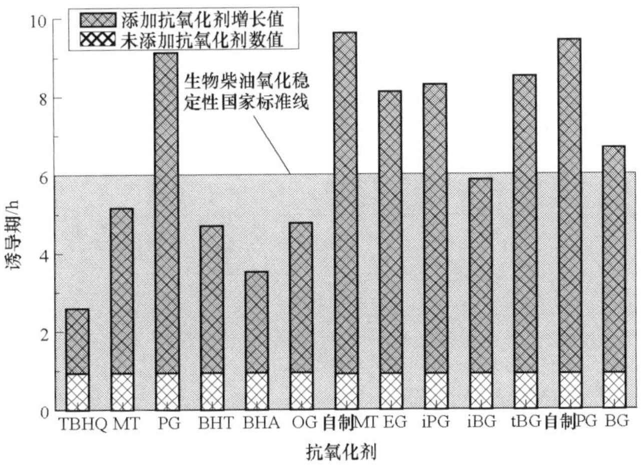

图6-40　抗氧化剂对小桐子生物柴油（精制）氧化稳定性能影响

从7种自制的抗氧化剂里选择了没食子酸异丙酯和没食子酸异丁酯两种抗氧化剂来研究抗氧化剂添加量对小桐子生物柴油（粗制）氧化稳定性能的影响，如图6-41所示。从图中可以看出随着抗氧化剂含量的增加，生物柴油的诱导期时间随之增大，且增幅较大。

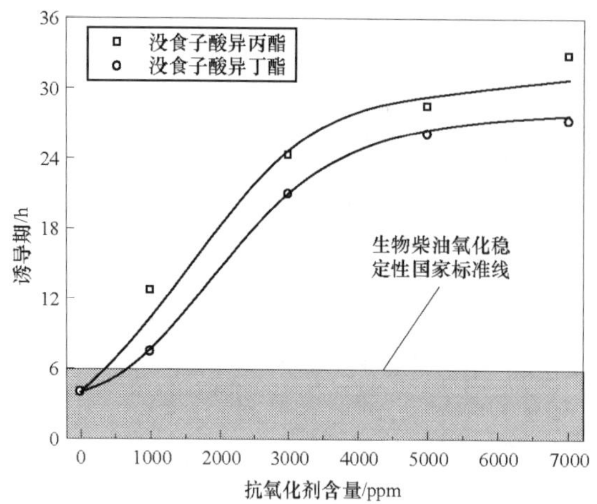

图 6-41　抗氧化剂含量变化对生物柴油氧化稳定性的影响

随着含量的进一步增大，生物柴油的诱导期时间增幅减小，有一种趋于稳定的趋势。还可以得知抗氧化剂含量较低时就已能使粗制的小桐子生物柴油氧化稳定性符合国家标准，即当两种抗氧化剂的添加量分别为 250ppm 和 600ppm 时，已能使粗制生物柴油的氧化稳定性能满足国家和国际标准。

6.4.4　添加新型没食子酸抗氧化剂对生物柴油其他性能指标的影响

本章还以过氧化值，酸值为评价指标，研究新型抗氧化剂没食子酸酯类对生物柴油氧化稳定性的影响，考察分别加入不同没食子酸酯的生物柴油的过氧化值，酸值随时间的变化规律，讨论没食子酸萜醇酯对生物柴油氧化稳定性的影响规律。

生物柴油过氧化值、酸值与时间的变化曲线如图 6-42 和图 6-43 所示。由图可以看出，添加了没食子酸萜醇酯的生物柴油的过氧化值、酸值均低于纯生物柴油，说明没食子酸萜醇酯能增加生物柴油的氧化稳定性。没食子酸萜醇酯的过氧化值、酸值比较相近，说明没食子酸萜醇酯对生物柴油的氧化稳定性作用效果比较接近，其中没食子酸金合欢酯相对突出一些。从总体上看，其稳定作用的次序为：没食子酸金合欢酯＞没食子酸薄荷酯＞没食子酸氢化松香醇酯。

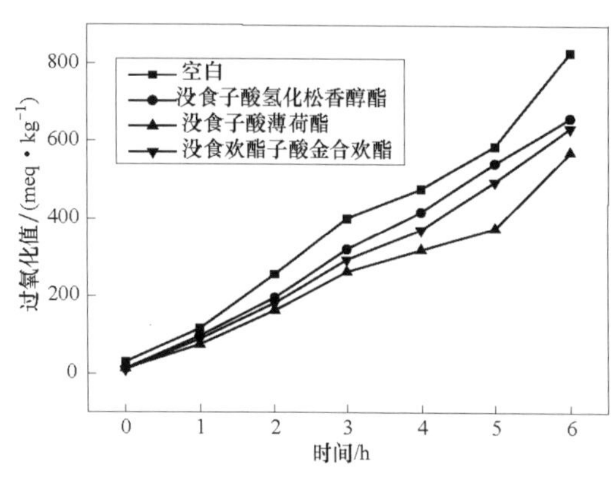

图 6-42　没食子酸萜醇酯对生物柴油过氧化值的影响

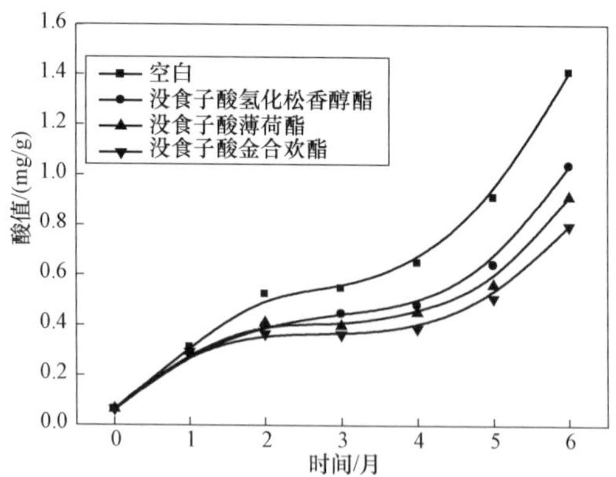

图 6-43　没食子酸萜醇酯对生物柴油酸值的影响

6.5　新型离子液体抗氧化剂的制备及其抗氧化性能

6.5.1　新型离子液体抗氧化剂的催化制备

目前市场上的抗氧化剂都不是专门为生物柴油开发的，各类抗氧化剂虽然都可用于提高生物柴油氧化稳定性，但受限于各类抗氧化剂的油溶性能较差，无法大规模应用。为解决常规抗氧化剂油溶性能差、不能满足生物柴油的使用要求，专门开发了离子液体抗氧化剂，离子液体是一种在室温或者近室温下呈液态的熔盐体系，有别于传统有机与无机的纯离子结构。其主要特点是极低的蒸汽压、低熔点、高热稳定性、选择性、溶解性好及结构的可设计性。目前，离子液体被广泛应用于化学合成、化学分离、电化学等领域，取得了良好的研究成果，具有较大的发展前景。本节提出合成离子液体抗氧化剂提高生物柴油抗氧化剂的油溶性。离子液体作为一种溶液，具有较大的开发意义和价值，通过合成离子液体抗氧化剂可以进一步开拓离子液体的应用范围。

1. 烷基咪唑类阴离子功能化离子液体［MI］［C_6H_5COO］的合成

烷基咪唑类阴离子功能化离子液体［MI］［C_6H_5COO］的合成方法如图6-44所示。

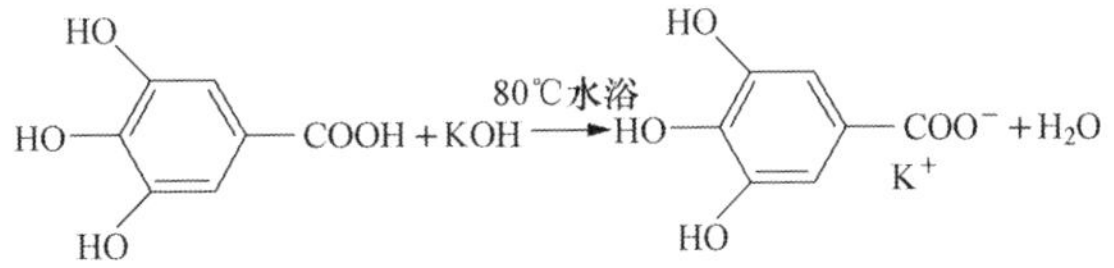

HO, HO, HO —COOH + KOH —80℃水浴→ HO, HO, HO —COO^- K^+ + H_2O (6-12)

N, N + HCl —80℃水浴→ Cl^- H^+N, N (6-13)

N Cl^-, N^+H + HO, HO, HO —COO^- K^+ —80℃水浴→ HO, HO, HO —COO^- + KCl, H^+N, N (6-14)

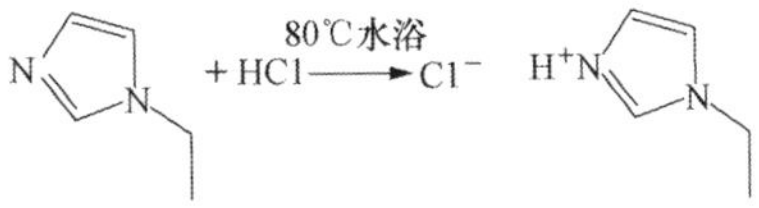

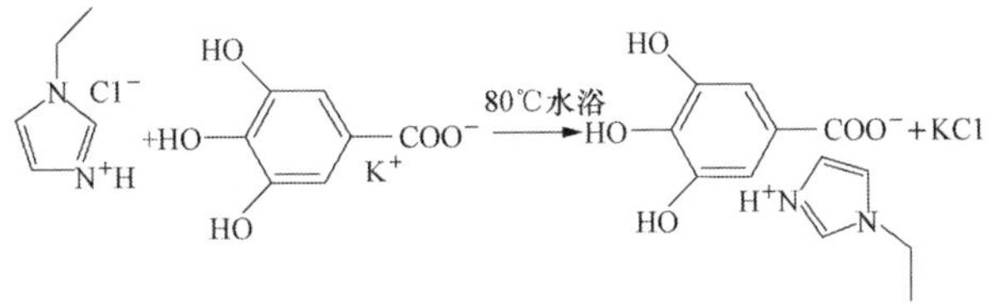

图6-44 ［MI］［C_6H_5COO］的合成路线

步骤一：取适量1—乙基咪唑置于圆底烧瓶中，取适量浓盐酸加入去离子水，后将盐酸水溶液加入圆底烧瓶，一边搅拌一边在80℃下油浴加热，反应一定时间。

步骤二：取适量氢氧化钾置于烧杯，加入去离子水溶解、超声5min。取适量一水合没食子酸加入去离子水，搅拌加热一定温度至完全溶解。将氢氧化钾溶液与没食子酸溶液混合，80℃下加热搅拌，反应一定时间。

步骤三：将步骤一盒步骤二产物混合，80℃加热搅拌反应一定时间，待反应完成后旋蒸除去水，加入无水乙醇溶解，过滤，取溶液旋蒸除去乙醇，得到产物即为1—乙基咪唑没食子酸盐离子液体抗氧化剂。

2. 胆碱阴离子功能化离子液体抗氧化剂［Ch］［C_6H_5COO］的合成

胆碱类阴离子功能化离子液体［Ch］［C_6H_5COO］的合成其合成方法如图6-45所示。

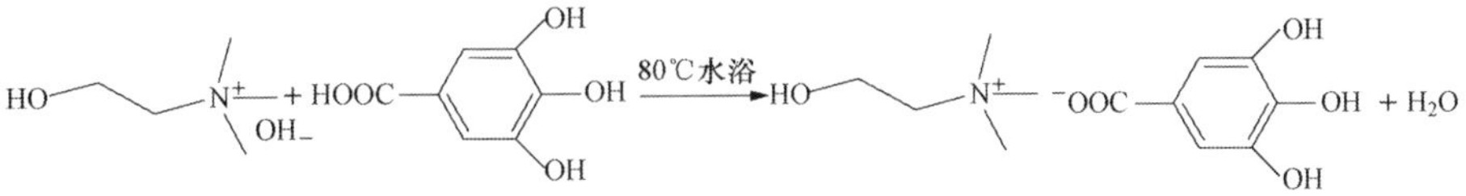

HO—N^+ OH^- + HOOC— OH, OH, OH —80℃水浴→ HO—N^+ ^-OOC— OH, OH, OH + H_2O

图6-45 ［Ch］［C_6H_5COO］的合成路线

取适量没食子酸置于圆底烧瓶，后加入适量胆碱水溶液和一定量去离子水，一边搅拌一边在 80℃下油浴加热，反应一定时间。待反应完成后旋蒸除去水，得到产物即为胆碱没食子酸盐离子液体抗氧化剂。

6.5.2 新型离子液体抗氧化剂的性能标准及分析

为了验证合成物质为目标离子液体抗氧化剂 1—乙基咪唑没食子酸盐，图 6 - 46 所示为合成产物的红外光谱图。从图中可以得出，3146cm⁻处的吸收峰对应 O—H 的伸缩振动，因为该离子液体中的水已经被脱除，所以该峰源于阴离子中含有大量的酚羟基。1969cm⁻处的吸收峰为 γC—H 的倍、合频谱带。在 1693cm⁻处吸收峰对应着 C=C 双键的伸缩振动。1548cm⁻处的吸收峰为 C=N 双键伸缩振动峰。1445cm⁻处吸收峰对应着 N—H 的弯曲振动。1389cm⁻处的吸收峰为杂环伸缩振动。由于该离子液体结构复杂，大量吸收峰谱带重叠，单纯利用光谱分析只能简单判断出部分官能团及一些键。

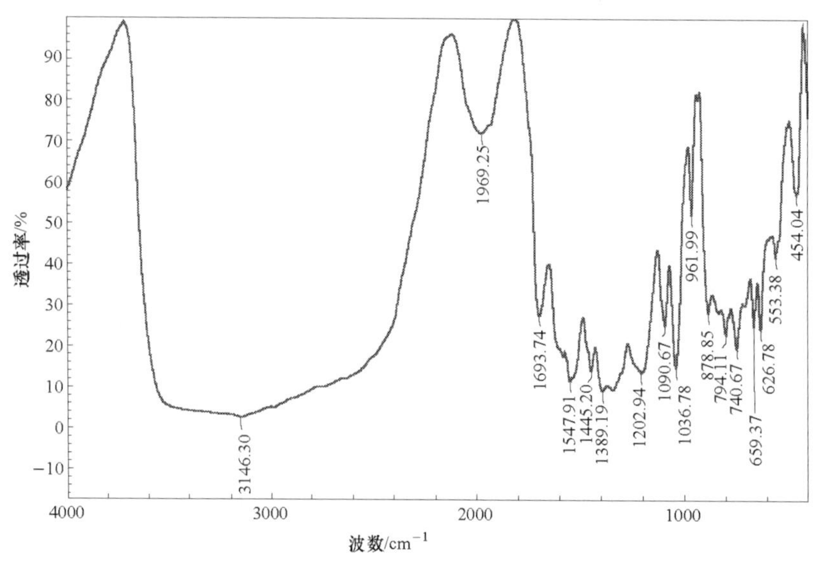

图 6 - 46 1—乙基咪唑没食子酸盐红外光谱图

为了验证合成物质为目标离子液体抗氧化剂胆碱没食子酸盐，图 6 - 48 所示为合成产物的红外光谱图。从图 6 - 47 中可以得出，3138cm⁻处的吸收峰对应 O—H 的伸缩振动，因为该离子液体中的水已经被脱除，同样该峰源于阴离子中的大量酚羟基。1612cm⁻对应着羧酸离子的非对称伸缩振动，1305cm⁻处的吸收峰对应 C—O 的伸缩振动，1400cm⁻（图中 1485.76cm⁻和 1347cm⁻间较弱吸收峰）为羧酸离子对称伸缩振动，而羧酸基团所有特征谱带均消失。

根据以上红外光谱的测试结果，图 6 - 47 中出现了反应原料中未有的 N—H 键，证明化学反应已经进行并生成了新的物质，但因 O—H 谱带过宽，导致了谱带重叠，很难分辨出合成的具体物质，需要进一步采用核磁共振波谱（NMR）进行分析。图 6 - 48 中可以得知，反应后没食子酸的羧酸谱带特征已经全部消失，羧酸阴离子谱带出现，证明在反应过程中没食子酸的羧酸官能团失去了氢离子，由于 O—H 谱带过宽，无法分辨胆碱结构中的羟基、没食子酸的酚羟基和游离态氢氧根的吸收峰，需要进一步采用 NMR 进行分析。

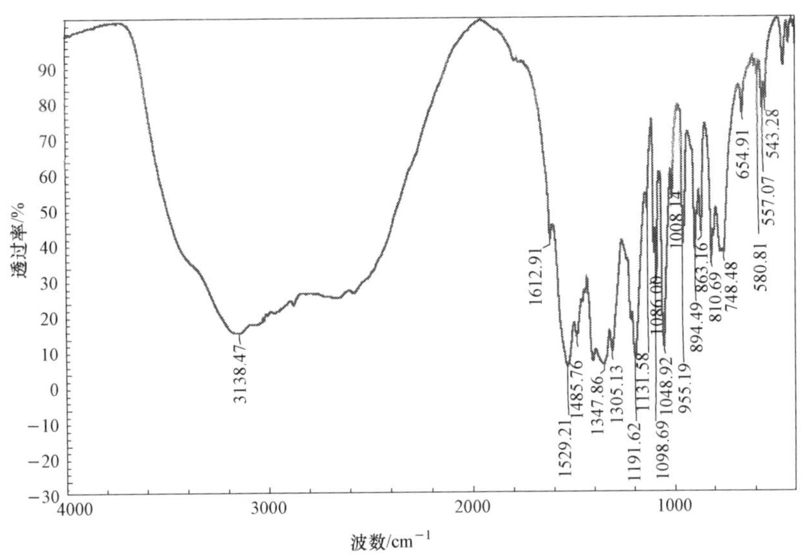

图6-47 胆碱没食子酸盐红外光谱图

通过BRUKER AVANCE Ⅲ HD500核磁共振波谱测试，验证了两种合成产物即为目标离子液体抗氧化剂[MI][C_6H_5COO]和[Ch][C_6H_5COO]，两种离子液体的数据如下：

1-乙基咪唑没食子酸盐[MI][C_6H_5COO]，^1H NMR：δ(ppm)=8.29(s、1H、CH)、7.533(br、5H、NH、OH)、7.39(s、1H、CH)、7.27(s、1H、CH)、7.16(s、2H、CH)、4.22(q、2H、CH_2)、1.46(t、3H、CH_3)。

胆碱没食子酸盐[Ch][C_6H_5COO]，^1H NMR：δ(ppm)=6.85(s、2H、CH)、5.51(4H、OH)、3.83(t、2H、CH_2)、3.46(t、2H、CH_2)、3.1(s、9H、CH_3)。

6.5.3 新型离子液体抗氧化剂的抗氧化性能分析

制备的离子液体抗氧化剂对生物柴油的氧化具有一定的抑制作用，本节讨论了离子液体抗氧化剂的抗氧化效果。表6-19给出了小桐子生物柴油的氧化稳定性随着离子液体抗氧化剂[MI][C_6H_5COO]含量增加的变化规律，由表可知，随着[MI][C_6H_5COO]添加量的增加，小桐子生物柴油的氧化安定诱导期时间随之增大，在添加量在0.2‰时，其诱导期时长达到国家标准（6h）。

表6-19 生物柴油氧化安定性随[MI][C_6H_5COO]含量的变化

[MI][C_6H_5COO]添加量	0	0.1‰	0.2‰	0.3‰
诱导期（h）	3.32	4.23	6.05	7.9

表6-20给出了小桐子生物柴油氧化稳定性随着离子液体抗氧化剂[Ch][C_6H_5COO]含量增加的变化规律，由表可知，随着[Ch][C_6H_5COO]添加量的增加，小桐子生物柴油的氧化安定诱导期时间随之增大，但增加幅度不明显，且在添加量为0.3‰时，其诱导期时仍未达到中国国家标准（6h）。

表 6-20 生物柴油氧化安定性随 [Ch] [C_6H_5COO] 含量的变化

[Ch] [C_6H_5COO] 添加量	0	0.1‰	0.2‰	0.3‰
诱导期 (h)	3.32	3.65	4.02	4.68

为检验离子液体抗氧化剂与 GA 抗氧化性能的优劣，测试了小桐子生物柴油中添加相同含量（0.3‰）的离子液体抗氧化剂和 GA 后的小桐子生物柴油诱导期，结果见表 6-21。由表 6-21 可知，在相同添加量（0.3‰）的情况下，添加了 [MI] [C_6H_5COO] 的小桐子生物柴油氧化诱导期增加最大，提高了一倍之多，达到了国家标准。添加了 GA 的小桐子生物柴油氧化诱导期提高了 74.6%，没有达到国家标准。添加了 [Ch] [C_6H_5COO] 的小桐子生物柴油氧化安定性能最差，提高了 41%，未达到国家标准。

表 6-21 小桐子生物柴油氧化安定诱导期

添加量 (0.3‰)	—	[Ch] [C_6H_5COO]	GA	[MI] [C_6H_5COO]
诱导期 (h)	3.32	4.68	5.8	7.9

6.5.4 新型离子液体抗氧化剂的油溶性能分析

油溶性是抗氧化剂的一个重要性质，直接关系到抗氧化效果，采用 6.3.2 节介绍的规定方法测定油溶性能。为检验离子液体抗氧化剂相对于原料没食子酸 GA 的油溶性能变化，在常温 20℃时，测试了离子液体抗氧化剂和 GA 在小桐子生物柴油中的油溶性能，结果见表 6-22。

表 6-22 抗氧化剂在生物柴油中的油溶性能

抗氧化剂	溶解度 (g/100mL)	油溶度 (mL/g)
[MI] [C_6H_5COO]	0.036 3	2912
[Ch] [C_6H_5COO]	0.001 3	103 400
GA	0.000 5	200 000

由表 6-22 中数据可知，3 种抗氧化剂中，[MI] [C_6H_5COO] 的溶解能力最强，C_6H_5COOH 的溶解能力最弱。3 种抗氧化剂的溶解能力由大到小排列为 [MI] [C_6H_5COO] > [Ch] [C_6H_5COO] >GA。不同的抗氧化剂在小桐子生物柴油中的溶解能力有差别，如在 20℃时，100mL 小桐子生物柴油中可溶解 [MI] [C_6H_5COO] 0.0363g，而 [Ch] [C_6H_5COO] 溶解只有 0.0013g。通过对比抗氧化剂的分子结构发现，对于油溶性能较小抗氧化剂 [Ch] [C_6H_5COO]，除了阴离子含有三个亲水基—OH 外，阳离子官能团中还带有亲水基—OH，分子极性较强。生物柴油主要是由 C_{16}～C_{18}的长链脂肪酸基团通过与甘油骨架相连而成，其分子属于非极性分子，由相似相溶原理可知，该类抗氧化剂油溶性能较差；对于油溶度较大的抗氧化剂，阳离子官能团带有的亲油基烷基支链，分子极性较弱，故而油溶性能相对较好。因此，[MI] [C_6H_5COO] 的分子结构中阳离子含有乙基支链，所以其油溶性能好于阴、阳离子都含有亲水基—OH 的 [Ch] [C_6H_5COO] 和分子结构中含有亲水基团—COOH 和大量—OH 的 GA。

在实际生产中，人们常用易溶、微溶等来定性的描述某种物质的溶解特性，2 种抗氧化剂在不同的温度下的溶解特性分析结果见表 6-23。

表 6-23　2种离子液体抗氧化剂的溶解特性

温度（℃）	0	10	20	30	40
[MI] [C_6H_5COO]	几乎不溶	几乎不溶	极微溶解	极微溶解	极微溶解
[Ch] [C_6H_5COO]	几乎不溶	几乎不溶	几乎不溶	几乎不溶	极微溶解

在常温20℃时，2种离子液体抗氧化剂的溶解特性只有极微溶解、几乎不溶。由于阴离子上含有较多的酚羟基，氢键碱性较强，导致阴离子的亲油性极差，又因为阴离子对于离子液体的溶解性影响较大，导致其在生物柴油中溶解性较差。需要进一步通过进行研究，以增加离子液体的溶解性。[MI] [C_6H_5COO] 在其溶解度范围之内，即可达到生物柴油氧化安定诱导期的国家标准。

6.5.5　添加新型离子液体抗氧化剂对生物柴油其他性能指标的影响

参照GB/T 5096《发动机燃料铜片腐蚀试验方法》，在温度50℃条件下，研究了分别添加 [MI] [C_6H_5COO]、[Ch] [C_6H_5COO] 两种离子液体抗氧化剂小桐子生物柴油的铜片腐蚀特性。见表6-24，为铜片腐蚀试验后的小桐子生物柴油的酸值变化。

表 6-24　铜片腐蚀试验后的小桐子生物柴油的酸值变化

试验条件	酸值（mgKOH/g）
小桐子生物柴油	2.96
试验后小桐子生物柴油	8.74
[Ch] [C_6H_5COO] ＋小桐子生物柴油	6.43
[MI] [C_6H_5COO] ＋小桐子生物柴油	3.42

由表6-24可知，铜片腐蚀试验后，所有的试验小桐子生物柴油酸值全部升高，其中，酸值变化最大的是铜片腐蚀试验后的小桐子生物柴油，酸值达到8.74mgKOH/g，是小桐子生物柴油的2.95倍。酸值变化最小的是添加 [MI] [C_6H_5COO] 的小桐子生物柴油，是小桐子生物柴油的1.16倍。酸值从大到小的顺序依次是试验后小桐子生物柴油＞ [Ch] [C_6H_5COO] ＋小桐子生物柴油＞ [MI] [C_6H_5COO] ＋小桐子生物柴油＞小桐子生物柴油。

图6-48为 [MI] [C_6H_5COO]＋小桐子生物柴油、[Ch] [C_6H_5COO]＋小桐子生物柴油、小桐子生物柴油铜片腐蚀后的表面SEM图。

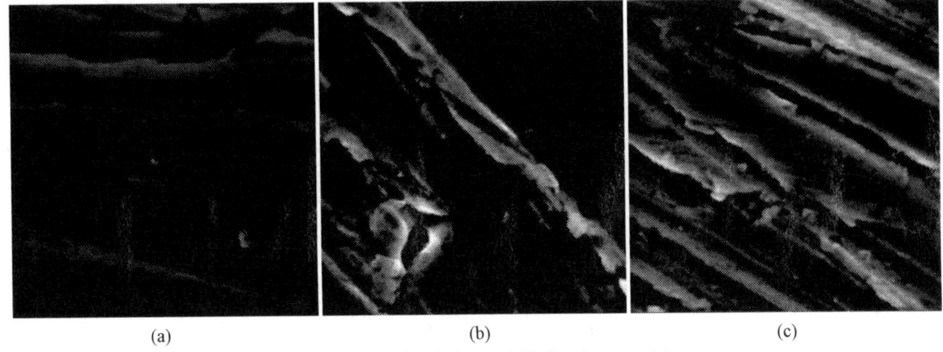

(a)　(b)　(c)

图6-48　铜片腐蚀后的表面SEM图

(a) [MI] [C_6H_5COO]＋小桐子生物柴油；(b) [Ch] [C_6H_5COO]＋小桐子生物柴油；(c) 小桐子生物柴油

从图中可以看出，经［MI］［C_6H_5COO］$^+$小桐子生物柴油浸泡过后的铜片表面腐蚀程度较轻，［Ch］［C_6H_5COO］$^+$小桐子生物柴油和小桐子生物柴油浸泡过后的铜片表面腐蚀程度比较严重。为了详细对腐蚀后的铜片进行腐蚀等级分级，研究人员将腐蚀后的与标准铜片腐蚀对照卡进行比对（图左为铜片，右为标准对照卡）。

如图 6 - 49 左侧为铜片腐蚀后的宏观图。

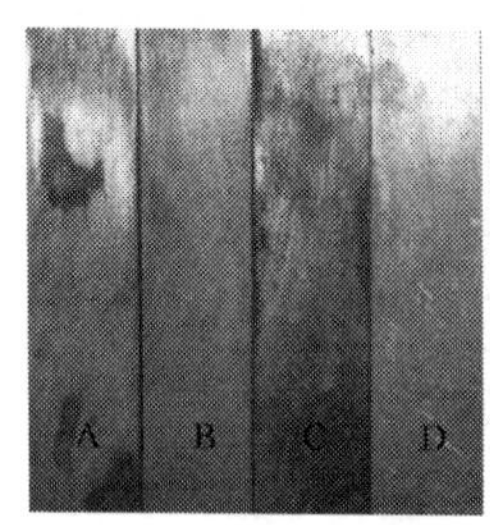

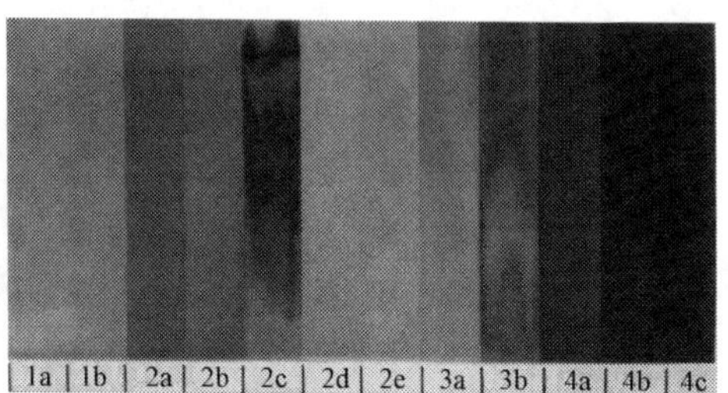

图 6 - 49　铜片腐蚀等级对照

A—［Ch］［C_6H_5COO］＋小桐子生物柴油腐蚀后铜片；B—［MI］［C_6H_5COO］＋小桐子生物柴油腐蚀后铜片；C—小桐子生物柴油腐蚀后铜片；D—铜片原貌

由图得出铜片腐蚀等级，依次为［Ch］［C_6H_5COO］$^+$小桐子生物柴油铜片腐蚀等级为 2c，［MI］［C_6H_5COO］$^+$小桐子生物柴油铜片腐蚀等级为 1b，小桐子生物柴油铜片腐蚀等级为 3b。

由图 6 - 48 和图 6 - 49 可知，在小桐子生物柴油中添加［MI］［C_6H_5COO］$^+$和［Ch］［C_6H_5COO］$^+$离子液体抗氧化剂可有效抑制小桐子生物柴油的腐蚀性，但［MI］［C_6H_5COO］$^+$对小桐子生物柴油腐蚀性能的抑制效果明显好于［Ch］［C_6H_5COO］$^+$。

 6.6　生物柴油氧化期间的特性指标分析

6.6.1　生物柴油氧化期间成分变化分析

生物柴油氧化对其组分具有一定的影响，本节探究小桐子生物柴油氧化期间组分的变化，其结果见表 6 - 25。

表 6 - 25　　小桐子生物柴油加速氧化期间主要成分及相对含量

主要成分	相对含量（%）							
	0h	4h	8h	12h	16h	20h	24h	28h
已醛（$C_6H_{12}O$）	0	0	0	0	0	0	0.1	1.25
4 甲基—2 羟基戊酮（$C_6H_{12}O_2$）	2.38	1.69	2.35	3.03	3.36	2.36	1.22	6.27
辛酸甲酯（$C_9H_{18}O_2$）	0	0	0	0	0.12	0.10	0.19	1.06
9，10 十八烷酸二羟基甲酯（$C_{19}H_{38}O_4$）	0	0	0	0	0.24	0.29	0.34	3.69
壬二酸二甲酯（$C_{11}H_{20}O_4$）	0	0	0	0	0	0.1	0.12	12.64
棕榈酸甲酯（$C_{17}H_{34}O_2$）	12.99	13.06	13.15	13.28	14.76	15.56	16.47	18.52
棕榈油酸甲酯（$C_{17}H_{32}O_2$）	0.89	0.59	0	0	0	0	0.76	0

续表

主要成分	相对含量（%）							
	0h	4h	8h	12h	16h	20h	24h	28h
油酸甲酯（$C_{19}H_{36}O_2$）	40.58	48.67	48.89	48.96	52.78	54.56	55.35	36.34
反式油酸甲酯（$C_{19}H_{36}O_2$）	0	1.18	0.85	0	0	0.56	1.42	0
亚油酸甲酯（$C_{19}H_{34}O_2$）	42.21	34.02	34.25	34.23	27.48	24.08	19.43	0
已酸甲酯（$C_7H_{14}O_2$）	0	0	0	0	0	0	0	4.42
壬醛（$C_9H_{18}O$）	0	0	0	0	0.2	0.18	0.25	0.45
4氧代十八烷酸甲酯（$C_{19}H_{36}O_3$）	0	0	0	0	0.65	0.89	1.02	1.73
3辛基—环氧乙烷辛酸甲酯（$C_{19}H_{36}O_3$）	0	0	0	0	0.26	1.25	2.69	7.75
3—辛基环氧辛酸（$C_{18}H_{34}O_3$）	0	0	0	0	0	0	0	4.93

由表6-25可知，新制备的小桐子生物柴油的主要成分为棕榈酸甲酯、油酸甲酯、亚油酸甲酯，其相对含量为95.78%，经过28h的加速氧化，小桐子生物柴油脂肪酸甲酯的相对含量为54.86%。加速氧化期间含有两个不饱和双键的亚油酸甲酯的相对含量降低的幅度很大，新制备的小桐子生物柴油的亚油酸甲酯相对含量为42.21%，经过28h的加速氧化，其相对含量为0，可知亚油酸甲酯基本完全被氧化。饱和的棕榈酸甲酯在加速氧化过程中的相对含量比较稳定。同时，在加速氧化过程中，生物柴油会发生双键异构化，生成部分含反式碳碳键的化合物，还出现了一些醛、酮等有机化合物，在氧化前相对含量为2.38%，完全氧化后醛、酮及其他酯类物质的相对含量为44.1%。由此可知，小桐子生物柴油在加速氧化期间主要是含有不饱和双键或三键的脂肪酸甲酯的氧化，在氧化过程中生物柴油的成分以及含量变化较大，对其性能指标有一定的影响。

6.6.2 生物柴油氧化期间表面张力和密度的变化

油的密度和表面张力对油雾化的质量有很大的影响。图6-50所示为生物柴油氧化期间密度和表面张力的变化情况。

从图6-50可以看出，氧化0h的小桐子生物柴油的密度为0.862g/cm^3，表面张力为28.85mN/m，随着氧化时间的增加，密度和表面张力升高，氧化至14h，密度增加至0.895g/cm^3，增加了3.8%，表面张力为31.42mN/m，增加了8.9%，主要是由于生物柴油的热不稳定性，在氧化过程中生成高分子量的化合物和可溶性聚合物。同时，在氧化过程中会生成一些较短链烃和饱和脂肪酸，饱和脂肪酸更容易结晶，这导致生物柴油体积减小，从而增加密度。生物

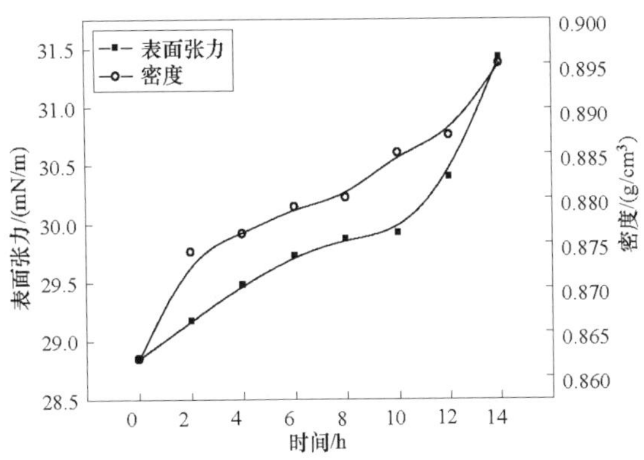

图6-50 生物柴油氧化期间密度和表面张力的变化情况

柴油的表面张力主要取决于自身的密度和黏度，表面张力随密度的变化的公式为

$$\delta = M \times F \tag{6-15}$$

$$F = 0.725\,0 + \sqrt{\left(\frac{0.036\,78 \times M}{r_{\mathrm{v}}^2(\rho_0 - \rho_1)} + P\right)} \tag{6-16}$$

$$P = 0.045\,34 - \frac{1.679 r_{\mathrm{w}}}{r_{\mathrm{v}}} \tag{6-17}$$

式中：ρ_0 为水在 25℃时的密度；ρ_1 为油样在 25℃时的密度；r_{v} 为铂丝环的半径，mm；r_{w} 为铂丝的半径，mm；M 为铂环与被测界面脱离前的最大拉力值，mN/m。

随着生物柴油氧化时间增加，生物柴油的密度和黏度均增大，同时随着氧化时间延长，生物柴油表面张力增加。

6.6.3 生物柴油氧化期间润滑性能分析

生物柴油润滑性能通常用高频往复式摩擦磨损试验机（HFRR）来评估。Sulek 等人用 HFRR 研究了油菜籽生物柴油的摩擦学性能，观察到 B5（柴油中混入 5%油菜籽生物柴油）和 B100 的摩擦系数分别比柴油低 20%和 30%。

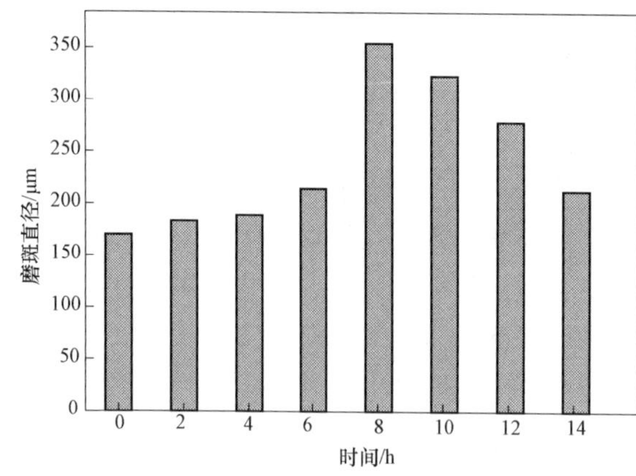

图 6-51 生物柴油氧化期间磨斑直径的变化规律

图 6-51 所示为小桐子生物柴油在不同氧化期间的磨斑直径的变化规律。由图可知，未氧化的小桐子生物柴油的磨斑直径为 170.21μm，随着氧化时间的增加，小桐子生物柴油的磨斑直径先增加后减少，氧化 8h 的磨斑直径达到最大值 355.83μm，说明长时间氧化会改善生物柴油的润滑性能，而短时间的氧化会对油品的摩擦磨损特性产生负面影响。氧化早期，小桐子生物柴油的抗磨损能力恶化，是因为生物柴油氧化期间生成的过氧化物会刺激脂肪酸链的分解，破坏润滑吸附膜的稳定性从而严重影响其润滑性能，此外，过氧化物直接与润滑表面相互作用，从而增加磨损。氢过氧化物与金属表面之间的反应式（6-18）～式（6-20)如下：

$$\mathrm{ROO^{\cdot} + Fe \rightarrow RO^{\cdot} + FeO} \tag{6-18}$$

$$\mathrm{2ROOH + Fe \rightarrow 2RO^{\cdot} + 2OH^- + Fe^{2+}} \tag{6-19}$$

$$\mathrm{ROOH + Fe^{2+} \rightarrow RO^{\cdot} + OH^- + Fe^{3+}} \tag{6-20}$$

反应产物可以是 FeO，亚铁盐和/或铁盐。随着氢过氧化物量的增加，甘油三酯结构发生变化，并且游离脂肪酸的含量增加。氧化期间生成的氢过氧化物是有害的，因为它不仅会促进其自身的磨损，而且会降低生物柴油的润滑效果。

同时，随着更深程度的氧化（超过 8h），小桐子生物柴油的磨斑直径减小，这种情况可归因于氧化后期阶段形成的高极性产物（酸，醇和单酯），如辛酸甲酯，有助于在金属表面形成稳定的边界膜，并且在氧化后期，带有 OH 基团的化合物的生成，有助于形成氢键，具有更强的增塑作用，这与 Goodrum 和 Geller 的研究结论一致。

6.6.4 生物柴油氧化期间热值变化规律分析

热值是生物柴油应用于内燃机的基本衡量指标，是指单位燃料完全燃烧产生的热量，关系到内燃机的动力性能，生物柴油的质量热值略低于柴油，但密度高于0号柴油，其含氧量可以促进燃烧并大幅度降低碳烟排放。本节主要讨论小桐子生物柴油在氧化过程中的热值的变化，其结果如图6-52所示。从图中可以看出，氧化0h的小桐子生物柴油的热值为38.86MJ/kg，随着氧化时间的增加，热值先上升后下降，氧化2h后热值增至39.25MJ/kg，氧化14h后下降到35.68MJ/kg。亚油酸甲酯，油酸甲酯，棕榈酸甲酯的热值分别为39.529、40.061、39.256MJ/kg。从表6-25可知，氧化2h的小桐子生物柴油的亚油酸甲酯的相对含量降低幅度较大，油酸甲酯相对含量增加，导致热值略有升高，同时随着氧化时间的增加，生物柴油氧化生成一些含氧化合物，如9氧代壬酸甲酯、4氧代辛酸甲酯，氧化导致了C和H的相对百分含量的降低，进而导致热值的逐渐下降。并且，Pattamaprom也认为生物柴油的氧化降解使燃料分子中碳和氢的百分比降低，导致热值降低。

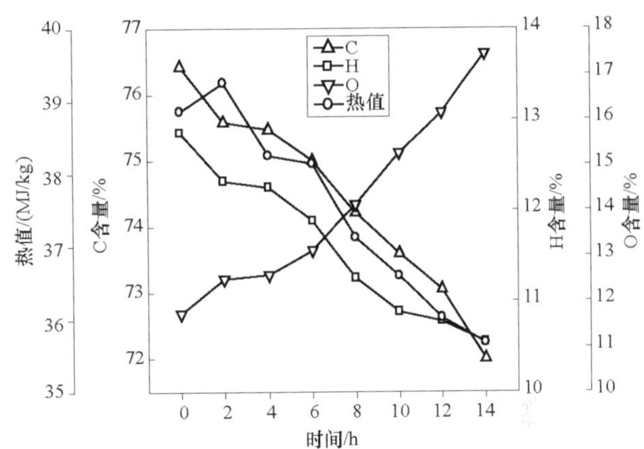

图6-52 小桐子生物柴油加速氧化期间的热值、C含量、H含量的变化规律

6.6.5 生物柴油氧化期间低温流动性的变化规律分析

氧化会对生物柴油的低温流动性产生影响，本节通过浊点，倾点，运动黏度衡量菜籽油生物柴油，棕榈油生物柴油，大豆油生物柴油和葵花籽油生物柴油的低温流动性。美国生物柴油标准ASTM D-6751仅含有浊点规定标准，而EN-14214不包含浊点或倾点的规定标准。表6-26～表6-29为生物柴油氧化期间低温流动性的变化情况。菜籽油生物柴油，棕榈油生物柴油，大豆油生物柴油和葵花籽油生物柴油的初始浊点值分别为－1.3、14.3、0.1℃和3.4℃。倾点的相应值为－11.5、13.5、－2.0℃和－4.8℃。棕榈油生物柴油具有相当高的浊点和倾点，归因于棕榈油生物柴油含有比其他生物柴油更高的饱和脂肪酸甲酯。菜籽油生物柴油，棕榈油生物柴油，大豆油生物柴油和葵花籽油生物柴油在较低温度（－15、25、40℃）下储存12个月的运动黏度变化情况的结果如表所示。菜籽油生物柴油，棕榈油生物柴油，大豆油生物柴油和葵花籽油生物柴油的初始运动黏度在ASTM D-6751和EN-14214的规定范围内。储存12个月后，所有生物柴油的运动黏度升高，在更高的温度下增加更加明显。然而，在上述温度下储存的所有生物柴油的运动黏度都稳定在ASTM D-6751和EN-14214规定的范围内，由此可知，生物柴油的储存不会显著影响其低温流动性。

表 6-26 菜籽油生物柴油氧化期间低温流动性的变化规律

储存温度（℃）	浊点（℃）			倾点（℃）			运动黏度（mm^2/s）		
	0	6个月	12个月	0	6个月	12个月	0	6个月	12个月
−15	−1.3	−1.1	−1.4	−11.5	−11.0	−11.7	4.42	4.51	4.76
25	−1.3	−1.3	−1.5	−11.5	−11.0	−11.0	4.42	4.64	4.84
40	−1.3	−1.4	−1.4	−11.5	−11.7	−11.3	4.42	4.76	4.99

表 6-27 棕榈油生物柴油氧化期间低温流动性的变化规律

储存温度（℃）	浊点（℃）			倾点（℃）			运动黏度（mm^2/s）		
	0	6个月	12个月	0	6个月	12个月	0	6个月	12个月
−15	14.3	14.4	14.3	13.5	13.3	14.0	4.58	4.59	4.61
25	14.3	13.2	13.5	13.5	14.0	14.0	4.58	4.60	4.70
40	14.3	14.2	13.8	13.5	14.7	14.3	4.58	4.67	4.80

表 6-28 大豆油生物柴油氧化期间低温流动性的变化规律

储存温度（℃）	浊点（℃）			倾点（℃）			运动黏度（mm^2/s）		
	0	6个月	12个月	0	6个月	12个月	0	6个月	12个月
−15	0.1	0.3	0.2	−2.0	−2.0	−2.0	4.12	4.14	4.24
25	0.1	0.4	0.3	−2.0	−2.0	−2.0	4.12	4.24	4.38
40	0.1	0.4	0.5	−2.0	−2.0	−2.3	4.12	4.34	4.55

表 6-29 葵花籽油生物柴油氧化期间低温流动性的变化规律

储存温度（℃）	浊点（℃）			倾点（℃）			运动黏度（mm^2/s）		
	0	6个月	12个月	0	6个月	12个月	0	6个月	12个月
−15	3.4	3.3	2.8	−4.8	−4.7	−5.0	4.74	4.75	4.78
25	3.4	3.3	3.4	−4.8	−4.3	−4.3	4.74	4.75	4.81
40	3.4	3.6	3.4	−4.8	−4.7	−4.0	4.74	4.93	5.19

6.7 生物柴油氧化机理及抗氧化剂抗氧化机理探讨

6.7.1 生物柴油氧化机理的探讨

脂肪酸甲酯的氧化是一个自催化的基链反应，脂肪酸甲酯在有氧存在的条件下，由于热、光和金属的催化作用，脂肪酸甲酯通过两条途径发生链式氧化反应。第一条途径是脂肪酸甲酯与氧反应生成过氧化物 ROOH，第二条途径是直接生成烷基自由基 R·。第一条途径中生成的过氧化物不稳定，很容易分解成两种自由基：烷氧基自由基 RO·和羟基自由基·OH。这些自由基非常活泼，可以迅速地与其他脂肪酸甲酯反应，生成与第二条途径一样的烷基自由基 R·。同样，烷基自由基 R·与存在的氧反应，生成过氧化物自由基 ROO·，过氧化自由基再不断地与其他的脂肪酸甲酯反应，使氧化反应以链式催化的形式不断进行下去。其氧化机理如图 6-53 所示。生物柴油氧化的历程非常复杂，起初，氧可直接加成在碳链的双键上而形成过氧化物，见式（6-21）。也可以加在亚甲基上形成氢过氧化物，见式（6-22）。经过测定，氧化生物柴油中同时存在着过氧化物和氢过氧化物，以氢过氧化物含量较多。氢过氧化物在较高温度下即发生分解，80℃以上便不复存在。因此，温度是影响生物柴油氧化速度的主要因素，高于50℃时以过氧化物为主，低于50℃时则以氢过氧化物为主。饱和脂肪酸甲酯不易氧化，但一定条件下也能产生氢过氧化物，只是反应速度很慢。不饱和脂肪酸甲酯在室温及空气氧存在就可以产生自动氧化。

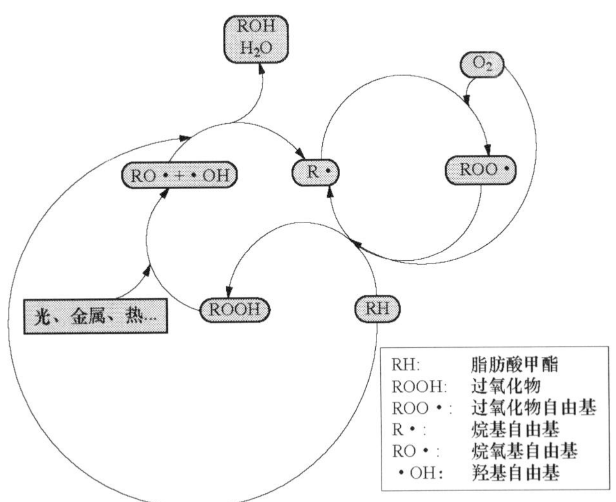

图6-53　生物柴油的氧化机理

$$-HC{=}CH- + O_2 \longrightarrow \underset{\displaystyle \underset{|}{O}\!-\!\underset{|}{O}}{CH-CH-} \tag{6-21}$$

$$-CH_2-HC{=}CH-CH_2- + O_2 \rightarrow \begin{cases} -\underset{OOH}{\underset{|}{CH}}-HC{=}CH-CH_2- \\ -CH_2-HC{=}CH-\overset{OOH}{\overset{|}{CH}}- \end{cases} \tag{6-22}$$

小桐子生物柴油的主要成分是脂肪酸甲酯，其质谱图如图6-54所示，小桐子生物柴油产物种类见表6-30。从图6-54和表6-30中可知，小桐子生物柴油的主要成分就是油酸甲酯、亚油酸甲酯、棕榈酸甲酯和硬脂酸甲酯等，这四种成分已达总含量的97.68%。小桐子生物柴油及氧化后产物的红外光谱图如图6-55所示，由图可知生物柴油波数为3006cm^{-1}属于C=C—H基团中的碳氢键伸缩振动，氧化后此基团消失，也就说生物柴油中含有双键的不饱和脂肪酸甲酯被氧化。质谱图如图6-56所示，相对应的小桐子生物柴油氧化产物种类见表6-30。由此可知，生物柴油氧化前后主要成分发生很大变化，主要成分油酸甲酯、亚油酸甲酯、棕榈酸甲酯和硬脂酸甲酯的总含量由97.68%变为63.66%，尤其是含有两个不饱和双键的亚油酸甲酯的含量由39.02%变为0.30%。生物柴油氧化后产物成分变的比较复杂，含有不同的醛、酸、酮、醇等物质。这些均能说明生物柴油氧化主要是不饱和的双键或三键的氧化。

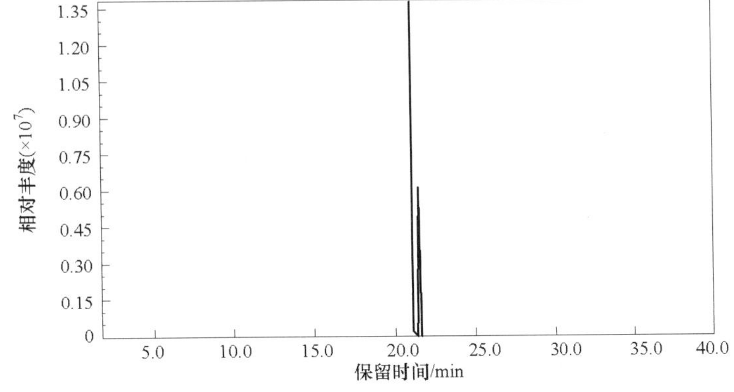

图6-54　小桐子生物柴油的质谱图

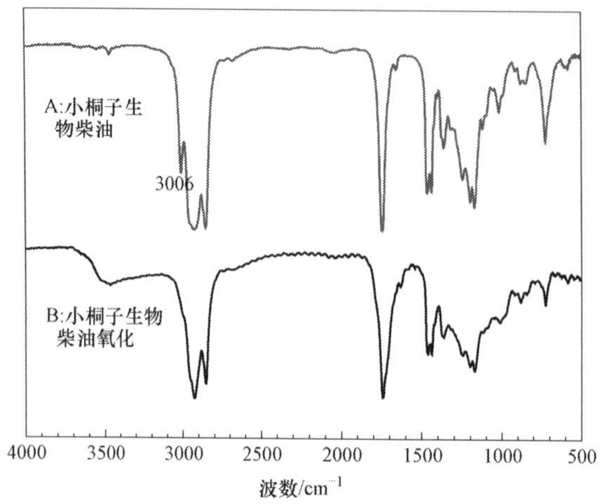

图 6-55　小桐子生物柴油氧化后红外光谱图

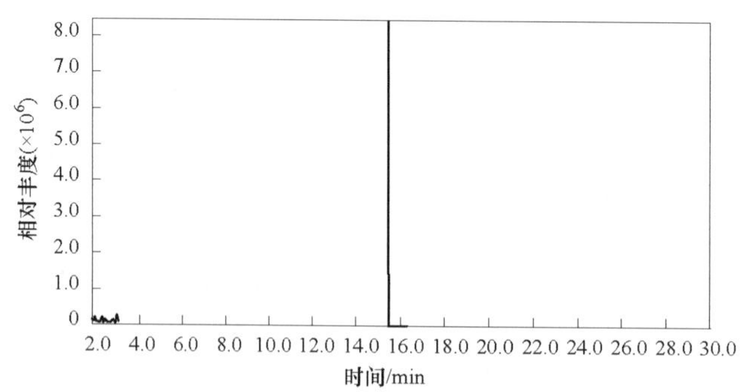

图 6-56　小桐子生物柴油氧化质谱图

表 6-30　　小桐子生物柴油的氧化产物

序号	化合物名称	保留时间（min）	相对含量（%）	
			生物柴油	生物柴油氧化
1	未经鉴定的峰	1.70	—	0.26
2	已醛	1.76	—	0.42
3	已酸	1.83	—	0.37
4	庚酸甲酯	1.97	—	0.48
5	壬醛	2.10	—	0.21
6	辛酸甲酯+辛酸	2.18	—	0.72
7	壬酸	2.63	—	0.26
8	2—癸烯醛	2.70	—	0.22
9	2，4—癸二烯醛	2.93	0.06	—
10	4—氧代辛酸甲酯	3.05	—	0.31
11	十一烯醛	3.31	—	0.30
12	8—羟基辛酸甲酯	3.50	—	0.54

续表

序号	化合物名称	保留时间（min）	相对含量（%）	
			生物柴油	生物柴油氧化
13	9—氧代壬酸甲酯	3.85	0.01	0.68
14	辛二酸单甲酯	4.34	—	0.24
15	壬二酸单甲酯	5.74	—	1.13
16	十一烯酸甲酯	5.83	—	0.45
17	双环（4，2，1）癸—10—酮	7.61	—	0.39
18	未经鉴定的峰	7.76	—	0.24
19	十四烷酸甲酯	7.94	0.06	—
20	十五烷酸甲酯	10.14	0.01	—
21	十六碳烯酸甲酯	12.24	0.93	0.64
22	十六烷酸甲酯	12.90	14.50	22.94
23	2—己基—环丙基辛酸甲酯	14.88	0.06	0.26
24	十七烷酸甲酯	15.44	0.09	0.23
25	亚油酸甲酯	17.32	39.02	0.30
26	油酸甲酯	17.64	37.41	27.66
27	硬脂酸甲酯	18.33	6.75	12.76
28	十八碳二烯酸甲酯异构体	19.77	0.01	—
29	2—环己烷基丙烯醇	21.80	—	1.03
30	未辨别峰物质	22.04	—	0.86
31	顺—3—辛基—环氧乙烷基辛酸甲酯	22.52	—	9.13
32	反—3—辛基—环氧乙烷基辛酸甲酯	22.87	—	6.08
33	二十碳烯酸甲酯	22.87	0.10	—
34	未鉴别峰物质	23.10	—	3.46
35	二十烷酸甲酯	23.69	0.24	1.11
36	二十二碳烯酸甲酯	25.15	0.01	—
37	二十二烷酸甲酯	28.29	0.03	—
38	未经鉴定的峰	24.54	—	3.56
39	未经鉴定的峰	25.96	—	0.55
40	未经鉴定的峰	26.12	—	0.34
41	未经鉴定的峰	26.48	—	0.98
42	未经鉴定的峰	28.74	—	0.36

生物柴油的氧化分为醛式氧化和酮式氧化，醛式氧化反应如图6-57所示进行，分解

成两种醛，醛还可以进一步氧化成酸。在氧化的生物柴油中都存在着这些分解产物。除醛而外，氧化的生物柴油中还常常存在着酮类物质，可由氧化而生成，这种氧化方式成为酮式氧化。生物柴油自动氧化反应机理相当复杂，是游离基链的反应，其反应历程一般可以分为诱导期的链引发反应，发展期的链增长反应和终止期的链终止反应三个阶段。生物柴油氧化为氢过氧化物和过氧化物，进一步分解为醛类、半醛类羟基化合物、酮脂肪酸酯，环氧化物烃或酯、醇类物质、内酯和双氢过氧化物等，醛类和半醛类物质还可以进一步氧化为酸类物质，双氢过氧化物还可以进一步聚合为多聚体物质。因为小桐子生物柴油氧化过程为强制氧化过程，在温度110℃，空气流速10L/h条件下进行，氧化产物的小分子的醛、酮、酸、醇类等物质随空气流进入去离子水中，因此，在用质谱检测的氧化产物中没有小分子的醛、酮、酸、醇类等物质。

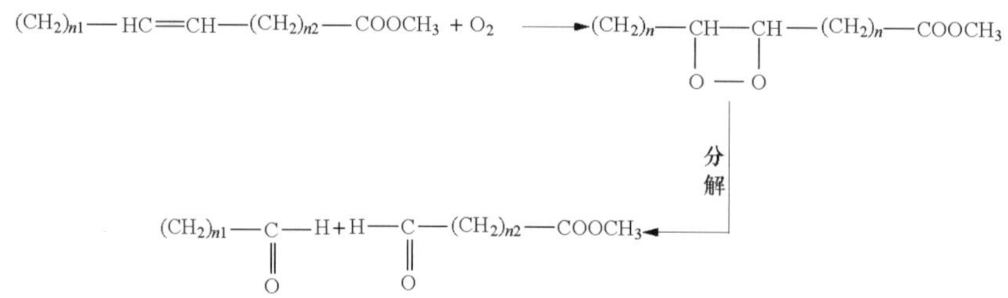

图 6-57　生物柴油醛式氧化反应过程

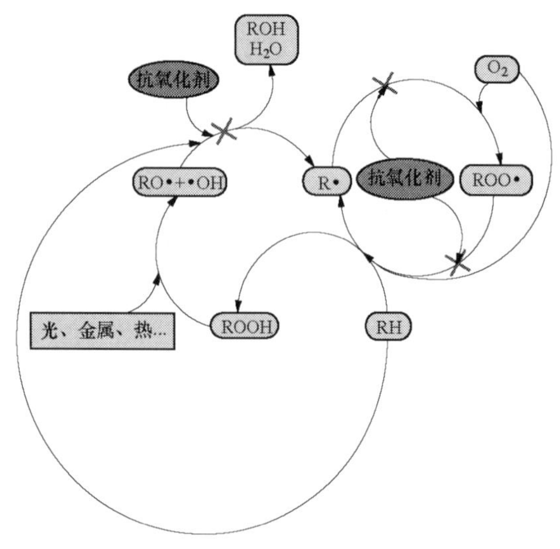

图 6-58　抗氧化剂的抗氧化机理

RH—脂肪酸甲酯；ROOH—过氧化物；
ROO·—过氧化物自由基；R·—烷基自由基；
RO·—烷氧基自由基；·OH—羟基自由基

6.7.2　抗氧化剂抗氧化机理的探讨

抗氧化剂通常是带苯环的亲电子基团，它会与生成的自由基反应，夺取自由基自由电子。所以如果在上述氧化过程中有抗氧化剂的存在，自由基的传递过程便可以被中止。所以通过添加抗氧化剂来防止生物柴油的氧化是切实可行的。抗氧化剂的作用机理如图 6-58 所示。另外，不饱和脂肪酸甲酯氧化稳定性随双键数目的增加而降低，所以通过物理分离或者化学氢化都可以改变生物柴油的抗氧化性。

抗氧化剂基本上均是酚类物质，能产生酚氧基的结构，酚氧基能够猝灭并能同单线态氧反应，保护不饱和脂肪酸甲酯免受单线态氧损伤，还可以被超氧阴离子自由基和羟基自由基氧化，使不饱和脂肪酸甲酯免受自由基的进攻，从而抑制生物柴油的自动氧化。大部分情况下，这些抗氧化剂酚类物质的抗氧化作用是与酯氧自由基或酯过氧自由基反应，向它们提供H，使脂质过氧化链式反应中断，从而实现抗氧化。其过程如图 6-59 所示。抗氧化剂与过氧自由基反应，先破坏自由基，生成氢过氧化物和抗氧化剂自由基，抗氧化剂自由基可以继续与自由基反应，生成氢过氧化物，因此，可以切断生物柴油的氧化链式反应，达到抗氧化的目的。

$$ROO\cdot + AH_2 \longrightarrow ROOH + AH\cdot$$

$$ROO\cdot + AH\cdot \longrightarrow ROOH + A$$

图 6-59　抗氧化剂抗氧化反应

AH_2—抗氧化剂酚类物质；ROOH—氢过氧化物；AH·—为抗氧化剂自由基；ROO·—过氧自由基

参考文献

[1] KNOTHE G, STEIDLEY K R. The effect of metals and metal oxides on biodiesel oxidative stability from promotion to inhibition [J]. Fuel Processing Technology, 2018, 177: 75-80.

[2] 张仁彧．天然抗氧剂对生物柴油氧化安定性影响的研究 [D]．浙江工业大学，2011.

[3] Westhuizen I V D, Focke W W. Stabilizing sunflower biodiesel with synthetic antioxidant blends [J]. Fuel, 2018, 219: 126-131.

[4] 薄采颖．生物柴油稳定剂没食子酸萜醇酯的合成及性能研究 [D]．中国林业科学研究院，2009.

[5] Yang J, He Q S, et al. Improvement on oxidation and storage stability of biodiesel derived from an emerging feedstock camelina [J]. Fuel Processing Technology, 2017, 157: 90-98.

[6] Zhou J, Xiong Y, Xu S. Evaluation of the oxidation stability of biodiesel stabilized with antioxidants using the PetroOXY method [J]. Fuel, 2016, 184: 808-814.

[7] FLITSCH S, NEU P M, SCHOBER S, et al. Quantitation of Aging Products Formed in Biodiesel during the Rancimat Accelerated Oxidation Test [J]. Energy&Fuels, 2014, 28 (9): 5849-5856.

[8] KUMAR N. Oxidative stability of biodiesel: Causes, effects and prevention [J]. Fuel, 2016.

[9] Feng Zonghong, Li Fashe, Huang Yundi, et al. Simultaneous quantitative analysis of six cations in three biodiesel and their feedstock oils by ion exchange chromatography system without chemical suppression. Energy & Fuels, 2017.

[10] Li Fashe, Feng Zonghong, Wang Chengzhi, et al. Simultaneous quantitative analysis of inorganic anions in commercial waste oil biodiesel using suppressed ion exchange chromatography. Bulgarian chemical communications, 2016, 48 (Special Edition D): 50-55.

[11] 黄韵迪，李法社，涂滇，等．离子色谱法测定生物柴油中阳离子含量的研究 [J]．昆明理工大学学报：自然科学版，2016 (06): 21-25.

[12] 周黎，李法社，徐文佳，等．常规抗氧化剂在生物柴油中的抗氧化和油溶性能研究 [J]．太阳能学报，2019, 40 (01): 165-171.

[13] 隋猛，李法社，吴学华，等．阴离子功能化生物柴油离子液体抗氧化剂 [X] [C_6H_5COO] 的制备 [J]．燃料化学学报，2019, 47 (01): 66-73.

[14] 隋猛，王霜，李法社，等．酚胺类抗氧化剂复配对生物柴油抗氧化性能影响研究 [J]．中国油脂，2018, 43 (04): 88-91.

第 7 章

生物柴油离子含量的优化

生物柴油在使用过程中存在诸多不足。生物柴油的质量品质（如氧化安定性、酸值、硫含量、灰分、铜片腐蚀、残炭、机械杂质、润滑性等性能指标）参差不齐，质量无法保证，进入正规加油站的阻力较大，导致生物柴油销售渠道不畅。与石化柴油相比，生物柴油中高含量的不饱和脂肪酸甲酯非常容易使生物柴油氧化。生物柴油的易氧化性对环境是有益的，因为其能使燃料降解，但是如果生物柴油长期暴露在热、光或者有氧化剂环境下储存，会导致生物柴油的加速氧化，此外，生物柴油长时间与金属接触，也会加速生物柴油的氧化。生物柴油氧化后黏度增加和形成不溶物，不溶物会堵塞燃油过滤器和喷射系统。氧化过程产生的酸（甲酸、乙酸、丙酸等脂肪酸）和过氧化氢也会加速燃油系统金属元件的腐蚀、橡胶元件的老化和移动元件的溶解，形成的金属氧化物会脱落掉在燃油中，燃烧后形成的固体颗粒物沉积在发动机中进而导致发动机磨损。

已有研究表明，由于大部分生物柴油生产过程采用氢氧化钠或者氢氧化钾作为酯化反应的催化剂，去除杂质所使用的某些吸附剂或使用硬水去除（或冲洗）杂质过程中产生的钙和镁，都会导致生物柴油含有钙、钾、镁、钠等杂质，其燃烧产物可使柴油机燃烧室部件产生腐蚀磨损。刘大学等人提出生物柴油中的灰分主要为残留的催化剂（碱催化剂）和其他原料中的金属元素及其盐类，限制灰分可以限制生物柴油中无机物如残留催化剂的含量等。柴油机燃料调合油国家标准 GB/T 20828 明确规定钠和钾的总含量及钙和镁的总含量均不能超过 $5mg \cdot kg^{-1}$。卤素及酸性物质的存在能影响生物柴油的酸值，腐蚀柴油机的机体。氟、氯、溴元素作为卤素，具有不稳定的化学特征，卤素的存在能加速金属的腐蚀并且很容易造成孔蚀。硝酸根离子的存在也会对管道产生腐蚀，随着硝酸根、磷酸根、硫酸根离子和有机酸根离子含量的增加，金属的腐蚀现象更严重。因此，测定生物柴油中的离子含量对于生物柴油的制备，保证生物柴油质量及维护发动机的平稳正常运行具有十分重要的现实意义。

目前，国内外关于生物柴油的研究大部分集中于生物柴油制备方法、生物柴油氧化安定性、生物柴油燃烧排放、生物柴油喷雾特性、生物柴油低温流动性等方面，单独研究生物柴油离子含量的较少。另外，国内外现在执行的生物柴油标准中规定了硫、残炭、硫酸盐、机械杂质、铜片腐蚀、酸值、一价金属（Na+K）、二价金属（Ca+Mg）含量。影响这些油品性能指标的主要原因有生物柴油中含有过量的钾、纳、钙、镁、氟、氯、溴、硝酸、硫酸、磷酸、甲酸、乙酸、丙酸等杂质离子。

国内外测量生物柴油离子含量采用的方法：①电感耦合等离子体发射光谱法（ICP-OES），②原子吸收光谱（AAS），③火焰原子发射光谱法（FAES），④毛细管电泳法，⑤电喷雾电离质谱法，⑥离子色谱法。前五种测量方法需要高毒的有机溶剂（正丙醇、二甲苯、环已烷、石油醚、甲苯等）稀释生物柴油样品，样品的高倍稀释会降低测量的检测限和定量限，影响分析结果。然而，离子色谱法不仅具有前五种方法的优点，比如快速、灵敏、同时测量多种元素等，而且不需要高毒溶剂稀释生物柴油样品，且能自动进样，避免了被分析物质的损失与污染。

小桐子油作为生产高质量生物柴油的原料油引起了广泛关注。Zhang，Y等指出，评价小桐子油的重要参数是其磷含量，尤其是有机磷。他采用离子色谱法测定了来自10个不同国家或地区生产的小桐子油中的磷含量，结果显示 PO_4^{3-} 离子含量范围在8～50mg·kg^{-1}，不同小桐子油中有机磷的含量也不同，且高磷元素含量不一定对应于高 PO_4^{3-} 含量。原料油中的磷能使油形成黏胶，导致在运输或者储存过程中形成沉淀。在碱催化法制备生物柴油过程中，磷元素能降低碱性催化剂的活性，从而降低生物柴油的产量。如果生物柴油产品不脱胶，过高的磷含量也会导致较高的灰分含量和增加燃烧污染物排放，进而使发动机系统产生故障。GB/T 20828－2015、ASTMD 6751、RANP 14/2012 和 EN14214 规定了生物柴油中磷的最大含量是0.001%（w/w）或者10mg·kg^{-1}。Silveira，E. L. C采用离子色谱法同时测定了生物柴油中甲酸根、乙酸根、磷酸根、硫酸根和氯离子。国家标准中虽然没有规定氯离子的含量，但这种离子的测定很重要，它可能来源于原材料中，也可能在盐酸溶液洗涤粗制的生物柴油过程中引入。硫元素是一种有毒的物质，燃烧后的硫氧化物会使汽车尾气净化的三元催化剂的活性降低。Caland，L. B. D采用离子色谱法同时测定了生物柴油中的钾、钠、钙、镁离子。GB/T 20828—2015，ASTM D6751—2009，ANP NO. 7/2008，EN14214 标准中均规定了钾和钠的总含量不超过5mg·kg^{-1}，钙和镁的总含量不超过5mg·kg^{-1}。燃烧后产生的金属盐会在发动机中沉积，导致发动机磨损。Strõmberg，N采用离子排斥色谱法同时测定了生物柴油中的短链脂肪酸（甲酸、乙酸、丙酸、乳酸、丁酸、戊酸）。在没有老化的葡萄籽油生物柴油中检测到了乳酸、甲酸和丙酸，这些酸在一起相当于产生了33mol%的酸值。在80℃、暴露于干燥的环境下14天，生物柴油中乳酸的浓度没有发生变化，然而、甲酸、乙酸、丙酸的浓度增加超过了50mol%的酸值，甲酸单独贡献了42mol%，丁酸和戊酸没有被检测到。Nogueira，T采用电容耦合非接触电导检测法测定了生物柴油中的钾、钠、钙、镁、硫酸根、磷酸根、甲酸根、乙酸根、丙酸根。其中的无机物质（钾、钠、钙、镁、硫酸根、磷酸根）会在发动机中形成有害的化合物。生物柴油在氧化过程中会形成甲酸根、乙酸根、丙酸根，这些酸根也会影响生物柴油的酸值。在有机酸中，甲酸是起主导作用的物质，通过测定生物柴油中这些有机酸的含量，可推测出生物柴油氧化程度。

本章主要以离子色谱法检测生物柴油中的离子含量为出发点，依次介绍离子色谱法测定生物柴油的原理；需要满足的色谱条件；生物柴油前处理方法及影响；各类离子标准工作曲线的建立；离子色谱对测量生物柴油中的离子含量的检测限、精密度及加标回收分析；生物柴油中阴、阳离子含量的影响因素分析等，并在检测生物柴油离子含量的基础上，采用树脂优化法对超过国家标准的生物柴油离子含量进行优化。

7.1 离子色谱法测定生物柴油离子含量原理

现代IC开始源于H. Small及其合作者的工作，于1975年发表了第一篇IC论文，采用第二根柱－抑制柱来提高分析的灵敏度，同年商品化仪器问世，1979年Fritz等人提出了另一种分离分析无机阴离子的方法，不采用抑制柱，即非抑制型离子色谱。

现代离子色谱（HPIC）由泵、流动相、进样阀、色谱柱、抑制器、柱箱、检测器、色谱工作站组成。经典的离子交换色谱与现代离子色谱（HPIC），在进样方式，分离类型和检测系统上，有较大的区别。早期离子交换色谱主要检测对象为无机阴阳离子，而HPIC以离子交换机理为主，以电导为主要检测器，在更加广阔的领域得到应用。

HPIC分离是基于发生在流动相和键合在基质上的离子交换基团之间的离子交换过程，也包括部分非离子的相互作用。这种分离方式可用于有机和无机阴离子和阳离子的分离。近几年发展起来的还有高效离子排斥色谱（HPICE），其分离是基于固定相和被分析物之间三种不同的作用，Donnan排斥、空间排斥和吸附作用。这种分离方式主要用于弱的有机和无机酸及醇类的分离。

HPIC在对元素不同价态的分析及在线浓缩富集和基体消除方面有其优势，在强碱性介质中，单糖和低聚糖以阴离子方式存在，用安培检测器，直接进样检测浓度可达 $pmol \cdot L^{-1}$（$1pmol \cdot L^{-1}=10^{-12} mol \cdot L^{-1}$）；HPIC可用于氨基酸分析，无须衍生，用安培检测器，检测浓度可达 $pmol \cdot L^{-1}$；采用多维分离柱（离子交换、离子对、反相分离机理），可同时分离离子型和非离子型化合物。

根据被分析物质使用的离子色谱柱不同，离子色谱原理分为离子交换色谱原理、离子排斥色谱原理、离子对色谱原理。其中，离子交换色谱的分离机理是离子交换，离子排斥色谱为离子排斥机理，而离子对色谱则是在吸收附着和离子对的构成。本章主要用到离子交换色谱原理及离子排斥色谱原理，离子色谱法的三种基本原理如下：

（1）离子交换色谱原理

试验中使用瑞士万通有限公司生产的Metrosep C4-150/4.0型阳离子色谱柱，测定分析阳离子（K^+，Na^+，Ca^{2+}，Mg^{2+}，NH_4^+ 和 $[HN(CH_2CH_2OH)_3]^+$），使用瑞士万通有限公司生产的Metrosep A Supp 5-150/4.0型阴离子色谱柱，测定分析无机阴离子（F^-，Cl^-，Br^-，NO_3^-，PO_4^{3-}，SO_4^{2-}）。这两种色谱柱均采用离子交换色谱原理，原理如下：用低容量薄壳型阳离子或阴离子交换树脂（有交换离子的活性基团、具有网状结构、不溶性的高分子化合物），通常是球形颗粒物作为分离柱中的固定相，强电解质溶液作为流动相（也叫淋洗液），当淋洗液将试样带到分离柱时，由于各种离子对离子交换树脂的亲和力不同，因此他们被分离开并依次被洗脱下来。这些依次被洗脱下来的离子进入抑制器，然后再进入电导检测器进行检测和定量。

（2）离子排斥色谱原理

使用瑞士万通有限公司生产的Metrosep Organic Acids-250/7.8型有机酸色谱柱，测定分析有机酸离子（$HCOO^-$，CH_3COO^-，$CH_3CH_2COO^-$）。其采用离子排斥色谱原理，原理如下：离子排斥色谱利用电介质与非电介质对离子交换剂的不同吸、斥力而达到分离的色谱方法。具体解释如下：假设在固定相与流动相的界面存在一个负离子膜（Donnan膜），强的矿物酸如硫酸被用作流动相，其游离状态的离子因受固定相表面同种电荷的排斥作用而无法穿过Donnan膜进入固定相，在空体积（排斥体积）处最先流出色谱柱。不带电的或弱电离的分子如水能穿过Donnan膜进入固定相，电离度越低的物质越容易进入固定相，其保留值也就越大。不同电离度的物质就可以通过离子排斥色谱得以分离。根据有机酸电离常数的不同，羧酸以非电离的形式几乎能完全进入强酸溶液中穿过Donnan膜，并吸附在固定相中依次被分离开来。离子交换色谱或者离子排斥色谱的色谱流程示意图如图7-1所示。

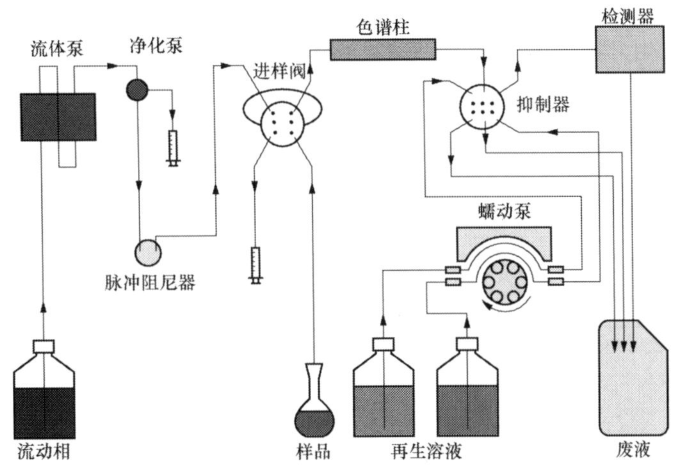

图7-1　离子交换色谱或者离子排斥色谱的色谱流程示意

(3) 离子对色谱原理

离子对色谱法是将一种（或多种）与溶质分子电荷相反的离子（称为对离子或反离子）加到流动相或固定相中，使其与溶质离子结合形成疏水型离子对化合物，从而控制溶质离子的保留行为。其原理可用下式表示：

$$X^+水相+Y^-水相══X^+Y^-有机相$$

式中：X^+水相为流动相中待分离的有机离子（也可是阳离子）；Y^-水相为流动相中带相反电荷的离子对（如氢氧化四丁基铵、氢氧化十六烷基三甲铵等）；X^+Y^-为形成的离子对化合物。

当达平衡时：

$$KXY=[X^+Y^-]有机相/[X^+]水相[Y^-]水相$$

根据定义，分配系数为

$$DX=[X^+Y^-]有机相/[X^+]水相=KXY[Y^-]水相$$

离子对色谱法（特别是反相）解决了以往难以分离的混合物的分离问题，诸如酸、碱和离子、非离子混合物，特别是一些生化试样如核酸、核苷、生物碱以及药物等分离。

7.1.1　离子色谱条件

离子色谱条件主要包括使用的离子色谱柱的柱型、颗粒物大小、色谱柱填充材料、被分析物质的pH值范围，淋洗液组成，样品环体积，检测系统是否为化学抑制电导检测，室温以及色谱柱最大压力。

1. 淋洗液组成对钠、钾、钙、镁离子分离的影响

瑞士万通有限公司提供了同时测定钠、铵根、钾、三乙醇胺、钙和镁六种阳离子的淋洗液组成，即使用1.7mmol·L^{-1}硝酸、0.7mmol·L^{-1} 2，6吡啶二甲酸和0.05mmol·L^{-1} 18-冠醚-6的混合溶液作为同时测定这六种阳离子的淋洗液。为验证这一淋洗液组成是否为最优配比，笔者分别在0.7mmol·L^{-1} 2，6吡啶二甲酸浓度下改变硝酸溶液的浓度和在

1.7mmol・L^{-1}硝酸溶液浓度下，改变吡啶二甲酸溶液的浓度两种条件下同时测定钾、钠、钙和镁四种阳离子的混合标准溶液，观察吡啶二甲酸和硝酸两种物质的浓度配比对钠、钾、钙和镁的选择性（也叫相对分离因子）、峰面积和峰形不对称因子的影响。图7-2（a）为在0.7mmol・L^{-1} 2，6吡啶二甲酸浓度下改变硝酸溶液浓度的条件下对钠、钾、钙和镁四种阳离子的试验研究。图7-2（b）为在1.7 mmol・L^{-1}硝酸溶液浓度下改变吡啶二甲酸溶液浓度的条件下对钠、钾、钙和镁四种阳离子的试验研究。每条色谱图从左到右色谱峰的名称依次是钠、钾、钙和镁，Y轴是电导率（μS・cm^{-1}），X轴是保留时间分钟（min）。

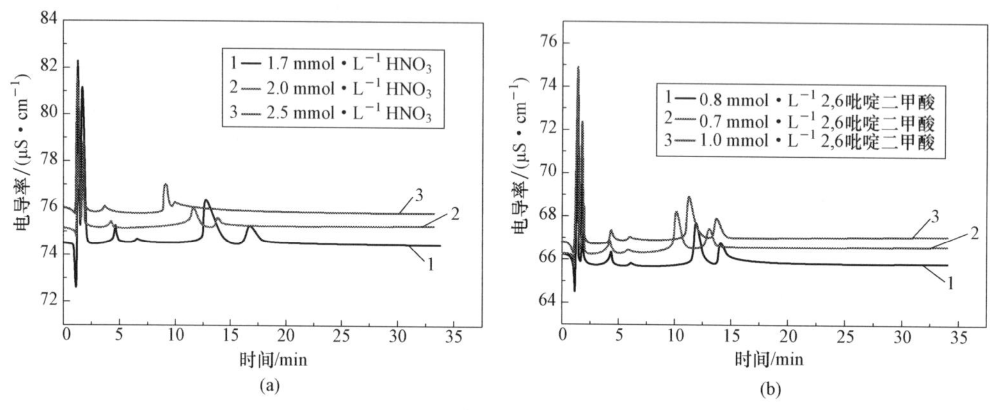

图7-2　试验研究

（a）$x$mmol・L^{-1}硝酸和0.7mmol・L^{-1} 2，6吡啶二甲酸的混合溶液作为同时测定钠、钾、钙和镁离子的淋洗液（x指硝酸溶液的浓度变量）；

（b）1.7mmol・L^{-1}硝酸和$y$mmol・L^{-1} 2，6吡啶二甲酸的混合溶液作为同时测定钠、钾、钙和镁离子的淋洗液（y指2，6—吡啶二甲酸溶液的浓度变量）

由图7-2（a）和图7-2（b）可知，淋洗液浓度的配比主要影响了钠、钾、钙和镁四种阳离子的保留时间，进而影响了他们的选择性（也叫相对分离系数），浓度配比对各个离子的出峰面积和峰形的不对称因子几乎没有影响。具体离子色谱条件见表7-1～表7-3。

2. 无机阴离子的色谱条件

同时测定无机阴离子（F^-，Cl^-，Br^-，NO_3^-，PO_4^{3-}，SO_4^{2-}）的色谱条件见表7-1。

表7-1　同时测定分析F^-，Cl^-，Br^-，NO_3^-，PO_4^{3-}，SO_4^{2-}的色谱条件

色谱柱	柱型：Metrosep A Supp 5—150/4.0；颗粒物大小：5μm； 色谱柱填充材料：带有季铵官能团的聚乙烯醇；pH值范围：3～12
标准淋洗液	3.2mmol・L^{-1}碳酸钠；1.0mmol・L^{-1}碳酸氢钠
淋洗液流速	0.7mL・min^{-1}
样品环体积	20μL
检测系统	化学抑制电导检测
室温	25.0℃
色谱柱最大压力	15MPa

3. 阳离子的色谱条件

测定阳离子（K^+，Na^+，Ca^{2+}，Mg^{2+}，NH_4^+ 和 $[HN(CH_2CH_2OH)_3]^+$）的色谱条件见表 7-2。

表 7-2　同时测定分析 K^+，Na^+，Ca^{2+}，Mg^{2+}，NH_4^+ 和 $[HN(CH_2CH_2OH)_3]^+$ 的色谱条件

色谱柱	柱型：Metrosep C4—150/4.0；颗粒物大小：5μm； 色谱柱填充材料：带有羧基官能团的硅胶；pH 值范围：2～7
标准淋洗液	1.7 $mmol \cdot L^{-1}$硝酸；0.7 $mmol \cdot L^{-1}$2，6 吡啶二甲酸 0.05 $mmol \cdot L^{-1}$ 18—冠醚—6
淋洗液流速	0.9 $mL \cdot min^{-1}$
样品环体积	20μL
检测系统	非化学抑制电导检测
室温	25.0℃
色谱柱最大压力	20MPa

4. 有机酸离子的色谱条件

测定甲酸（$HCOO^-$），乙酸（CH_3COO^-）和丙酸（$CH_3CH_2COO^-$）的色谱条件见表 7-3。

表 7-3　同时测定分析 $HCOO^-$，CH_3COO^-，$CH_3CH_2COO^-$ 的色谱条件

色谱柱	柱型：Metrosep Organic Acids—250/7.8；颗粒物大小：9μm；pH 值范围：1～13； 色谱柱填充材料：带有磺酸基官能团的聚苯乙烯/二乙烯基苯共聚物
标准淋洗液	0.5 $mmol \cdot L^{-1}$硫酸
淋洗液流速	0.5 $mL \cdot min^{-1}$
再生溶液（抑制系统）	25 $mmol \cdot L^{-1}$氯化锂溶液
样品环体积	20μL
检测系统	化学抑制电导检测
室温	25.0℃
色谱柱最大压力	7MPa

7.1.2　油样分析前处理

本章所采用的生物柴油前处理方法为水浴-分液漏斗两步法，具体的操作步骤如下：使用电子天平准确称取油样 26g（大约 30mL）到 100mL 玻璃烧杯中，加入 30mL 萃取剂，用保鲜膜盖住，整个系统放在 85℃水浴锅中水浴 30min，然后倒入 250mL 分液漏斗中，用力充分震荡分液漏斗 2min，静置，待完全分层后，取下层水溶液到 200mL 容量瓶中，上层油样倒回 100mL 玻璃烧杯中再加入 30mL 萃取剂，重复上述萃取操作步骤 5 次，萃取剂都倒入同一个容量瓶中，最后将容量瓶定容到 200mL。用 10mL 注射器抽取适量 200mL 容量瓶里萃取好的溶液，先后过 Cleanert® SPE C18 反相柱和 Clarinert™0.22μm 尼龙过滤头过滤到进样管中，待分析。油样分析前处理过程示意如图 7-3 所示。

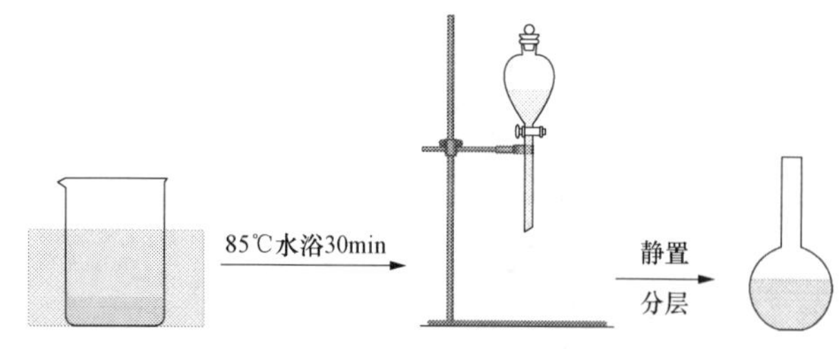

图 7-3 油样分析前处理过程示意

1. 萃取次数对生物柴油样品中无机阴离子含量的影响

按照上述生物柴油样品分析前处理方法，准确称量 4 份 26g 地沟油生物柴油样品，依次萃取 3 次、4 次、5 次和 6 次，分别将萃取 3 次、4 次、5 次和 6 次后的水溶液先后过 Cleanert® SPE C18 反相柱和 Clarinert™ 0.22μm 尼龙过滤头过滤到进样管中分析。数据结果表明，当 26g 地沟油生物柴油样品萃取次数为 5 时，测得生物柴油样品中各个分析物的浓度最高。随着萃取次数的增加，被萃取物质的量相对于萃取剂的量增加幅度减小，本实验中萃取次数的最优值是 5。萃取次数与测得每种分析物浓度之间的关系如图 7-4 所示。

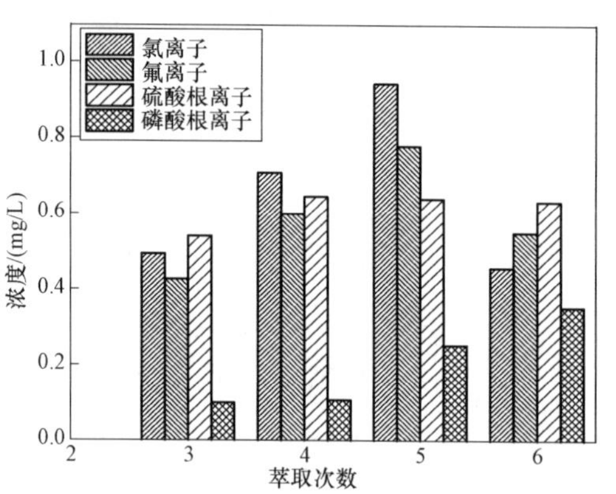

图 7-4 通过离子色谱法测得地沟油生物柴油中各个分析物的浓度与萃取次数之间的关系

2. 样品分析前处理方法对收集水溶液的影响

Caland 等研究了将生物柴油样品加入萃取剂（1.0mol · L^{-1} 硝酸溶液）后，先后经过震荡、水浴、超声、离心，收集下层水溶液。按照此方法，称取小桐子生物柴油 26g 加入 30mL 超纯水，先后经过水浴、超声和离心后，发现离心瓶下层为白色乳浊液而不是水溶液，如图 7-5 所示。用 10mL 注射器抽取下层白色乳浊液过 Cleanert® SPE C18 反相柱过滤后的溶液仍很浑浊，为防止色谱柱受污染，浑浊的溶液不能进入离子色谱系统分析。另外，使用注射器不能完全抽尽离心瓶下层的水相，这样会导致被分析物质的含量减少。因此，为避免生物柴油水浴、超声后形成乳浊液后难以收集离心瓶下层水相问题，采用水浴和分液漏斗两步法收集下层的水相更可取。

7.1.3 标准工作曲线及标准离子色谱图

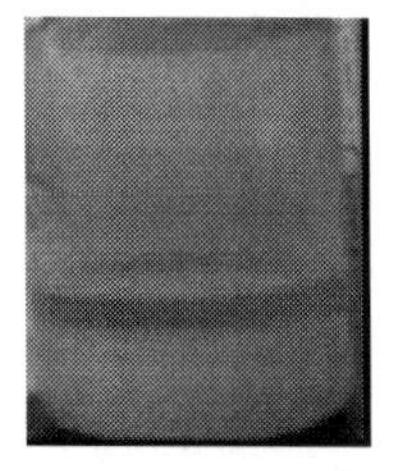

图 7-5 将小桐子生物柴油与超纯水混合、先后经过水浴、超声和离心后的现象

1. 无机阴离子标准工作曲线及标准离子色谱图

使用移液枪准确抽取适量体积的氟离子（1000μg · mL^{-1}）、氯离子（100μg · mL^{-1}）、溴离子（200μg · mL^{-1}）、硝酸根离子（1000μg · mL^{-1}）、硫酸根离子（1000μg · mL^{-1}）和磷酸根离子（1000μg · mL^{-1}）标准品至 100mL 容量瓶中，并用超纯水定容至刻度线。分别配成 0.5、1.0、2.0、4.0、10.0mg · L^{-1} 的混合标准溶液。使用 10mL 注射器分别吸取适量体积的以上混合标准溶液通过 Clarinert™ 0.22μm 的尼龙过滤头过滤至进样管中进行分析。氟、氯、溴、硝酸根、磷酸根和硫酸根六种无机阴离子的保留时间、标准工作曲线的线性方程和相关系数 r 见表 7-4，这六种无机阴离子的混合标准溶液色谱图如图 7-6 所示。

表 7-4　F^-、Cl^-、Br^-、NO_3^-、PO_4^{3-}、SO_4^{2-} 的保留时间、标准工作曲线线性方程及相关系数 r 值

阴离子	保留时间（min）	线性方程 $H=a+bQ$		r
		a	b	
F^-	3.55	0.424 145	0.138 213	0.999 9
Cl^-	5.36	−0.409 435	0.084 848	0.999 3
Br^-	8.25	−0.061 079 5	0.020 249 9	0.999 8
NO_3^-	9.47	−0.046 877 9	0.022 812 9	0.999 8
PO_4^{3-}	13.26	−0.025 693 3	0.085 000 0	0.999 9
SO_4^{2-}	15.18	−0.023 412	0.021 099 3	0.999 8

注　H 为被分析物质的色谱峰高度（$\mu S \cdot cm^{-1}$）；Q 为被分析物质的浓度（$mg \cdot L^{-1}$）；a 和 b 为标准工作曲线线性方程的系数。

2. 阳离子的标准工作曲线及标准离子色谱图

首先配制 $500\mu g \cdot mL^{-1}$ 的 $[HN(CH_2CH_2OH)_3]^+$ 溶液，然后准确抽取适量体积的 Na^+（$500\mu g \cdot mL^{-1}$）、NH^{4+}（$500\mu g \cdot mL^{-1}$）、K^+（$500\mu g \cdot mL^{-1}$）、Ca^{2+}（$500\mu g \cdot mL^{-1}$）、Mg^{2+}（$500\mu g \cdot mL^{-1}$）和 $[HN(CH_2CH_2OH)_3]^+$（$500\mu g mL^{-1}$）标准品移至 100mL 容量瓶中，用超纯水定容至刻度线，分别配成 0.2，0.4，0.6，0.8，1.0 $mg \cdot L^{-1}$ 的混合标准溶液。使用 10mL 注射器分别吸取适量体积的以上标准溶液通过 Clarinert™ 0.22μm 的尼龙过滤头过滤至进样管中进行分析。钠、铵根、钾、三乙醇胺、钙和镁六种阳离子的保留时间、标准工作曲线的线性方程和相关系数 r 见表 7-5，这六种阳离子的混合标准溶液色谱图如图 7-7 所示。

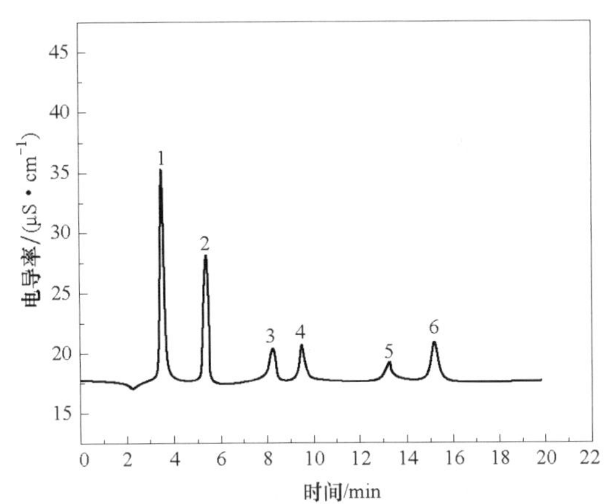

图 7-6　六种阴离子混合标准溶液色谱图

峰：1— F^-；2— Cl^-；3— Br^-；4—NO_3^-；5— PO_4^{3-}；6— SO_4^{2-}

表 7-5　K^+、Na^+、Ca^{2+}、Mg^{2+}、NH_4^+ 和 $[HN(CH_2CH_2OH)_3]^+$ 的保留时间、标准工作曲线线性方程及相关系数 r

阳离子	保留时间（min）	线性方程 $A=a+bQ$		r
		a	b	
Na^+	4.733	0.028 0	0.011 9	0.998 1
NH_4^+	5.267	0.003 0	0.018 0	0.999 3
K^+	7.425	0.014 0	0.006 3	0.999 2
$[HN(CH_2CH_2OH)_3]^+$	8.830	−0.000 4	0.001 9	0.997 5
Ca^{2+}	14.983	0.013 6	0.011 8	0.999 2
Mg^{2+}	18.372	−0.005 4	0.025 3	0.999 8

注　A 为被分析物质的色谱峰面积（$\mu S \cdot cm^{-1} \cdot min$）；$Q$ 为被分析物质的浓度（$mg \cdot L^{-1}$）；a 和 b 为标准工作曲线线性方程的系数。

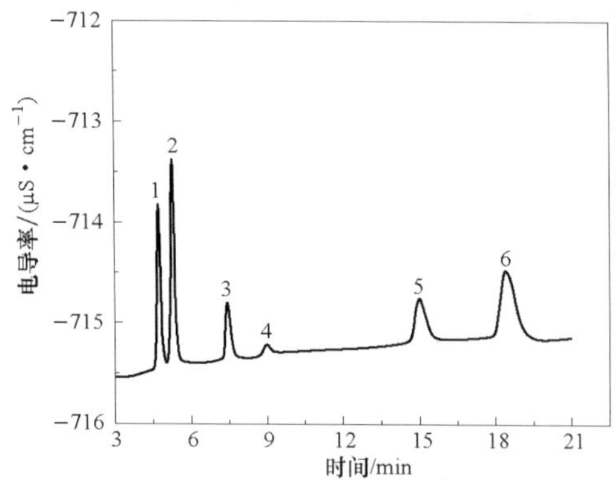

图 7-7　六种阳离子的混合标准溶液色谱图

离子：1—Na^+；2—NH_4^+；3—K^+；4—$[HN(CH_2CH_2OH)_3]^+$；5—Ca^{2+}；6—Mg^{2+}

3. 有机酸根离子的标准工作曲线及标准离子色谱图

使用移液枪分别吸取适量体积的甲酸（100mg·L^{-1}）、乙酸（100mg·L^{-1}）、丙酸（1000mg·L^{-1}）标准品至100mL容量瓶中，并用超纯水定容，分别配成0.2、0.4、0.6、0.8、1.0mg·L^{-1}的单一标准溶液。使用10mL注射器分别吸取适量体积配置好的甲酸、乙酸、丙酸单一标准溶液通过Clarinert^{TM}0.22μm的尼龙过滤头过滤至进样管中进行分析。甲酸、乙酸和丙酸的保留时间、标准工作曲线的线性方程和相关系数r见表7-6，甲酸、乙酸和丙酸的单一标准溶液色谱图如图7-8所示。

表 7-6　甲酸、乙酸和丙酸的保留时间、标准工作曲线线性方程及相关系数 r

阳离子	保留时间（min）	线性方程 $A=a+bQ$		r
		a	b	
甲酸	13.97	$1.705\ 40\times10^{-6}$	$3.780\ 20\times10^{-3}$	0.999 9
乙酸	16.11	$4.910\ 58\times10^{-4}$	$2.492\ 66\times10^{-3}$	0.999 6
丙酸	18.85	$-3.091\ 92\times10^{-4}$	$1.794\ 55\times10^{-3}$	0.999 7

注　A为被分析物质的色谱峰面积（μS·cm^{-1}·min）；Q为被分析物质的浓度（mg·L^{-1}）；a和b为标准工作曲线线性方程的系数。

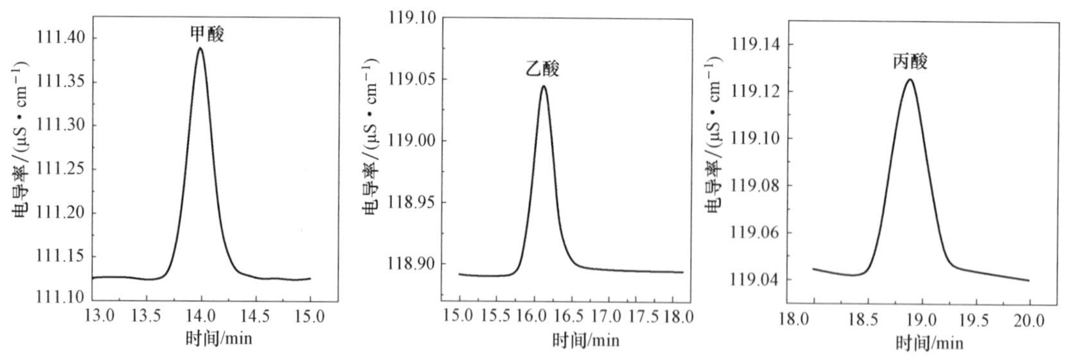

图 7-8　甲酸、乙酸和丙酸的单一标准溶液色谱图

7.1.4　离子色谱检测限

检测限又称为检出限，指在给定的可靠程度内按照某一分析方法从样品中可以检测出被测物质的最小浓度或最小量，是方法和仪器灵敏度体现的重要指标之一。根据离子色谱检定规程JJG 823—2014，最小可检测浓度定义如下：选取相应的检测离子浓度进行测定，

记录色谱图，由色谱峰高和基线噪声用式（7-1）计算最小检测浓度 C_{min}（mg·L^{-1}）。根据国际纯粹与应用化学联合会（IUPAC）定义，检测限也可称为最小检测浓度指由基质空白所产生的仪器背景信号的3倍值的相应量，基质空白所产生的仪器背景信号的10倍值的相应量定义为定量限。本论文根据离子色谱检定规程JJG 823定义分别计算了钠、铵根、钾、三乙醇胺、钙、镁、氟、氯、溴、硝酸根、磷酸根、硫酸根、甲酸、乙酸和丙酸的最小可检测浓度，结果见表7-7、表7-8、表7-10；根据国际纯粹与应用化学联合会（IUPAC）定义计算了钠、铵根、钾、三乙醇胺、钙和镁六种阳离子的检测限和定量限，结果见表7-9。

$$C_{min} = \frac{2H_N \times C \times V}{25H} \tag{7-1}$$

式中：C_{min}为最小检测浓度，mg·L^{-1}；H_N为基线噪声峰峰值，μS；C为标准溶液的浓度，mg·L^{-1}；V为样品环体积，μL；H为物质峰的高度，μS。

1. 无机阴离子的检测限

取0.5mg·L^{-1}的氟、氯、溴、硝酸根、磷酸根和硫酸根的混合标准溶液过Clarinert™ 0.22μm尼龙过滤头过滤到进样管中分析，记录色谱图峰高、基线噪声峰峰值，根据式（7-1）计算上述六种无机阴离子的最小可检测浓度，结果见表7-7。

表7-7 根据式（7-1）获得的各个无机阴离子的最小可检测浓度和基线噪声峰峰值

阴离子	H_N（μS）	C（mg·L^{-1}）	H（μS）	V（μL）	C_{min}（mg·L^{-1}）
F^-	0.002 5	0.5	1.731	20	0.001 2
Cl^-	0.002 5	0.5	0.698	20	0.002 9
Br^-	0.002 5	0.5	0.173	20	0.011 6
NO_3^-	0.002 5	0.5	0.224	20	0.008 9
PO_4^{3-}	0.002 5	0.5	0.075	20	0.009 4
SO_4^{2-}	0.002 5	0.5	0.212	20	0.026 7

注 H_N为基线噪声峰峰值（μS）；C为标准溶液的浓度（mg·L^{-1}）；V为样品环体积（μL）；H为物质峰的高度（μS）；C_{min}为最小可检测浓度（mg·L^{-1}）。

表7-7表明，六种无机阴离子的最小可检测浓度都小于0.02mg·L^{-1}，满足离子色谱检定规程JJG 823对电导检测器最小可检测浓度的要求；上述六种无机阴离子的基线噪声峰峰值以μS为单位均是0.002 5，小于0.005μS，也满足离子色谱检定规程JJG 823对电导检测器基线噪声的要求。

2. 阳离子的检测限

取0.2mg·L^{-1}的钠、铵根、钾、三乙醇胺、钙和镁的混合标准溶液过Clarinert™ 0.22μm尼龙过滤头过滤到进样管中分析，记录色谱图峰高、基线噪声峰峰值，根据式（7-1）计算上述六种阳离子的最小可检测浓度，结果见表7-8。取一份上述六种阳离子浓度接近0 mg·L^{-1}但不是0mg·L^{-1}的样品，如去离子水，过Clarinert™ 0.22μm尼龙过滤头过滤到进样管中分析，记录由基质空白所产生的仪器背景信号（S_0），根据国际纯粹与应用化学联合会（IUPAC）定义，上述六种阳离子的检测限值是$3S_0$，定量限值是$10S_0$。

具体结果见表 7 - 8 和表 7 - 9。

表 7 - 8　　根据式（7 - 1）获得的六种阳离子的最小可检测浓度和基线噪声峰峰值

阳离子	H_N(μS)	C(mg·L⁻¹)	H(μS)	V(μL)	C_{min}(mg·L⁻¹)
NH_4^+	0.003 7	0.2	0.449	20	0.003
K^+	0.003 7	0.2	0.174	20	0.007
$[HN(CH_2CH_2OH)_3]^+$	0.003 7	0.2	0.027	20	0.040
Ca^{2+}	0.003 7	0.2	0.111	20	0.010
Mg^{2+}	0.003 7	0.2	0.163	20	0.007

表 7 - 9　　根据 IUPAC 定义获得的六种阳离子的检测限和定量限

阳离子	浓度（mg·L⁻¹）		
	S_0	LOD($3S_0$)	LOQ($10S_0$)
Na^+	0.000 35	0.001	0.004
NH4⁺	0.000 26	0.001	0.003
K^+	0.000 66	0.002	0.007
[HN(CH2CH2OH) 3]⁺	0.002 33	0.005	0.023
Ca^{2+}	0.000 36	0.001	0.004
Mg^{2+}	0.000 19	0.001	0.002

根据式（7 - 1）获得的上述六种阳离子的最小可检测浓度与根据 IUPAC 定义获得的这六种阳离子的定量限数值很接近或者相同，各个阳离子的最小可检测浓度、检测限、定量限值都小于 0.02mg·L^{-1}，满足离子色谱鉴定规程 JJG 823—2014 对电导检测器最小可检测浓度的要求。根据公式（7 - 1）获得的各个阳离子的基线噪声峰峰值以 μS 为单位均是 0.003 7，小于 0.005 μS，也满足离子色谱鉴定规程 JJG 823—2014 对电导检测器基线噪声的要求。

3. 有机酸离子的检测限

分别取 0.2mg·L^{-1} 的甲酸（$HCOO^-$）、乙酸（CH_3COO^-）和丙酸（$CH_3CH_2COO^-$）的单一标准溶液过 Clarinert™0.22μm 尼龙过滤头过滤到进样管中分析，记录色谱图峰高、基线噪声峰峰值，根据式（7 - 1）计算甲酸、乙酸和丙酸的最小可检测浓度，结果见表 7 - 10。

表 7 - 10　　根据式（7 - 1）获得的甲酸、乙酸、丙酸的最小可检测浓度和基线噪声峰峰值

有机酸离子	H_N(μS)	C(mg·L⁻¹)	H(μS)	V(μL)	C_{min}(mg·L⁻¹)
甲酸	0.000 15	0.2	0.050	20	0.001
乙酸	0.000 19	0.2	0.026	20	0.002
丙酸	0.000 16	0.2	0.017	20	0.003

根据公式（7 - 1）获得的甲酸、乙酸、丙酸三种有机酸的最小可检测浓度以 mg·L^{-1} 为单位分别是，甲酸：0.001；乙酸：0.002；丙酸：0.003，其值都小于 0.02mg·L^{-1}，

满足离子色谱检定规程 JJG 823－2014 对电导检测器最小可检测浓度的要求。甲酸、乙酸和丙酸的基线噪声峰峰值以 μS 为单位分别是，甲酸：0.000 15；乙酸：0.000 19；丙酸：0.000 16，其值都小于 0.005μS，也满足离子色谱检定规程 JJG 823－2014 对电导检测器极限噪声的要求。

7.1.5　检测精密度分析

精密度是评估测量数据的分散程度，根据重复性检测计算精密度，并用相对标准偏差（RSD）表示。本小节通过计算被分析物质的色谱峰高度或色谱峰面积的相对标准偏差来评估离子色谱仪器的定量重复性，通过计算被分析物质保留时间的相对标准偏差来评估离子色谱仪器的定性重复性。由本章第 7.1.3 小节表 7－4 知，无机阴离子的浓度 Q 是根据标准工作曲线线性方程 $H=a+bQ$（H 是被分析物质的色谱峰高，Q 是被分析物质的浓度，a 和 b 是标准工作曲线线性方程的系数）计算的。因此，通过计算氟、氯、溴、硝酸根、磷酸根和硫酸根六种无机阴离子的色谱峰高度的相对标准偏差评估无机阴离子色谱系统的定量重复性。由表 7－5 和表 7－6 可知，阳离子和有机酸离子的浓度是根据标准工作曲线线性方程 $A=a+bQ$（A 是被分析物质的色谱面积，Q 是被分析物质的浓度，a 和 b 是标准工作曲线线性方程的系数）计算的，因此，通过计算钠、铵根、钾、三乙醇胺、钙、镁、甲酸、乙酸和丙酸的色谱峰面积的相对标准偏差来评估阳离子和有机酸色谱系统的定量重复性。

1. 无机阴离子的精密度分析

取 10mg・L^{-1} 的氟、氯、溴、硝酸根、磷酸根和硫酸根的混合标准溶液过 Clarinert™ 0.22μm 尼龙过滤头过滤到 8 个进样管中，连续测定这 8 个进样管中的混合标准溶液，记录各个被分析物质的色谱峰高度和保留时间，并计算其相对标准偏差（RSD），结果见表 7－11。

表 7－11　F^-、Cl^-、Br^-、NO_3^-、PO_4^{3-}、SO_4^{2-} 六种无机阴离子色谱峰高度和保留时间的重复性

阴离子	平均峰高及对应 RSD		保留时间及对应 RSD	
	平均峰高（μS）	RSD（%）	保留时间（min）	RSD（%）
F^-	28.044	0.062	3.55	0.16
Cl^-	16.713	0.290	5.36	0
Br^-	4.008	0.036	8.25	0.07
NO_3^-	4.537	0.042	9.47	0.06
PO_4^{3-}	1.750	0.012	13.26	0
SO_4^{2-}	4.215	0.035	15.18	0

表 7－11 表明，各个无机阴离子的平均峰高以 μS 为单位，分别为氟：28.044；氯：16.713；溴：4.008；硝酸根：4.537；磷酸根：1.750；硫酸根：4.215，各个无机阴离子的色谱峰高度的相对标准偏差都小于 1%，表明该离子色谱系统测量这六种无机阴离子的浓度值时精确度高，同时也满足了离子色谱检定规程 JJG 823—2014 对整机性能定量重复性的要求。各个无机阴离子的平均保留时间以分钟（min）为单位分别是，氟：3.55；氯：5.36；溴：8.25；硝酸根：9.47；磷酸根：13.26；硫酸根：15.18，各个无机阴离子的保留时间的相对标准偏差都小于 1%，表明该阴离子色谱系统在同时测定这六种无机阴离子时

系统稳定性很好，同时也满足了离子色谱检定规程 JJG 823 对整机性能定性重复性的要求。

2. 阳离子的精密度分析

取 0.8 mg・L^{-1}的 K^+、Na^+、Ca^{2+}、Mg^{2+}、NH_4^+ 和 [HN ($CH_2CH_2OH)_3]^+$ 六种阳离子的混合标准溶液过 Clarinert™0.22μm 尼龙过滤头过滤到 8 个进样管中，连续测定这 8 个进样管中的混合标准溶液，记录各个被分析物质的色谱峰面积和保留时间，并计算其相对标准偏差（RSD），结果表 7-12。

表 7-12　K^+、Na^+、Ca^{2+}、Mg^{2+}、NH_4^+ 和 [HN ($CH_2CH_2OH)_3]^+$ 色谱峰面积和保留时间的重复性

阳离子	平均峰面积及对应 RSD		平均保留时间及对应 RSD	
	平均峰面积（μs・cm^{-1}・min）	RSD（%）	平均保留时间（min）	RSD（%）
Na^+	0.221	0.452	4.723	0.122
$NH_4{}^+$	0.288	2.504	5.267	0.110
K^+	0.114	1.821	7.433	0.388
[HN ($CH_2CH_2OH)_3]^+$	0.031	9.962	8.980	0.295
Ca^{2+}	0.207	3.073	14.997	0.252
Mg^{2+}	0.399	2.544	18.427	0.083

由表 7-12 表明，各个阳离子的平均峰面积以 μs・cm^{-1}・min 为单位，分别为钠：0.221；铵：0.288；钾：0.114；三乙醇胺：0.031；钙：0.207；镁：0.399。除三乙醇胺之外的其他阳离子的色谱峰面积的相对标准偏差都小于或者接近于 3%，满足了离子色谱检定规程 JJG 823—2014 对整机性能定量重复性的要求，然而，三乙醇胺峰面积的相对标准达到了 9.962%，这是由于样品中碱金属和碱土金属的存在对三乙醇胺的保留时间和响应因子产生了影响，导致该离子色谱系统在同时测定钠、铵、钾、三乙醇胺、钙和镁时，三乙醇胺的定量重复性较差。各个阳离子的平均保留时间以分钟（min）为单位分别是，钠：4.723；铵：5.267；钾：7.433；三乙醇胺：8.980；钙：14.997；镁：18.427，这些阳离子保留时间的相对标准偏差都小于 1%，表明该阳离子色谱系统在同时测定这六种阳离子时系统稳定性很好，同时也满足了离子色谱检定规程 JJG 823—2014 对整机性能定性重复性的要求。

3. 有机酸离子的精密度分析

分别取 0.8 mg・L^{-1}的甲酸、乙酸和丙酸的单一标准溶液经 Clarinert™ 0.22μm 尼龙过滤头过滤后依次放入进样管中，甲酸、乙酸和丙酸三种标准溶液各放入到 8 个进样管中，按照样品种类排序，连续测定这 24 个进样管中的标准溶液，记录甲酸、乙酸和丙酸的色谱峰面积和保留时间，并计算其相对标准偏差（RSD），结果见表 7-13。

表 7-13　甲酸、乙酸和丙酸色谱峰面积和保留时间的重复性

有机酸	平均峰面积及对应 RSD		平均保留时间及对应 RSD	
	平均峰面积（μs・cm^{-1}・min）	RSD（%）	平均保留时间（min）	RSD（%）
甲酸	0.075	1.0	13.97	0.11
乙酸	0.050	2.0	16.11	0.09
丙酸	0.036	1.5	18.85	0.06

由表 7-13 表明，甲酸、乙酸和丙酸的平均色谱峰面积的以 $\mu s \cdot cm^{-1} \cdot min$ 为单位分别是，甲酸：0.075；乙酸：0.050；丙酸：0.036，甲酸、乙酸和丙酸的色谱峰面积的相对标准偏差都小于 3%，表明该离子色谱系统测量甲酸、乙酸和丙酸的浓度值时精确度高，同时也满足了离子色谱检定规程 JJG 823—2014 对整机性能定量重复性的要求。甲酸、乙酸和丙酸的平均保留时间以分钟（min）为单位分别是，甲酸：13.97；乙酸：16.11；丙酸：18.85，甲酸、乙酸和丙酸的保留时间的相对标准偏差都小于 1%，表明该阴离子色谱系统在同时测定甲酸、乙酸和丙酸时系统稳定性很好，同时也满足了离子色谱检定规程 JJG 823—2014 对整机性能定性重复性的要求。

7.1.6 加标回收率分析

采用加标回收实验来验证 7.1.2 描述的油样分析前处理过程的效率。具体实验步骤如下；分别准确称取 3 份同一种生物柴油样品 26g，其中两份加入不同浓度的待测成分标准物质，另一份油样不加入任何标准物质，这三份油样同时按照本章第 7.1.2 小节描述的油样分析前处理过程进行处理，获得的水溶液先后过 Cleanert® SPE C18 反相柱和 Clarinert™ 0.22μm 尼龙过滤头过滤后进入离子色谱仪分析，每份样品重复测定 3 次，记录测定结果。用式（7-2）计算，即加入标准物质的一份油样测得的结果（最终浓度）减去未加入标准物质的一份油样测得的结果（初始浓度），其差值与加入标准物质的理论值（加入量）的比值为样品加标回收率。目前，可接受的加标回收率范围为 70%～120%，然而，根据生物柴油这类样品基质的复杂性，加标回收率范围可以扩大到 50%～120%。

$$K = \frac{A - B}{C} \times 100\% \tag{7-2}$$

式中：K 为回收率；A 为最终浓度；B 为初始浓度；C 为加入量。

1. 无机阴离子的加标回收率分析

准确称取 3 份同一种生物柴油样品 26g，其中两份生物柴油样品加入不同浓度的氟、氯、溴、硝酸根、磷酸根和硫酸根标准分析物质，另一份生物柴油样品不加入任何标准物质，这三份生物柴油样品同时按照 7.1.2 描述的油样分析前处理过程使用超纯水作为萃取剂进行处理，获得的萃取溶液先后经过 Cleanert® SPE C18 反相柱和 Clarinert™0.22μm 尼龙过滤头过滤后进入离子色谱仪分析，每份样品重复测定 3 次，记录测定结果，用式（7-2）计算各个被分析物质的加标回收率。结果见表 7-14。

表 7-14 通过离子色谱法测得的生物柴油中 F^-、Cl^-、Br^-、NO_3^-、PO_4^{3-}、SO_4^{2-} 的加标回收率

阴离子	浓度（$mg \cdot L^{-1}$）			回收率（%）
	初始①	加入	最终①	
F^-	0.756	0.7	1.408	93.1
		1.4	2.094	95.6
Cl^-	3.53	3.0	6.488	98.6
		6.0	9.188	94.3
Br^-	ND	0.1	0.089	89
		0.2	0.199	99.5

续表

阴离子	浓度（mg·L^{-1}）			回收率（%）
	初始①	加入	最终①	
NO_3^-	ND	0.2	0.220	110
8888		0.4	0.407	101.7
PO_4^{3-}	0.782	0.8	1.513	91.4
		1.6	2.235	90.8
SO_4^{2-}	0.262	0.3	0.497	78.4
		0.6	0.804	90.3

①三次测定的平均值；ND=not detected。

表 7-14 表明，按照式（7-2）获得的生物柴油样品中各个无机阴离子的加标回收率范围为 78.4%～110%，表明这种样品处理方法对于除去生物柴油样品中的氟、氯、溴、硝酸根、磷酸根、硫酸根六种无机阴离子是有效的。

2. 阳离子的加标回收率分析

准确称取 3 份同种生物柴油样品 26g，其中两份生物柴油样品加入不同浓度的钠、铵根、钾、三乙醇胺、钙、镁离子标准分析物质，另一份生物柴油样品不加入任何标准物质，这三份生物柴油样品同时按照 7.1.2 描述的油样分析前处理过程使用 1.7 mmol·L^{-1} 硝酸作为萃取剂进行处理，获得的萃取溶液先后经过 Cleanert® SPE C18 反相柱和 Clarinert™ 0.22μm 尼龙过滤头过滤后进入离子色谱仪分析，每份样品重复测定 3 次，记录测定结果，按照公式（7-2）计算各个被分析物质的加标回收率。结果见表 7-15。

表 7-15　通过离子色谱法测得钠、铵、钾、三乙醇胺、钙和镁的加标回收率

阳离子	浓度（mg·L—1）			回收率（%）
	初始①	加入	最终①	
Na^+	2.798±0.02	0.400	3.162±0.03	91
		0.600	3.344±0.01	91
NH_4^+	0.110±0.03	0.453	0.500±0.03	86
		0.225	0.306±0.04	87
K^+	0	0.387	0.406±0.01	105
		0.200	0.198±0.01	99
$[HN(CH_2CH_2OH)_3]^+$	0	0.400	0.353±0.05	88
		0.200	0.166±0.07	83
Ca^{2+}	0.260±0.01	0.456	0.691±0.01	95
		0.632	0.860±0.03	95
Mg^{2+}	0.069±0.01	0.429	0.444±0.02	87
		0.212	0.264±0.01	92

①三次测定的平均值。

表 7-15 表明，照式（7-2）获得的生物柴油样品中各个阳离子的加标回收率范围为 83%～105%，表明这种样品处理方法对于除去生物柴油样品中的钠、铵根、钾、三乙醇

胺、钙和镁六种阳离子是有效的。

3. 有机酸离子的加标回收率分析

准确称取3份同一种生物柴油样品26g，其中两份生物柴油样品加入不同浓度的甲酸、乙酸和丙酸标准分析物质，另一份生物柴油样品不加入任何标准物质，这三份生物柴油样品同时按照本章第7.1.2小节描述的油样分析前处理过程使用超纯水作为萃取剂进行处理，获得的萃取溶液先后经过Cleanert® SPE C18反相柱和Clarinert™ 0.22μm尼龙过滤头过滤后进入离子色谱仪分析，每份样品重复测定3次，记录测定结果，按照式（7-2）计算各个被分析物质的加标回收率。结果见表7-16。

表7-16　通过离子色谱法测得甲酸、乙酸和丙酸的加标回收率

有机酸	浓度（$mg \cdot L^{-1}$）			回收率（%）
	初始①	加入	最终①	
甲酸	1.207	1.000	2.197	0.99
		2.000	3.127	0.96
乙酸	1.165	1.000	2.065	0.90
		2.000	2.905	0.87
丙酸	0.912	1.000	1.792	0.88
		2.000	2.652	0.87

①三次测定的平均值。

表7-16表明，按照式（7-2）获得的生物柴油样品中甲酸、乙酸和丙酸的加标回收率范围为87%～99%，表明这种样品处理方法对于除去生物柴油样品中的甲酸、乙酸和丙酸三种有机酸是有效的。

7.2　生物柴油中阳离子含量影响因素分析

生物柴油的阳离子除了来源于原料油外，其在制备过程中酯交换步骤中会使用很多催化剂，包括碱和均相催化剂，比如氢氧化钾、氢氧化钠和一些甲醇盐，生物柴油产品纯化不完全部分催化剂作为杂质便会残留在其中。此外，生物柴油纯化过程中使用硬水或者加入$MgSO_4$或者CaO干燥剂都会引入钾、钠、钙和镁等阳离子，这些阳离子最终残留在精炼好的生物柴油产品中。在各国生物柴油标准中一致规定，一价金属（钠、钾）的含量不超过$5mg \cdot kg^{-1}$，二价金属（镁、钙）含量不超过$5mg \cdot kg^{-1}$。

目前，很多方法用于测定生物柴油中的金属阳离子，包括火焰原子吸收光谱法（FAAS），电感耦合等离子体发射光谱法（ICP-OES），火焰原子发射光谱法（FAES），毛细管电泳-电容耦合非接触电导检测方法（CE-C4D）。尽管前三种测量方法快速、便宜、灵敏、简单且能同时测定多种元素，但是需要高毒的有机溶剂（正丙醇、二甲苯、环己烷、石油醚、甲苯）稀释生物柴油样品和标准溶液，这种方法的主要缺点就是生物柴油样品的高稀释因子能够降低检测限和定量限，进而影响生物柴油的检测结果。而在各国的国家标准中，前两种方法用于测定生物柴油中的金属阳离子，比如欧洲生物柴油标准EN14214，美国生物柴油标准ASTM D 6751，巴西生物柴油标准ANP 7/2008，中国生物

柴油标准 GB/T 20828—2015。这些标准有特殊的要求，即将生物柴油样品使用二甲苯和环己烷有机溶剂溶解后，再进入火焰原子吸收光谱（FAAS）测定生物柴油中的钠和钾，电感耦合等离子体发射光谱（ICP - OES）测定钙和镁。而离子色谱法可用来同时定量分析水溶液中的离子，它不仅快速、便宜、灵敏、简单且能同时测定多种元素，且他们不需要以上高毒的有机溶剂稀释生物柴油样品和标准溶液，另外，离子色谱能够自动进样，这在很大程度上能够避免基质的干扰，降低分析物损失和污染的风险，该分析系统稳定，具有良好的选择性和分析速度。分析测定油样中阳离子的色谱分离柱主要有 Metrosep C4 - 7μm（100×4mm），Dionex IonPac CS12A - 5μm（150×3mm），Dionex IonPac CS10 和 Dionex IonPac CS12A（250×4mm），并且常用抑制性离子色谱系统。Hurum 等在非抑制性离子色谱系统中使用 Dionex IonPac CS12A - 5μm（150×3mm）色谱柱测定生物柴油中的钾、钠、钙、镁、铵根，各个离子的色谱峰顺序是 $Na^+ < NH_4^+ < K^+ < Mg^{2+} < Ca^{2+}$，且油样中没有检测到铵离子。2012 年，Caland 等使用带 Metrosep C4 - 7μm（100×4mm）色谱柱的离子交换色谱同时测定了生物柴油中的钾、钠、钙、镁离子。与这些分离柱相比，Metrosep C4 - 5μm（150×4mm）色谱柱不仅具有稳定的分离系统、良好的选择性和分析速度，而且离子色谱灵敏度高，能同时测定多种元素，只需少量样品就能完成样品检测。

采用非化学抑制离子色谱和 Metrosep C4 - 5μm（150×4mm）色谱柱同时测定分析生物柴油样品中的 Na^+、NH_4^+、K^+、$[HN(CH_2CH_2OH)_3]^+$、Ca^{2+}、Mg^{2+}，研究了萃取剂、去离子水及催化剂、生物柴油制备方法、生物柴油原料油、添加剂及氧化对生物柴油阳离子含量的影响。

7.2.1 萃取剂、去离子水及催化剂对生物柴油阳离子含量的影响

为验证去离子水、萃取剂（1.7mmol · L^{-1} HNO_3水溶液）、制备生物柴油的催化剂（KOH）对生物柴油离子含量的影响，采用离子色谱法测定分析了去离子水、1.7mmol · L^{-1} HNO_3水溶液、0.01mol · L^{-1}KOH 水溶液。实验发现，萃取剂里检测到了 Na^+、NH_4^+、K^+、Ca^{2+}和 Mg^{2+}，按照 26g 生物柴油计算，每千克生物柴油里面含有这些离子的含量分别是 Na^+：0.138mg · kg^{-1}；NH_4^+：0.292mg · kg^{-1}；K^+：0.085mg · kg^{-1}；Ca^{2+}：2.046mg · kg^{-1}；Mg^{2+}：0.992mg · kg^{-1}。催化剂里面只检测到了 Na^+（4.811mg · g^{-1}）和 K^+（554.982mg · g^{-1}）。去离子水中没有检测到任何分析物质，表明去离子水对生物柴油离子含量没有任何影响。1.7mmol · L^{-1} HNO_3 水溶液（萃取剂），0.01mol · L^{-1} KOH（催化剂）和去离子水色谱图如图 7 - 9 所示。

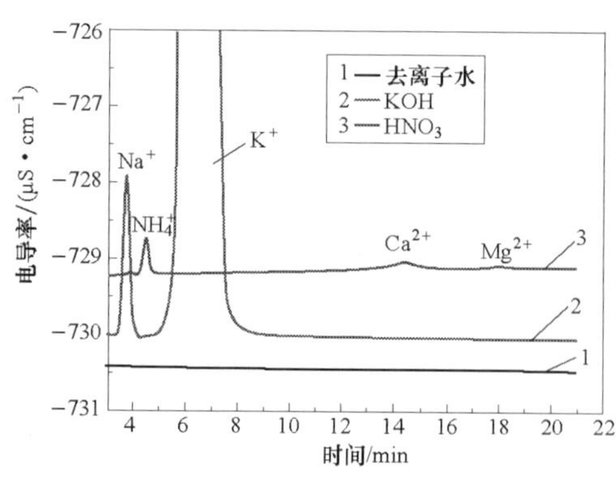

图 7 - 9　去离子水、1.7mmol · L^{-1} HNO_3水溶液、0.01mol · L^{-1}KOH 水溶液的色谱图

7.2.2 生物柴油制备方法对生物柴油阳离子含量的影响

常规均相催化技术采用酸、碱催化剂进行酯化或酯交换反应制备生物柴油，目前，应

用最广泛的生物柴油制备工艺是传统的连续两级酯交换工艺，即先将甲醇和催化剂配成溶液，然后油脂与甲醇的碱溶液用泵按一定比例打入第一级酯交换反应器中反应，生成的混合物分离出甘油相再进入第二级反应器中，补充甲醇和催化剂再继续反应，反应完进行甘油分离，得到的粗甲酯经水洗后脱水得到成品生物柴油。为探究生物柴油制备方法对生物柴油中离子含量的影响，本小节分别研究了中低温两步法，超声波辅助管式反应器碱催化法，集热式恒温加热磁力搅拌器（DF-101S）辅助圆底烧瓶碱催化法三种生物柴油制备方法制备的小桐子生物柴油对钾、钠、钙、镁离子含量的影响。

将以上3种生物柴油制备方法制备的小桐子生物柴油样品按照本章第7.1.2节描述的油样分析前处理过程使用1.7mmol·L^{-1} HNO_3水溶液进行萃取处理，获得的水溶液先后经过Cleanert® SPE C18反相柱和Clarinert™ 0.22μm尼龙过滤头过滤后，进入离子色谱仪分析，根据样品中各个被分析物质的色谱峰面积由软件直接计算出浓度。3种生物柴油制备方法制备的小桐子生物柴油样品阳离子色谱图如图7-10所示。采用离子色谱法测得3种生物柴油制备方法制备的小桐子生物柴油样品中的阳离子含量见表7-17。

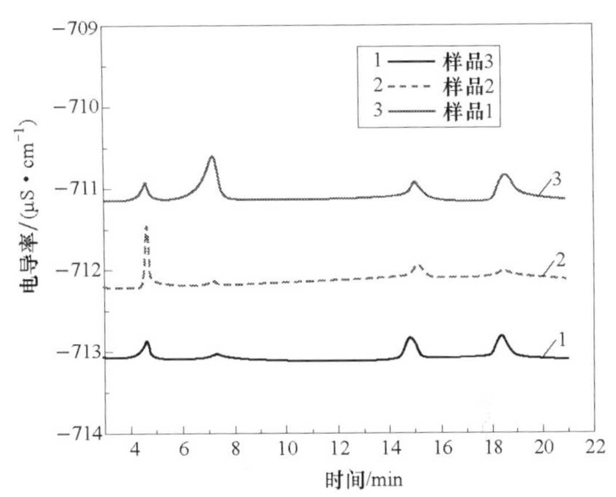

图7-10 3种生物柴油制备方法制备的小桐子生物柴油样品阳离子色谱图
［样品1是采用中、低温两步法制备；样品2是采用超声波辅助管式反应器碱催化法实验室自制；样品3是采用集热式恒温加热磁力搅拌器（DF-101S）辅助圆底烧瓶碱催化法实验室自制］

表7-17 3种生物柴油制备方法制备的小桐子生物柴油样品中的阳离子含量

样品	离子含量（mg·kg^{-1}）			
	Na^+	K^+	Ca^{2+}	Mg^{2+}
样品1	＜LOD	9.017±0.033	5.882±0.216	4.936±0.153
样品2	3.898±0.006	＜LOD	3.030±0.089	1.013±0.071
样品3	＜LOD	0.443±0.008	4.137±0.043	2.605±0.038

注 样品1是采用中、低温两步法制备；样品2是采用超声波辅助管式反应器碱催化法制备；样品3是采用集热式恒温加热磁力搅拌器（DF—101S）辅助圆底烧瓶碱催化法实验室自制。

从生物柴油制备过程来看，样品1在生产过程中，添加了许多化学试剂（如苯磺酸、醋酸甲酯、三醋酸甘油脂、甲醇和甲醇钠），考虑到工业的经济成本，这些化学试剂的纯度不高，会引入很多杂质；工厂的大批量生产，分离不彻底，都会使得钾、钠、钙、镁的离子含量得不到保障。样品2和样品3在实验室制备过程中都只加入了甲醇和催化剂（KOH），实验发现，样品2中钙和镁的离子含量少于样品3中的离子含量，这是由于在超声波辅助下，催化剂更能够与反应物充分混合，获得较高的生物柴油转化率，另外，酯交换反应后的生成物也更易分离，有利于去除钾、钠、钙、镁杂质。

7.2.3 生物柴油原料油对生物柴油阳离子含量的影响

为探究生物柴油原料油对生物柴油中的离子含量的影响，本小节研究了地沟油、小桐子油、橡胶籽油对由其制备的生物柴油中阳离子含量的影响。按照本章第 7.1.2 节描述的油样分析前处理过程对地沟油、小桐子油、橡胶籽油及实验室制备的地沟油生物柴油、橡胶籽油生物柴油、小桐子生物柴油样品使用 1.7mmol · L^{-1} HNO_3 水溶液进行萃取处理，获得的水溶液先后经过 Cleanert® SPE C18 反相柱和 Clarinert™ 0.22μm 尼龙过滤头过滤后，进入离子色谱仪分析，根据样品中各个被分析物质的色谱峰面积由软件直接计算出浓度。地沟油生物柴油、小桐子生物柴油、橡胶籽油生物柴油及其对应的原料油样品的色谱图如图 7 - 11 所示。图 7 - 10（a）表明，地沟油和地沟油生物柴油中都检测到了 Na^+、NH_4^+、K^+、Ca^{2+} 和 Mg^{2+}，地沟油中这些离子与人们的日常饮食和下水道的生活污水有关；地沟油样品中 Ca^{2+} 和 Mg^{2+} 的保留时间缩短了，这可能是由于被测样品的 pH 值决定的，地沟油样品的 pH 是 4，而地沟油生物柴油样品的 pH 大约是 5，通过改变样品的 pH 值可能会改变淋洗液的洗脱强度，进而影响二价阳离子的分析时间。如图 7 - 10（b）和 7 - 10（c）表明，橡胶籽油和小桐子生物柴油中也检测到了 Na^+、NH_4^+、K^+、Ca^{2+} 和 Mg^{2+}，这可能是由于橡胶树和小桐子树从生长的肥沃土壤中吸收了无机盐的缘故。

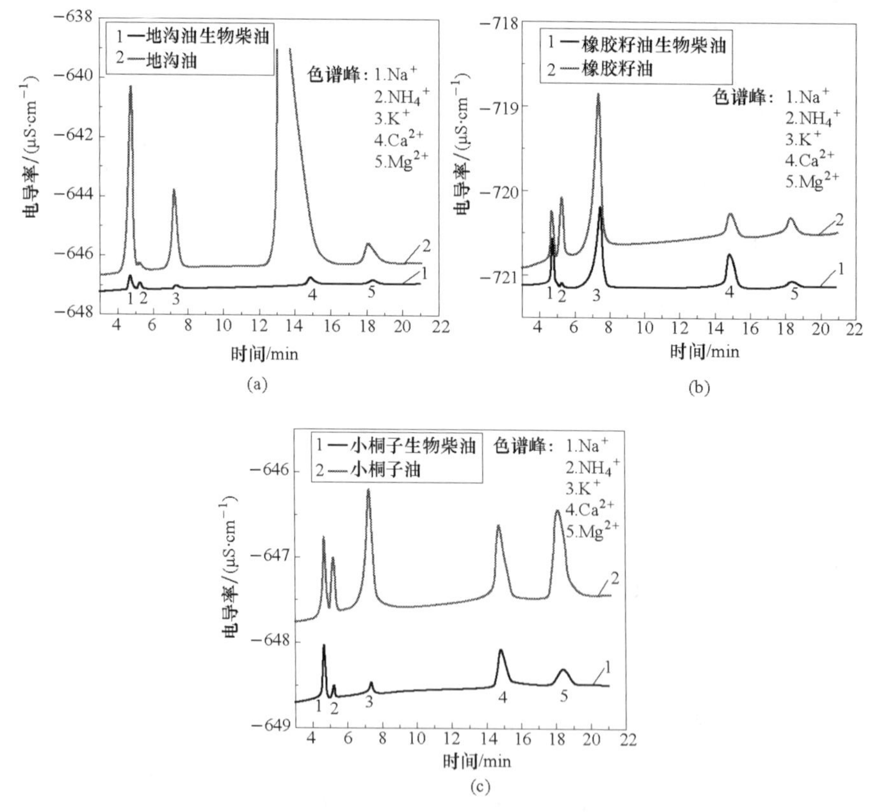

图 7 - 11　三种生物柴油及其原料油阳离子色谱图

（a）地沟油和地沟油生物柴油；（b）橡胶籽油和橡胶籽油生物柴油；（c）小桐子油和小桐子生物柴油

分析图 7 - 11 可知，地沟油生物柴油、小桐子生物柴油、橡胶籽油生物柴油中的阳离子部分来源于他们的原料油和生物柴油制备过程中的催化剂（KOH），除此之外，这些阳离子还来源于样品处理过程中使用的硝酸萃取剂。

7.2.4 添加剂对生物柴油阳离子含量的影响

生物柴油作为促进经济的可持续发展、推进能源替代、减轻环境压力、控制城市大气污染的“绿色能源”，在储存、运输过程中，将不可避免地被氧化，我国生物柴油氧化稳定性国家标准为不低于6h，而大多数的生物柴油氧化稳定性都比较差。生物柴油氧化稳定性是指生物柴油抵抗空气中氧气的氧化作用而保持其性质不发生改变的能力。生物柴油中的主要成分是长链的脂肪酸甲酯，而长链脂肪酸甲酯的主要成分是含C=C的不饱和脂肪酸，比如大豆油生物柴油中不饱和脂肪酸的含量达到93.7%，菜籽油生物柴油中含量为85.5%，即使是不饱和脂肪酸含量最少的棕榈油生物柴油，其中的不饱和酸含量也达到了54%。实际上，这些不饱和脂肪酸在生物柴油的储存过程中是极易被氧化的，在光、金属离子、氧存在的条件下，这些不饱和脂肪酸极易被氧化生成过氧化物，而生成的过氧化物具有不稳定性，易分解成水、醛、醇、聚合物、有机物及沉淀等二次氧化产物。生物柴油被氧化后，会引起生物柴油分层甚至变臭，影响生物柴油质量，生成的水会腐蚀金属，聚合物及沉淀还可能会造成柴油机滤网堵塞，使柴油机喷油嘴及过滤器堵塞，影响柴油机使用。进一步带来过滤困难、引擎腐蚀、引擎功率不稳定及油路堵塞等问题，影响机动车辆使用寿命。想要使生物柴油被广泛应用和推广，其性能指标就必须达到我国的生物柴油国家标准，生物柴油的性能指标有很多，比如：闪点、密度、酸值、机械杂质、运动黏度、水分、氧化稳定性及硫含量等，氧化稳定性是生物柴油的重要性能参数之一。而油脂的自动氧化遵循自由基（也称游离基）反应机制，首先脂肪分子（以RH表示）被热、光或金属离子等自由基引发剂活化后，分解成不稳定的自由基R·和H·，当有氧分子存在时，自由基与O_2反应生成过氧化物自由基，此过氧化物自由基又和脂肪分子反应，生成氢过氧化物和自由基R·，通过自由基R·的链式反应又再传递下去，直到自由基和自由基或自由基和自由基失活剂相结合产生稳定化合物时反应才结束。近几年来，国内外学者纷纷研究向生物柴油中添加抗氧化剂来提高其氧化稳定性。抗氧化剂的作用机制包括间接清除自由基和直接清除自由基，前者指酚类抗氧化剂通过络合金属离子以降低Fenton反应的速率而减少羟基自由基的生成；后者指酚类抗氧化剂通过酚羟基的抽氢反应生成苯氧自由基从而中断链式反应。本小节在了解生物柴油自动氧化机理及抗氧化剂作用机理的基础上，通过向生物柴油中添加抗氧化剂研究生物中离子含量的变化。

1. 地沟油生物柴油中添加抗氧化剂BHT

分别准确称量26.012 0g和26.001 5g地沟油生物柴油样品倒入100mL烧杯中，向26.001 5g地沟油生物柴油样品中加入0.053 7g抗氧化剂BHT，超声5min，使其完全溶解在油样中。然后将两份油样按照7.1.2描述的油样分析前处理过程使用1.7mmol·L^{-1} HNO_3水溶液进行萃取处理，获得的水溶液先后经过Cleanert® SPE C18反相柱和Clarinert™ 0.22μm尼龙过滤头过滤后，进入离子色谱仪分析，根据样品中各个被分析物质的色谱峰面积由软件直接计算出浓度。添加抗氧化剂BHT与未添加抗氧化剂BHT的地沟油生物柴油样品的阳离子分析色谱图如图7-12。添加抗氧化剂BHT与未添加抗氧化剂BHT的地沟油生物柴油样品测得的阳离子含量见表7-18。图7-12表明，添加抗氧化剂BHT的地沟油生物柴油样品与未添加抗氧化剂BHT的地沟油生物柴油样品都检测出了钠、铵根、钾、钙和镁离子。然而，表 7-18 表明，与未添加抗氧化剂 BHT 的地沟油生物柴油样品中阳离子含量相比，添加抗氧化剂 BHT 后 Na^+、NH_4^+、K^+ 含量大幅度降低了，尤其是 Na+含量减少最多，降幅约为 84%，这可能是由于抗氧化剂与金属离子强结合，将金属离子包合到抗氧化剂内部，形成稳定的金属离子螯合剂；Mg^{2+} 和 Ca^{2+} 含量大幅度增加了，Mg^{2+} 含量增加了 136%，这可能是由于抗氧化剂将催化及引起氧化反应的物质封闭，如络合能催化氧化反应的金属离子，特别是二价或更高价态的金属离子，而这种络合物又是强电解质，其在油样萃取后得到的水溶液中能完全电离，因此，添加抗氧化剂 BHT 后，钙和镁离子含量会大幅度增加。

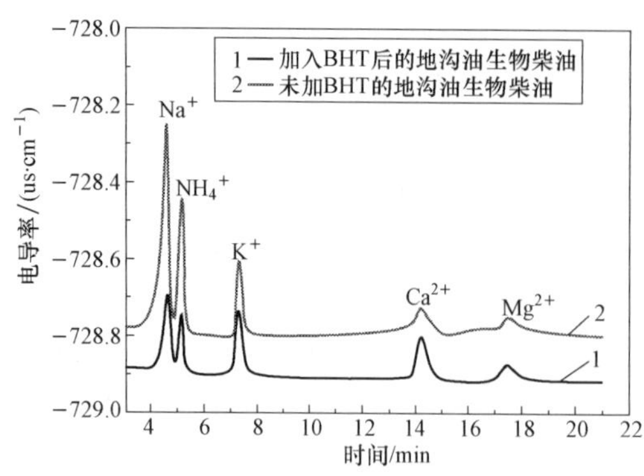

图 7-12　添加 BHT 与未添加 BHT 的地沟油生物柴油样品的阳离子分析色谱图

表 7-18　　添加 BHT 与未添加 BHT 的地沟油生物柴油样品中的阳离子含量

阳离子	离子含量（mg·kg^{-1}）		增长率
	添加 BHT 后的地沟油生物柴油	未添加 BHT 的地沟油生物柴油	
Na^+	0.463	2.891	−84%
NH_4^+	1.033	1.185	−13%
K^+	2.381	2.502	−5%
Ca^{2+}	1.740	1.153	51%
Mg^{2+}	0.427	0.181	136%

2. 菜籽油生物柴油中添加抗氧化剂 TEPA

按照生物柴油萃取水溶液方法分别对菜籽油生物柴油和添加 3‰TEPA 的菜籽油生物柴油进行萃取。试验过程中菜籽油生物柴油萃取水溶液澄清透明，添加 3‰TEPA 的菜籽油生物柴油萃取水溶液颜色发黄，萃取过程中水溶液颜色对比如图 7-13 所示。根据软硬酸碱理论和分子结构分析可知，产生这种现象的原因是 TEPA 的分子中有较多氨基和亚氨基，属于分子极性较强一种硬碱。根据软亲软，硬亲硬，软硬结合不稳定的原理：由于脂肪酸甲酯极性较弱，TEPA 更容易溶解于同属于硬碱的 H_2O 中。因此在萃取过程中，大量 TEPA 分子被萃取到水溶液中，使萃取溶液发生变化。

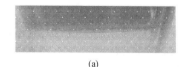

(a)

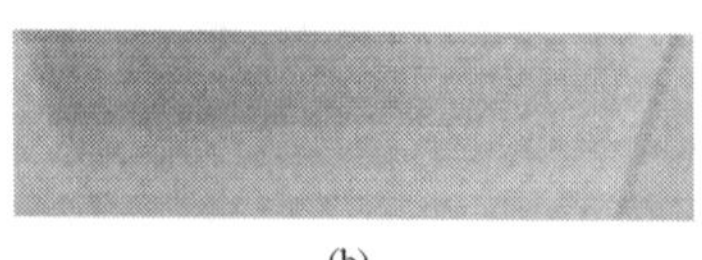
(b)

图 7-13　萃取过程中水溶液颜色对比

(a) 生物柴油；(b) 3‰TEPA 生物柴油

菜籽油生物柴油与添加 3‰TEPA 菜籽油生物柴油萃取水中的金属元素含量见表 7-19。添加了 3‰TEPA 的菜籽油生物柴油萃取水溶液中 Mg 元素含量大幅下降 41.7%，Na 元素含量稍有增加，K元素含量增加9.4%，Fe、Ni、Cu和Co元素含量增加。未检测出菜籽油生物柴油萃取溶液中含有Mn元素。ICP-MS电感耦合等离子体质谱仪测定的是金属元素含量，所以不影响对溶于水的金属离子螯合物中元素含量的检测。

表7-19　添加了3‰TEPA前后生物柴油水萃取溶液中金属元素的离子含量变化　(μg/mL)

离子含量	Na	K	Mg	Ca	Fe	Cu	Ni	Co	Mn
未添加	0.238	2.467	0.008 43	0.002 01	0	0	0.000 258	0	0
3‰TEPA	0.241	2.698	0.004 91	0.000 96	0.004 1	0.007 56	0.000 827	0.000 087 7	0

添加3‰TEPA的菜籽油生物柴油萃取水溶液中K、Na元素含量增加的原因是：由于K、Na离子属于碱金属离子，按软硬酸碱理论分类属于硬酸，不易水解和与其他物质形成金属离子螯合物，其含量变化与萃取水溶液中溶解了TEPA有关，萃取溶液极性增强，金属离子萃取效果增加。通过对添加TEPA前后生物柴油水萃取溶液中金属元素的含量对比可知，试验证明水并不能将生物柴油中全部的金属元素萃取到水溶液中，由于生物柴油中存在着少量的具有络合性的物质，所以仍有一部分金属元素存在于生物柴油中，其主要存在方式为易溶于生物柴油同时不溶于水的金属离子络合物。添加了TEPA的菜籽油生物柴油萃取溶液中，Ca、Mg元素含量减少，Fe、Ni、Cu、Co元素含量增加原因分析：一方面由于添加了TEPA后碱性增强，TEPA与生物柴油中易水解高价的Ni金属离子生成TEPA金属离子螯合物，使Ni离子浓度降低，生物柴油中原来存在的Ni离子配位平衡向着解离方向移动（金属离子水解效应）；另一方面在配离子反应中，一种配离子可以转化为另一种更稳定的配离子，即配位平衡向更难解离的配离子方向移动，两种配离子的稳定常数相差较大，转化越容易。在通常情况下，螯合剂与Fe、Ni、Cu、Co金属离子的螯合稳定常数大于Ca、Mg金属离子，所以检测菜籽油生物柴油萃取水溶液时，Fe、Ni、Cu、Co元素含量极少或为零。当添加TEPA后，在TEPA的碱性与螯合性的作用下，生物柴油中油溶性好且不溶于水的Fe、Ni、Cu、Co金属离子络合物先解离与TEPA生成稳定常数较高的螯合物，而原有金属离子络合物在失去Fe、Ni、Cu、Co金属离子后生成配体与Ca、Mg金属离子结合生成稳定常数相对较低的络合物。由于TEPA易溶于水，与TEPA生成的螯合物会被萃取到水溶液中，而原有络合物不溶于水，所以其络合物仍存在于生物柴油中，所以添加TEPA的菜籽油生物柴油萃取水溶液中Ca、Mg元素含量下降，Fe、Ni、Cu、Co元素含量增加。由于TEPA的作用机理可以得知：当生物柴油中添加TEPA后，生物柴油中游离的金属离子含量减少，生成金属离子螯合物。

7.3　生物柴油中阴离子含量影响因素分析

生物柴油中的氟、氯、溴元素作为卤素，具有不稳定的化学特征，其存在能加速金属的腐蚀并且很容易造成孔蚀。与石化柴油结构不同，生物柴油的主要成分是长链脂肪酸甲酯，而在这些脂肪酸甲酯中，含碳碳双键的不饱和脂肪酸酯含量超过一半，和石化柴油相比，生物柴油不稳定，在交通车辆储油罐中能比较快地降解，这主要是由双键的氧化或酯基团的水解反应造成的，生物柴油降解能产生一元羧酸，如甲酸、乙酸、丙酸，这与脂质降解过程类似，这些酸促使橡胶降解和金属材料的腐蚀。

生物柴油标准方法中规定，分别采用电感耦合等离子体发射光谱法和紫外荧光法测量生物柴油中的磷和硫，这些方法首先将生物柴油样品用高毒的有机溶剂稀释，然后燃烧，使用上面两个仪器分析燃烧产物，进而测定生物柴油中磷和硫的总含量。甲酸和乙酸是短链挥发性酸，有研究者采用气相和液相色谱测量短链的有机酸。目前，还没有相应的标准方法测量生物柴油中的甲酸、乙酸、丙酸。

离子色谱法能检测各种各样的有机和无机离子。Dugo 等采用抑制性离子交换色谱法测量橄榄油中的氟离子、氯离子、溴离子、亚硝酸根、硝酸根、磷酸根、硫酸根和碘离子。Strōmberg 采用抑制性离子排斥色谱法测量生物柴油样品中的甲酸、乙酸和丙酸。与其他测量方法相比，离子色谱法简单、灵敏且测量系统稳定。本节采用离子色谱法研究了生物柴油制备方法、向生物柴油中添加抗氧化剂对其无机阴离子和有机酸离子含量的影响及氧化对生物柴油中阴离子的影响。

7.3.1 生物柴油制备方法对生物柴油无机阴离子含量的影响

为探究生物柴油的制备方法对生物柴油中无机阴离子含量的影响，本小节准确称取集热式恒温加热磁力搅拌器（DF-101S）辅助圆底烧瓶碱催化法实验室自制的小桐子生物柴油样品 26.0035g，超声波辅助管式反应器碱催化法制备的小桐子生物柴油 26.0151g，按照 7.1.2 描述的油样分析前处理过程使用超纯水作为萃取剂萃取上述两种小桐子生物柴油，获得的萃取液先后过 Cleanert® SPE C18 反相柱和 Clarinert™ 0.22μm 尼龙过滤头过滤后进入阴离子色谱柱分析。根据样品中各个被分析物质的色谱峰高度由软件直接计算出浓度。两种生物柴油制备方法生产的小桐子生物柴油样品的无机阴离子色谱图如图 7-14 所示（样品 1 是采用超声波辅助管式反应器碱催化法制备；样品 2 是采用集热式恒温加热磁力搅拌器碱催化法制备），两种生物柴油制备方法生产的小桐子生物柴油样品中测得的无机阴离子含量见表 7-20。

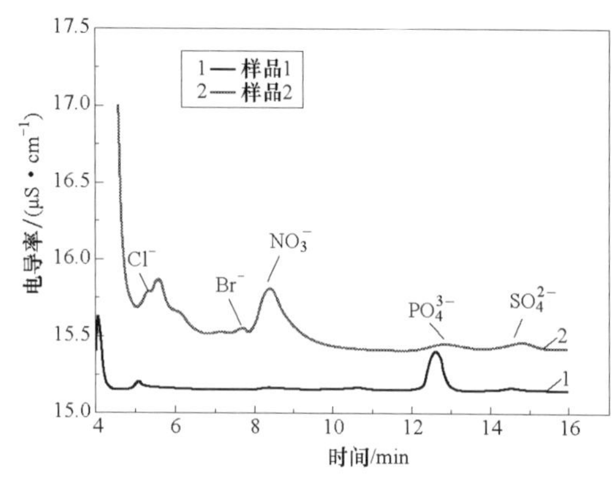

图 7-14 两种生物柴油制备方法生产的小桐子生物柴油样品的无机阴离子色谱图

表 7-20 两种生物柴油制备方法生产的小桐子生物柴油样品中测得的无机阴离子含量

阴离子	离子含量（mg·kg^{-1}）	
	样品 1	样品 2
F^-	0	0
Cl^-	1.931	2.132
Br^-	2.191	0
NO_3^-	6.889	1.082
PO_4^{3-}	3.317	13.995
SO_4^{2-}	0.870	0.645

色谱图7-14表明，采用超声波辅助管式反应器碱催化法制备的小桐子生物柴油中含有氯离子、溴离子、硝酸根、磷酸根、硫酸根，而采用集热式恒温加热磁力搅拌器碱催化法制备的小桐子生物柴油中只检测到了氯离子、硝酸根、磷酸根和硫酸根。样品1即采用超声波辅助管式反应器碱催化法制备的小桐子生物柴油样品的基线很不平稳，这可能是由于样品1存放了1年多产生了较多杂质的缘故。由表7-20可知，样品1和样品2中氟、氯、溴和硫酸根离子含量较少或者为0mg·kg^{-1}。然而，样品1中含有较多的硝酸根离子，样品2中含有较多的磷酸根离子，而两种生物柴油制备过程中使用的原料油和催化剂都是一样的，因此，这可能是由使用的反应器、生物柴油的水洗过程或者生物柴油的储存时间造成的。

7.3.2 生物柴油制备方法对生物柴油有机酸离子含量的影响

分别将中低温两步法、超声波辅助管式反应器碱催化法、集热式恒温加热磁力搅拌器碱催化法三种生物柴油制备方法生产的小桐子生物柴油样品按照7.1.2描述的油样分析前处理过程使用超纯水作为萃取剂萃取上述两种小桐子生物柴油，获得的萃取液先后过Cleanert® SPE C18反相柱和Clarinert™ 0.22μm尼龙过滤头过滤后进入阴离子色谱柱分析。根据样品中各个被分析物质的色谱峰面积由软件直接计算出浓度。三种生物柴油制备方法生产的小桐子生物柴油样品的有机酸离子色谱图如图7-15所示，三种生物柴油制备方法生产的小桐子生物柴油样品中测得的有机酸离子含量见表7-21。

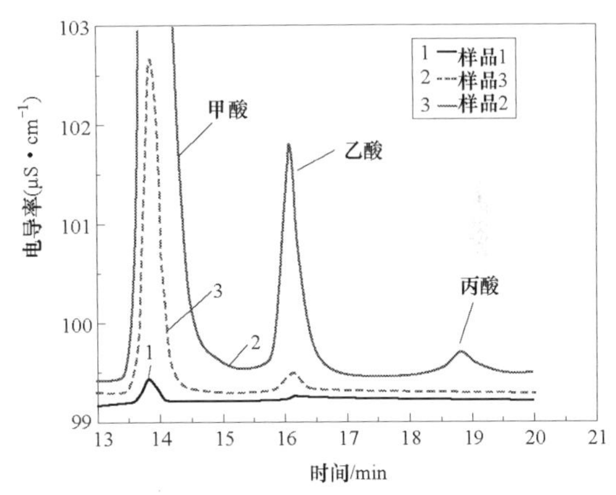

图7-15 三种生物柴油制备方法生产的小桐子生物柴油样品的有机酸离子色谱图

注：样品1是采用集热式恒温加热磁力搅拌器碱催化法制备，样品2是采用中低温两步法制备，样品3是采用超声波辅助管式反应器碱催化法制备。

表7-21 三种生物柴油制备方法生产的小桐子生物柴油样品中测得的有机酸离子含量

有机酸	离子含量（mg·kg^{-1}）		
	样品1	样品2	样品3
甲酸	5.701	1459.150	7.153
乙酸	0.752	115.684	1.500
丙酸	0.000	25.067	0.158

注 样品1是采用集热式恒温加热磁力搅拌器碱催化法制备；样品2是采用中低温两步法制备；样品3是采用超声波辅助管式反应器碱催化法制备。

色谱图7-14表明，采用超声波辅助管式反应器碱催化法和中低温两步法制备的生物柴油样品都检测到了大量的甲酸、乙酸和丙酸，而采用集热式恒温加热磁力搅拌器碱催化法制备的生物柴油样品中只检测到了甲酸和乙酸。可见甲酸和乙酸是生物柴油氧化过程的主要产物。由表7-21可知，采用中低温两步法制备的小桐子生物柴油中甲酸、乙酸、丙酸的含量分别达到了 1459.150mg·kg^{-1}，115.684mg·kg^{-1}和 25.067mg·kg^{-1}，这主要是由存放 6 年时间的产生的。采用超声波辅助管式反应器碱催化法制备的小桐子生物柴油存放一年后，也产生了较多的甲酸、乙酸和丙酸。另外，通过存放 6 年时间的生物柴油中的甲酸、乙酸、丙酸离子含量还可以看出，甲酸是生物柴油在氧化过程中的主要氧化产物。

7.3.3 添加剂对生物柴油阴离子含量的影响

为检验向生物柴油中添加抗氧化剂后对其阴离子含量的影响。本小节研究了抗氧化剂 BHT 对生物柴油无机阴离子和有机酸含量的影响。

1. 添加抗氧化剂（BHT）对生物柴油无机阴离子含量的影响研究

将 7.2.4 获得的添加 BHT 的地沟油生物柴油和未添加 BHT 的地沟油生物柴油的萃取液先后过 Cleanert® SPE C18 反相柱和 Clarinert™ 0.22μm 尼龙过滤头过滤后进入阴离子色谱柱分析。根据样品中各个被分析物质的色谱峰高度由软件直接计算出浓度。添加抗氧化剂 BHT 与未添加抗氧化剂 BHT 的地沟油生物柴油样品的无机阴离子色谱图如图 7-16 所示。添加抗氧化剂 BHT 与未添加抗氧化剂 BHT 的地沟油生物柴油样品中测得的无机阴离子含量见表 7-22。

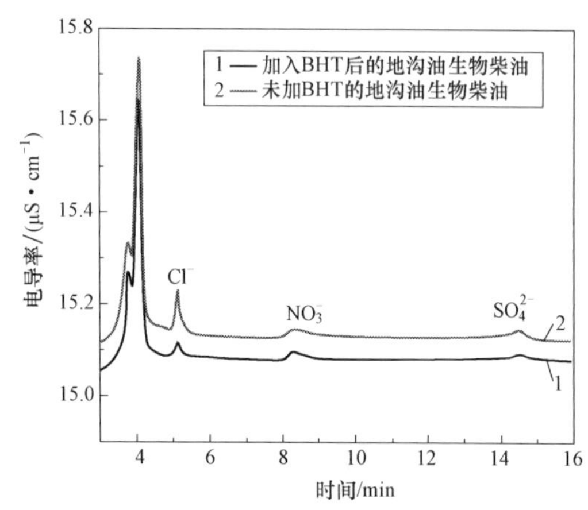

图 7-16 添加 BHT 与未添加 BHT 的地沟油生物柴油样品的无机阴离子色谱图

表 7-22 添加 BHT 与未添加 BHT 的地沟油生物柴油样品中测得的无机阴离子含量

阴离子	离子含量（mg·kg^{-1}）		增长率
	添加 BHT 的地沟油生物柴油	未添加 BHT 的地沟油生物柴油	
F^-	0	0	
Cl^-	2.072	2.41	−14%
Br^-	0	0	
NO_3^-	1.088	1.119	−3%
PO_4^{3-}	0	0	
SO_4^{2-}	0.785	0.837	−6%

图 7-16 表明，添加抗氧化剂 BHT 与未添加抗氧化剂 BHT 的地沟油生物柴油样品中均只检测到了氯离子、硝酸根和硫酸根。然而，从表 7-22 可知，与未添加抗氧化剂 BHT 的地沟油生物柴油样品相比，添加抗氧化剂 BHT 的地沟油生物柴油样品检测到的氯离子、硝酸根和硫酸根含量都减少了，抗氧化剂 BHT 对这些无机阴离子含量影响最大的是氯离子，添加 BHT 后，氯离子含量降低了 14%，其次是硫酸根离子，降低了 6%，硝酸根离子含量降低了 3%。由于这两种样品的分析前处理过程均相同，只是一个样品中添加了抗氧化剂，另一个样品没有添加抗氧化剂，因此，这可能是由于抗氧化剂 BHT 可能和生物

柴油中的氯离子、硝酸根和硫酸根发生了化学反应生成了不能电离的物质。

2. 添加抗氧化剂（BHT）对生物柴油有机酸离子含量的影响研究

将7.2.4小节获得的添加BHT的地沟油生物柴油和未添加BHT的地沟油生物柴油的萃取液先后过Cleanert® SPE C18反相柱和Clarinert™ 0.22μm尼龙过滤头过滤后进入有机酸色谱柱分析。根据样品中各个被分析物质的色谱峰面积由软件直接计算出浓度。为添加抗氧化剂BHT与未添加抗氧化剂BHT的地沟油生物柴油样品的有机酸离子色谱图如图7-17所示。添加抗氧化剂BHT与未添加抗氧化剂BHT的地沟油生物柴油样品中测得的有机酸离子含量见表7-23。

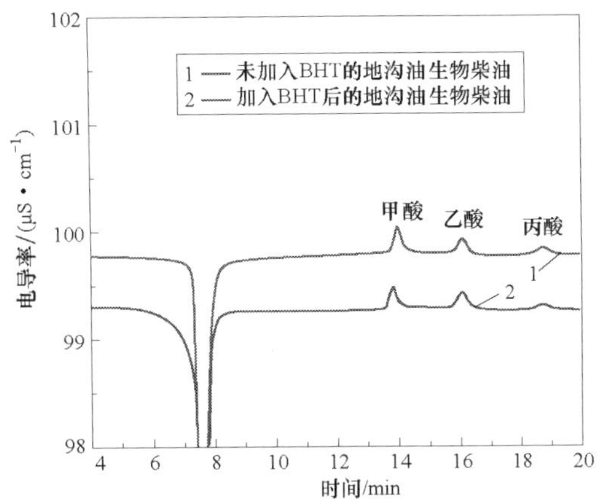

图7-17　添加BHT与未添加BHT的地沟油生物柴油样品的有机酸离子色谱图

表7-23　添加BHT与未添加BHT的地沟油生物柴油样品中测得的有机酸离子含量

阴离子	离子含量（$mg \cdot kg^{-1}$）		增长率
	添加BHT的地沟油生物柴油	未添加BHT的地沟油生物柴油	
甲酸	7.010	9.283	−10%
乙酸	8.574	8.955	−4%
丙酸	6.618	7.010	−6%

色谱图7-17表明，添加抗氧化剂BHT与未添加抗氧化剂BHT的地沟油生物柴油样品中都检测到了甲酸、乙酸和丙酸。然而，从表7-23结果可知，添加抗氧化剂BHT比未添加抗氧化剂BHT的地沟油生物柴油样品检测到的甲酸、乙酸和丙酸离子含量都减少了。抗氧化剂BHT对这些有机酸离子含量影响最大的是甲酸根离子，添加BHT后，甲酸离子含量降低了10%，其次是丙酸根离子，降低了6%，乙酸根离子含量降低了4%。这两种样品的分析前处理过程均相同，由于油样在85℃水浴过程中会被氧化产生短链脂肪酸，向生物柴油中添加抗氧化剂BHT后，BHT能抑制地沟油生物柴油的氧化反应，因此，与未添加抗氧化剂BHT的地沟油生物柴油样品相比，添加抗氧化剂BHT的地沟油生物柴油样品中检测到的有机酸离子含量减少了。实验可证明，抗氧化剂BHT能抑制地沟油生物柴油在85℃环境下的氧化。

7.3.4　氧化对生物柴油中离子含量的影响

生物柴油中含有不饱和脂肪酸和酯类组分，在存储和运输过程中会发生氧化，使得生物柴油的密度、黏度以及氧化安定性等指标发生不同程度的改变，从而影响柴油机的喷雾、燃烧过程，导致柴油机的性能和排放发生变化。开展生物柴油氧化安定性的研究，对于生物柴油的推广应用有重要意义。Dunn等研究氧化时间对生物柴油理化特性的影响，结果表明，随着氧化时间增加，生物柴油的运动黏度增加；随着生物柴油的存储环境温度的增加，运动黏度、酸值和密度增加。吴江等利用红外光谱和紫外光谱仪，分析了生物柴油在氧化过程中分子结构的变化，结果表明，在生物柴油的氧化过程中，不饱和脂肪酸中的双键发生顺反异构，生成共轭双键，含有双键的不饱和脂肪酸甲酯含量越高，共轭双键生成量越多。Turn 等研究了地沟生物柴油的存储及氧化稳定性，结果表明，随着存储时间的增加，生物柴油的氧化速率加快，氧化安定性变差。Kang 等在柴油中掺混氧化与未氧化生物柴油，开展了柴油机的排放特性试验，分析了氧化的生物柴油对颗粒及氮氧化物形成的影响，研究表明，氧化的生物柴油掺混到柴油中时，颗粒总数增加，氮氧化物排放有所减少。

王忠等采用加速氧化的方法，制备了不同氧化程度的生物柴油，运用傅里叶红外光谱仪，分析了生物柴油表面官能团特征参数随氧化时间的变化规律；通过台架试验，考察了不同氧化时间生物柴油的燃油消耗率。其具体的操作及试验结果如下：

采用加速氧化的方法，将生物柴油放置在 80℃的恒温箱内进行加速氧化，采集 0、720 和 2160h 时的生物柴油，分别记为氧化 0h（Oxioh）、氧化 720h（Oxi720）、氧化 2160h（Oxi2160h）。

测量了环境温度为 20℃时，生物柴油的密度、运动黏度。应用表面张力随密度变化的经验公式计算不同氧化时间生物柴油的表面张力，即

$$\sigma=(49.6\rho-14.92)\times10^{-3}$$

式中：σ 为表面张力，$mN\cdot m^{-1}$；ρ 为生物柴油密度，$kg\cdot L^{-1}$。

采用傅里叶变换红外光谱仪（FT - IR），选用溴化钾薄片，采用压片法，对生物柴油表面官能团进行表征。扫描波数范围为 4000～400cm^{-1}，分辨率为 0.5cm^{-1}。不同氧化时间下的红外光谱如图 7 - 18 所示。该图表明，在波数为 3009cm^{-1}处，C=C 结构吸收峰相对强度下降，说明氧化时间的增加，导致生物柴油中含有双键的脂肪酸甲酯氧化，双键数目下降，生物柴油的饱和度也随之增加。生物柴油在氧化过程中分解生成短链的挥发性有机物如醇、醛、酮等，对生物柴油的氧化也有促进作用，使得生物柴油的氧化安定性变差。

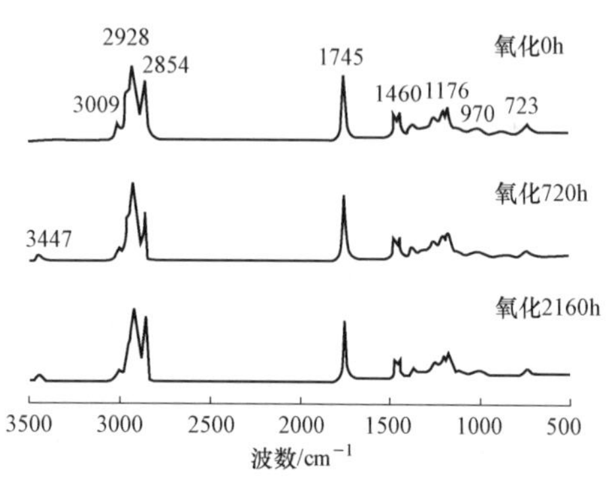

图 7 - 18 不同氧化时间生物柴油的红外光谱

台架试验：污染物排放试验在 186F 柴油机上进行。186F 柴油机的压缩比为 19，标定转速为 3000$r\cdot min^{-1}$，标定功率为 6.3kW；最大扭矩转速为 1800$r\cdot min^{-1}$。试验分别测量了最大扭矩转速 1800$r\cdot min^{-1}$和标定转速 3000$r\cdot min^{-1}$，10%、25%、50%、75%和 100%等 5 个负荷的柴油机燃油消耗率和污染物排放量。转速 1800$r\cdot min^{-1}$和 3000$r\cdot min^{-1}$时不同负荷下生物柴油的燃油消耗率随氧化时间的变化曲线如图 7 - 19 所示。该图表明，随着负荷的增加，生物柴油的有效燃油消耗率逐步降低。中高负荷时，燃烧较好，热效率变化平稳，因此燃油消耗率变化趋于平缓。大负荷时，混合气燃烧均不完善，热效率下降，燃油消耗略有增加。由图 7 - 19（a）可知，与氧化 0h 的生物柴油相比，转速 1800$r\cdot min^{-1}$、负荷 25%时，氧化 720h 和氧化 2160h 的生物柴油的燃油消耗率分别增加了 1.80%和 3.10%；负荷 50%时，分别增加了 1.54%和 3.80%；负荷 100%时，分别增加了 1.89%和 3.40%。

从图7-19（b）可知，与氧化0h的生物柴油相比，转速300r·min^{-1}、负荷25%时，氧化720h和氧化2160h的生物柴油的燃油消耗率分别增加了1.52%和3.39%；50%负荷时，分别增加了1.45%和3.21%；负荷100%时，分别增加了1.51%和3.45%。可以看出，随着氧化时间增加，生物柴油的燃油消耗率有所增加。相同的转速时，随着负荷的增加，不同氧化的时间生物柴油的燃油消耗率均有所增加。主要原因可以认为：一方面，生物柴油氧化后，导致其密度、黏度增加，表面张力增加，油束的雾化质量变差，影响了燃烧过程。

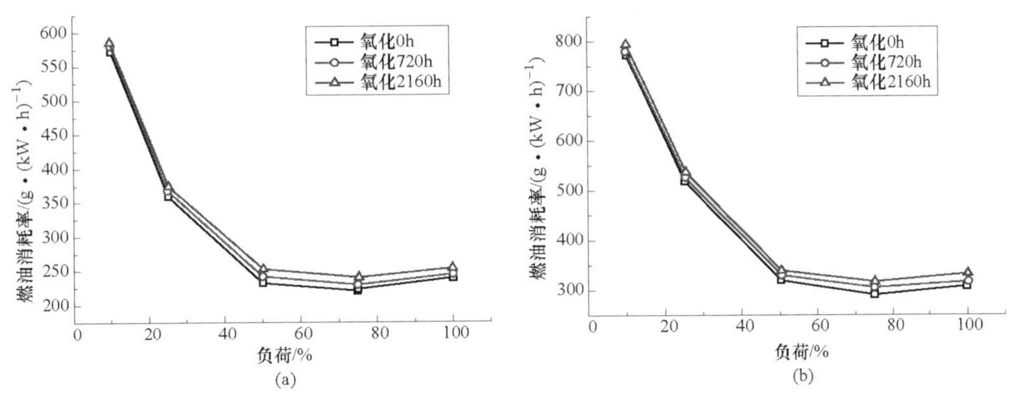

图7-19　不同氧化时间对燃油消耗率的影响

生物柴油发生氧化不但对其本身的理化指标产生影响，在使用过程中还对其污染物的排放产生影响。生物柴油的氧化稳定性比较差，是生物柴油在使用过程中均存在的共性问题，因此，优化生物柴油的氧化稳定性是生物柴油研究开发过程中必须要面对和解决的问题之一。然而，生物柴油中的阳离子对生物柴油的抗氧化性具有一定的影响作用，此外生物柴油中含有高的碱或碱土金属离子含量会使生物柴油的燃烧产物中含有磨损性的固体杂质并沉积在发动机中对金属部件产生机械磨损，卤素及酸性物质可使发动机燃烧室部件产生酸蚀磨损。此外，生物柴油发生氧化反应后，组成成分发生明显变化，性能较不稳定。生物柴油内部发生了较为复杂的氧化反应，生成了大量的中间氧化产物和氧化产物。由于组成成分发生的变化，导致很多阴离子的存在状态和形式发生了明显的变化。因此，本节通过7.1.2的油样前处理方法，采用离子色谱法直接进样、准确快速的测定了不同氧化程度下生物柴油中的离子含量，探究了不同氧化程度对小桐子生物柴油中阴离子、阳离子的影响，其不同氧化程度下阳、阴离子的含量分别见表7-24和表7-25。

表7-24　不同氧化程度下小桐子生物柴油中的阳离子离子含量　(mg·kg^{-1})

电导率 μS·cm^{-1}	Na^+	K^+	Ca^{2+}	Mg^{2+}
0	0.134	2.313	0.267	1.306
30	0.135	2.400	1.160	4.560
60	0.148	2.320	0.870	3.830
90	0.103	2.200	1.220	4.500
120	0.113	1.860	0.790	3.500
150	0.149	1.810	1.050	4.640

表 7-24 表明，随着氧化程度的逐渐增加，小桐子生物柴油的性能越来越不稳定，导致小桐子生物柴油中的金属离子含量数值波动明显。小桐子生物柴油中 Na^+ 含量随着氧化程度增加数值呈现上下波动，但总体数值变化在 0.4mg・kg^{-1} 以内，变动不大，在误差范围之内。小桐子生物柴油中 K^+ 含量总体上随着氧化程度增加逐渐减小，数值变化在 0.6mg・kg^{-1} 以内。小桐子生物柴油中 Ca^{2+} 氧化后含量增加 2.9～4.6 倍，在氧化后随着氧化程度的变化，Ca^{2+} 含量数值呈现上下波动，数值变化在 0.45mg・kg^{-1} 以内。小桐子生物柴油中氧化后 Mg^{2+} 含量增加 2.7～3.5 倍，随着氧化程度的增加，Ca^{2+} 含量数值呈现大幅上下波动，数值变化在 1.2mg・kg^{-1} 以内。

表 7-25　　不同氧化程度的小桐子生物柴油中的阴离子含量　　(mg・kg^{-1})

电导率 μS・cm^{-1}	F^-	Cl^-	Br^-	NO_3^-	PO_4^{3-}	SO_4^{2-}
0	0.095	0.749	0.382	0.234	1.341	0.127
30	0.107	0.419	0.382	0	3.381	0
60	0.191	0.871	0.359	0.165	4.297	0.127
120	0.201	0.424	0.405	0	4.956	0.097
150	0.235	0.848	0.401	0.35	5.532	0.328

表 7-25 表明，随着氧化程度的增加，生物柴油阴离子含量整体呈现上升趋势，但数据波动较大。F^- 含量上升较为明显，在氧化程度为 150μS・cm^{-1} 时，F^- 含量是 0μS・cm^{-1} 的 2.5 倍。Cl^- 在氧化程度为 30/120μS・cm^{-1} 时，离子含量数值出现了降低。Br^- 随着氧化程度的增加，整体呈现微弱的上升趋势，数值增加不明显。NO_3^- 在 30～120μS・cm^{-1} 时，离子含量出现了负增长，仅在 150μS・cm^{-1} 时，离子含量数值出现了正增长，但数值变动不明显。PO_4^{3-} 是生物柴油中含量最多的阴离子，在 0μS・cm^{-1} 时为 1.341mg・kg^{-1}，此后随着氧化程度的逐渐增加，PO_4^{3-} 含量急剧上升，在 150μS・cm^{-1} 达到 5.532mg・kg^{-1}，含量上升了 4.13 倍。SO_4^{2-} 含量与 NO_3^- 趋势基本相同，在 150μS・cm^{-1} 时，离子含量数值出现了正增长，增长了 2.6 倍。

氧化后的生物柴油阴离子含量呈现增加趋势，但除去 PO_4^{3-} 外，其余 5 种阴离子含量较小，都没有超过 1mg・kg^{-1}，对生物柴油性能指标影响不大。生物柴油中 PO_4^{3-} 含量较多，且随着氧化程度的逐渐增加而呈现明显的上升趋势，最后含量超过了 5mg・kg^{-1}，对生物柴油的性能影响较大，已超过国家标准值。所以在日常储存生物柴油过程中，应该严格控制其氧化程度，防止其 PO_4^{3-} 含量上升。

7.4　生物柴油离子含量的优化

柴油机燃料调和用国家标准 GB/T 20828 明确规定钠和钾的总含量及钙和镁的总含量均不能超过 5mg・kg^{-1}，利用离子色谱测量生物柴油中的金属离子含量，结果显示所有测量的生物柴油中的金属离子含量都远超过国家标准。到目前为止，仅有刘大学等人提出通过限制灰分限制生物柴油中无机物如残留催化剂的含量，尚未有相关论文研究通过新型工艺和方法降低生物柴油中的离子含量。本章节探讨了离子交换树脂对生物柴油中金属离子含量的影响。

7.4.1 离子交换树脂对生物柴油金属阳离子含量的影响

不同氧化程度的生物柴油采用酸败仪氧化法制备。采用欧洲标准方法 EN 14112—2003。Rancimat 测定法是将样品在一定的温度下连续通入空气，不稳定的二次氧化产物就会被流动的空气带入另外 1 个装入超纯水的玻璃瓶内，使超纯水的电导率随之变化，用电极测出超纯水的电导率的变化，以电导率和时间作图，得出电导率与时间的一曲线，本文运用超纯水电导率作为生物柴油的氧化程度指标。离子交换树脂进行预处理过程为：将新树脂用去离子水反复清洗超声，浸洗至浸洗水不带颜色。水洗后，用 4%氯化钠浸洗 24h，然后将树脂装柱，后经无水乙醇流动清洗。使生物柴油缓慢流过滤芯，利用气相色谱质谱联用仪分析小桐子生物柴油经过树脂处理前后成分变化。研究金属离子含量变化时，使用电子天平准确称取一定量生物柴油样品到玻璃烧杯中，加入萃取剂，用保鲜膜封住，然后将烧杯放入水浴锅中加入一定时间，倒入分液漏斗中，用力充分震荡分液漏斗后静置，待完全分层后，取下层水溶液置入容量瓶中，上层油样倒回玻璃烧杯中再加入萃取剂，重复萃取 5 次，倒入容量瓶中定容。然后，我们抽取适量萃取溶液，先后经反相柱和尼龙过滤头过滤，得到待测样品。待测样品利用离子色谱测定小桐子生物柴油萃取水溶液中离子的含量。

1. 树脂处理前后小桐子生物柴油成分变化

小桐子生物柴油经离子交换树脂处理前后成分组成见表 7 - 26。经离子交换树脂处理后的小桐子生物柴油中成分含量较小桐子生物柴油种类增加，但主要成分及含量并未发生明显变化。经树脂处理后的小桐子生物柴油产生多种含量较少的乙基酯，其原因与离子交换树脂预处理过程中使用无水乙醇浸洗有关，在树脂的催化下产生酯交换反应。但由于乙基酯含量较少，对生物柴油性能没有较大影响。经离子交换树脂处理过的小桐子生物柴油未产生对环境及人体健康有害的物质。

表 7 - 26　　小桐子生物柴油经离子交换树脂处理前后成分组成

小桐子生物柴油	相对含量（%）	树脂处理小桐子生物柴油	相对含量（%）
十四酸甲酯	0.030	十四酸甲酯	0.040
棕榈酸甲酯	16.43	棕榈酸甲酯	16.42
十六烯酸甲酯	1.050	十六烯酸甲酯	1.060
十七酸甲酯	0.020	十八三烯酸甲酯	0.100
油酸甲酯	46.95	油酸甲酯	46.97
十八三烯酸甲酯	0.290	棕榈酸乙酯	0.160
二十酸甲酯	0.090	油酸乙酯	0.350
亚油酸甲酯	35.13	亚油酸甲酯	34.61
		2—甲基十九酸乙酯	0.030
		15—甲基十六烷酸甲酯	0.020
		亚油酸乙酯	0.240

2. 不同油酸含量情况下小桐子生物柴油经树脂处理后的金属离子含量

不同油酸含量情况下，经过离子交换树脂处理后的小桐子生物柴油萃取水溶液中的金属离子含量见表 7 - 27。

表 7-27　不同油酸含量情况下小桐子生物柴油经树脂处理后的游离态金属离子含量（mg·kg⁻¹）

油酸含量%	树脂处理	Na^+	K^+	Ca^{2+}	Mg^{2+}
0	否	0.134	2.313	0.267	1.306
	是	0.104	1.283	0.533	2.164
1	否	0.218	1.909	1.026	4.556
	是	0.087	1.743	0.620	2.922
2	否	0.217	1.906	1.033	4.567
	是	0.024	1.344	0.638	3.016
3	否	0.240	1.527	1.040	4.571
	是	0.069	1.314	0.704	3.010
4	否	0.220	1.742	1.028	4.572
	是	0.047	1.530	0.889	4.109
5	否	0.201	1.914	1.033	4.569
	是	0.067	1.303	0.945	4.115

在小桐子生物柴油经离子交换树脂处理前后的金属离子含量发生明显变化。小桐子生物柴油经离子交换树脂处理后，钠离子含量减少 22.4%，钾离子含量下降 44.5%，钙离子含量增加 200%，镁离子含量增加 198%。随着小桐子生物柴油中油酸含量增加，经离子交换树脂处理后的生物柴油中的钠离子含量降低 50%～90%，钾离子含量降低 8%～33%，离子含量降低 8%～40%，镁离子含量降低 8%～33%。生物柴油中油酸含量增加，会较大降低生物柴油对钙、镁离子的捕集效率，而对钠、钾离子的捕集效率基本不受影响。经过添加油酸前后钙、镁离子含量对比，发现油酸存在可以促进钙、镁离子增加—即促进钙、镁离子络合物解离，但在油酸含量增加过程中，钙、镁离子基本不变，可以理解为生物柴油中的钙、镁离子螯合物基本解离完毕，即生物柴油中钙镁离子总含量为 5.6mg·kg⁻¹左右。通过表 3 数据可以发现，离子交换树脂与油酸同样可以促进钙、镁离子络合物解离，但同时离子交换树脂可以同时对钙、镁离子进行捕集，所以在离子交换树脂处理后的小桐子生物柴油钙离子含量不是增加 200%而是降低 50%，镁离子含量也不是增加 198%而是降低 55%。经过离子树脂处理过的生物柴油钙、镁离子含量为 2.797mg·kg⁻¹，达到国家标准。

3. 不同氧化程度情况下小桐子生物柴油经树脂处理后的金属离子含量

不同氧化程度情况下，小桐子生物柴油经树脂处理后的金属离子含量见表 7-28。从表 7-28 中可以得知，随着小桐子生物柴油氧化程度逐渐增加，经离子交换树脂处理后的生物柴油中的钠离子含量降低 36%～70%，钾离子含量降低 36%～71%，钙离子含量降低 11%～33%，镁离子含量降低 23%～38%。离子交换树脂对氧化后的钠金属离子捕集效率（36%～70%）高于氧化前的钠离子捕集效率（22.4%）；氧化后的小桐子生物柴油经过离子交换树脂处理后的钠金属离子捕集效率（52%～70%）普遍高于小桐子生物柴油经过离子交换树脂处理后的钠金属离子捕集效率（44.5%），仅在氧化程度为 150μS·cm⁻¹时，离子交换树脂对氧化后的钾离子捕集效率（36.6%）低于氧化前的钾离子捕集效率（44%）。离子交换树脂对氧化后的钙离子捕集效率（11%～33%）低于氧化前的钙离子捕集效率

(50%)；离子交换树脂对氧化后的镁离子捕集效率（11%～33%）低于氧化前的镁离子捕集效率（55%）；试验表明，离子交换树脂对氧化后的小桐子生物柴油钠、钾离子的捕集效率增加，钙、镁离子的捕集效率降低，但离子交换树脂的金属离子捕集功能不会失效。

表7-28　不同氧化程度情况下，小桐子生物柴油经树脂处理后的金属离子含量　($mg \cdot kg^{-1}$)

电导率（$\mu S \cdot cm^{-1}$）	树脂处理	Na^+	K^+	Ca^{2+}	Mg^{2+}
0	否	0.134	2.313	0.267	1.306
	是	0.104	1.283	0.533	2.164
30	否	0.135	2.400	1.160	4.560
	是	0.040	0.688	0.768	2.811
60	否	0.148	2.320	0.970	3.830
	是	0.074	0.785	0.862	2.864
90	否	0.103	2.200	1.220	4.500
	是	0.060	1.053	1.009	3.627
120	否	0.113	1.860	0.790	3.500
	是	0.067	0.810	0.736	2.693
150	否	0.149	1.810	1.050	4.640
	是	0.095	1.148	0.902	3.475

7.4.2　生物柴油金属阳离子络合系数

生物柴油中金属阳离子的存在状态主要为络合态和游离态两种。在研究的过程中，增加油酸含量或发生氧化反应后，生物柴油中的离子含量发生较大变化。油酸含量增加情况下，小桐子生物柴油中金属离子含量数值分析表见表7-29。氧化后，小桐子生物柴油中金属离子含量数值分析见表7-30。

表7-29　油酸含量增加情况下，小桐子生物柴油中金属离子含量数值分析

$mg \cdot kg^{-1}$	Na^+	K^+	Ca^{2+}	Mg^{2+}
$\overline{x}$	0.219	1.800	1.032	4.567
x_0	0.134	2.313	0.267	1.306
Δx	0.085	−0.513	0.765	3.261

注　$\overline{x}$ 为添加油酸后小桐子生物柴油中金属离子含量的总量平均值；x_0 为小桐子生物柴油中金属离子含量的测量值；络合态金属离子含量 $\Delta x = \overline{x} - x_0$。

表7-30　氧化后，小桐子生物柴油中金属离子含量数值分析

$mg \cdot kg^{-1}$	Na^+	K^+	Ca^{2+}	Mg^{2+}
$\overline{x}$	0.130	2.118	1.018	4.206
x_0	0.134	2.313	0.267	1.306
Δx	−0.004	−0.195	0.751	2.900

注　$\overline{x}$ 为不同氧化程度小桐子生物柴油中金属离子含量的总量平均值；x_0 为小桐子生物柴油中金属离子含量的测量值；$\Delta x = \overline{x} - x_0$。

从表 7 - 29 和表 7 - 30 中可以得知，在发生氧化反应或生物柴油酸值增加时，表中差值会发生变化，其中钠离子差值变化不大，钾离子差值为负，钙、镁离子差值均为正，且数值变动相对较大。其原因来源于金属离子在生物柴油中的存在状态变动，目前，主要测量生物柴油离子含量的方法多采用水萃取生物柴油中离子后进行分析测量，但其存在的问题是采用萃取法只能将生物柴油中的游离态金属离子萃取出来，而余下部分以络合物的形态存在于生物柴油中，为了与生物柴油中的油溶性游离态金属离子相互区别，本项目研究人员将其命名为油溶性络合态金属离子（简称络合态金属离子），生物柴油中的金属离子含量应等于游离态金属离子与络合态金属离子的总和。络合态金属离子含量测量可以采用改变生物柴油性质后得到的金属离子含量值 $\overline{x}$ 减去生物柴油的金属含量值 x_0 计算，即 Δx。为了表征金属离子的络合效应强弱，定义了生物柴油中金属离子的络合系数 η，即

$$\eta = \chi_1/\chi_z \tag{7 - 3}$$

$$\eta = \chi_1 + \chi_y \tag{7 - 4}$$

式中：χ_1 为络合态金属离子含量 mg · kg^{-1}；χ_z 为金属离子总量 mg · kg^{-1}；χ_y 游离态金属离子含量 mg · kg^{-1}。其中 $\chi_1 \approx \Delta x$，$\chi_y \approx x_0$，$\chi_z \approx \overline{x}$。

油溶性络合态金属离子在生物柴油中含量的影响因素与其金属离子结构有关。具有孤立电子对或多个离域电子的离子通常更容易形成油溶性复合金属离子，例如钙离子，镁离子，铁离子等。其中经试验测得过渡金属离子的络合系数最大近似为 1（即在生物柴油中几乎不存在游离态的过渡金属离子），碱土金属离子的络合系数为 0.7，钠离子的络合系数为 0.63，钾离子的络合系数为 0。常见金属离子的油溶性金属离子络合系数见表 7 - 31。

表 7 - 31　常见的几种金属离子的油溶性金属离子络合系数

系数	K^+	Na^+	Mg^{2+}	Ca^{2+}	Fe^{3+}	Cu^{2+}	$Ni^{2+/3+/4+}$	$Co^{2+/3+}$
χ_y	2.313	0.134	1.306	0.267	0	0	0.000 258	0
χ_1	0	0.085	3.261	0.765	0.004 1	0.007 56	0.000 569	0.000 088
η	0	0.63	0.71	0.74	1	1	0.65	1

7.4.3　生物柴油金属阳离子总量测试方法

由于生物柴油中含有两种不同状态的金属离子，在测量生物柴油金属阳离子总量时，需要采取特殊方法使生物柴油中的金属阳离子转变为游离态。实验采用在生物柴油增加油酸含量改变酸值的方法。不同油酸含量对小桐子生物柴油中金属离子含量的影响见表 7 - 32。

表 7 - 32　不同油酸含量对小桐子生物柴油中金属离子含量的影响　（mg · kg^{-1}）

油酸含量（%）	Na^+	K^+	Ca^{2+}	Mg^{2+}
0	0.134	2.313	0.267	1.306
1	0.218	1.909	1.026	4.556
2	0.217	1.906	1.033	4.567
3	0.24	1.527	1.04	4.571
4	0.22	1.742	1.028	4.572
5	0.201	1.914	1.033	4.569

表7-32为不同油酸含量对小桐子生物柴油中金属离子含量的影响，随着油酸含量的增加，小桐子生物柴油中钠离子含量增加，钾离子含量减少，且钠离子、钾离子含量随油酸含量变化而数值变动幅度不大，钙、镁离子含量随着油酸含量的增加而有较大增长。在油酸含量为5%时，钙离子含量增加了3.9倍，镁离子含量增加了3.5倍。其中镁离子增加量最大，为3.28mg·kg^{-1}，其增加量已经高于未添加油酸时检测到的阳离子总量。在未添加油酸时，经离子色谱检测得到的小桐子生物柴油碱金属、碱土金属离子含量总量为4.108mg·kg^{-1}。在油酸添加量为5%时，经离子色谱检测得到的小桐子生物柴油碱金属、碱土金属离子含量总量为7.81mg·kg^{-1}，总量增加1.9倍。油酸含量增加，碱金属钠离子和钾离子含量总量减少，但数值变化不大，没有超过国家标准。随着油酸含量的增加，碱土金属钙离子、镁离子含量总量增加3.6倍达到5.62mg·kg^{-1}，已超出国家标准。究其原因，是因为碱金属与碱土金属离子的特性导致的，钙、镁金属离子属于碱土金属离子，容易与生物柴油中某些配体形成金属离子络合物，在生物柴油中加入油酸，生物柴油酸值增加，导致生物柴油中原来存在的钙、镁离子络合物解离生成配体和游离态的金属离子，然后被萃取到水溶液中。钾、钠金属离子属于碱金属离子，由于其电子排布的空间结构特性，使其很难与生物柴油中的某些络合物形成金属离子络合物，其存在于生物柴油中的状态主要为游离态，所以在添加油酸后萃取测量其水溶液中的总量变化不大。

生物柴油中的金属离子含量应等于游离态金属离子与络合态金属离子的总和。络合态金属离子含量测量可以采用改变生物柴油性质后得到的金属离子总量减去生物柴油的金属含量值。因氧化后，生物柴油性质不稳定、碱土金属离子含量波动较大，因此本文测量生物柴油中金属离子总含量选择条件为添加油酸改变生物柴油酸值法，试验数值取平均值。

通过分析生物柴油物化性质，研究了离子交换树脂对小桐子生物柴油中的金属离子含量的影响。经离子交换树脂处理后的小桐子油生物柴油中成分较小桐子生物柴油种类增加，但主要主成分及含量并未发生明显变化。由气质联用质谱仪检测结果可知经树脂处理过的小桐子油生物柴油未产生对环境及人体健康的有害物质。离子交换树脂处理后的小桐子生物柴油Ca^{2+}含量降低50%，游离态Mg^{2+}含量降低55%。经过离子交换树脂处理过的生物柴油中Ca^{2+}、Mg^{2+}总量为2.797mg·kg^{-1}，达到中国国家标准。随着油酸含量的增加，小桐子油生物柴油中游离态Na^{+}含量增加，K^{+}含量减少，且Na^{+}、K^{+}含量随油酸含量变化而数值变动幅度不大，Ca^{2+}、Mg^{2+}含量随着油酸含量的增加而有较大增长。生物柴油中油酸含量增加，会降低离子交换树脂对生物柴油中Ca^{2+}、Mg^{2+}的捕集效率，而对Na^{+}、K^{+}的捕集效率基本不受影响。氧化后生物柴油可以导致Ca^{2+}、Mg^{2+}含量增加，Na^{+}、K^{+}含量随氧化程度变化而数值变动幅度不大。离子交换树脂对氧化后的小桐子生物柴油Na^{+}、K^{+}的捕集效率增加，Ca^{2+}、Mg^{2+}的捕集效率降低。提出了生物柴油中金属离子含量的新算法，采用络合系数表征生物柴油中络合态金属离子含量占生物柴油中总含量的份额，同时也可用于分析生物柴油中某种金属离子在该种生物柴油中的存在形式。

7.4.4 离子交换树脂对生物柴油阴离子含量的影响

生物柴油原料资源不受限制、来源丰富，可利用各种动、植物油脂的各种废料、副产物，如加工的植物油类：大豆油、花生油、菜籽油、芝麻油、桐籽油、色拉油等；动物油类即：猪油，骨头油等的油渣（下脚料、皂脚），酸化油、脂肪酸；下水道收集的地沟油、泔水油；经过油炸食品后残余的油。与精炼的植物油脂相比，这些原料品质低，并且包含大量的杂质，如动物脂肪中含有大量的磷、地沟油中的氯离子。若生物柴油产品纯化不完全，不仅会对发动机造成影响，而且还会增加汽车尾气排放。因此，在将合格的生物柴油产品纳入成品油销售体系之前，使柴油机燃料调合用生物柴油满足 GB 25199 生物柴油调和燃料（B5）汽车尾气排放标准和 GB/T 20828 柴油机燃料调和用生物柴油（BD00）标准，需要对生物柴油产品中的磷、硫、氮氧化物、甲酸、乙酸、丙酸进行检测。目前，世界各国生物柴油标准虽然未规定氟离子、氯离子和溴离子的含量，但这些物质的测定是很重要的，因为氟、氯、溴元素作为卤素，具有不稳定的化学特征，他们的存在能加速金属的腐蚀并且很容易造成孔蚀。

1. 小桐子生物柴油经离子交换树脂处理前后的阴离子含量

小桐子生物柴油经离子交换树脂处理前后的阴离子含量见表 7-33。经过树脂处理后的小桐子生物柴油中 F^-、Cl^-、Br^-、PO_4^{3-} 等 4 种阴离子含量相对于小桐子生物柴油中的阴离子含量都有所上升，其中 F^- 含量上升 0.235mg · kg^{-1}，是未处理前的 3.5 倍，Cl^- 含量上升 0.562mg · kg^{-1}，是未处理前的 1.75 倍，Br^- 和 PO_4^{3-} 含量处理前后变化不大。SO_4^{2-} 含量处理后略有下降，数值变化较小，NO_3^- 含量下降较为明显，达到 0.495mg · kg^{-1}，下降了 67.9%。

表 7-33　小桐子生物柴油经离子交换树脂处理前后的阴离子含量　(mg · kg^{-1})

是否经过树脂处理	F^-	Cl^-	Br^-	NO_3^-	PO_4^{3-}	SO_4^{2-}
是	0.33	1.311	0.397	0.234	1.341	0.127
否	0.095	0.749	0.382	0.729	1.183	0.143

2. 不同酸值情况下，小桐子生物柴油没有经树脂处理后的阴离子含量

试验测定了小桐子生物柴油在油酸含量为 1%、2%、3%、4%、5%情况下经树脂处理前后的 F^-、Cl^-、Br^-、NO_3^-、PO_4^{3-}、SO_4^{2-} 阴离子含量，结果见表 7-34。F^-、Cl^-、Br^- 含量随着油酸含量的增加有所下降，其中 F^- 含量下降为 9.4%～66.6%，Cl^- 和 Br^- 含量变化数值比较小可忽略不计。NO_3^-、PO_4^{3-}、SO_4^{2-} 含量随着油酸含量的增加有所上升，其中 PO_4^{3-} 含量增加 8.6%～118.5%，NO_3^- 含量数值变动不大，为−0.039～0.05mg · kg^{-1}，SO_4^{2-} 含量数值变动为−0.023～0.144mg · kg^{-1}。添加油酸后的生物柴油中阴离子含量变化大，体呈现卤族阴离子含量降低，酸根离子含量上升。随着油酸含量增加，离子交换树脂处理后的小桐子生物柴油中，Cl^-、Br^-、NO_3^-、SO_4^{2-} 阴离子含量变化不明显，F^- 和 PO_4^{3-} 含量下降较为明显，F^- 最大下降 67.4%，PO_4^{3-} 最大下降 67.7%。

表 7-34　不同酸值情况下，小桐子生物柴油经树脂处理处理前后的阴离子含量　(mg · kg^{-1})

油酸含量（%）	树脂处理	F^-	Cl^-	Br^-	NO_3^-	PO_4^{3-}	SO_4^{2-}
1	否	0.426	1.165	0.382	0.244	2.182	0.146
	是	0.246	1.067	0.305	0.256	1.430	0.116
2	否	0.430	1.165	0.394	0.210	2.370	0.123
	是	0.367	1.052	0.390	0.165	1.350	0.111
3	否	0.258	1.246	0.397	0.251	3.727	0.282
	是	0.084	0.610	0.350	0.205	1.230	0.277

续表

油酸含量（%）	树脂处理	F^-	Cl^-	Br^-	NO_3^-	PO_4^{3-}	SO_4^{2-}
4	否	0.095	0.646	0.372	0.277	4.062	0.295
	是	0.086	0.534	0.360	0.240	1.330	0.290
5	否	0.159	0.982	0.359	0.294	4.768	0.288
	是	0.12	0.840	0.320	0.230	1.54	0.260

3. 不同氧化程度情况下，小桐子生物柴油经树脂处理后的阴离子含量

试验测定了小桐子生物柴油在氧化后经树脂处理前后的F^-、Cl^-、Br^-、NO_3^-、PO_4^{3-}、SO_4^{2-}阴离子含量，结果见表7-35。F^-、Cl^-、Br^-含量随着生物柴油氧化变质有所增加，其中F^-含量增加2.2倍，Cl^-含量增加2.02倍，Br^-含量增加不明显。NO_3^-含量从0开始增加到0.35mg·kg^{-1}，PO_4^{3-}含量增加1.64倍，SO_4^{2-}含量从0增加到0.328mg·kg^{-1}。随着生物柴油氧化程度加重，离子交换树脂处理后的小桐子生物柴油中，F^-、Cl^-、Br^-阴离子含量增加，PO_4^{3-}含量下降较为明显，PO_4^{3-}最大下降1.66mg·kg^{-1}。

表7-35　不同氧化程度情况下，小桐子生物柴油经树脂处理后的阴离子含量　(mg·kg^{-1})

电导率（μS·cm^{-1}）	树脂处理	F^-	Cl^-	Br^-	NO_3^-	PO_4^{3-}	SO_4^{2-}
30	否	0.107	0.419	0.382	—	3.381	—
	是	0.110	0.547	0.556	—	2.820	—
60	否	0.191	0.871	0.359	0.165	4.297	0.127
	是	0.236	0.901	0.540	—	3.420	0.148
90	否	0.410	0.564	0.370	—	6.513	0.146
	是	0.555	0.920	0.432	—	4.852	0.157
120	否	0.201	0.424	0.405	—	4.956	0.097
	是	0.555	0.821	0.405	—	3.850	0.136
150	否	0.235	0.848	0.401	0.350	5.532	0.328
	是	0.572	1.681	0.669	0.292	4.630	0.139

生物柴油中阴离子总量相对阳离子总量较少，虽然在油酸含量和氧化后发生了数值上的改变，但除磷酸根外，其余阴离子含量变化不超过2mg·kg^{-1}，对生物柴油性能影响不大。离子交换树脂对生物柴油阴离子的含量优化效果仅限于F^-、Cl^-、PO_4^{3-}，在油酸含量增加的情况下，F^-、PO_4^{3-}下降效果较为明显，Cl^-含量变化不大；氧化后生物柴油离子交换树脂中PO_4^{3-}下降效果较为明显。

参考文献

[1] Feng Zonghong, Li Fashe, Huang Yundi, et al. Simultaneous Quantitative Analysis of Six Cations in Three Biodiesel and Their Feedstock Oils by an Ion-Exchange Chromatography System without Chemical Suppression [J]. Energy & Fuels, 2017, 31 (4): 3921-3928.

[2] Zhang Yuejun, Wang Aodong, Da Yabin. Regional allocation of carbon emission quotas in china: evidence from the shaply value method [J]. Energy Policy, 2014, 74: 454-464.

[3] JYRKI V. Determination of short chain carboxylic acids in vegetable oils and fats using ion exclusion chromatography electrospray ionization mass spectrometry [J] . Fuel，2012，97：531 - 535.

[4] 吴江，陈波水，方建华，等．氧化前后生物柴油的红外和紫外光谱分析 [J] . 石油学报（石油加工），2014，30（2）：262 - 265.

[5] FU J，Turn S Q，TAKUSHI B M，et al. Storage and oxidation stabilities of biodiesel derived from waste cookingoil [J] . Fuel，2016，167：89 - 97.

[6] KANG H，Song H，Ha J，et al. Effects of oxidized biodiesel on formation of particulate matter and NO，x，from diesel engine [J] . Korean Journal of Chemical Engineering，2016，33（7）：2084 - 2089.

[7] 王忠，杨丹，冯渊，李瑞娜，何丽娜．氧化时间对生物柴油性能及排放的影响 [J] . 石油学报（石油加工），2017，33（05）：959 - 965.

[8] 王文佳，吴凡，张廷奎，等．电感耦合等离子体发射光谱法测定生物柴油中的K、Ca、Na、Mg [J] . 化学工程师，2013，216（9）：16 - 18.

[9] WANG H G.，Li F S.，Zu E X，et al. Experimental Study on the Quantitative Relationship Between Oxidation Stability and Composition of Biodiesel [J] . Journal of Biobased Materials and Bioenergy，2017，11（3）：216 - 222.

[10] 宋建红，徐杨斌，石倩倩，冒德寿，高进，张小辉，包桂蓉，李法社 . 3 种生物柴油氧化降解特性研究 [J] . 中国油脂，2017，42（06）：115 - 120.

[11] Ashraful，A. M.，Masjuki，H H；Kalam，M A. Influence of anti - corrosion additive on the performance，emission and engine component wear characteristics of an IDI diesel engine fueled with palm biodiesel [J] . energy conversion and management，2014，87：48 - 57.

[12] Li Fashe，Feng Zonghong，Wang Chengzhi，et al. Simultaneous quantitative analysis of inorganic anions in commercial waste oil biodiesel using suppressed ion exchange chromatography [J] . Bulgarian chemical communications，2016，48（Special Edition D）：50 - 55.

[13] 刘作文，李法社，申加旭，等．小桐子生物柴油在氧化期间的特性分析 [J] . 中国粮油学报，2018，33（5）：66 - 69，81.

[14] 李法社，李明，包桂蓉，等 . 10 种抗氧化剂对小桐子生物柴油氧化稳定性的影响 [J] . 中国油脂，2014，39（1）：50 - 54.

[15] 苏有勇．生物柴油检测技术 [M] . 北京：冶金工业出版社，2011.

[16] 隋猛，王霜，李法社，等．酚胺类抗氧化剂复配对生物柴油抗氧化性能影响研究 [J] . 中国油脂，2018，43（4）：88 - 91.

[17] 李法社，倪梓皓，杜威，等．生物柴油氧化前后成分分析的研究 [J] . 中国油脂，2015，40（1）：64 - 68.